Sensorsysteme von CORRSYS-DATRON:
Damit Ihnen nichts mehr entgeht

In 16 Jahren zum anerkannten Gobal Player:
Corrsys-Datron Sensorsysteme unterstützt Techniker und Ingenieure überall dort auf der Welt, wo Fahrzeuge und Fahrzeugkomponenten entwickelt oder Fahreigenschaften getestet werden.

Spätestens seit dem legendären Elchtest
der A-Klasse sind unsere innovativen Sensoren aus den KFZ-Entwicklungs- und Testabteilungen nicht mehr wegzudenken.

International Headquarters
CORRSYS-DATRON Sensorsysteme GmbH
Wetzlar, Germany | Phone: +49 (64 41) 92 82-0
E-mail: sales@corrsys-datron.com

North American Headquarters
CORRSYS-DATRON Sensorsystems, Inc.
Southfield, MI USA | Toll-free: (800) 832-07 32
E-mail: USA-sales@corrsys-datron.com

Wir engagieren uns als Full-Service-Provider
für Messungen und Fahrdynamik. Neben optischen Weg- und Geschwindigkeitssensoren, die unter dem Markennamen CORREVIT® bekannt wurden, produzieren und vertreiben wir auch Mikrowellensensoren, Radvektorsensoren, Kraftstoff-Durchflusssensoren, (Boden-) Abstands- (Höhen-) Sensoren, GPS-basierte Geschwindigkeits- und Positionssensoren sowie Messlenkräder.

»Weltweit vor Ort als Partner«
der Entwicklungs- und Testingenieure ist unser Motto und Ziel. 30 Vertriebspartner und die Tochterniederlassung in den USA übernehmen kompetent die Vor-Ort-Betreuung unserer Kunden. Ständiger Kontakt zu den Spezialisten im Wetzlarer Headquarter sichert den Informations- und Ideenaustausch und liefert damit wertvolle Anregungen für die kundennahe Weiterentwicklung der Produkte.

Kontakt:
www.cor

Rolf Isermann (Hrsg.)

Fahrdynamik-Regelung

Aus dem Programm
Kraftfahrzeugtechnik

Handbuch Verbrennungsmotor
herausgegeben von R. van Basshuysen und F. Schäfer

Lexikon Motorentechnik
herausgegeben von R. van Basshuysen und F. Schäfer

Vieweg Handbuch Kraftfahrzeugtechnik
herausgegeben von H.-H. Braess und U. Seiffert

Bremsenhandbuch
herausgegeben von B. Breuer und H. H. Bill

Nutzfahrzeugtechnik
herausgegeben von E. Hoepke

Aerodynamik des Automobils
herausgegeben von W.-H. Hucho

Verbrennungsmotoren
von E. Köhler und R. Flierl

Automobilelektronik
herausgegeben von K. Reif

Automotive Software Engineering
von J. Schäuffele und T. Zurawka

Motorkolben
von S. Zima

Bussysteme in der Fahrzeugtechnik
von W. Zimmermann und R. Schmidgall

Die BOSCH-Fachbuchreihe
- **Ottomotor-Management**
- **Dieselmotor-Management**
- **Autoelektrik/Autoelektronik**
- **Fahrsicherheitssysteme**
- **Fachwörterbuch Kraftfahrzeugtechnik**
- **Kraftfahrtechnisches Taschenbuch**
  jetzt auch als CD in deutscher
  oder mehrsprachiger Version

herausgegeben von ROBERT BOSCH GmbH

vieweg

Rolf Isermann (Hrsg.)

Fahrdynamik-Regelung

Modellbildung, Fahrerassistenzsysteme, Mechatronik

Mit 340 Abbildungen und 28 Tabellen

ATZ/MTZ-Fachbuch

Bibliografische Information Der Deutschen Nationalbibliothek
Die Deutsche Nationalbibliothek verzeichnet diese Publikation in der
Deutschen Nationalbibliografie; detaillierte bibliografische Daten sind im Internet über
<http://dnb.d-nb.de> abrufbar.

1. Auflage September 2006

Alle Rechte vorbehalten
© Friedr. Vieweg & Sohn Verlag | GWV Fachverlage GmbH, Wiesbaden 2006

Lektorat: Ewald Schmitt

Der Vieweg Verlag ist ein Unternehmen von Springer Science+Business Media.
www.vieweg.de

Das Werk einschließlich aller seiner Teile ist urheberrechtlich geschützt. Jede Verwertung außerhalb der engen Grenzen des Urheberrechtsgesetzes ist ohne Zustimmung des Verlags unzulässig und strafbar. Das gilt insbesondere für Vervielfältigungen, Übersetzungen, Mikroverfilmungen und die Einspeicherung und Verarbeitung in elektronischen Systemen.

Redaktion: Imke Zander, Wiesbaden
Konzeption und Layout des Umschlags: Ulrike Weigel, www.CorporateDesignGroup.de
Technische Redaktion und Satz: Klementz publishing services, Gundelfingen
Satz, Druck und buchbinderische Verarbeitung: MercedesDruck, Berlin
Gedruckt auf säurefreiem und chlorfrei gebleichtem Papier.
Printed in Germany

ISBN-10 3-8348-0109-7
ISBN-13 978-3-8348-0109-8

Vorwort

Fahrdynamische Regelungen haben einen hohen Anteil an den Innovationen von Kraftfahrzeugen. Hierbei spielt der Einfluss der Mechatronik auf die Gestaltung der Radaufhängungen, Bremsen und Lenkungen und die dadurch möglichen aktiven Eingriffe über Steuerungen und Regelungen eine wesentliche Rolle. Der Entwurf und die Erprobung dieser mechatronischen Systeme erfordern zunehmend ein modellgestütztes Vorgehen mit verschiedenen Arten der Simulation (SiL, HiL), modellbasierten Regelungen sowie Überwachungs- und Diagnosemethoden. Weitere Entwicklungen sind die Vernetzung der Steuergeräte und die automatisierte Fahrzeugführung.

Das Buch ist aufgrund einer Tagung mit dem Haus der Technik, Essen, im Oktober 2005 an der Technischen Universität Darmstadt und durch besondere Einladungen entstanden. Nach einer Übersicht über Begriffe und Entwicklungen für mechatronische Systeme allgemein und für Kraftfahrzeuge werden im Teil A *Grundlagen zur Modellbildung und Simulation* von Kraftfahrzeugen behandelt. Dabei wird zunächst eine Übersicht der verschiedenen Modelle für die Längs-, Quer- und Vertikaldynamik gegeben. Es folgt die Aufstellung grundlegender Gleichungen für das längs- und querdynamische Verhalten, im letzten Fall mit Einspur- und Zweispurmodellen und mit verschiedenen Reifen/Straße-Modellen. Dann wird eine objektorientierte Modellbildung mit einer modular-hierarchischen Struktur für alle drei Achsen und eine Übersicht kommerzieller Fahrzeug-Simulationssysteme betrachtet. Eine weitere domänenübergreifende Modellierung für ein aktiv gefedertes Nutzfahrzeug schließt sich an.

Der Teil B beschreibt *fahrdynamische Längs- und Querdynamik-Regelungen*. Zunächst wird eine neue ABS-Regelung mit kontinuierlich einstellbarem Bremsdruck untersucht. Dann folgt eine ausführliche Darstellung des Elektronischen Stabilitätsprogramms (ESP) einschließlich ABS und ASR. Ein Beitrag zur elektrischen Überlagerungslenkung (AFS) schildert den Aufbau und die Regelungs- und Überwachungsfunktionen. Ein nächster Schritt ist die Integration von Querdynamik-Regelungen mit gleichzeitigem Eingriff über ESP, AFS und aktiven Fahrwerken. Hier wird das Potential aufgezeigt, das durch eine regelungstechnische Kopplung der verschiedenen Steuergeräte entsteht.

In Teil C zur *Regelung der Vertikaldynamik* werden semiaktive Stoßdämpfer und aktive Radaufhängungen beschrieben, einschließlich der entwickelten Komponenten und der Entwicklungsmethodik. Dann folgt eine Übersicht elektronisch geregelter Luftfedersysteme, samt Aufbau, Regelung und erreichten Eigenschaften.

Zwei neue *Fahrerassistenzsysteme* werden in Teil D vorgestellt. Zunächst wird der Aufbau und die Regelung einer kameragestützten automatischen Spurführung und praktisch erzielte Ergebnisse beschrieben. Es folgt die Darstellung eines den Fahrer unterstützenden Parkassistenten mit Parklückenerkennung und Vorgaben zum Rückwärts-Einparken.

Da die verschiedenen Fahrwerkseingriffe über die Bremsen, Lenkung, (semi-)aktive Radaufhängungen und Wankabstützungen stark gekoppelt sind, ist zukünftig eine Berücksichtigung im *fahrdynamischen Systemverbund* erforderlich, Teil E. Deshalb werden zunächst die verschiedenen Möglichkeiten der Systemvernetzung und Verteilung der Funktionsentwicklung auf Zulieferer und Fahrzeughersteller beschrieben. Dann folgt eine Betrachtung der verschiedenen Schritte eines fahrdynamischen Systemverbundes von entkoppelt betrachteten Einzelsystemen bis zu ganzheitlichen Strukturen und ihren Anforderungen an die Entwicklungspartner. Zum Entwurf vernetzter Regelungen ist eine Hardware-in-the-Loop-Simulation (HiL) geeignet. Hierbei wird das Fahrzeugverhalten simuliert, die Regelungseingriffe zum Teil im Rechner, zum Teil mit realen Steuergeräten realisiert. Der Fahrer mit Lenkrad und Pedalerie kann das Fahrzeugverhalten für verschiedene Straßenverhältnisse per Animation am Bildschirm verfolgen.

Die starke Zunahme an Elektronik und Mechatronik hat im Vergleich zu rein mechanischen, hydraulischen und pneumatischen Systemen ein anderes Ausfallverhalten zur Folge. Deshalb ist die *Überwachung, Diagnose und Fehlertoleranz* ein weiteres Entwicklungsfeld, Teil F. Eine Einführung beschreibt die verschiedenen Möglichkeiten zur Fehlerdiagnose in Sensoren, Aktoren und im Prozess, vor allem modellgestützte Methoden, die durch die zahlreichen Sensoren verwirklicht werden können. Dann folgen Anwendungen dieser Methodik zur Fehlerdiagnose von Querdynamik-Sensoren und für zwei verschiedene aktive hydraulische Fahrwerke, auch mit Beispielen für Sensor-Fehlertoleranz durch analytische Redundanz.

Die einzelnen Kapitel sind als individuelle Beiträge zu betrachten, die die Sicht des jeweiligen Autors darstellen. Sie enthalten viele praktische Ergebnisse aufgrund von Messungen an Versuchsfahrzeugen. Durch die erfolgte Zusammenstellung ergibt sich ein aktueller Überblick fahrdynamischer Regelungen und der zugehörigen mechatronischen Komponenten.

Der Herausgeber dankt allen Autoren und dem Verlag für die sehr gute Zusammenarbeit.

Darmstadt,
August 2006

Rolf Isermann

Autorenverzeichnis

Univ.-Prof. Dr.-Ing. Prof. h.c.　　Lehrstuhl für Regelungssystemtechnik,
Torsten Bertram　　　　　　　　　Universität Dortmund

Dr.-Ing. Marcus Börner　　　　　　ehemals: Abt. REI/AR
　　　　　　　　　　　　　　　　　DaimlerChrysler AG, Stuttgart

Dr.-Ing. Stefan Drogies　　　　　　BERATA GmbH, Frankfurt

Dr.-Ing. Daniel Fischer　　　　　　Software Services
　　　　　　　　　　　　　　　　　Continental Engineering Services GmbH,
　　　　　　　　　　　　　　　　　Frankfurt

Dr.-Ing. Uwe Folchert　　　　　　　Leiter Competence Center
　　　　　　　　　　　　　　　　　Fahrwerkmechatronik,
　　　　　　　　　　　　　　　　　Geschäftsbereich Fahrwerk & Antrieb
　　　　　　　　　　　　　　　　　Continental Automotive Systems, Hannover

Dr.-Ing. Martin Hahn　　　　　　　Geschäftsführer,
　　　　　　　　　　　　　　　　　iXtronics GmbH, Paderborn

Dr.-Ing. Henning Holzmann　　　　Leiter Driving Performance Simulation,
　　　　　　　　　　　　　　　　　International Technical Development Center,
　　　　　　　　　　　　　　　　　Adam OPEL GmbH, Rüsselsheim

Prof. Dr.-Ing. Dr. h.c. Rolf Isermann　Institut für Automatisierungstechnik
　　　　　　　　　　　　　　　　　TU Darmstadt

Dr.-Ing. Karl-Peter Jäker　　　　　Lehrstuhl für Regelungstechnik und
　　　　　　　　　　　　　　　　　Mechatronik,
　　　　　　　　　　　　　　　　　Universität Paderborn

Dr.-Ing. Michael Kochem　　　　　Intern. Technical Development Center,
　　　　　　　　　　　　　　　　　Adam Opel GmbH, Rüsselsheim

Dipl.-Ing. Thomas Kutsche　　　　Advanced chassis systems,
　　　　　　　　　　　　　　　　　ZF Sachs AG, Schweinfurt

Dipl.-Ing. Christian Lundquist　　Entwicklung PKW Lenkungen,
　　　　　　　　　　　　　　　　　ZF Lenksysteme GmbH, Schwäbisch Gmünd

Dipl.-Ing. Thomas Müller	Camera & Image Processing Development Omron Automotive Electronics Technology GmbH, Weißensberg
Dr.-Ing. Frank Niewels	Corporate Research, Robert Bosch GmbH, Stuttgart
Dipl.-Ing. Stefan Rappelt	Advanced chassis systems, ZF Sachs AG, Schweinfurt
Dr.-Ing. Wolfgang Reinelt	Entwicklung PKW Lenkungen, ZF Lenksysteme GmbH, Schwäbisch Gmünd
Dipl.-Ing. Dirk Rohleder	Ingenieurbüro Rohleder, Muderbach
Dipl.-Ing. Jürgen Schmitt	Vehicle System Engineering, Continental Engineering Services GmbH, Frankfurt
Dipl.-Ing. Matthias Schorn	Institut für Automatisierungstechnik, TU Darmstadt
Dr.-Ing. Ralf Schwarz	Leiter Entwicklung Fahrwerkregelsysteme, AUDI AG, Ingolstadt
Dr.-Ing. Sascha Semmler	Assistent des Vorstandsvorsitzenden, Continental AG, Hannover
Prof. Dr.-Ing. habil. Ansgar Trächtler	Lehrstuhl für Regelungstechnik und Mechatronik, Universität Paderborn
Dr. Anton van Zanten	ehemals Robert Bosch GmbH, Schwieberdingen

Inhaltsverzeichnis

1	**Das mechatronische Kraftfahrzeug**	1
1.1	Zur Entwicklung von Fahrerassistenzsystemen und Fahrdynamik-Regelungen	1
1.2	Mechatronische Systeme	3
	1.2.1 Integrierte mechatronische Systeme	5
	1.2.2 Funktionen mechatronischer Systeme	7
	1.2.2.1 Mechanischer Grundaufbau	7
	1.2.2.2 Funktionsaufteilung Mechanik – Elektronik	8
	1.2.2.3 Betriebseigenschaften	9
	1.2.2.4 Neue Funktionen	9
	1.2.2.5 Sonstige Entwicklungen	10
	1.2.3 Integrationsformen von Prozess und Elektronik	10
	1.2.4 Entwurfsmethodik für mechatronische Systeme	13
	1.2.5 Rechnergestützter Entwurf von mechatronischen Systemen	15
1.3	Mechatronische Komponenten im Kraftfahrzeug – eine kurze Übersicht	17
	1.3.1 Mechatronische Radaufhängungen	18
	1.3.2 Mechatronische Bremssysteme	20
	1.3.3 Mechatronische Lenksysteme	22

A Modellbildung und Simulation

2	**Modelle zur Beschreibung des Fahrzeugverhaltens**	27
2.1	Modellierung technischer Systeme	27
2.2	Definition von Koordinatensystemen und Winkeln	29
2.3	Ausprägungen von Fahrzeugmodellen	31
2.4	Gesamtfahrzeugmodelle	33
2.5	Modellierung von Antriebsstrang und Bremse	34
2.6	Reifenmodelle	35
	2.6.1 Reifenmodell nach Burckhardt	37
	2.6.2 Reifenmodell nach Pacejka	40
	2.6.3 Lineares Reifenmodell	40
	2.6.4 Dynamik des Kraftaufbaus	41
2.7	Dynamikgleichungen des Zweispurmodells	42
2.8	Zusammenfassung	45
3	**Modellierung, Analyse und Simulation der Fahrzeugquerdynamik**	47
3.1	Modellbildung des lineares Einspurmodell	47
	3.1.1 Kinetik	48
	3.1.2 Kinematik	51

	3.1.3	Querschlupf und Querkräfte	54
	3.1.4	Bewegungsgleichungen	58
3.2	Analyse des linearen Einspurmodells		63
	3.2.1	Übertragungsfunktionen	63

4 Objektorientierte Modellbildung des fahrdynamischen Verhaltens mit MODELICA ... 71

- 4.1 Modular-hierarchische Strukturierung ... 72
  - 4.1.1 Verknüpfungen ... 73
  - 4.1.2 Modellaggregation ... 73
  - 4.1.3 Objektdiagramme ... 73
- 4.2 Grundzüge objektorientierter Modellierung physikalischer Systeme mit MODELICA ... 74
  - 4.2.1 Objekte und Klassen ... 75
  - 4.2.2 Schnittstellen und Verknüpfungen ... 76
  - 4.2.3 Kapselung ... 77
  - 4.2.4 Hierarchie ... 77
- 4.3 Physikalische Modellbildung am Beispiel des Kraftfahrzeugs ... 78
  - 4.3.1 Fahrwerk ... 80
  - 4.3.2 Reifen/Räder ... 82
  - 4.3.3 Antrieb und Bremssystem ... 84
  - 4.3.4 Bewertung der Modellierung mit MODELICA ... 85
- 4.4 Modellparametrierung und -validierung ... 86
- 4.5 Zusammenfassung und Ausblick ... 88

5 Anwendungsorientierte Übersicht kommerzieller Fahrzeug-Simulations-Systeme ... 93

- 5.1 Mehrkörper-Simulation (MKS) ... 93
  - 5.1.1 Übergang vom MKS-Modell zum systemdynamischen Modell ... 96
- 5.2 Systemdynamische Fahrzeugmodelle ... 97
- 5.3 Modellbasierter Entwicklungsprozess ... 102
- 5.4 Software-in-the-Loop-Simulation ... 104
  - 5.4.1 Anwendungsbeispiel: IDS^{Plus} Fahrwerk im Opel Astra ... 105
  - 5.4.2 SiL-Simulation des ICC-Systems ... 106
- 5.5 Hardware-in-the-Loop-Simulation ... 108
- 5.6 Testautomatisierung ... 112

6 Domänenübergreifende Modellbildung eines aktiv gefederten Nutzfahrzeugs CAMeL-View TestRig ... 117

- 6.1 Versuchsträger: Ein passiv gefedertes Nutzfahrzeug auf UNIMOG-Basis ... 117
- 6.2 Entwurfsziel: Aktives Fahrwerk für ein geländegängiges Nutzfahrzeug ... 118
  - 6.2.1 Prinzip der aktiven Federung ... 119
  - 6.2.2 Flügelzellenaktorik ... 119
  - 6.2.3 Informationsverarbeitung und Sensorik ... 120

6.3	Entwurfsprozess: Modellbasierter Entwurf mechatronischer Systeme	121
	6.3.1 Modellphase	121
	6.3.2 Prüfstandsphase	122
	6.3.3 Prototypenphase	123
6.4	Entwurfsumgebung: CAMeL-View TestRig – ein durchgängiges Werkzeug für den Entwurf mechatronischer Systeme	123
	6.4.1 Objektorientierte Modellbildung mechatronischer Systeme mit CAMeL-View	124
	6.4.2 Vom physikalisch-topologischen zum mathematischen Modell	127
	6.4.3 CAMeL-View TestRig-Prüfstands- und -Prototypenhardware	129
6.5	Entwurfsprozess: Modell-, Prüfstands- und Prototypenphase	131
	6.5.1 Modellphase: Modellbildung des aktiv gefederten Nutzfahrzeugs	131
	6.5.2 Validierung des Fahrzeugmodells	132
	6.5.3 Modellbildung von Aktorik, Sensorik und Informationsverarbeitung	132
	6.5.4 Simulationsuntersuchungen am virtuellen Prototypen	133
	6.5.5 Prüfstandsphase: Komponententest	134
	6.5.6 Prototypenphase: Einsatz im Fahrversuch	135
6.6	Zusammenfassung und Ausblick	136

B Fahrdynamische Brems- und Querdynamikregelungen

7	**Bremsregelungen für mechatronische Bremsen**	**137**
7.1	Konventionelles Antiblockiersystem	139
7.2	Grundzüge des Antiblockiersystems mit neuem Ansatz	141
	7.2.1 Aufbau des Regelsystems	141
	7.2.2 Versuchsfahrzeug	143
	7.2.3 Elektrohydraulische Bremse (EHB)	144
7.3	Funktionen des Antiblockiersystems mit neuem Ansatz	146
	7.3.1 Radschlupfregelung	146
	7.3.1.1 Bremsung auf trockenem Asphalt	150
	7.3.1.2 Bremsung auf nassem Asphalt	152
	7.3.1.3 Bremsung auf Schnee	153
	7.3.1.4 Bremsung auf poliertem Eis	154
	7.3.2 Ermittlung der Fahrzeuggeschwindigkeit	155
	7.3.3 Ermittlung des optimalen Bremsschlupfs und Bremsschlupfvorgabe	159
7.4	Vergleich von ABS mit konventionellem bzw. neuem Ansatz	163
	7.4.1 Konventionelles Antiblockiersystem	164
	7.4.2 Antiblockiersystem mit neuem Ansatz	165
7.5	Zusammenfassung	167

8	**Elektronisches Stabilitätsprogramm (ESP)**	**169**
8.1	Regelkonzept des ESP	171
8.2	Komponenten des ESP	174
8.3	Anforderungen an das ESP	174

8.4 Struktur des ESP-Reglers 176
    8.4.1 Fahrdynamikregler 177
        8.4.1.1 Beobachter 177
        8.4.1.2 Sollwerte 181
        8.4.1.3 Fahrzeugregler 185
    8.4.2 Bremsschlupfregler 192
    8.4.3 Antriebsschlupfregler 197
8.5 Überwachung des ESP-Systems 202
    8.5.1 Anforderungen an die Sicherheit 203
    8.5.2 Auswirkungen von Komponentenausfällen 204
    8.5.3 Basiselemente des ESP-Sicherheitskonzepts 205
        8.5.3.1 Fehlervermeidung 206
        8.5.3.2 Systemüberwachung und Fehlerentdeckung 206
            8.5.3.2.1 Basisüberwachung 206
            8.5.3.2.2 Eigensicherheit, Selbsttests und aktive Tests 206
            8.5.3.2.3 Modellgestützte Sensorüberwachung 207
            8.5.3.2.4 Maßnahmen im Fall eines Fehlerverdachts 209
            8.5.3.2.5 Begrenzung der Auswirkungen unentdeckter Fehler 210
        8.5.3.3 Maßnahmen im Fall entdeckter Fehler 210
    8.5.4 Wiedergutprüfung nach Systemabschaltung 211

9 Mechatronische Lenksysteme: Modellbildung und Funktionalität des Active Front Steering 213
9.1 Systemüberblick des Active Front Steering 213
9.2 Lenkassistenzfunktionen des Active Front Steering 214
9.3 Systemkomponenten des Active Front Steering 218
9.4 Mathematische Modellbildung, Parameterschätzung und Validierung 221
9.5 Grundzüge des technischen Sicherheitskonzeptes 231
9.6 Modellbasierte Überwachungsmaßnahmen 232
9.7 Zusammenfassung 235

10 Integrierte Querdynamikregelung mit ESP, AFS und aktiven Fahrwerksystemen 237
10.1 Überblick über aktive Systeme zur Beeinflussung der Fahrzeugquerbewegung 238
    10.1.1 ESP 238
    10.1.2 Aktive Vorderachslenkung AFS 240
    10.1.3 Aktive Fahrwerksysteme 242
    10.1.4 Der Reifen als Übertragungsglied 243
10.2 Bewertung von Querdynamikeingriffen anhand des Giermoments 244
10.3 Funktions- und Regelungsstruktur von VDM 246
10.4 Anwendung im Fahrversuch 248
10.5 Schlussfolgerung 250

C Regelung der Vertikaldynamik

11 Semiaktive Stoßdämpfer und aktive Radaufhängungen 253
   11.1 Übersicht aktiver Stoßdämpfer und aktiver Radaufhängungen 253
   11.2 CDC-System und Weiterentwicklung zur Mechatronik 254
   11.3 Funktionsvernetzung am Beispiel CDC und ARS 259
   11.4 Zusammenfassung 264

12 Elektronisch geregelte Luftfedersysteme 265
   12.1 Luftfedersysteme 265
   12.2 Einsatzfelder von Luftfedersystemen 268
   12.3 Bauformen der Luftfedern und Luftfederdämpfereinheiten 268
   12.4 Luftversorgung 272
   12.5 Luftfederdämpfungssystem 276
   12.6 Steuergerät und Regelung 280
   12.7 Zusammenfassung 282

D Fahrer-Assistenzsysteme

13 Automatisches Spurfahren auf Autobahnen 285
   13.1 Systemüberblick 286
      13.1.1 Systemfunktion 286
      13.1.2 Funktionaler Systemaufbau und Verarbeitungsablauf 286
      13.1.3 Systemkomponenten 288
      13.1.4 Fahrzeugintegration und Mensch-Maschine-Schnittstelle 290
   13.2 Fahrzeugquerführung 291
      13.2.1 Reglerstruktur 291
      13.2.2 Stabilitätsuntersuchungen 296
      13.2.3 Kennlinien und Sprungantworten 298
      13.2.4 Praktisches Reglerverhalten 301
   13.3 Leistungsbewertung des ALD-Systems 301

14 Parkassistent 307
   14.1 Systemkonzept 308
   14.2 Positionsbestimmung 310
   14.3 Bahnplanung 312
   14.4 Bahnregelung 314
   14.5 Mensch-Maschine-Schnittstelle 317
   14.6 Experimentelle Ergebnisse 319
   14.7 Zusammenfassung 321

E Fahrdynamischer Systemverbund

15 Systemvernetzung und Funktionseigenentwicklung im Fahrwerk – Neue Herausforderung für Hersteller und Zulieferer ... 323
  15.1 Fahrwerksysteme – Ein Überblick ... 324
  15.2 Funktionale Architekturen der Fahrwerksvernetzung ... 335
  15.3 Geschäftsmodelle für Funktionseigenentwicklung beim OEM ... 339
  15.4 Zusammenfassung ... 343

16 Vernetzung von Längs-, Quer- und Vertikaldynamik-Regelung ... 345
  16.1 Querregelkreis und Fahrer ... 347
  16.2 Wechselwirkung Längs- und Querdynamik ... 350
  16.3 Wechselwirkung Quer- und Wankdynamik ... 352
  16.4 Fahrdynamischer Systemverbund ... 355
  16.5 Entwicklungsmethodik für einen fahrdynamischen Systemverbund ... 360
  16.6 Zusammenfassung und Ausblick ... 362

17 Entwicklungsumgebung mit echtzeitfähigen Gesamtfahrzeugmodellen für sicherheitsrelevante Fahrerassistenzsysteme ... 365
  17.1 Besondere Betrachtung des Fahrers im Regelkreis ... 365
  17.2 Laboraufbau und HIL-Simulationsmodell ... 367
  17.3 Stabilisierung des Fahrzeugs durch Gierraten-Regelung mit aktivem Lenkeingriff ... 370
  17.4 Beispiel Ausweichassistent ... 373
  17.5 Zusammenfassung und Ausblick ... 374

F Überwachung, Diagnose und Fehlertoleranz mechatronischer Systeme

18 Modellgestützte Überwachung und Fehlerdiagnose für Kraftfahrzeuge ... 377
  18.1 Wissensbasierte Fehlererkennung und Fehlerdiagnose ... 379
  18.2 Modellgestützte Methoden zur Fehlererkennung ... 380
    18.2.1 Mathematische Prozessmodelle und Fehlermodellierung ... 382
    18.2.2 Fehlererkennung mit Parameterschätzmethoden ... 385
    18.2.3 Fehlererkennung mit Paritätsgleichungen ... 386
    18.2.4 Fehlererkennung mit Beobachtern ... 387
    18.2.5 Fehlererkennung mit Signalmodellen ... 388
    18.2.6 Vergleich der verschiedenen Methoden ... 389
    18.2.7 Kombination verschiedener Methoden zur Fehlererkennung ... 390
    18.2.8 Symptomerkennung ... 391
  18.3 Methoden zur Fehlerdiagnose ... 394
    18.3.1 Arten der Merkmale und Symptome ... 394
    18.3.2 Einheitliche Darstellung der Symptome ... 395
    18.3.3 Klassifikationsverfahren ... 395
    18.3.4 Inferenzverfahren ... 396

18.4 Elektromechanische Aktoren 399
    18.4.1 Elektrische Drosselklappe 399
    18.4.2 Elektromagnet (Magnetventil) 400
18.5 Modellgestützte Fehlerdiagnose am Fahrwerk 401
    18.5.1 Fehlerdiagnose an Radaufhängungen 401
    18.5.2 Aktive Radaufhängung 403
18.6 Schlussfolgerungen 403

19 Fehlererkennung und -diagnose für Fahrdynamiksensoren mit querdynamischen Modellen 407
19.1 Symptomgenerierung in der unteren Ebene 409
    19.1.1 Geometrische Modelle 409
    19.1.2 Geometrische Modelle mit Raddrehzahldifferenz 409
    19.1.3 Geometrische Modelle mit Vorderradeinschlag 412
    19.1.4 Paritätsgleichungen 413
    19.1.5 Fehlererkennung der ABS Radgeschwindigkeitssignale 414
19.2 Diagnosesystem in der mittleren Ebene 416
    19.2.1 Einsatz von Fuzzy-Logik zur Diagnose 416
19.3 Experimentelle Ergebnisse der Fehlererkennung und -diagnose 419
19.4 Rekonfiguration in der oberen Ebene 428
19.5 Zusammenfassung 429

20 Diagnose und Sensor-Fehlertoleranz aktiver Fahrwerke 431
20.1 Diagnose und Sensor-Fehlertoleranz für eine elektrohydraulische Radaufhängung 431
    20.1.1 Modellbildung der elektrohydraulischen Radaufhängung 432
    20.1.2 Parameterschätzung 434
    20.1.3 Modellierung mit semi-physikalischen Modellen 435
    20.1.4 System zur Diagnose und Sensor-Fehlertoleranz 437
    20.1.5 Erkennung und Diagnose von Sensorfehlern 438
    20.1.6 Prozessfehlererkennung 439
    20.1.7 Sensorfehler-Toleranz 440
20.2 Diagnose und Sensor-Fehlertoleranz für einen aktiven Stabilisator 441
    20.2.1 Modellbildung des aktiven Stabilisators 443
    20.2.2 Parameterschätzung 444
    20.2.3 Modellierung mit semi-physikalischen Modellen 445
    20.2.4 Erkennung und Diagnose von Sensorfehlern 448
20.3 Zusammenfassung 450

Sachwortverzeichnis 453

1 Das mechatronische Kraftfahrzeug

ROLF ISERMANN

Nach Herstellerangaben haben die Elektrik und Elektronik einen Anteil im Kaufwert eines Personenkraftfahrzeuges von etwa 20 – 25 % bei heutigen Fahrzeugen und man erwartet einen Anstieg auf 30 – 35 % um 2010. Hierunter sind vielerlei Komponenten wie Schalter, Kabel, Stecker, Sensoren, elektrische Aktoren und Antriebe, Bordnetz, Signalbussysteme und Steuerungs- und Regelungseinheiten mit hochintegrierten Schaltungen und Mikrocontrollern enthalten. Ein Fahrzeug der Oberklasse enthält zurzeit etwa 2,5 km Kabel, 40 Sensoren, bis zu 150 elektromotorische Aktoren und Antriebe, 4 Bussysteme mit 2500 Signalen und 45 – 75 Mikrorechnersteuergeräte (je nach Ausstattung).

Diese elektrischen und elektronischen Systeme dienen dem Fahrer zur Information (Fahrzeug-Information, Infotainment), zur Verbesserung des Komforts (Fahrverhalten, Klima, Geräusch) und zur Verbesserung der Sicherheit (passiv und aktiv).

Im Folgenden werden hauptsächlich die Bereiche des Fahrkomforts und der aktiven Sicherheit betrachtet, die durch die Entwicklung zu mechatronischen Komponenten und Systemen besonders gekennzeichnet sind.

1.1 Zur Entwicklung von Fahrerassistenzsystemen und Fahrdynamik-Regelungen

In den letzten 25 Jahren sind mehrere mechanisch-elektrisch-elektronische Komponenten in Kraftfahrzeuge eingeführt worden. Dabei werden Messgrößen wie Drehzahlen, Positionen, Drücke, Winkel usw. über Sensoren erfasst, in hoch integrierten Schaltungen oder Mikrorechnern verarbeitet und als Stellgrößen an elektro-mechanische Aktoren ausgegeben, um fahrzeugrelevante Größen wie z.B. Radschlupf, Geschwindigkeit, Beschleunigung, Abstand, Kurs, Einfederung zu steuern oder zu regeln. Dabei zeigt sich bei den entsprechenden Komponenten eine zunehmende Integration von Mechanik, Elektronik und Informationstechnik, also eine Entwicklung hin zu mechatronischen Komponenten und Systemen.

Bild 1-1 gibt eine Übersicht der seit 1979 in die Serie eingeführten mechatronischen Systeme in Personenkraftfahrzeugen. Dies erfolgte in folgenden Schritten:

Tempomat (1979) *Geschwindigkeitsregelung* mittels Geschwindigkeitssensor und elektromotorischem Seilzug-Aktor

ABS (1979) *Antiblockiersystem* zur Antiblockierverhinderung einzelner Räder beim Bremsen, besonders um die Lenkfähigkeit durch Erhalt von Seitenkräften zu ermöglichen.

ASR (1986) *Antischlupfregelung* der Antriebsräder, um das einseitige und zweiseitige Durchdrehen durch Bremsen eines Rades und/oder Reduzierung des Motordrehmomentes zu vermeiden.

ESP (1995)   *Elektronisches Stabilitätsprogramm*, um die Schleuderbewegungen durch Giermomentenerzeugung über das Bremsen einzelner Räder zu dämpfen und damit das Fahrzeug auf Kurs zu halten.

EAS (1998)   Elektronisch stellbare Luftfedern, um sowohl die Federsteifigkeit als auch die Fahrzeughöhe (Nicken, Wanken) zu beeinflussen (Luftfedern für PKW gab es schon um 1960).

ACC (1999)   *Adaptive Cruise Control* mit Radarsensorik zur Abstands- und Geschwindigkeitsregelung.

AFS (2003)   *Active Front Steering* durch elektromotorische Überlagerungslenkung. Hierbei werden unter Beibehaltung des mechanischen Durchgriffs Zusatzlenkwinkel erzeugt, die eine variable Lenkübersetzung erlauben, noch schneller im Sinne des ESP eingreifen und z.B. Seitenwindeffekte ausregeln.

ABC (1999)   *Active Body Control* mit hydraulischen Zusatzaktoren zu Stahlfedern, um aktiv Vertikalkräfte zur besseren Stoßdämpfung zu erzeugen und zur Wankregelung.

CDC (2002)   *Continuous Damping Control*. Elektronische Stoßdämpferverstellung, um die Dämpfkräfte z.B. über Radbeschleunigungsmessungen zu steuern. Elektronisch einstellbare, gesteuerte Dämpfung gab es seit etwa 1989.

DDC (2003)   *Dynamic Drive Control* oder *Wank-Regelung* über aktive Stabilisatoren, um das Neigen beim Kurvenfahren zu mindern. Durch Variationen des Verhältnisses der Stabilisatormomente zwischen der vorderen und der hinteren Achse erhöht sich auch die Lenkagilität und das Fahrzeug kann vom Fahrer mit weniger Lenkbewegungen in kritischen Fahrzuständen stabilisiert werden.

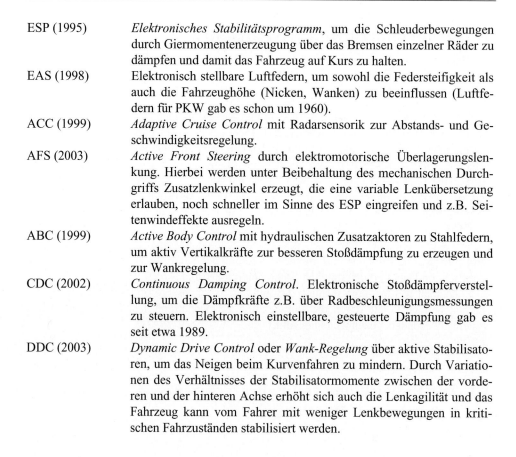

Bild 1-1: Zur Entwicklung von mechatronischen Systemen im Kraftfahrzeug

Diese Steuerungen und Regelungen erlauben eine Vielzahl von Funktionen, die das Fahrverhalten beeinflussen. Einige, wie z.B. ABS, ASR und ESP, werden integriert betrachtet. Mehrere Funktionen sind jedoch in eigenen Steuergeräten realisiert. Insgesamt ist jedoch eine bessere Vernetzung (Kopplung) notwendig, wobei eine genaue Kenntnis der Regelstrecke „Fahrzeug" immer wichtiger wird.

1.2 Mechatronische Systeme

Mechanische Systeme erzeugen bestimmte Bewegungen oder übertragen Kräfte oder Drehmomente. Zur gezielten Beeinflussung von z.B. Wegen, Geschwindigkeiten oder Kräften werden bei mechanischen Komponenten und Maschinen seit vielen Jahrzehnten Steuerungen und Regelungen eingesetzt. Bei einem *mechanisch-elektronischen* System wird der mechanische Prozess durch ein elektronisches System ergänzt. Dieses elektronische System wirkt aufgrund der Messgrößen oder von außen kommenden Führungsgrößen in steuerndem oder regelndem Sinne auf den mechanischen Prozess ein, Bild 1-2. Wenn dann das elektronische und mechanische System zu einem untrennbaren Gesamtsystem verschmilzt, entsteht ein *integriertes mechanisch-elektronisches* System. Die Elektronik verarbeitet hierbei Prozess-Information. Ein solches System ist deshalb zumindest durch einen *mechanischen Energiestrom* und einen *Informationsstrom* gekennzeichnet.

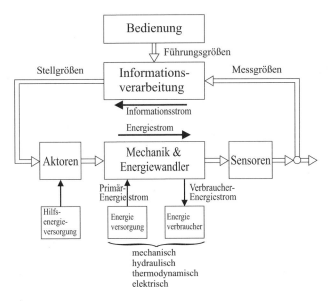

Bild 1-2:
Mechanisch-elektronisches System

Integrierte mechanisch-elektronische Systeme werden als „mechatronische Systeme"' bezeichnet. Hierbei wird die Verbindung von MECHAnik und ElekTRONIK zum Ausdruck gebracht. *Mechatronik* ist ein interdisziplinäres Gebiet, [1], [2], [3], bei dem folgende Disziplinen zusammenwirken; vgl. Bild 1-3:

♦ *Mechanische Systeme* (Maschinenelemente, Maschinen, Feingerätetechnik);
♦ *Elektronische Systeme* (Mikroelektronik, Leistungselektronik, Messtechnik, Aktorik);
♦ *Informationstechnik* (Systemtheorie, Regelungs- und Automatisierungstechnik, Software-Gestaltung, künstliche Intelligenz).

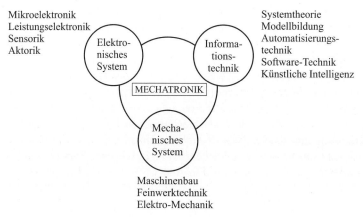

Bild 1-3: Mechatronik: synergetische Integration verschiedener Disziplinen

Bei mechatronischen Systemen erfolgt die *Lösung einer Aufgabe* sowohl auf mechanischem als auch digital- elektronischem Wege. Hierbei spielen die *Wechselbeziehungen bei der Konstruktion* eine Rolle. Während bei einem konventionellen System sowohl der Entwurf als auch die räumliche Unterbringung der mechanischen und elektronischen Komponenten getrennt sind, zeichnet sich ein mechatronisches System dadurch aus, dass das mechanische und elektronische System von Anfang an als räumlich und funktionell *integriertes Gesamtsystem* zu betrachten ist. Dann wird die Gestaltung des mechanischen Systems schon beim Entwurf auch vom elektronischen System her beeinflusst. Dies bedeutet, dass ein „simultaneous engineering" stattfinden muss, auch mit dem Ziel *synergetische Effekte* zu erzielen.

Ein weiteres Merkmal mechatronischer Systeme ist die *integrierte digitale Informationsverarbeitung*. Hierbei werden aufgrund gemessener Größen außer den grundlegenden Steuerungs- und Regelungsfunktionen, höherwertige Funktionen realisiert, wie z.B. die Berechnung nichtmessbarer Größen, Adaption von Reglerparametern, Fehlererkennung und -diagnose, im Fehlerfall auf intakte Komponenten umgeschaltet (Rekonfiguration) usw. Es entwickeln sich somit mechatronische Systeme mit adaptivem, lernendem Verhalten, oder zusammenfassend, *intelligente mechatronische Systeme*. Eine Zusammenfassung von Forschungsarbeiten zur Mechatronik im Maschinenbau an der TU Darmstadt ist in [2] zu finden.

1.2 Mechatronische Systeme

1.2.1 Integrierte mechatronische Systeme

Mechanische Systeme sind dem großen Bereich des Maschinenwesens zuzuordnen. Ihrem *Aufbau* und *Einsatz* entsprechend können mechanische Systeme unterteilt werden in *mechanische Komponenten, Maschinen, Fahrzeuge, Feinmechanik* und *Mikromechanik*, siehe auch [4].

Bei der Gestaltung mechanischer Produkte kommt es auf das Zusammenspiel von Energie, Materie und Information an. Dabei ist von der Aufgabe oder Lösung her entweder der Energie-, Materie- oder Informationsfluss dominierend. Somit kann man einen Hauptfluss und meistens noch mindestens einen Nebenfluss unterscheiden, [5].

Im Folgenden werden einige Beispiele für mechatronische Entwicklungen beschrieben, die einen *allgemeinen Bereich* betrachten aber auch für die *Fahrzeugtechnik* von Bedeutung sind. Für den Bereich der mechanischen Komponenten, Maschinen und Fahrzeuge ist eine Übersicht von Beispielen in Bild 1-4 angegeben.

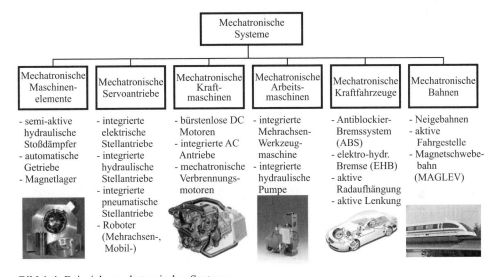

Bild 1-4: Beispiele mechatronischer Systeme

a) Maschinenelemente, mechanische Komponenten

Die Maschinenelemente sind in der Regel rein mechanisch. In Bild 1-4 sind einige Beispiele angegeben. Die zu verbessernden Eigenschaften durch Integration mit Elektronik sind beispielsweise: selbsteinstellende Steifigkeit und Dämpfung, selbsteinstellendes Spiel oder selbsteinstellende Vorspannung, automatisch ablaufende Teilfunktionen (Kuppeln, Schalten), Überwachungsfunktionen. Beispiele für mechatronische Ansätze sind: Hydrolager für Verbrennungskraftmaschinen mit elektronischer Steuerung der Dämpfung, [6], elektromagnetische Tilger für Motorschwingungen, [7]. Selbstoptimierende mechanische Kupplung mit Piezoaktoren, [8], Magnetlager, [9], [10], [11], elektronisch gesteuerte automatische Drehmomentwandler, [12], [13], [14], adaptive Stoßdämpfer bei Radaufhängungen, [15], [16], [17].

b) Elektrische Antriebe und Servoantriebe

Elektrische Antriebe mit Gleichstrom-, Universal-, Asynchron- und Synchronmotoren zeigen schon seit vielen Jahren eine Integration mit Getrieben, Drehzahl- oder Positionssensorik und Leistungsstellern. Besonders die Entwicklung von transistorisierten Spannungsstellern und preiswerter Leistungselektronik auf Transistor- und Thyristorbasis mit frequenzvariablem Drehstrom ermöglichte drehzahlgeregelte Antriebe auch für kleinere Leistungen. Dabei zeigt sich ein Trend zu dezentralen Antrieben mit motornaher, angebauter oder integrierter Elektronik. Die Art der baulichen Integration hängt dabei z.B. ab von Platzbedarf, Kühlung, Verschmutzung, Vibrationen und Zugänglichkeit für die Wartung. Elektrische Servoantriebe erfordern besondere Bauformen für die Positionieraufgaben, zeigen aber ähnliche Entwicklungen.

Hydraulische und *pneumatische Servoantriebe* sowohl für lineare als auch rotatorische Positionierung werden zunehmend mit integrierter Sensorik und Steuerungselektronik geliefert. Beweggründe sind hierbei die Anwenderforderungen nach einbaufertigen Antrieben, kleinerem Bauraum (Miniaturisierung), schnelle Austauschbarkeit und erweiterte Funktionen, [18].

Mehrachsenroboter und *mobile Roboter* weisen schon von Anfang ihrer Entwicklung an mechatronische Eigenschaften auf.

c) Kraftmaschinen

Maschinen zeigen ein besonders vielfältiges Spektrum. *Kraftmaschinen* sind hierbei durch die Umwandlung einer hydraulischen, thermodynamischen oder elektrischen Energie in eine mechanische Energie und eine Leistungsabgabe gekennzeichnet. *Arbeitsmaschinen* wandeln eine mechanische Energie in eine andere Energieform um und nehmen dabei eine Leistung auf. *Fahrzeuge* wandeln eine mechanische Energie in Bewegung um und nehmen ebenfalls eine Leistung auf.

Beispiele für mechatronische *elektrische Kraftmaschinen* sind z.B. bürstenlose Gleichstrommotoren (elektronische Kommutierung) oder für größere Leistungen drehzahlgeregelte Asynchron- und Synchronmotoren mit frequenzvariablen Stromumrichtern (siehe b).

Verbrennungsmotoren erhalten zunehmend mechatronische Komponenten, besonders im Bereich der Stellsysteme. Benzinmotoren zeigten z.B. folgende Entwicklungsschritte: mikroelektronische Einspritzung und Zündung (1979), elektrische Drosselklappe (1991), Direkteinspritzung mit elektromechanischen und piezoelektrischen Einspritzventilen (2003), variable Ventilhubverstellung (2003), siehe z.B. [19].

Dieselmotoren hatten zunächst rein mechanische Einspritzpumpen (Reiheneinspritzpumpe 1927), dann analog-elektronisch gesteuerte Axial-Kolbenpumpen (1986) und digital-elektronisch gesteuerte Hochdruckpumpen, ab 1997 mit Common Rail System, [20]. Weitere wichtige Entwicklungen waren die Abgas-Turbolader mit Wastegate-Steller oder verstellbaren Leitschaufeln (VTG), etwa ab (1993).

d) Arbeitsmaschinen

Beispiele für mechatronische *Arbeitsmaschinen* sind *Mehrachsen-Werkzeugmaschinen* mit Bahnregelungen, Schnittkraft-Regelung, Werkzeuge mit integrierter Sensorik und Robotertransport der Werkstücke, siehe z.B. [21]. Ergänzend zu den bisher eingesetzten

Werkzeugmaschinen mit offenen kinematischen Ketten zwischen Gestell und Werkzeug und linearen und rotatorischen Achsen mit einem Freiheitsgrad werden Maschinen mit paralleler Kinematik entwickelt. Parallelgeschaltete Streben erlauben mit festen Kopf- oder Fußpunkten eine verbesserte Dynamik und Genauigkeit. Auch bei *hydraulischen Kolbenpumpen* wird die Steuerungselektronik in das Gehäuse integriert. Weitere Beispiele sind *Verpackungsmaschinen* mit dezentralen Antrieben und Bahnführung oder *Offset-Druckmaschinen* mit einem Ersatz der mechanischen Synchronisationswelle durch dezentrale Antriebe mit digital elektronischer Synchronisierung sehr hoher Präzision.

e) Kraftfahrzeuge
Im Bereich der *Kraftfahrzeuge* sind besonders viele mechatronische Komponenten in Serie oder in Entwicklung: Automatische Blockierverhinderung (ABS) (erste Realisierung 1967, in Serie seit 1978), Antriebsschlupf-Regelung (ASR), [22], in Abhängigkeit vom Fahrzustand gesteuerte Stoßdämpfer, [15], [17], geregelte adaptive Stoßdämpfer und Federungen, [23], aktive Fahrwerke, [24], [25], [26], Fahrdynamische Regelung durch differentielles Bremsen (ESP), [27], [28], [29], elektrohydraulische Bremse (2001) und Überlagerungslenkung (2003). Eine ausführlichere Darstellung wird in Abschnitt 1.3 gebracht.

f) Bahnen
Eisenbahnen mit Dampf-, Diesel- oder Elektrolokomotiven folgen einer sehr langen Entwicklung. Für die Wagen ist die mit zwei Drehgestellen und jeweils zwei Achsen versehene Anordnung eine Standardlösung. Eine ABS-Antriebsschlupfregelung kann als erster mechatronischer Ansatz angesehen werden [30]. Die Hochgeschwindigkeitszüge (TGV, ICE) enthalten moderne mit Leistungselektronik ausgestattete Drehstrommotoren. Die Stromabnehmer sind mit einer elektronischen Kraft- und Positionsregelung versehen. Mechatronische Einrichtungen sind die Neigebahnen (1997) und aktiv gedämpfte und lenkbare Fahrgestelle, [31], [32]. Ferner sind Magnetschwebebahnen nach mechatronischen Gesichtspunkten aufgebaut, siehe z.B. [31].

1.2.2 Funktionen mechatronischer Systeme

Mechatronische Systeme erlauben nach Integration von mechanischen und elektronischen Systemen viele verbesserte und auch gänzlich neue Funktionen. Dies soll im Folgenden anhand von Beispielen erläutert werden.

1.2.2.1 Mechanischer Grundaufbau

Die *mechanische Grundkonstruktion* hat zunächst die Aufgabe zu erfüllen, Kraft- bzw. Drehmomentfluss oder den mechanischen Energiestrom zu übertragen, bestimmte Bewegungen oder Bewegungsvorgänge zu erzeugen usw. Hierzu wird nach bekannten Methoden in Abhängigkeit der Werkstoffeigenschaften, den Festigkeitsberechnungen und den fertigungstechnischen Möglichkeiten, Herstellkosten usw. die grundsätzliche Bauteilbemessung und -auslegung vorgenommen, siehe z.B. [5], [33], [34].
Durch Anbringung von Messfühlern, Stellgliedern und analog arbeitenden mechanischen Steuerungen und Regelungen hat man in früheren Jahren auch einen einfachen informati-

onsverarbeitenden Teil mechanisch oder fluidisch realisiert (z.B. Fliehkraft-Drehzahlregler, Membran-Druck- oder Durchfluss-Regler). Dann setzte sich allmählich der Einsatz elektrischer bzw. analoger Regelungen mit elektrischen Sensoren und Aktoren durch. Durch das Aufkommen von digitalen Steuerungen und Regelungen konnte der informationsverarbeitende Teil wesentlich flexibler und anpassungsfähiger gemacht werden, besonders durch die Mikroelektronik ab etwa 1975.

Mit den zunehmenden Verbesserungen, der Miniaturisierung, Robustheit und Leistung elektronischer Komponenten ab etwa 1980 konnte man ein größeres Gewicht auf die elektronische Seite legen und die mechanische Konstruktion von Anfang an im Hinblick auf ein mechanisch-elektronisches Gesamtsystem auslegen. Dabei war auch anzustreben, zu einer größeren *Modularisierung* zu kommen, z.B. durch dezentrale Regelungen, geeignete Schnittstellen, Buskommunikation, montage- und steckfertige Lösungen und eine geeignete Energieversorgung, so dass selbstständig arbeitende Einheiten (Moduls) entstehen konnten. Bei *mechatronischen Systemen* wird nun der mechanische Grundaufbau durch die Integration von Aktoren, Sensorik und die Automatisierungselektronik wesentlich beeinflusst und ist im Hinblick auf das Gesamtsystem zu optimieren, was im Allgemeinen ein iteratives Vorgehen erfordert.

1.2.2.2 Funktionsaufteilung Mechanik – Elektronik

Wie bereits erläutert, spielt bei mechatronischen Systemen das Wechselspiel zwischen der Aufteilung von Funktionen im mechanischen und elektronischen Teil eine wesentliche Rolle. Im Vergleich zu rein mechanischen Lösungen führte bereits die Einführung von Verstärkern und Aktoren mit elektrischer Hilfsenergie zu wesentlichen Vereinfachungen des konstruktiven Aufbaus, wie man z.B. bei Uhren, elektrischen Schreibmaschinen und Kameras beobachten konnte. Eine wesentliche *Vereinfachung des mechanischen Aufbaus* ergab sich durch den Einsatz von Mikrorechnern in Verbindung mit dezentralen elektrischen Antrieben, z.B. bei elektronischen Schreibmaschinen, Nähmaschinen, Mehrachsen-Handhabungsgeräten und automatischen Schaltgetrieben. Zum Teil konnten die ursprünglich mechanisch gelösten Funktionen ganz erheblich vereinfacht werden.

Im Zuge des *Leichtbaus* entstehen relativ elastische und durch den Werkstoff schwach gedämpfte Systeme, die somit zu Schwingungen neigen. Hier kann man nun durch elektronische Rückführung über eine geeignete Sensorik, Elektronik und Aktorik eine *elektronische Dämpfung* verwirklichen und sie auch noch einstellbar machen. Beispiele sind elastische Roboter, elastische Antriebsstränge, Dieselmotoren mit Antiruckeldämpfung, hydraulische Systeme, Hebebühnen und weit auskragende Kräne oder Leitern und Konstruktionen im Weltraum.

Durch den Einbau von *Regelungen* z.B. für Position, Geschwindigkeit oder Kraft kann nicht nur eine vorgegebene Führungsgröße relativ genau eingehalten werden, sondern es kann auch ein näherungsweises *lineares Gesamtverhalten* erzeugt werden, obwohl das ungeregelte mechanische System nichtlineares Verhalten besitzt. Durch den *wegfallenden Zwang der Linearisierung* des mechanischen Teils kann der konstruktive und fertigungstechnische Aufwand kleiner gehalten werden. Beispiele sind mechanisch einfach aufgebaute pneumatische oder elektromagnetische Aktoren mit ihren nichtlinearen Kennlinien oder Durchflussventile.

Mit Hilfe von frei *programmierbaren Führungsgrößengebern* kann die Anpassung eines nichtlinearen mechanischen Systems an die Bedienung durch den Menschen verbessert werden. Hiervon wird z.B. beim elektronischen Gaspedal (Fahrregler) von Verbrennungsmotoren, beim elektronischen Bremspedal, bei hydraulischen Aggregaten (Bagger, Schwerlastfahrzeuge) und bei ferngesteuerten Manipulatoren und Flugzeugen Gebrauch gemacht.

Mit zunehmender Anzahl von Sensoren, Aktoren, Schaltern und Steuerungen oder Regelungen wächst jedoch die Zahl der erforderlichen Kabelverbindungen beträchtlich an, so dass nicht nur hohe Kosten, zusätzliches Gewicht und viele Kontaktstellen entstehen, sondern auch der erforderliche Bauraum knapp wird (z.B. Roboter, Kraftfahrzeuge). Hier schafft die Verwendung von digitalen Bussystemen eine Abhilfe. Wegen der größeren Zahl an Komponenten, die im Vergleich zum rein mechanischen System ein anderes, meist ungünstigeres Ausfallverhalten haben, wird die *Zuverlässigkeitsanalyse* ein wichtiger Teil des Entwurfs.

1.2.2.3 Betriebseigenschaften

Bei Verwendung von Regelungen wird die *Präzision* einer Positionierung durch einen Vergleich von Soll- und Istwert über eine Rückführung erreicht und nicht alleine durch eine hohe mechanische Präzision eines nur gesteuerten mechanischen Elements. Dadurch kann unter Umständen die Präzision in der Fertigung etwas reduziert werden oder es können einfachere mechanische Bauformen (Lager, Führungen) verwendet werden (mechanische Entfeinerung). Eine größere und veränderliche Reibung lässt sich dabei durch eine *adaptive Regelung* mit Reibungskompensation zumindest teilweise kompensieren. Dann kann auch eine größere Reibung anstelle von Lose toleriert werden (z.B. verspannte Getriebe). Modellbasierte und adaptive Regelungen erlauben ferner einen Betrieb in mehreren Arbeitspunkten, in denen bei konstanten Regelungen mit instabilem oder zu trägem dynamischen Verhalten gerechnet werden muss. Dadurch wird ein Betrieb in größeren Bereichen möglich (z.B. Durchfluss-, Kraft-, Drehzahl-Regelungen, Fahrzeuge und Flugzeuge). Eine bessere Regelgüte erlaubt es in vielen Fällen, die Sollwerte *näher an Grenzwerte* mit besseren Wirkungsgraden oder Ausbeuten zu legen (z.B. höhere Temperaturen, Verdichter an der Pumpgrenze, größerer Bandzug und größere Geschwindigkeiten bei Papiermaschinen und Walzwerken).

1.2.2.4 Neue Funktionen

Nach mechatronischen Gesichtspunkten ausgelegte Systeme ermöglichen eine Reihe von Funktionen, die vorher nicht realisierbar waren.

Zunächst können über einige messbare Größen und analytische Beziehungen oder dynamische Zustandsbeobachter *nichtmessbare Größen* bestimmt und durch Steuerungen und Regelungen gezielt beeinflusst werden. Beispiele sind zeitabhängige Variable wie Reifen/Straße-Schlupf, Grundgeschwindigkeit und Schwimmwinkel bei Fahrzeugen, innere Spannungen und Temperaturen oder Parameter wie Dämpfungen, Steifigkeiten oder Widerstände.

Die selbsttätige *Adaption von Parametern* wie z.B. Dämpfungen und Steifigkeiten bei schwingenden Systemen aufgrund einfacher gemessener Größen wie Schwingungswegen oder -beschleunigungen ist ebenfalls eine neue Möglichkeit. Eine weitere Verbesserung kann durch eine automatische *Online-Optimierung* in Bezug auf Wirkungsgrade, Ausbeuten oder Verbräuche erreicht werden. Dies betrifft z.B. Schaltvorgänge bei Verbrennungsmotoren oder Hybrid-Antrieben bei Kraftfahrzeugen.

Eine integrierte *Überwachung mit Fehlerdiagnose* wird bei zunehmender Komplexität und hohen Anforderungen an Zuverlässigkeit und Sicherheit immer wichtiger. Dies ermöglicht über die Berechnung von analytischen Symptomen eine Fehlerfrüherkennung mit einem Hinweis auf Wartung oder Reparatur z.B. auch mit Teleservice über bestehende Kommunikationskanäle. Eine weitere Möglichkeit ist der Aufbau von *fehlertoleranten Systemen*, die im Fehlerfall durch eine Rekonfiguration auf redundante Einheiten automatisch umschalten, um so einen Betrieb aufrecht zu erhalten.

1.2.2.5 Sonstige Entwicklungen

Mechatronisch gestaltete Systeme erlauben häufig eine *flexible Anpassung* an Randbedingungen. Ein Teil der Funktionen und auch der Präzision wird *programmierbar* und daher schneller änderbar. Dies ermöglicht nicht nur die simultane Entwicklung von Hardware und Software, sondern gestattet laufende Änderungen während der Entwicklung und der Inbetriebnahme (Feldtests) und spätere Software-updates. Voraussimulationen erlauben die Reduktion von experimentellen Untersuchungen mit vielen Parametervariationen. Insgesamt scheint eine *schnellere Markteinführung* möglich zu sein, wenn die Grundelemente parallel entwickelt werden und die funktionelle Integration besonders durch Software erfolgt.

Die weit gehende Integration von Prozess und Elektronik ist einfacher, wenn der Kunde das funktionsfähige System *von einem Hersteller* bezieht. In der Regel ist das der Hersteller der Maschine, des Gerätes oder Apparates. Dieser muss sich deshalb intensiv mit der Elektronik und der Informationsverarbeitung auseinandersetzen und bekommt die Chance, das Produkt aufzuwerten. Bei kleineren Geräten und Maschinen mit relativ großen Stückzahlen ist diese Entwicklung selbstverständlich. Für größere Maschinen und Apparate kommen der Prozess und die Automatisierung oft von verschiedenen Herstellern. Dann bedarf es besonderer Anstrengungen, zu einer integrierten Lösung zu kommen.

1.2.3 Integrationsformen von Prozess und Elektronik

Für die Entwicklung mechatronischer Systeme ist die Betrachtung als integriertes Gesamtsystem wesentlich. Bild 1-5a) zeigt als Ausgangsbasis ein prinzipielles Schema für klassisch angeordnete mechanisch-elektronische Systeme mit additiv zusammengefügten Komponenten. Hiervon ausgehend, können zwei Formen der Integration, die Integration durch die Komponenten und die Integration durch die Informationsverarbeitung unterschieden werden.

Bei der *Integration durch die Komponenten* (Hardwareseitige Integration) erfolgt die Integration durch einen „organischen" Einbau der Sensoren, Aktoren und Mikrorechner in den mechanischen Prozess, siehe Bild 1-5b). Diese örtliche oder bauliche Integration kann zunächst auf den Prozess und Sensor oder den Prozess und Aktor beschränkt sein.

1.2 Mechatronische Systeme

Der Mikrorechner kann mit dem Aktor, Prozess oder Sensor integriert werden und mehrfach vorkommen. Integrierte Sensoren und Mikrorechner entwickeln sich zu intelligenten Sensoren (smart sensors), integrierte Aktoren und Mikrorechner zu intelligenten Aktoren (smart actuators). Dadurch steigen die Anforderungen an die mikroelektronischen Komponenten wegen der erhöhten Umgebungsanforderungen (Temperaturen, Beschleunigungen, Verschmutzung) stark an.

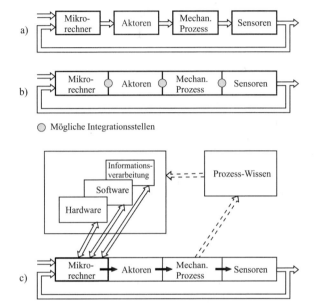

Bild 1-5:
Zur Integration bei mechatronischen Systemen a) Allgemeines Schema für (klassische) mechanisch-elektronische Systeme; b) Integration durch Komponenten (Hardware-Integration), c) Integration durch Funktionen (Software-Integration) (mit erfolgter Integration der Komponenten)

Die *Integration durch die Funktionen* (Softwareseitige Integration, algorithmische Integration, funktionelle Integration durch Informationsverarbeitung), beruht hauptsächlich auf modernen Methoden der Mess-, Regelungs- und Automatisierungstechnik. Neben einer Grundrückführung wie in Bild 1-5b) ist häufig eine zusätzliche Einflussnahme über eine entsprechende höhere Informationsverarbeitung mit speziellem Prozess-Wissen erforderlich, Bild 1-5c). Dies bedeutet eine Verarbeitung der vorliegenden Signale in höheren Ebenen. Hierbei sind Aufgaben der Überwachung (ohne und mit Fehlerdiagnose) und Aufgaben des Prozessmanagements (z.B. Optimierung, Koordinierung) durchzuführen. Die entsprechenden Problemlösungen sind in einer *Online-Informationsverarbeitung* als Echtzeit-Algorithmen realisiert und müssen an die Eigenschaften des mechanischen Prozesses und die zur Verfügung stehende Basis-Software angepasst werden. Zum Entwurf dieser Algorithmen, zur Informationsgewinnung über den Prozess und zur Einhaltung von Gütekriterien wird eine mehr oder weniger ausgeprägte Wissensbasis benötigt. Somit ergibt sich eine prozessgekoppelte Informationsverarbeitung mit eventuell intelligenten Eigenschaften, und damit eine funktionelle Integration aller Komponenten über die Software, wie in Bild 1-6 zusammenfassend dargestellt.

Die meisten bisherigen Ansätze für mechatronische Systeme verfolgen die Signalverarbeitung der unteren Ebenen, also z.B. Regelung oder Dämpfung von Bewegungen oder einfache Überwachungen. Die digitale Informationsverarbeitung erlaubt aber die Lösung von wesentlich mehr Aufgaben, z.B. Überwachung mit Fehlerdiagnose, Entscheidungen für Redundanzmaßnahmen, Optimierung und Koordinierung. Die Aufgaben der oberen Ebene werden auch als „Prozessmanagement" zusammengefasst. Die Informationsverarbeitung in mehreren Ebenen unter Echtzeitbedingungen ist Kennzeichen einer umfassenden „Prozessautomatisierung".

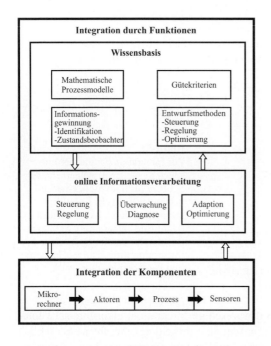

Bild 1-6:
Integration mechatronischer Systeme: Integration durch Komponenten (Hardware), Integration durch Funktionen (Software)

Wegen der zunehmenden Zahl von automatisierten Funktionen, elektronischen Komponenten, Sensoren, Aktoren und der größeren Komplexität werden die Analyse der *Zuverlässigkeit* und *Sicherheit* und eine integrierte *Überwachung mit Fehlerdiagnose* zunehmend wichtiger. Die zugehörigen Funktionen sind daher Eigenschaften eines intelligenten mechatronischen Systems. Intern oder extern entstehende Fehler im Prozess, den Sensoren und Aktoren erzeugen nicht erlaubte Abweichungen vom normalen Zustand. Die klassischen Methoden der Überwachung sind die Grenzwertkontrolle oder Plausibilitätstests. Jedoch können mit diesen Methoden keine kleinen oder sporadisch auftretenden Fehler erkannt und diagnostiziert werden. Deshalb wurden in den letzten Jahren modellbasierte Fehlererkennungs- und Diagnosemethoden entwickelt, die mit den normal gemessenen Signalen auskommen und auch im geschlossenen Regelkreis arbeiten, siehe z.B. [35], [36], [37], [38].

1.2.4 Entwurfsmethodik für mechatronische Systeme

Der Entwurf von mechatronischen Systemen erfordert eine systematische Entwicklung möglichst mit Rechnerunterstützung und Softwaretools. Das Vorgehen ist, wie bei fast allen Entwürfen, iterativ mit mehreren Durchläufen (Zyklen). Es ist jedoch wegen der unterschiedlichen Schnittstellen, verschiedenen physikalischen Domänen, Komplexität und Integrationsforderungen wesentlich aufwändiger als für rein mechanische oder elektrische Systeme.

Somit erfordert das mechatronische Gestalten ein simultanes Vorgehen in breit angelegten Ingenieurbereichen. Bild 1-7 zeigt dies in einem Schema. Beim traditionellen Entwurf wurden Mechanik, Elektrik und Elektronik, Regelungstechnik und Bedientechnik in verschiedenen Abteilungen durchgeführt, mit nur gelegentlichen Abstimmungen und oft hintereinander (bottom-up-design). Durch die Integrations- und Funktionsforderungen der Mechatronik müssen diese Bereiche zusammengeführt und das Produkt mehr oder weniger gleichzeitig zu einem Gesamtoptimum gebracht werden (concurrent engineering, top-down-design). Dazu müssen in der Regel geeignet zusammengesetzte Teams gebildet werden.

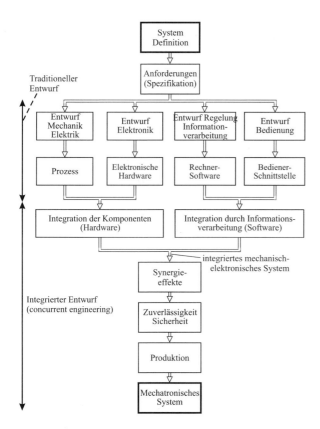

Bild 1-7: Entwurf mechatronischer Systeme in verschiedenen Disziplinen

Das prinzipielle Vorgehen beim Entwurf mechatronischer Systeme wird z.B. in der VDI-Richtlinie 2206 [39] beschrieben. Dabei wird ein *flexibles Vorgehensmodell* angegeben, das aus folgenden Elementen besteht:

1. Problemlösungszyklen als Mikrozyklus
- Lösungssuche durch Analyse und Synthese für Teilschritte
- Vergleich von Ist- und Sollzustand
- Bewertung, Entscheidung
- Planung

2. Makrozyklus in Form eines V-Modells
- Logische Abfolge von Teilschritten
- Anforderungen
- Systementwurf
- Domänenspezifischer Entwurf
- Systemintegration
- Eigenschaftsabsicherung (Verifikation, Validierung)
- Modellbildung (flankierend)
- Produkte: Labormuster, Funktionsmuster, Vorserienprodukt

3. Prozessbausteine für wiederkehrende Arbeitsschritte
- Wiederkehrende Prozessbausteine
- Systementwurf, Modellbildung, Bauelemente-Entwurf, Integration, ...

Beim V-Modell nach [39] wird nach Systementwurf und Systemintegration mit jeweils domänenspezifischem Entwurf in Maschinenbau, Elektrotechnik und Informationstechnik als verbindenden Zwischenschritt unterschieden. Dabei sind in der Regel mehrere Durchläufe erforderlich, um z.B. folgende Zwischenprodukte zu erzeugen:

- *Labormuster*: erste Wirkprinzipien und Lösungselemente, Grobdimensionierung, erste Funktionsuntersuchungen
- *Funktionsmuster*: Weiterentwicklung, Feindimensionierung, Integration verteilter Komponenten, Leistungsmessungen, Standard-Schnittstellen
- *Vorserienprodukt*: Berücksichtigung der Fertigungstechnik, Standardisierung, weitere, modulare Integrationsstufen, Kapselung, Feldtests.

Die V-Modell-Darstellung geht vermutlich auf die Software-Entwicklung zurück, [40], [41]. Einige wichtige Entwurfsschritte für mechatronische Systeme sind in Bild 1-8 in Form eines erweiterten V-Modells dargestellt. Es unterscheidet zwischen *Systementwurf* bis zu einem Labormuster, der *Systemintegration* bis zum Funktionsmuster und *Systemtests* bis zum Vorserienprodukt.

Beim Durchschreiten der einzelnen Stufen des V-Modells nimmt der Reifegrad des Produkts allmählich zu. Die einzelnen Schritte sind jedoch um viele Iterationen zu ergänzen, die in dem Bild nicht eingezeichnet sind.

1.2 Mechatronische Systeme

Abhängig vom Typ des Produkts ist der *Grad der mechatronischen Durchdringung* unterschiedlich. Für feinmechanische *Geräte* ist die Integration bereits weit fortgeschritten. Bei *mechanischen Komponenten* kann man auf bewährte Grundkonstruktionen aufbauen und durch Ergänzungen und Umwandlungen Sensoren, Aktoren und die Elektronik integrieren, wie z.B. bei adaptiven Fahrzeugstoßdämpfern, hydraulischen Bremsen, fluidischen Aktoren. Bei *Maschinen* und *Fahrzeugen* ist zu beobachten, dass die mechanische Grundkonstruktion (zunächst) im Prinzip erhalten bleibt, aber durch mechatronische Komponenten ergänzt wird, wie z.B. bei Werkzeugmaschinen, Verbrennungsmotoren und Kraftfahrzeugen.

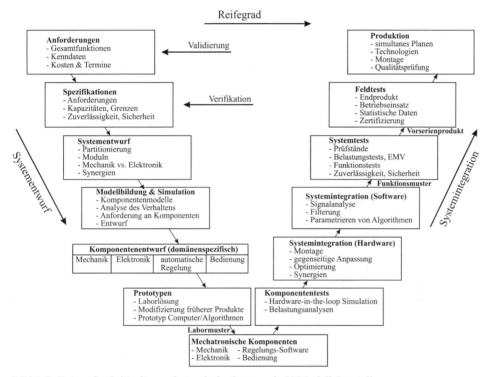

Bild 1-8: Entwurfsschritte für mechatronische Systeme in V-Modell-Darstellung

1.2.5 Rechnergestützter Entwurf von mechatronischen Systemen

Beim Entwurf von mechatronischen Systemen ist ein allgemeines Ziel, rechnergestützte Werkzeuge aus verschiedenen Bereichen zusammenzuführen. Eine Übersicht gibt [42], [44]. Das KOMFORCE-Modell, [41], unterscheidet folgende Integrationsebenen:

- *Verfahrenstechnische Ebene*: spezifische Produktentwicklung, CAE-Werkzeuge
- *Prozesstechnische Ebene*: Aufgabenpakete, Status, Prozessmanagement, Datenfluss
- *Modelltechnische Ebene*: Gemeinsames Produktmodell für den Datenaustausch (STEP)
- *Systemtechnische Ebene*: Kopplung der IT-Werkzeuge mit z.B: CORBA, DCOM, JAVA.

Zum *domänenspezifischen Entwurf* dienen die allgemeinen CASE-tools, wie z.B. CAD/CAE für die Mechanik, 2D, 3D-Entwurf mit AutoCAD, CFD-tools für Fluidik, Elektronik und Platinen-Layout (PADS), Mikroelektronik (VHDL) und CADCS-tools für den Regelungsentwurf, siehe z.B. [43].

Für die domänenübergreifende Modellbildung ist besonders eine *objektorientierte Software* unter Verwendung allgemeiner Modellbildungsgesetze von Interesse. Die Modelle verschiedener Elemente werden zunächst nichtkausal mit den grundlegenden Gesetzen formuliert in Bibliotheken abgelegt, dann mit graphischer Unterstützung (Objektdiagramme) gekoppelt und als Ein-Ausgangsmodell dargestellt, wobei Methoden der Vererbung zur Wiederverwendbarkeit eingesetzt werden.

Beispiele hierzu sind MODELICA (Weiterentwicklung von DYMOLA), MOBILE, VHDL-AMS, 20 SIM, siehe z.B. [44], [45], [46], [47], [48], [49]. Ein weit verbreitetes Simulations- und Dynamik-Entwurfstool ist MATLAB/SIMULINK.

Für die Entwicklung mechatronischer Systeme sind verschiedene *Simulationsumgebungen* von Bedeutung, wie aus dem V-Modell, Bild 1-8, hervorgeht. Bei der *Software-in-the-Loop* (SiL) Simulation werden z.B. der Prozess und seine Regelung in einer höheren Sprache simuliert, um grundsätzliche Untersuchungen zu machen, siehe Bild 1-9. Dies erfolgt nicht in Echtzeit und dient z.B. dazu, sowohl im Prozessverhalten als auch in der Regelungsstruktur noch frühzeitig Änderungen vorzunehmen, ohne Prototypen zu bauen.

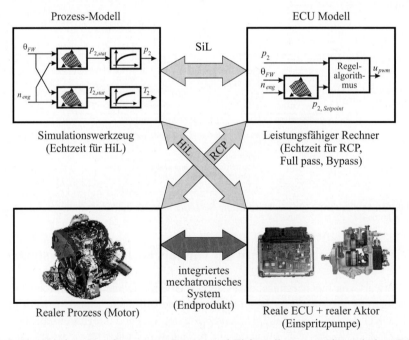

Bild 1-9: Verschiedene Kopplungen von Prozess und Elektronik zum mechatronischen Entwurf. SiL: Software-in-the-Loop; RCP: Rapid control prototyping; HiL: Hardware-in-the-Loop

Wenn erste mechatronische Prototypen existieren, aber noch Zielhardware der Steuerung oder Regelung fehlt, dann kann das Rapid-control-prototyping (RCP) eingesetzt werden. Hierbei arbeitet der Mechatronik-Prototyp als Echtteil mit der simulierten Regelung auf einem Prüfstand zusammen, um z.B. Regelalgorithmen unter realen Bedingungen zu testen. Der Prototyping-Rechner ist ein leistungsfähiger Echtzeit-Rechner mit einer höheren Sprache.

Die *Hardware-in-the-Loop* (HiL) Simulation wird eingesetzt, um mit der Zielhardware (ECU) und der Zielsoftware verschiedene Tests im Labor mit dem in Echtzeit auf einem leistungsfähigen Rechner simulierten Prozess durchzuführen. Hier können dann auch extreme Betriebs- und Umgebungssituationen, auch mit Fehlern, untersucht werden, die mit dem echten Prozess am Prüfstand oder als Fahrzeug zu gefährlich oder zu aufwändig sind. Diese HiL Simulation erfordert spezielle Elektronik zur Nachbildung der Sensorsignale und schließt oft die echten Aktoren (z.B. Hydraulik, Pneumatik oder Einspritzpumpen) mit ein. Durch diese Simulationsmethoden kann auch bei zeitlich nicht synchroner Entwicklung auf der Prozess-, Elektronik- oder Softwareseite weiter gearbeitet werden. Der derzeitige Stand dieser Entwicklungs- und Testumgebungen ist z.B. [39] beschrieben.

1.3 Mechatronische Komponenten im Kraftfahrzeug – eine kurze Übersicht

Mechatronische Komponenten und Systeme zeigen insbesondere für Kraftfahrzeuge einen bereits weit entwickelten Stand. Dies hängt damit zusammen, dass große Fortschritte in Bezug auf aktive Sicherheit und Fahrkomfort erreichbar sind, eine Integration wegen kleinem Bauraum, niederem Gewicht, hoher Zuverlässigkeit und wegen verschiedener Zulieferer erforderlich ist und große Stückzahlen kostengünstige Produkte ermöglichen. Bild 1-10 gibt eine Übersicht von aktuellen in Serie befindlichen mechatronischen Systemen.

Einige mechatronische Fahrzeugsysteme wurden bereits in Abschnitt 1.1 genannt. Die Einführung mechatronischer Komponenten bei *Verbrennungsmotoren* begann noch früher, bereits 1967 mit den analog realisierten elektronischen Einspritz- und Zündsystemen für Benzinmotoren, dann 1979 mit digitalen Mikrorechnern. Etwa ab 1979 wurde die elektrische Drosselklappe eingeführt, verbunden mit Leerlaufdrehzahl-Regelung, Schubabschaltung und λ-Regelung für den Katalysator-Betrieb. Automatische hydrodynamische Getriebe wurden ab etwa 1983 mikroelektronisch gesteuert, automatisierte Schaltgetriebe mit Doppelkupplung 2003 eingeführt. Jüngere Entwicklungen sind bei Dieselmotoren Commonrail-Hochdruck-Einspritzung (1997), Turbolader mit stellbaren Leitschaufeln (VTG, 1993), geregelte Abgasrückführung, Partikelrußfilter mit Regenerationszyklen (2004) und bei Benzinmotoren Direkteinspritzung (2000), Saugrohrverstellung und Ventile mit stellbaren Steuerzeiten und Hüben (2001).

Im Folgenden werden einige *Beispiele mechatronischer Entwicklungen* für Kraftfahrzeuge kurz betrachtet.

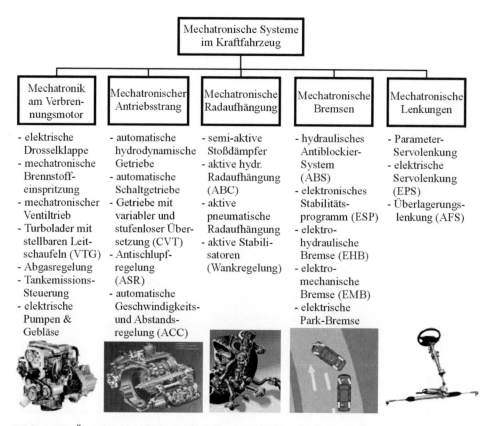

Bild 1-10: Übersicht mechatronischer Systeme und Komponenten in Kraftfahrzeugen und Verbrennungsmotoren

1.3.1 Mechatronische Radaufhängungen

Um sowohl den Fahrkomfort als auch die Fahrsicherheit zu beeinflussen, werden semi-aktive oder aktive Komponenten in den Radaufhängungen bzw. Fahrwerken vorgesehen, die es ermöglichen das Fahrwerk-System an verschiedene Fahrsituationen anzupassen. Bekanntlich ist die Aufbaubeschleunigung $\ddot{z}_B$ ein Maß für den Komfort der Passagiere und die dynamische Radaufstandskraftvariation F_{zdyn} ein Maß für Fahrsicherheit, da sie die übertragbaren Kräfte zwischen Rad und Straße bestimmt. Üblicherweise wird mit fest eingestellten Federungen und Stoßdämpfern ein Kompromiss im Zusammenhang zwischen $\ddot{z}_B$ und F_{zdyn} in Abhängigkeit der fahrdynamischen Auslegungen vorgenommen.
Semi-aktive Stoßdämpfer erlauben es, die Dämpfungskennlinie an variable Last, den Einfederweg und die Einfedergeschwindigkeit anzupassen, z.B. durch ein aktives elektromagnetisches Drosselventil, Bild 1-11, [16], [23]. Neue Möglichkeiten ergeben sich hierbei mit elektro-rheologischen Fluiden, [50].

1.2 Mechatronische Systeme

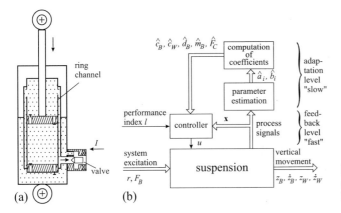

Bild 1-11:
a) semiaktiver Stoßdämpfer;
b) adaptive Regelung

Aktive Radaufhängungen ermöglichen die Erzeugung von Zusatzkräften, eventuell in Ergänzung zu passiven Stahlfedern. Diese können als hydraulische, hydro-pneumatische oder pneumatische Systeme realisiert werden. Die erforderliche Zusatzleistung ist bei Personenkraftwagen für eine aktive Bandbreite zwischen 0 und 5 Hz ungefähr 1–2 kW, für 0–12 Hz ungefähr 2–7 kW. Bild 1-12 zeigt als Beispiel eine hydraulische aktive Radaufhängung mit einem hydraulischen Plunger-System, das am Kopfende einer Stahlfeder wirkt, [51]. Dieses System wurde entworfen, um niederfrequente Aufbaubeschleunigungen ($f < 2$ Hz) durch Wanken und Nicken und höher frequente Straßenanregungen ($f < 6$ Hz) zu reduzieren. Es wird durch eine Zustands-Regelung geregelt, wobei als Messgrößen die Radeinfederung z_{BW} und Aufbaubeschleunigung $\ddot{z}_B$ verwendet wird. Eine Übersicht über mechatronische Radaufhängungen ist z.B. in [52] und eine modellbasierte Fehlererkennung dieser aktiven Radaufhängung in [53] zu finden.

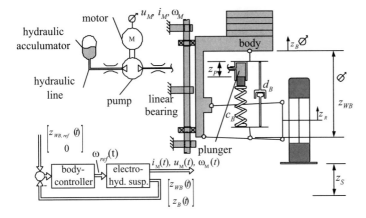

Bild 1-12:
Aktive hydraulische Radaufhängung
(ABC, Mercedes CL und S-Klasse), [53]

1.3.2 Mechatronische Bremssysteme

Die konventionelle hydraulische Fahrzeugbremse besteht aus zwei unabhängigen, redundanten hydraulischen Kreisen und wird über einen pneumatischen Bremskraftverstärker betätigt, der mit Unterdruck als Hilfsenergie arbeitet. Die Ergänzung von Fahrerassistenzfunktionen, wie ABS und ESP bewirkt jedoch, dass das hydraulische Bremssystem durch die Hinzunahme von Hydraulikpumpe, Hydraulikspeicher und mehreren magnetischen Schaltventilen wesentlich komplexer wurde. Um weitere Funktionen zu realisieren, Bauraum und Montagekosten zu sparen und auch die passive Sicherheit zu erhöhen, wurden zwei Typen von mechatronischen Brake-by-wire Systeme entwickelt, die elektrohydraulische Bremse (EHB), seit 2001 in Serienproduktion (Mercedes SL und E-Klasse) und die elektromechanische Bremse (EMB), für die bisher Prototypen existieren, siehe Bild 1-13.

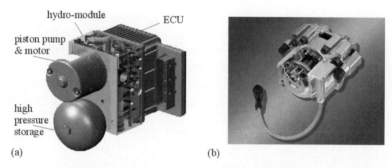

Bild 1-13: Beispiele für Brake-by-wire Komponenten: a) Elektrohydraulische Bremse (EHB), [Bosch]; b) Elektromechanische Bremse (EMB), [Continental Teves]

Zwei Stufen für die Entwicklung von mechatronischen Bremssystemen zeigt Bild 1-14. Im Fall der konventionellen hydraulischen Bremse besteht eine mechanische Kopplung zwischen dem Pedal und dem hydraulischen Tandem-Hauptzylinder. Hierzu parallel angeordnet ist der pneumatische Bremskraftverstärker. Wenn dieser ausfällt, besteht die rein mechanische Verbindung, um dann eine (größere) Pedalkraft vom Fahrer auf das Hydrauliksystem zu übertragen. Der Hydraulik-Zylinder arbeitet mit zwei unabhängigen hydraulischen Kreisen, die parallel angeordnet sind. Dies bedeutet, dass das konventionelle Bremssystem gegenüber einem Ausfall eines der beiden hydraulischen Bremskreise fehlertolerant ist. Fällt die elektronische Regelung des ABS-Systems aus, geht das Bremssystem im Sinne eines Fail-safe-Prinzips in die konventionelle hydraulische Bremse über.

Ein erster Schritt in Richtung Brake-by-wire ist die elektrohydraulische Bremse (EHB), Bilder 1-13a) und 1-14a). Hier bekommt das mechanische Pedal Sensoren für den Pedalweg und einen hydraulischen Druck des Bremsdruck-Simulators, [54], [55]. Diese Pedalsignale gehen an den EHB-Mikrorechner, der die Sollwerte für vier getrennte Hydraulikdruck-Regelkreise mit proportional wirkenden Magnetventilen gibt. Diese stellen den Fluss des Hydraulikfluids von einem Druckspeicher mit etwa 160 bar zu den Radbremszylindern.

1.2 Mechatronische Systeme

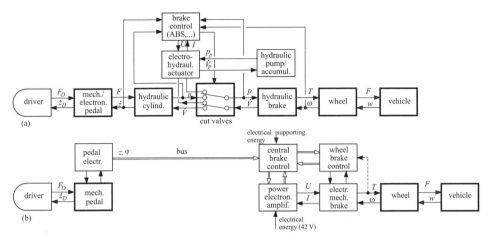

Bild 1-14: Signalflussdiagramm für verschiedene mechatronische Bremssysteme: a) elektrohydraulische Bremse (EHB) mit hydraulischer Rückfallebene; b) elektromechanische Bremse (EMB) ohne mechanische Rückfallebene

Dadurch können für alle vier Räder individuelle Bremsdrücke geregelt erzeugt werden. Bei einem Ausfall des elektronischen Teils wird die Trennung zwischen dem Pedal und den Radbremsen durch Öffnen von Trennventilen aufgehoben. Deshalb existiert hier eine hydraulische Rückfallebene, um ein Fail-safe-Verhalten wie für eine konventionelle hydraulische Bremse zu erzeugen, z.B. mit den Vorderradbremsen.

Die elektromechanische Bremse (EMB), siehe Bilder 1-13b) und 1-14b), verzichtet vollständig auf Hydraulikflüssigkeit. Das Bremspedal erzeugt über redundante Sensoren, die über zwei Bussysteme an einen zentralen Bremsrechner gehen und entweder direkt oder über weitere radindividuelle Bremsrechner die elektromotorische Bremse in Aktion setzen. Da hier weder eine mechanische noch eine hydraulische Rückfallebene existiert, ist eine klassische Fail-safe Lösung nicht möglich. Deshalb muss der elektronische und elektrische Teil fehlertolerant aufgebaut sein, wie z.B. in Bild 1-15 gezeigt. Beide mechatronischen Bremssysteme, EHB und EMB, haben viele Vorteile mit Bezug auf die Steuerungs- und Regelungsfunktionen, wie z.B. die sehr kurz Verzögerungszeit nach Bremsbetätigung, elektrische Eingänge für überlagerte Fahrdynamik-Reglungen, rad-individuelle Vorgabe von Bremskräften, frühzeitiges Anlegen der Bremsklötze an die Bremsscheiben (zur schnellen Reaktion und zum Trocknen bei Regen), optimiertes Bremsen in Kurven und volle Diagnostizierbarkeit.

Ein weiterer Vorteil ist die kontinuierlich einstellbare Bremskraft für ABS-Funktionen, anstelle der 3-Punkt-Schaltaktionen des ABS-Systems bei der hydraulischen Bremse. Bild 1-16 zeigt zum Beispiel eine modellbasierte ABS-Bremsung mit einer EHB, wobei zu erkennen ist, dass die starken Fluktuationen der Raddrehzahlen im Vergleich zum konventionellen ABS wesentlich kleiner sind und ein Schlupf nahe des Optimums und sogar im instabilen Bereich, falls erforderlich, der μ-Schlupf-Kurve erreichbar ist, [56], [57].

Außer der elektrohydraulischen Bremse ist die weitere Einführung von Brake-by-wire-Systemen zurzeit noch nicht entschieden.

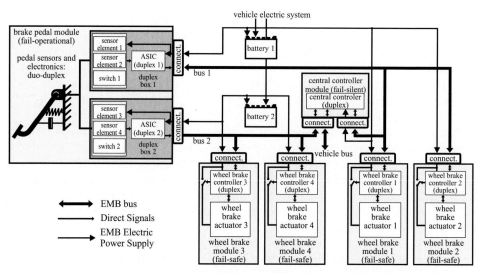

Bild 1-15: Fehlertolerantes elektromechanisches Bremssystem (EMB) (Prototyp), [58]

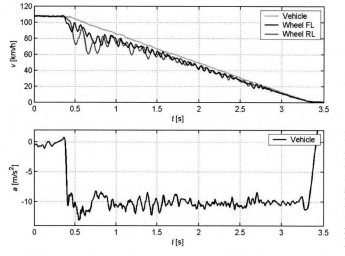

Bild 1-16:
ABS-Bremsung mit einer EHB und einer modellbasierten Schlupfregelung auf trockenem Asphalt. Die nichtlineare, adaptive Schlupfregelung erzeugt maximal realisierbare Bremskraft, [57].

1.3.3 Mechatronische Lenksysteme

Die ersten hydraulischen Servolenksysteme wurden etwa 1945 in USA eingeführt. Sie benötigen in der Regel eine vom Motorriemen angetriebene Lenkhilfspumpe und erzeugen z.B. vom Lenkwinkel gesteuerte Zusatzlenkkräfte über einen Zylinder auf die Lenkstange. Diese klassische Servolenkung wurde kontinuierlich weiter entwickelt, z.B. durch eine mechanisch realisierte variable Lenkübersetzung in Abhängigkeit des Lenkwinkels, automatische Mitteneinstellung und Anpassung der Lenkkraft an die Geschwindigkeit

1.2 Mechatronische Systeme

(Parameterlenkung). Bild 1-17 zeigt einige Stufen der Entwicklung von mechatronischen Lenksystemen. Seit etwa 1996 existiert für kleinere Fahrzeuge die elektrische Servolenkung (EPS), [59]. Sie erlaubt zum ersten Mal einen elektrischen Eingang zur Betätigung der Lenkung. Für größere Fahrzeuge wird die klassische hydraulische Servolenkung (HPS) parallel wirkend durch einen Elektromotor ergänzt (EPS), so dass auch hier elektrische Eingänge, z.B. zum automatischen Parken, möglich werden. Eine jüngste Entwicklung ist die Überlagerungslenkung (AFS), die 2003 von BMW eingeführt wurde, wobei Zusatz-Lenkwinkel von einem Gleichstrommotor über ein Planetengetriebe erzeugt werden, [60]. Durch diese Konstruktion wird die mechanische Verbindung zwischen dem Lenkrad und den Rädern erhalten, und es können elektrische Eingangsgrößen zusätzlich Lenkwinkel der Vorderräder relativ schnell erzeugen. Dies ermöglicht die Zunahme der Lenkübersetzung mit kleiner werdender Geschwindigkeit (z.B. zum Parken). Eine sehr schnell eingreifende dynamische Lenkwinkelerzeugung erlaubt eine Regelung des Gierwinkels zusätzlich zum ESP und auch eine Seitenwindkompensation, siehe auch Bild 1-18.

Diese Überlagerungslenkung erlaubt dann ferner mit aktiven Stabilisatoren (hydraulische Drehmoment-Aktoren) weitere Verbesserungen der Lenkagilität und des Fahrverhaltens in kritischen Fahrzuständen, [60], [61], [62]. Die aktiven Stabilisatoren erzeugen dabei eine gegenläufige Veränderung der Steifigkeit des Stabilisators von Vorder- und Hinterachse um der Lenkung ein mehr untersteuerndes oder mehr übersteuerndes Verhalten zu geben.

Viele der aktiven fahrdynamischen Systeme bei Kraftfahrzeugen erfordern eine *integrierte Gesamtbetrachtung* von Fahrzeug, Motor und Antriebsstrang mit der jeweiligen Sensorik, der Aktorik, den Steuerungen und Regelungen. Dies ist eine typische Aufgabe beim Entwurf von mechatronischen Systemen. Hierzu sind zunehmend *modellgestützte Methoden* zur fahrdynamischen Vermessung (Identifikation), zur Simulation (Software-in-the-Loop, Control Prototyping, Hardware-in-the-Loop) und zum Entwurf der zahlreichen Steuer- und Regelfunktionen erforderlich, einschließlich Kalibrierung (Einmal-Adaption) und zunehmend Online-Adaption im Betrieb.

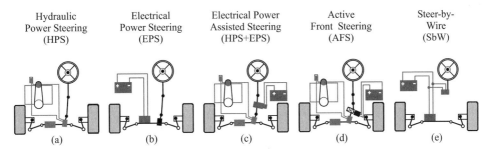

Bild 1-17: Mechatronische Lenksysteme, a) Konventionelle hydraulische Servolenkung (HPS, seit ca. 1945); b) Elektrische Servolenkung (EPS), für kleinere Fahrzeuge seit ca. 1996; c) Elektrisch unterstützte hydraulische Servolenkung (HPS + EPS) für größere Fahrzeuge; d) Überlagerungslenkung (AFS) mit Planetengetriebe und GS-Motor (2003); e) Steer-by-wire (SbW)

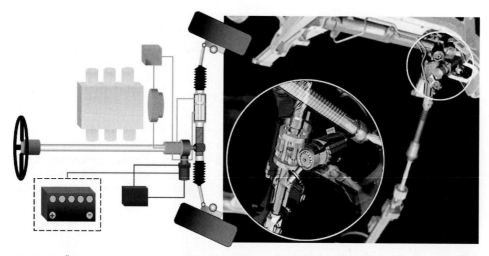

Bild 1-18: Überlagerungslenkung mit Planetengetriebe und bürstenlosem Gleichstrommotor [BMW]

Die folgenden Beiträge geben einen Einblick in *mechatronische Entwicklungen* und schließen dabei Modellbildung und Simulation, fahrdynamische Regelungen, Regelung der Vertikaldynamik, Fahrerassistenzsysteme, fahrdynamischer Systemverbund und die Überwachung und Diagnose bis hin zur Fehlertoleranz in mechatronischen Systemen ein.

Literatur

[1] *Schweitzer, G.*: Mechatronik-Aufgaben und Lösungen. Fortschr.-Ber. VDI Nr. 787, Düsseldorf: VDI, 1989

[2] *Isermann, R.; Breuer, B.; Hartnagel, H.* (Hrsg.): Mechatronische Systeme für den Maschinenbau. (Ergebnisse SFB 241 IMES). Weinheim: Wiley-VCH, 2002

[3] *Isermann, R.*: Mechatronische Systeme. Berlin u. Heidelberg: Springer, 1999 und 2003

[4] *Koller, R.*: Konstruktionslehre für den Maschinenbau. Berlin: Springer, 1985

[5] *Pahl, G.; Beitz, W.; Feldhusen, J.; Grote, K.H.*: Konstruktionslehre, 6. Aufl. Berlin: Springer, 2005

[6] *Weltin, U.*: Aktive Schwingungskompensation bei Verbrennungsmotoren. Fachtagung Integrierte mechanisch-elektronische Systeme, Darmstadt, Germany. Fortschr.-Ber. VDI Reihe 12 Nr. 179, S. 168–177. Düsseldorf: VDI, 1993

[7] *Svaricek, F.; Kowalczyk, K.; Marienfeld, P.; Karkosch, H. J.*: Mechatronische Systeme zur Steigerung des Schwingungskomforts in Kraftfahrzeugen. In: Automatisierungstechnische Praxis – atp 47 (7) S. 47–89, 2005

[8] *Habedank, W.; Pahl, G.*: Schaltkennlinienbeeinflussung bei Reibungskupplungen. In: Konstruktion 48 S. 87–93, 1996

[9] *Schweitzer, G.*: Magnetic bearings. 1st Int. Symp. ETH Zürich. Berlin: Springer, 1988

[10] *Laier, D.; Markert, R.*: Ein Beitrag zu sensorlosen Magnetlagern. In: ZAMM 78 S. 577–578, 1998

[11] *Nordmann, R.; Aenis, M.; Knopf, E.; Straßburger, S.*: Active magnetic bearings. 7th International Conference Vibrations in Rotating Machines (IMechE), Nottingham: UK, 2000

[12] *Dach, H.; Köpf, P.*: PKW-Automatikgetriebe. Die Bibliothek der Technik Bd. 88. Landsberg/Lech: Verlag moderne industrie AG, 1994

[13] *Runge, W.*: Die Mechatronik als Zukunftsdisziplin der Automobilentwicklung. In: Automotive Engineering Partners 6 S. 70–74, 2000
[14] *Ingenbleek, R.; Glaser, R.; Mayr, K. H.*: Von der Komponentenentwicklung zur integrierten Funktionsentwicklung am Beispiel der Aktuatroik und Sensorik für Pkw-Automatengetriebe. Mechatronik 2005 – Innovative Produktentwicklung, Wiesloch: Germany. VDI Bericht 1892, S. 575–592. Düsseldorf: VDI, 2005
[15] *Kallenbach, R.; Kunz, D.; Schramm, W.*: Optimierung des Fahrzeugverhaltens mit semiaktiven Fahrwerkregelungen. Düsseldorf: VDI, 1988
[16] *Bußhardt, J.; Isermann, R.*: Selbsteinstellende Radaufhängung. In: Automatisierungstechnik 44 (7) S. 351–357, 1996
[17] *Causemann, P.*: Kraftfahrzeugstoßdämpfer. Landsberg/Lech: Verlag moderne industrie AG, 1999
[18] *Feuser, A.*: Zukunftstechnologie Mechatronik. In: Ölhydraulik und Pneumatik 46 (9) S. 436, 2002
[19] Robert Bosch GmbH (Hrsg.): Ottomotor-Management. 3. Aufl. Wiesbaden: Vieweg, 2005
[20] Robert Bosch GmbH (Hrsg.): Dieselmotor-Management. 4. Aufl. Wiesbaden: Vieweg, 2004
[21] *Tönshoff, H. K.*: Werkzeugmaschinen. Berlin: Springer, 1995
[22] *Mitschke, M.; Wallentowitz, H.*: Dynamik der Kraftfahrzeuge. 4. Aufl. Berlin: Springer, 2004
[23] *Bußhardt, J.; Isermann, R.*: Parameter adaptive semi-active shock absorbers. ECC European Control Conference, Groningen, Netherlands, June 28 – July 1, Bd. 4, S. 2254–2259, 1993
[24] *Lückel, J.*: Die aktive Dämpfung von Vertikalschwingungen bei Kraftfahrzeugen. In: Automobiltechnische Zeitschrift 76 (3) S. 160–164, 2001
[25] *Metz, D.; Maddock, J.*: Optimal ride height and pitch control for championship race cars. In: Automatica 22 (5) S. 509–520, 1986
[26] *Schramm, W.; Landesfeind, K.; Kallenbach, R.*: Ein Hochleistungskonzept zur aktiven Fahrwerkregelung mit reduziertem Energiebedarf. In: Automobiltechnische Zeitschrift 94 (7/8) S. 392–405, 1992
[27] *Zanten, A.T. van; Erhardt, R.; Pfaff, G.*: FDR – Die Fahrdynamik-Regelung von Bosch. In: Automobiltechnische Zeitschrift 96 (11) S. 674–689, 1994
[28] *Rieth, P.; Drumm, S.; Harnischfeger, M.*: Elektronisches Stabilitätsprogramm. Landsberg/Lech: Verlag moderne industrie AG, 2001
[29] *Breuer, B.; Bill, K. H.* (Hrsg.): Bremsenhandbuch. 2. Aufl. Wiesbaden: Vieweg, 2004
[30] *Schwartz, H.-J.*: Regelung der Radsatzdrehzahl zur maximalen Kraftschlussausnutzung bei elektrischen Triebfahrzeugen. Dissertation: TH Darmstadt 1992
[31] *Goodall, R.; Kortüm, W.*: Mechatronics developments for railway vehicles of the future. IFAC Conference on Mechatronic Systems, Darmstadt, Germany. London: Elsevier, 2000
[32] *Pearson, J. T.; Goodall, R. M.; Mei, T. X.; Himmelstein, G.*: Active stability control strategies for high speed bogie. In: Control Engineering Practice 12 S. 1381–1391, 2004
[33] VDI-RL 2221, Methodik zum Entwickeln und Konstruieren technischer Systeme und Produkte. Berlin: Beuth Verlag, 1993
[34] VDI/VDE-RL 2422, Entwicklungsmethodik für Geräte mit Steuerung durch Mikroelektronik Berlin: Beuth Verlag, 1994
[35] *Isermann, R.*: Supervision, fault-detection and fault-diagnosis methods – an introduction. In: Control Engineering Practice 5 (5) S. 639–652, 1997
[36] *Isermann, R.*: Fault-diagnosis systems – An introduction from fault detection to fault tolerance. Berlin u. Heidelberg: Springer, 2006
[37] *Gertler, J.*: Fault detection and diagnosis in engineering systems. New York: Marcel Dekker, 1998
[38] *Chen, J.; Patton, R. J.*: Robust model-based fault diagnosis for dynamic systems. Boston: Kluwer, 1999
[39] VDI 2206, Entwicklungsmethodik für mechatronische Systeme. Berlin: Beuth Verlag, 2004

[40] STARTS Guide, The STARTS purchases Handbook: software tools for application to large real-time systems. 2. ed. Manchester: National Computing Centre Publications, 1989
[41] *Bröhl, A. P.*: Das V-Modell – Der Standard für Softwareentwicklung. 2. Aufl. München: Oldenbourg, 1995
[42] *Gausemeier, J.; Grasmann, M.; Kespohl, H. D.*: Verfahren zur Integration von Gestaltungs- und Berechnungssystemen. VDI-Berichte Nr. 1487. Düsseldorf: VDI, 1999
[43] *James, J.; Cellier, F.; Pang, G.; Gray, J.; Mattson, S. E.*: The state of computer-aided control system design (CACSD). In: IEEE Control Systems Magazine 15 (2) S. 6–7, 1995
[44] *Otter, M.; Cellier, C.*: Software for modeling and simulating control systems. S. 415–428. In: The Control Handbook, hrsg. v. W. S. Levine. Boca Raton: CRC Press, 1996
[45] *Elmqvist, H.*: Object-oriented modeling and automatic formula manipulation in Dymola. Kongsberg, Scandin. Simul. Society SIMS, 1993
[46] *Hiller, M.*: Modelling, simulation and control design for large and heavy manipulators. International Conference on Recent Advances in Mechatronics, August 14–16, Istanbul, Turkey, S. 78–85, 1995
[47] *Otter, M.; Elmqvist, E.*: Modelica – language, libraries, tools. Workshop and EU-Project. In: Simulation News Europe 29/30 S. 3–8, 2000
[48] *Otter, M.; Schweiger, C.*: Modellierung mechatronischer Systeme mit MODELICA. Mechatronischer Systementwurf: Methoden – Werkzeuge – Erfahrungen – Anwendungen, Darmstadt 2004. VDI Ber. 1842, S. 39–50. Düsseldorf: VDI, 2004
[49] *Amerongen, J. van*: Mechatronic education and research – 15 years of experience. 3rd IFAC Symposium on Mechatronic Systems, Sydney, Australia, Sep 6–8, 2004, S. 595–607. Oxford: Pergamon, 2004
[50] *Fees, G.*: Study of the static and dynamic properties of a highly dynamic electrorheological servo drive. In: Ölhydraulik und Pneumatik, 45 (1), 2001
[51] *Merker, T.; Wirtz, J.; Hiller, M.; Jeglitzka, M.*: Das SL-Fahrwerk. In: ATZ – Automobiltechnische Zeitschrift. Sonderausgabe: Der neue Mercedes SL, S. 84–91, 2001
[52] *Fischer, D.; Isermann, R.*: Mechatronic semi-active and active vehicle suspensions. In: Control Engineering Practice, 12 S. 1353–1367, 2004
[53] *Fischer, D.; Schöner, H.-P.; Isermann, R.*: Model-based fault detection for an active vehicle suspension. FISITA World Automotive Congress. Barcelona, Spain, 2004
[54] *Jonner, W. D.; Winner, H.; Dreilich, L.; Schunck, E.*: Electrohydraulic brake system – the first approach. SAE Technical paper Series, No. 960991. Warrendale: SAE, 1996
[55] *Stoll, U.*: Sensotronic brake control (SBC). VDI-Ber. 1646. Düsseldorf: VDI, 2001
[56] *Semmler, S.; Isermann, R.; Schwarz, R.; Rieth P.*: Wheel slip control for antilock-braking systems using brake-by-wire actuators. SAE 2002-01-0303. Detroit. USA, 2002
[57] *Semmler, S.*: Regelung der Fahrzeugbremsdynamik mit kontinuierlich einstellbaren Radbremsen. Dissertation: Institut für Automatisierungstechnik, TU Darmstadt, 2005
[58] *Stölzl, S.*: Fehlertolerante Pedaleinheit für ein elektromechanisches Bremssystem (Brake-by-wire). Fortschr.-Ber. VDI Reihe 12 Nr. 426. Düsseldorf: VDI, 2000
[59] *Connor, B.*: Elektrische Lenkhilfen für Pkw als Alternative zu hydraulischen und elektrischen Systemen. In: Automobiltechnische Zeitschrift, 98 (7–8) S. 406–410, 1996
[60] *Konik, D.; Bartz, R.; Bärnthol, F.; Brunds, H.; Wimmer, M.*: Dynamic drive – the new active roll stabilization system from BMW group. Proceedings of AVEC 2000, 5th International Symposium on Advanced Vehicle Control, 2000
[61] *Öttgen, O.; Bertram, T.*: Influencing vehicle handling through active roll moment distribution. Proceedings of AVEC 2002. 6th International Symposium on Advanced Vehicle Control. Hiroshima, Japan, pp. 129–134, 2002
[62] *Schmitt, J.; Isermann, R.; Börner, M.; Fischer, D.*: Model-based supervision and control of lateral vehicle dynamics. In: Control Engineering Practice, 2005

2 Modelle zur Beschreibung des Fahrzeugverhaltens

MATTHIAS SCHORN

Der Einsatz von mathematischen Fahrzeugmodellen zur Simulation und zum Entwurf von Fahrdynamikregelungen hat in den letzten Jahren an Bedeutung gewonnen. Die Gründe hierfür sind vielfältig:
- Fahrzeugmodelle sind Grundlage für die Entwicklung von Assistenzsystemen und für die Auslegung von Fahrzeug-Komponenten.
- Fahrzeugmodelle können beim Entwurf und bei Funktionstests von Regelungen und Komponenten eingesetzt werden.
- Fahrmanöver können unter definierten Umgebungsbedingungen beliebig oft simuliert werden.
- Kritische Fahrmanöver können ohne Risiko simuliert werden.
- Entwicklungszeit und Entwicklungskosten können verringert werden. Dies wird den immer kürzer werdenden Zykluszeiten bei der Entwicklung neuer Baureihen gerecht.

Ziel ist es, eine mathematische Beschreibung des Verhaltens eines Fahrzeugs zu erhalten, die für verschiedene Zwecke verwendet werden kann.
Nach einer kurzen Einführung in die Modellierung technischer Systeme allgemein werden die bei der Modellierung von Fahrzeugen üblicherweise verwendeten Koordinatensysteme beschrieben. Anschließend wird nach einer Übersicht möglicher Varianten von Fahrzeugmodellen auf Gesamtfahrzeugmodelle eingegangen. Nach einer kurzen Beschreibung von Modellierungsmöglichkeiten für Bremse und Antriebsstrang wird das Reifenverhalten beschrieben, um sodann mit den Dynamikgleichungen für das Zweispurmodell zu schließen.

2.1 Modellierung technischer Systeme

Um das dynamische Verhalten eines realen Prozesses mittels mathematischer Modelle zu beschreiben, können zwei alternative Wege eingeschlagen werden [1]:
- Bei der *theoretischen Modellbildung* werden mathematische Modelle aus physikalischen Gesetzen abgeleitet.
- Die *experimentelle Modellbildung* – auch Identifikation genannt – geht von einer bestimmten Modellstruktur aus und bestimmt mathematische Modelle durch Auswertung von gemessenen Ein- und Ausgangssignalen.

Ein Vergleich der beiden Varianten macht deutlich, dass bei der theoretischen Modellbildung die genaue Kenntnis des Aufbaus des zu modellierenden Systems sowie seiner Parameter notwendig ist. Wegen ihrer physikalisch interpretierbaren Struktur und Parameter werden diese Modelle auch White-Box-Modelle genannt. Grundlagen für die Erstellung theoretischer Modelle werden in [2] angegeben. Diese Variante der Modellbildung ist allerdings mit einem relativ hohen Aufwand verbunden. Deshalb sind zahlreiche reale Prozesse aufgrund fehlenden Detailwissens einer theoretischen Modellbildung nur näherungsweise oder auch nicht zugänglich.

Bei der experimentellen Modellbildung wird, basierend auf der Annahme einer Modellstruktur, das Verhalten des Prozesses durch Messung des Ein-/Ausgangsverhaltens mit anschließender Auswertung mit systemtheoretischen Methoden bestimmt [1]. Hierbei ist es nicht erforderlich, die genauen inneren Zusammenhänge sowie die physikalischen Parameter der einzelnen Komponenten des zu modellierenden Systems zu kennen. Es ergibt sich ein Black-Box-Verhalten. Nachteil der experimentellen Modellbildung ist, dass die entstehenden Parameter Zahlenwerte sind, deren Zusammenhang mit Konstruktionsdaten verborgen bleibt.

Neben der rein theoretischen und der rein experimentellen Modellbildung gibt es Mischformen. Diese sind in Bild 2-1 dargestellt [3]. Gray-Box-Modelle sind zwischen White-Box- und Black-Box-Modellen angesiedelt. In sie gehen sowohl physikalische Grundgleichungen als auch Informationen, die sich aus Messdaten gewinnen lassen, ein. So ist es beispielsweise möglich, die Struktur eines Modells mit Hilfe der theoretischen Modellbildung zu erstellen und die zugehörigen Parameter durch Anwendung von Parameterschätzverfahren (Identifikation) zu bestimmen. Anstelle der Erstellung der Prozessstruktur mit Hilfe der theoretischen Modellbildung können auch Wenn-Dann-Regeln verwendet und es kann beispielsweise mit Fuzzy-Systemen gearbeitet werden. Je nach Nähe zu theoretischer oder experimenteller Modellbildung werden die Begriffe *Light-gray-Box-* oder *Dark-gray-Box-Modelle* verwendet.

Die an dieser Stelle behandelten Fahrzeugmodelle werden unter Anwendung der theoretischen Modellbildung entwickelt. Parameter werden als bekannt bzw. als schätzbar (beispielsweise mit Parameterschätzverfahren) angenommen, so dass im Folgenden White-Box- und Light-gray-Box-Modelle behandelt werden.

Ziel der Modellbildung ist, eine mathematisch analytische Beschreibung des Systemverhaltens zu erhalten. Hierbei besteht die Möglichkeit, Modelle unterschiedlicher Komplexität zu entwickeln. Je komplexer ein Modell ist, desto genauer lässt sich mit ihm das Systemverhalten simulieren. Nachteilig sind jedoch kompliziertere (und ggf. nichtlineare) Modellgleichungen sowie ein höherer Rechenzeitbedarf. Die Anforderungen an die Modellgenauigkeit hängen dabei vom Anwendungsbereich ab.

Bild 2-2 zeigt das prinzipielle Vorgehen bei der Entwicklung eines Modells. Nach Festlegung der Ein- und Ausgangsgrößen des Modells müssen die physikalischen Zusammenhänge (Bilanzgleichungen, konstitutive Gleichungen sowie phänomenologische Gleichungen) aufgestellt und die Modellparameter bestimmt werden [2]. Der letzte Schritt besteht aus der Validierung des entwickelten Modells. Hierbei soll die Genauigkeit des Modells überprüft werden.

Zur Entwicklung von Fahrzeugmodellen sind zuerst die Koordinatensysteme festzulegen.

2.2 Definition von Koordinatensystemen und Winkeln

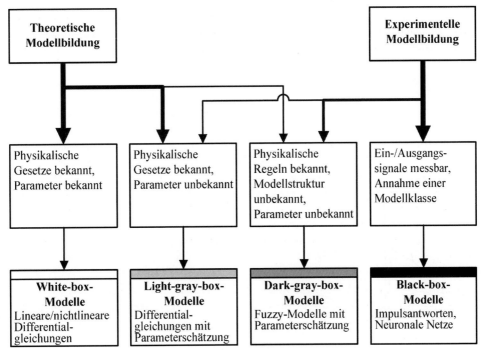

Bild 2-1: Varianten der Modellbildung [3]

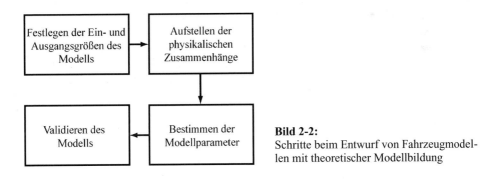

Bild 2-2: Schritte beim Entwurf von Fahrzeugmodellen mit theoretischer Modellbildung

2.2 Definition von Koordinatensystemen und Winkeln

Die DIN-Norm 70000 „Fahrzeugverhalten und Fahrdynamik" [4] definiert Koordinatensysteme und fahrdynamisch relevante Größen. Diese werden im Folgenden kurz vorgestellt und auch in den weiteren Kapiteln verwendet. Da es sich bei Fahrzeugmodellen in der Regel um Mehrmassenmodelle handelt, muss jeder Masse ein eigenes Koordinatensystem zugeordnet werden. Im Folgenden werden die verwendeten Koordinatensysteme beschrieben. Bild 2-3 (a) [4] zeigt die vier Koordinatensysteme, die Winkellage der Systeme zueinander ist erkennbar. Bild 2-3 (b) zeigt ein ortsfestes und ein fahrzeugfestes Koordinatensystem sowie ein Rad-Koordinatensystem an einem Fahrzeug.

Ortsfestes Koordinatensystem:
Bei dem ortsfesten Koordinatensystem handelt es sich um ein an einen Ort gebundenes Koordinatensystem. Relativ zu ihm kann die Bewegung des Fahrzeugs im Raum beschrieben werden. Die X_E- und die Y_E-Achse dieses Rechtssystems liegen in der Fahrbahnebene, die Z_E-Achse zeigt aus der Fahrbahn heraus nach oben. In diesem Koordinatensystem wird die Bewegung eines Fahrzeugs aus Sicht eines nicht-bewegten Beobachters gezeigt. Es erhält den Index E.

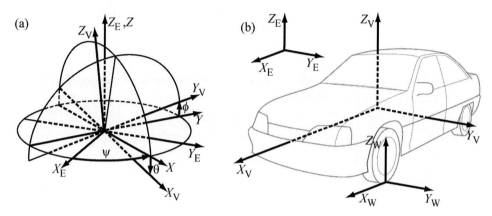

Bild 2-3: Koordinatensysteme nach DIN 70000

Fahrzeugfestes Koordinatensystem:
Der Ursprung des fahrzeugfesten Koordinatensystems befindet sich (üblicherweise) im Schwerpunkt des Fahrzeugs. Seine X_V-Achse ist waagerecht und nach vorne gerichtet und befindet sich in der Fahrzeuglängsmittelebene. Die Y_V-Achse steht senkrecht auf der Fahrzeuglängsmittelebene und zeigt nach links, die Z_V-Achse zeigt nach oben. Das fahrzeugfeste Koordinatensystem wird auch als Aufbau-Koordinatensystem bezeichnet. Es erhält den Index V.

Horizontiertes Koordinatensystem:
Das horizontierte Koordinatensystem ist ebenfalls ein rechtwinkliges Rechtssystem, dessen X-Y-Ebene in der X_E-Y_E-Ebene des ortsfesten Koordinatensystems (und somit in der Fahrbahnebene) liegt. Die X-Achse ist die Projektion der X_V-Achse auf die X_E-Y_E-Ebene, die Z-Achse zeigt nach oben. Das horizontierte Koordinatensystem bewegt sich mit dem Fahrzeug mit, sein Ursprung liegt üblicherweise unter dem Fahrzeug-Schwerpunkt.

Rad-Koordinatensystem:
Jedes Rad erhält ein eigenes Koordinatensystem. Der Ursprung eines radfesten Koordinatensystems liegt im Radaufstandspunkt, die X_W-Y_W-Ebene liegt in der X_E-Y_E-Ebene. Die X_W-Achse ist die Schnittlinie der Radebene mit der X_E-Y_E-Ebene und zeigt nach vorne, die Z_W-Achse zeigt nach oben. Das Rad-Koordinatensystem erhält den Index W.

Winkeldefinitionen:
Die Winkellage des fahrzeugfesten Koordinatensystems relativ zum ortsfesten Koordinatensystem ergibt sich aus der Reihenfolge der Drehungen um die drei Koordinatenachsen. Der Winkel zwischen Y- und Y_V-Achse wird als Wankwinkel ϕ bezeichnet, der Winkel zwischen X- und X_V-Achse als Nickwinkel θ und der Winkel zwischen X_E- und X-Achse als Gierwinkel ψ.

Indizierung:
Im Folgenden werden Doppelindizes in Anlehnung an die Schreibweise nach DIN verwendet. Beispielhaft sei an dieser Stelle der Umfangsschlupf $S_{X,W}$ genannt, bei dem es sich um den Schlupf in Richtung der Längsachse eines Rad-Koordinatensystems (X_W-Achse) handelt. Soll beispielsweise der Umfangsschlupf des vorderen linken Rades angegeben werden, so wird hierfür der Ausdruck $S_{X,W_{VL}}$ verwendet.

2.3 Ausprägungen von Fahrzeugmodellen

Je nach Detaillierungsgrad kann bei der Fahrzeugmodellierung eine unterschiedliche Anzahl an Freiheitsgraden modelliert werden, siehe Bild 2-4. Insgesamt hat ein Fahrzeug sechs Freiheitsgrade, die in drei translatorische und drei rotatorische Freiheitsgrade unterschieden werden können. Die translatorischen Freiheitsgrade umfassen die Bewegungen des Fahrzeugs in Richtung der drei Hauptachsen des fahrzeugfesten Koordinatensystems, die rotatorischen umfassen die Drehungen des Fahrzeugs um Längs-, Quer- und Hochachse.
In Zusammenhang mit der Festlegung der Ein- und Ausgangsgrößen des Modells und der benötigten Modellgenauigkeit muss entschieden werden, welche Freiheitsgrade bei dem zu entwickelnden Modell von Interesse sind. So kann es beispielsweise ausreichend sein, nur den Freiheitsgrad der Fahrzeuglängsbewegung zu modellieren. Für ein Querdynamikmodell hingegen ist mindestens die Modellierung zweier Freiheitsgrade notwendig, nämlich von Querbewegung und Gierbewegung des Fahrzeugs.
Anhand der Freiheitsgrade des zu entwerfenden Modells ergibt sich ein Modelltyp. Gewisse Modelltypen schließen sich bereits aufgrund der Wahl der Freiheitsgrade aus. Bekannte Modelltypen sind das Ein- und das Zweispurmodell (siehe Bild 2-5) sowie Mehrkörpermodelle [5]. Ebenfalls möglich sind hybride Modelle, bei denen beispielsweise ein Zweispurmodell mit einem Mehrkörpermodell für ein Fahrwerk gekoppelt werden kann. Allgemein werden als hybride Modelle solche Modelle bezeichnet, bei denen durch Kombination mehrerer Teilmodelle unterschiedlicher Modellierungsarten versucht wird, die Nachteile der jeweiligen Einzelmodelle zu kompensieren.

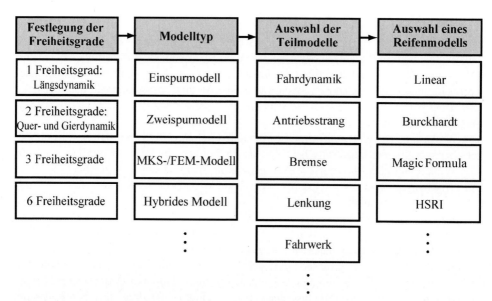

Bild 2-4: Zusammenstellung der Komponenten von Fahrzeugmodellen

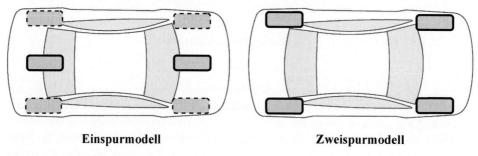

Bild 2-5: Zwei- und Einspurmodell

Des Weiteren müssen für die zu modellierenden Fahrzeugkomponenten wie Antriebsstrang, Bremsanlage oder Lenkung Modelle entwickelt werden. Auch Assistenzsysteme, wie beispielsweise das Anti-Blockier-System ABS, können in ein Fahrzeugmodell integriert werden.

Letzter Schritt ist die Auswahl eines Reifenmodells. Je nach Anwendungsbereich ist zu entscheiden, welches Modell verwendet werden soll. Auf die unterschiedlichen Reifenmodelle wird später eingegangen.

2.4 Gesamtfahrzeugmodelle

Unter dem Begriff *Gesamtfahrzeugmodell* wird ein Modell verstanden, das die Komponenten *Fahrdynamik, Fahrwerk, Antriebsstrang, Bremse* und *Lenkung* enthält. Eingangsgrößen sind sowohl die vom Fahrer vorgegebene Bremspedalstellung, die Gaspedalstellung, der Lenkradwinkel und die Stellung des Wählhebels des Automatgetriebes als auch Umgebungsbedingungen wie Seiten- und Gegenwind, Kraftschlussbeiwert und Fahrbahnunebenheiten, siehe Bild 2-6.

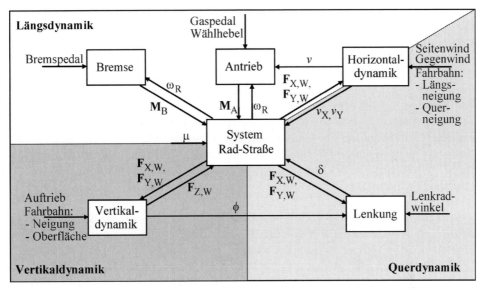

Bild 2-6: Aufbau eines Gesamtfahrzeugmodells [6]

Längs-, Quer- und Vertikaldynamik sind direkt miteinander verkoppelt, wie in Abschnitt 2.7 noch detaillierter gezeigt werden wird. Moderne Fahrdynamik-Regelsysteme und Fahrerassistenzsysteme greifen über unterschiedliche Aktoren, wie beispielsweise Bremse, Antriebstrang, Lenkung, aktive Stabilisatoren oder aktives Fahrwerk, in die Fahrzeugdynamik ein. Abgesehen von Wind- bzw. Luftkräften können Kräfte zwischen Fahrzeug und Umgebung nur über die Reifen übertragen werden.

Bild 2-6 stellt die Verkopplung der einzelnen Elemente bei einem Gesamtfahrzeugmodell dar. Über die Momentenbilanz am Rad wirken Antriebsmomente M_A und Bremsmomente M_B direkt auf die Raddrehgeschwindigkeiten ω_R. Hieraus können unter Zuhilfenahme der übertragenen Radumfangskräfte $F_{X,W}$ die Radbeschleunigungen $\dot{\omega}_R$ berechnet werden. Über ein Modell der Lenkung werden die Radeinschlagwinkel δ berechnet, die in das System Rad-Straße eingehen. Es resultieren die Radseitenkräfte $F_{Y,W}$, die wiederum auf Horizontal- und Vertikaldynamik des Fahrzeugs wirken. Über die Vertikaldynamik, die ein Modell des Fahrwerks beinhaltet, können die Radaufstandskräfte berechnet werden.

Es ist deutlich zu erkennen, dass das System Rad-Straße im Mittelpunkt des Fahrzeugmodells steht. Die einzelnen Modellkomponenten sind direkt oder indirekt miteinander verkoppelt. In den folgenden Abschnitten werden Modellansätze für Bremse und Antriebstrang, für das System Rad-Straße sowie für die Dynamik des Fahrzeugs thematisiert.

2.5 Modellierung von Antriebsstrang und Bremse

Für ein Fahrzeug mit Automatgetriebe ergibt sich die in Bild 2-7 dargestellte Modellstruktur für Antriebsstrang und Bremse. Eingangsgrößen für den Antriebsstrang sind die Gaspedalstellung und die Stellung des Schaltstufenwählhebels. Erstes Teilmodell ist ein Modell der Drosselklappe, dessen Ausgang der entsprechende Öffnungswinkel α_{Dk} ist. Diese Größe ist Eingang für den Verbrennungsmotor. Aus der Drosselklappenstellung und der vom hydrodynamischen Wandler zurückgeführten Motordrehzahl ω_M (Quergröße) wird das Motormoment M_M (Durchgröße) ermittelt. Es folgt ein Modell des hydrodynamischen Wandlers, dessen Ausgang das Turbinenmoment M_T ist, welches wiederum als Eingangsgröße für das Getriebe verwendet wird. Die Eingangsdrehzahl des Getriebes ω_T wirkt zurück. Auf die Schaltstrategie haben Drosselklappenwinkel α_{Dk}, Fahrzeuggeschwindigkeit v und Motordrehzahl ω_M Einfluss. Das zum Differential übertragene Getriebeausgangsmoment M_G folgt aus dem Getriebemodell. Das Differential verteilt das Moment M_G auf die Antriebsräder (mit entsprechender Übersetzung). Es entsteht das Antriebsmoment M_A, aus dem zusammen mit dem Bremsmoment M_B und dem Modell der Fahrzeugdynamik die Fahrzeuggeschwindigkeit v folgt. Auf die einzelnen Teilfunktionen wird an dieser Stelle nicht weiter eingegangen, für den interessierten Leser sei auf [7] verwiesen.

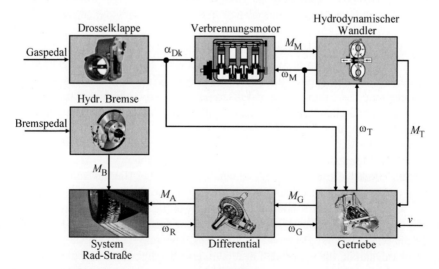

Bild 2-7: Modellstruktur von Bremse und Antriebsstrang

2.6 Reifenmodelle

Bild 2-8 zeigt den Aufbau einer konventionellen Bremsanlage (a) sowie deren Prinzipskizze (b) [7]. In Abhängigkeit vom Bremspedalweg kann der Bremsdruck im Tandem-Hauptbremszylinder berechnet werden. Dieser muss entsprechend der Bremskraftverteilung auf die einzelnen Radbremszylinder aufgeteilt werden. Die Übertragungsfunktion des an der Bremsscheibe wirksamen Bremsdrucks p_B in Abhängigkeit vom Druck im Hauptzylinder p_{Hz} kann mit einem Verzögerungsglied 1. Ordnung mit der Zeitkonstanten T_B modelliert werden [7]:

$$\frac{p_B(s)}{p_{Hz}(s)} = \frac{1}{1+T_B s} \tag{2.1}$$

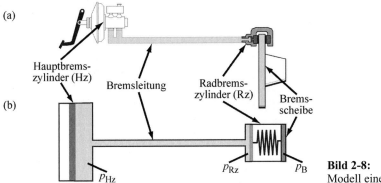

Bild 2-8: Modell einer Bremsanlage [7]

Die Zeitkonstante T_B des Systems wird im Wesentlichen durch konstruktive Maßnahmen beeinflusst und liegt beim Pkw typischerweise zwischen 50 und 250 Millisekunden. Aus dem Bremsdruck p_B kann sodann mit Kenntnis der Parameter A_{Bk} (Bremskolbenfläche), r_{BS} (effektiver Bremsscheibenradius) und c_B^* (innerer Übersetzungsfaktor der Radbremse) nach Gleichung (2.2) das Bremsmoment M_B berechnet werden.

$$M_B = p_B \cdot A_{Bk} \cdot r_{BS} \cdot c_B^* \tag{2.2}$$

Wie bereits dargelegt wurde, sind unter anderem die Antriebs- und die Bremsmomente für die Berechnung der Radschlupfe erforderlich.
Im folgenden Abschnitt wird auf die Modellierung des Reifenverhaltens eingegangen.

2.6 Reifenmodelle

Zu Beginn dieses Abschnitts werden für die Modellierung des Reifenverhaltens benötigte Größen definiert. Kräfte zwischen Reifen und Fahrbahn werden über die so genannten Reifen-Latsche übertragen. Diese haben je Reifen ungefähr die Größe eines Handtellers.

Die von jedem Reifen übertragbare Kraft hängt vom Reifenschlupf ab. Der Umfangsschlupf ist nach DIN 70000 [4] wie folgt definiert:

$$S_{X,W} = \frac{\omega - \omega_0}{\omega_0} \qquad (2.3)$$

Hierbei ist ω die Drehgeschwindigkeit des Rades, ω_0 ist die Drehgeschwindigkeit eines geradeaus und frei rollenden Rades. Der Schlupf ist auf Werte zwischen 0 und 1 normiert. Der Schräglaufwinkel ist ein Maß für den seitlichen Schlupf des Reifens und ist nach DIN 70000 wie folgt definiert:

$$\alpha = \arctan\left(\frac{v_{Y,W}}{v_{X,W}}\right) \qquad (2.4)$$

Bild 2-9 zeigt die entsprechenden Größen:

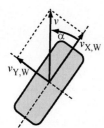

Bild 2-9:
Größen am Reifen (Schräglaufwinkeldefinition nach DIN 70000)

Im Unterschied zur Definition nach DIN 70000 wird der Schräglaufwinkel in der einschlägigen Literatur (beispielsweise [8], [9]) in entgegengesetzter Richtung definiert. Im Folgenden wird die Schräglaufwinkeldefinition nach [9] (abweichend von DIN 70000) verwendet.

Umfangs- und Seitenkraftbeiwert sind nach DIN 70000 wie folgt definiert:

$$\mu_{X,W} = \frac{F_{X,W}}{F_{Z,W}} \qquad (2.5)$$

$$\mu_{Y,W} = \frac{F_{Y,W}}{F_{Z,W}} \qquad (2.6)$$

Zur Berechnung der Drehgeschwindigkeit eines Rades muss die Momentenbilanz gebildet werden, Bild 2-10.

2.6 Reifenmodelle

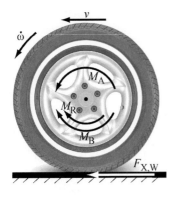

Bild 2-10:
Momentenbilanz des Rades

Die Bilanzgleichung lautet wie folgt:

$$\dot{\omega} = \frac{M_A - M_B - M_R - r_{dyn} \cdot F_{X,W}}{J_R} \qquad (2.7)$$

M_A ist das Antriebsmoment, M_B das Bremsmoment, M_R das durch die Rollreibung verursachte Moment und $F_{X,W}$ die Radumfangskraft. Die Konstanten J_R und r_{dyn} sind das Trägheitsmoment und der dynamische Halbmesser des Rades. Das aus der Rollreibungskraft F_R entstehende Moment M_R ist abhängig von der Geschwindigkeit. Folgende Berechnungsgleichung mit den Eingangsgrößen Radaufstandskraft $F_{Z,W}$ und Geschwindigkeit v sowie den Rollwiderstandskoeffizienten f_{R0}, f_{R1} und f_{R4} kann verwendet werden [8]:

$$F_R = \left(f_{R0} + f_{R1} \cdot v + f_{R4} \cdot v^4\right) \cdot F_{Z,W} \qquad (2.8)$$

2.6.1 Reifenmodell nach Burckhardt

Da Reifenkräfte am rollenden Rad nur übertragen werden können, wenn Schlupf auftritt, wird mit den folgenden Gleichungen die Schlupfdefinition nach Burckhardt [9] angegeben. Für den Fall gebremster Räder gilt für Längs- und Querschlupf:

$$S_{X,W} = \frac{v - r_{dyn} \cdot \omega \cdot \cos(\alpha)}{v} \qquad (2.9)$$

$$S_{Y,W} = \frac{r_{dyn} \cdot \omega \cdot \sin(\alpha)}{v} \qquad (2.10)$$

Im Antriebsfall gilt:

$$S_{X,W} = \frac{r_{dyn} \cdot \omega \cdot \cos(\alpha) - v}{r_{dyn} \cdot \omega} \tag{2.11}$$

$$S_{Y,W} = \sin(\alpha) \tag{2.12}$$

Hierbei entspricht der Term $r_{dyn} \cdot \omega$ der Radumfangsgeschwindigkeit, v ist die Geschwindigkeit, mit der sich der Radaufstandspunkt bewegt. Sie muss aus den translatorischen und rotatorischen Geschwindigkeiten des Fahrzeugs für jeden Radaufstandspunkt berechnet werden.

Der resultierende Schlupf kann als geometrische Summe aus Längs- und Querschlupf angegeben werden:

$$S_{res} = \sqrt{S_{X,W}^2 + S_{Y,W}^2} \tag{2.13}$$

Mit Hilfe der μ-Schlupf-Kurve kann aus dem resultierenden Schlupf die resultierende Reifenkraft ermittelt werden. Bild 2-11 stellt ein qualitatives Beispiel für eine μ-Schlupf-Kurve dar. Je nach Zwischenmedium ändern sich Maximum und Verlauf der übertragenen Kraft. Der resultierende Kraftschlussbeiwert μ_{res} kann somit als Funktion des resultierenden Schlupfes S_{res} bestimmt werden: $\mu_{res} = f(S_{res})$
Einflussfaktoren sind vor allem die Beschaffenheit des Untergrunds sowie die Eigenschaften und der Zustand des Reifens (Luftdruck, Umgebungstemperatur, Reifenmischung). Mit Hilfe des resultierenden Kraftschlussbeiwertes μ_{res} und der Radaufstandskraft $F_{Z,W}$ kann die resultierende Reifenkraft ermittelt werden:

$$F_{res} = \mu_{res} \cdot F_{Z,W} \quad \text{mit} \quad F_{res} = \sqrt{F_{X,W}^2 + F_{Y,W}^2} \tag{2.14}$$

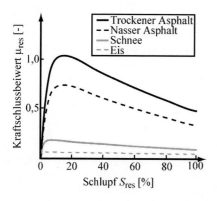

Bild 2-11:
Qualitativer Verlauf von μ-Schlupf-Kurven

2.6 Reifenmodelle

Diese kann auf Radumfangs- und Radseitenkraft $F_{X,W}$ und $F_{Y,W}$ aufgeteilt werden:

$$F_{X,W} = \frac{S_{X,W}}{S_{res}} \cdot \mu_{res} \cdot F_{Z,W} \tag{2.15}$$

$$F_{Y,W} = \frac{S_{Y,W}}{S_{res}} \cdot \mu_{res} \cdot F_{Z,W} \tag{2.16}$$

Soll ein richtungsabhängiges Reibungsverhalten modelliert werden, so ergibt sich für die Querkraft folgende Beziehung:

$$F_{Y,W} = k \cdot \frac{S_{Y,W}}{S_{res}} \cdot \mu_{res} \cdot F_{Z,W} \tag{2.17}$$

Hierbei ist k ein Faktor, mit dessen Hilfe das richtungsabhängige Reibungsverhalten anisotroper Reifen berücksichtigt werden kann. Die angegebenen Gleichungen verdeutlichen, dass die aus Radumfangs- und Radseitenkraft resultierende Kraft immer kleiner als das Produkt aus maximal zur Verfügung stehendem Kraftschlussbeiwert μ_{max} und Radaufstandskraft $F_{Z,W}$ sein muss. Es gilt:

$$\sqrt{F_{X,W}^2 + F_{Y,W}^2} \leq \mu_{max} \cdot F_{Z,W} \tag{2.18}$$

Diese Gleichung führt zu dem so genannten Kamm'schen Kreis, siehe Bild 2-12. Wird das richtungsabhängige Kraftschlussverhalten berücksichtigt, erhält der Kamm'sche Kreis aufgrund der Beziehung

$$\sqrt{F_{X,W}^2 + \left(\frac{F_{Y,W}}{k}\right)^2} \leq \mu_{max} \cdot F_{Z,W} \tag{2.19}$$

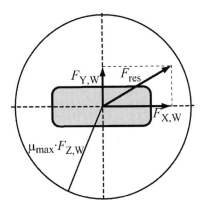

Bild 2-12:
Kamm'scher Kreis

die Form einer Ellipse. Sowohl bei Kamm'schem Kreis als auch bei Kamm'scher Ellipse ist erkennbar, dass eine sehr starke Abhängigkeit von der Radaufstandskraft vorliegt. Burckhardt [9] verwendet zur Beschreibung der μ-Schlupf-Kurve ein Modell, das aus einer Überlagerung von linearen Funktionsteilen und einer Exponentialfunktion besteht. Die Version mit 3 Parametern hat folgende Gestalt:

$$\mu_{res} = C_1 \cdot \left(1 - e^{-C_2 \cdot S_{res}}\right) - C_3 \cdot S_{res} \tag{2.20}$$

Die Parameter variieren in Abhängigkeit von maximalem Kraftschlussbeiwert μ_{max} und Kurvenform. Parameter C_1 beeinflusst die Höhe des Kurvenmaximums, Parameter C_2 die Position des Maximums und Parameter C_3 den Gleitbeiwert. Es existiert auch eine Version mit 5 Parametern, auf die an dieser Stelle allerdings nicht weiter eingegangen werden soll.

2.6.2 Reifenmodell nach Pacejka

Pacejka [10] verwendet einen Ansatz, der auf trigonometrischen Funktionen basiert. Durch Wahl eines Eingangswertes x und Vorgabe eines Formfaktors kann festgelegt werden, ob Seitenkraft, Bremskraft oder Rückstellmoment berechnet werden sollen (Ausgangsgröße y). Die Funktion hat folgende Form:

$$y = D \cdot \sin[C \cdot \arctan(Bx - E \cdot (Bx - \arctan(Bx)))] \tag{2.21}$$

Hierbei ist B ein Faktor für die Steifigkeit, C der Formfaktor zur Auswahl der zu berechnenden Kraft bzw. des zu berechnenden Moments, D der Maximalwert der Kurve und E ein Biegefaktor.

2.6.3 Lineares Reifenmodell

Zur Berechnung der Reifenseitenkraft kann für kleine Schräglaufwinkel ein lineares Modell angewandt werden. Das Modell beruht auf der Annahme, dass die Seitenkraft im linearen Bereich der Seitenkraft-Schräglaufwinkel-Kurve über die Beziehung

$$F_{Y,W} = c_\alpha \cdot \alpha \tag{2.22}$$

berechnet werden kann. Hierbei ist c_α der Seitenkraftbeiwert und α der Schräglaufwinkel nach Gleichung (2.4). Graphisch lässt sich die Annahme wie in Bild 2-13 darstellen. Da die realen Seitenkraftverläufe vom Radumfangsschlupf $S_{X,W}$ anhängen, muss die Gerade des linearen Reifenmodells an den jeweiligen Radumfangsschlupf angepasst werden.

2.6 Reifenmodelle

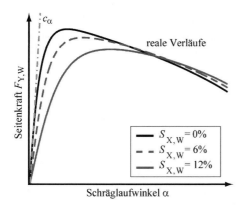

Bild 2-13:
Reifenseitenkraft in Abhängigkeit vom Schräglaufwinkel mit Variation des Radumfangsschlupfes $S_{X,W}$ (strichpunktiert: Näherung der Anfangssteigung für $S_{X,W} = 0$)

Die Einsatzmöglichkeiten dieses Modells sind begrenzt. Es findet vor allem beim linearen Einspurmodell Anwendung, da hierbei eine lineare Beziehung zwischen Schräglaufwinkel und Radseitenkraft benötigt wird.

2.6.4 Dynamik des Kraftaufbaus

Die angegebenen Funktionen für die Modellierung der Reifenkräfte entsprechen rein statischen Modellannahmen. Dies bedeutet, dass sie nur im eingeschwungenen Zustand gültig sind. Das Kraftaufbauverhalten muss somit zusätzlich zur μ-Schlupf-Kurve modelliert werden. Dies wird im Folgenden am Beispiel des Seitenkraftaufbaus erläutert.
Wird ein Reifen aus dem Geradeauslauf heraus eingelenkt, stellt sich ein bestimmter Schräglaufwinkel α ein. Allerdings verspannen sich die Latschteile nicht sofort, weshalb noch keine Seitenkraft aufgebaut werden kann. Erst nach einem Teil einer Umdrehung des Reifens wird der stationäre Seitenkraftwert erreicht [8]. Das Einlaufverhalten kann als Verzögerungsglied erster Ordnung modelliert werden, siehe Bild 2-14. Für den dynamischen Kraftaufbau ergibt sich mit einem Schräglaufwinkel α_0 und dem Schräglaufwinkelbeiwert c_α aus dem linearen Reifenmodell sowie der Annahme eines Feder-Masse-Systems mit seitlicher Reifenfederkonstante c_Y folgende Differentialgleichung [11]:

$$F_{Y,W} + \frac{c_\alpha}{c_Y \cdot v} \cdot \dot{F}_{Y,W} = \alpha_0 \cdot c_\alpha \qquad (2.23)$$

Hierbei wird der Quotient c_α / c_Y als Einlauflänge L_E bezeichnet. Sie beträgt etwa 2/3 einer Radumdrehung. Die Lösung der Differentialgleichung lautet mit $F_{Y,W0} = \alpha_0 \cdot c_\alpha$:

$$F_{Y,W} = F_{Y,W0} \cdot \left(1 - e^{-\frac{c_Y}{c_\alpha} \cdot v \cdot t}\right) \qquad (2.24)$$

[12] gibt für den Aufbau der Radumfangskraft einen vergleichbaren Ansatz an, der ebenfalls mit einem Verzögerungsglied erster Ordnung mit einer Einlauflänge modelliert werden kann.

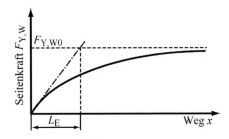

Bild 2-14:
Zeitverlauf des dynamischen Seitenkraftaufbaus bei sprungförmiger Änderung des Schräglaufwinkels α

2.7 Dynamikgleichungen des Zweispurmodells

Das Zweispurmodell gehört zu den genauen Modellen und wird mittels der Newton-Euler'schen Gleichungen aufgestellt. Sie beschreiben die Bewegung eines Körpers im dreidimensionalen Raum entsprechend seiner sechs Freiheitsgrade. Der Impulssatz nach Newton beschreibt die translatorischen Bewegungen des Körpers:

$$\mathbf{F} = m \cdot \left(\frac{d\mathbf{v}}{dt} + \mathbf{\omega} \times \mathbf{v} \right) \tag{2.25}$$

Der Vektor **F** beinhaltet die Kräfte in Richtung der drei Koordinatenachsen, der Vektor **v** die Geschwindigkeiten in Richtung der drei Koordinatenachsen und der Vektor **ω** die entsprechenden Drehungen. Für die Bewegung des Fahrzeugschwerpunkts gilt somit:

$$\begin{bmatrix} F_{X,V} \\ F_{Y,V} \\ F_{Z,V} \end{bmatrix} = \begin{bmatrix} m & 0 & 0 \\ 0 & m & 0 \\ 0 & 0 & m_A \end{bmatrix} \cdot \left[\begin{pmatrix} \dot{v}_X \\ \dot{v}_Y \\ \dot{v}_Z \end{pmatrix} + \begin{pmatrix} \dot{\theta} \cdot v_Z - \dot{\psi} \cdot v_Y \\ \dot{\psi} \cdot v_X - \dot{\phi} \cdot v_Z \\ \dot{\phi} \cdot v_Y - \dot{\theta} \cdot v_X \end{pmatrix} \right] \tag{2.26}$$

In Bild 2-15 sind die entsprechenden in horizontaler Richtung auf den Fahrzeugaufbau wirkenden Kräfte eingezeichnet. Als Beispiel zur Erklärung der Indizierung entspricht die Kraft $F_{X,V_{VL}}$ der im fahrzeugfesten Koordinatensystem in Richtung der X_V-Achse auf den Fahrzeugaufbau wirkenden Kraft über dem Aufstandspunkt des vorderen linken Rades.

2.7 Dynamikgleichungen des Zweispurmodells

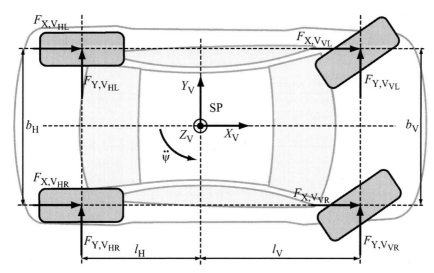

Bild 2-15: Kräfte für Zweispurmodell (Horizontaldynamik)

Die resultierenden Kräfte in Längs- und Querrichtung $F_{X,V}$ und $F_{Y,V}$ können wie folgt berechnet werden:

$$F_{X,V} = F_{X,V_{VL}} + F_{X,V_{VR}} + F_{X,V_{HL}} + F_{X,V_{HR}} - m \cdot g \cdot \sin(\kappa_{Str,X}) - F_{X,V_{LW}} \quad (2.27)$$

$$F_{Y,V} = F_{Y,V_{VL}} + F_{Y,V_{VR}} + F_{Y,V_{HL}} + F_{Y,V_{HR}} - m \cdot g \cdot \sin(\kappa_{Str,Y}) - F_{Y,V_{LW}} \quad (2.28)$$

Hierbei sind $\kappa_{Str,X}$ und $\kappa_{Str,Y}$ die Längs- und die Querneigung der Fahrbahn, $F_{X,V_{LW}}$ und $F_{Y,V_{LW}}$ sind in Längs- und Querrichtung wirkende Luftkräfte. Letztere können nach folgenden Gleichungen berechnet werden:

$$F_{X,V_{LW}} = c_{W_X} \cdot A_X \cdot \frac{\rho_L}{2} \cdot v_{res,X}^2 \quad \text{und} \quad F_{Y,V_{LW}} = c_{W_Y} \cdot A_Y \cdot \frac{\rho_L}{2} \cdot v_{res,Y}^2 \quad (2.29)$$

Die Parameter c_{W_X} und c_{W_Y} sind die Luftwiderstandsbeiwerte, A_X und A_Y beschreiben die Größe von frontaler und seitlicher Anströmfläche des Fahrzeugs. ρ_L gibt die Dichte der Luft an. Die Geschwindigkeiten $v_{res,X}$ und $v_{res,Y}$ sind die resultierenden Windgeschwindigkeiten und beinhalten sowohl die Windgeschwindigkeit durch die Fahrzeugbewegung als auch die Geschwindigkeit des natürlichen Windes.

Für die Bewegung in Richtung der vertikalen Fahrzeugachse müssen die Kräfte $F_{Z,V}$, die vom Fahrwerk auf den Fahrzeugaufbau übertragen werden, bekannt sein, siehe Bild 2-16 und Bild 2-17. Die Fahrzeugkarosserie ist über die Lenker der Radaufhängungen starr mit den Rädern verbunden. In vertikaler Richtung wird die Bewegung des Fahrzeugaufbaus über die Stoßdämpfer, über die Fahrwerksfedern und über die Stabilisatoren auf den Rädern sowie auf den Radachsen abgestützt. Auf die zur Berechnung dieser Kräfte erforderlichen Gleichungen soll an dieser Stelle nicht weiter eingegangen werden, für den interessierten Leser sei auf [6] und [13] verwiesen.

Die in Richtung der Fahrzeughochachse wirkende Kraft lässt sich wie folgt angeben:

$$F_{Z,V} = F_{Z,V_{VL}} + F_{Z,V_{VR}} + F_{Z,V_{HL}} + F_{Z,V_{HR}} - m_A \cdot g + \ldots$$
$$\ldots + \left(K_{\text{Auftrieb},V} + K_{\text{Auftrieb},H}\right) \cdot v_{\text{res},X}^2 \quad (2.30)$$

In Gleichung (2.30) sind $K_{\text{Auftrieb},V}$ und $K_{\text{Auftrieb},H}$ Auftriebsfaktoren, die mit Auftriebsbeiwerten c_A analog der Berechnung der Luftwiderstandskräfte nach Gleichung (2.29) berechnet werden können. m_A ist die Masse des Aufbaus.

Die Euler'schen Kreiselgleichungen zur Beschreibung der drei rotatorischen Freiheitsgrade des Fahrzeugs lauten:

$$\begin{bmatrix} J_X & 0 & 0 \\ 0 & J_Y & 0 \\ 0 & 0 & J_Z \end{bmatrix} \cdot \begin{bmatrix} \ddot{\phi} \\ \ddot{\theta} \\ \ddot{\psi} \end{bmatrix} = \begin{bmatrix} M_X \\ M_Y \\ M_Z \end{bmatrix} + \begin{bmatrix} \dot{\theta} \cdot \dot{\psi} \cdot (J_Y - J_Z) \\ \dot{\psi} \cdot \dot{\phi} \cdot (J_Z - J_X) \\ \dot{\phi} \cdot \dot{\theta} \cdot (J_X - J_Y) \end{bmatrix} \quad (2.31)$$

J_X, J_Y und J_Z sind die Trägheitsmomente für Wank-, Nick- und Gierbewegung des Fahrzeugs, die Momente M_X, M_Y und M_Z beschreiben die resultierenden Momente der Drehungen um die drei Achsen.

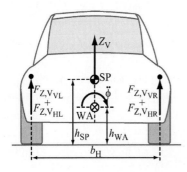

Bild 2-16: Kräfte für Zweispurmodell (Wankdynamik)

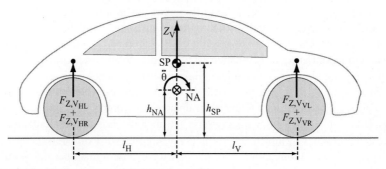

Bild 2-17: Kräfte für Zweispurmodell (Nickdynamik)

Wird ein Fahrzeug beschleunigt oder verzögert, so bewirkt die am Schwerpunkt angreifende Trägheitskraft $F_{TX} = -F_{X,V} = -m \cdot a_X$ eine Nickbewegung der Karosserie. Ebenso bewirkt die beim Durchfahren einer Kurve auf den Schwerpunkt wirkende Querkraft $F_{TY} = -F_{Y,V} = -m \cdot a_Y$ eine Wankbewegung. Nick- und Wankbewegungen sind die Drehbewegungen des Fahrzeugaufbaus um seine Nick- und Wankachse NA und WA (siehe Bild 2-16 und Bild 2-17). Die Lage der beiden virtuellen Momentenachsen der Drehbewegungen lässt sich in Abhängigkeit der Radaufhängungen auf geometrischem Weg berechnen [6]. Die Wankachse liegt in der Mittelebene des Fahrzeugs, die Nickachse ist parallel zur Fahrzeugquerachse ausgerichtet. Die resultierenden Momente können unter der Annahme, dass Wank- und Nickpol senkrecht unter dem Schwerpunkt liegen, wie folgt angegeben werden:

$$M_X = \left(F_{Z,V_{VL}} - F_{Z,V_{VR}}\right) \cdot \frac{b_V}{2} + \left(F_{Z,V_{HL}} - F_{Z,V_{HR}}\right) \cdot \frac{b_H}{2} - \left(h_{SP} - h_{WA}\right) \cdot F_{TY} \quad (2.32)$$

$$M_Y = \left(F_{Z,V_{HL}} + F_{Z,V_{HR}}\right) \cdot l_H - \left(F_{Z,V_{VL}} + F_{Z,V_{VR}}\right) \cdot l_V + \left(h_{SP} - h_{NA}\right) \cdot F_{TX} + \ldots$$
$$\ldots + \left(l_H \cdot K_{Auftrieb,H} - l_V \cdot K_{Auftrieb,V}\right) \cdot v_{res,X}^2 \quad (2.33)$$

Der Parameter h_{SP} entspricht der Höhe des Schwerpunkts, h_{WA} und h_{NA} entsprechen den Höhen von Wank- und Nickpol, siehe Bild 2-16 und Bild 2-17. Für das Moment um die Fahrzeughochachse gilt (siehe Bild 2-15):

$$M_Z = \left(F_{X,V_{VR}} - F_{X,V_{VL}}\right) \cdot \frac{b_V}{2} + \left(F_{X,V_{HR}} - F_{X,V_{HL}}\right) \cdot \frac{b_H}{2} + \ldots$$
$$\ldots + \left(F_{Y,V_{VL}} + F_{Y,V_{VR}}\right) \cdot l_V - \left(F_{Y,V_{HL}} + F_{Y,V_{HR}}\right) \cdot l_H \quad (2.34)$$

Mit den Gleichungen (2.26) und (2.31) können die translatorischen Beschleunigungen $\dot{v}_X$, $\dot{v}_Y$ und $\dot{v}_Z$ sowie die rotatorischen Winkelbeschleunigungen $\ddot{\phi}$, $\ddot{\theta}$ und $\ddot{\psi}$ simuliert werden. Durch Integration können hiermit die translatorischen und die rotatorischen Geschwindigkeiten des Fahrzeugs errechnet werden.
Bei Betrachtung der Gleichungen (2.26) und (2.31) wird deutlich, dass translatorische und rotatorische Bewegungen des Fahrzeugs miteinander verkoppelt sind.

2.8 Zusammenfassung

Nach einer allgemeinen Betrachtung zur Modellbildung und Definitionen der im Bereich der Fahrzeugdynamik verwendeten Koordinatensysteme wurde eine Übersicht über Modellierungsvarianten für Kraftfahrzeuge gegeben. Anschließend wurde auf die Verkopplung der Komponenten von Gesamtfahrzeugmodellen eingegangen, um danach die Modellierung von Antriebstrang und Bremsanlage zu betrachten. Die Antriebsmomente $\mathbf{M}_A$ und die Bremsmomente $\mathbf{M}_B$ wirken zusammen mit den Radaufstandskräften $\mathbf{F}_{Z,W}$ und den Radeinschlagwinkeln δ sowie den Kraftschlussbeiwerten μ auf die Reifen. Die Modellierung des Reifenverhaltens wurde in Abschnitt 2.6 behandelt. Die sich ergebenden Radumfangskräfte $\mathbf{F}_{X,W}$ und Radseitenkräfte $\mathbf{F}_{Y,W}$ wirken auf die Horizontaldynamik des Fahrzeugs. Nach Transformation von den Rad-Koordinatensystemen in das fahrzeugfeste Koordinatensystem (Drehung um die Radeinschlagwinkel δ) gehen die Kräfte in die Gleichungen des Zweispurmodells ein, die in Abschnitt 2.7 dargestellt wurden.

Für die Beschreibung des vertikaldynamischen Fahrzeugverhaltens ist ein Modell des Fahrwerks [6] erforderlich, auf das in diesem Kapitel nicht näher eingegangen wurde. Hieraus resultieren unter anderem die Radaufstandskräfte $\mathbf{F}_{Z,W}$, die für die Modellierung des Reifenverhaltens erforderlich sind. Mit den beschriebenen Teilmodellen und einem Modell des Fahrwerks kann das Gesamtverhalten eines Fahrzeugs simuliert werden.

Literatur

[1] *Isermann, R.*: Identifikation dynamischer Systeme. Berlin: Springer-Verlag, 1992
[2] *Isermann, R.*: Mechatronische Systeme – Grundlagen. Berlin: Springer-Verlag, 2003
[3] *Isermann, R.; Ernst, S.; Nelles, O.*: Identification with neural networks – architectures, comparisons, applications. IFAC Symposium on System Identification, July 8–11. Fukuoka, Japan, 1997
[4] DIN 70 000, Fahrzeugdynamik und Fahrverhalten. Berlin: Deutsches Institut für Normung e.V., 1994
[5] *Drogies, S.*: Objektorientierte Modellbildung und Simulation des fahrdynamischen Verhaltens eines Kraftfahrzeuges. Fortschritt-Bericht Reihe 12 Nr. 594. Düsseldorf: VDI-Verlag, 2005
[6] *Halfmann, C.; Holzmann, H.*: Adaptive Modelle für die Kraftfahrzeugdynamik. Berlin: Springer-Verlag, 2003
[7] *Germann, S.*: Modellbildung und modellgestützte Regelung der Fahrzeuglängsdynamik. Fortschritt-Bericht Reihe 12 Nr. 309. Düsseldorf: VDI-Verlag, 1997
[8] *Mitschke, M.; Wallentowitz, H.*: Dynamik der Kraftfahrzeuge. Berlin: Springer-Verlag, 2004
[9] *Reimpell, J.; Burckhardt, M.*; Fahrwerktechnik: Radschlupfregelsysteme. Würzburg: Vogel Fachbuchverlag, 1993
[10] *Pacejka, H. B.*: Tire and vehicle dynamics. Warrendale: SAE, 2002
[11] *Börner, M.*: Adaptive Querdynamikmodelle für Personenkraftwagen – Fahrzustandserkennung und Sensorfehlertoleranz. Fortschritt-Bericht Reihe 12 Nr. 563. Düsseldorf: VDI-Verlag, 2004
[12] *Ammon, D.*: Modellbildung und Systementwicklung in der Fahrzeugdynamik. Stuttgart: B. G. Teubner, 1997
[13] *Würtenberger, M.*: Modellgestützte Verfahren zur Überwachung des Fahrzustands eines Pkw. Fortschritt-Bericht Reihe 12 Nr. 314. Düsseldorf: VDI-Verlag, 1997

3 Modellierung, Analyse und Simulation der Fahrzeugquerdynamik

MARCUS BÖRNER

Die Herleitung des mathematischen Modells der Kraftfahrzeugquerdynamik und die Modellverifikation mit Daten, die während Testfahrten aufgenommen wurden, erfolgen iterativ. Eine Grundlage bildet die deduktive theoretische Modellbildung. Durch Überlegungen wird zunächst die Modellstruktur des Prozesses bestimmt. Durch Zusammenstellen von Bilanzgleichungen, konstitutiven Gleichungen und phänomenologischen Gleichungen wird ein mathematisches Abbild der Prozessstruktur aufgestellt. Zur Bestimmung einiger Parameter können Informationen aus der theoretischen Modellbildung verwendet werden. Zusätzlich erfolgt eine induktive experimentelle Modellbildung, die Identifikation genannt wird. Unter Annahme einer Modellstruktur werden die restlichen Modellparameter aus experimentellen Ergebnissen bestimmt.

Zur Modellbildung der Querdynamik von Personenkraftfahrzeugen soll im folgenden Kapitel ein Fahrdynamikmodell entwickelt werden. Die theoretische Modellbildung, auch theoretische Analyse genannt, umfasst neben dem Zusammenfassen der Grundgleichungen aller Prozesselemente das Aufstellen von gewöhnlichen und/oder partiellen Differentialgleichungen. Sind die Gleichungen nicht explizit lösbar, müssen weitere vereinfachende Annahmen getroffen werden. Das Vereinfachen kann durch Linearisieren, Reduktion der Modellordnung oder Approximation durchgeführt werden [1]. Systeme mit verteilten Parametern können auf Systeme mit konzentrierten Parametern zurückgeführt werden. Die ersten vereinfachenden Annahmen können bereits beim Aufstellen der Grundgleichungen gemacht werden.

3.1 Modellbildung des lineares Einspurmodelles

Zur Untersuchung des querdynamischen Fahrzeugverhaltens werden mathematische Ersatzmodelle verwendet. Mit einem einfachen linearisierten Modell basierend auf den Untersuchungen von Riekert und Schunck [2] lassen sich die grundsätzlichen Zusammenhänge für Querbeschleunigungen a_y auf trockener Straße unter 0,4 g oder auf nassem Eis unter 0,05 g darstellen. Um eine Modellierung bis an die physikalischen Grenzen des Fahrbereichs durchzuführen, sind nichtlineare Ersatzsysteme notwendig [3]. Diese Ersatzsysteme können als theoretische Modelle oder als Hybridmodelle aufgebaut sein [4]. Ein reales Fahrzeug wird in seiner Umwelt durch sechs Freiheitsgrade im Raum beschrieben, dabei handelt es sich um drei translatorische und drei rotatorische Bewegungsfreiheitsgrade.

3.1.1 Kinetik

Beim linearen Einspurmodell wird das Fahrzeug auf ein ebenes Problem zurückgeführt, d.h. es werden zwei translatorische und ein rotatorischer Freiheitsgrad betrachtet. Die beiden translatorischen Bewegungen in der Fahrbahnebene werden durch die dynamischen Kräftegleichungen für die entsprechenden Koordinatenrichtungen aufgestellt. Der rotatorische Freiheitsgrad steht orthogonal zur Fahrbahnoberfläche und beschreibt die Gierbewegung des Fahrzeugs um die Hochachse. Die Bewegungsgleichung wird durch die Momentenbilanz um den Schwerpunkt aufgestellt. Bild 3-1 zeigt das Freikörperbild des reduzierten Fahrzeugs.

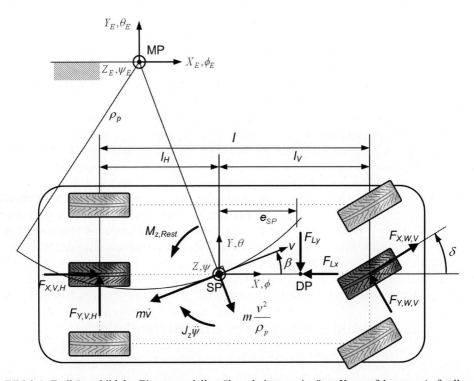

Bild 3-1: Freikörperbild des Einspurmodells während einer stationären Kurvenfahrt zum Aufstellen der Bewegungsdifferentialgleichungen;
X_E, Y_E, Z_E: Ortsfestes Koordinatensystem um den Momentanpol MP
X, Y, Z: Horizontiertes Koordinatensystem um den Schwerpunkt SP des Fahrzeugs und Radkoordinatensystem

Die Bewegung eines Fahrzeugs auf einer stationären Kreisfahrt kann durch eine Drehung um den Momentanpol MP beschrieben werden. Der Momentanpol MP stellt den Koordinatenursprungspunkt für das ortsfeste Koordinatensystem dar. Der Schwimmwinkel β ist dabei konstant. Der Abstand zwischen Momentanpol MP und Schwerpunkt SP heißt

3.1 Modellbildung des lineares Einspurmodelles

Schwenkradius ρ_P. Der Schwenkradius ρ_P und die Gierwinkelgeschwindigkeit $\dot\psi$ werden verwendet, um die Schwerpunktgeschwindigkeit v des Fahrzeugs anzugeben.

$$v = \rho_P \dot\psi \tag{3.1}$$

Wenn sich das Fahrzeug jedoch nicht auf einer stationären Kreisfahrt bewegt, ist die zeitliche Änderung des Schwimmwinkels $d\beta/dt \neq 0$. Bei diesen Fahrmanövern ist der Schwenkradius ρ_P nicht definiert. Es bietet sich nun an, den Krümmungsradius ρ (Krümmung $1/\rho$) zu verwenden. Um den Unterschied zwischen Schwenkradius ρ_P und Krümmungsradius ρ klar herauszustellen, wird eine allgemeingültige Beziehung für Fahrmanöver hergeleitet [5]. In Bild 3-2 sind die kinematischen Zusammenhänge einer Bahnkurve skizziert (links infinitesimale Skizze und rechts Differenzdarstellung).

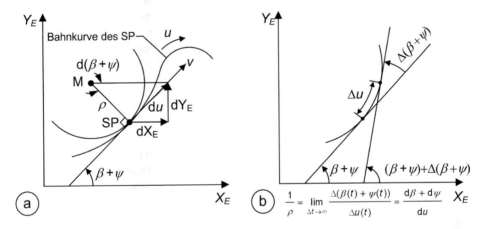

Bild 3-2: Kinematische Skizze der Bahnkurve im ortsfesten Koordinatensystem; a) Infinitesimale Darstellung, b) Differenzdarstellung

Der Krümmungsmittelpunkt M schließt mit dem Fahrzeug als Punktmasse dargestellt (SP = Schwerpunkt des Fahrzeugs) den Krümmungsradius ρ ein. Nach der Abbildung bewegt sich der Schwerpunkt SP um den Krümmungsmittelpunkt M. Das gesamte Fahrzeug dreht sich im allgemeinen Fall hingegen nicht um den Krümmungsmittelpunkt M, sondern um den Momentanpol MP, siehe Bild 3-1. Mit einer infinitesimalen Kurswinkeländerung $d(\beta + \psi)$, kann mit dem Krümmungsradius ρ die infinitesimale Änderung des Bogenelements du berechnet werden.

$$du = \rho \cdot d(\beta + \psi)$$
$$\Rightarrow \frac{1}{\rho} = \frac{d(\beta + \psi)}{du} \frac{dt}{dt} \quad \text{mit} \quad v = \frac{du}{dt} \tag{3.2}$$

Durch Umformen der Beziehung, Erweiterung des Zählers und Nenners mit einem infinitesimalen Zeitelement dt und der Berücksichtigung, dass die Geschwindigkeit v sich als Quotient eines Bogenelements zu einem Zeitelement darstellen lässt, folgt

$$\rho = \frac{v}{(\dot{\beta}+\dot{\psi})}. \tag{3.3}$$

Diese Gleichung ist geeignet, den Krümmungsradius ρ, der in der Zentripetalbeschleunigung auftritt, zu ersetzen. Die Geschwindigkeit v, die Querbeschleunigung a_y, der Schwimmwinkel β und die Gierrate $\dot{\psi}$, also die Größen der horizontalen Fahrzeugbewegung, sind direkt miteinander verknüpft (siehe (3.2), (3.3) und Bild 3-1):

$$\frac{v^2}{\rho} = \frac{a_y}{\cos\beta} = v \cdot (\dot{\beta}+\dot{\psi}) \tag{3.4}$$

Für den Sonderfall der *stationären Kreisfahrt* auf konstantem Radius ρ mit konstanter Fahrgeschwindigkeit v folgt für die Zentripetalbeschleunigung v^2/ρ:

$$\begin{aligned}
&\dot{\beta} = 0 \Rightarrow \beta = const., \\
&\ddot{\psi} = 0 \Rightarrow \dot{\psi} = const., \\
&\dot{v} = 0 \Rightarrow \overbrace{v = const.}^{\text{stationäre Fahrt}}, \\
&\rho = \rho_P = const. \\
&\Rightarrow \frac{v^2}{\rho} = v^2 \frac{(\dot{\beta}+\dot{\psi})}{v} = v(\overset{=0}{\dot{\beta}}+\dot{\psi}) = v\dot{\psi} \quad \text{bzw.} \quad v = \rho\dot{\psi}
\end{aligned} \tag{3.5}$$

Dies impliziert, dass für die stationäre Kreisfahrt der Schwimmwinkel β zeitinvariant ist, der Schwenkradius ρ_P und der Krümmungsradius ρ vom Betrag gleich groß sind. Die beiden Radien ρ_P und ρ müssen einen gemeinsamen Mittelpunkt besitzen. Es ist ersichtlich, dass der Krümmungsradius ρ nur dann dem Schwenkradius ρ_P entspricht, wenn die zeitliche Ableitung des Schwimmwinkels dβ/dt zu Null wird.

Im Bild 3-1 ist zu erkennen, dass die Räder einer Achse beim linearen Einspurmodell formal zu jeweils einem Radelement zusammengefasst werden. Dieses Vorgehen halbiert die Anzahl der unbekannten Reifenkräfte. Die Summe der Reifenkräfte wird zentrisch in der Fahrzeuglängsachse eingetragen. Der Reifennachlauf vorne n_V bzw. hinten n_H (siehe Abschnitt 3.1.1) wird in diesem Modell vorerst vernachlässigt. Der Reifennachlauf berücksichtigt den Effekt, dass die Radkräfte nicht exakt mittig in den Aufstandspunkten der Reifen angreifen.

Die wesentlichen physikalischen Kräfte, die auf das Fahrzeug wirken, sind die Trägheitswirkungen, die immer gegen die positive Koordinatenrichtung eingetragen werden müssen (d'Alembertsche Trägheitskräfte). Außerdem wirken die Seitenführungskräfte der Achsen, die Achslängskräfte und die Luftkräfte, die exzentrisch um die Strecke e_{SP}

3.1 Modellbildung des lineares Einspurmodelles

vor bzw. nach dem Schwerpunkt im Druckpunkt angreifen. Die Luftkraft erzeugt in der Regel eine Widerstandskraft, die entgegen der Bewegungsrichtung des Körpers im Gas wirkt. Entscheidend ist vor allem die Relativgeschwindigkeit des Körpers. Die Luftwiderstandskraft F_L wird aus dem Produkt des Luftdichte ρ_L, des Luftwiderstandbeiwerts c_W und der wirksamen Anströmfläche A gebildet. Die Luftkräfte können in zwei Komponenten zerlegt werden: in eine longitudinale Komponente F_{Lx} und in eine laterale Komponente F_{Ly}. Die Seitenluftkraft ist fahrdynamisch kritischer, weil sie ein Fahrzeug von der Fahrbahn drängen kann. Es wird darauf hingewiesen, dass die Geschwindigkeitskomponenten v_x und v_y aus einer vektoriellen Addition des Windvektors und des Geschwindigkeitsvektors des Fahrzeugs mit anschließender Transformation in das fahrzeugfeste Koordinatensystem bestimmt werden [3].

$$F_{Lx} = \frac{\rho_L}{2} v_x^2 c_{Wx} A_x \quad , \quad F_{Ly} = \frac{\rho_L}{2} v_y^2 c_{Wy} A_y \tag{3.6}$$

Die Differentialgleichungen des linearen Einspurmodells folgen aus Bild 3-1, indem die Kräftebilanzen im fahrzeugfesten x,y-Koordinatensystem und die Momentenbilanzgleichung um die Fahrzeughochachse gebildet werden. Die Vektorgleichungen sind in Komponentendarstellung angegeben [6].

$$\underbrace{m\frac{v^2}{\rho}\sin\beta - m\dot{v}\cos\beta}_{\text{d'Alembertsche Trägheitskräfte}} + \underbrace{F_{X,V,H} + F_{X,W,H}\cos\delta - F_{Y,W,V}\sin\delta}_{\substack{\text{Antriebs–, Brems– und Rollwiderstandskräfte}\\ \text{(Seitenführungskräfte u. Achslängskräfte)}}} - \underbrace{F_{Lx}}_{\text{Luftkraft}} + F_{X,V,Rest} = 0$$

$$\tag{3.7}$$

$$\underbrace{-m\frac{v^2}{\rho}\cos\beta - m\dot{v}\sin\beta}_{\text{d'Alembertsche Trägheitskräfte}} + \underbrace{F_{Y,V,H} + F_{X,W,V}\sin\delta + F_{Y,W,V}\cos\delta}_{\substack{\text{Antriebs–, Brems– und Rollwiderstandskräfte}\\ \text{(Seitenführungskräfte u. Achslängskräfte)}}} - \underbrace{F_{Ly}}_{\text{Luftkraft}} + F_{Y,Rest} = 0 \tag{3.8}$$

$$-J_z\ddot{\psi} + (F_{Y,W,V}\cos\delta + F_{X,W,V}\sin\delta)l_V - F_{Y,V,H}l_H - F_{Ly}e_{SP} + M_{Z,Rest} = 0 \tag{3.9}$$

Im Folgenden wird die Kinematik des linearen Einspurmodells beschrieben, weil sich aus diesen Beziehungen die Seitenführungskräfte $F_{Y,W,V}$ und $F_{Y,W,H}$ der Reifen ergeben.

3.1.2 Kinematik

Im Bild 3-3 ist das Einspurmodell mit den kinematischen Zusammenhängen und Abhängigkeiten zwischen den verschiedenen Variablen gezeigt. Die Bewegung eines Fahrzeugs während einer
Kurvenfahrt ist dadurch gekennzeichnet, dass die Fahrzeuglängsachse um einen gewissen Winkel gegenüber dem Geschwindigkeitsvektor **v** des Schwerpunkts bzw. der Tangente der Bahnkurve verdreht ist.

Dieser Winkel wird Schwimmwinkel β genannt. In stabilen Fahrsituationen ist der Schwimmwinkel β klein. Daher ist auch hier eine Linearisierung der Tangensfunktion $\tan(\beta) \approx \beta$ ohne wesentliche Genauigkeitsverluste möglich. Der Schwimmwinkel β wird durch die fahrzeugfesten Geschwindigkeitsgrößen v_x und v_y definiert.

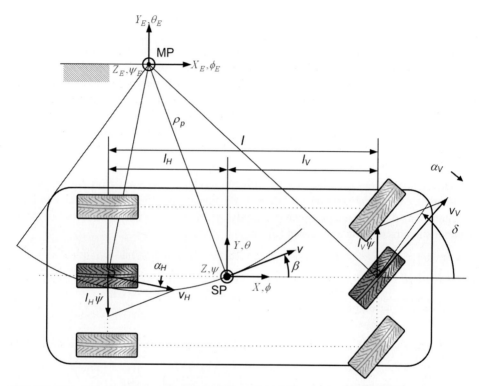

Bild 3-3: Kinematik des linearen Einspurmodells während einer stationären Kreisfahrt

$$\beta = \arctan\left(\frac{v_y}{v_x}\right) = \arctan\left(\frac{\dot{y}}{\dot{x}}\right) \cong \frac{\dot{y}}{\dot{x}} \qquad (3.10)$$

Der Fahrzeugschwimmwinkel β kann auch durch Umformen der Gleichung (1.5) berechnet werden, indem die Gleichung nach der Schwimmwinkelgeschwindigkeit $\dot{\beta}$ aufgelöst und nach der Zeit t integriert wird [7].

$$\rho = \frac{v}{(\dot{\beta} + \dot{\psi})} \Rightarrow \dot{\beta} = \frac{v}{\rho} - \dot{\psi} \Rightarrow \beta(t) = \beta_0 + \int_0^t \left(\frac{v}{\rho} - \dot{\psi}\right) dt \qquad (3.11)$$

3.1 Modellbildung des lineares Einspurmodelles

Mit der Zentripetalbeschleunigung ergibt sich der Zusammenhang zwischen Schwimmwinkel β, Gierrate $\dot{\psi}$, Querbeschleunigung a_y und Geschwindigkeit v

$$\beta(t) = \beta_0 + \int_0^t \left(\frac{a_y}{v} - \dot{\psi} \right) dt \qquad (3.12)$$

Die Integration ist jedoch problematisch wegen der Summation der Fehler mit der Zeit t. Die Schräglaufwinkel α_V und α_H werden durch geometrische Beziehungen am Vorderrad bzw. am Hinterrad des linearen Einspurmodells berechnet. Es können zwei Komponentengleichungen in x- und y-Richtung für die Geschwindigkeit des Vorderrads bzw. Hinterrads angegeben werden. Durch Elimination der Radgeschwindigkeiten folgen die gesuchten Beziehungen für die Schräglaufwinkel an den Rädern. Exemplarisch wird dieses Vorgehen am Hinterrad präsentiert. Mit Hilfe von Bild 3-3 ergeben sich zwei Geschwindigkeitsbilanzgleichungen.

$$\begin{aligned} v_{X,W,H} &= v_{W,H} \cos(\alpha_H) = v \cos(\beta) \\ v_{Y,W,H} &= v_{W,H} \sin(-\alpha_H) = -l_H \dot{\psi} + v \sin(\beta) \end{aligned} \qquad (3.13)$$

Durch Quotientenbildung folgt direkt die Gleichung für den hinteren Schräglaufwinkel

$$\alpha_H = \arctan\left(\frac{l_H \dot{\psi} - v \sin \beta}{v \cos \beta} \right) \qquad (3.14)$$

und analog für die Vorderachse unter Berücksichtigung des Vorderradeinschlagwinkels δ_V

$$\alpha_V = \delta - \arctan\left(\frac{l_V \dot{\psi} + v \sin \beta}{v \cos \beta} \right) \qquad (3.15)$$

$$v_H \cong v \Rightarrow -v_H \alpha_H = -l_H \dot{\psi} + v \beta \qquad (3.16)$$

Eine Linearisierung der Schräglaufwinkel ist gerechtfertigt, wenn der Schräglaufwinkel $\alpha < 5°$ ist, siehe [8] bzw. [9].

$$\alpha_H = -\beta + \frac{l_H \dot{\psi}}{v} \qquad (3.17)$$

$$\alpha_V = -\beta + \delta - \frac{l_V \dot{\psi}}{v} \qquad (3.18)$$

3.1.3 Querschlupf und Querkräfte

Die Bestimmung der Kraftübertragung zwischen Reifen und Fahrbahn stellt eine der wichtigsten Herausforderungen dar, weil die Erfassung der Radkräfte maßgeblich von der statistisch verteilten Beschaffenheit der Fahrbahnoberfläche abhängt.

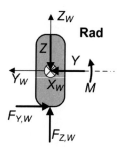

Bild 3-4:
Kräfte zwischen Fahrbahn und Reifen

Der Kraftschlussbeiwert μ zwischen Straße und Reifenprofil ist anisotrop. Die meisten Reifenmodelle verwenden den Schlupf λ, den Schräglaufwinkel α und den Sturz γ_R am Rad als Eingangsgrößen, um dann die Reifenkräfte zu ermitteln [10; 11]. Aus dem Freikörperbild (Bild 3-4) in der Reifenebene lassen sich einfache Beziehungen zur Berechnung der Reifenkräfte ermitteln, wenn berücksichtigt wird, dass der Kraftschlussbeiwert μ als das Verhältnis der Normalkraft zur horizontalen Widerstandskraft definiert ist [12]. Die Umfangskraft in Längsrichtung $F_{X,W}$ wird aus dem Produkt der Kraftschlussbeanspruchung μ_x und der Normalkraft $F_{Z,W}$, die auf den Latsch des Reifens wirkt, berechnet. Die entsprechenden Beziehungen sind auch für die seitlichen Reifenkräfte $F_{Y,W}$ gültig.

$$F_{X,W} = \mu_x F_{Z,W}$$
$$F_{Y,W} = \mu_y F_{Z,W} \tag{3.19}$$

Die Kraftschlussbeanspruchung in Umfangsrichtung μ_x steht in funktionaler Abhängigkeit von dem Umfangsschlupf λ_x. Sinngemäß ist die seitliche Kraftschlussbeanspruchung μ_y eine Funktion des Seitenschlupfs λ_y, siehe auch [5]. Es stehen zwei Beziehungen zur Verfügung, um die Radkräfte in Längs- und Querrichtung zu bestimmen. Die Normalkraft kann in normalen Fahrsituationen schon stark schwanken, daher ist die Dynamik der Normalkraft nicht zu vernachlässigen. Der Kraftschlussbeiwert μ verursacht aber die größte Unsicherheit. Dies hat vielfältige Ursachen. Der Kraftschlussbeiwert μ, der zwischen den Reifen und der Fahrbahn wirkt, variiert sehr stark infolge der Witterung (Eis, Schnee, Regen, Wasserflächen → Aquaplaning, usw. ...), der Fahrbahnoberfläche (Steigung, Bodenunebenheiten → Fußpunkterregung, Schmutz, Asphalt, Kopfsteinpflaster, usw. ...), der Reifeneigenschaften (Reifenprofil, Reifenmischung, Reifenverschleiß, Reifentemperatur, Luftdruck, usw. ...) und der dynamischen Einflussgrößen (Geschwindigkeit, Schräglaufwinkel, Raddrehzahl, Schlupf usw. ...) Erschwerend wirkt sich der Sachverhalt aus, dass viele der physikalischen Größen noch miteinander gekoppelt sind und stark nichtlineare Funktionsverläufe aufweisen.

3.1 Modellbildung des lineares Einspurmodelles

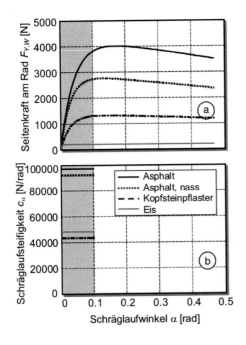

Bild 3-5:
a) Seitenkraft $F_{Y,W}$ als Funktion über dem Schräglaufwinkel α von 0 bis 0,5 rad, b) Schräglaufsteifigkeit c_α als Funktion über dem Schräglaufwinkel α von 0 bis 0,1 rad

Zur Verdeutlichung dieser Abhängigkeiten wird im Bild 3-5a) die Seitenkraft am Rad $F_{Y,W}$ über den Schräglaufwinkel α aufgetragen und als Parameter wird der Kraftschlussbeiwert μ_y variiert.

Der Kraftschlussbeiwert μ_y, der den typischen Verlauf der Kraftschlussbeiwert-Charakteristik nachbildet, wird mit einem Ansatz nach [13] bestimmt. In Bild 3-5a) ist für verschiedene Fahrbahnbeläge zu erkennen, dass mit Zunahme des Schräglaufwinkels α zuerst eine Seitenkraft aufgebaut wird. Die Seitenkraft $F_{Y,W}$ baut sich jedoch nur bis zu einem kritischen Schräglaufwinkel α auf. Danach erfolgt keine weitere Zunahme der Seitenkraft, sie kann sogar abnehmen, d.h. das Fahrzeug verliert seine seitliche Führung. Je abrupter die Kennlinie abknickt, desto kritischer wirkt sich die Situation auf das Fahrverhalten aus. Der Kraftschlussbeiwert μ_y, der indirekt eine Größe für die Fahrbahnbeschaffenheit ausdrückt, verursacht die größten Abweichungen in der Seitenkraftkennlinie. Die maximale Seitenkraft kann zwischen Asphalt und Eis um mehr als den Faktor zwölf abweichen. Bild 3-5b) zeigt die Schräglaufsteifigkeit c_α als Funktion über dem Schräglaufwinkel α bei unterschiedlichem Straßenuntergrund. Hier wird nochmals der kritische Abfall der Schräglaufsteifigkeit c_α für bestimmte Schräglaufwinkel α deutlich. Das gutmütigste Verhalten gegenüber dem Querkraftabbau hat Kopfsteinpflaster. Aus Bild 3-5 wird deutlich, dass ein nichtlinearer Zusammenhang zwischen Schräglaufwinkel α und der Seitenführungskraft besteht. Die Schräglaufsteifigkeit c_α ist für konstante Geschwindigkeiten durch die Gleichung

$$F_{Y,W}(\alpha) = c_\alpha(\alpha)\alpha \stackrel{F_z = const.}{\Rightarrow} c_\alpha \equiv F_{Z,W} \left.\frac{\partial \mu_y}{\partial \alpha}\right|_{\alpha=0} \tag{3.20}$$

definiert [14]. Da diese Linearisierung nur für kleine Schräglaufwinkel α definiert ist, wird in Bild 3-5b) jeweils nur der Bereich um $\alpha = 0$ dargestellt. Der Zusammenhang zwischen Schräglaufsteifigkeit und Straßenoberfläche ist in Tabelle 3-1 dargestellt.

Die Bestimmung der Seitenführungskräfte $F_{Y,W,V}$ und $F_{Y,W,H}$ erfolgt durch ein einfaches lineares Reifenmodell. Die Entstehungen von Seitenkraft $F_{Y,W}$ und Reifennachlauf n_V sind in Bild 3-6 dargestellt [15].

Tabelle 3-1: Zusammenhang zwischen Schräglaufsteifigkeit und Straßenoberfläche

Schräglaufsteifigkeit c_α [N/rad]	Beschreibung
0 bis 50 000	Eis, Schnee, Kopfsteinpflaster
ab 50 000	Asphalt

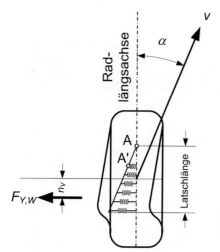

Bild 3-6: Entstehung von Seitenkraft und Reifennachlauf

Während einer Fahrt mit einem Schräglaufwinkel α läuft das Rad von Punkt A nach Punkt A' ab. Wie die Elementarfedern andeuten, wird dabei eine Kraft aufgebracht. Bei weiterer Bewegung bewegt sich Punkt A' immer weiter von der Radlängsachse weg und die zugehörige Kraft wird immer größer. Am Latschende erreicht sie ihr Maximum und wird außerhalb des Latschs wieder zu Null. Die Summe der Kräfte ergibt die Seitenkraft $F_{Y,W}$. Je größer der Schräglaufwinkel α ist, desto größer wird auch die Seitenkraft $F_{Y,W}$. Werden lineare Elementarfedern vorausgesetzt, ergibt sich ein proportionaler Zusammenhang zwischen der Seitenkraft $F_{Y,W}$ und dem Schräglaufwinkel α mit dem Schräglaufwinkelbeiwert c_α als Proportionalitätskonstante. Weiterhin lässt sich aus Bild 3-6 erkennen, dass die Resultierende aller Kräfte nicht in Latschmitte angreift, sondern um den Reifennachlauf n_V dahinter. Das seitliche Verformungsbild bildet für kleine Schräglaufwinkel α immer ein Dreieck. Damit bleibt der Angriffspunkt der Seitenkräfte

3.1 Modellbildung des lineares Einspurmodelles

$$F_{Y,W,V} = c_{\alpha V} \alpha_V$$
$$F_{Y,W,H} = c_{\alpha H} \alpha_H \tag{3.21}$$

immer der gleiche. Der Reifennachlauf n_V und das Rückstellmoment $M_{Z,W} = c_\alpha n_V \alpha$ sind konstant.
Bei zeitveränderlichen Schräglaufwinkeln α trägt aber auch die Steifigkeit der Reifenstruktur c_y gegenüber Verformungen in Querrichtung zur Seitenkraftentstehung bei [16; 17]. Dieser Zusammenhang ist in Bild 3-7 grafisch dargestellt.
Im stationären Fall gilt $F_{Y,W} = c_\alpha \alpha$. Eine Schräglaufwinkeländerung $\Delta \alpha$ bewirkt aber eine zeitlich linear anwachsende Querauslenkung

$$\Delta y = \Delta v_y t \tag{3.22}$$

Die Quergeschwindigkeit v_y lässt sich für kleine Schräglaufwinkel α zu

$$v_y = v \cdot \sin \alpha \big|_{\alpha \text{ klein}} = v \cdot \alpha \tag{3.23}$$

linearisieren, so dass für die Querauslenkung

$$\Delta y = v \cdot \Delta \alpha \cdot t \tag{3.24}$$

gilt. Die Federkraftänderung $\Delta F_{y,c}$ berechnet sich aus dem Produkt zwischen der Steifigkeit der Reifenstruktur c_y und der Querauslenkung Δy

$$\Delta F_{y,c} = c_y \cdot \Delta y \tag{3.25}$$

woraus direkt

$$\Delta y = \frac{\Delta F_{y,c}}{c_y} \tag{3.26}$$

folgt. Sobald die Federkraftänderung $\Delta F_{y,c}$ den Endwert ΔF_y annimmt, ergibt sich für die benötigte Zeitspanne T für das Erreichen des stationären Endwerts

$$v \cdot \Delta \alpha \cdot T = \frac{\Delta F_{y,c}}{c_y}$$
$$\Rightarrow T = \frac{\Delta F_{y,c}}{v \cdot \Delta \alpha \cdot c_y}\bigg|_{\Delta F_{y,c} \to \Delta F_y} = \frac{c_\alpha \cdot \Delta \alpha}{v \cdot \Delta \alpha \cdot c_y} = \frac{c_\alpha}{v \cdot c_y} \tag{3.27}$$

Die Modellierung des dynamischen Seitenkraftaufbaus am Rad und einer Steifigkeit der Reifenstruktur c_y führt zu der linearen Differentialgleichung 1. Ordnung:

$$\frac{c_\alpha}{v \cdot c_y} \cdot \dot{F}_{Y,W} + F_{Y,W} = c_\alpha \cdot \alpha \tag{3.28}$$

Hieraus ergibt sich direkt das PT_1 Übertragungsglied zwischen:

$$\frac{F_{Y,W}(s)}{\alpha(s)} = \frac{c_\alpha}{T \cdot s + 1} \tag{3.29}$$

Die Zeitkonstante $T = c_\alpha/(v \cdot c_y)$ ist umgekehrt proportional zur Fahrgeschwindigkeit v. Schräglaufwinkeländerungen können somit bei höheren Geschwindigkeiten schneller in Seitenkräfte $F_{Y,W}$ umgesetzt werden. Bei PKW-Reifen kann eine Schräglaufsteifigkeit c_α von 80 bis 100 kN/rad und eine Quersteifigkeit der Reifenstruktur c_y von 60 bis 200 kN/rad angenommen werden. Es folgt damit für eine Geschwindigkeit $v = 20$ m/s eine Zeitkonstante T von 0,02 bis 0,08 s. Im Weiteren wird diese Zeitkonstante vernachlässigt, da sie sehr klein gegenüber der querdynamischen Zeitkonstante des Fahrzeugs ist, die beispielsweise in [4] mit 0,5 s angegeben wird.

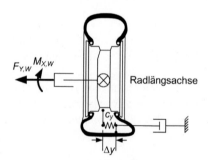

Bild 3-7:
Mechanisches Modell für den dynamischen Seitenkraftaufbau am Reifen

3.1.4 Bewegungsgleichungen

Ausgangspunkt der weiteren Überlegungen bilden die Differentialgleichungen des linearen Einspurmodells. Die Bewegungsgleichung in Längsrichtung kann wegfallen, wenn ausschließlich die Beobachtung der Fahrzeugquerdynamik von Interesse ist und die Fahrzeuggeschwindigkeit v und deren Ableitung direkt gemessen werden [18]. Die unbekannten seitlichen Reifenquerkräfte hinten werden mit Hilfe der linearisierten Reifenkraft F_{yH} ausgedrückt. Die Querkraft F_{yV} der vorderen Reifen enthält zusätzlich die Lenkungsnachgiebigkeit und den Reifeneinlauf.

Hierzu wird ein Modell verwendet, das die Nachgiebigkeiten von Lenkgetriebe, Lenkgestänge und Lenkwelle als Lenkungssteifigkeit C_L berücksichtigt [19]. In Bild 3-8 ist das Modell dargestellt, in dem alle mechanischen Komponenten als starr und spielfrei angenommen werden. Die Elastizität wird durch die Torsionsfeder (Drehfeder) berücksichtigt.

3.1 Modellbildung des lineares Einspurmodelles

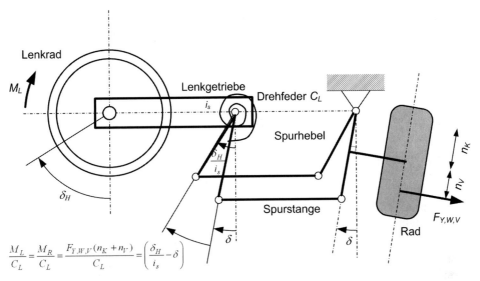

$$\frac{M_L}{C_L} = \frac{M_R}{C_L} = \frac{F_{Y,W,V}(n_K + n_V)}{C_L} = \left(\frac{\delta_H}{i_s} - \delta\right)$$

Bild 3-8: Reduziertes mechanisches Modell der elastischen Lenkung

Differentialgleichungen

Die Betrachtung erfolgt wieder nur an einem Rad, das heißt in der Querkraft F_{yV} sind die Querkräfte der beiden Räder schon summiert. Die Umfangskraft F_{xV} ist vernachlässigt und die Querkraft $F_{Y,W,V}$ greift exzentrisch am Rad mit einem gewissen Nachlauf n_V am Rad an. Mit n_K ist der konstruktive Nachlauf bezeichnet, hierbei handelt es sich um eine spezifische geometrische Größe, die vom jeweiligen Radaufhängungstyp abhängig ist [20]. Am Ausgang des Lenkgetriebes ergibt sich über eine statische Momentenbilanz

$$\overbrace{C_L\left(\frac{\delta_H}{i_s} - \delta\right)}^{M_L} - \overbrace{F_{Y,W,V}(n_V + n_K)}^{M_R} = 0 \tag{3.30}$$

Hier wird nochmals deutlich, dass die Dynamik des Systems vernachlässigt wird, weil die Drehträgheitsmomente der Massen unberücksichtigt bleiben. Nun kann der vordere Radeinschlagwinkel δ für eine elastische Lenkung angegeben werden.

$$\text{Elastische Lenkung:} \quad \delta = \frac{\delta_H}{i_s} - \frac{F_{Y,W,V}(n_V + n_K)}{C_L}. \tag{3.31}$$

Für die Seitenkraft folgt aus (3.30) die Beziehung

$$F_{Y,W,V} = \overbrace{\frac{c_{\alpha V}}{1+\dfrac{c_{\alpha V}(n_V+n_K)}{C_L}}}^{c'_{\alpha V}} \cdot \overbrace{\left[\frac{\delta_H}{i_s} - \beta - \frac{l_V \dot{\psi}}{v}\right]}^{\alpha_V} = c'_{\alpha V} \cdot \alpha_V \tag{3.32}$$

Die Größe $c'_{\alpha V}$ wird als effektiver Seitenkraft-Schräglaufwinkelbeiwert vorne bezeichnet. Der effektive Seitenkraft-Schräglaufwinkelbeiwert $c'_{\alpha V}$ an der Vorderachse dient der Vereinfachung, die sich aus der Zusammenfassung von der Reifensteifigkeit $c_{\alpha V}$ und der Lenkelastizität ergibt. Durch die Verwendung von $c'_{\alpha V}$ anstatt $c_{\alpha V}$ kann der durch die Lenkungselastizität entstehende Fehler korrigiert werden.

Wie im Bild 3-8 skizziert, wirkt die Reifenseitenkraft $F_{Y,W,V}$ nicht in der Latschmitte, sondern an einen etwas nach hinten versetzten Angriffspunkt. Dadurch entsteht zusätzlich das Rückstellmoment M_z

$$M_{Z,W} = F_{Y,W,V} \cdot n_V \tag{3.33}$$

das sich aus dem Produkt von Kraft $F_{Y,W,V}$ mit dem Hebelarm n_V ergibt. Die zwei Reifennachläufe n_V und n_H sind durch die Länge zwischen der Radmitte und dem Angriffpunkt der Radquerkraft F_y definiert. Eine weitere Verbesserung des Einspurmodells wird erzielt, wenn die Reifennachläufe vorne n_V und hinten n_H berücksichtigt werden. Die notwendigen Gleichungen ergeben sich, indem der Versatz in den Längen zum Schwerpunkt korrigiert wird.

$$\begin{aligned} l'_V &= l_V - n_V \\ l'_H &= l_H + n_H \end{aligned} \tag{3.34}$$

Neu zu den Bilanzgleichungen hinzugekommen sind die Linearisierung der Querkräfte $F_{Y,W}$, die Längenkorrektur durch die Reifennachläufe l'_V und l'_H und das Rückstellmoment $M_{Z,W,V}$ Aus diesen Annahmen ergibt sich nun aus den Gl. (3.7) – (3.9)

$$m\frac{v^2}{\rho}\sin\beta - m\dot{v}\cos\beta + F_{X,V,H} +$$

$$+F_{X,W,V}\cos\delta - \underbrace{\frac{c_{\alpha V}}{1+\dfrac{c_{\alpha V}(n_V+n_K)}{C_L}}}_{c'_{\alpha V}} \cdot \underbrace{\left(\frac{\delta_H}{i_s} - \beta - \frac{l'_V \dot{\psi}}{v}\right)}_{\alpha_V} \cdot \sin\delta - F_{Lx} - F_{st} + F_{X,V,Rest} = 0$$

$$\tag{3.35}$$

3.1 Modellbildung des lineares Einspurmodelles

$$m\frac{v^2}{\rho}\cos\beta + m\dot{v}\sin\beta =$$

$$c_{\alpha H}\left(-\beta + \frac{l'_H \dot{\psi}}{v}\right) + F_{X,W,V}\sin\delta + \qquad (3.36)$$

$$+ \frac{c_{\alpha V}}{1+\frac{c_{\alpha V}(n_V + n_K)}{C_L}} \cdot \left(\frac{\delta_H}{i_s} - \beta - \frac{l'_V \dot{\psi}}{v}\right)\cdot\cos\delta - F_{Ly} - F_{ng} + F_{Y,V,Rest}$$

$$J_z\ddot{\psi} = \left(\frac{c_{\alpha V}}{1+\frac{c_{\alpha V}(n_V + n_K)}{C_L}} \cdot \left(\frac{\delta_H}{i_s} - \beta - \frac{l'_V \dot{\psi}}{v}\right)\cdot\cos\delta + F_{X,W,V}\sin\delta\right)\cdot l'_V \qquad (3.37)$$

$$-c_{\alpha H}\left(-\beta + \frac{l'_H \dot{\psi}}{v}\right)\cdot l'_H - F_{Ly}e_{SP} + M_{Z,V,V} + M_{Z,V,Rest}$$

Ausgehend von diesen Gleichungen wird das Modell zuerst vereinfacht und dann linearisiert. Vernachlässigt man die Komponenten der longitudinalen und lateralen Luftkraft (F_{Lx} und F_{Ly}), die Fahrbahneinflüsse F_{st} und F_{ng}, die beiden Terme $F_{X,V,V}\sin\delta$ und $F_{Y,V,V}\sin\delta$, die Korrektur der Reifennachläufe, zusätzliche Momente $M_{Z,V}$ und $M_{Z,V,Rest}$, die zum Beispiel durch unsymmetrische Radlastkräfte an den Rädern während der Beschleunigung bzw. Verzögerung entstehen, und zusätzliche Kräfte in Längs- und Querrichtung $F_{X,V,Rest}$ und $F_{Y,V,Rest}$, dann erhält man mit der Annahme, dass der Lenkradwinkel δ im normalen Fahrbetrieb klein ist, die folgenden Bewegungsgleichungen.

Danach wird eine Linearisierung des Schwimmwinkels β ohne nennenswerte Genauigkeitsminderungen möglich. Für kleine Winkel β können die trigonometrischen Funktionen näherungsweise im Ursprung durch Geraden approximiert werden. Damit können die nichtlinearen Funktionen zu $\sin\beta \approx \beta$ und $\cos\beta \approx 1$ gesetzt werden. Zusätzlich wird berücksichtigt, dass der Krümmungshalbmesser ρ substituiert werden kann. Der Term $m v^2 / \rho \sin\beta$ wird auf Grund seines geringen Einfluss auf die Längsdynamik vernachlässigt. Hieraus folgt:

$$-m\dot{v} + F_{X,V,H} + F_{X,V,V} = 0 \qquad (3.38)$$

$$-mv(\dot{\beta}+\dot{\psi}) - m\dot{v}\beta + F_{Y,V,H} + F_{Y,V,V} = 0 \qquad (3.39)$$

$$-J_z\ddot{\psi} + F_{Y,V,V}l_V - F_{Y,V,H}l_H = 0 \qquad (3.40)$$

Zustandsraumdarstellung des linearen Einspurmodells

Basierend auf den diskutierten Vereinfachungen wird ein Zustandsraummodell

$$\begin{bmatrix} \dot{\mathbf{x}}(t) \\ \mathbf{y}(t) \end{bmatrix} = \begin{bmatrix} \mathbf{A} & \mathbf{b} \\ \mathbf{C} & \mathbf{d} \end{bmatrix} \cdot \begin{bmatrix} \mathbf{x}(t) \\ u(t) \end{bmatrix} \tag{3.41}$$

mit elastischer Lenkung, den Zustandsvariablen Schwimmwinkel β und Gierrate $\dot{\psi}$ und mit dem Lenkradwinkel δ_H als Eingang angegeben. Der Ausgangsvektor enthält den Schwimmwinkel β, die Gierrate $\dot{\psi}$ und die Querbeschleunigung a_y. Die Reifenquerkräfte $F_{Y,W,V}$ und $F_{Y,W,H}$ werden wieder mit dem Zusammenhang $F_{Y,W,V} = c'_{\alpha V} \alpha_V$ und $F_{Y,W,H} = c_{\alpha H} \alpha_H$ angegeben. Zusätzlich werden die Schräglaufwinkel ersetzt. Die Querbeschleunigung a_y ergibt sich aus dem Zusammenhang $a_y = v^2/\rho = v \cdot (\dot{\beta} + \dot{\psi})$. Hierbei gilt:

$$\underbrace{\begin{bmatrix} \dot{\beta} \\ \ddot{\psi} \end{bmatrix}}_{\dot{\mathbf{x}}} = \underbrace{\begin{bmatrix} -\dfrac{c'_{\alpha V} + c_{\alpha H} + m\dot{v}}{mv} & \dfrac{c_{\alpha H} l_H - c'_{\alpha V} l_V}{mv^2} - 1 \\ \dfrac{c_{\alpha H} l_H - c'_{\alpha V} l_V}{J_z} & -\dfrac{c_{\alpha H} l_H^2 + c'_{\alpha V} l_V^2}{J_z v} \end{bmatrix}}_{\mathbf{A}} \cdot \underbrace{\begin{bmatrix} \beta \\ \dot{\psi} \end{bmatrix}}_{\mathbf{x}} + \underbrace{\begin{bmatrix} \dfrac{c'_{\alpha V}}{mv i_s} \\ \dfrac{c'_{\alpha V} l_V}{J_z i_s} \end{bmatrix}}_{\mathbf{b}} \cdot \underbrace{\delta_H}_{u} \tag{3.42}$$

$$\underbrace{\begin{bmatrix} \beta \\ \dot{\psi} \\ a_y \end{bmatrix}}_{\mathbf{y}} = \underbrace{\begin{bmatrix} 1 & 0 \\ 0 & 1 \\ -\dfrac{c'_{\alpha V} + c_{\alpha H} + m\dot{v}}{m} & \dfrac{c_{\alpha H} l_H - c'_{\alpha V} l_V}{mv} \end{bmatrix}}_{\mathbf{C}} \cdot \underbrace{\begin{bmatrix} \beta \\ \dot{\psi} \end{bmatrix}}_{\mathbf{x}} + \underbrace{\begin{bmatrix} 0 \\ 0 \\ \dfrac{c'_{\alpha V}}{m i_s} \end{bmatrix}}_{\mathbf{d}} \cdot \underbrace{\delta_H}_{u} \tag{3.43}$$

Die Querbeschleunigung a_y kann parallel zum Schwimmwinkel β und der Gierrate $\dot{\psi}$ als weitere Ausgangsgröße berechnet werden. Das Zustandsraumsystem besitzt jedoch einen direkten Durchgriff (Vektor $\mathbf{d} \neq 0$ in Gl (3.43)) und daraus resultiert eine Proportionalität von Lenkradwinkel δ_H Querbeschleunigung a_y. Der Querkraftaufbau und damit auch der Querbeschleunigungsaufbau erfolgt aber im realen Fahrzeug durch das Einlaufverhalten der Reifen immer zeitverzögert, wie in Abschnitt 3.1.3 gezeigt wurde. Soll das Einlaufverhalten der Reifen mit berücksichtigt werden, sei auf [4] verwiesen.

Eine weitere Möglichkeit, das Einspurmodell in Zustandsraumdarstellung aufzubauen, besteht darin, den Zustandsvektor $\mathbf{x}$ direkt mit der Quergeschwindigkeit $\dot{y}$ und der Gierrate $\dot{\psi}$ zu belegen. Damit wird der Durchgang $\mathbf{d}$ vermieden. Es muss im Ausgangsdifferentialgleichungssystem die Schwimmwinkelgeschwindigkeit $\dot{\beta}$ ersetzt werden, weiterhin wird der Schwimmwinkel β durch den Quotienten der Quergeschwindigkeit v_y zur Längsgeschwindigkeit $v_x \approx v$ ($\Rightarrow \beta$ ist klein) ausgedrückt. Daraus folgt

$$\begin{bmatrix} a_y \\ \ddot{\psi} \end{bmatrix} = \begin{bmatrix} -\dfrac{c'_{\alpha V} + c_{\alpha H} + m\dot{v}}{mv} & \dfrac{c_{\alpha H}l_H - c'_{\alpha V}l_V}{mv} \\ \dfrac{c_{\alpha H}l_H - c'_{\alpha V}l_V}{J_z v} & -\dfrac{c_{\alpha H}l_H^2 + c'_{\alpha V}l_V^2}{J_z v} \end{bmatrix} \cdot \begin{bmatrix} \dot{y} \\ \dot{\psi} \end{bmatrix} + \begin{bmatrix} \dfrac{c'_{\alpha V}}{m i_s} \\ \dfrac{c'_{\alpha V}l_V}{J_z i_s} \end{bmatrix} \cdot \delta_H \quad (3.44)$$

$$\begin{bmatrix} v_y \\ \dot{\psi} \end{bmatrix} = \begin{bmatrix} 1 & 0 \\ 0 & 1 \end{bmatrix} \cdot \begin{bmatrix} v_y \\ \dot{\psi} \end{bmatrix} \quad (3.45)$$

3.2 Analyse des linearen Einspurmodells

3.2.1 Übertragungsfunktionen

Sind die inneren Prozesszusammenhänge nicht von Interesse, kann die Zustandsraumdarstellung auch durch Übertragungsfunktionen ausgedrückt werden. Hierzu müssen die Systemmatrix **A**, der Steuervektor **b**, die Beobachtungsmatrix **C** und der Durchgang **d** zeitinvariant sein.

Beim linearen Einspurmodell wird die Übertragungsfunktionsmatrix **G**(s) ein Vektor **g**(s). Im Vektor **g**(s) befindet sich die gesuchte Übertragungsfunktion $G_{11}(s)$ vom Typ PDT_2, die Lenkradwinkel δ_H zu Gierrate $\dot{\psi}$ beschreibt, und die zweite Übertragungsfunktion $G_{21}(s)$ vom Typ PD_2T_2 enthält das Verhältnis des Lenkradwinkels δ_H zur Querbeschleunigung a_y. Zur Vollständigkeit wird auch noch die Übertragungsfunktion $G_{31}(s)$ vom Typ PDT_2, die das Verhältnis von Lenkradwinkel δ_H zu Schwimmwinkel β beschreibt, angegeben.

$$G_{11}(s) = \frac{\dot{\psi}(s)}{\delta_H(s)} = \frac{{}^{11}b_0 + {}^{11}b_1 s}{{}^{11}a_0 + {}^{11}a_1 s + {}^{11}a_2 s^2}$$

mit
$$\begin{cases} {}^{11}b_0 = \left.\dfrac{\dot{\psi}}{\delta_H}\right|_{stat} = \dfrac{1}{c'_{\alpha V}c_{\alpha H}l^2 + mv^2(l_H c_{\alpha H} - l_V c'_{\alpha V})} \dfrac{c'_{\alpha V}c_{\alpha H}vl}{i_s} & {}^{11}b_1 = \dfrac{mvl_V}{c_{\alpha H}l}{}^{11}b_0 \\ {}^{11}a_0 = 1 & {}^{11}a_1 = \dfrac{2D}{\omega_0} = \dfrac{J_z v(c'_{\alpha V} + c_{\alpha H}) + mv(l_V^2 c'_{\alpha V} + l_H^2 c_{\alpha H})}{c'_{\alpha V}c_{\alpha H}l^2 + mv^2(l_H c_{\alpha H} - l_V c'_{\alpha V})} \\ {}^{11}a_2 = \dfrac{1}{\omega_0^2} = \dfrac{J_z m v^2}{c'_{\alpha V}c_{\alpha H}l^2 + mv^2(l_H c_{\alpha H} - l_V c'_{\alpha V})} \end{cases}$$

(3.46)

$$G_{21}(s) = \frac{a_y(s)}{\delta_H(s)} = \frac{{}^{21}b_0 + {}^{21}b_1 s + {}^{21}b_2 s^2}{{}^{21}a_0 + {}^{21}a_1 s + {}^{21}a_2 s^2}$$

mit
$$\begin{cases} {}^{21}b_0 = \left.\frac{a_y}{\delta_H}\right|_{stat} = v\,{}^{11}b_0 & {}^{21}b_1 = \frac{l_H}{v}\,{}^{21}b_0 & {}^{21}b_2 = \frac{J_z}{c_{\alpha H} l}\,{}^{21}b_0 \\ {}^{21}a_0 = 1 & {}^{21}a_1 = \frac{2D}{\omega_0} = {}^{11}a_1 & {}^{21}a_2 = \frac{1}{\omega_0^2} = {}^{11}a_2 \end{cases}$$ (3.47)

$$G_{31}(s) = \frac{\beta(s)}{\delta_H(s)} = \frac{{}^{31}b_0 + {}^{31}b_1 s}{{}^{31}a_0 + {}^{31}a_1 s + {}^{31}a_2 s^2}$$

mit
$$\begin{cases} {}^{31}b_0 = \left.\frac{\beta}{\delta_H}\right|_{stat} = \frac{l_H}{v}\left(1 - \frac{m l_v v^2}{c_{\alpha H} l_H l}\right){}^{11}b_0 & {}^{31}b_1 = \frac{J_z v}{c_{\alpha H} l_H l - l_V m v^2}\,{}^{31}b_0 \\ {}^{31}a_0 = 1 & {}^{31}a_1 = \frac{2D}{\omega_0} = {}^{11}a_1 & {}^{31}a_2 = \frac{1}{\omega_0^2} = {}^{11}a_2 \end{cases}$$ (3.48)

Die Übertragungsfunktionen $G_{11}(s)$, $G_{21}(s)$ und $G_{31}(s)$ besitzen die gleiche Kennkreisfrequenz ω_0

$$\omega_0^2 = \frac{c'_{\alpha V} c_{\alpha H} l^2 + m v^2 (c_{\alpha H} l_H - c'_{\alpha V} l_V)}{J_z m v^2}$$ (3.49)

und das gleiche Lehr'sche Dämpfungsmaß D [21]

$$D = \frac{1}{2} \frac{v(m c'_{\alpha V} l_V^2 + m c_{\alpha H} l_H^2 + J_Z c'_{\alpha V} + J_Z c_{\alpha H})\sqrt{\dfrac{c'_{\alpha V} c_{\alpha H} l^2 + m v^2 c_{\alpha H} l_H - m v^2 c'_{\alpha V} l_V}{J_z m v^2}}}{c'_{\alpha V} c_{\alpha H} l^2 + m v^2 c_{\alpha H} l_H - m v^2 c'_{\alpha V} l_V}$$ (3.50)

Sowohl die Kennkreisfrequenz ω_0 als auch das Dämpfungsgrad D sind Funktionen der Schräglaufsteifigkeiten c_α, der Längen l_V und l_H zwischen den Achsen und des Schwerpunkts, der Masse m, des Trägheitsmoments um die z-Achse J_z und besonders der quadrierten Fahrgeschwindigkeit v.

$$\begin{aligned}\omega_0 &= f(c'_{\alpha V}, c_{\alpha H}, l_V, l_H, m, v, J_z)\\ D &= f(c'_{\alpha V}, c_{\alpha H}, l_V, l_H, m, v, J_z)\end{aligned}$$ (3.51)

3.2 Analyse des linearen Einspurmodells

Im Folgenden wird die Abhängigkeit des Lehr'schen Dämpfungsmaßes D von der Fahrgeschwindigkeit v, dem Abstand l_V von Vorderachse zu Schwerpunkt und der Masse m illustriert. Bild 3-9 zeigt den Einfluss der Fahrgeschwindigkeit auf die Systemdämpfung. Zur Berechnung wurde ein untersteuerndes Fahrzeug mit den Parametern aus Tabelle 3-2 verwendet. Deutlich ist zu erkennen, dass die Dämpfung stark von der Geschwindigkeit abhängt und mit steigender Geschwindigkeit abnimmt. Daraus resultiert unter anderem die Komplexität der Fahraufgabe – der Fahrer muss sein Regelverhalten auf diese Parameteränderungen abstimmen und robuste Regelstrategien entwickeln – wenn er das Fahrzeug sicher führen will [16].

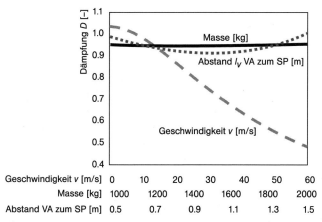

Bild 3-9: Dämpfung D in Abhängigkeit der Geschwindigkeit v, des Schwerpunkts für eine Fahrgeschwindigkeit v von 50 km/h, der Masse m für eine Fahrgeschwindigkeit v von 50 km/h

Der Bereich für kleine Geschwindigkeiten wird für ein reales Fahrzeug ungenügend angenähert, da bei linearen Einspurmodellen die real wirkenden Reifenkräfte stark vereinfacht dargestellt sind, d.h. die Einlaufdynamik der Reifen vernachlässigt wird. Für mittlere und höhere Geschwindigkeiten (>15m/s) wird die Dämpfung gut beschrieben, was auf den spontanen Seitenkraftaufbau des Reifens zurückzuführen ist. Weniger kritisch wirkt sich der konstruktive Abstand zwischen Vorderachse und Schwerpunkt auf die Dämpfung des Fahrzeugs aus. In Bild 3-9 ist zu erkennen, dass die Dämpfung Werte zwischen 0,91 und 1 annimmt. Ein Dämpfungsminimum wird bei einem Abstand von einem Meter zwischen Vorderachse und Schwerpunkt erreicht. Die Masse m besitzt ebenfalls nur einen geringen Einfluss auf die Dämpfung eines Fahrzeugs. Bild 3-9 zeigt einen Dämpfungswertebereich von ungefähr 0,94 bis 0,96 mit einem Minimum bei einer Fahrzeugmasse von 1350 kg.

Zur grafischen Darstellung der Frequenzgänge $G_{11}(s)$, $G_{21}(s)$ und $G_{31}(s)$ mit $s = i\omega$ werden nun die folgenden Parameter als konstant angenommen (siehe Tabelle 3-2).

Tabelle 3-2: Fahrzeugparameter eines Opel Omega A

Symbol	Wert	Einheit	Beschreibung
i_s	13,5	[1]	Lenkübersetzung
$c'_{\alpha V}$	80000	[N/rad]	Effektiver Seitenkraft-Schräglaufwinkel-Beiwert vorn
$c_{\alpha H}$	100000	[N/rad]	Seitenkraft-Schräglaufwinkel-Beiwert hinten
l_V	1,3	[m]	Abstand Gesamtschwerpunkt – Vorderachse
l_H	1,45	[m]	Abstand Gesamtschwerpunkt – Hinterachse
m	1450	[kg]	Fahrzeugmasse
J_Z	1920	[kg m]	Trägheitsmoment des Fahrzeugs um z-Achse
v	50	[km/h]	Fahrgeschwindigkeit

Im realen Fahrbetrieb sind die dargestellten Parameter teilweise stark zeitvariant, so dass die Frequenzgänge der Übertragungsfunktionen nur für einen exemplarischen Arbeitspunkt gelten. Für die hergeleiteten Übertragungsfunktionen $G_{11}(s)$, $G_{21}(s)$ und $G_{31}(s)$ werden nun die Pole und Nullstellen sowie die Frequenzgänge in Tabelle 3-3 dargestellt. Die Gierübertragungsfunktion ist ein PDT_2 Glied. Eine ausgeprägte Amplitudenerhöhung im Bereich der Resonanzfrequenz ist bei dem Testfahrzeug Opel Omega A nicht zu erkennen. Die Phase der Gierübertragungsfunktion weist zwischen 0 und 10 Hz einen ungefähren Phasenabfall von 90° auf. Für kleine Frequenzen verhält sich das Fahrzeug sehr gutmütig mit einer Phase nahe 0°. Der Pol und die Nullstellen liegen in der linken s-Halbebene.
Der Frequenzgang der Übertragungsfunktion zwischen Lenkradwinkel δ und Querbeschleunigung a_y zeigt deutlich den Abfall des Amplitudengangs ab einer Frequenz von 0,2 Hz bis zu einem lokalen Minimum bei ungefähr 1,5 Hz. Wie bereits bei der Übertragungsfunktion $G_{11}(s)$ zu erkennen war, folgt die Querbeschleunigung dem Lenkradwinkel mit einer kleinen Phase. Besonders ausgeprägt ist dieses Verhalten für kleine Frequenzen und Frequenzen größer 1,5 Hz. Da es sich bei der Übertragungsfunktion um ein PD_2T_2 Glied handelt, besitzt das System zwei Nullstellen, die hier konjugiert komplex sind. Die Nullstellen liegen rechts von den Polstellen.
Interessant verhält sich der Schwimmwinkel β mit dem Lenkradwinkel δ_H als Eingang. Wie aus Tabelle 3-3 ersichtlich wird, liegt die Phase zwischen +180° und –90°, was auf das nichtphasenminimale Verhalten der Übertragungsfunktion zurückzuführen ist. Dies ist auch aus der Pol- und Nullstellenverteilung ersichtlich: Die Nullstelle liegt in der rechten s-Halbebene. Die Sprungantwort auf einen Lenkradwinkelsprung schlägt also zunächst in die ihrem endgültigen Verlauf entgegengesetzte Richtung aus.
Die Antworten eines Fahrzeugs auf die Eingabe eines Lenkradwinkelsprungs und eines Lenkwinkelimpulses sind in Tabelle 3-4 dargestellt. Die Gierrate $\dot{\psi}$ steigt nach einem Sprung schnell an und erreicht ohne Überschwingen den stationären Endwert, Tabelle 3-4. Nach Anreißen des Fahrzeugs durch einen Impuls nimmt die Gierrate $\dot{\psi}$ stetig ab und ist nach etwa einer halben Sekunde Null. Der Querbeschleunigungs-Zeit-Verlauf nach einem Sprung entspricht im Wesentlichen dem der Gierrate mit zwei Ausnahmen: Der Anstieg ist nicht so steil und der D_2-Anteil der Übertragungsfunktion des Einspurmodells

führt zu einem unstetigen Zeitverlauf, der physikalisch nicht möglich ist. Hier verläuft der Zeitverlauf durch den Koordinatenursprung, was mit der grauen gestrichelten Linie angedeutet ist. Ebenso darf die Gewichtsfunktion erst ab dem Zeitpunkt 0,25 s physikalisch gedeutet werden. Wie schon aus den Frequenzbetrachtungen ersichtlich wurde, schlägt die Schwimmwinkel-Sprungantwort auf einen Lenkradwinkelsprung zunächst in der ihrem endgültigen Verlauf entgegengesetzten Richtung aus. Da der Opel Omega untersteuernd ausgelegt ist, wird der stationäre Endwert einen negativen Wert annehmen. Auf ein Anreißen reagiert das Fahrzeug zunächst mit einem positiven Schwimmwinkel, der dann aber negativ wird und sich schließlich langsam dem Ausgangswert nähert.

Nach Einführung der quadratischen charakteristischen Geschwindigkeit v^2_{ch} [5]

$$v^2_{ch} = \frac{c'_{\alpha V} c_{\alpha H} l^2}{m(c_{\alpha H} l_H - c'_{\alpha V} l_V)} \qquad (3.52)$$

vereinfachen sich die Übertragungsfunktionen im Falle einer stationären Kreisfahrt mit $\dot{\beta} = 0$, $\ddot{\psi} = 0$ und $\dot{v} = 0$ zu den algebraischen Gleichungen

$$\left.\frac{\dot{\psi}}{\delta_H}\right|_{algeb} = \frac{1}{i_s l} \frac{v}{1 + \frac{v^2}{v^2_{ch}}} \qquad (3.53)$$

$$\left.\frac{a_y}{\delta_H}\right|_{algeb} = \frac{1}{i_s l} \frac{v^2}{1 + \frac{v^2}{v^2_{ch}}} \qquad (3.54)$$

$$\left.\frac{\beta}{\delta_H}\right|_{algeb} = \frac{l_H}{i_s l} \frac{1 - \frac{m l_V}{c_{\alpha H} l_H l} v^2}{1 + \frac{v^2}{v^2_{ch}}} \qquad (3.55)$$

Die hier dargestellten P-Anteile der Übertragungsfunktionen werden in der Literatur auch Kreisfahrtwerte genannt. Ein Kennkreisfahrwert ist eine rein statische Kenngröße, die sich aus dem Beharrungswert der Übertragungsfunktion für $t \to \infty$ bestimmen lässt. Diese vereinfachten Gleichungen zeichnen sich dadurch aus, dass sie nicht vom Kreisradius ρ, sondern nur noch von der Fahrgeschwindigkeit v abhängen. Diese Gleichungen können immer dann angewendet werden, wenn eine stationäre Kreisfahrt in der Fahrzeugquerdynamik betrachtet wird und damit die Dynamik keinen Einfluss auf das Ergebnis hat.

Tabelle 3-3: Pol- und Nullstellen und Frequenzgänge $G(i\omega)$ (Amplitudenverhältnis und Phasenwinkel)

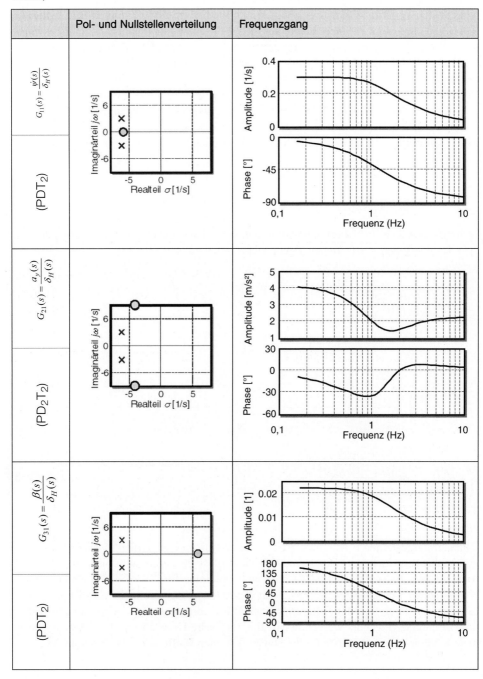

3.2 Analyse des linearen Einspurmodells

Tabelle 3-4: Sprungantwort (Übergangsfunktion) und Impulsantwort (Gewichtsfunktion)

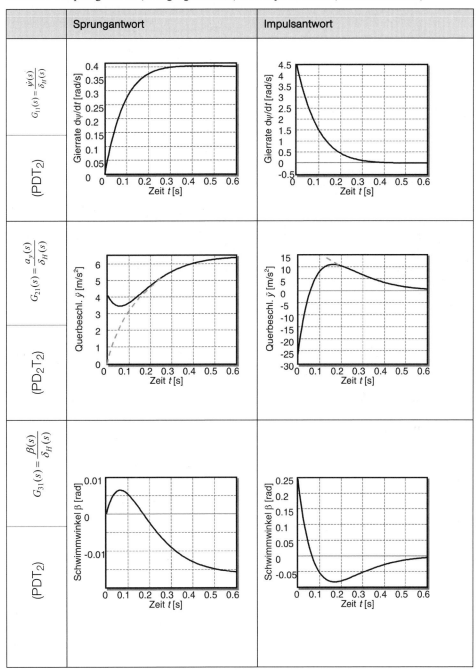

Literatur

[1] *Isermann, R.*: Mechatronic Systems - Fundamentals. Berlin: Springer Verlag, 2003
[2] *Riekert, P.; Schunck, T. E.*: Zur Fahrmechanik des gummibereiften Kraftfahrzeugs. Ingenieur Archiv, Berlin, 1940
[3] *Zomotor, A.*: Fahrwerktechnik: Fahrverhalten. 2. Aufl. Würzburg: Vogel Buchverlag, 1991
[4] *Würtenberger, M.*: Modellgestützte Verfahren zur Überwachung des Fahrzustands eines PKW. VDI-Fortschrittberichte, Reihe 12, Nr. 314. Düsseldorf: VDI-Verlag, 1997
[5] *Mitschke, M.*: Dynamik der Kraftfahrzeuge. Band C: Fahrverhalten. 2. Aufl. Berlin: Springer Verlag, 1990
[6] *Isermann, R.*: Diagnosis methods for electronical controlled vehicles. In: Vehicle System Dynamics, International Journal of Vehicle Mechanics and Mobility, Vol. 36, Nr. 2–3, September 2001, Swets & Zeitlinger, 2001
[7] *Van Zanten, A.*: Einfluss der Reifen auf Fahrverhalten und ESP-Funktion. In: Winner, H. (Hrsg.): 4. Darmstädter Reifenkolloquium, VDI-Fortschrittberichte, Reihe 12, Nr. 511, S. 112–129. Düsseldorf: VDI-Verlag, 2002
[8] *Kiencke, U.; Nielsen, L.*: Automotive Control Systems. Berlin: Springer Verlag, 2000
[9] *Daiß, A.*: Beobachtung fahrdynamischer Zustände und Verbesserung einer ABS- und Fahrdynamikregelung. VDI-Fortschrittberichte, Reihe 12, Nr. 283. Düsseldorf: VDI-Verlag, 1996
[10] *Guo, K.; Ren, L.; Lu, D.*: On The Non-Steady Comprehensive Tire Model Associated With Lateral Slip Turn-Slip And Camber. In: Proceedings of AVEC'00, S. 497–504, 5th International Symposium on Advanced Vehicle Control, 22.–24. August 2000, Ann Arbor, Michigan, USA
[11] *Deur, J.*: Modelling and Analysis of Longitudinal Tire Dynamics based on the Lugre Friction Model. In: Kiencke, U. und Gissinger, G.L. (Hrsg.): Proceedings of the 3rd IFAC Workshop *Advances in Automotive Control*, S. 101–106, 28.–30. März 2002, Karlsruhe
[12] *Willumeit, H.-P.*: Modelle und Modellierungsverfahren in der Fahrzeugdynamik. Stuttgart: B. G. Teubner Verlag, 1998
[13] *Burckhardt, M.*: Fahrwerktechnik: Radschlupf-Regelsysteme, Würzburg: Vogel Fachbuch, 1993
[14] *Sienel, W.*: Estimation of the Tire Cornering Stiffness and its Application to Active Car Steering. In: Proceedings of the 36th Conference on Decision & Control, Dezember, 1997, San Diego, Kalifornien, USA
[15] *Reimpell, J.; Sponagel, P.*: Fahrwerktechnik: Reifen und Räder. Würzburg: Vogel Verlag, 1988
[16] *Ammon, D.*: Modellbildung und Systementwicklung in der Fahrzeugdynamik. Stuttgart: B. G. Teubner Verlag, 1997
[17] *Zomotor, Z.; Ammon, D.; Meljnikov, D.*: Modellbasierter Fahrversuch. In: VDI/VDE-Gesellschaft (Hrsg.): Mess- und Versuchstechnik in der Fahrzeugentwicklung, Tagung Würzburg 3./4. April, VDI-Berichte 1755, S. 25–36, Düsseldorf: VDI Verlag, 2003
[18] *Willumeit, H.-P.; Neclau, M.; Vicas, A.; Wöhler, A.*: Mathematical models for the computation of vehicle behavior during development. ImechE c389/318 SAE Nr. 925046, 1992
[19] *Stoll, H.*: Fahrwerktechnik: Lenkanlagen und Hilfskraftlenkungen. Hrsg.: J. Reimpell, Würzburg: Vogel Verlag, 1992
[20] *Reimpell, J.*: Fahrwerktechnik: Grundlagen. 2. Aufl. Würzburg: Vogel Verlag, 1988
[21] *Risse, H.-J.*: Das Fahrerverhalten bei normaler Fahrzeugführung. VDI-Fortschrittberichte, Reihe 12, Nr. 160. Düsseldorf: VDI-Verlag, 1991

4 Objektorientierte Modellbildung des fahrdynamischen Verhaltens mit MODELICA

STEFAN DROGIES

Der Entwurf mechatronischer Produkte verlangt die Berücksichtigung des Gesamtsystems, um Iterationen zu reduzieren und Produkteigenschaften nicht nur zu verbessern, sondern auch zu optimieren, [11]. Deswegen sollten Simulationsmodelle diese unterschiedlichen Disziplinen abdecken können. Herkömmliche leistungsfähige Ansätze haben mit dieser gewünschten Multidisziplinarität Probleme und sind meist auf eine bestimmte physikalische Domäne spezialisiert. Ebenso ist der Im- und Export von Modellen oft nur mit hohem Aufwand möglich. Die Idee der Co-Simulation will dieses Dilemma durch paralleles Simulieren mehrerer Simulationswerkzeuge, die über eine Art Datenbus Simulationsdaten austauschen, lösen. Hier hat man für zwei Simulatoren gute Erfahrungen gemacht, mit steigender Anzahl an gekoppelten Simulatoren explodieren aber auch die Probleme in Bezug auf Stabilität und Geschwindigkeit [34].

Deswegen ist es sinnvoll, auf einer einheitlichen, interdisziplinären Modellierungsebene zu arbeiten, in der allerdings jeder Spezialist mit dem Formalismus und der Notation (z.B. elektrische Schaltpläne, Blockschaltbilder, Petrinetze etc.) arbeiten kann, die er gewöhnt ist. Ein weiterer wichtiger Punkt ist die Wiederverwendbarkeit bereits bestehender Modell-Komponenten. Sie ist entscheidend für die Effizienz eines Modellbildungsprozesses. Wenn es gelingt, Wissen und Modell-Komponenten in geeigneter wiederverwendbarer Form in einer fachübergreifenden Bibliothek zu speichern, wird der Entwicklungsprozess deutlich effizienter.

Ein Ansatz, der die beiden Punkte berücksichtigt, ist die objektorientierte Modellierung technischer Systeme. Auf der Grundlage einer einheitlichen Modellierungssprache, die analytische und numerische Modellierungsverfahren aufnehmen kann und Verfahren zur symbolischen Weiterverarbeitung enthält, können recheneffiziente Modelle generiert werden. Die Herangehensweise bietet eine hohe Flexibilität, bessere Wartbarkeit, bessere Standardisierung und vor allem eine große topologische Ähnlichkeit mit dem realen System. Es können komplexe Systeme unter Zuhilfenahme von Abstraktion, Hierarchisierung und Modularisierung in Modellkomponenten zerlegt werden, die sich ähnlich wie technische Komponenten flexibel zu neuen Systemen verschalten lassen. Zusätzlich können durch die Darstellung der Komponenten als Objektdiagramme die jeweils dem Anwender vertrauten fachspezifischen Notationen verwendet werden. In den letzten Jahren gab es Bemühungen, eine Standardsprache für die objektorientierte Modellierung physikalischer Systeme zu schaffen. Dabei hat man versucht, die bereits bestehenden Ansätze objektorientierter Simulationssprachen zu berücksichtigen und entsprechend mit einfließen zu lassen. Das Ergebnis ist MODELICA [6]. Basierend auf den physikalischen und softwaretechnischen Grundlagen wird in diesem Kapitel am Beispiel eines Kraftfahrzeugs gezeigt, wie der Modellierer ein Fahrzeug strukturieren, modellieren und simulieren kann. Für eine ausführlichere Auseinandersetzung mit der Thematik sei auf [5] verwiesen. Für eine Vertiefung in MODELICA siehe [8], [37], [38].

Im Folgenden wird zunächst als Modellierungsmethodik die modular-hierarchische Strukturierung vorgeschlagen, die sich bei der objektorientierten Modellierung bewährt hat, die aber auch von vielen Autoren für die Modellierung heterogener Systeme empfohlen wird. Andere Verfahren werden z.B. in [4] beschrieben. Im nächsten Abschnitt wird ein Einblick in die objektorientierte Modellierung heterogener Systeme mit Beispielen in MODELICA gegeben. Danach werden die zuvor besprochenen Methoden auf die Modellierung eines Kraftfahrzeuges angewendet und über die dabei gemachten Erfahrungen berichtet. Nach der Validierung des Modells folgt dann im letzten Abschnitt die Zusammenfassung und Diskussion der wichtigsten Ergebnisse.

4.1 Modular-hierarchische Strukturierung

Zu Beginn der Modellbildung komplexer, heterogener Systeme ist es sinnvoll, die im System vorhandenen Energie-, Stoff- und Informationsströme zu ermitteln und festzulegen [19]. Dadurch wird bei der Dekomposition die Definition von Subsystemen und Schnittstellen erleichtert. Danach folgt üblicherweise ein wichtiges Element in der Modellierung, die modular-hierarchische Strukturierung ([23], [30], [28]), die sich an drei zentralen Begriffen orientiert: der Dekomposition, der Topologie und der Hierarchie eines Systems.

Dekomposition ist das Zerlegen eines Systems in Teil- oder Subsysteme, die so gewählt werden, dass bestimmte für den späteren Modelleinsatz relevante Aspekte eines Systems in den Vordergrund gerückt werden. Durch das Zurückführen von umfangreichen Problemen auf überschaubare Teilprobleme lässt sich die Komplexität des Ausgangsproblems reduzieren. Dabei kann der Schwerpunkt der Dekomposition auf der möglichst effektiven Nachahmung des Systemverhaltens (verhaltenstreue Modellierung) oder der Nachbildung der Zusammensetzung der funktionalen Komponenten (strukturtreue Modellierung) liegen. Folgende Punkte sind nach ([30], [25]) zu beachten:
♦ Die Teilprobleme der Subsysteme sollten möglichst unabhängig voneinander bearbeitbar sein.
♦ Die Anzahl der Subsysteme einer Hierarchiestufe sollte begrenzt sein, eventuell sind die Subsysteme noch weiter zu zerlegen.
♦ Die Subsysteme sollten so gewählt werden, dass die Anzahl der Schnittstellen (Verbindungen), d.h. Informationspfade zwischen den Subsystemen und Hierarchiestufen, möglichst gering bleibt [24].

Grundsätzlich gilt, so einfach wie möglich und so kompliziert wie nötig.

Topologie bezeichnet die Verbindungsstruktur eines Systems, bzw. seiner Subsysteme. Dabei können die Subsysteme mitunter als Knoten und die Verbindungen als Kanten eines Graphen aufgefasst werden. Diese bilden dann ein Netzwerk. Beispiele sind elektrische oder hydraulische Schaltbilder oder Feder-Masse-Dämpfer-Ersatzschaltbilder.

Hierarchie beschreibt die Rangfolge der Dekompositionen. Durch das weitere Unterteilen von Subsystemen entstehen Hierarchieebenen, die häufig unabhängig voneinander bearbeitet werden können. Die Dekomposition von Subsystemen über mehrere Hierarchieebenen wird dabei so lange fortgesetzt, bis nicht mehr zerlegbare, so genannte elementare Subsysteme entstehen. Wie weit die Dekomposition der Subsysteme betrieben wird, hängt von der gewünschten Granularität und dem Verwendungszweck des Modells ab.

Zwei wesentliche Begriffe, die für die Hierarchisierung und Dekomposition von Bedeutung sind, sind Schnittstelle und Implementierung. Jedes Subsystem verfügt über eine oder mehrere Schnittstellen, die alle Eigenschaftsattribute beschreiben, mittels der ein System mit seiner Umgebung (z.B. anderen Subsystemen) im Energie-, Stoff- und Informationsaustausch steht. Dagegen beschreibt die Implementierung sämtliche Eigenschaften, die das Innere eines Subsystems charakterisieren und die üblicherweise der Außenwelt verborgen bleiben.

4.1.1 Verknüpfungen

Ein wichtiger Punkt sind Verknüpfungen oder Verbindungen zwischen den Subsystemen. Hier unterscheidet man zwei Verknüpfungsarten: Signalfluss-Verknüpfungen und Energiefluss- Verknüpfungen. Signalfluss-Verknüpfungen sind rückwirkungsfrei und gerichtet (*kausal*) und beschreiben normalerweise informationstechnische oder regelungstechnische Zusammenhänge. Energiefluss-Verknüpfungen hingegen sind in der Regel ungerichtet (*akausal*) und rückwirkungsbehaftet und repräsentieren physikalische Zusammenhänge, indem sie den Energiefluss zwischen den Subsystemen darstellen.

4.1.2 Modellaggregation

Nachdem durch eine Systemstrukturierung nach den oben aufgeführten Punkten die Subsysteme eines Systems mit ihren Verbindungen formal definiert sind, werden diese in einem nächsten Schritt durch Modellgleichungen, bzw. Algorithmen, verhaltensmäßig beschrieben. Dabei unterscheidet man zwischen Bilanzgleichungen (z.B. für Masse, Energie, Impuls), konstitutiven Gleichungen, die auch physikalische Zustandsgleichungen genannt werden, da sie die Kopplung physikalischer Zustandsgrößen darstellen und phänomenologischen Gleichungen, die irreversible Prozesse beschreiben [19]. Ereignisdiskrete Systeme können hingegen als Automaten dargestellt werden [12]. Bei der Modellaggregation werden dann die so gewonnenen Teilmodelle zum Gesamtsystem zusammengesetzt und für die Simulation aufbereitet.

4.1.3 Objektdiagramme

Eine Repräsentationsform, die wie die Bondgraphen auf der Darstellung von Energie- und Signalflüssen aufbaut, ist das Objektdiagramm. Sein Ursprung geht auf die objektorientierte Programmierung zurück und wird in ([26], [29]) näher beschrieben. Ein Objektdiagramm kann z.B. eine Komponente eines technischen Systems darstellen und besteht aus *Objekten*, welche physikalische Subsysteme symbolisieren. Diese Subsysteme sind durch gerichtete und ungerichtete *Verbindungslinien* miteinander gekoppelt, die Signal-, Stoff- und Energieflüsse charakterisieren. Ergänzend können Modellgleichungen das dynamische Verhalten noch näher definieren.

Das Objektdiagramm besitzt in der Regel eine grafische Darstellung und Schnittstellen, über die es mit anderen Komponenten oder Objektdiagrammen verbunden werden kann. Eine Komponente wird unabhängig von der Umgebung definiert, in der sie eingesetzt wird. Daraus folgt, dass zur Beschreibung nur die Variablen der Schnittstellen und lokale Variablen verwendet werden. Analog zu Abschnitt 4.1 ist ein Subsystem entweder hierarchisch aus einer Verschaltung von Subsystemen aufgebaut oder wird durch Modellgleichungen oder Algorithmen beschrieben. Aufgrund seiner allgemein gehaltenen Definition können Bondgraphen und Blockschaltbilder, genauso wie elektrische oder hydraulische Schaltpläne als Spezialfälle von Objektdiagrammen gesehen werden. Der Vorteil, den Objektdiagramme gegenüber Bondgraphen oder Blockschaltbildern besitzen, ist die Tatsache, dass sie die topologische, elementbasierte Struktur eines realen Systems wiedergeben können. Dadurch können die meisten der in den unterschiedlichen Disziplinen eingesetzten Diagramme und Schaltpläne als Objektdiagramme dargestellt werden, was für den Anwender eine große Erleichterung ist.

4.2 Grundzüge objektorientierter Modellierung physikalischer Systeme mit MODELICA

Die Grundidee der objektorientierten Modellierung besteht darin, den Gegenstand der Betrachtung, das *Objekt*, bei der Modellierung ins Zentrum zu rücken und damit den real vorhandenen Gegenstand zu beschreiben. Dieser Gegenstand verfügt über bestimmte Eigenschaften, die als *Attribute* bezeichnet werden und kann bestimmte Aktionen, so genannte *Methoden* ausführen. Diese *Methoden*, die das Verhalten des Objektes definieren, können die *Attribute* dieses Objektes verändern. Dabei ist über die direkte Abbildung der Wirklichkeit hinaus eine Abstrahierung möglich, indem gemeinsame Eigenschaften von Gegenständen in Klassen, d.h. in abstrakten Objekten, zusammenfasst werden [25]. Die objektorientierte Modellierung technischer Systeme ermöglicht durch ihr Grundprinzip einen geradlinigen Übergang von der Systemanalyse über die Modellerstellung bis zur Simulation. Der ansonsten vorhandene Bruch zwischen der Energie-, Stoff- und Informationsstrom basierten Systemanalyse und dem Umsetzen in deklarativ-prozeduralen Simulationscode, z.B. in Form von Signalflussplänen, wird so vermieden. Die oben eingeführten Begriffe der objektorientierten Programmierung lassen sich auch im weitesten Sinne auf die objektorientierte Modellbildung technischer Systeme oder mathematischer Systeme übertragen [9]. Hier sind die *Attribute* Parameter, Zustandsgrößen oder andere Objekte und die *Methoden* Gleichungen, Algorithmen oder Funktionen. Im Folgenden werden die wichtigsten Grundbegriffe erläutert, die auf objektorientierte Sprachen zur Modellierung technischer Systeme zutreffen.

4.2 Grundzüge objektorientierter Modellierung physikalischer Systeme mit MODELICA

```
class Zweipol
// Elternklasse fuer alle Zweipole
/* Schnittstellendefinitionen */
Pin p "Klemme der Klasse Pin";
Pin n "Klemme der Klasse Pin";
/* Variablen */
// Variable v vom Typ Spannung
Spannung v "Sp. zwischen p und n";
// Variable v vom Typ Strom
Strom i "Strom durch p und n";
equation
v = p.v - n.v;
0 = p.i + n.i;
i = p.i;
end Zweipol;
```

```
// Definition der Variablentypen für den Pin-Connector
type Strom = Real(unit = "A");
type Spannung = Real(unit = "V");

// Definition einer elektrischer Klemme
connector Pin;
  Spannung v;
  flow Strom i;
end Pin;

// Definition eines Signaleinganges
connector InPort;
  input Real signal;
end InPort;
```

Bild 4-1: Beispiele in MODELICA für eine Elternklasse (links) und für Schnittstellendefinitionen (rechts)

4.2.1 Objekte und Klassen

Die Grundlage der objektorientierten Modellstruktur ist die Aufteilung in geeignete Einheiten, den so genannten Objekten. Kriterien für die Bildung von Objekten können z.B. geometrische, konstruktive oder funktionelle Zusammengehörigkeiten, wiederholtes Auftreten gleicher Strukturen oder mathematische Gemeinsamkeiten sein [20]. Jedes Objekt besitzt die Eigenschaften Zustand, Verhalten und eine eigene Identität, wodurch es von einem anderen Objekt eindeutig unterscheidbar ist. Objekte, die in ihrer Struktur und ihrem Verhalten identisch sind, können zu einer Klasse zusammengefasst werden. Diese Klasse ist eine abstrakte Definition eines bestimmten Objekttyps, d.h. sie kann als Schablone zur Herstellung von Objekten gesehen werden. Objekte werden nicht durch Kopieren von anderen Objekten erzeugt, sondern durch Instantiieren[1] nach der zugehörigen Klasse, d.h. gemäß der Klasse gegebenen Objektdefinition wird ein Objekt erstellt. Dadurch bewirkt eine Änderung der Klassendefinition das Verändern der Struktur aller von ihr instantiierten Objekte. In der objektorientierten Modellierung technischer Systeme besitzt ein Objekt in der Regel:

- Parameter, die während der Simulation konstant sind, aber bei der Instantiierung noch verändert werden können,
- Variablen, die Zustandsgrößen darstellen,
- Schnittstellen, die die Kommunikation und den Datenaustausch mit anderen Objekten kontrollieren,

---

[1] Instanz bedeutet eigentlich die Verkörperung einer Idee.

- Gleichungen und Algorithmen, die Variablen, Parameter und Schnittstellen miteinander verknüpfen und das Verhalten des Objekts definieren,
- Objekte, die über Schnittstellen mit anderen Objekten innerhalb des Objekts und Gleichungen kommunizieren.

4.2.2 Schnittstellen und Verknüpfungen

Die meisten Objekte besitzen Schnittstellen, die definieren, wie ein Objekt mit anderen Objekten in Kontakt treten kann. Eine Schnittstelle, die in MODELICA ebenfalls ein Objekt ist, enthält alle Variablen, mit denen über die Schnittstelle Informationen ausgetauscht werden sollen. Üblicherweise orientiert man sich beim Festlegen der Schnittstellen, ebenso wie bei der Definition der Objekte, an der physikalischen Realität. So werden z.B. elektrische Klemmen, mechanische Flansche oder auch Stecker für Datenleitungen definiert. Hier unterscheidet man wieder zwischen Energie- und Signalflüssen, so dass in der Schnittstellendefinition Variablen explizit als Eingangs- (**input**) oder Ausgangsgröße (**output**) oder Quer-(Vorgabe) oder Durchgröße (**flow**) definiert werden können. Beispiele für Definitionen in MODELICA finden sich in Bild 4-1. Aus der Definition der Schnittstelle ergeben sich automatisch Beschränkungen der Verknüpfbarkeit. So können z.B. nicht zwei Ausgänge miteinander verknüpft werden oder unterschiedliche Typen von Schnittstellen. Wird eine Schnittstelle mit mehreren anderen verknüpft, so gelten die verallgemeinerten Kirchhoff'schen Knoten- und Umlaufgleichungen, die auch vom System automatisch erzeugt werden. Ein MODELICA-Beispiel für einen Schaltkreis zeigt Bild 4-2. Verknüpfungen zwischen den einzelnen Objekten werden mit dem **connect**-Befehl definiert.

```
class Spule
// Kindklasse
extends Zweipol; // Erbt von Zweipol
/* Parameter */
// Parameter v vom Typ Inductance
parameter Inductance L = 0.1;
equation
v = L *der(i); // der(i)=d/dt i
end Spule;
```

```
class Schaltkreis
// Objektdefinitionen = Attribute
Erde Erde1; // Klasse Erde , Objekt Erde1
Spule Spule1(L=0.001);
// Klasse Spule , Objekt Spule1 mit L=1mH
VQuelle VQuelle1(V0=10);
// Klasse VQuelle, Objekt VQuelle1 mit V0=10 V
equation
// Verbindungen = Verhalten
connect(VQuelle1.n, Spule1.p);
connect(Spule1.n, Erde1.p);
connect(Erde1.p,VQuelle1.p);
end;
```

Bild 4-2: Beispiele in MODELICA für Vererbung (links) und Aggregation (rechts)

4.2.3 Kapselung

Kapselung bedeutet, den Zugriff anderer Objekte auf die Eigenschaften und das Verhalten eines Objektes über Schnittstellen zu limitieren. Ein direkter Zugriff auf die Eigenschaften eines Objektes ist nicht möglich und deswegen ist es wichtig, die Grenzen der einzelnen Objekte sowie die Schnittstellen richtig zu wählen, um eine effektive Modellierung zu gewährleisten. Dieses Vorgehen hat drei Vorteile. Erstens ist die Arbeit mit gekapselten Objekten einfacher und übersichtlicher, weil die Anzahl des nach außen relevanten Verhaltens sowie die der Eigenschaften reduziert ist. Zweitens können beliebige Änderungen am Objekt durchgeführt werden, sofern die Schnittstellen zur Umgebung unverändert bleiben. Drittens zwingt dieser Ansatz gerade bei der Modellierung technischer Systeme Attribute dort zu definieren, wo sie im System auch tatsächlich existieren. Dadurch ist der topologische Zusammenhang zwischen Modell und Realität größer und damit erleichtert sich auch das Zuordnen und spätere Auffinden bestimmter Attribute. Dieses Geheimnisprinzip hat dadurch große Auswirkungen auf Wiederverwendbarkeit, Fehleranfälligkeit und Robustheit eines Modells.

4.2.4 Hierarchie

Ein mächtiges Prinzip zur Gliederung von Systemen ist das Organisationsprinzip der Hierarchisierung. Die Hierarchisierung ist eine vertikale Strukturierung, bei der das System in hierarchische Ebenen unterteilt wird. Aus der hierarchischen Anordnung von Elementen und Beschreibungsebenen lassen sich Abhängigkeiten ablesen [13]. Dabei unterscheidet man zwischen der *ist-Teil-von*-Hierarchie (Aggregation) und der *ist-Spezialisierung-von*-Hierarchie (Vererbung). Diese Mechanismen stellen Beziehungen der Klassen zueinander her.
Vererbungshierarchien werden auch als Klassenhierarchien bezeichnet, in der untergeordnete Klassen (Kind-Klassen) Struktur und Verhalten einer oder mehrerer übergeordneter Klassen (Eltern-Klassen) übernehmen, d.h. erben. Dabei werden bestimmte Strukturmerkmale der Eltern-Klassen in den Kind-Klassen neu definiert, erweitert und ergänzt. Man spricht von der Erstellung neuer Kind-Klassen durch die Spezialisierung der Eltern-Klassen. Es wird eine Hierarchie erzeugt, die in Richtung der Kind-Klassen spezialisiert und in Richtung der Eltern-Klassen verallgemeinert. Durch Vererbung wird Funktionalität ergänzt, so dass die Kind-Klasse für den speziellen Anwendungsfall besser geeignet ist. Mit jeder Vererbungsstufe nimmt der Grad der Detaillierung zu und der Grad der Wiederverwendbarkeit ab. Gleichzeitig wird die Zahl der Anwendungsmöglichkeiten erhöht und damit die Funktionalität des Modells erweitert [25]. Einige Autoren, so z.B. [22], vertreten allerdings den Standpunkt, dass es für die Modellierung nicht vorteilhaft ist, relevante Information einer physikalischen Komponente mittels der Vererbung über eine Klassenhierarchie zu verteilen, da die Übersichtlichkeit stark darunter leidet.
Aggregationshierarchien werden auch als Objekthierarchien bezeichnet und finden sich nicht nur in objektorientierten Anwendungsbereichen. Sie geben an, aus welchen Einzelteilen ein Klasse besteht und wie diese hierarchisch angeordnet sind. Unter der Aggregation versteht man das Zusammenfassen mehrerer Klassen in einer neuen Klasse. Diese

Klasse ist dann eine Art Behälter für die aggregierenden Klassen und enthält objektwertige Variablen, d.h. Instanzen von Objekten als Attribute. In Bild 4-2 besitzt die Klasse `Schaltkreis` Instanzen der Klassen `Erde`, `Spule` und `VQuelle`. Durch die Aggregation ist es möglich, komplexe Funktionalität in verschiedenen Klassen zu implementieren, die dann in einer Klasse zusammengefasst werden. Übertragen auf die Modellierung technischer Systeme bedeutet dies, dass das im vorigen Abschnitt beschriebene hierarchische Unterteilen in Subsysteme ermöglicht wird, wobei auch hier das Prinzip der Kapselung beibehalten wird.

4.3 Physikalische Modellbildung am Beispiel des Kraftfahrzeugs

Nachdem in den vorangegangenen Abschnitten die Grundlagen für die physikalische Modellbildung heterogener Systeme dargestellt wurden, werden diese Methoden nun auf die Modellierung eines Personenkraftwagens angewendet. Das zu erstellende Modell soll in erster Linie die Möglichkeiten der objektorientierten Modellbildung technischer Systeme aufzeigen, wobei auf die Kopplung von Komponenten unterschiedlicher Fachgebiete näher eingegangen wird. In zweiter Linie soll es in der Lage sein, Reglerentwürfe im Bereich Fahrdynamik zu verifizieren.

Die Dekomposition orientiert sich an zwei so genannten Komplexitätskoordinaten, die als zueinander orthogonal[2] bezeichnet werden können [31]. Die erste Koordinate verkörpert dabei den strukturellen Aufbau eines Systems, die *Topologie*, wohingegen die zweite Koordinate die Eigenschaften der Systemelemente beschreibt, die *Phänomenologie*. Innerhalb dieses Koordinatenbereichs können nun Subsysteme gebildet werden, wobei der Schwerpunkt einmal im topologischen oder einmal im phänomenologischen Bereich liegen kann. So könnte man das Bremssystem in Teilen einmal den Rädern, dem Aufbau und dem Antriebsstrang zuordnen, da dies auch den realen physikalischen Gegebenheiten entspricht (die Hydraulikleitungen laufen am Unterboden entlang, die Scheibenbremsen befinden sich an den Rädern und der Bremskraftverstärker sitzt im Motorraum). Eine mehr phänomenologisch geprägte Sicht würde alle Elemente des Bremssystems in ein Subsystem zusammenfassen.

Ähnlich ist es bei der Einteilung nach Fachgebieten, wenn man z.B. jeweils für die Hydraulik, die Elektrik, die Mechanik (MKS) ein Subsystem definiert. In diesem Fall wird allerdings von dem Nutzer des Modells eine höhere Abstraktionsleistung gefordert, da die strukturelle und topologische Ähnlichkeit mit der Realität geringer ist. Dies erschwert auch spätere Erweiterungen, sowie den Austausch von Teilmodellen. Die im Folgenden vorgeschlagene Modellstruktur orientiert sich daher eher an der Topologie eines Kraftfahrzeugs und weniger an der Funktionalität der Teilsysteme. Dabei wird auf die in der Literatur üblichen Klassifikationen Rücksicht genommen, wie sie z.B. in [14], [16] und [33] zu finden sind.

---

[2] Orthogononale Komplexitätskoordinaten können für eine vollständige Systembeschreibung unabhängig voneinander spezifiziert werden.

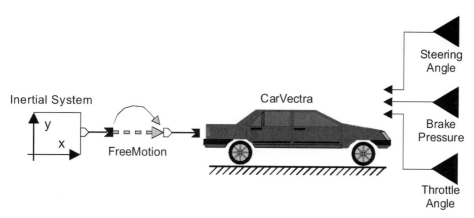

Bild 4-3: Die oberste Hierarchieebene mit dem eigentlichen Fahrzeugmodell CarVectra

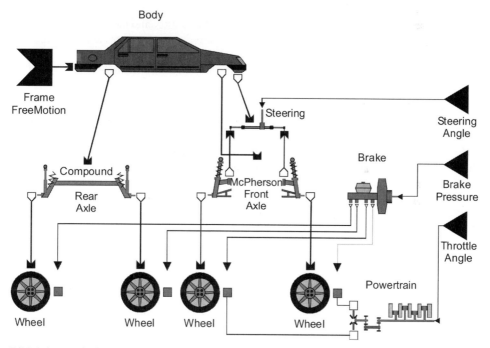

Bild 4-4: Topologie des Fahrzeugmodells auf der obersten Hierarchieebene

Eine sich daraus ergebende mögliche Aufteilung zeigt Bild 4-4. Sie besteht aus den Subsystemen Fahrzeugaufbau, Vorderachse, Hinterachse, Lenkung, Rad, Bremse und Antriebsstrang. Auf der obersten Hierarchieebene liegen als Eingänge in das Modell Lenkradeinschlagwinkel, Bremsdruck am Hauptbremszylinder und Drosselklappenwinkel vor. Diese werden in das eigentliche Fahrzeugmodell, das Objekt CarVectra eingespeist. Zusätzlich ist das Objekt CarVectra über ein Verbindungselement FreeMotion, das Bewegungen in allen sechs Freiheitsgraden erlaubt, mit dem Inertialsystem des Mehrkörpersystems verbunden (siehe Bild 4-3). Die Topologie des Modells ergibt sich aus der Analyse des realen Fahrzeugs. Im Objekt `CarVectra` werden die Eingänge als Signalflüsse in die Subsysteme `Steering`, `Brake` und `Powertrain` eingespeist (siehe Bild 4-4). Die Teilsysteme des Fahrwerks, der Lenkung und des Aufbaus sind über so genannte MKS-Schnittstellen miteinander gekoppelt, wohingegen die Leistung des Antriebsstrangs über rotatorische mechanische Flansche an die beiden Vorderräder übertragen wird. Der Ausgang des Bremssystems, der an den hydraulischen Nehmerzylindern anliegende Druck, wird hingegen als Signalfluss an die in den Rädern enthaltenen Scheibenbremsen übermittelt. Die Räder selbst stellen die Schnittstelle dar, welche die Rotation des Antriebsstrangs in die Translation des Fahrzeugs umwandelt. Dabei bilden sie ein Bindeglied zwischen den MKS-Elementen des Fahrwerks und der 1D-Mechanik-Bibliothek für rotatorische Elemente.

Als zu modellierendes Fahrzeug wurde ein Opel Vectra GL C20NE Baujahr 1993 gewählt. Mit diesem Fahrzeug wurden bereits in [14] und [16] Messungen zur Fahrdynamik durchgeführt, auf die für die Modellierung zurückgegriffen werden konnte. Dadurch sind im späteren Verlauf Vergleiche zwischen simuliertem und gemessenem Verhalten möglich. Weiterhin lagen bereits viele konstruktive Daten, z.B. aus dem Bereich Fahrwerk, vor.

4.3.1 Fahrwerk

Die Struktur des Mehrkörpersystems des modellierten Fahrzeugs ist in Bild 4-5 dargestellt. Das Fahrwerk besteht vorne aus McPherson Federbeinen (6) mit Dreieckslenkern (5), wohingegen die Hinterräder an Längslenkern (8) aufgehängt sind, die über einen Verbundlenker (7) gekoppelt sind. Beide Achsen verfügen über einen Stabilisator, wobei jedoch nur der der Vorderachse (4) direkt modelliert ist. Teil des Mehrkörpersystems ist zudem die Lenkung, die als Zahnstangenlenkung ausgeführt ist, dabei wird die Bewegung der Zahnstange (1) über die Spurstangen (2) und Spurhebel (3) auf die Radaufhängung übertragen.

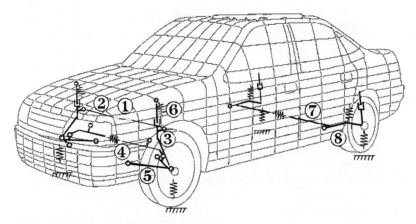

Bild 4-5: Struktur des Mehrkörpersystems

4.3 Physikalische Modellbildung am Beispiel des Kraftfahrzeugs

Für die Analyse der Fahrdynamik ist vor allem eine exakte Modellierung von Fahrwerk und Lenkung wichtig. Deshalb müssen bei der Modellierung Modelle verwendet werden, die insbesondere die geometrischen Nichtlinearitäten aus der Radaufhängungskinematik und dort vorhandene Elastizitäten berücksichtigen [15]. Aus diesen Gründen sind die meisten Gelenke freie Gelenke, die alle sechs möglichen Freiheitsgrade als Feder-/Dämpferelemente modellieren, mit bei Bedarf nichtlinearen Kennlinien. Dadurch entstehen bei großen Feder-/Dämpferkonstanten zwar steife Gleichungssysteme, die entsprechend schwerer zu lösen sind, dafür können aber die häufig eingesetzten Gummielemente adäquat nachgebildet werden.

Wäre jedes Rad nur mit einer Lenkerebene am Aufbau aufgehängt und eine Lenkung nicht vorhanden, hätte das Mehrkörpersystem eine einfache Baumstruktur. Der Opel Vectra A verfügt jedoch über ein aufwändiges Fahrwerk und dementsprechend über kinematische Schleifen. So erzeugt zum Beispiel der Verbundlenker der Hinterachse eine Schleife, der Stabilisator vorne drei Schleifen, die Lenkung zwei Schleifen und die beiden McPherson-Federbeine je zwei Schleifen. Zum Aufbrechen dieser Schleifen müssen in der eingesetzten Version der Mehrkörper-Bibliothek spezielle Schnittgelenke eingesetzt werden. Bei der Wahl dieser Gelenke ist zu beachten, dass in jeder Schleife nur ein Schnittgelenk sein darf, da sonst das zugehörige Gleichungssystem unterbestimmt ist. Als Schnittgelenk werden spezielle Feder-/Dämpferelemente eingesetzt. Dabei wurde darauf geachtet, die Schnittgelenke so zu platzieren, dass ein problemloses Austauschen von Fahrwerkskomponenten möglich ist. So können Vorderachse und Hinterachse durch andere Achskonzepte ersetzt werden, wie zum Beispiel durch Schräglenker- oder Mehrlenkerachsen.

Die Modularisierung der Teilmodelle ist an den entsprechenden Komponenten im realen System orientiert. Im Einzelnen sind Klassen für das Federbein (`Strut`), den Radträger (`WheelCarrier`), den Vorderachsträger (`CarrierFront`) und den Querlenker (`AArm`) definiert. Da die jeweiligen Klassen einmal auf der rechten und einmal auf der linken Fahrzeugseite eingesetzt werden, wurde über einen Parameter die Möglichkeit geschaffen, die Vorzeichen der relativen Geometriedaten der betroffenen Klassen in Fahrzeugquerrichtung zu ändern. Dies führt zu einer Spiegelung der Komponenten an der x-Achse des aufbaufesten Koordinatensystems.

Bild 4-6 verdeutlicht am Beispiel der Vorderradaufhängung das für die Modellierung der Mehrkörpersystemkomponenten verwendete Konzept. Im rechten unteren Teil ist eine Hälfte der Radaufhängung zu sehen, mit Schnittstellen zum Rad am Radträger, zur Spurstange am Spurhebel, zum Stabilisator am Querlenker und zum Vorderachsträger an Querlenker und Federbein. Eine Hierarchiestufe tiefer liegt das Teleskoprohr des Federbeins, an dem auch der Schwingungsdämpfer befestigt ist. Es wird im Wesentlichen mit einem Dreh-Schub-Gelenk abgebildet, das die translatorische und rotatorische Bewegung um eine Achse erlaubt. Da die Aufbaufeder schräg zu der Achse des Teleskoprohrs angeordnet ist, wird sie daher auch etwas versetzt in das Mehrkörpersystem eingebaut. Mit Komponenten der Klassen `BoxBody` und `CylinderBody` werden die Einzelteile des Federbeins dargestellt. Das nichtlineare Verhalten des Dämpfers, wird durch ein Dämpferelement mit einstellbarer Kennlinie abgebildet, wohingegen die Nichtlinearität des Zug- und Druckanschlags, sowie der Feder durch ein Federelement mit einstellbarer Kennlinie realisiert ist.

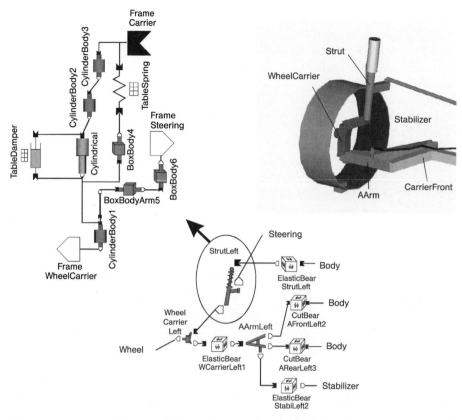

Bild 4-6: Die Klasse Vorderradaufhängung mit Federbein und 3D-Darstellung

Ebenfalls im Modell des Federbeins enthalten ist der Spurhebel, über den das Rad gelenkt wird. Die Klasse des Federbeins besitzt Anschlüsse für den Radträger, das Federbeinlager und für die Spurstangenköpfe.

4.3.2 Reifen/Räder

Das Modell des Rades beinhaltet hauptsächlich Objekte, die die Berechnung der Traktions- und Radaufstandskräfte vornehmen und daraus unter Berücksichtigung von Antriebs-, Brems- und Verlustmomenten, die Raddrehzahl sowie die auf das Fahrzeug wirkenden Kräfte und Momente bestimmen. Außerdem wird der Einfluss von Sturz, Vorspur, Radmasse und -trägheitsmoment berücksichtigt. Aufgrund des teilweise experimentellen Charakters des Modells, finden sich physikalische Analogien zu den einzelnen Klassen nur bedingt. Die sich daraus ergebende Klasse des Rades ist in Bild 4-7 dargestellt. Die Leistung des Antriebsstrangs wird über rotatorische mechanische Flansche an die beiden Vorderräder übertragen. Der Ausgang des Bremssystems, der an den hydraulischen Nehmerzylindern anliegende Druck, wird hingegen als Signalfluss an die in den Rädern enthaltenen Scheibenbremsen übermittelt.

4.3 Physikalische Modellbildung am Beispiel des Kraftfahrzeugs

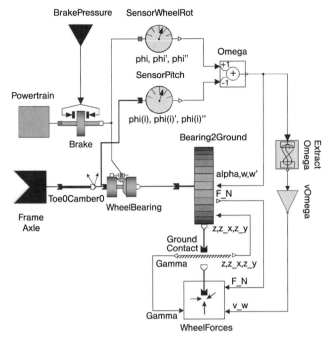

Bild 4-7: Die Klasse des Rades

Von der Schnittstelle zum Radträger `FrameAxle` kann über ein Objekt der Klasse `FrameAngles` Spur und Sturz des Rades gegenüber dem Radträger vorgegeben werden. Danach folgt das zentrale Element, die Klasse `RevoluteJoint` mit Namen `WheelBearing`, die den Freiheitsgrad für die Raddrehung bereitstellt. An sie ist zum einen der Antriebsstrang über die Betriebsbremse angeschlossen, sowie zwei Sensorklassen mit Namen `SensorWheelRot` und `SensorPitch`, die Informationen über die Raddrehung und die Drehung des Radträgers um die Radachse bis zur zweiten Zeitableitung übermitteln. Diese Informationen werden für die Bestimmung des Radaufstandpunktes in der Klasse `Bearing2Ground`, sowie für die Berechnung der Umfangsgeschwindigkeit des Rades benötigt. An dem Objekt `WheelBearing` ist die Klasse `Bearing2Ground` über einen mechanischen Flansch verbunden. In ihr wird der Kontaktpunkt des Rades, sowie die auf den Reifen wirkende Radaufstandskraft bestimmt. Die mit ihr verbundene Klasse `GroundContact` ermittelt den aktuellen Sturzwinkel gegen die Fahrbahnoberfläche und stellt den Angriffspunkt für die Radaufstandskraft und die Traktionskräfte in Abhängigkeit vom Fahrbahngradienten ein. In der daran angeschlossenen Klasse `WheelForces` werden die Traktionskräfte aus einer Kombination des Ansatzes von [3] und [33] berechnet, die gemeinsam mit der Radaufstandskraft am Schwerpunkt des Kontaktpunktes angreifen. Die Modelldekomposition orientiert sich bedingt durch den größeren Abstand von der physikalischen Realität, mehr an phänomenologischen Gesichtspunkten und besitzt sowohl signalfluss- als auch energieflussbasierte Komponentenverbindungen.

4.3.3 Antrieb und Bremssystem

Der Antriebsstrang eines Fahrzeugs hat die Aufgabe, gemäß dem Wunsch des Fahrers, ein Antriebsmoment zu erzeugen, das an den angetriebenen Rädern in translatorische Bewegung umgesetzt wird. Im Gegensatz zum Modell des Rades kann hier die Modularisierung stärker nach topologischen Gesichtspunkten vorgenommen werden, da sich auch die einzelnen Subsysteme besser in funktionale Komponenten zerlegen lassen. Da das Versuchsfahrzeug über einen Otto-Motor mit Automatik-Getriebe verfügt, enthält die Klasse `Powertrain` die Klasse `EngineTorque`, in der das Motormoment aus Motordrehzahl und Drosselklappenstellung bestimmt wird. Dabei wird das stationäre Moment aus einem neuronalen Netz bestimmt, das die Eingänge Motordrehzahl und Drosselklappenstellung besitzt. Diese Klasse stellt ein Beispiel für die Modellierung mit dem blockschaltbild-orientierten Ansatz dar. Weiterhin wird die drehzahlabhängige Totzeit zwischen Drosselklappenstellung und Momentabgabe berücksichtigt. Die rotierende Masse `InertiaEngine` modelliert das Trägheitsmoment des Motors. Weitere Klassen sind das Automatikgetriebe `AutomaticTransmission` mit Trilokwandler, Planetengetriebe und trägen Massen, das Differential `Differential` und das Getriebesteuergerät `GearControlUnit`, dessen Schaltlogik durch ein Petrinetz dargestellt wird. Die Elastizitäten der Antriebswelle werden vernachlässigt, da ihr Einfluss mit den vorhandenen Messdaten sowieso nicht erfasst wird und durch den hydrodynamischen Wandler noch abgeschwächt wird [10]. Da eine Implementierung von Antiblockier- und Traktionskontrollsystemen nicht vorgesehen war, wurde die Hydraulik des Bremssystems stark vereinfacht durch Übertragungsfunktionen angenähert.

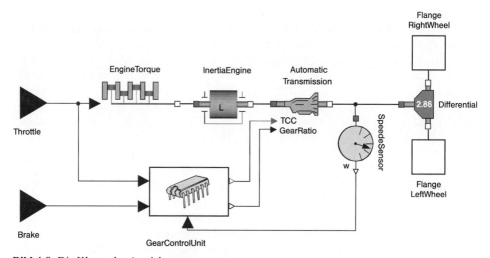

Bild 4-8: Die Klasse des Antriebstranges

4.3 Physikalische Modellbildung am Beispiel des Kraftfahrzeugs

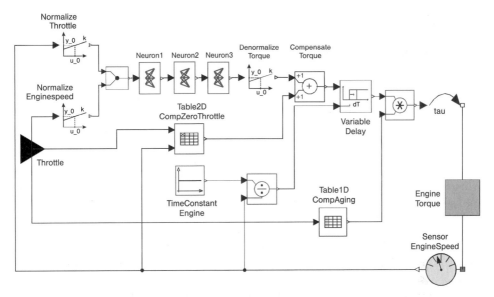

Bild 4-9: Die Klasse des Motors

4.3.4 Bewertung der Modellierung mit MODELICA

Bei der Erstellung des Gesamtfahrzeugmodells mit MODELICA zeigte sich, das sich die meisten der in der Einleitung zu diesem Kapitel genannten Punkte mit MODELICA umsetzen ließen:

- Die Bedienung der verwendeten Simulationsumgebung sowie die Anwendung der Modellierungssprache sind nach einer relativ kurzen Einarbeitungsphase intuitiv möglich.
- Das Konzept der modular-hierarchischen Modellierung wird sehr gut unterstützt und damit die optimale Voraussetzung für effizientes und effektives Modellieren geschaffen. Dies geschieht u.a. durch den Einsatz von Abstraktion, Hierarchisierung, Modularisierung und Verknüpfungen. Zusätzlich erleichtern Objektdiagramme durch ihre bei Bedarf domänenspezifische Notation auch dem Einsteiger das Erstellen von neuen, bzw. Zurechtfinden in bereits bestehenden Modellen.
- Das Entwickeln von wiederverwendbaren Komponenten und Bibliotheken setzt allerdings beim Entwickler solide Kenntnisse in Modellierungstechniken und Numerik voraus. Ist dies aber erst einmal geschehen, so zeichnen sich die neuen Komponenten durch gute Wiederverwendbarkeit aus.
- Das energiefluss-orientierte und damit gleichungsbasierte Konzept ist ein großer Vorteil, da sich dadurch die Modell-Topologie am physikalischen Vorbild orientieren kann, was das Modellieren in vielen Fällen deutlich vereinfacht. Allerdings lassen sich dadurch auch Fehler unter Umständen schlechter lokalisieren, z.B. wenn der Anwender singuläre oder nicht eindeutig bestimmte Gleichungssysteme erzeugt. Aus diesem Grund ist es wichtig, Modelle nach dem „*bottom-up*"-Ansatz zu erzeugen und nur getestete Subkomponenten für die Modellerstellung zu verwenden.

♦ Für MODELICA sind viele Bibliotheken frei verfügbar, die vom Anwender bei Bedarf erweitert werden können oder als Vorlage für Eigenentwicklungen dienen können. Genau dies wurde auch beim Aufbau der Fahrzeugmodellbibliothek genutzt, ein hoher Anteil der verwendeten Klassen sind Erweiterungen oder neu erstellt.

4.4 Modellparametrierung und -validierung

Aufgrund der Intention des Modells, sich relativ eng an die physikalische Realität anzulehnen, werden viele konstruktive Parameter benötigt. Diese konnten entweder vom Fahrzeughersteller bezogen werden oder wurden durch Messungen ermittelt. Beispiele hierzu sind die Abmessungen der Karosserie und des Fahrgestells, die Gewichte der einzelnen Komponenten, wie Aufbau und Räder und Kennfelder für Motor, Dämpfer und Federn. Die Angaben zu einigen dieser Parameter gelten für den Neuwagen, müssen aber aufgrund von Verschleiß und Streuungen in der Fertigung an das Testfahrzeug angepasst werden. Als Beispiel seien die Stoßdämpferkennlinien genannt, bei denen leider keine direkte Messung durchgeführt werden konnte. Vielmehr mussten die Kennlinien aus den vorhandenen Messfahrten mit dem Modell geschätzt werden. Diese wurden mit dem Verfahren der Ausgangsfehleroptimierung ermittelt, da das verwendete Modell stark nichtlinear ist. Dabei wurde eine Gütefunktion auf Basis des Ausgangsfehlers gebildet, die dann mit einem nichtlinearen Optimierungsverfahren durch Variation der gesuchten Parameter minimiert wurde. Ähnlich wurden auch Parameter ermittelt, die nicht verfügbar waren, zum Beispiel der Fahrwiderstandsbeiwert oder Elastizitäten in der Lenkung. Ausführliche Darstellungen zu den Standardverfahren der Parameter-Identifikation finden sich in [18],[21] und [7]. Da es sich um ein stark nichtlineares Modell handelt, wird es nach erfolgter Parametrierung im Zeitbereich validiert. Die Messdaten stammen aus [14] und [16] und wurden im OPEL-Testzentrum Dudenhofen ermittelt.

Um die Qualität des Modells zu verdeutlichen, werden für zwei exemplarische Fahrzyklen jeweils Messung und Simulation gegenübergestellt. Bei den Messungen handelt es sich zum einen um einen Spurwechsel bei konstanter Geschwindigkeit, der zum Anregen der Vertikaldynamik dient. Dabei wird der Aufbau durch die einwirkenden Zentripetal- und Massenträgheitskräfte in vertikale Schwingungen versetzt. Aussagefähige Größen sind hier die Federwege, sowie Wank- und Nickrate. Der mit konstanter Geschwindigkeit durchgeführter Spurwechsel ist in Bild 4-10 gezeigt. Durch das Manöver wurden insbesondere die Feder- und Dämpferelemente bis in ihren nichtlinearen Bereich hinein be- und entlastet. Während die Wankrate eine gute Übereinstimmung mit der Messgröße zeigt, weisen die Federwege teilweise deutliche Abweichungen auf. Eine Ursache sind vermutlich Abweichungen der Dämpfer und Gummipuffer des Testfahrzeugs, von denen keine vermessene Kennlinie vorlag. Diese wurde deswegen, wie oben beschrieben, durch Analyse der Messfahrten gewonnen. Weiterhin beruhen die Trägheitsmomente des Fahrzeugs ebenfalls nur auf Schätzungen.

4.4 Modellparametrierung und -validierung

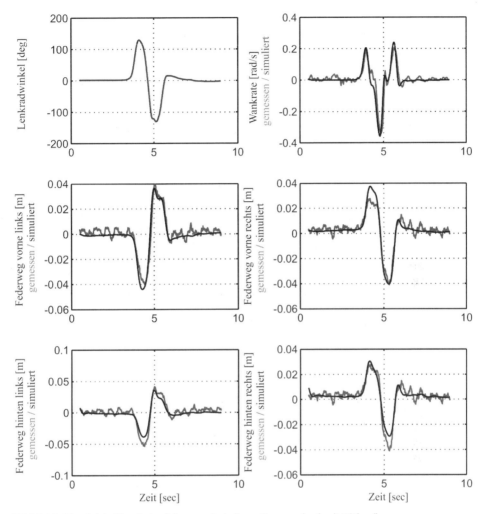

Bild 4-10: Vergleich Simulation/Messung bei einem Spurwechsel mit 50 km/h

Der andere gezeigte Fahrzyklus ist eine Fahrt auf einem mit einer Landstraße vergleichbaren Rundkurs, der normalerweise dazu dient, den Fahrkomfort neu entwickelter Fahrzeuge zu optimieren. Die Strecke weist deswegen wechselnde Bodenbeläge und Fahrbahnunebenheiten, wie zum Beispiel Kanaldeckel, Bodenwellen, Kopfsteinpflaster etc. auf. Da die vertikalen Anregungen messtechnisch nicht erfasst werden, sind sie für die Simulation als Störgröße aufzufassen. Die Qualität der in Bild 4-11 dargestellten Simulationsergebnisse ist trotz der auf das Fahrzeug einwirkenden vertikalen Störgrößen als gut zu bezeichnen. Größere Abweichungen bei horizontalen Größen finden sich lediglich bei Geschwindigkeit und Motordrehzahl, dies kann auf die Fahrwiderstände der unterschiedlichen Bodenbeläge und leichte Gefällstrecken zurückgeführt werden.

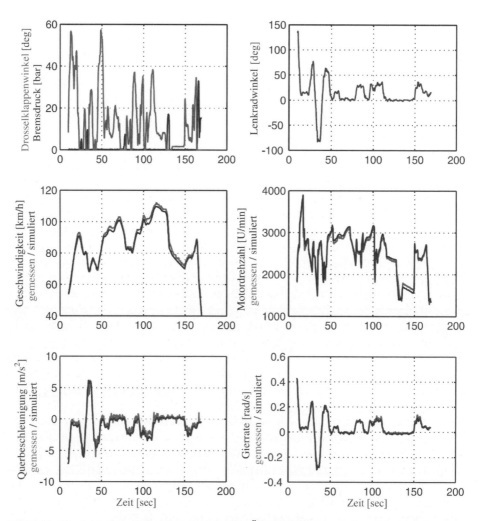

Bild 4-11: Vergleich Simulation/Messung bei einer Überlandfahrt

4.5 Zusammenfassung und Ausblick

Ziel dieses Kapitels ist es, dem Leser die Möglichkeiten der objektorientierten Modellierung komplexer technischer Systeme zu zeigen. Am Beispiel eines Kraftfahrzeugs wurde für die dynamische Simulation ein Modell erstellt, das im Hinblick auf seinen späteren Einsatz für den Reglerentwurf von Assistenz- und Fahrstabilitätssystemen konzipiert wurde.

4.5 Zusammenfassung und Ausblick

Zu Beginn wurde zunächst die Modellierungsmethodik der modular-hierarchischen Strukturierung erläutert, die sich bei der objektorientierten Modellierung bewährt hat. Danach wurde ein Einblick in die objektorientierte Modellierung heterogener Systeme mit Beispielen in MODELICA gegeben. Im sich anschließenden Abschnitt wurden die zuvor besprochenen Methoden auf die Modellierung eines Kraftfahrzeuges angewendet und über die dabei gemachten Erfahrungen berichtet. Die erfolgreiche Validierung des Modells im letzten Abschnitt zeigt die Stärke des Ansatzes.

Durch die Standardisierung von Modellbeschreibung und Schnittstellen wird der Aufbau einer Komponentenbibliothek ermöglicht, die beliebig erweiterbar ist. Mit einer entsprechenden Standardisierung der Modellbeschreibung, wie es mit dem MODELICA-Ansatz versucht wird, lassen sich Modelle zwischen unterschiedlichen Entwicklergruppen (z.B. zwischen Zulieferer und Hersteller) einfach austauschen. In vielen Fällen ist es bereits so, dass der Hersteller von seinem Zulieferer neben dem eigentlichen Produkt auch das zugehörige Modell bekommen möchte, um es in seine Simulationsmodelle zu integrieren.

Im Verlauf der Arbeit hat der objektorientierte Ansatz seine Leistungsfähigkeit unter Beweis gestellt. Mit Hilfe von Modularisierung, Hierarchisierung und Abstraktion, sowie den Vorteilen der gleichungsbasierten Modellierung ließen sich Bibliothekskomponenten erzeugen, die sich ähnlich wie die modellierten technischen Komponenten flexibel zu neuen Systemen verschalten lassen. Dabei ist für die Anwendung ein sehr detailliertes Verständnis der Modellierung der Einzelkomponenten nicht unbedingt nötig. Durch die Darstellung der Komponenten als Objektdiagramme wurden – so weit wie möglich – die dem Anwender vertraute fachspezifische Notation verwendet. Dadurch sinkt auch der für den Modellierer notwendige Einarbeitungsaufwand im Vergleich zu Werkzeugen mit signalbasiertem Konzept, wie z.B. Matlab/Simulink. Trotzdem kann der Einarbeitungsaufwand je nach Anwendung auch höher sein, vor allem wenn es sich um die Erstellung oder Erweiterung von Bibliotheken handelt. Dafür haben diese dann allerdings einen wesentlich höheren Wiederverwendungswert als ihre unter Matlab/Simulink erstellten Pendants [32]. Anwender, die bereits vertraut mit objektorientierten Ansätzen sind (z.B. auf dem Gebiet der Programmierung) besitzen hier einen Vorteil. Ebenso erfordert das Konzept des akausalen Modellierens ein Umdenken des Modellierers, der häufig an das Arbeiten mit Modellen in kausaler Blockdiagrammdarstellung gewöhnt ist. Zu den Vorteilen des Ansatzes zählt im Besonderen:

♦ die Möglichkeit, sich eng am topologischen Aufbau des zu modellierenden Systems zu halten,

♦ die einfache Erweiterbarkeit und Wiederverwendbarkeit, gerade wenn bereits Bibliotheken und Modelle vorhanden sind,

♦ im Falle symbolischer Vereinfachung und Vorverarbeitung des Gleichungssystems, die hohe Effizienz, die mit der domänenspezifischer Werkzeuge vergleichbar ist.

Nachteile finden sich ebenso:

♦ Die Anwendung der Vererbung kann bei unsachgemäßer Anwendung das Verständnis der Modelle erschweren und ein intensiveres Einarbeiten erfordern.

♦ Durch den akausalen Ansatz kann der Anwender auch singuläre oder nicht eindeutig bestimmte Gleichungssysteme erzeugen, die bei der Fehlersuche schwierig zu behandeln sind. Die zur Verfügung stehenden Simulationswerkzeuge verfügen noch nicht über die notwendigen Algorithmen (wie z.B. in [2] beschrieben), um diese Fehler leicht zu lokalisieren und zu beheben.

♦ Das erzeugte differential-algebraische Gleichungssystem muss vor der Simulation in der Regel erst symbolisch optimiert werden und stellt hohe Ansprüche an den Integrationsalgorithmus. Ebenso ist die Suche nach Startwerten häufig von der geschickten Wahl der Zustandsgrößen abhängig.

Mittlerweile gibt es für MODELICA mehrere Bibliotheken für den KFZ-Bereich, die auf der neuen Sprachdefinition 2.2 aufsetzen. So z.B. die kommerzielle *Powertrain Library* des DLR vorgestellt in [26], die auch bei BMW zum Einsatz kommt, oder die frei verfügbare *Vehicle Dynamics Library* der KTH Stockholm [1]. Weiterhin existieren u.a. Bibliotheken für Verbrennungskraftmaschinen, bzw. Antriebsstränge bei DaimlerChrysler [35], Ford [37], Toyota [36], Volvo und Volkswagen [17].

Literatur

[1] *Andreasson, J.*: Vehicle Dynamics Library. In: Proceedings of the 3rd Modelica Conference, Linköping, Schweden, 2003
[2] *Bunus, P.; Fritzson, P.*: A Debugging Scheme for Declarative Equation Based Modeling Languages. In: 4th International Symposium on Practical Aspects of Declarative Languages, Portland, OR, 2002
[3] *Burckhardt, M.*: Radschlupf-Regelsysteme. Köln: Vogel Verlag, 1993
[4] *Cellier, F. E.*: Continuous System Modeling. New York: Springer, 1991
[5] *Drogies, S.*: Objektorientierte Modellbildung und Simulation des fahrdynamischen Verhaltens eines Kraftfahrzeuges. Reihe 12, Band 594. Köln: VDI-Verlag, 2005
[6] *Elmquist, H.; Mattson, S.; Otter, M.*: Modelica – A Language for Physical System Modeling, Visualization and Interaction. In: 1999 IEEE Symposium on Computer-Aided Control System Design, Hawaii, 1999
[7] *Eykhoff, P.*: System Identification. London: John Wiley & Sons, 1974
[8] *Fritzson, P.*: Principles of Object-Oriented Modeling and Simulation with Modelica 2.1. Chichester: John Wiley & Sons, 2004
[9] *Fritzson, P.; Engelson, V.*: Modelica – A Unified Object-Oriented Language for System Modeling and Simulation. In: European Conference on Object-Oriented Programming, Brüssel, 1998
[10] *Germann, S.*: Modellbildung und modellgestützte Regelung der Fahrzeuglängsdynamik. Düsseldorf: VDI-Verlag, 1997
[11] *Gräb, R.*: Parametrische Integration von Produktmodellen für die Entwicklung mechatronischer Produkte. D 17. Aachen: Shaker Verlag, 2001
[12] *Grimm, C.; Waldschmidt, K.*: Hybride Datenflussgraphen – Ein systemtheoretisches Modell zur homogenen, graphbasierten Darstellung hybrider Systeme. In: Entwurf komplexer Automatisierungssysteme (EKA'99), Braunschweig, 1999
[13] *Hahn, M.*: OMD – Ein Objektmodell für den Mechatronikentwurf. Düsseldorf: VDI Verlag, 1999
[14] *Halfmann, C.*: Adaptive semiphysikalische Echtzeitsimulation der Kraftfahrzeugdynamik im bewegten Fahrzeug. Düsseldorf: VDI-Verlag, 2001
[15] *Hentschel, M.*: Eine Fahrzeugmodellbibliothek als Basis für mechatronische Systeme. Düsseldorf: VDI-Verlag, 1995

[16] *Holzmann, H.*: Adaptive Kraftfahrzeugdynamik-Echtzeitsimulation mit Hybriden Modellen. Düsseldorf: VDI-Verlag, 2001
[17] *Hommel, M.*: First Results in Cluster Simulation of Alternative Automotive Drive Trains, In: Proceedings of the 4th Modelica Conference, Hamburg, 2005
[18] *Isermann, R.*: Identifikation dynamischer Systeme - Band 1, 2. ed. Berlin: Springer, 1992
[19] *Isermann, R.*: Mechatronische Systeme: Grundlagen. Berlin: Springer Verlag, 1999
[20] *Lang, H.-P.*: Kinematik-Kennfelder in der objektorientierten Mehrkörpermodellierung von Fahrzeugen mit Gelenkelastizitäten. Düsseldorf: VDI-Verlag, 1997
[21] *Ljung, L.*: System Identification: Theory for the User. Englewood Cliffs: Prentice Hall, 1987
[22] *Maffezzoni, C.; Girelli, R.*: MOSES: Modular Modelling of Physical Systems in an Object-Oriented Database. Mathematical and Computer Modelling of Dynamical Systems, 4: pp. 121–147, 1998
[23] *Marquardt, W.*: Modellbildung als Grundlage der Prozeßsimulation. In: Schuler, H. (Hrsg.): Prozeßsimulation, S. 3–32. Weinheim: VCH, 1995
[24] *Mattson, S. E.; Andersson, M.; Åström, K.*: Object-Oriented Modeling and Simulation. In: Linkens, D. A. (Hrsg.): CAD for Control Systems, S. 31–69. New York: Marcel Dekker Inc., 1993
[25] *Mühlthaler, G.*: Anwendung objektorientierter Simulationssprachen zur Modellierung von Kraftwerkskomponenten. Düsseldorf: VDI-Verlag, 2001
[26] *Otter, M.; Dempsey, M.; Schlegel, C.*: Package PowerTrain. A Modelica Library for Modeling and Simulation of Vehicle Power Trains. MODELICA Workshop 2000, S. 23–32. Lund, Schweden, 2000
[27] *Otter, M.*: Objektorientierte Modellierung Physikalischer Systeme, Teil 1. In: AT – Automatisierungstechnik, 1: A1–A4, 1999
[28] *Otter, M.; Cellier, F.*: Software for Modeling and Simulating Control Systems. In: Levine, W. S. (Hrsg.): The Control Handbook, S. 415–428. Boca Raton: CRC Press, 1996
[29] *Otter, M.; Elmquist, H.*: Energy Flow Modeling of Mechatronic Systems via Object Diagrams. In: 2nd Mathmod Vienna, Wien, 1997
[30] *Panreck, K.*: Systembeschreibungen zur Modellierung komplexer Systeme. In: AT – Automatisierungstechnik, 4: S. 157–164, 1999
[31] *Panreck, K.*: Rechnergestützte Modellbildung physikalisch-technischer Systeme. Düsseldorf: VDI-Verlag, 2002
[32] *Richert, F.; Rückert, J.; Schlosser, A.*: Vergleich von Modelica und Matlab anhand der Modellbildung eines Dieselmotors. In: AT – Automatisierungstechnik, 51 (6) 2003
[33] *Rill, G.*: Simulation von Kraftfahrzeugen. Braunschweig/Wiesbaden: Vieweg Verlag, 1994
[34] *Schielen, W.; Arnold, M.*: Co-Simulation for Mechatronic Systems: Materials of a Workshop that was held at the University of Stuttgart on October 11, 2001. Technischer Report IB 532-2001-10, Oberpfaffenhofen: DLR, 2001
[35] *Silverlind, D.*: Mean Value Engine Modeling with Modelica. Master Thesis. Universität Linköping, Schweden, 2001
[36] *Soejima, S.; Matsuba, T.*: Application of mixed mode integration and new implicit inline integration at Toyota, In: Proceedings of the 2nd Modelica Conference. Oberpfaffenhofen, 2002
[37] *Tiller, M.*: Introduction to Physical Modeling with Modelica. New York: Springer, 2001
[38] *Tummescheit, H.*: Design and Implementation of Object-Oriented Model Libraries using Modelica. Doktorarbeit, Lund Universitiy, Department of Automatic Control, Lund, Schweden, 2002

5 Anwendungsorientierte Übersicht kommerzieller Fahrzeug-Simulations-Systeme

HENNING HOLZMANN

Nachdem in den vorangehenden Kapiteln die theoretischen Grundlagen von Fahrzeugsimulationsmodellen dargestellt wurden, soll im Folgenden auf die Anwendung von kommerziellen Fahrzeugmodellen in der Praxis eingegangen werden. Anhand des modellbasierten Entwicklungsprozesses soll verdeutlicht werden, welche Arten von Simulationsmodellen in welcher Phase der Fahrzeugentwicklung eingesetzt werden. Beispiele für gängige Simulationstools sowie Hersteller werden hierbei genannt. Es soll an dieser Stelle allerdings ausdrücklich darauf hingewiesen werden, dass diese Darstellung keinen Anspruch auf Vollständigkeit erhebt, sondern nur eine exemplarische Auswahl ohne Wertung verkörpert.

Bei der Auswahl von Simulationswerkzeugen für einen konkreten Anwendungsfall sollte sinnvollerweise darauf geachtet werden, dass im Entwicklungsprozess mit einer durchgängigen Toolkette gearbeitet wird. Hierdurch wird Zusatzaufwand, wie er z.B. bei der Konvertierung von Datenformaten entsteht, vermieden.

5.1 Mehrkörper-Simulation (MKS)

Am Anfang der Simulations-Toolkette steht die Mehrkörper-Simulation (MKS). Hierbei handelt es sich um ein Verfahren, bei dem ein mechanisches System durch eine endliche Zahl starrer Körper (im Grenzfall Punktmassen) mit jeweils sechs Freiheitsgraden approximiert wird. Die Verbindung dieser masse- und trägheitsbehafteten Elemente der Mehrkörpersimulation erfolgt über aktive Kräfte und Momente. Weiterhin können mittels masseloser Bindungs- und Kontaktbedingungen die Freiheitsgrade der Körper untereinander eingeschränkt werden. Typische Anwendungsbereiche der MKS-Simulation in der Fahrzeugentwicklung sind:

- Analyse der Kinematik von Achsen und Lenkung
- Optimierung der Achsgeometrie
- Ermittlung von Bauteilschnittlasten und Lastkollektiven für die Festigkeits- bzw. Dauerfestigkeitsberechnung
- Analyse der Fahrdynamik des Gesamtfahrzeugs
- Komfortanalysen des Gesamtfahrzeugs.

Beispiele für gängige Softwarelösungen im Bereich der MKS-Simulation sind u.a. *Adams/Adams Car*, *Simpack* oder *Mesa Verde*. Sie unterstützen den Modellaufbau durch Elementbibliotheken, in denen neben allgemein verwendbaren auch anwendungsspezifische Elemente enthalten sind. Beispielsweise stehen dem Anwender in der Fahrzeugentwicklung, außer den kinematischen Gelenken zur Definition der Bindungsbedingungen von Körpern, Modelle der in der Fahrzeugentwicklung häufig eingesetzten Lager zur Verfügung.

Darüber hinaus bieten verschiedene MKS-Software-Lösungen Schnittstellen zu anderen Simulationstools. Hierzu zählen z.B. das Einbinden flexibler Strukturen aus FEM-Modellen sowie die Integration in bzw. die Kooperation mit regelungstechnischen Anwendungen.

Das Entwicklungsumfeld einer MKS-Software besteht aus dem *Pre-Processor*, dem *Solver* und dem *Post-Processor* (Bild 5-1).

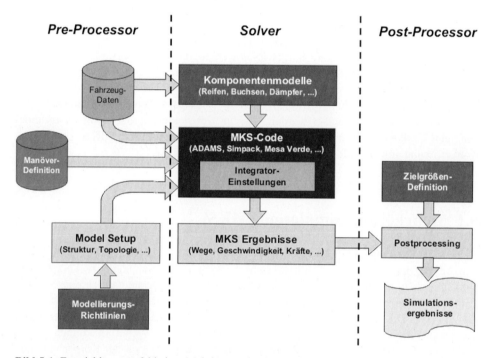

Bild 5-1: Entwicklungsumfeld einer Mehrkörpersimulation

Der Pre-Processor dient dem Erstellen und dem Parametrieren des Modells. Dies geschieht im Rahmen vorgegebener Modellierungsrichtlinien. Die Struktur und die Topologie des Modells werden dabei festgelegt. Diese Basis ist durch ihren parametrischen Aufbau den gegebenen Randbedingungen anpassbar. Weiterhin wird in diesem Simulationsschritt die eigentliche Analyse definiert. Hierbei können neue Lastfälle/Manöver definiert oder bereits in einer Bibliothek existierende Lastfälle ausgewählt werden. Das Ergebnis des Pre-Processing ist ein Abbild des Modells im MKS-Code der jeweiligen Software.

Das Kernstück eines MKS-Programms bildet der Solver. Er überführt den MKS-Modellcode in ein System von Differenzialgleichungen. Diese löst der Solver mittels numerischer Integration. Durch Optionen in den Integrationsalgorithmen ist es möglich, Einfluss auf die Stabilität, die Güte und die Dauer des Rechenprozesses nehmen.

5.1 Mehrkörper-Simulation (MKS)

Bild 5-2:
Darstellung von MKS-Simulationsergebnissen mittels 3D-Animation

MANUFACTURER TYPE MODELYEAR DEVELOPMENT PHASE SIMULATION/ VALIDATION	(S/V)		REQUIREMENT		
			IO	SSTS §	
Kinematic					
Ride Frequency (curb weight)	Hz	1.6	< 1.6	3.2.1.3.6.2.2.1	1.70
Ride Frequency (1 x 75 kg)	Hz	1.6	< 1.6	3.2.1.3.6.2.2.1	1.62
Ride Frequency (2 x 75 kg)	Hz	1.6	< 1.6	3.2.1.3.6.2.2.1	1.56
Ride Frequency (GVW)	Hz	1.6	< 1.6	3.2.1.3.6.2.2.1	1.23
Ride Steer	deg/100 mm	0.60	tbd	3.1.1.2.1.4	-0.08
Ride Camber	deg/100 mm	2.85	2.00 to 3.00	3.1.1.2.1.2	2.55
Camber at GVW	deg				-2.4
Roll Rate	Nm/deg	846	tbd	3.1.1.1.2.3	879.54
Roll Steer	%	6	2 to 5	3.1.1.2.2.5	-0.63
Roll Camber	%	66	50 to 80	3.1.1.2.2.4	70.92
Roll Center Height	mm	60	0 to 100	3.1.1.1.2.1	172.58
Roll Center Height Variation	mm/mm	2.00	1.1 to 2.0	3.1.1.1.2.2	2.59
Anti Lift (Accelerating)	%	75	10 to 40	ECC*	88.01
Compliance					
Lateral Force Steer	deg/kN	0.04	0.00 to 0.05	3.1.1.2.2.6	0.01
Lateral Force Camber	deg/kN	-0.24	-0.25 to 0.00	3.1.1.2.2.7	-0.12
Lateral Force Compliance Wheel Center	mm/kN	0.6	< 1.0	3.1.1.2.2.9	0.20
Brake Force Steer	deg/kN	0.00	0.00 to 0.05	3.1.1.2.4.4	0.07
Brake Force Camber	deg/kN		tbd		-0.04
Brake Force Compliance Wheel Center	mm/kN	3.0	< 4.0	3.1.1.2.1.5	5.05
Mu-Split Brake Force Steer	deg/kN		tbd		0.07
Mu-Split Brake Force Compliance Wheel Center	mm/kN		tbd		-0.06
Tractive Force Steer	deg/kN		tbd		-0.07
Tractive Force Camber	deg/kN		tbd		0.06
Aligning Torque Steer	deg/kNm	-0.5	> -4.0	3.1.1.2.2.8	-0.01

Bild 5-3: Darstellung von MKS-Simulationsergebnissen im Virtual Vehicle Chart

Der Post-Processor dient der Aufbereitung der Rechenergebnisse. Neben dem Bearbeiten der Daten und der Darstellung in Diagrammen besteht die Möglichkeit, Animationen der gerechneten Manöver zu erstellen (Bild 5-2). Wichtig hierbei ist natürlich auch der Vergleich der Ergebnisse mit vorgegebenen Zielgrößen.

Um die Berechnungsergebnisse darzustellen und allen am Entwicklungsprozess beteiligten Personen zugänglich zu machen, wird bei der *Adam Opel GmbH* das Virtual Vehicle Chart (VV-Chart) verwendet. In diesem Chart können Berechnungsergebnisse den entsprechenden Zielvorgaben in übersichtlicher Form gegenüber gestellt werden (Bild 5-3).

Die Bewertung erfolgt durch das „Ampelsystem" und schafft so eine klare Darstellung eines aktuellen Projektstatus. Die Farbe Grün (mittelgrau) steht für eine erfüllte Zielvorgabe, wohingegen eine rote Markierung (dunkelgrau) den ermittelten Wert als nicht erfüllte Zielvorgabe kennzeichnet. Gelbe Punkte (hellgrau) werden dann verwendet, wenn die Zielvorgabe noch nicht erreicht ist, aber im Lauf der Weiterentwicklung wahrscheinlich den Zielbereich erreichen wird.

Einen wesentlichen Aspekt im Hinblick auf die Güte von Fahrzeugmodellen stellt das verwendete Reifenmodell dar. Der Reifen ist in seinem Verhalten äußerst komplex (nichtlinear) und seine Modellierung dementsprechend aufwändig. Die heute im Rahmen von MKS-Simulationen verwendeten Reifenmodelle lassen sich in zwei Hauptgruppen einteilen: zum einen gibt es Modelle, deren Ansatz auf einer Beschreibung des Reifenverhaltens durch Polynome – z.B. *Magic Formula* von Pacejka [14] – oder trigonometrische Funktionen [1] basiert. Zum anderen werden physikalische Reifenmodelle verwendet, die aus einer virtuellen Verschaltung von Feder- und Dämpferelementen bestehen, z.B. *FTire* [3]. Die Basis für die Parametrierung eines Reifenmodells stellt meistens die Vermessung eines Reifens auf einem Reifenprüfstand dar. Dabei können beispielsweise der Zusammenhang Querschlupf-Seitenkraft, das Schwingungsverhalten oder das Einlaufverhalten ermittelt werden. In einer iterativen Annäherung an die Messung werden die Parameter der Modelle angepasst, so dass sich die Modelleigenschaften mit der Messung so gut wie möglich decken.

5.1.1 Übergang vom MKS-Modell zum systemdynamischen Modell

Der nächste Schritt in der Simulationstoolkette ist der Übergang vom Mehrkörpersimulationsmodell zum systemdynamischen Fahrzeugmodell (Bild 5-4). Dieser Schritt wird notwendig, da MKS-Fahrzeugsimulationsmodelle im Allgemeinen nicht in Echtzeit rechenbar sind. Insbesondere für regelungstechnische Anwendungen, wie z.B. *Hardware-in-the-Loop-Simulationen* (vgl. Abschnitt 5.5), werden daher systemdynamische Fahrzeugmodelle verwendet.

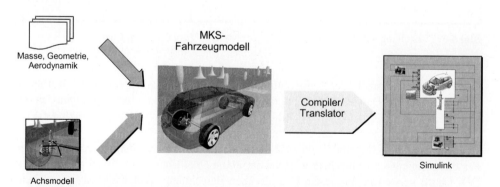

Bild 5-4: Übergang vom MKS- zum systemdynamischen Fahrzeugmodell

MKS-Fahrzeugmodelle enthalten neben den Informationen über die Fahrzeugmasse, Geometrie und Aerodynamik mathematische Beschreibungen der Radaufhängungen (Achsen) in Form von Differentialgleichungen. Zur Beschleunigung der Rechenzeit werden diese Differentialgleichungen beim Übergang zu einem systemdynamischen Modell als Kennlinien approximiert. Eine solche Vereinfachung führt in der Regel zu einem leichten Verlust an Rechengenauigkeit, der allerdings im Rahmen der meisten regelungstechnischen Anwendungen vernachlässigbar ist.

Im Zuge einer durchgängigen Simulations-Toolkette orientiert sich die Vereinfachung des MKS-Modells an der Art und Form der für das systemdynamische Modell benötigten Parameter. Sinnvollerweise wird die Vereinfachung/Konvertierung der Parameter durch eine automatische Routine (z.B. Compiler oder Translator) durchgeführt. Eine derartig automatisierte Vorgehensweise bietet sich an, da es im Rahmen der modellbasierten Fahrzeugentwicklung hin und wieder notwendig ist, Änderungen im MKS-Modell durchzuführen, die dann anschließend auch in das systemdynamische Modell einfließen sollen.

5.2 Systemdynamische Fahrzeugmodelle

Als Entwicklungsumgebung zum Aufbau und zur Verwendung von systemdynamischen Simulationsmodellen hat sich die blockschaltbildorientierte Simulationsplattform *MATLAB/Simulink* (z.B. [7]) in den letzten Jahren auf breiter Front durchgesetzt und dabei quasi zum Industriestandard entwickelt.

Unter MATLAB/Simulink können aus Bibliotheken vordefinierter Standardblöcke Simulationsmodelle für die unterschiedlichsten Anwendungsgebiete in einer hierarchischen Struktur aufgebaut werden. Neben der Verwendung von Standardblöcken bietet sich die Möglichkeit zur Integration eigener Blöcke, deren Verhalten mittels C-Code, Fortran-Code oder der MATLAB Skriptsprache selbst definiert werden kann. Es kann sogar vorkompilierter Object-Code im Rahmen sog. *s-functions* eingebunden werden. Dies bietet z.B. die Möglichkeit, Simulationsmodelle zwischen verschiedenen Firmen – z.B. Fahrzeughersteller und Zulieferer – auszutauschen, ohne technische Details der modellierten Funktionen Preis zu geben.

Ein Beispiel für die Theorie und den Aufbau eines systemdynamischen Fahrzeugmodells unter MATLAB/Simulink ist in [6] zu finden. Verschiedene Fahrzeughersteller und -zulieferer haben ebenfalls systemdynamische Fahrzeugmodelle aufgebaut und verwenden diese innerhalb ihres Entwicklungsprozesses. Da der Aufbau und die Pflege derartiger Modelle nicht zum Kerngeschäft von Fahrzeugherstellern gehört und einen nicht unerheblichen Aufwand an Kosten erzeugt und Ressourcen bindet, werden von vielen OEMs kommerzielle systemdynamische Fahrzeugmodelle verwendet. Ausgewählte, beispielhafte Vertreter solcher kommerzieller Modelle sind:

- *Automotive Simulation Models* (*ASM*) der Firma *dSPACE*
- *CarMaker* der Firma *IPG*
- *CarSim* der Firma *Mechanical Simulation Corporation*
- *veDYNA* der Firma *TESIS*.

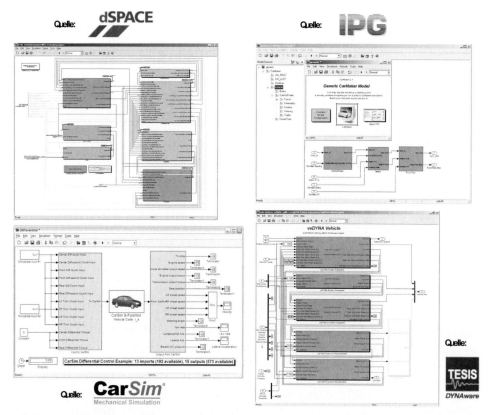

Bild 5-5: Beispiele für die oberste Hierarchieebene systemdynamischer Fahrzeugmodelle

Ihre Entwicklung basiert auf grundlegenden Arbeiten auf dem Gebiet der Fahrzeugdynamik, wie z.B. [2], [15] oder [17].

Die meisten kommerziellen systemdynamischen Fahrzeugmodelle werden von den Herstellern in verschiedener Detaillierungstiefe bzw. mit abgestuftem Funktionsumfang angeboten. Der Anwender kann entscheiden, welchen Funktionsumfang er für eine Aufgabenstellung benötigt.

Bild 5-5 zeigt als Vergleich jeweils die oberste Simulink-Hierarchieebene der oben aufgelisteten Modelle. Auf dieser obersten Ebene, die für einen mit MATLAB/Simulink vertrauten Anwender problemlos bedienbar ist, finden sich die zentralen Blöcke der Fahrzeugmodelle (wie z.B. Fahrzeug, Reifen, Straße, Fahrer, usw.).

In den tiefer liegenden Modellebenen befinden sich in einer hierarchisch gegliederten Struktur die funktionalen Implementierungen, die bei den meisten kommerziellen Modellen als *s-functions* mit hinterlegtem Object-Code implementiert sind. Diese Struktur, die zum Schutz des geistigen Eigentums der Modellhersteller dienen soll, hat für den Anwender allerdings den Nachteil, dass Details der zugrunde liegenden Modellierung nicht direkt sichtbar sind. Nur die Schnittstellen zwischen den Blöcken sind sichtbar und zugänglich. Einzig und allein das neue Modellkonzept von dSPACE (ASM) verspricht eine fast komplett offene Modellierung.

5.2 Systemdynamische Fahrzeugmodelle

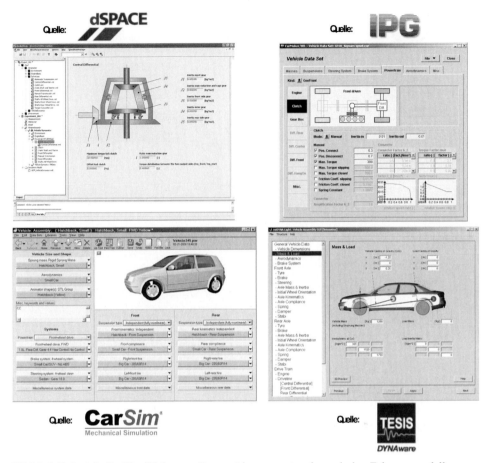

Bild 5-6: Beispiele für Oberflächen zur Parametrierung systemdynamischer Fahrzeugmodelle

Wenn ein Anwender im Rahmen eines Fahrzeug-Entwicklungsprojekts Teilsysteme eines kommerziellen Fahrzeugmodells durch eigene funktionale Modelle, wie z.B. Modelle für aktive Stoßdämpfer oder eine Aktivlenkung, ersetzen oder ergänzen möchte, ist er darauf angewiesen, dass die benötigten Schnittstellen zur Verfügung stehen. Für gängige Anwendungsfälle ist dies bereits der Fall. Falls es sich jedoch um eine technische Innovation handelt, für die noch keine Schnittstellen im Modell vorhanden sind, müssen diese zusammen mit dem Modellhersteller definiert und von diesem in einer angepassten Version des kommerziellen Fahrzeugmodells zur Verfügung gestellt werden.

Alle vorgestellten kommerziellen Fahrzeugmodelle verfügen über eine komfortable Bedienoberfläche, in der die Modellparameter anschaulich grafisch dargestellt und leicht manipuliert werden können (Bild 5-6).

Der Zugriff auf die Modellparameter erfolgt dabei im Rahmen einer Baumstruktur oder in hierarchischen Untermenüs. Parameterstudien können mit Hilfe der Bedienoberflächen sehr leicht und schnell durchgeführt werden.

Bild 5-7: Vergleich der 3-D-Animationstools der betrachteten systemdynamischen Fahrzeugmodelle

Wenn die vorgestellten systemdynamischen Fahrzeugmodelle allerdings als Teil der Toolkette zur modellbasierten Entwicklung eingesetzt werden sollen, erfolgt die Parametrierung der Modelle auf der Basis von Parameterdateien, die – wie in Abschnitt 5.1.1 beschrieben – durch automatische Konvertierung bzw. Vereinfachung von MKS-Simulationsmodellen gewonnen werden können.

Neben der Parametrierung der Modelle kann auch die Manöversteuerung der Simulation mit einer Bedienoberfläche konfiguriert werden. Hier kann z.B. gewählt werden, ob ein *Open-loop*-Manöver (ohne Fahrer) oder ein *Closed-loop*-Manöver gefahren werden soll. Ein klassisches Beispiel für ein Manöver mit Fahrer ist der doppelte Fahrspurwechsel, auch als *Elchtest* bekannt. Eine Vollbremsung auf gerader Straße zählt dagegen zu den Open-loop-Manövern, bei denen kein Fahrermodell benötigt wird.

Die Simulationsergebnisse eines Fahrmanövers können online während der Simulation oder auch am Ende in Kurvenform oder als 3D-Animation dargestellt werden. Zur Darstellung in Kurvenform bieten kommerzielle Simulationstools meist individuelle Analysetools, wie z.B. *IPG-CONTROL*. Natürlich können die Simulationsergebnisse auch unter MATLAB analysiert und weiterbearbeitet werden.

5.2 Systemdynamische Fahrzeugmodelle

Neben der Kurvendarstellung hat sich insbesondere die 3-D-Animation als möglichst realitätsnahe Abbildung der Fahrzeugbewegung in den letzten Jahren etabliert und stark weiterentwickelt. Bild 5-7 zeigt eine Gegenüberstellung der zu den betrachteten Simulationstools gehörenden Animationstools.

Bei der Betrachtung fällt unmittelbar auf, dass die erreichbare Animationsqualität relativ ähnlich ist. Während unter Fachleuten die Ergebnisdarstellung in Kurvenform bevorzugt wird, so bietet die Animation doch den großen Vorteil, dass unplausibles Fahrzeugverhalten unmittelbar erkannt werden kann.

Welches der vorgestellten kommerziellen systemdynamischen Fahrzeugmodelle für eine geplante Anwendung am geeignetsten erscheint, hängt nicht zuletzt von persönlichen Präferenzen und dem Zusammenspiel mit anderer Software/Hardware innerhalb des modellbasierten Entwicklungsprozesses zusammen. Extrem wichtig für einen erfolgreichen Einsatz derartiger Fahrzeugmodelle ist allerdings deren Validität, die wesentlich von der Qualität der Modelle und deren Parametrierung abhängt.

Zur Validierung von systemdynamischen Fahrzeugmodellen werden Versuchsfahrten auf Versuchsstrecken mit verschiedenen Fahrbahn-Reibwerten unternommen. Hersteller nutzen dazu entweder allgemein zugängliche Testzentren (z.B. Papenburg oder *IDIADA*) oder firmeneigene Testgelände. Beispielhaft zeigt Bild 5-8 einen Überblick über das Testzentrum *IDIADA* in Spanien und Versuchsstrecken für Niedrigreibwerterprobungen im nordschwedischen Arjeplog.

Bild 5-8: Teststrecken zur Fahrzeugerprobung in IDIADA (links) [Quelle: Applus+ IDIADA Technical Center, Spanien] und Arjeplog (rechts)

Auf den Versuchsstrecken wird eine repräsentative Auswahl von Fahrmanövern gefahren, wobei Messdaten aller gängigen fahrdynamischen Zustandsgrößen aufgezeichnet werden. Anschließend werden die gemessenen Eingangsdaten (z.B. Gas, Bremse, Lenkung) auf das Simulationsmodell aufgeschaltet und es erfolgt ein Rechnungs-/Messungs-Vergleich zwischen realem Fahrversuch und Simulation. Im Rahmen einer solchen Validierung werden ausgewählte Modellparameter (z.B. Reifen oder Fahrbahnreibwert) dahingehend optimiert, dass das Verhalten des simulierten Fahrzeugs die Gesamtheit der Messfahrten möglichst gut nachbildet. Konstruktive Fahrzeugparameter bleiben dabei selbstverständlich unverändert.

Nach erfolgreichem Abschluss der Validierung für ein konkretes Fahrzeug eines Fahrzeugprojekts, kann das z.B. über das Reifenverhalten erlangte Wissen auf andere Fahrzeugvarianten desselben Fahrzeugprojekts übertragen werden. Unter Verwendung der Simulationstoolkette können nun aus der MKS-Simulation heraus auch für Varianten, die nicht als reale Prototypen vorhanden sind, hochwertige Aussagen über das fahrdynamische Verhalten gemacht werden, die rein auf der Simulation basieren.

5.3 Modellbasierter Entwicklungsprozess

Eins der Haupt-Einsatzgebiete für systemdynamische Fahrzeugsimulationsmodelle ist die modellbasierte Entwicklung von Regelsystemfunktionen (z.B. Schlupfregelsysteme) bis hin zu deren Implementierung in realen Steuergeräten (ECUs). Anschaulich dargestellt wird der modellbasierte Entwicklungsprozess üblicherweise mit Hilfe des sog. *V-Modells* (Bild 5-9).

Der Prozess beginnt links oben mit der Erstellung des *Lastenheftes*. Hier werden die Anforderungen (Requirements) entweder in Textform oder in elektronischer Form spezifiziert. Moderne Requirements Management Tools, wie z.B. die Software *DOORS* der Firma *Telelogic*, erlauben eine strukturierte Darstellung und Verarbeitung von Requirements. Daneben besteht die Möglichkeit, Anforderungen in einer sog. ausführbaren Spezifikation zu definieren. Hierbei kann einem Lieferanten eine gewünschte Funktionalität (z.B. ein Regler) als *Simulink* Blockschaltbild übergeben werden.

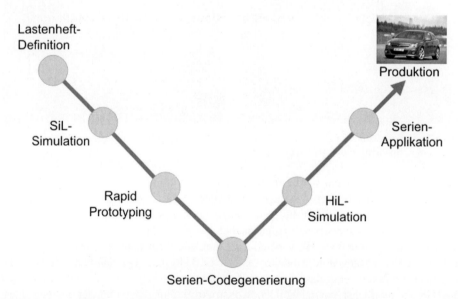

Bild 5-9: V-Modell des modellbasierten Steuergeräte-Entwicklungsprozesses

5.3 Modellbasierter Entwicklungsprozess

Ein solches Simulationsmodell eines Reglers kann anschließend im Rahmen einer *Software-in-the-Loop-Simulation (SiL)* mit einem systemdynamischen Fahrzeugmodell kombiniert und weiterentwickelt werden. Ausführliche Informationen zum Thema SiL-Simulation sind im Abschnitt 5.4 zu finden.

Der nächste Schritt im modellbasierten Entwicklungsprozess ist das *Rapid Prototyping*. Hierbei wird die in der SiL-Umgebung entwickelte Funktionalität auf einer prototypischen Hardware, z.B. einer *AutoBox* der Firma dSPACE, direkt im Fahrzeug getestet und optimiert. Dabei kann die Funktionsentwicklung sehr komfortabel unter Simulink geschehen. Mit Hilfe eines Codegenerators (z.B. dem *Real-Time Workshop* von MATLAB) wird anschließend C-Code generiert und auf die prototypische Hardware heruntergeladen.

Nach Abschluss der Funktionsentwicklung innerhalb des Rapid Prototyping ist es notwendig, im nächsten Schritt C-Code zum Einsatz in einem Seriensteuergerät zu generieren. Für diese Aufgabe haben sich die Tools *TargetLink* der Firma dSPACE und *xPC Target* von *The MathWorks* im Markt etabliert.

Das reale Seriensteuergerät wird anschließend mit Hilfe von *Hardware-in-the-Loop-Simulation (HiL)* getestet (siehe Abschnitt 5.5). Nach erfolgreichem Abschluss dieser Tests können im Fahrzeug spezielle Parameter appliziert werden (z.B. Applikation von ESP-Systemen auf Niedrigreibwert), bevor die Software fertig für den Einsatz in der Fahrzeug-Serienproduktion ist.

Neben der Darstellung im V-Modell, die stark am zeitlichen Verlauf des modellbasierten Entwicklungsprozesses orientiert ist, sind auch andere Darstellungen gebräuchlich. Ein Beispiel dafür ist die *Road-Lab-Math-Strategie* (Bild 5-10), die bei der Adam Opel GmbH Anwendung findet [11].

Fahrversuch (Road)	HiL - Simulation (Lab)	SiL - Simulation (Math)
		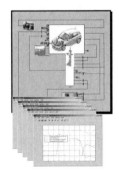
System Abstimmung Random Testing Validierung	Diagnose Failsafe Performance	Architekturentwicklung System-Integration Parameteroptimierung

Bild 5-10: Road-Lab-Math-Strategie der Adam Opel GmbH

Bis vor einigen Jahren war es die Intention der Road-Lab-Math-Strategie, immer mehr Entwicklungsaktivitäten weg von der Straße (Fahrversuch) hin in das Labor (HiL-Simulation) oder auf den Rechner (SiL-Simulation) zu verlagern. Das erklärte Ziel war dabei, irgendwann die komplette Entwicklung simulationsbasiert durchzuführen. Diese Philosophie hat sich in den letzten Jahren dahingehend verändert, dass man nun eine sinnvolle Koexistenz der drei Säulen Road, Lab und Math proklamiert. Es gibt Aufgabenstellungen im Entwicklungsprozess, die sich sehr gut mit Hilfe von Simulation lösen lassen, während es bei anderen sinnvoller erscheint, diese im Fahrversuch zu erledigen (z.B. Komfortbeurteilungen).

Klassische Einsatzgebiete des Fahrversuchs bei der Entwicklung von Fahrwerkregelsystemen sind die Systemabstimmung, z.B. die endgültige Applikation von Regelsystemen durch Parametertuning, die Validierung sowie Random Testing. Unter dem Begriff Random Testing ist hier der ausgiebige Systemtest in vorgegebenen oder zufällig ausgewählten realen Fahrsituationen gemeint. Hier wird versucht, die Fehlerfreiheit des Systems im Rahmen einer möglichst repräsentativen Stichprobe sicherzustellen.

HiL-Simulation wird dagegen verbreitet im Bereich systematischer Diagnose- oder Failsafeuntersuchungen eingesetzt. Hier werden insbesondere der Einfluss von Fehlern (z.B. im Bereich der Sensorik) und die korrekte Kommunikation zwischen Steuergeräten überprüft. Seit einigen Jahren findet die HiL-Simulation auch zunehmend im Bereich der Performance-Validierung von Fahrwerkregelsystemen Verwendung [8]. Mit ihr kann das fahrdynamische Verhalten des Fahrzeugs inkl. der fahrdynamischen Regelsysteme systematisch so weit untersucht werden, dass daraus Freigabeempfehlungen abgeleitet werden können.

Die dritte Säule der Road-Lab-Math Strategie, die SiL-Simulation, wird verbreitet zur System-Integration neuer Funktionalitäten, zur Architekturentwicklung sowie zur automatischen Parameteroptimierung eingesetzt. Dabei beschränkt sich die Anwendung von SiL-Verfahren heute nicht mehr nur auf die Bereiche Forschung und Vorausentwicklung. Auch in Serienentwicklungsprojekten wird SiL zunehmend intensiv genutzt.

5.4 Software-in-the-Loop-Simulation

Das Verfahren der SiL-Simulation erlaubt es, eine neue Funktionalität, z.B. einen Regler, innerhalb einer rein rechnerbasierten Umgebung ohne den Einsatz von Fahrzeug-Hardware zu entwickeln, zu testen oder zu optimieren. Im angelsächsischen Sprachgebrauch wird dabei oftmals zusätzlich zwischen *Software-in-the-Loop (SiL)* und *Model-in-the-Loop (MiL)* Simulation unterschieden, während im deutschen der Begriff SiL-Simulation meist als Oberbegriff für beide Verfahren verwendet wird.

Unter Model-in-the-Loop-Simulation [4] versteht man die Integration des Simulationsmodells einer Funktionalität, z.B. eines Reglers, innerhalb einer Gesamt-Simulationsumgebung, die sowohl den Regler als auch die Regelstrecke enthält. Üblicherweise steht das Funktionsmodell als Simulink-Blockschaltbild oder als Zustandsautomat zur Verfügung und kann im geschlossenen Regelkreis untersucht werden.

5.4 Software-in-the-Loop-Simulation

Im Gegensatz dazu handelt es sich bei einer Software-in-the-Loop-Simulation streng genommen um die Integration des realen Softwarecodes eines Reglers innerhalb einer Simulationsumgebung, z.B. als Simulink *s-function*. Auch hier ist es das Ziel, Untersuchungen im geschlossenen Regelkreis durchzuführen.

Da weder bei der MiL- noch bei der SiL-Simulation reale Steuergeräte verwendet werden, besteht im Gegensatz zur HiL-Simulation (Abschnitt 5.5) nicht die Notwendigkeit, dass die verwendeten Simulationsmodelle echtzeitfähig sein müssen. Dies erlaubt den Einsatz von sehr genauen, aber auch komplexen und rechenzeitintensiven Modellen für tiefgehende Spezialuntersuchungen, z.B. im Bereich der Bremshydraulik.

5.4.1 Anwendungsbeispiel: IDS^{Plus} Fahrwerk im Opel Astra

Zur Veranschaulichung des Einsatzes moderner Simulationsverfahren in einem konkreten Fahrzeugentwicklungsprojekt zeigt Bild 5-11 die Komponenten des *IDS^{Plus} Fahrwerks* im Opel Astra. In diesem Fahrzeug sind das *Elektronische Stabilitätsprogramm ESP* und die *elektronische Dämpferregelung CDC (Continuous Damping Control)* im Rahmen des sog. Integrated Chassis Controls miteinander vernetzt [8].

Die Hauptkomponenten des ESP-Systems sind – neben dem eigentlichen Steuergerät – der Lenkwinkelsensor und die Sensorik für Gierwinkel und Querbeschleunigung. Mit Hilfe des ESP-Systems kann durch das selektive Abbremsen einzelner Räder dem Schleudern des Fahrzeugs entgegengewirkt werden [16].

Durch die elektronische Dämpferregelung CDC ist es möglich, die Härte der Stoßdämpfer radselektiv zu verändern [12]. Die wesentlichen Systemkomponenten des CDC sind die Karosserie-Beschleunigungssensoren, die die Aufbaubewegung der Karosserie messen, sowie die regelbaren Steuerventile der Stoßdämpfer. Die Ansteuersignale für die Steuerventile werden im CDC Steuergerät – auch unter Berücksichtigung der Stellung des Sport Switches – berechnet. Normalerweise arbeitet das CDC-System nach dem *Skyhook-Prinzip* [12], wodurch eine optimale Beruhigung der Fahrzeugkarosserie erreicht wird. Es können allerdings auch feste Dämpferraten eingestellt werden.

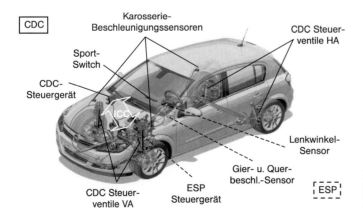

Bild 5-11: Komponenten des IDS^{Plus} Fahrwerks im Opel Astra

Die Vernetzung der Regelsysteme ESP und CDC wird als *ICC (Integrated Chassis Control)* bezeichnet [8]. Die Grundidee einer solchen Kopplung ist die Nutzung von Synergien durch eine abgestimmte Strategie der beiden Systeme [13]. Bei einer Vollbremsung werden z.B. die Dämpfer sofort auf maximale Härte gestellt. Damit wird die Nickbewegung des Fahrzeugs reduziert, was eine leichte Verkürzung des Bremswegs zur Folge hat.

5.4.2 SiL-Simulation des ICC-Systems

Bei der Entwicklung des ICC-Systems hat die SiL-Simulation, gerade in der Konzept- und frühen Erprobungsphase, eine wichtige Rolle gespielt. Entscheidend dafür ist die Zusammenarbeit zwischen OEM und Regelsystemhersteller auf der Basis des so genannten *Analytical State of Requirements (ASOR)*. In diesem analytischen Teil des Lastenhefts wird definiert, in wieweit Simulationsverfahren in den Entwicklungsprozess eingebunden werden sollen.

Der Zulieferer wird in der ASOR verpflichtet, neben der eigentlichen Regler-Hardware (z.B. ESP Steuergerät) auch ein Simulationsmodell, das die identische Funktionalität wie das reale Steuergerät hat, synchron mit den aktuellen Entwicklungsständen mitzuliefern. Da Zulieferer die eigentliche Funktion ihres Reglers verständlicherweise nicht Preis geben möchten, ist es dort üblich, interne Toolketten aufzubauen, mit denen eine Simulink s-function im Rahmen eines Make-Prozesses auf Knopfdruck aus dem aktuellen, im Fahrzeug verwendeten C-Code generiert werden kann.

Im Gegensatz dazu verpflichtet sich die Adam Opel GmbH in der ASOR, dem Zulieferer die Parametrierung eines systemdynamischen Fahrzeugmodells zur Verfügung zu stellen. Dabei ist natürlich auch dem Hersteller daran gelegen, keine internen Fahrzeugparameter nach außen zu geben. Eine Möglichkeit zur Realisierung eines solchen Modelltransfers zum Zulieferer besteht in der Kompilierung eines internen Fahrzeugmodells in eine s-function. Als sehr praktikabel hat sich bei Opel allerdings auch die Verwendung des CarMaker Fahrzeugmodells der Firma IPG erwiesen, das eine Verschlüsselung von Fahrzeug-Parameterdateien erlaubt.

Der beschriebene Austausch von Simulationsmodellen ermöglicht es dem Hersteller und dem Zulieferer im Idealfall, mit identischen Simulationsumgebungen zu arbeiten. Dies gilt allerdings nur für die Entwicklung und den Test von Einzel-Regelsystemen. Sobald es um die Integration verschiedener Regelsysteme – wie z.B. ICC – geht, liegt die Integrationsverantwortung beim OEM. Dies ist darin begründet, dass die einzelnen Regelsysteme üblicherweise von verschiedenen Zulieferern kommen, die normalerweise kein Interesse an einer gemeinsamen Zusammenarbeit im Bereich der Simulation haben.

Zur Veranschaulichung einer Integration von Simulationsmodellen beim Hersteller gibt Bild 5-12 einen Überblick über die bei Opel im Rahmen der ICC-Entwicklung verwendete SiL-Simulationsumgebung.

5.4 Software-in-the-Loop-Simulation

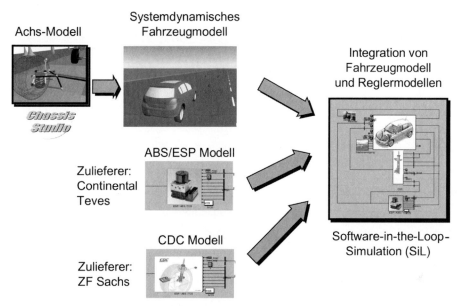

Bild 5-12: SiL-Simulationsumgebung zur Entwicklung des Integrated Chassis Control Systems (ICC)

Unter MATLB/Simulink wurden das Fahrzeugmodell CarMaker Simulink und die Simulationsmodelle des ABS/ESP Systems von Continental Teves und des CDC Systems von ZF Sachs zu einem Gesamtmodell integriert. Mit diesem Gesamtmodell wird die Performance der vernetzten Regelsysteme im Gesamtverbund anhand repräsentativer Lastfälle bzw. Fahrmanöver getestet. Ausgewählte Beispiele für solche Lastfälle sind Vollbremsungen, µ-split Bremsung, Slalom oder doppelter Fahrspurwechsel (Elchtest). Die Simulationsergebnisse können dabei entweder als 3-D-Animation oder in Kurvenform dargestellt werden (Bild 5-13). Für Statusberichte im Rahmen interner Entwicklungsgates werden analog zur MKS-Simulation VV-Charts (Bild 5-3) verwendet.

Im Bereich der SiL-Simulation werden aktuell Tendenzen sichtbar, diese nicht allein für Konzeptuntersuchungen sondern auch in der Serien-Applikation zu verwenden. Da die Fahrzeughersteller bestrebt sind, immer mehr Prototypenfahrzeuge einzusparen, muss die Aussageschärfe der SiL-Simulation immer genauer werden. Weiterhin arbeiten Hersteller und Zulieferer daran, Parameter von Regelsystemen (wie z.B. ESP) simulativ zu optimieren. Dazu müssen die Regelsystemzulieferer die Parameter, mit denen das Regelsystem klassisch im Fahrversuch appliziert wird, auch innerhalb der SiL-Simulationsmodelle zugänglich machen. Mathematische Opimierungsroutinen, wie sie standardmäßig z.B. in MATLAB zur Verfügung stehen, ermöglichen dabei ein systematisches Tuning von Systemparametern. Ziel dieser Vorgehensweise ist es, die Grundabstimmung eines Regelsystems für einen speziellen Fahrzeugtyp bereits in der Simulation zu erledigen. Im Validierungsfahrzeug ist anschließend nur noch ein Finetuning erforderlich.

Darstellung in Kurvenform   Darstellung als 3-D Animation

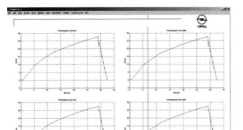 

Bild 5-13: Darstellung von Ergebnissen der Software-in-the-Loop-Simulation (SiL)

5.5 Hardware-in-the-Loop-Simulation

Da SiL-Simulationsmodelle von Regelsystemen durch den Transfer der Software vom Echtzeitsteuergerät in die SiL-Umgebung bisher noch eine gewisse Unsicherheit und oftmals kein Echtzeitverhalten aufweisen, wird zur Validierung von Steuergerätefunktionen im Entwicklungsprozess meist auf *Hardware-in-the-Loop-Simulationen* (*HiL*) zurück gegriffen. Allgemein bezeichnet man als HiL-Simulation die Integration eines Fahrzeugmodells mit realer Hardware (z.B. Steuergerät, Bremshydraulik, ...) zu einer Gesamtfahrzeugsimulation in Echtzeit.

Im Gegensatz zur SiL-Simulation, wo die Simulationsgeschwindigkeit langsamer als Echtzeit sein kann, muss die Echtzeitbedingung bei der HiL-Simulation strikt eingehalten werden, da ein reales Fahrzeugsteuergerät einschließlich I/O nur in Echtzeit betrieben werden kann. Der Echtzeitbetrieb erfordert dabei eventuell Kompromisse bezüglich der Genauigkeit der verwendeten Komponentenmodelle. Komplexe Reifen- oder Hydraulikmodelle können wegen ihres hohen Rechenaufwandes oftmals nicht in Echtzeit gerechnet werden.

Dies ist einer der Gründe dafür, dass sich die Verwendung von HiL-Simulation in den letzten Jahren meist auf die Bereiche Failsafe und Diagnose [5] beschränkt hat, in denen eine sehr genaue Abbildung der Fahrzeugdynamik nicht unbedingt erforderlich ist. Dank der gestiegenen Rechnerleistungen und effizienten Modellierungsstrategien hält die HiL-Simulation auch zunehmend im Bereich der Validierung der Fahrdynamikperformance von Regelsystemen Einzug [8].

Auf dem Markt befinden sich heute diverse Anbieter von kommerziellen HiL-Hardwareplattformen. Viele dieser Firmen haben sich auf technische Fachdisziplinen spezialisiert. Einige Beispiele hierfür sind die Firmen *ETAS* (Motor/Triebstrang), *IPG* (Fahrdynamik) oder *Pi Technology* (Elektrik/Elektronik). Andere versuchen ein möglichst breites Spekt-

5.5 Hardware-in-the-Loop-Simulation

rum von HiL-Anwendungen abzudecken. Hierzu zählen zum Beispiel die Firmen *ADI*, *dSPACE* oder *OpalRT*.

Welche dieser HiL-Hardwareplattformen für eine spezielle Anwendung am geeignetsten erscheint, hängt wie schon bei den systemdynamischen Fahrzeugmodellen vom Einzelfall ab. Einige wichtige Kriterien bei der Auswahl von HiL-Systemen sind unter anderem die verwendeten systemdynamischen Simulationsmodelle, die Unterstützung benötigter I/O-Schnittstellen sowie die Kompatibilität innerhalb der verwendeten Entwicklungs-Toolkette.

Beispielhaft für ein HiL-System zur Untersuchung der Performance von Fahrdynamikregelsystemen zeigt Bild 5-14 den bei der Adam Opel GmbH im Rahmen der Entwicklung des ICC Systems verwendeten Aufbau.

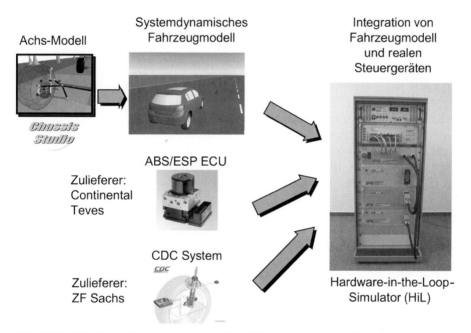

Bild 5-14: HiL-Simulationsumgebung zur Entwicklung des Integrated Chassis Control Systems (ICC)

Im hier dargestellten HiL-Simulator ist das CarMaker Fahrzeugmodell der Firma IPG zusammen mit dem realen ESP-Steuergerät von Continental Teves und dem CDC-Steuergerät von ZF Sachs in einem Rack integriert. Die Integration der Steuergeräte erfolgt innerhalb von Einschüben, die nach dem Baukastenprinzip für verschiedene Regelsysteme zusammengestellt werden können.

Da das CDC-System in identischer Bauform sowohl in der Astra- als auch in der Vectra-Baureihe (hier allerdings in Kombination mit einem anderen ESP-System) von Opel verbaut wird, können die verschiedenen Fahrzeugkonfigurationen durch Kombination der entsprechenden Einschübe in den Simulator einfach und schnell nachgebildet werden.

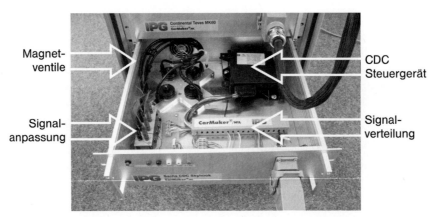

Bild 5-15: Einschub zur Integration eines CDC-Systems von ZF Sachs in einen HiL-Simulator

Bild 5-15 zeigt den Aufbau des Einschubs zur Integration des CDC-Systems in den HiL-Simulator. Die Hauptbestandteile des Einschubs sind das eigentliche CDC Steuergerät, die vier Magnetventile der Dämpfer sowie die Signalverteilung und die Signalanpassung. Ein grundsätzliches Charakteristikum für ein HiL-Simulationssystem ist die Schnittstelle zwischen Hard- und Software. Diese definiert, welche Systemkomponenten als reale Hardware und welche als Simulationsmodelle in das HiL-System integriert sind. Am konkreten Beispiel des in Bild 5-15 dargestellten CDC-Einschubs bedeutet dies, dass die Magnetventile der Stoßdämpfer, die vom CDC-Steuergerät angesteuert werden, real im HiL-Aufbau integriert sind, während das Verhalten der realen Stoßdämpfer in einem Modell abgebildet ist.

Wie die jeweilige Aufteilung zwischen Hard- und Software sinnvoll zu wählen ist, hängt von der Anwendung ab. Zum Beispiel werden für Untersuchungen im Bereich Diagnose/Failsafe von ESP-Steuergeräten oft HiL-Simulatoren verwendet, bei denen die Bremshydraulik real aufgebaut ist. Solche Aufbauten werden als „nasse" HiLs bezeichnet. Auf der anderen Seite werden „trockene" HiLs, die nicht über einen realen Bremshydraulikaufbau verfügen, verbreitet für Performance-Untersuchungen im Bereich ABS/ESP genutzt.

Der Aufbau von HiL-Simulatoren sowie die Integration der Steuergeräte kann auf verschiedene Weise erfolgen. Einerseits gibt es Fahrzeughersteller, die die Steuergeräteintegration in Eigenregie durchführen. Eine andere Möglichkeit besteht darin, externe Dienstleister mit der Integration zu beauftragen oder HiL-Systeme schlüsselfertig beim Anbieter der HiL-Hardware (z.B. dSPACE oder IPG) zu kaufen. Der sinnvollste Weg hängt wie immer von den Projekterfordernissen im jeweiligen Einzelfall ab.

Der in Bild 5-14 dargestellte HiL-Simulator wurde schlüsselfertig von der Firma IPG aufgebaut. Von der Adam Opel GmbH wurden die Steuergeräte zur Verfügung gestellt sowie die Schnittstellen zwischen Hard- und Software spezifiziert.

Mit Hilfe einer grafischen Bedienoberfläche (Bild 5-16) können Fahrzeuge und Manöver konfiguriert sowie die Simulation gesteuert werden. Kontrollleuchten signalisieren analog zum realen Fahrzeug den Einsatz oder Fehlfunktionen der Regelsysteme.

5.5 Hardware-in-the-Loop-Simulation

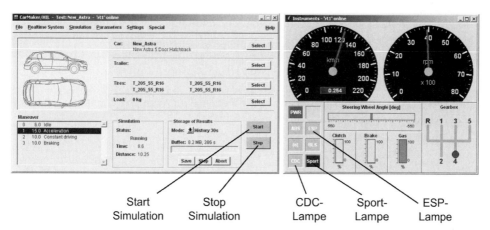

Bild 5-16: Grafische Bedienoberfläche am HiL-Simulator zur Simulation von Integrated Chassis Control

Analog zur SiL-Simulation können die Ergebnisse der untersuchten Fahrmanöver sowohl in Kurvenform als auch als 3-D Animation dargestellt werden. Bei der in Echtzeit laufenden HiL-Simulation kann dabei die Fahrzeugbewegung während der Animation aus unterschiedlichen Perspektiven verfolgt werden (Bild 5-17).

Bild 5-17: 3-D-Animation eines Slalom-Fahrmanövers aus unterschiedlichen Perspektiven

Während bei der SiL-Simulation Ergebnisse von Fahrmanövern – z.B. die Länge des Bremswegs bei einer Vollbremsung aus 100 km/h – exakt reproduzierbar sind, ist dies bei der HiL-Simulation nicht der Fall [10]. Gründe dafür können beispielsweise Abtastzeitdifferenzen zwischen dem Echtzeitrechner und dem Steuergerät, Temperatureffekte im Bereich der Sensorik (z.B. Strommessung mittels Hall-Sensoren) oder Steuergerätenachläufe zur Speicherung von Systemzuständen sein.

Ziel der HiL-Simulation sollte es auf jeden Fall sein, mindestens so reproduzierbar wie der reale Fahrversuch zu sein. Dieser ist beispielsweise in der Lage, die Länge des Bremswegs bei einer Vollbremsung aus 100 km/h auf gleichem Untergrund mit ± 1 m zu reproduzieren. Auf einem gut konfigurierten HiL-Simulator ist selbst bei Dauerbelastung eine Reproduzierbarkeit von ± 30 cm möglich. Damit ist sichergestellt, dass eine große Zahl von Manövern über Nacht oder am Wochenende auf dem HiL-Simulator automatisiert abgefahren werden kann.

5.6 Testautomatisierung

Die Komplexität aktueller Fahrzeugprojekte stellt eine große Herausforderung für die Entwicklung von Fahrwerkregelsystemen – und damit auch für den Einsatz von Simulationsverfahren innerhalb dieser Entwicklung – dar. So hat die Anzahl der Regelsysteme in den letzten Jahren stark zugenommen, während deren Parametrierung oftmals von der Motor-/Getriebe-Kombination eines Fahrzeugtyps und der Karosserieform abhängt (z.B. Limousine, Caravan,...). Daraus entsteht eine Vielzahl möglicher Fahrzeugvarianten, wobei eine korrekte und sichere Funktion der Regelsysteme für jede Fahrzeugvariante sichergestellt sein muss. Im Bauprogramm des aktuellen Opel Astra einschließlich des Zafira ergeben sich so 72 mögliche Fahrzeugvarianten.

Um diese Fahrzeugvarianten im Rahmen der Simulation seriös untersuchen zu können, muss ein Lastkollektiv gebildet werden, das beispielsweise folgende Einflussfaktoren enthält:

- Beladungszustand (z.B. Leergewicht, zulässiges Gesamtgewicht, Dachlast,...)
- Fahrbahnbelag (z.B. trocken, nass, Schnee, Eis,...)
- Reifen (z.B. Sommerreifen, Winterreifen, Reifengröße,...)
- Fahrzeuggeschwindigkeit
- Fahrer (z.B. Amateur, geübter Fahrer, Profi,...).

Da innerhalb des Lastkollektivs alle Kombinationen der beschriebenen Einflussfaktoren möglich sind, ergibt sich daraus ein Multiplikator, der erfahrungsgemäß in der Größenordnung von 500 liegt [9].

Auf der Basis des beschriebenen Lastkollektivs und der möglichen Fahrzeugvarianten muss nun eine Anzahl repräsentativer Fahrmanöver simulativ untersucht und bewertet werden. Dabei können Fahrmanöver zur Bewertung eines ABS/ESP-Systems zum Beispiel wie folgt aussehen:

- Vollbremsung
- µ-split Bremsung
- Slalom/Handling
- Doppelter Fahrspurwechsel (Elchtest)
- usw.

5.6 Testautomatisierung

Bei der Betrachtung einer solchen Liste wird unmittelbar klar, dass zur kompletten Abarbeitung sämtlicher möglicher Kombinationen mehrere hunderttausend Simulationen notwendig sind. Diese Zahl kann sich im Falle einer weiteren Zunahme von Regelsystemen in zukünftigen Projekten durchaus noch deutlich erhöhen. Da eine solche Zahl von Simulationen manuell nicht mehr handhabbar ist, ergibt sich daraus die Notwendigkeit zur Automatisierung der Simulationsläufe. Bei Opel wurde dazu eine Testautomatisierungsumgebung aufgebaut.

Die Basis für die Testautomatisierung stellt die Definition von Fahrmanövern (Loadcases) und geeigneten Bewertungskriterien dar. Zusammen mit Experten des Fahrversuchs wurden alle für die Regelsystementwicklung und -applikation wesentlichen Fahrmanöver identifiziert und anschließend in eine rechnergeeignete Darstellung überführt. Bild 5-18 zeigt beispielhaft ein Excel-Formblatt, das zur Definition der Fahrmanöver und der zugehörigen Bewertungskriterien verwendet wird.

Loadcase	ESP Increasing Sine Steer												
Description	ESP evaluation according to proposed NCAP procedure: Reference is Steering wheel angle at 0.2 g lateral acceleration; Sine steer maneuver is driven with steering wheel angle increased by factors. Vehicle side slip response is evaluated.												
Group	ESP												
			1	2	3	4	5	6	7	8	9	10	11
Parameters	Driver Weight	kg	80	80	80	80	80	80	80	80	80		
	Roof Load	kg			100			100			100		
	Trunk Load	kg		200			200			200			
	Friction	-	1	1	1	0.3	0.3	0.3	0.1	0.1	0.1		
	Road kind		asphalt	asphalt	asphalt	snow	snow	snow	ice	ice	ice		
	Start Velocity	km/h	80	80	80	80	80	80	80	80	80		
	Acceleration long.	m/s²	-	-	-	-	-	-	-	-	-		
	Deceleration long.	m/s²	-	-	-	-	-	-	-	-	-		
	Brake		-	-	-	-	-	-	-	-	-		
	Acceleration lateral	m/s²	-	-	-	-	-	-	-	-	-		
	Steering	°											
	Gear Shift	-	-	-	-	-	-	-	-	-	-		
	Clutch		-	-	-	-	-	-	-	-	-		
	Deliverables	Unit											
Name	Description				Target Range								
Rating	Rating according to NCAP	min	5	4	4	3	3	3	2	2	2		
		max	5	5	5	5	5	5	5	5	5		
IntegralSideSlip Angle	Integral Side Slip Angle HWB 3s after steer input	deg*s min	-25	-25	-25	-25	-25	-25	-25	-25	-25		
		max	25	25	25	25	25	25	25	25	25		
RollAngleDisturbance	Maximum tolerated roll angle	deg min	-4	-4	-6	-4	-4	-6	-4	-4	-6		
		max	4	4	6	4	4	6	4	4	6		
Output signals			Wheel-speeds	Yaw rate	pMC	pWB_xx	long. Acc	lat. Acc					
			StWhlAngle	engine speed	engine torque	ECU flags	SideSlipAngle						

Bild 5-18: Beispiel für ein Formblatt zur Definition von Fahrmanövern

Nach der Definition aller relevanten Fahrmanöver werden diese in die eigentliche Testautomatisierungsumgebung importiert (Bild 5-19). Hier kann genau festgelegt werden, welche Fahrmanöver und welche einzelnen Testschritte absolviert werden sollen.

Sowohl für die SiL- als auch für die HiL-Simulation hat die Testautomatisierungsumgebung die identische Form. Einzig und allein die automatisiert angesteuerte Variantencodierung der realen Steuergeräte in der HiL-Simulation unterscheidet sich von der rein softwarebasierten Lösung im Falle von Software-in-the-Loop.

114 5 Anwendungsorientierte Übersicht kommerzieller Fahrzeug-Simulations-Systeme

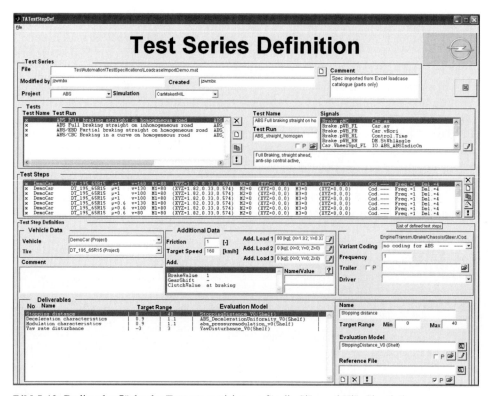

Bild 5-19: Bedienoberfläche der Testautomatisierung für die SiL- und HiL-Simulation

Die Dokumentation der Simulationsergebnisse erfolgt innerhalb der Testautomatisierung mit Hilfe von HTML-Reports. In einer hierarchischen Struktur sind hier alle Ergebnisse systematisch abgelegt. Als Beispiel zeigt Bild 5-20 die oberste Hierarchieebene eines Testberichts, in dem exemplarische Fahrmanöver, die bei der ABS-Entwicklung relevant sind, abgeprüft worden sind.

Alle mit grün (Haken) bewerteten Fahrmanöver wurden erfolgreich absolviert und die Ergebnisse liegen im Zielbereich. Bei den mit rot (Kreuz) gekennzeichneten Fahrmanövern sind Auffälligkeiten aufgetreten. Es kann z.B. sein, dass eine oder mehrere Bewertungsgrößen nicht im Zielkorridor liegen. In einem solchen Fall ist es durch die hierarchische Struktur der HTML-Reports möglich, die für die Bewertung relevanten fahrdynamischen Zustandsgrößen bis ins Detail anzuschauen und zu überprüfen.

5.6 Testautomatisierung

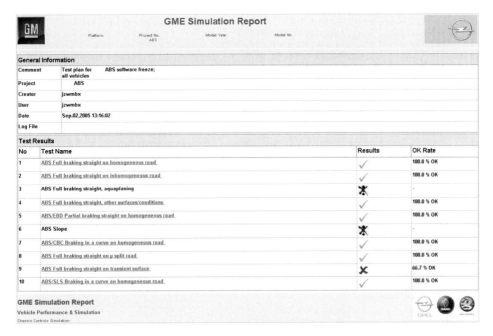

Bild 5-20: HTML-Report als Ergebnisdarstellung der Testautomatisierung

Literatur

[1] *Burckhardt, M.*: Fahrwerktechnik: Radschlupf-Regelsysteme. Würzburg: Vogel-Verlag, 1993
[2] *Gillespie, T.*: Fundamentals of Vehicle Dynamics. SAE, 1992
[3] *Gipser, M.*: Reifenmodelle in der Fahrdynamik: eine einfache Formel genügt nicht mehr, auch wenn sie magisch ist. MKS-Simulation in der Automobilindustrie. Graz: SFT, 2001
[4] *Gühmann, C.*: Einsatz der Simulation in der Applikation und im automatisierten Test von Getriebesteuerungen. IIR-Tagung Getriebeelektronik, Regensburg, 24./25. Juni 2003
[5] *Halder, C.*: Testautomatisierung bei Fahrwerkregelsystemen – Vom Fail-Safe- bis zum Performance-Test. In: ATZ Automobiltechnische Zeitschrift 106, Sonderheft Automotive Electronics, September 2004
[6] *Halfmann, C.; Holzmann, H.*: Adaptive Modelle für die Kraftfahrzeugdynamik. Berlin: Springer, 2003
[7] *Hoffmann, J.; Brunner, U.*: MATLAB & Tools für die Simulation dynamischer Systeme. Addison-Wesley, 2002
[8] *Holzmann, H.; Hahn, K.-M.*: Einsatz von HiL-Simulation im Entwicklungsprozess on modernen Fahrwerkregelsystemen am Beispiel Integrated Chassis Control (ICC). VDI-Tagung „Steuerung und Regelung von Fahrzeugen und Motoren – AUTOREG 2004", Wiesloch, 02./03. März 2004
[9] *Holzmann, H.*: Anwendungsorientierte Übersicht kommerzieller Fahrzeug-Simulations-Systeme. Haus der Technik Tagung „Modellbildung, Simulation und Regelung von Kraftfahrzeugen", Darmstadt, 13./14. Oktober 2005
[10] *Kochem, M.; Holzmann, H.*: Virtuelle Entwicklung von Fahrwerkregelsystemen am Beispiel des IDS^{plus} Fahrwerks im neuen OPEL Astra. VDI-Tagung Berechnung und Simulation im Fahrzeugbau, Würzburg, 29./30. September 2004

[11] *Kochem, M.; Holzmann, H.*: Einsatz der Road-Lab-Math Strategie bei der simulationsbasierten Entwicklung von Fahrdynamikregelsystemen. VDI-Tagung „Steuerung und Regelung von Fahrzeugen und Motoren – AUTOREG 2006", Wiesloch, 07./08. März 2006

[12] *Kutsche, T.; Raulf, M.*: Optimierte Fahrwerksdämpfung für Pkw und Nkw. In: ATZ Automobiltechnische Zeitschrift 103, Februar 2001

[13] *Kutsche, T.; Schürr, H.*: Auf dem Weg zur Systemvernetzung: In welchem Umfang kann ein elektronisches Dämpfungssystem ABS und ESP unterstützen. Tagung „Fahrwerktechnik", Haus der Technik, München, 03./04. Juni 2003

[14] *Pacejka, H. B.; Bakker, E.*: The Magic Formula Tyre Model. Proceedings of the 1st International Colloquium on Tyre Models for Vehicle Dynamics Analysis. Amsterdam: Swets & Zeitlinger B.V., 1993

[15] *Riedel, A.; Schmidt, A.*: Fahrdynamiksimulation mit MESA VERDE. 6. Symposium Simulationstechnik, Technische Universität Wien, 25.–27. September 1990

[16] *Rieth, P.; Drumm, S.; Harnischfeger, M.*: Elektronisches Stabilitätsprogramm. Verlag Moderne Industrie, 2001

[17] *Rill, G.*: Simulation von Kraftfahrzeugen. Braunschweig: Vieweg, 1994

Webseiten der Toolhersteller/Dienstleister:

CarSim: www.carsim.com
Adams/Adams Car: www.mscsoftware.com
Automotive Simulation Models (ASM): www.dspace.de
Applus+ Idiada Technical Center: www.idiada.com
CarMaker, Mesa Verde: www.ipg.de
MATLAB/Simulink: www.mathworks.de
Simpack: www.simpack.de
veDYNA: www.tesis.de

6 Domänenübergreifende Modellbildung eines aktiv gefederten Nutzfahrzeugs (CAMeL-View TestRig)

KARL-PETER JÄKER, MARTIN HAHN

Das Ziel bei der Entwicklung aktiv gefederter Fahrzeuge, zu sicheren, komfortablen und kostengünstigen Lösungen unter Einsatz begrenzter zeitlicher und personeller Ressourcen zu kommen, rückt den Entwicklungsprozess und seine Bestandteile in den Fokus. Insbesondere die Planbarkeit von Entwicklungsprozessen ist ein wesentlicher Erfolgsfaktor für die Entwicklung innovativer, komplexer mechatronischer Systeme.

Bild 6-1: Allschutztransportfahrzeug (ATF) Dingo II auf der Verwindungsbahn

Gerade aufgrund des Trends, Systeme immer stärker mit Aktorik, Sensorik und Informationsverarbeitung auszustatten und auch vitale Funktionen im Fahrzeug aktiv zu beeinflussen, sind die Entwickler darauf angewiesen, frühzeitig Einblick in das dynamische Verhalten von Fahrzeugen zu erlangen. Dies erlaubt die einfachere Untersuchung von Varianten und vermeidet Fehlentwicklungen, bevor ein Prototyp aufgebaut wird.
Ziel der in diesem Kapitel beschriebenen Arbeiten ist die Entwicklung eines aktiv gefederten Nutzfahrzeugs (Dingo II) von der Idee bis zum Prototypen. Dabei wird gezeigt, dass der wesentliche Erfolgsfaktor die modellgestützte Lösung der Entwurfsaufgabe ist; außerdem wird dargelegt, wie CAMeL-View TestRig, ein durchgängiges Entwicklungssystem für den domänenübergreifenden, modellbasierten Entwurf mechatronischer Systeme, erfolgreich für die Entwicklung des aktiv gefederten Nutzfahrzeugs eingesetzt wurde.

6.1 Versuchsträger: Ein passiv gefedertes Nutzfahrzeug auf UNIMOG-Basis

Als Fahrzeug zur Realisierung der aktiven Federung stand ein DINGO 2 zur Verfügung, eine Weiterentwicklung des DINGO 1. Als Plattform für das Fahrzeug wird ein UNIMOG U 5000-4x4-Fahrgestell von DaimlerChrysler verwendet, das eine hohe Geländetauglichkeit aufweist.

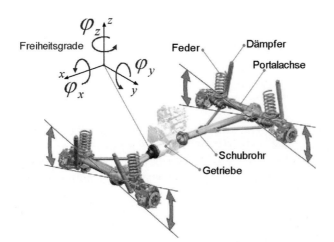

Bild 6-2:
Antriebsstrang und Fahrwerksaufbau des DINGO 2

Dies wird durch einen flexiblen Leiterrahmen mit Rohrquerträgern erreicht, der die nötige Steifigkeit auf der Straße liefert und im Gelände für die notwendige Verwindungsfähigkeit sorgt. Durch die doppelte 3-Punkt-Lagerung der Aufbauten kann sich der Rahmen verwinden, ohne dabei die Aufbauten zusätzlich zu beanspruchen. Die Achsaufhängung über Schraubenfedern und Schubrohrtechnik ermöglicht den ständigen Bodenkontakt aller vier Räder in unwegsamem Gelände und bietet hohen Fahrkomfort auf der Straße.

Eine Besonderheit ist die Ausführung des Fahrwerks als Portalkonstruktion. Dabei liegen Achsrohr und Differential über der Radmitte. Das Fahrzeug hat dadurch eine hohe Bodenfreiheit bei niedrigem Fahrzeugschwerpunkt und kann Hindernisse von bis zu einem halben Meter überfahren.

6.2 Entwurfsziel: Aktives Fahrwerk für ein geländegängiges Nutzfahrzeug

Die bereits im konventionellen Fahrzeug sehr gute Geländegängigkeit wird bei Einsatz eines aktiven Federungssystems durch eine deutlich erhöhte Fahrzeugstabilität – insbesondere in schwierigem Gelände – weiter verbessert. Daraus ergeben sich folgende Vorteile:
♦ deutlich verringerte Belastung der Insassen
♦ weniger Belastung des Materials und damit höhere Lebensdauer
♦ erhöhte Geschwindigkeit in schwerem Gelände bei höherer Sicherheit
♦ deutlich schnellerer Transport von Verletzten, Nachschub und sensiblen Gütern.

Da aber im Gelände die höchsten Anforderungen bzgl. der zu stellenden Kräfte und Wege sowie des Leistungsbedarfs gestellt werden, ist eine optimale Auslegung der Aktorik besonders wichtig.

6.2.1 Prinzip der aktiven Federung

Die Aktorik besteht aus einem doppelt wirkenden Hydraulikzylinder und einer reversiblen Flügelzellenpumpe (Bild 6-3). Der Hydraulikzylinder wird an Stelle des konventionellen Dämpfers parallel zur konventionellen Stahlfeder eingebaut. Die Zylinderkammern sind über eine Drossel mit einem Speicher und einem Anschluss der Flügelzellenpumpe verbunden.

Durch die Drosseln wird eine passive Dämpfung realisiert, die beim Ausfall der Pumpe und im Radfrequenzbereich benötigt wird. Die Speicher haben die Aufgabe, das Volumen der Kolbenstange beim Ein- und Ausfahren des Zylinders auszugleichen und außerdem bei schnellen Bewegungen des Zylinders kurzzeitig Ölvolumen aufzunehmen bzw. abzugeben:

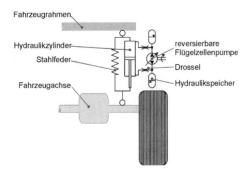

Bild 6-3:
Prinzip der aktiven Federung

6.2.2 Flügelzellenaktorik

Für die Funktion der reversiblen Flügelzellenpumpe spielt die Verstellung des Hubrings eine entscheidende Rolle. Für den Einsatz der Flügelzellenpumpe in der aktiven Federung muss die Verstellung ausreichend schnell sein (geforderte Bandbreite der Verstellung > 15 Hz). Da die Verstellung außerdem neben den zum Verschieben des Hubrings erforderlichen dynamischen Kräften auch die aus dem Druckaufbau resultierenden Rückstellkräfte überwinden muss, wird eine hydraulische Verstellung eingesetzt. Der Aufbau der Verstellung mit der zugehörigen Regelung ist in Bild 6-4 dargestellt. Die Kammern links und rechts vom Hubring bilden mit dem Pumpengehäuse und dem Hubring eine Verstelleinheit analog zu einem Gleichlaufzylinder. Diese wird durch ein 4/3-Wege-Proportionalventil angesteuert. Die Lage des Hubrings (e_{ist}) wird durch einen Sensor erfasst und durch eine Regelung auf die Sollposition (e_{soll}) eingeregelt. Die Auslegung der Verstellung (d.h. die Auswahl eines geeigneten Ventils und die Festlegung der Verstellfläche des Hubrings) sowie die Reglerauslegung erfolgten modellgestützt. Das verwendete Modell der Verstellung setzt sich aus dem Modell des Ventils und dem der Verstelleinheit zusammen:

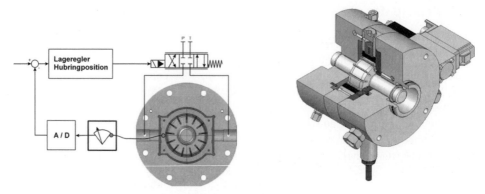

Bild 6-4: Flügelzellenaktor mit hochdynamischer Hubringverstellung

6.2.3 Informationsverarbeitung und Sensorik

In Bild 6-5 ist die im DINGO eingesetzte Informationsverarbeitung dargestellt. Als Echtzeithardware wird eine CAMeL-TestRig-Hardware in Kombination mit der Entwicklungsumgebung CAMeL-View der Firma iXtronics eingesetzt. Der untere Einschub enthält folgende Komponenten:
- ein Mikrocontrollerboard mit einem MPC 565 (Pos. 1),
- drei ADC-Module mit jeweils 8 Eingangskanälen (Pos. 2),
- ein DAC-Modul mit 8 Ausgangskanälen (Pos. 3),
- zwei Spannungsquellenkarten mit jeweils 4 Ausgängen (Pos. 4) und
- ein Netzteil (Pos. 5).

Im oberen Einschub der Informationsverarbeitung sind die Interfacekarten für folgende Sensoren und Aktoren untergebracht:
- acht Drucksensoren (Pos. 6).
- vier Zylinderkräfte (Pos. 7).
- vier Wegsensoren in den Zylindern (Pos. 8).
- vier Interfacekarten zur Ansteuerung der Regelventile zur Pumpenverstellung (Pos. 9).
- vier Wegsensoren in der Pumpe (Pos. 10).
- ein Gleichstrom-Tachogenerator (Pos. 11).

Darüber sind im oberen Einschub die Verstärker für die Drucksensoren und ein Netzteil zur Spannungsversorgung der Verstärker und der Interfacekarten eingebaut.

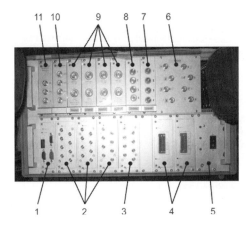

Bild 6-5:
Informationsverarbeitung für die aktive Federung

6.3 Entwurfsprozess: Modellbasierter Entwurf mechatronischer Systeme

Um die Zeithaltigkeit des Entwicklungsprozesses zu gewährleisten und eine wirklich mechatronische Lösung für das aktive Fahrwerk zu entwickeln, waren umfangreiche modelltechnische Untersuchungen in den verschiedenen Phasen des Entwicklungsprozesses nötig. Ein modellbasierter Entwurf war insbesondere auch deswegen notwendig, weil

- die Komplexität der Systeme und damit die Lösungsvielfalt durch die Multidisziplinarität des Mechatronikansatzes erheblich ansteigt,
- der Spielraum, Funktionen von der Mechanik durch Einsatz moderner, regelungstechnischer Methoden in die Informationsverarbeitung zu verlagern oder neue Funktionen zu entwickeln, die rein mechanisch nicht umsetzbar wären (z.B. ABS-, ESP-Systeme, aktive Federungssysteme in der Fahrzeugtechnik), erheblich ist,
- es sich bei mechatronischen Systemen fast immer um geregelte (also rückgekoppelte) Systeme handelt, deren (Bewegungs-)Verhalten erst durch Modelle der Analyse zugänglich gemacht werden (häufig ist das Bewegungsverhalten primäres Entwurfsziel der Systementwicklung).

Auslegung und Bewertung der betrachteten Konzepte und der daraus abgeleiteten Varianten für die aktive Federung waren nur noch auf der Basis von Modellen möglich. Dabei hat sich ein Phasenmodell mit folgenden Merkmalen bewährt:

6.3.1 Modellphase

Alle Systembestandteile können in der Modellphase optimiert und die Varianten auf ihre Einsatztauglichkeit mit Hilfe von Simulationsrechnungen, Modalanalysen und Frequenzgangbetrachtungen untersucht werden.

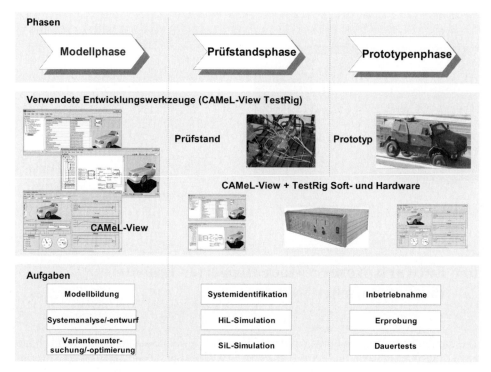

Bild 6-6: Phasen des Entwurfsprozesses mechatronischer Systeme

Essentiell ist dabei ein Modellbildungswerkzeug, das die physikalische Beschreibung von Modellen unterstützt, wie z.B. Massen und Gelenke für die mechanischen, Zylinder und Ventile für die hydraulischen Anteile. Wichtig ist, dass die Modelle 1:1 in der Prüfstandsphase unter harten Echtzeitbedingungen einsetzbar sind:

6.3.2 Prüfstandsphase

Die Überprüfung des Systems auf seine spezifizierten Leistungsdaten und die Optimierung der Regler- und Steuerfunktionen ist der wesentliche Aspekt in der Prüfstandsphase. Wichtige Fragestellungen sind hier: Erreicht das System die erforderlichen Bandbreiten? Wie robust ist es gegenüber Parameterschwankungen? Welche Leistungsreserven bietet es, und wie sind seine Dauerlaufeigenschaften?
Beim Übergang von der Modellphase zur Prüfstandsphase müssen diejenigen Teile des Systems auf dem Prüfstand aufgebaut werden, deren dynamische Eigenschaften nur unzureichend abgesichert sind. Diese Vorgehensweise erlaubt es, die Komponentenmodelle zu identifizieren und die Auslegung des Gesamtsystems auf der Basis von Simulationsrechnungen abzusichern.

6.3.3 Prototypenphase

Sind die Modelle durch prüfstandsbasierte Komponententests validiert, kann das System im Prototypen erprobt werden. Bei der Prototypenphase liegt dann das Augenmerk auf der Untersuchung von Eigenschaften, die in Simulationsmodellen nur mit hohem Aufwand erfasst werden können, wie z.B. Bauteilverschleiß. Zusätzlich können die Messwerte zur Absicherung der modellbasierten Untersuchungen verwendet werden. Die Modelle stellen dann eine Wissensbasis für weitere Entwicklungen dar.

Um den Aufwand für die Modellbildung so gering wie möglich zu halten, ist es anzustreben, die Modelle für die einzelnen Phasen des Entwurfs möglichst unverändert verwenden zu können.

6.4 Entwurfsumgebung: CAMeL-View TestRig – ein durchgängiges Werkzeug für den Entwurf mechatronischer Systeme

Bei der Lösung der Entwurfsaufgabe sind geeignete Entwicklungssysteme ein wesentlicher Erfolgsfaktor. Im Projekt kam dazu CAMeL-View TestRig zum Einsatz. CAMeL-View TestRig ist ein modulares Entwicklungssystem für den integrierten Entwurf mechatronischer Systeme, das den modellgestützten Entwurf mechatronischer Produkte in der Modellphase, der Prüfstandsphase und der Prototypenphase unterstützt.

Gerade bei der Festlegung der Produktarchitektur, d.h. der Festlegung der Struktur des Systems aus Bausteinen der Mechanik, Aktorik, Sensorik und der Informationsverarbeitung, ist eine auf den Mechatronikentwurf zugeschnittene Entwurfsumgebung von besonderer Bedeutung, um möglichst schnell eine Vielzahl von Lösungsvarianten untersuchen zu können.

Ein ausschließlich CAD-gestützter Ansatz ist dazu wenig geeignet; vielmehr benötigt man einen Ansatz, mit dem vereinfachte Baustrukturen auf der Basis physikalisch-topologischer Modelle untersucht werden können. Auf dieser Grundlage können dann unterschiedliche Systemvarianten hinsichtlich der Erfüllung der (Hauptgebrauchs-)Funktionen untersucht werden. Zeigt die modellgestützte Untersuchung, dass die Systemvariante für die Realisierung geeignet erscheint, findet der Übergang vom simulierten zum realen physikalischen System schrittweise unter Verwendung der HIL-Simulation bis hin zum Einsatz im Prototypen statt:

Eine derartige Vorgehensweise wird von anderen Entwicklungstools nicht in ausreichendem Maße unterstützt, da diese in der Regel auf ihr Einsatzgebiet, z.B. die MKS-Simulation, beschränkt sind. Mechatronische Systeme enthalten aber auch Bauelemente der Hydraulik, der Regelungstechnik und der Softwaretechnik, deren dynamisches Verhalten von Anfang an berücksichtigt werden muss.

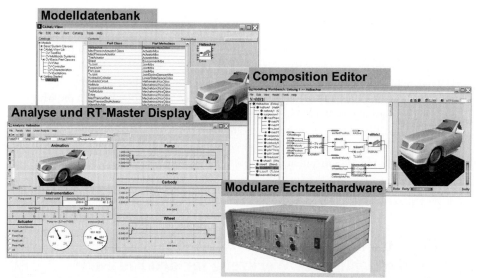

Bild 6-7: CAMeL-View-Entwicklungsumgebung

Zusätzlich werden für einen ganzheitlichen Entwurf – über die reine Simulation hinaus – weitere Analyse- und Synthesemethoden wie z.B. die Frequenzgangsberechnung oder die Parametervektoroptimierung benötigt.

Um die einzelnen Entwicklungsaufgaben in den verschiedenen Phasen des Entwurfs zu unterstützen, stellt CAMeL-View TestRig folgende Komponenten zur Verfügung:

- CAMeL-View Basis-Entwicklungsumgebung, bestehend aus Modelldatenbankbrowser, Modell-Editor (Composition-Editor), Simulator (Analyse- und RT-Master-Display) und Codegenerator
- Toolboxen für Mehrkörpersystem- und Hydraulikelemente, Instrumentierungskomponenten und die Animation von mechatronischen Systemen
- TestRig-Hardware mit den CAMeL-View TestRig-Toolboxen für HiL- und Prototypenanwendungen.

Im Mittelpunkt der Arbeiten der Anwender von CAMeL-View stehen die kontinuierliche Anpassung, Verbesserung und Erweiterung von Systemmodellen mit nachgeschalteten Analyse- und Syntheseschritten. Erst eine optimale Unterstützung durch geeignete Modelle und Modellierungsmethoden erlaubt den durchgängigen Einsatz in allen drei Phasen des Entwicklungsprozesses. Kern von CAMeL-View ist die objektorientierte Modellbildung physikalisch/topologischer Systeme [2], auf die im Folgenden näher eingegangen wird.

6.4.1 Objektorientierte Modellbildung mechatronischer Systeme mit CAMeL-View

Die Modellbildungsumgebung von CAMeL-View ermöglicht die engineeringgerechte Beschreibung mechatronischer Systeme und bietet dazu einen bequemen interaktiven Weg an.

6.4 Entwurfsumgebung: CAMeL-View TestRig

CAMeL-View erlaubt den Aufbau komplexer mechatronischer Systeme und unterstützt den Export der Modelle zur Nutzung in Matlab/Simulink oder in HiL-Umgebungen (z.B. dSPACE). Die Modellbildung von CAMeL-View weist folgende Eigenschaften auf, die Voraussetzungen für den erfolgreichen Einsatz in der modellbasierten Entwicklung mechatronischer Systeme sind:

- CAMeL-View stellt für die Modellbildung mechatronischer Systeme fachdisziplinspezifische Beschreibungselemente zur Verfügung, d.h. für die Modellbildung können Bauelemente z.B. für die Mechanik, die Hydraulik und die Regelungstechnik verwendet werden. Kern der Modellbildung ist die objektorientierte Modellbeschreibungssprache Objective-DSS [2]:

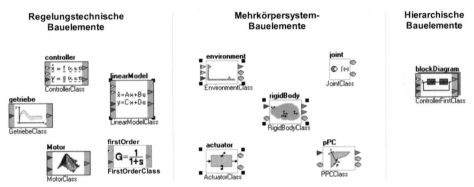

Bild 6-8: CAMeL-View-Beschreibungselemente für die MKS-Dynamik, die Regelungstechnik und für hierarchische Elemente (Baugruppen)

- Um den Aufbau und die Eigenschaften von mechanischen Teilsystemen modellierbar zu machen, stellt CAMeL-View Beschreibungselemente für die Mehrkörpersystemdynamik zur Verfügung (starre Körper, Gelenke, Aktoren etc.).

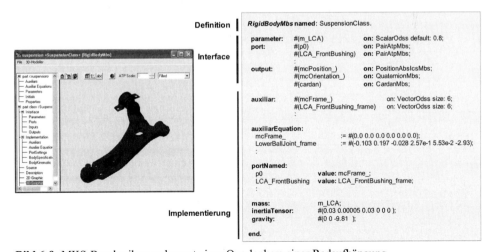

Bild 6-9: MKS-Beschreibungselement eines Querlenkers einer Radaufhängung

- Für die Regelungstechnik stehen in CAMeL-View Beschreibungselemente auf der Basis der nichtlinearen und der linearen Zustandsraumdarstellung zur Verfügung. Alle Größen können auch mit Hilfe von Vektoren und Matrizen unter Verwendung von Vektor- und Matrixfunktionen formuliert werden:

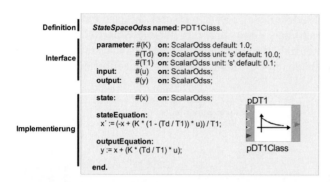

Bild 6-10:
Zustandsraum-Beschreibungselement eines SISO-Reglers

- Um über die Modellphase hinaus auch die Prüfstands- und die Prototypenphase zu unterstützen, stellt CAMeL-View TestRig Bauelemente für die Echtzeithardwareanbindung bereit:

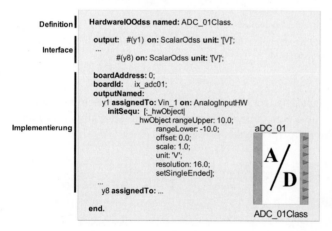

Bild 6-11:
Beschreibungselementbeispiel eines A/D-Wandlers

- Die Modellbildung von hierarchischen Systemen (Baugruppen bzw. Komponenten) erfolgt in CAMeL-View in Form von erweiterten Blockdiagrammen (Topologiediagrammen), die nicht nur Signalflüsse zulassen, sondern auch physikalische Kopplungen. Topologiediagramme in CAMeL-View können über informationstechnische Blöcke und Kopplungen hinaus Bauelemente z.B. der Mechanik und der Hydraulik enthalten, die mit Hilfe physikalischer (ungerichteter) Kopplungen miteinander verkoppelt werden können.

6.4 Entwurfsumgebung: CAMeL-View TestRig

♦ Ein CAMeL-View-Gesamtsystemmodell besteht aus drei synchronisierten Teilmodellen:
  – physikalisch-topologisches Modell,
  – Verhaltensmodell,
  – Verarbeitungsmodell.

Alle drei Sichten auf das System sind notwendig, um die Aspekte der verschiedenen Ebenen in einem mechatronischen System darstellen und interpretieren zu können. In CAMeL-View sind alle drei Ebenen für den Anwender offengelegt:

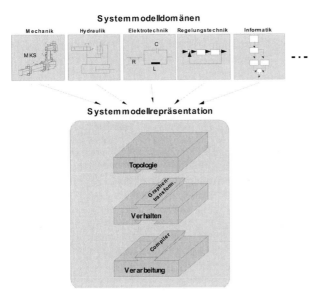

Bild 6-12:
Aufbau objektorientierter Mechatronikmodelle [2]

♦ Die Modellbildung in CAMeL-View ist vollständig objektorientiert, d.h. die Modelle weisen alle wesentlichen Eigenschaften des Objektmodells der Objektorientierung auf (Abstraktion, Kapselung, Hierarchisierung und Modularisierung). Weitere Informationen, insbesondere zur Nutzung von Vererbung, finden sich in [2].

6.4.2 Vom physikalisch-topologischen zum mathematischen Modell

Durch den vollständig objektorientierten Drei-Ebenen-Ansatz ist der Codegenerator von CAMeL-View in der Lage, die mathematischen Gleichungen für das dynamische Verhalten des Systems abzuleiten und in Form von simulationsfähigen Modellen zur Verfügung zu stellen:
Dazu baut der Simulator Gleichungen für kontinuierliche Systeme auf der Basis der nichtlinearen Zustandsraumdarstellung auf. Um auf der Basis der topologischen Verknüpfung von Bauteilen automatisch die systembschreibenden Gleichungen zu generieren, sind insbesondere für die Mehrkörpersystemdynamik geeignete Formalismen in CAMeL-View implementiert. Diese MKS-Formalismen erzeugen, ausgehend von der Systemstruktur (siehe Bild 6-13), die beschreibenden Differentialgleichungen.

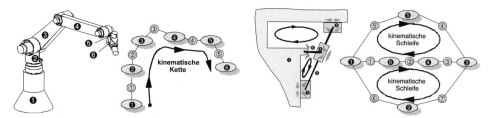

Bild 6-13: Topologische Grundstrukturen von MKS-Systemen

Ist das mechanische Teilsystem in Form von Körpern, Gelenken, Aktoren und Sensoren beschrieben, kann daraus ablauffähiger Code für das mathematische Modell generiert werden. In CAMeL-View werden drei Mehrkörpersystemformalismen für die Generierung der Gleichungen unterstützt:
- Formalismus der dynamischen Bindungen
- rekursive Formulierung auf der Basis der Newton-Euler-Gleichungen
- Minimalkoordinatenformulierung auf der Basis der Lagrange'schen Gleichungen

Eine Verwendung verschiedener Formalismen (für jeweils kinematisch zusammenhängende Teilsysteme) in einem Gesamtsystem ist möglich. Dadurch eröffnen sich eine Vielzahl von Möglichkeiten zur Systemstrukturierung und zur Parallelisierung. Ist der Einsatz komplexer Modelle in Prüfstandsanwendungen (Hardware-in-the-Loop-Anwendungen) das Ziel, dann werden erhebliche Anforderungen an den erzeugten Code gestellt. Wesentliche Forderung ist, dass der Code unter harten Echtzeitbedingungen lauffähig ist.

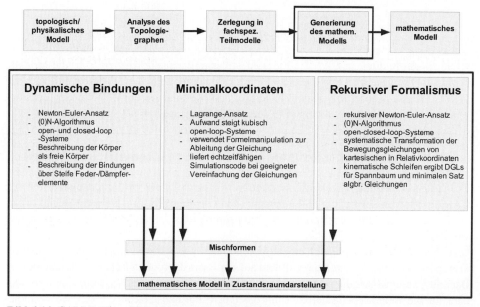

Bild 6-14: CAMeL-View-Mehrkörpersystemformalismen

Steht für die Auswertung der Gleichungen eine Zeitdauer von z.B. 1 msec zur Verfügung, muss die Auswertung der Gleichungen nach diesem Zeitraum abgeschlossen sein (inkl. der für die Prüfstandsauswertung notwendigen Signalwandlung und -aufbereitung).

Wenn die Auswertung länger dauert, kann das System numerisch instabil werden, einem Prüfstand falsche Signale liefern und damit zum Abbruch des Versuchs führen. Um die Evaluierungsdauer pro Zeitschritt möglichst klein zu halten und komplexe Modelle in HiL-Applikationen überhaupt verwendbar zu machen, ist die Optimierung der Gleichungen mit Hilfe von Computeralgebrasystemen neben der Wahl des MKS-Formalismus von wesentlicher Bedeutung.

6.4.3 CAMeL-View TestRig-Prüfstands- und -Prototypenhardware

Um die Modelle in Prüfstandsexperimenten (HiL-Anwendungen) verwenden zu können, gibt es in CAMeL-View zwei Wege:
- Export von speziell zugeschnittenen C-Codes zur Nutzung in Hardware-in-the-Loop-Umgebungen (z.B. als s-function in Matlab/Simulink unter Verwendung von dSPACE-Hardware),
- direkte Codegenerierung und Anbindung an Motorola PowerPC-basierte Hardware (CAMeL-View TestRig). Die Modelle können dann direkt auf eine Echtzeitplattform übertragen und simuliert werden.

Zur Steuerung von Experimenten steht eine komfortable, frei konfigurierbare Experimentierumgebung zur Verfügung, von der aus die Parameter der Modelle auch zur Laufzeit verändert werden können:

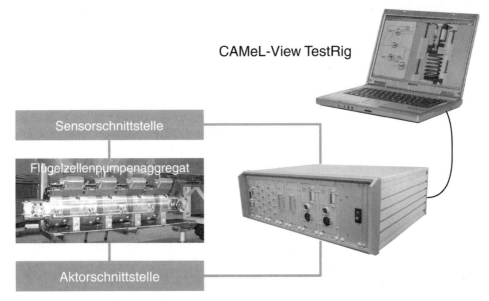

Bild 6-15: CAMeL-View TestRig-Komponenten

Das Kernstück der CAMeL-TestRig-Hardware ist eine Mikrocontroller-Karte auf der Basis eines Motorola MPC565-Prozessors mit zusätzlichem FPGA. Der MPC565 arbeitet mit einer maximalen Taktrate von 56 MHz. An Speicher stehen bis zu 8 MB SRAM und 12 MB Flashspeicher zur Verfügung. Das FPGA realisiert die Kommunikation zwischen dem Mikrocontroller und bis zu 16 Peripheriekarten. Außerdem ist das FPGA als schneller Coprozessor einsetzbar.

Um den Prozessor mit der Aktorik und der Sensorik zu verknüpfen, stehen folgende Peripheriekarten zur Verfügung:

- ADC-Boards (8 Kanäle, 16 bit Auflösung, z.B. zur Beschleunigungsmessung)
- DAC-Boards (8 Kanäle, 16 bit Auflösung, z.B. zur Ventilansteuerung)
- Spannungsquellen-Boards (4 schaltbare Ausgangskanäle, 4-stufig schaltbar, z.B. zur Schaltventilansteuerung)
- Motortreiberkarte (1 Universalvollbrückentreiber mit Onboard-Encoderinterface, z.B. zur Ansteuerung von 2-Phasen-Schrittmotoren und DC-Motoren)
- Stromquellenkarte (4 kurzschlussfeste Stromquellen, z.B. zur Stromversorgung optischer Sensoren)

Alle Karten verfügen auf ihren Frontplatten über standardisierte Anschlüsse, wie z.B. SUD- oder SMA-Stecker.

Die Kommunikation zwischen der Echtzeithardware und dem Host-PC erfolgt über TCP/IP. Der Treiberchip ist direkt auf dem Mikrocontroller-Board integriert; dadurch entfällt die Notwendigkeit einer Host-IO-Karte. Über die TCP/IP-Schnittstelle erfolgen sowohl der Download der Applikation als auch der bidirektionale Datenaustausch (Messdaten und Modellparameter) zwischen µ-Controller und Host. Zusätzlich verfügt die Mikrocontroller-Karte über 2 CAN-Schnittstellen, die im weiteren Projektverlauf Verwendung finden werden, um Daten mit dem Motorsteuergerät auszutauschen.

Mit CAMeL-View TestRig wurde eine modulare Lösung eingesetzt, bei der Software und Hardware optimal aufeinander abgestimmt sind. Wesentliche Vorteile der TestRig-Hardware sind:

- Eine vollständige Integration von Signalkonditionierungselektronik und Leistungsendstufen ist realisiert, d.h. der Code für die Prototypenhardware wird mit dem eingebauten Generator erzeugt, der sich nahtlos in die Werkzeugkette einfügt.
- Durch die integrierte Simulationsengine arbeitet der Nutzer sowohl bei der reinen Simulation als auch bei der Prüfstandsanwendung mit einem einzigen Werkzeug. Dadurch können parametrierte Oberflächen, die sich bei der Simulation bewährt haben, für die Prüfstandsarbeit genutzt oder erweitert werden.
- Ansteuerung und Konfiguration der Echtzeithardware erfolgen in CAMeL-View durch parametrisierbare Bibliothekselemente. Die Lösung ist so offen und erweiterbar, dass kundenspezifische Hardware in CAMeL-View TestRig integriert werden kann.

6.5 Entwurfsprozess: Modell-, Prüfstands- und Prototypenphase

6.5.1 Modellphase: Modellbildung des aktiv gefederten Nutzfahrzeugs

Insbesondere um das Wankverhalten des Fahrzeugmodells an das des realen Fahrzeugs anzupassen, ist es erforderlich, diese Verwindungsfähigkeit des Rahmens in das Modell zu integrieren. Ein möglicher Ansatz ist hier, dass man die Aufbaumasse in 3 Teilmassen zerlegt [2]. Eine Teilmasse wird gebildet aus vorderem Rahmenteil inkl. Motor und Getriebe, eine zweite aus hinterem Rahmenteil und Lastenträger zusammengefasst, und die dritte Teilmasse besteht aus der Kabine. Die beiden Rahmenteile werden über ein Gelenk mit insgesamt zwei rotatorischen Freiheitsgraden miteinander verbunden. Die beiden Freiheitsgrade lassen sowohl eine Verdrehung der beiden Rahmenteile gegeneinander, entlang einer Fahrzeuglängsachse, als auch eine Drehung (Durchbiegung) um eine durch das Gelenk laufende Fahrzeugquerachse zu. Die Kabine ist über ein 3-Punkt-Lager (Kraftkopplungen) mit den Rahmenteilen verbunden, wobei ihre Freiheitsgrade durch ein zusätzliches Gelenk auf eine Nick- und eine Wankbewegung reduziert werden. Das Huben der Kabine erfolgt über das Huben der Rahmenteile. Bild 6-16 zeigt schematisch diese Zusammenhänge:

Bild 6-16:
Starrkörpermodell des konventionellen Fahrzeugs

Die Achselemente sind jeweils über Feder-Dämpfer-Elemente sowie über ein Gelenk, das die Freiheitsgrade der jeweiligen Achse bestimmt, an den Aufbau angekoppelt (Bild 6-2). Diese beiden Gelenke entsprechen den Verbindungen der Schubrohre mit dem Getriebe. Die Freiheitsgrade dieser Gelenke umfassen die rotatorischen Bewegungen um alle drei Raumachsen. Translatorische Bewegungen werden von diesen Gelenken ausgeschlossen. Weitere Koppelpunkte zwischen Achselementen und Aufbau sind durch die Feder-Dämpfer-Elemente sowie durch die Panhardstäbe und die Stabilisatoren gegeben. Bei diesen Kopplungen handelt es sich um Kraftkopplungen, die ohne Gelenke auskommen. So werden beispielsweise bei einem Federelement lediglich die Positionen der Koppelpunkte des Elements jeweils an Achse und Aufbau im inertialen Koordinatensystem ausgewertet. Bei einem Federelement wird der absolute Abstand beider Punkte, abzüglich der Federlänge im unbelasteten Zustand, mit der jeweiligen Federkonstante (oder mit dem zugehörigen Wert aus einem Kennfeld) multipliziert. Die so berechnete Federkraft wird dann entlang des Richtungsvektors, der den einen Punkt mit dem anderen verbindet, wieder in die beiden Punkte eingeleitet. Bei einem Dämpfer-Element wird, anstelle der

Position der beiden Punkte, die Geschwindigkeit betrachtet, mit der sie sich auseinander bewegen. Panhardstäbe und Stabilisatoren werden analog modelliert.

6.5.2 Validierung des Fahrzeugmodells

Zur Validierung des konventionellen Fahrzeugmodells wurden verschiedene Hindernisse und Teststrecken überfahren, die Messdaten ausgewertet und mit Hilfe einer Parameteroptimierung im Frequenzbereich die ungenau bekannten Modellparameter bestimmt [4]. Die Ergebnisse in Bild 6-17 zeigen eine sehr gute Übereinstimmung von Modell (Simulation) und realem konventionellem Fahrzeug (Messung):

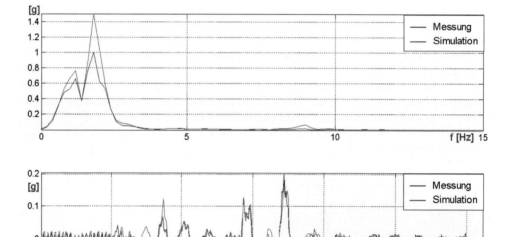

Bild 6-17: Spektrum und Zeitantwort der Kabinenbeschleunigung in vertikaler Richtung bei einseitiger Fahrt mit 5 km/h über ein Stufenhindernis von 10 cm

6.5.3 Modellbildung von Aktorik, Sensorik und Informationsverarbeitung

Das Modell der Aktorik besteht aus einem linearen Modell 2. Ordnung für das Regelventil und einem Modell 3. Ordnung für den Verstell- bzw. Hubring [5], [6].
Die digital realisierte Regelung der aktiven Federung ist hierarchisch aufgebaut [6], weshalb sie, beginnend bei der untersten Ebene, schrittweise ausgelegt und erprobt werden kann. Die Kraftregelung auf der untergeordneten Ebene (Achse/Rad) sorgt bereits für ei-

ne Stabilisierung des Fahrzeugs. Die Aufbauregelung beinhaltet derzeit eine Kompensation der Wank- und der Nickbewegungen durch die Aufschaltung der Längs- und der Querbeschleunigung sowie eine Skyhook-Regelung zur Dämpfung der Wank-, Nick- und Hubbewegungen der Fahrzeugkabine.

6.5.4 Simulationsuntersuchungen am virtuellen Prototypen

Das Fahrzeugmodell sowie die Vorbereitung des digitalen Reglers für den Betrieb im Fahrzeug wurden in der Entwicklungsumgebung CAMeL-View implementiert (Bild 6-6). Mit Hilfe einer modular-hierarchischen Strukturierung war es möglich, die Komplexität des Systems beherrschbar zu machen. Das Modul der Informationsverarbeitung beinhaltet die gesamte Regelung mit der Messwerterfassung. Die Schnittstellen sowohl für das Modell als auch für die Ein- und Ausgänge im Fahrzeug sind identisch, was eine schnelle und fehlerfreie Übertragung der Ergebnisse aus dem modellgestützten Entwurf auf die Regelung im Fahrzeug ermöglicht.

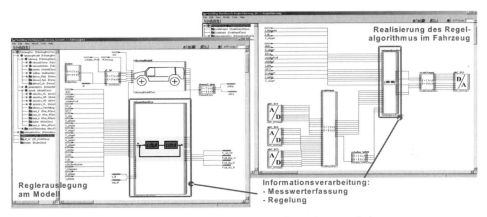

Bild 6-18: Gesamtmodell: Fahrzeug, Aktorik, Gelände, Informationsverarbeitung

Um das Zusammenwirken der einzelnen Komponenten im Gesamtsystem – insbesondere bei kritischen Fahrmanövern wie z.B. der Überfahrt eines Hindernisses – zu beurteilen, wurden entsprechende Simulationen durchgeführt. Dazu wurde das lineare Modell der Aktorik um die nichtlinearen Anteile ergänzt. Im Einzelnen bedeutet dies: Das Speichermodell enthält die vom Druck abhängige Kapazität. Die Drosseln werden in Form einer Durchflusskennlinie beschrieben. Das Modell der Flügelzellenpumpe enthält ein detailliertes Modell der Pumpenverstellung. Mechanische Anschläge und andere Begrenzungen sind ebenfalls modelliert. Beispielhaft wird hier die Überfahrt eines stufenförmigen Hindernisses (Höhe 5 cm) bei einer Geschwindigkeit von 20 km/h dargestellt:

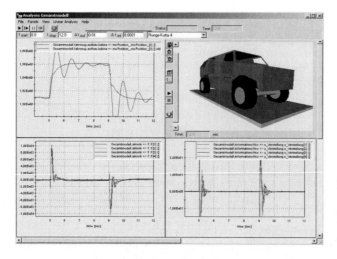

Bild 6-19:
Simulation einer Fahrt über eine 5-cm-Schwelle, Vergleich: konventionell und aktiv gefedert

6.5.5 Prüfstandsphase: Komponententest

Zur Erprobung der neu konstruierten Flügelzellenpumpe wurde ein Prüfstand aufgebaut. Bild 6-20 zeigt den gemessenen und den simulierten Volumenstrom (Bild rechts) und den gemessenen wie den gerechneten Frequenzgang von der Pumpenverstellung zur Ventilspannung (e_{ist}/u_{Ventil}). Die gute Übereinstimmung zwischen Modell und realem System wird deutlich:

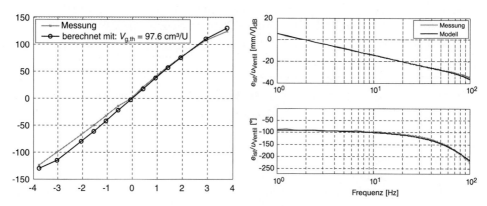

Erreichter Volumenstrom 130 l/min
♦ konstante Drehzahl (1600 U/min)
♦ Fördern ohne Druck

Frequenzgang:
Hubkolbenweg Pumpe–Ansteuerspannung Ventil

Bild 6-20: Ergebnisse der Prüfstandserprobung der Flügelzellenpumpe

6.5.6 Prototypenphase: Einsatz im Fahrversuch

Im Folgenden werden die ersten Ergebnisse der Erprobung präsentiert. Die zum Teil großen Auslenkungen des Fahrzeugaufbaus bei unterschiedlichen Fahrmanövern (Kurvenfahrten und Bremsen) können deutlich verringert werden.
Das Fahrzeug mit aktivem Fahrwerk erwies sich als fahrdynamisch deutlich stabiler. Dadurch war es möglich, z.B. bei Kreisfahrten mit dem aktiv gefederten Fahrzeug mit höherer Geschwindigkeit (50 km/h) gegenüber dem konventionellen Fahrzeug (max. 42 km/h) zu fahren (Bild 6-21):

Bild 6-21: Kreisfahrt mit ca. 42 km/h (konventionell, links), ca. 50 km/h (aktiv, rechts)

Bild 6-22 stellt die gemessene Beschleunigung in x-Richtung beim einseitigen Überfahren eines stufenförmigen, 10 cm hohen Hindernisses bei einer Geschwindigkeit von ca. 5 km/h dar. Bei einer einseitigen Anregung wurde eine Reduzierung der Wank- und de Hubbewegung festgestellt. Der Aufbau des aktiven Fahrzeugs wurde schneller stabilisiert als der des passiven. Dies bedeutet eine verringerte Belastung für Insassen und Material:

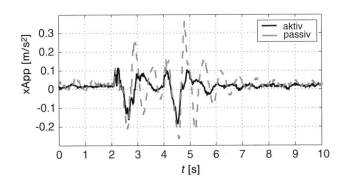

Bild 6-22: Wankwinkelbeschleunigung xApp in m/s^2 bei einer einseitigen Anregung

6.6 Zusammenfassung und Ausblick

Im Rahmen des vorgestellten Projekts wurde ein neues Konzept der aktiven Federung für ein schweres Geländefahrzeug ausgearbeitet. Das Konzept schloss die Entwicklung von neuen Aktoren mit ein. Die Konzipierung des aktiven Systems, Entwurf und Dimensionierung der Aktorik sowie die Auslegung einer geeigneten Regelung erfolgten modellgestützt. Anschließend wurde das neue aktive Federungssystem erfolgreich in Betrieb genommen und erprobt.

Während der Prototypenphase konnten ganz klare Vorteile des aktiven Systems gegenüber dem konventionellen aufgezeigt werden: So wurde eine höhere Aufbaudämpfung erreicht, und die Wankbewegungen konnten wesentlich verringert werden. Generell wurde ein stabileres Fahrverhalten bei langwelligen Anregungen erzielt.

Aufgrund des modellbasierten Entwurfs der aktiven Federung brauchte nur ein Prototyp aufgebaut zu werden, an dem nur noch geringfügige Anpassungen (z.B. Materialien mit höherer Festigkeit) notwendig waren, um die spezifizierten Leistungsdaten zu erreichen.

Insbesondere bei der Ausrüstung der vier Federbeine des Testfahrzeugs zeigte sich die Skalierbarkeit des Entwicklungssystems CAMeL-View TestRig. Es waren lediglich die I/O-Kanäle zu verbinden und in der Software zu konfigurieren. Nach dem Download der Regler auf die CAMeL-TestRig-Hardware war das Fahrzeug fahrbereit („Plug&Go").

Die Anwendbarkeit von CAMeL-View TestRig in allen drei Phasen ohne Werkzeug- und Hardwarewechsel hat sich als wesentlicher Erfolgsfaktor erwiesen. Dadurch konnte sich das Entwicklungsteam auf seine Kernaufgaben, den Entwurf der Regelung für das aktive Fahrwerk, konzentrieren.

Die wesentliche Herausforderung bei der Entwicklung der aktiven Federung war die Einhaltung des engen Zeitrahmens (Projektanlauf Q4/03; erste Inbetriebnahme im Fahrzeug Q2/05). Dies war nur durch eine kleine Gruppe von versierten Mechatronikentwicklern in Verbindung mit leistungsfähigen Entwicklungswerkzeugen erreichbar.

Literatur

[1] iXtronics GmbH (Hrsg.): CAMeL-View R6.0 – Handbuch. Paderborn, 2005
[2] *Hahn, M.*: OMD – Ein Objektmodell für den Mechatronikentwurf. Anwendung in der objektorientierten Modellbildung mechatronischer Systeme unter Verwendung von Mehrkörpersystemformalismen. Fortschr.-Berichte VDI, Reihe 20, Nr. 299, Düsseldorf: VDI-Verlag, 1999
[3] *Hahn, M.*: Einsatz von Computeralgebrasatemen zum Entwurf mechatronischer Systeme am beispiel con CAMeL-View. Computeralgebra Rundbrief Nr. 36., Fachgruppe Computeralgebra der GI, DMV und GHAMM, 2005
[4] *Bruns, T.*: Modelling und Identification of a Heavy Off-Road Vehicle. In: International Journal of Vehicle Systems Modelling and Testing, Genf, 2006 (in review)
[5] *Wielenberg, A.; Schäfer, E.*: Model-based Design of an Active Suspension System Equipped with a Reversible Vane Pump. 5. IFK, Aachen, 2006
[6] *Schäfer, E.; Jäker, K.-P.; Wielenberg, A.*: Aktive Federung für ein geländegängiges Nutzfahrzeug. 3. Fachtagung VDI/VDE „Steuerung und Regelung von Fahrzeugen und Motoren – AUTOREG 2006", Wiesloch, 2006

7 Bremsregelungen für mechatronische Bremsen

SASCHA SEMMLER

Innerhalb der letzten Jahrzehnte hat die Sicherheit im Straßenverkehr stetig an Bedeutung gewonnen. In dem Maß, wie die von modernen Fahrzeugen erreichbare Höchstgeschwindigkeit und die Verkehrsdichte anstiegen, erhöhten sich zugleich die an Fahrzeug und Infrastruktur gestellten Anforderungen. Die Verkehrssicherheit wird hierbei von einer Vielzahl von Faktoren bestimmt, die sich nach einem Bericht des Verbands der Automobilindustrie [1] in vier Gruppen unterteilen lassen.
Als eine der vier tragenden Säulen hat der Ausbau der Straßeninfrastruktur – eine verkehrssichere Straßengestaltung durch Bau und Erhaltung von Straßen und Anlagen zur Verkehrsregelung und Verkehrsbeeinflussung – in hohem Maß zur Erhöhung der Verkehrssicherheit beigetragen. Des Weiteren sind eine entsprechende Verkehrserziehung und das Regelwerk für Verkehrsteilnehmer ein notwendiger Bestandteil zum Erhalt der Sicherheit. Erhebliche Verbesserungen sowohl im Rettungswesen als auch in der Unfallmedizin haben es darüber hinaus ermöglicht, die zum Teil schwerwiegenden Folgen von Verkehrsunfällen in beträchtlichem Umfang zu mildern.
Die Fahrzeugsicherheit repräsentiert die vierte Säule der Verkehrssicherheit. Die Innovationen in der Automobiltechnik haben es durch den Einsatz moderner Hilfsmittel aus den Gebieten des Maschinenbaus, der Elektrotechnik und der Informationstechnik ermöglicht, die Sicherheit im Straßenverkehr deutlich zu erhöhen. Verunglückten laut Untersuchungen des Statistischen Bundesamts in Deutschlands im Jahr 1970 noch etwa 21.000 Menschen im Straßenverkehr tödlich, so ging die Anzahl der im Jahr 2004 tödlich Verunglückten auf unter 6.000 Menschen zurück, und dies bei einem Fahrzeugbestand, der sich innerhalb dieses Zeitraums annähernd verdreifacht hat.
Die Systeme, die zu einer hohen Fahrzeugsicherheit beitragen, lassen sich in aktive und passive Systeme untergliedern. Während aktive Systeme sich dadurch auszeichnen, dass sie das Entstehen von Verkehrsunfällen zu verhindern versuchen, dienen passive Systeme dem Schutz der Insassen vor schweren Verletzungen mittels einer Senkung der Verletzungsgefahr und damit einer Milderung der Unfallfolgen.
Auf dem Gebiet der aktiven Sicherheitssysteme wurden neben einer Verbesserung der Sichtverhältnisse und einer übersichtlicheren Anordnung der Bedienungselemente vor allem mit der Verbesserung der Fahreigenschaften Meilensteine gesetzt. So konnte durch die Entwicklung der Scheibenbremse in den fünfziger Jahren und die Serieneinführung in den Sechzigern der Bremsweg verkürzt werden.
Die Erweiterung der Bremsanlage um den aktiven Regeleingriff geschah 1978 mit der Serieneinführung des aus der Flugzeugtechnik stammenden Antiblockiersystems (ABS) bei Mercedes-Benz als erstem europäischen Hersteller [2]. Es verhindert das Blockieren der Räder und hält somit die Lenkbarkeit des Fahrzeugs aufrecht. Der erfolgreiche Einsatz aktiver Komponenten öffnete den Horizont für die Entwicklung weiterer Regelsys-

teme. Bereits 1981 begannen die Firmen Mercedes-Benz und Bosch in einer Kooperation mit der Entwicklung einer Antriebsschlupfregelung (ASR). 1985 wurde dieses Systems der Öffentlichkeit vorgestellt und im Folgejahr in Serie gebracht.

Hierbei zeigt sich, dass konventionelle hydraulische Bremssysteme keine optimale Basis für den Einsatz von Fahrdynamikregelungen bzw. Fahrerassistenzsystemen bieten, da die Forderung nach einer radindividuellen Bremsdruckregelung nur mithilfe einer Vielzahl an zusätzlichen Komponenten realisiert werden kann. Ist beim konventionellen hydraulischen Bremssystem das vom Fahrer betätigte Bremspedal mechanisch mit den übrigen Komponenten des Bremssystems gekoppelt, liegt bei der elektrohydraulischen Bremse (EHB) eine solche mechanische Verbindung zugunsten einer elektrischen Signalübertragung im normalen Betriebszustand nicht mehr vor [3]. So wurde im Jahr 2001 erstmals bei Mercedes-Benz das elektrohydraulische Bremssystem von Bosch unter der Bezeichnung Sensotronic Brake Control (SBC) in Serie eingeführt. Der radindividuelle Bremsdruck wird hier nicht mehr über den mittels einer Druckstange mechanisch mit dem Fahrer gekoppelten Bremskraftverstärker aufgebracht, sondern über ein Motor-Pumpen-Speicher-Aggregat, siehe [4] und [5].

Brake-by-Wire-Systeme bieten aber auch weitere Potenziale zur Erhöhung sowohl der passiven als auch der aktiven Fahrzeugsicherheit. Die passive Sicherheit lässt sich unter anderem dadurch steigern, dass das Hydroaggregat aus dem unfallkritischen Bereich vor dem Fahrer entfernt und das Pedalwerk unfallsicher ausgelegt werden kann. Außerdem ermöglicht die zusätzliche Brake-by-Wire-Sensorik eine Überwachung der Komponenten des Bremssystems.

Eine Erhöhung der aktiven Sicherheit gestattet die radindividuelle Bremskraftverteilung, die sich besonders vorteilhaft bei Bremsungen in der Kurve mit hohen Querbeschleunigungen auswirkt. So kann der an den Radbremsen gewünschte Bremsdruck in Abhängigkeit von den bei Bremsung und Kurvenfahrt wirkenden Radaufstandskräften eingestellt werden, indem Fahrzeuggeschwindigkeit, Verzögerung und Lenkradwinkel der elektronischen Bremskraftverteilung zugeführt werden, die den Bremsdruck an Rädern mit hohen Radlasten entsprechend erhöht bzw. an Rädern mit niedrigeren Radlasten reduziert. Der zur Aufrechterhaltung der Fahrzeugstabilität erforderliche Regeleingriff von ABS und ESP wird dadurch erst später als bei herkömmlichen Fahrzeugen ohne Brake-by-Wire-Systeme erreicht, vgl. [4].

Im Hinblick auf die oben beschriebenen Fahrerassistenzsysteme ABS und ESP werden im Folgenden die Möglichkeiten aufgezeigt, die sich für die Regelung der Fahrzeugbremsdynamik durch den Einsatz kontinuierlich einstellbarer Radbremsen ergeben. Gerade die Verwendung von Brake-by-Wire-Aktoren und weiterer Fahrdynamiksensoren, wie sie beispielsweise beim ESP zur Verfügung stehen, ermöglichen die Entwicklung neuer und leistungsfähiger Fahrdynamik-Regelsysteme.

7.1 Konventionelles Antiblockiersystem

Der Einsatz von Bremsdynamik-Regelsystemen geht auf Ende der siebziger Jahre zurück, als erstmals moderne Elektronik für die Realisierung des Antiblockiersystems (ABS) in Serie eingesetzt wurde. Später folgte neben der Entwicklung der Antriebsschlupfregelung (ASR) und des Bremsassistenten (BA) die Einführung des Elektronischen Stabilitätsprogramms (ESP) zur Regelung der Horizontaldynamik.

Im Folgenden wird auf die Regelung der Bremsdynamik mittels eines Antiblockiersystems eingegangen, wobei in diesem Zusammenhang ein elektrohydraulisches Bremssystem der Firma Continental Teves zum Erzeugen eines radindividuellen Bremsmoments verwendet wird.

Antiblockiersysteme sind Regeleinrichtungen im Bremssystem, die das Blockieren der Räder bei einem Bremsvorgang verhindern und damit die Lenkbarkeit und die Stabilität des Fahrzeugs erhalten sollen, siehe [6]. Die wesentlichen Komponenten des Systems sind sensorseitig die Raddrehzahlsensoren und aktorseitig das Hydroaggregat mit integrierten Magnetventilen. Signalverarbeitung und Ansteuerung der Aktoren im Hydroaggregat und der Signallampe erfolgen mittels eines Steuergeräts.

Beim Einleiten einer Bremsung durch den Fahrer steigt der Bremsdruck in den Radbremszylindern an, der Bremsschlupf an den Rädern nimmt zu und erreicht bei entsprechend hohem Druck das Maximum der Kraftschlussbeiwert-Schlupf-Kurve und somit die Grenze zwischen dem hinsichtlich des Streckenverhaltens stabilen und instabilen Bereich. Die an der Kontaktfläche zwischen Rad und Fahrbahn übertragene Kraft kann nun mit einer weiteren Erhöhung des Bremsdrucks nicht weiter gesteigert werden, sondern nimmt sogar ab. Das daraus resultierende Überschussmoment bewirkt ohne ABS in kürzester Zeit das Abbremsen des Rads bis hin zur Blockade.

Um dem vorzubeugen, verwenden in Serie eingesetzte ABS als Regelgrößen einerseits den Radschlupf und andererseits die Radumfangsbeschleunigung. Die Aktivierung des ABS erfolgt, sobald mindestens eine der oben genannten Größen einen gewissen Schwellenwert durchschreitet. Der Grund für eine Zweigrößen-Regelung liegt darin begründet, dass die reine Radschlupfregelung bei einer plötzlich auftretenden Kraftschlussbeiwertänderung oder einer raschen, panikartigen Bremsbetätigung den geforderten Schlupf nur unzureichend einstellen kann, wohingegen eine reine Regelung der Radumfangsbeschleunigung bei sanftem Anbremsen, Ankopplung der Motordrehmasse, einer ausgeglichenen Reifenkennlinie, Kurvenfahrt, ungleichem Kraftschlussbeiwert an rechten und linken Rädern etc. versagt [2].

Der Regelzyklus des ABS lässt sich in verschiedene Phasen unterteilen, die exemplarisch in Bild 7-1 anhand einer ABS-Bremsung dargestellt sind [7]. Tritt der Fahrer auf das Bremspedal, steigt der Bremsdruck in den Radbremszylindern an. Am Ende dieser ersten Phase unterschreitet die Radumfangsbeschleunigung bei weiterem Druckaufbau den Schwellenwert $-a$ und bewirkt in der zweiten Phase ein Halten des Bremsdrucks. Der Radschlupf steigt während dessen weiter an und geht vom hinsichtlich des Streckenverhaltens stabilen Bereich der Kraftschlussbeiwert-Schlupf-Kurve in den instabilen Bereich über. Gleichzeitig vermindert sich die im ABS berechnete Referenzgeschwindigkeit entsprechend einer zuvor definierten maximal möglichen Fahrzeugverzögerung. Am Ende der zweiten Phase überschreitet der Radschlupf die Schlupfschaltschwelle λ_1 und leitet dadurch die dritte Phase ein. Um den Radschlupf zurück in den stabilen Bereich der Kraftschlussbeiwert-Schlupf-Kurve zu bringen, wird der Bremsdruck in den Radbremszylindern solange abgebaut, bis die Radumfangsbeschleunigung den Schwellenwert $-a$ wieder überschreitet. In der vierten Phase wird der Druck nun konstant gehalten. Der Radschlupf sinkt wieder, und die Radumfangsbeschleunigung passiert den positiven Schwellenwert $+a$ und schließlich $+A$. Das Ende der vierten Phase ist erreicht, und der Druck steigt mit Beginn der fünften Phase nun solange an, bis die Radumfangsbeschleunigung den Schwellenwert $+A$ wieder unterschreitet. Sobald dies geschehen ist, wird der Druck in der sechsten Phase konstant gehalten, bis die Radumfangsbeschleunigung den Schwellenwert $+a$ unterschreitet. Nun schließt sich in der siebten Phase ein gepulster Druckaufbau an, bis die Radumfangsbeschleunigung den unteren Schwellenwert $-a$ unterschreitet. Die nun folgende achte Phase zieht einen Druckabbau nach sich. Sobald die Radumfangsbeschleunigung den Schwellenwert $-a$ übersteigt, beginnt von neuem die vierte Phase des ABS-Regelzyklus [7].

Die zur Berechnung des Radschlupfs verwendete Fahrzeug-Referenzgeschwindigkeit v_{Ref} wird unter Einbeziehung der Radgeschwindigkeiten ermittelt. Hierbei werden diejenigen Räder zur Stützung der Fahrzeug-Referenzgeschwindigkeit einbezogen, die einerseits einen möglichst geringen Schlupf und andererseits eine möglichst geringe Radumfangsbeschleunigung aufweisen.

Die ermittelte Referenzgeschwindigkeit folgt hierbei zu Anfang des Bremsvorgangs den Radgeschwindigkeiten, bis die Beschleunigungsschwelle $-a$ erreicht ist. Liegt also die Umfangsverzögerung eines Rads deutlich höher als die bei idealen Bedingungen physikalisch maximal mögliche Fahrzeugverzögerung, wird die Umfangsgeschwindigkeit dieses Rads nicht zur weiteren Ermittlung der Fahrzeug-Referenzgeschwindigkeit verwendet. Danach wird die Referenzgeschwindigkeit mit einer bestimmten Steigung extrapoliert.

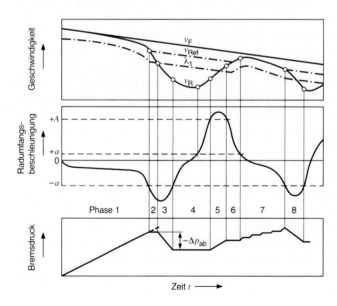

Bild 7-1:
Regelzyklus des ABS [7] mit der Fahrzeuggeschwindigkeit v_F, der Referenzgeschwindigkeit v_{Ref} und der Radumfangsgeschwindigkeit v_R, der Schlupfschaltschwelle λ_1 und den Schwellen der Radumfangsbeschleunigung $+A$, $+a$, $-a$ sowie der Bremsdruckabnahme Δp_{ab}

Üblicherweise liegt die über die Radgeschwindigkeiten gestützte und im ABS berechnete Fahrzeug-Referenzgeschwindigkeit v_{Ref} im ABS-Bremsfall unterhalb der tatsächlichen Fahrzeuggeschwindigkeit und damit näher an der hinsichtlich maximaler Fahrzeugverzögerung optimalen Radumfangsgeschwindigkeit. Mit der Referenzgeschwindigkeit wird somit diejenige Radumfangsgeschwindigkeit nachgebildet, bei der die Kraftschluss-Schlupf-Kurve ihr Maximum hat [4]. Gerät ein Rad nun in einen zu hohen Bremsschlupf, wird im Folgenden die Radumfangsgeschwindigkeit dieses Rads der Referenzgeschwindigkeit angeglichen.

7.2 Grundzüge des Antiblockiersystems mit neuem Ansatz

7.2.1 Aufbau des Regelsystems

In Anlehnung an [8] lässt sich der Aufbau eines Regelsystems in drei unterschiedliche Ebenen untergliedern. Der Regelungsebene kommt die Aufgabe zu, unter Zuhilfenahme von Sensoren und Aktoren die Regelgröße eines Prozesses entsprechend einer von außen vorgegebenen Führungsgröße einzustellen. Die Einstellung des Reglers geschieht mittels der Adaptionsebene, die für die Identifikation von Prozessparametern sowie die Rekonstruktion und Beobachtung von nicht direkt messbaren Prozessgrößen zuständig ist. Überwachungs- und Koordinationsaufgaben werden schließlich in der obersten Ebene durchgeführt.
In Anlehnung an diesen allgemeingültigen Aufbau eines Regelsystems ist die Struktur der hier vorgestellten Fahrzeugbremsregelung in Bild 7-2 wiedergegeben. Der Vollständigkeit halber sind die Signalerfassung und -arbitrierung dargestellt, die als Schnittstelle zu den zum Einsatz kommenden Sensoren und Aktoren fungieren.
Der Signalerfassung und Signalfilterung kommt hierbei die Aufgabe zu, die mittels Sensoren direkt oder indirekt gemessenen Größen zu erfassen und filtern und sie zwecks Weiterverarbeitung an die verschiedenen Ebenen des Bremsdynamik-Regelsystems weiterzuleiten.
Aufgabe der Regelungsebene ist es, eine vom Fahrer gewünschte Fahrzeugverzögerung innerhalb der physikalisch möglichen Grenzen einzustellen. Hierbei wird der Fahrerwunsch zunächst aus der vorliegenden Messgröße des Pedalwegsensors interpretiert und zu einer Führungsgröße umgeformt. Diese liegt hierbei als radindividueller Bremsdruck vor. Wird aufgrund fahrdynamischer Zusammenhänge von der Überwachungs- und Koordinationsebene eine kritische Fahrsituation erkannt und das Antiblockiersystem aktiviert, stellt der Radschlupfregler einen von der Adaptionsebene vorgegebenen radindividuellen Bremsschlupf ein. Hierbei findet ein modellbasierter nichtlinearer Regler mit exakter Linearisierung Verwendung, der hinsichtlich seines Arbeitsbereichs unbeschränkt ist und somit jeden beliebigen Bremsschlupf einstellen kann. Dies gilt somit auch für Bremsschlüpfe, die oberhalb des optimalen Bremsschlupfs liegen.
Die Adaptionsebene ist zuständig für die Identifikation von fahrzeug- und fahrbahnspezifischen Parametern sowie für die Rekonstruktion und Beobachtung von nicht direkt

messbaren Größen. Hierbei werden als fahrzeugspezifische Parameter sowohl die Schwerpunktlage als auch die Masse geschätzt. Als Zustandsgrößen werden Einschlagswinkel, Bremsschlupf, Aufstands-, Längs- und Querkraft der Räder sowie Geschwindigkeit und Schwimmwinkel des Fahrzeugs, Nick- und Wankwinkel des Fahrzeugaufbaus und die Fahrbahnsteigung ermittelt. Zentrale Aufgabe der Adaptionsebene ist schließlich die Ermittlung des optimalen radindividuellen Bremsschlupfs. Diese Aufgabe lässt sich zum einen in die Prozessidentifikation und zum anderen in die für diese Identifikation notwendige Prozessanregung unterteilen. Mittels einer entsprechend gearteten Radschlupfvorgabe als Anregungssignal für die Identifikation der Kraftschlussbeiwert-Schlupf-Kurve wird die Lage des radindividuellen optimalen Bremsschlupfs geschätzt. Vorgegebener und aktueller Radschlupf sowie weitere relevante Fahrdynamikgrößen werden an die Regelungsebene zur weiteren Verarbeitung ausgegeben.

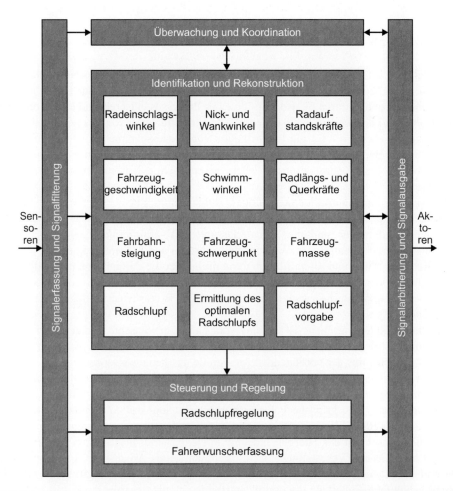

Bild 7-2: Unterteilung der im Rahmen dieser Arbeit vorgestellten Fahrzeugbremsregelung in die Grundfunktionen Signalerfassung und Signalfilterung, Regelung, Identifikation und Rekonstruktion, Überwachung und Koordination sowie Signalarbitrierung und Signalausgabe

7.2 Grundzüge des Antiblockiersystems mit neuem Ansatz

Die Überwachungs- und Koordinationsebene als oberste Ebene hat die Aufgabe, bei zu hohem Radschlupf bzw. zu hoher Radverzögerung das Antiblockiersystem zu aktivieren. Weiterhin werden durch sie die innerhalb der Adaptionsebene durchgeführten Schätzungen fahrzeugspezifischer Parameter initiiert sowie die Rekonstruktion fahrdynamischer Größen überwacht.

In der Signalarbitrierung werden die vom Regelsystem berechneten Stellgrößen entsprechend zu Ausgangsgrößen zusammengefasst, die dann dem Bremsdruckregler als Eingang vorliegen. Dies bezieht sich auf den mittels der Fahrerwunscherfassung berechneten Bremsdruck auf der einen Seite und den vom Bremsdynamik-Regelsystem berechneten radindividuellen Sollbremsdruck auf der anderen Seite. Ist das Antiblockiersystem inaktiv, wird der vom Fahrer gewünschte Bremsdruck an den Radbremszylindern eingestellt. Liegt der Fahrerwunschdruck oberhalb des vom Antiblockiersystem berechneten radindividuellen Sollbremsdrucks und ist das Antiblockiersystem aktiviert, wird der vom Fahrdynamikregelsystem ausgegebene radindividuelle Bremsdruck verwendet.

Auf die Funktionen der einzelnen Ebenen wird in den folgenden Kapiteln näher eingegangen. Zunächst sollen die für die Fahrdynamikregelung im Versuchsfahrzeug eingesetzten Sensoren und Aktoren näher beschrieben werden.

7.2.2 Versuchsfahrzeug

Das für die Bremsdynamikregelung verwendete Versuchsfahrzeug vom Typ Volkswagen Golf IV ist in Bild 7-3 dargestellt. Die hierbei zum Zweck der Identifikation, Rekonstruktion, Beobachtung und Regelung eingesetzten Sensoren erfassen die Raddrehzahlen, den vom Fahrer vorgegebenen Lenkradwinkel, die Gierrate, die Quer- und die Längsbeschleunigung des Fahrzeugs sowie die von der elektrohydraulischen Bremse eingestellten radindividuellen Bremsdrücke.

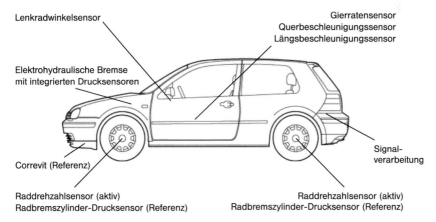

Bild 7-3: Darstellung des Versuchsfahrzeugs mit der für die Fahrdynamikregelung verwendeten Sensorik (Raddrehzahl, Lenkradwinkel, Gierrate, Quer- und Längsbeschleunigung, Bremsdruck) und Aktorik (elektrohydraulische Bremse), zur Referenz eingesetzten Sensoren (Fahrzeuggeschwindigkeit mittels Correvit, Radbremszylinder-Druck) und Signalverarbeitung mit Fahrdynamikregelung

Aktorseitig findet eine elektrohydraulische Bremse mit integrierten Drucksensoren ihren Einsatz. Diese ist konventionell über Bremsschläuche und Bremsleitungen hydraulisch mit den vier konventionellen Radbremsen verbunden, die in Kombination mit den Bremsscheiben und Bremsbelägen ein abhängig vom Bremsdruck entsprechendes Bremsmoment aufbringen.

Die im vorangegangenen Abschnitt vorgestellte Signalerfassung und Signalfilterung, Verarbeitung, Signalarbitrierung und Signalausgabe geschieht in der ebenfalls in Bild 7-3 gezeigten Signalverarbeitungseinheit.

Zusätzlich zu den oben bereits erwähnten Sensoren sind zur Verifikation der entwickelten Verfahren weitere Sensoren im Versuchsfahrzeug vorhanden. Zur Ermittlung der Fahrzeuggeschwindigkeit in Längs- und Querrichtung kommt ein Correvit-System zum Einsatz. Ferner ist das Versuchsfahrzeug zusätzlich mit vier Drucksensoren an den Radbremsen ausgestattet, die den Bremsdruck an den Radbremszylindern aufnehmen. Diese Sensoren werden für die Bremsdynamikregelung nicht verwendet.

7.2.3 Elektrohydraulische Bremse (EHB)

Die im Folgenden vorgestellten Verfahren wurden an einem Versuchsfahrzeug verifiziert, das mit einer elektrohydraulischen Bremse (EHB) von Continental Teves ausgestattet ist. Wie bereits in der Einleitung erwähnt, bieten konventionelle hydraulische Bremssysteme keine optimale Basis für den Einsatz von Fahrdynamik- bzw. Bremsdynamik-Regelsystemen, da die Forderung nach einer radindividuellen Bremsdruckregelung nur mithilfe einer Vielzahl an zusätzlichen Komponenten realisiert werden kann.

Im Gegensatz zum konventionellen hydraulischen Bremssystem sind Bremspedal und Radbremsen bei der EHB entkoppelt. Hierdurch wird es möglich, dass der Fahrer immer ein optimales, nach ergonomischen Gesichtspunkten vom Fahrzeughersteller wählbares Pedalgefühl mit gegebenenfalls kürzerem Pedalweg und geringerer Betätigungskraft vorfindet. Dadurch lässt sich der Fahrerbremswunsch besser und schneller umsetzen und eine genauere Dosierbarkeit der Bremse erreichen. Außerdem erfolgen Eingriffe wie beispielsweise die des Antiblockiersystems ohne Pedalvibrationen und damit rückwirkungsfrei.

Ferner ergeben sich durch Wegfall des Bremskraftverstärkers und Einsatz eines Hochdruckspeichers eine kürzere Schwellzeit sowie eine höhere Systemdynamik, die sich positiv auf eine bremsenbasierte Fahrdynamik-Regelung auswirkt. Während beim konventionellen Bremssystem die Fußkraft durch den Bremskraftverstärker in der Betätigungseinheit erhöht wird und als hydraulischer Druck in die hydraulische Regeleinheit (HCU) weitergeleitet wird, wird bei der EHB der Bremswunsch des Fahrers in der Betätigungseinheit über Sensoren gemessen und an die elektronische Regeleinheit (ECU) weitergeleitet. Über Ventilbetätigungen erfolgt dort eine Umsetzung in einen hydraulischen Druck, der wie in dem konventionellen Bremssystem an die hydraulischen Radbremsen übertragen wird. Weitere Vorteile ergeben sich im Hinblick auf die mechanische Integration in das Fahrzeug durch Reduzierung des erforderlichen Bauraums, aber auch auf die passive Fahrzeugsicherheit, da die Verletzungsgefahr bedingt durch das Eindringen der Pedaleinheit in den Fahrgastraum bei Frontalunfällen gemindert werden kann, siehe [3].

7.2 Grundzüge des Antiblockiersystems mit neuem Ansatz

Ferner kann weiterhin das hohe Entwicklungspotenzial moderner Radbremsen in Verbindung mit der EHB genutzt werden. Eine Neuentwicklung auf dem Gebiet der Radbremsen ist nicht erforderlich, vgl. [4].

Nach [3] lässt sich die EHB bezüglich ihrer Baugruppen unterteilen in a) eine Betätigungseinheit mit Tandem-Hauptzylinder, integriertem Pedalgefühlsimulator, redundantem Wegsensor und Bremsflüssigkeitsbehälter, b) eine hydraulische Regeleinheit (HCU) mit Motor-Pumpen-Speicher-Aggregat (MPSA) bestehend aus Motor, Dreikolbenpumpe und Metallbalgspeicher mit Wegsensor als Druckversorgung, Ventilblock mit acht analogisierten Regelventilen, zwei Trennventilen und zwei Balanceventilen als Ventileinheit und sechs Drucksensoren und c) eine elektronische Regeleinheit (ECU). In diesem Zusammenhang ist in Bild 7-4 eine schematische Darstellung der Systemarchitektur der EHB wiedergegeben.

Bei Betätigung des Bremspedals tritt der Fahrer durch die hydraulische Entkopplung von Pedal und Radbremse mittels geschlossener Trennventile in den in die Betätigung integrierten Simulator, der ihm ein optimales Pedalgefühl vermittelt. Der redundant gemessene Pedalweg und der im Simulator aufgebaute Druck stellen ein Maß für die vom Fahrer gewünschte Fahrzeugverzögerung dar. Die sensorisch erfassten Größen werden in der ECU mit weiteren, den Fahrzustand beschreibenden Größen weiterverarbeitet und in hinsichtlich Bremsverhalten und Fahrstabilität optimale, radindividuelle Bremsdrücke umgewandelt. Die jeweiligen Radbremsdrücke werden mittels Drucksensoren über analogisierte Ein- und Auslassventile geregelt. Als Hochdruckversorgung dient ein Motor-Speicher-Pumpen-Aggregat (MPSA), das einen Betriebsdruck von 150-180 bar zur Verfügung stellt.

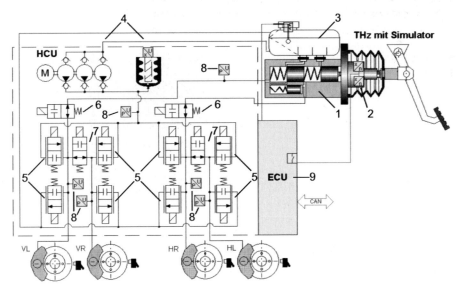

Bild 7-4: Systemarchitektur der EHB von Continental Teves bestehend aus Betätigungseinheit mit Tandem-Hauptzylinder und integriertem Pedalgefühlsimulator (1), redundantem Wegsensor (2), Bremsflüssigkeitsbehälter (3), HCU mit Motor-Pumpen-Speicher-Aggregat (4), Ventilblock mit acht analogisierten Regelventilen (5), zwei Trennventilen (6), zwei Balanceventilen (7), sechs Drucksensoren (8) und ECU (9), siehe [9]

Nach [3] muss der Bremsdruck bei einem Großteil der Bremsungen nicht radindividuell eingestellt sein. Hier sind die Ausgleichsventile geöffnet, die somit für einen achsweisen Druckausgleich an den Radbremsen dienen. Neben Realisierung von Diagnosefunktionen im Bezug auf die Drucksensorik kann bei Bremsungen mit langsamen Druckaufbau-Gradienten der Druckaufbau nur über die Ansteuerung jeweils eines Ventilpaares pro Achse erfolgen, womit die Lebensdauer der Ventile erhöht werden kann. Bei radindividuellen Bremseingriffen, wie dies bei Eingriffen von Fahrdynamikregelungen wie ABS und ESP der Fall ist, werden die Ausgleichsventile wieder geschlossen, um die Druckanforderungen an den einzelnen Radbremszylindern separat einstellen zu können.

Bei einem Ausfall der Elektronik sind Bremspedal und Tandem-Hauptzylinder über die hydraulische Rückfallebene direkt mit den Radbremsen gekoppelt. Der Fahrer kann mit seiner Fußkraft durch den hydraulischen Durchgriff mittels geöffneter Ausgleichsventile sowie Trennventile, die im normalen Betriebszustand geschlossen sind, direkt auf die Bremsen einwirken.

Um den Pedalweg in dieser Situation nicht unnötig zu verlängern, wird der Simulator abgesperrt und damit eine zusätzliche Volumenaufnahme verhindert. Der vom Fahrer einstellbare Bremsdruck liegt in diesem Fall bei ca. 20 bar, siehe hierzu auch [9].

7.3 Funktionen des Antiblockiersystems mit neuem Ansatz

7.3.1 Radschlupfregelung

Die Regelung des radindividuellen Bremsschlupfs dient als Basis für die im Folgenden vorgestellte Bremsdynamikregelung eines Fahrzeugs. Der Schlupf bietet sich als Bezugs- und Regelgröße an, weil er ein Maß für die vom Reifen übertragenen Kräfte ist, allerdings nicht mit linearem Zusammenhang. Ferner lässt sich über die Analyse des Radschlupfs eine Aussage über die Lage des hinsichtlich maximaler Verzögerung optimalen Bremsschlupfs treffen, wie dies anhand der im Folgenden vorgestellten Verfahren gezeigt wird.

Die Kenntnis des Bremsdrucks sowie des daraus rekonstruierbaren Bremsmoments bietet einen entscheidenden Vorteil bei der Realisierung einer Radschlupfregelung, da mittels einer Momentenbilanz am Rad die in Radlängsrichtung wirkenden Kräfte bestimmt werden können. Dies ermöglicht weiterhin ein präzises Einregeln des Radschlupfs unabhängig von der Beschaffenheit der Kraftschlussbeiwert-Schlupf-Kurve. Im Folgenden steht der radindividuelle Bremsdruck mittels Sensoren zur Verfügung.

Die Struktur des in diesem Zusammenhang realisierten Reglers ist in Bild 7-5 dargestellt, siehe hierzu auch [11]. Eingänge der Radschlupfregelung sind hierbei unter anderem der Soll-Bremsschlupf λ_d und der rekonstruierte Ist-Bremsschlupf λ. Der in Längsrichtung des Rads orientierte Soll-Bremsschlupf, also die Führungsgröße, wird hierbei mittels der im Folgenden gezeigten Verfahren zur Ermittlung des optimalen Bremsschlupfs vorgegeben. Die Berechnung des aktuellen Bremsschlupfs geschieht basierend auf dem zur Schätzung der Fahrzeuggeschwindigkeit eingesetzten Fuzzy-System. Der gewünschte

7.3 Funktionen des Antiblockiersystems mit neuem Ansatz

Bremsdruck $p_{d,\lambda}$ ist die Führungsgröße für die Druckregelung. Dabei ist die Druckregelung als Grundfunktion in der Regelungseinheit der elektrohydraulischen Bremse realisiert. Da aber eine bereits geringe bleibende Regelabweichung beim Bremsdruck zu einer bleibenden Regelabweichung beim Bremsschlupf führen würde, werden im Folgenden entsprechende Maßnahmen getroffen, um dies zu verhindern.

Der Vorteil der elektrohydraulischen Bremse gegenüber konventionellen Bremssystemen liegt in der Kenntnis des radindividuellen Bremsdrucks sowie in dessen Vorgabe. Der an den Radbremszylindern anliegende Bremsdruck wird mittels Drucksensoren in der Regelungseinheit der elektrohydraulischen Bremse und einem entsprechenden Druckmodell rekonstruiert.

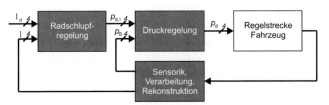

Bild 7-5:
Struktur der kaskadierten Regelung bestehend aus Radschlupfregler, Bremsdruckregler und Regelstrecke Fahrzeug

Man betrachte im Folgenden die Drehmoment-Bilanz für ein nicht blockierendes Rad, die wiedergegeben ist durch

$$\Theta_W \cdot \dot{\omega} = M_A - M_B - M_{LR} - F_{X,W} \cdot r_{dyn} - F_{Z,W} \cdot n_W \tag{7.1}$$

Hierbei repräsentiert Θ_w die Trägheitskonstante des Rads inklusive der mit ihm verbundenen drehenden Teile wie beispielsweise Komponenten der Achse, der Kupplung und des Getriebes, $\dot{\omega}$ beschreibt die Ableitung der Winkelgeschwindigkeit des Rads nach der Zeit, und r_{dyn} ist der dynamische Reifenradius. $F_{X,W}$ steht für die in Längsrichtung des Rads wirkende Kraft und $F_{Z,W}$ für die Aufstandskraft am Rad. M_A, M_B und M_{LR} stehen für die Drehmomente, die hervorgerufen werden durch den Antrieb, die Bremse und Reibungsverluste in Radlager und Reifenlatsch.

Das durch die elektrohydraulische Bremse aufgebrachte Bremsmoment lässt sich wiederum aus dem Bremsdruck am Radbremszylinder p_B, aus der Fläche des Bremskolbens A_B, dem mittleren Radius der Bremsscheibe r_B und dem Kraftschlussbeiwert C^* zwischen Bremsscheibe und Bremsbelägen berechnen zu

$$M_B = A_B \cdot C^* \cdot r_B \cdot p_B = k_B \cdot p_B \tag{7.2}$$

mit dem Parameter k_B

$$k_B = A_B \cdot C^* \cdot r_B \tag{7.3}$$

Falls das Rad blockiert, sind die notwendigen Randbedingungen zur Verwendung von (7.1) nicht erfüllt. Die Gleichung darf daher im Fall der Radblockade nicht verwendet werden. Dies wird offensichtlich, wenn man rekapituliert, dass eine Erhöhung des Bremsmoments für ein blockiertes Rad keine höhere Längskraft erbringen wird.
Der Term $M_{LR} + F_{Z,W} \cdot n_W$ wird nun im Folgenden ersetzt durch das Reibmoment

$$M_* = M_{LR} + F_{Z,W} \cdot n_W \tag{7.4}$$

Die Drehmoment-Gleichung lautet somit

$$\Theta_W \cdot \dot{\omega} = M_A - M_B - M_* - F_{X,W} \cdot r_{dyn} \tag{7.5}$$

Wie in den Kapiteln zuvor beschrieben, ist die bei einem bestimmten Schlupf durch das Rad übertragbare Kraft unter anderem abhängig vom Reifentyp, der Temperatur und der Fahrbahnbeschaffenheit. Dieser Zusammenhang ist für den entlang der Radebene in Längsrichtung orientierten Kraftschlussbeiwert μ_X in der folgenden Gleichung wiedergegeben zu

$$\mu_X = \frac{F_{X,W}}{F_{Z,W}} = f(\lambda_X, \lambda_Y, v, F_{Z,W}, \ldots) \tag{7.6}$$

Der Bremsschlupf in Längsrichtung der Radebene ist wie folgt definiert

$$\lambda = \frac{v - \omega \cdot r_{dyn}}{v} \tag{7.7}$$

Dabei steht v für die Geschwindigkeit des Radaufstandspunkts in Längsrichtung der Radebene. Umstellung von (7.7) führt nun zu

$$v \cdot \lambda = v - \omega \cdot r_{dyn} \tag{7.8}$$

Als partielle Ableitung ergibt sich

$$v \cdot \dot{\lambda} = \dot{v} - \dot{v} \cdot \lambda - \dot{\omega} \cdot r_{dyn} \tag{7.9}$$

Einsetzen von (7.5) in (7.9) ergibt

$$v \cdot \dot{\lambda} = -\dot{v} \cdot \lambda + \dot{v} - \frac{r_{dyn}}{\Theta_W} \cdot \left(-r_{dyn} \cdot F_{X,W} + M_A - M_B - M_* \right) \tag{7.10}$$

und durch Umstellung der Gleichung nach $\dot{\lambda}$

7.3 Funktionen des Antiblockiersystems mit neuem Ansatz

$$\dot{\lambda} = -\frac{\dot{v}}{v} \cdot \lambda + \frac{\dot{v}}{v} - \frac{r_{dyn}}{\Theta_W \cdot v} \cdot \left(-r_{dyn} \cdot F_{X,W} + M_A - M_B - M_*\right) \tag{7.11}$$

Ein lineares Übertragungsverhalten und damit eine exakte Linearisierung ergibt sich genau dann, wenn der Eingang M_B sämtliche Nichtlinearitäten kompensiert. Dies ist der Fall für

$$M_B = M_A - M_* - r_{dyn} \cdot F_{X,W} + \frac{\Theta_W \cdot \dot{v}}{r_{dyn}}(\lambda - 1) + \frac{\Theta_W \cdot v}{r_{dyn}} \cdot u_{EL} \tag{7.12}$$

und $u_{EL} = 0$ unter Kenntnis der oben eingehenden Zustände und Parameter. Die Größe u_{EL} dient später als Ausgang des Radschlupfreglers und wirkt direkt auf die Ableitung des Schlupfs.

Zur exakten Linearisierung der Regelstrecke wird das erforderliche Bremsmoment $M_B(k)$ aus den vom letzten Abtastschritt zur Verfügung stehenden Größen nach (7.12) ermittelt.

$$M_B(k) \approx M_B(k-1) \tag{7.13}$$

Einsetzen von (7.12) in (7.11) führt schließlich zu

$$\dot{\lambda} = u_{EL} \tag{7.14}$$

Es ergibt sich somit ein lineares Gleichungssystem. Dessen Übertragungsfunktion $G_S(s)$ lautet

$$G_S(s) = \frac{\lambda(s)}{w(s)} = \frac{1}{s} \tag{7.15}$$

Für den Eingang $w = 0$ führt dies dazu, dass der Stellausgang u – in diesem Fall das Sollbremsmoment – gerade so groß ist, dass der derzeit am Rad befindliche Bremsschlupf gehalten werden kann. Dies ist aufgrund der exakten Linearisierung unabhängig vom wirkenden Kraftschluss der Fall.

Zur Regelung des Radschlupfs kommt zusätzlich zur exakten Linearisierung ein kennfeldbasierter PD-Regler zum Einsatz. Die Gleichung des Reglers lautet

$$w = k_P \left(\lambda_d - \lambda\right) + k_D \left(\dot{\lambda}_d - \dot{\lambda}\right) \tag{7.16}$$

Als Gesamtübertragungsfunktion $G_{RS}(s)$ des Regelkreises ergibt sich schließlich

$$G_{RS}(s) = \frac{\lambda_d(s)}{\lambda(s)} = \frac{1 + \dfrac{k_D}{k_P} s}{1 + \dfrac{1 + k_D}{k_P} s} \qquad (7.17)$$

Die resultierende PDT$_1$-Strecke ist stabil für alle $k_P > 0$ und $k_D > -1$. Unter diesen Randbedingungen ist die hier vorgestellte Radschlupfregelung in der Lage, den Bremsschlupf auf jeden beliebigen Wert einzuregeln.

Vereinfachend wurde zuvor angenommen, dass die Druckregelung in der Lage ist, jedes beliebige, vom Schlupfregler vorgegebene Bremsmoment am Rad zu erzeugen. Dies ist nur näherungsweise zulässig.

Das Übertragungsverhalten der elektrohydraulischen Bremse inklusive der in der elektronischen Steuereinheit realisierten Druckregelung kann vereinfachend als PT$_2$-Glied mit K = 1, D = 0,6 und ω_0 = 100 /s sowie geringer Hysterese und Totzeit von T$_t$ = 7 ms modelliert werden, siehe hierzu auch [10]. Während die Dynamik der Bremse – hier durch das PT$_2$-Glied repräsentiert – vornehmlich Einfluss auf die Varianz, nicht aber auf den Erwartungswert der Regelabweichung des Radschlupfs hat, führt die Hysterese der EHB-Druckregelung zu einer bleibenden Regelabweichung des Radschlupfs.

Die Hysterese des Druckreglers wird im Folgenden mittels eines Zweipunktschalters kompensiert. Der an die elektrohydraulische Bremse übermittelte radindividuelle Soll-Bremsdruck p_d berechnet sich zu

$$p_d = p_{d,\lambda} + \Delta p_0 \cdot \mathrm{sgn}(p_{d,\lambda} - p) \quad \forall \quad \Delta p_0 > 0 \qquad (7.18)$$

mit $p_{d,\lambda}$ als der von der Radschlupfregelung angeforderte Soll-Bremsdruck und Δp_0 als Amplitude des Zweipunktschalters.

Die im Folgenden vorgestellten Messungen zeigen die Ergebnisse, die beim Einsatz des nichtlinearen Radschlupfreglers bei Geradeausbremsung mit konstanter Schlupfvorgabe auf Fahrbahnen mit unterschiedlicher Beschaffenheit erzielt wurden. Die beiden Vorderräder werden hierbei in Regelung betrieben, wohingegen die ungebremste Hinterachse der Ermittlung der Fahrzeuggeschwindigkeit dient.

7.3.1.1 Bremsung auf trockenem Asphalt

In Bild 7-6 ist ein Bremsvorgang auf trockenem Asphalt dargestellt. Der vom Radschlupfregler einzustellende Sollschlupf wird hierbei mit λ_d = 10 % vorgegeben. Dieser liegt im vorliegenden Fall noch unterhalb des optimalen Bremsschlupfs. Eine Erhöhung des Sollschlupfs würde somit den resultierenden Kraftschlussbeiwert zwischen Reifen und Fahrbahn erhöhen.

Wie anhand der Messung zu erkennen ist, zeigen Führungs- und Messgröße eine gute Übereinstimmung. Der gemessene Radschlupf erreicht sehr schnell seinen Sollwert und unterliegt während der gesamten Regelzeit nur geringen Schwankungen. Dies ist insofern von Bedeutung, als dass der Radschlupfregler in der Lage ist, die aufgrund von Beschleunigungsvorgängen auftretenden Radlastverlagerungen zu kompensieren.

7.3 Funktionen des Antiblockiersystems mit neuem Ansatz

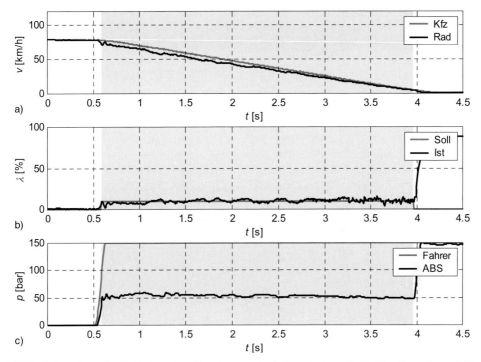

Bild 7-6: Regelung des Radschlupfs auf trockenem Asphalt und einem Sollschlupf von $\lambda_d = 10\ \%$ (graue Schraffierung); Geschwindigkeitsreferenz über ungebremste Hinterachse: a) Fahrzeug- und Radgeschwindigkeit, b) Soll- und Ist-Schlupf, c) Fahrerwunschdruck und Ist-Bremsdruck des ABS an den Radbremszylindern

Mit sinkender Fahrzeuggeschwindigkeit nimmt bei nahezu konstantem Bremsschlupf der Bremsdruck leicht ab. Dies lässt sich mit der Änderung des Kraftschlussbeiwerts zwischen Reifen und Fahrbahn in Abhängigkeit von der Fahrgeschwindigkeit erklären.

Der Sollschlupf wird im Folgenden auf $\lambda_d = 31\ \%$ erhöht. Bild 7-7 zeigt hierzu einen weiteren Bremsvorgang. Der vorgegebene Sollschlupf befindet sich hierbei allerdings oberhalb des optimalen Bremsschlupfs. Eine Erhöhung des Schlupfs geht somit mit einer Reduzierung des Kraftschlussbeiwerts zwischen Reifen und Fahrbahn einher. Somit ist die Regelstrecke hinsichtlich ihres Verhaltens instabil.

Trotz dieser Tatsache ist der Radschlupfregler in der Lage, das Rad beim gewünschten Schlupf zu stabilisieren. Der Sollwert wird in relativ kurzer Zeit erreicht, ohne dass das Rad blockiert.

Aufgrund der instabilen Regelstrecke in Verbindung mit einer begrenzten Dynamik des Aktors und der Elastokinematik der Radaufhängung lassen sich leichte Schwingungen am Rad nicht vermeiden, wie sie bei Betrachtung des gemessenen Radschlupfs ersichtlich werden. Bei entsprechender Verarbeitung der Radschlupfinformation ermöglicht dies aber eine Aussage über die Lage des optimalen Bremsschlupfs. Dieser Zusammenhang wurde bereits im fünften Kapitel anhand von Messungen erfolgreich dargestellt.

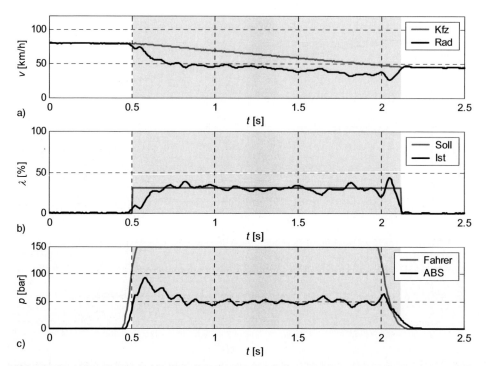

Bild 7-7: Regelung des Radschlupfs bei trockenem Asphalt und einem Sollschlupf von $\lambda_d = 31\ \%$ (graue Schraffierung); Geschwindigkeitsreferenz über ungebremste Hinterachse: a) Fahrzeug- und Radgeschwindigkeit, b) Soll- und Ist-Schlupf, c) Fahrerwunschdruck und Ist-Bremsdruck des ABS an den Radbremszylindern

7.3.1.2 Bremsung auf nassem Asphalt

Neben den auf trockenem Asphalt durchgeführten Messungen sind ebenfalls die Bremsvorgänge auf nassem Asphalt von Relevanz. Der maximal zur Verfügung stehende Kraftschlussbeiwert ist hier niedriger als bei trockenem Asphalt, es tritt aber zusätzlich Aquaplaning auf, wodurch der Kraftschlussbeiwert zwischen Reifen und Fahrbahn selbst bei konstantem Schlupf zum Teil stark variieren kann.

Wird der Sollschlupf auf einen Wert von $\lambda_d = 70\ \%$ eingestellt, ergibt sich bei einer Bremsung auf nassem Asphalt das in Bild 7-8 dargestellte Verhalten. Der einzustellende Radschlupf befindet sich weit oberhalb des optimalen Bremsschlupfs, wodurch der zur Verfügung stehende Kraftschlussbeiwert unterhalb des maximal möglichen Kraftschlusses liegt.

Wie zuvor bei trockenem Asphalt stabilisiert der Radschlupfregler auch auf nassem Asphalt das Rad beim vorgegebenen Bremsschlupf. Es zeigt sich hierbei, dass das Rad trotz der hohen Sollschlupfvorgabe zu keinem Zeitpunkt in die Blockade läuft. Es tritt während der Regelung lediglich eine leichte Radschwingung von ca. 10 Hz auf. Die Schwingung ist dabei deutlicher ausgeprägt als auf trockenem Asphalt, was vermutlich auf die Bildung von Aquaplaning und daher sich ändernden Kraftschlussbeiwert zurückzuführen ist.

7.3 Funktionen des Antiblockiersystems mit neuem Ansatz

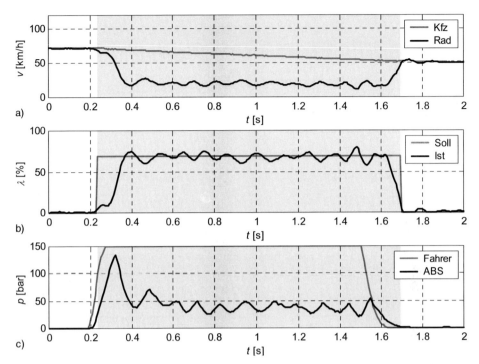

Bild 7-8: Regelung des Radschlupfs bei nassem Asphalt und einem Sollschlupf von $\lambda_d = 70\,\%$ (graue Schraffierung); Geschwindigkeitsreferenz über ungebremste Hinterachse: a) Fahrzeug- und Radgeschwindigkeit, b) Soll- und Ist-Schlupf, c) Fahrerwunschdruck und Ist-Bremsdruck des ABS an den Radbremszylindern

7.3.1.3 Bremsung auf Schnee

In den zuvor beschriebenen Fällen wurden Bremsungen auf trockenem und nassem Asphalt bei unterschiedlicher Sollschlupfvorgabe dargestellt. Im Folgenden sind Messungen auf Fahrbahnen mit niedrigem Kraftschlussbeiwert wie Schnee und Eis gezeigt.

Im Folgenden wird der gewünschte Bremsschlupf auf $\lambda_d = 44\,\%$ eingestellt, wie in Bild 7-9 dargestellt ist. Der Untergrund Schnee weist hierbei eine Besonderheit hinsichtlich seiner Kraftschlussbeiwert-Schlupf-Kurve auf. So erreicht sie das Maximum des Kraftschlussbeiwerts bei blockiertem Rad, hier aufgrund der Schneekeilbildung vor dem blockierten Rad.

Im Schlupfbereich zwischen blockiertem und freilaufendem Rad ist die Steigung der Kraftschlussbeiwert-Schlupf-Kurve in einer ersten Näherung null. Der zum oben genannten Sollschlupf zugehörige Kraftschlussbeiwert liegt somit zwischen Hauptmaximum und Sattelpunkt der Kraftschlussbeiwert-Schlupf-Kurve. Eine Steigerung des Sollschlupfs in diesem Bereich erhöht somit nicht den Kraftschlussbeiwert zwischen Reifen und Fahrbahn.

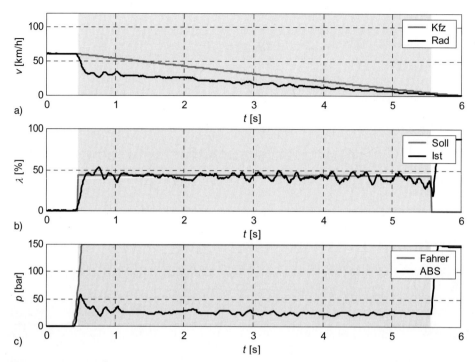

Bild 7-9: Regelung des Radschlupfs bei Schnee und einem Sollschlupf von $\lambda_d = 44\,\%$ (graue Schraffierung); Geschwindigkeitsreferenz über ungebremste Hinterachse: a) Fahrzeug- und Radgeschwindigkeit, b) Soll- und Ist-Schlupf, c) Fahrerwunschdruck und Ist-Bremsdruck des ABS an den Radbremszylindern

Auch im vorliegenden Fall verhindert der Radschlupfregler, dass das Rad in die Blockade gerät. Lediglich Anregungen resultierend aus der inhomogenen Fahrbahnbeschaffenheit führen zu geringen Schwankungen in den Radkräften und somit im Radschlupf.

7.3.1.4 Bremsung auf poliertem Eis

Wie anhand von Bremsvorgängen auf Schnee gezeigt, stabilisiert der Radschlupfregler das Rad auch auf Fahrbahnbelägen mit niedrigem Kraftschlussbeiwert. Die Kraftschlussbeiwert-Schlupf-Kurve zeigt im Fall von Eis als Untergrund kein ausgeprägtes Maximum, wie dies beispielsweise auf trockenem oder nassem Asphalt der Fall ist. Der Kraftschlussbeiwert ist in einem großen Schlupfbereich nahezu konstant und sehr niedrig. Hierzu zeigt Bild 7-10 einen Bremsvorgang bei einer Sollschlupfvorgabe von $\lambda_d = 70\,\%$. Beim Einleiten des Bremsvorgangs steigt der Bremsdruck zunächst stark an, wird dann aber vom Radschlupfregler frühzeitig reduziert, um das Rad am gewünschten Bremsschlupf zu halten. Zu erkennen ist hierbei, dass der Radschlupf überschwingt, das Rad hierbei aber nicht in die Blockade läuft. Danach ist der Radschlupf nahezu konstant.

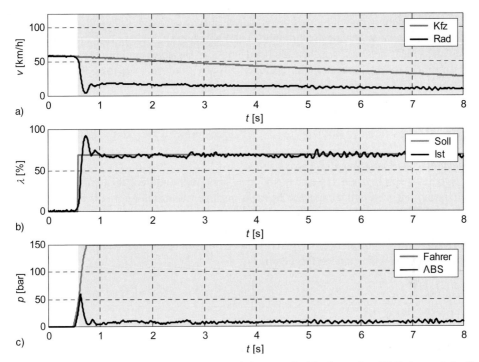

Bild 7-10: Regelung des Radschlupfs bei Eis und einem Sollschlupf von $\lambda_d = 70$ % (graue Schraffierung); Geschwindigkeitsreferenz über ungebremste Hinterachse: a) Fahrzeug- und Radgeschwindigkeit, b) Soll- und Ist-Schlupf, c) Fahrerwunschdruck und Ist-Bremsdruck des ABS an den Radbremszylindern

Der Kraftschlussbeiwert zwischen Reifen und Fahrbahn ist sehr gering, wie dies bei Betrachtung des am Radbremszylinder anliegenden Bremsdrucks im Vergleich zu denen der bereits vorgestellten Bremsvorgänge ersichtlich wird.

7.3.2 Ermittlung der Fahrzeuggeschwindigkeit

Die Geschwindigkeit des Fahrzeugs ist eine Größe, die nur mit verhältnismäßig großem Aufwand zuverlässig für jede Fahrsituation ermittelt werden kann. Im radkräftefreien Fall kann sie näherungsweise über die Raddrehzahlsensoren bestimmt werden. Übertragen die Räder allerdings Kräfte in Längs- bzw. Querrichtung, ist eine einwandfreie Bestimmung nur sehr schwer möglich. Die im Folgenden vorgestellten Verfahren sollen eine Möglichkeit aufzeigen, die Geschwindigkeit des Fahrzeugs durch Einbeziehung der Bremsdrucksensoren genauer zu bestimmen.

Zur Regelung der Bremsdynamik stehen im Rahmen dieser Arbeit unterschiedliche Sensoren und Aktoren zur Verfügung, die in Kombination Aufschluss über die Übergrundgeschwindigkeit eines Fahrzeugs geben können, siehe hierzu auch [12].

Zentrale Bedeutung haben hierbei die Raddrehzahlsensoren, die im annähernd kräftefreien Fall eine relativ genaue Bestimmung der Fahrzeuggeschwindigkeit ermöglichen. Ist dies nicht mehr der Fall, wird die Einbeziehung der Beschleunigungssensoren sowie der Bremsdrucksensoren erforderlich, die innerhalb physikalischer Grenzen ihren Anteil zur Stützung der Fahrzeuggeschwindigkeit leisten.

Im Folgenden werden drei voneinander unabhängige Verfahren zur Stützung der Fahrzeuggeschwindigkeit vorgestellt. Die Ergebnisse werden anschließend mithilfe eines Fuzzy-Systems zu einer möglichst exakten Fahrzeuggeschwindigkeit verknüpft.

Stützung über Raddrehzahlsensoren

Wie bereits beschrieben lässt sich von den über die Raddrehzahlsensoren ermittelten Radumfangsgeschwindigkeiten nur bei sehr geringen Radschlüpfen auf die Fahrzeuggeschwindigkeit schließen. Bei Kurvenfahrt muss ferner der unterschiedliche Abrollumfang der Räder mit berücksichtigt werden. Zur Transformation der Längsgeschwindigkeiten der Räder in den Fahrzeugschwerpunkt werden Gierrate sowie Schwimmwinkel einbezogen. Unter diesen Umständen folgt daraus

$$v_{W,K} = \frac{v_W}{\cos \alpha} \pm \dot{\psi} \cdot (b \cdot \cos \beta \mp l \cdot \sin \beta) \qquad (7.19)$$

wobei mit $v_{W,K}$ die aus der Raddrehzahl des jeweiligen Rads ermittelte, korrigierte und in den Schwerpunkt transformierte Geschwindigkeit bezeichnet. Dem für das jeweilige Rad gültige Abstand zum Fahrzeugschwerpunkt wird mittels der Spurbreite b und dem Achsabstand l Rechnung getragen.

Stützung über Beschleunigungssensoren

Zur Messung der Längs- sowie der Querbeschleunigung a_x und a_x des Fahrzeugs stehen entsprechende Sensoren zur Verfügung. Neben der auf die Fahrbahn bezogenen Fahrzeugbeschleunigung erhalten die Sensorgrößen Anteile, die aus Nick- und Wankwinkel sowie aus dem Befahren von Fahrbahnen mit Steigungen resultieren. Mit dem Wankwinkel φ und dem Nickwinkel θ ergeben sich die korrigierten Beschleunigungen zu

$$a_{X,K} = a_X + g \cdot \sin \theta \cdot \cos \varphi \qquad (7.20)$$

$$a_{Y,K} = a_Y - g \cdot \sin \varphi \cdot \cos \theta \qquad (7.21)$$

Mittels des im vorhergehenden Kapitel gezeigten Verfahrens zur Schätzung der Fahrbahnsteigung können die aus der Hangabtriebskraft resultierenden Anteile kompensiert werden. Für die Fahrzeugbeschleunigung im Bezug auf die Fahrbahn ergibt sich mit der Steigung γ letztlich

$$\dot{v}_a = a_{X,K} \cdot \cos \beta + a_{Y,K} \cdot \sin \beta - g \cdot \sin \gamma \qquad (7.22)$$

7.3 Funktionen des Antiblockiersystems mit neuem Ansatz

Daraus erhält man mittels Integration die Fahrzeuggeschwindigkeit v_a. Weiterhin wird die Beschleunigung $\dot{v}_a$ zur Einschätzung des Fahrzustands im später beschriebenen Fuzzy-Geschwindigkeitsschätzer verwendet.

Bei der Bestimmung des Stützwerts wird hierbei auf die zuletzt vom Geschwindigkeitsschätzer berechneten Geschwindigkeit zurückgegriffen. Es ergibt sich mit T = 0,007 s für die über die Beschleunigungssensoren gestützte Geschwindigkeit

$$v_a(k) = v_h(k-1) + T \cdot \dot{v}_a(k) \tag{7.23}$$

Stützung über Bremsdrucksensoren

Bei Verwendung der Bremsdrucksensoren zur Bestimmung der Fahrzeuggeschwindigkeit ist eine Kräftebilanz aller auf das Fahrzeug wirkenden Kräfte notwendig. Die vom Rad in Umfangsrichtung erbrachte Kraft ergibt sich aus der Drehmomentbilanz zu

$$F_{X,W} = \frac{M_A - M_B - M_{LR} - \Theta_W \cdot \dot{\omega}}{r_{dyn}} - F_{Z,W} \cdot \frac{n_{X,W}}{r_{dyn}} \tag{7.24}$$

mit dem vom Bremsdruck p_B, vom Abstand zwischen Radmittelpunkt und Kolbenmittelpunkt r_B sowie von der inneren Übersetzung C^* abhängigen Bremsmoment M_B

$$M_B = r_B \cdot C^* \cdot F_{SP} = r_B \cdot C^* \cdot p_B \cdot A_B \tag{7.25}$$

Unter Einbeziehung des Schräglaufwinkels am Rad lässt sich modellbasiert über die geschätzte Schräglaufsteifigkeit die Querkraft am Rad berechnen. Anschließend wird eine Transformation der Kräfte in das Fahrzeugkoordinatensystem durchgeführt. Neben den über die Räder übertragenen Kräften müssen Luftwiderstand sowie die Hangabtriebskraft berücksichtigt werden. Unter Einbeziehung der Fahrzeugmasse lässt sich so die Beschleunigung des Fahrzeugs berechnen. Anschließende Integration führt zur Geschwindigkeit aus der Kräftebilanz v_F. Hierbei wird $\dot{v}_F$ zur Einschätzung des Fahrzustands im Fuzzy-Geschwindigkeitsschätzer verwendet.

Da das Antriebsmoment des Fahrzeugs der Fahrdynamikregelung nicht zur Verfügung steht, ist es in der oben beschriebenen Kräftebilanz nicht enthalten. Somit kann dieses Verfahren nur bei einer Bremsung verwertbare Ergebnisse liefern. Der Luftwiderstand ist über F_L berücksichtigt, die Hangabtriebskraft über $g \cdot \sin \gamma$. Der mithilfe der Bremsdrucksensoren ermittelte Stützwert berechnet sich zu

$$v_F(k) = v_h(k-1) + T \cdot \dot{v}_F(k) \tag{7.26}$$

Dieser Stützwert wird fahrzustandsabhängig zur Ermittlung der Fahrzeuggeschwindigkeit verwendet.

Schätzung der Geschwindigkeit

Wie oben gezeigt, stehen für die Schätzung der Fahrzeuggeschwindigkeit nun drei Stützwerte zur Verfügung. Diese sind Stützwerte basierend auf Größen der Raddrehzahlsensoren, der Beschleunigungssensoren und der Bremsdrucksensoren, die im Folgenden mittels geeigneter Verfahren fusioniert werden.

Die Zuverlässigkeit eines jeden Stützwerts ist abhängig von der momentanen Fahrsituation. Wird eine entsprechende Gewichtung dieser Stützwerte in Abhängigkeit der Fahrsituation durchgeführt, steigt in gleichem Maß die Qualität der Geschwindigkeitsschätzung. Sind die Radschlüpfe beispielsweise sehr gering, geht der über die Radumfangsgeschwindigkeiten bestimmte Stützwert mit hoher Gewichtung ein. Im Gegensatz hierzu wird bei hohem Schlupfeinlauf den aus den Beschleunigungs- und Drucksensoren bestimmten Stützwerten der Vorzug gegeben. Zur Berechnung der Fahrzeuggeschwindigkeit bieten sich somit die in untenstehender Gleichung verwendeten Gewichtungsfaktoren k_W, k_a und k_F an.

$$v_h = \frac{k_W \cdot v_W + k_a \cdot v_a + k_F \cdot v_F}{k_W + k_a + k_F} \tag{7.27}$$

Die Bestimmung der Gewichtungsfaktoren mittels eines Fuzzy-Systems nach Bild 7-11 bietet sich an, da sich die Zuverlässigkeit der Stützwerte zur Geschwindigkeitsschätzung leicht in linguistischer Form wiedergeben lässt.

Als Eingangsgrößen zur Ermittlung der fahrzustandsabhängigen Gewichte haben sich der Radschlupf, die aus den Beschleunigungssensoren ermittelte Gesamtbeschleunigung, die aus der Kräftebilanz ermittelte Gesamtkraft, der Betrag der Radumfangsbeschleunigung sowie der Betrag des Schwimmwinkels bewährt. Um die Eingangsgrößen des Fuzzy-Systems zu reduzieren, wird die Radumfangsgeschwindigkeit des für eine Schätzung aussagekräftigsten Rads verwendet. Im betrachteten Fall ist dies das Rad mit dem geringsten Schlupfeinlauf. Der Betrag der Radbeschleunigung als Eingang dient hierbei dazu, eintretenden Schlupf möglichst schnell zu erkennen.

Ausgangsgrößen des Fuzzy-Systems sind die Gewichtungsfaktoren der zur Schätzung der Fahrzeuggeschwindigkeit berechneten Stützwerte. Die Fusion der Stützwerte erfolgt mittels obiger Gleichung unter Verwendung der aus dem Fuzzy-System bereitgestellten Gewichtungsfaktoren.

Für die im Anschluss an die Fuzzifizierung durchzuführende Aggregation kommt der min-Operator zum Einsatz. Nach Implikation und Akkumulation mittels max-Operator werden die Gewichte über die Flächenschwerpunkts-Methode (Center of Gravity) in der Defuzzifizierung berechnet.

Besondere Beachtung an diesem Fuzzy-System gilt der rückgekoppelten Struktur. Die berechnete Fahrzeuggeschwindigkeit wird zur Schlupfrekonstruktion verwendet. Daher muss die Stabilität mit besonderen Maßnahmen überwacht werden. Für eine detaillierte Beschreibung des Verfahrens sei auf [12] verwiesen.

7.3 Funktionen des Antiblockiersystems mit neuem Ansatz

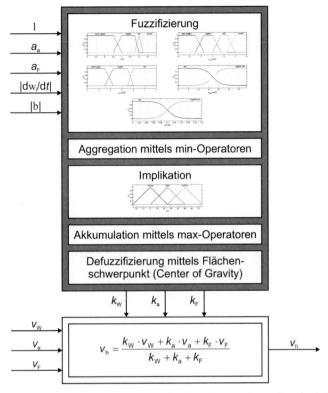

Bild 7-11: Fuzzy-System zur Fusion der rekonstruierten Geschwindigkeitswerte

7.3.3 Ermittlung des optimalen Bremsschlupfs und Bremsschlupfvorgabe

Die Kenntnis des optimalen Bremsschlupfs ist für ein Antiblockiersystem von größter Wichtigkeit. Die Möglichkeit, einen radindividuellen optimalen Bremsschlupf einstellen zu können, bedeutet gegenüber derzeit in Serie eingesetzter Antiblockiersysteme eine Verkürzung des Bremswegs innerhalb der physikalischen Grenzen. Der Wirkungsgrad konventioneller Antiblockiersysteme hinsichtlich der Verzögerung liegt nach [2] bei $\eta = 95\,\%$. Antriebsschlupfregelsysteme erreichen in der Regel nur einen Wirkungsgrad von $\eta = 92\,\%$.

Zur Ermittlung des optimalen Bremsschlupfs wurde sich die Tatsache zunutze gemacht, dass das Radschlupfsignal einer leichten Schwingung unterliegt, sobald das Rad im instabilen Bereich der Kraftschlussbeiwert-Schlupf-Kurve geregelt wird. Dies ist auf dynamische Vorgänge sowohl im Reifen als auch in der Achse und auf eine begrenzte Aktordynamik zurückzuführen. Eine entsprechend geartete Frequenzanalyse mit Sollschlupf-Vorgabe ermöglicht hierbei die Ermittlung des optimalen Bremsschlupfs.

Hierbei wird sich die Tatsache zunutze gemacht, dass der über den Schlupfregler eingestellte Radschlupf im Bereich der Kraftschlussbeiwert-Schlupf-Kurve mit bei steigendem Schlupf abnehmendem Kraftschluss geringfügig schwingt. Das hierbei zu untersuchende Frequenzband liegt zwischen 8 und 11 Hz und wird maßgeblich durch den Stick-Slip-Effekt der Reifen sowie die Elastokinematik der Achsen bestimmt.

Da es sich bei dem zu betrachtenden Signal – in diesem Fall der Bremsschlupf – um eine nichtperiodische Funktion handelt, wird im Folgenden zur Frequenzanalyse die Fourier-Transformation zu Hilfe genommen.

Die Fouriertransformierte $F(i\omega)$, deren Einsatz für das hier vorgestellte Verfahren zur Ermittlung des optimalen Bremsschlupfs $\lambda = f(t)$ sowie einer entsprechend gearteten Bremsschlupfvorgabe λ_d von Interesse ist, ergibt sich nach [13] zu

$$F(i\omega) = \int_{-\infty}^{\infty} f(t) e^{-i\omega t} dt \qquad (7.28)$$

Im zeitdiskreten Bereich ergibt sich für (7.28) mit $k = t/T_0$ und der Abtastzeit T_0 die diskrete Fouriertransformierte zu

$$F_D(in) = \sum_{k=0}^{N-1} f(k) e^{-2\pi \frac{ikn}{N}} \qquad (7.29)$$

Im Folgenden wird bezeichnet mit

$$\left| F(i\omega) \right|_{\omega \approx 9,5 Hz \, (2 \text{Perioden})} = S_2 \qquad (7.30)$$

Weiterhin gilt

$$f(k) \equiv \lambda_X(k) \qquad (7.31)$$

Für die Frequenzanalyse des Radschlupfsignals im Bereich zwischen 8 und 11 Hz muss das Zeitfenster so gewählt werden, dass Änderungen im Radschlupfsignal möglichst schnell erfasst werden. Für eine äquidistante Abtastzeit von $T_0 = 0,007$ s hat sich ein Zeitfenster von 0,21 s mit 30 Schlupfwerten bewährt. Dies entspricht zwei Perioden bei einer Frequenz von ca. 9,5 Hz.

Im Folgenden sei eine Bremsung auf Asphalt angenommen. Hierzu zeigt Bild 7-12 eine entsprechende Messung. Wie deutlich zu sehen ist, wird der Sollschlupf von $\lambda_d = 7\,\%$ relativ präzise eingeregelt. Da im betrachteten Fall der Radschlupf praktisch keiner Schwingung unterliegt, ist der sich ergebende Ausgang sehr gering. Grund hierfür ist, dass der geforderte Bremsschlupf geringer ist als der optimale Bremsschlupf und somit eine Erhöhung des Radschlupfs gleichzeitig mit einer Zunahme des Kraftschlussbeiwerts einhergeht. Der Radschlupf ist in diesem Bereich einfacher zu regeln.

7.3 Funktionen des Antiblockiersystems mit neuem Ansatz

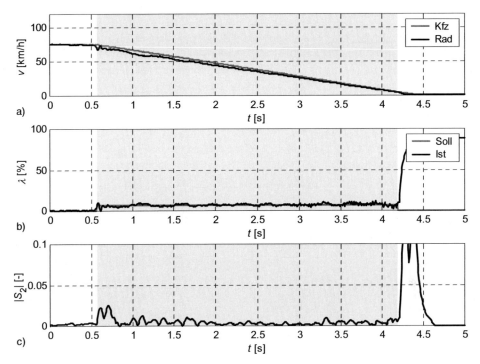

Bild 7-12: Regelung des Radschlupfs bei trockenem Asphalt und einem Sollschlupf von $\lambda_d = 7\ \%$ (graue Schraffierung); Geschwindigkeitsreferenz über ungebremste Hinterachse: a) Fahrzeug- und Radgeschwindigkeit, b) Soll- und Istschlupf, c) Koeffizient $|S_2|$ der Fouriertransformierten des Radschlupfs

Im Gegensatz hierzu zeigt Bild 7-13 ein Bremsmanöver auf Asphalt, bei dem der Sollschlupf $\lambda_d = 31\ \%$ beträgt. Offensichtlich liegt dieser relativ hohe Bremsschlupf bereits oberhalb des optimalen Schlupfs und damit in einem Bereich, bei dem der Kraftschluss mit zunehmendem Radschlupf sogar abnimmt.

In diesem Bereich ist eine Regelung des Radschlupfs anspruchsvoller. Trotz dieser Tatsache gelingt es mit dem bereits vorgestellten Radschlupfregler, das Rad beim vorgegebenen Sollschlupf zu stabilisieren. Allerdings zeigt sich beim Radschlupf eine geringfügige Schwingung, die sich entsprechend auf die Größe des Koeffizienten $|S_2|$ niederschlägt.

Zur Ermittlung des optimalen Bremsschlupfs wird nun untersucht, wann der Koeffizient $|S_2|$ der Fouriertransformierten des Radschlupfs einen definierten Schwellwert $S_{2,\text{soll}}$ über- oder unterschreitet. Ist der Wert des Koeffizienten höher als der Schwellwert, liegt der Bremsschlupf oberhalb des optimalen Bremsschlupfs. Wenn der Koeffizient kleiner ist als der Schwellwert, ist der Bremsschlupf ebenfalls kleiner als der optimale Bremsschlupf.

$$\text{sgn}\left(S_{\text{soll}} - S_{2,k}\right) \neq \text{sgn}\left(S_{\text{soll}} - S_{2,k-1}\right) \tag{7.32}$$

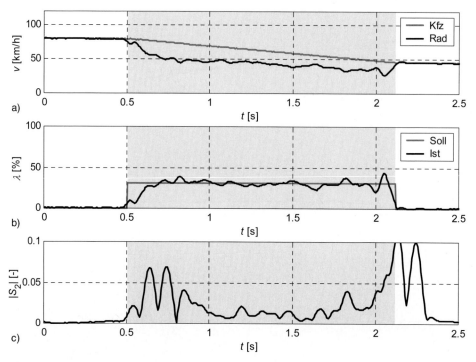

Bild 7-13: Regelung des Radschlupfs bei trockenem Asphalt und einem Sollschlupf von $\lambda_d = 31\ \%$ (graue Schraffierung); Geschwindigkeitsreferenz über ungebremste Hinterachse: a) Fahrzeug- und Radgeschwindigkeit, b) Soll- und Istschlupf, c) Koeffizient $|S_2|$ der Fouriertransformierten des Radschlupfs

Ist diese Bedingung erfüllt, ergibt sich für den optimalen Bremsschlupf λ_{opt} abhängig vom Sollschlupf λ_d

$$\lambda_{opt}(k) = \lambda_d(k) \tag{7.33}$$

Der so ermittelte optimale Bremsschlupf wird nun in der Generierung eines entsprechenden Sollschlupfs weiterverwendet.

Sollschlupfvorgabe
Die Sollschlupfvorgabe basiert auf der Verwendung des oben ermittelten optimalen Bremsschlupfs. Für den vorgegebenen Soll-Bremsschlupf gilt im Folgenden

$$\lambda_d(k) = \lambda_d(k-1) + k_\lambda \cdot \mathrm{sgn}\bigl(\lambda_{opt}(k) - \lambda_d(k-1)\bigr) \tag{7.34}$$

wobei k_λ für die Regelverstärkung, also der vorgegebenen Änderung des Soll-Bremsschlupfs steht. Dieser Zusammenhang ist exemplarisch in Bild 7-14 gezeigt.

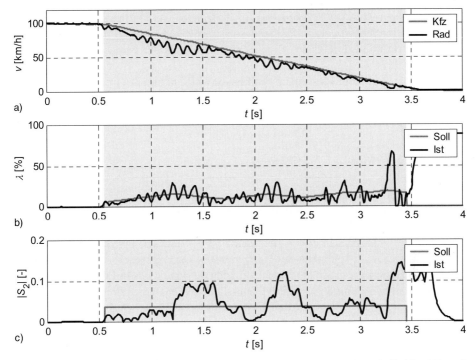

Bild 7-14: Regelung des Radschlupfs bei trockenem Asphalt und adaptiver Sollschlupf-Vorgabe (graue Schraffierung); Geschwindigkeitsreferenz über ungebremste Hinterachse: a) Fahrzeug- und Radgeschwindigkeit, b) Soll- und Istschlupf, c) Koeffizient $|S_2|$ der Fouriertransformierten des Radschlupfs und Schwellwert

Zu Beginn der Bremsung steigen Sollschlupf und Radschlupf gleichermaßen an. Sobald der Radschlupf im vorgegebenen Frequenzband schwingt, überschreitet der Koeffizient $|S_2|$ der Fouriertransformierten des Radschlupfs den Schwellwert. Der Bremsschlupf ist zu hoch. Daher wird der Sollschlupf im Folgenden reduziert, bis der Schwellwert wieder unterschritten wird. Der Bremsschlupf ist nun zu niedrig eingestellt und wird daher im Folgenden erhöht.

7.4 Vergleich von ABS mit konventionellem bzw. neuem Ansatz

Die im vorangegangenen Abschnitt vorgestellten Messungen zeigen Bremsvorgänge mit konstanter Sollschlupfvorgabe und bekannter Fahrzeuggeschwindigkeit.
Um eine maximale Verzögerung innerhalb der physikalischen Grenzen zu ermöglichen, ist der Radschlupf bei seinem optimalen Bremsschlupf zu halten. Dieser variiert aller-

dings von Fahrsituation zu Fahrsituation. Im Folgenden werden nun Fahrzeuggeschwindigkeit, Radschlupf und weitere fahrzeugspezifische Größen sowie radindividuelle optimale Bremsschlüpfe während des Bremsvorgangs mittels der bereits vorgestellten Verfahren ermittelt.

Exemplarisch sind hierzu Messungen des konventionellen und des im Rahmen dieser Arbeit vorgestellten Antiblockiersystems anhand repräsentativer und vergleichbarer Bremssituationen gegenübergestellt.

7.4.1 Konventionelles Antiblockiersystem

Wie eingangs bereits ausgeführt, basiert das in Serie eingesetzte Antiblockiersystem auf einer kombinierten Regelung von Radschlupf und Radumfangsbeschleunigung. Bild 7-15 zeigt hierzu eine Geradeausbremsung auf trockenem Asphalt.

Alle Räder des Fahrzeugs befinden sich hierbei ab $t = 0{,}25$ s in der ABS-Regelung. Dargestellt sind die Geschwindigkeit des Fahrzeugs, die Umfangsgeschwindigkeit des linken Vorder- und Hinterrads sowie die Beschleunigung des Fahrzeugs in Längsrichtung.

Wie zu erkennen ist, befinden sich die Bremsschlüpfe der Räder zumeist im stabilen Bereich der Kraftschlussbeiwert-Schlupf-Kurve. Zeitweise ist ein Einbrechen der Radumfangsgeschwindigkeiten zu erkennen. Die für ein konventionelles ABS typische Regelfrequenz liegt hierbei zwischen 2 und 3 Hz. Die mittlere Verzögerung des Fahrzeugs liegt bei etwa 9,8 m/s².

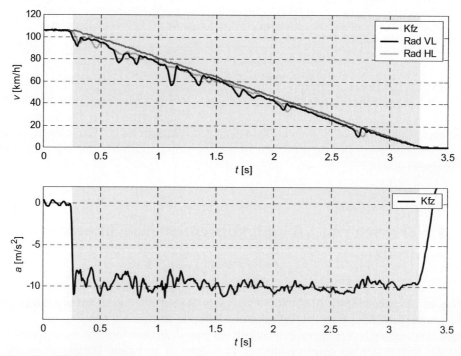

Bild 7-15: ABS-Regelung mit konventionellem Ansatz auf trockenem Asphalt

7.4 Vergleich von ABS mit konventionellem bzw. neuem Ansatz

Weitere auf Asphalt durchgeführte Bremsvorgänge bestätigen oben getroffene Aussagen bezüglich Regelfrequenz und mittlerer Verzögerung des Fahrzeugs, sind allerdings an dieser Stelle nicht gezeigt.

7.4.2 Antiblockiersystem mit neuem Ansatz

Im Folgenden sind nun Bremsvorgänge dargestellt, bei denen die hier vorgestellten Verfahren zum Einsatz kommen. Bild 7-16 zeigt hierzu eine auf Asphalt durchgeführte Geradeausbremsung. Die für eine Vergleichbarkeit der beiden Ansätze zur Realisierung des ABS erforderlichen Randbedingungen sind identisch, so unter anderem Fahrzeug- und Reifentyp, Zustand der Fahrbahn, Außentemperatur sowie Beladungszustand des Fahrzeugs.

In der gezeigten Darstellung sind Fahrzeug-Geschwindigkeit, Umfangsgeschwindigkeit des linken Vorder- und Hinterrads sowie Beschleunigung des Fahrzeugs in Längsrichtung aufgetragen. Der radindividuell vorgegebene Sollschlupf ist hierbei nicht konstant, sondern wird an die Verhältnisse des Kraftschlussbeiwerts zwischen Reifen und Fahrbahn angepasst, wie dies bereits erläutert wurde. Zum Einsatz kommt hierbei das Verfahren zur Frequenzanalyse des Radschlupfs. Die Fahrzeuggeschwindigkeit wird mittels des zuvor gezeigten Fuzzy-Systems unter Verwendung der Bremsdruck-, Beschleunigungs- und Raddrehzahlsensoren ermittelt.

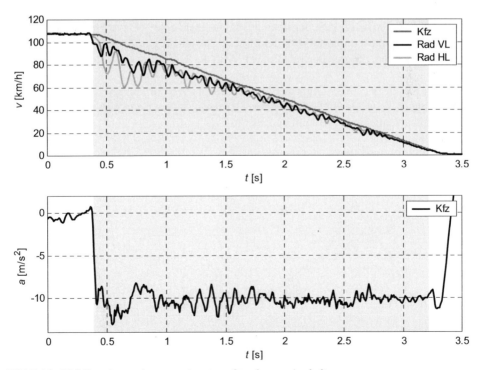

Bild 7-16: ABS-Regelung mit neuem Ansatz auf trockenem Asphalt

Es ist hierbei deutlich erkennbar, dass die Radumfangsgeschwindigkeiten und damit die Bremsschlüpfe der Räder einer Schwingung von etwa 10 Hz unterliegen. Die Radschlüpfe befinden sich im Vergleich zum konventionellen ABS zunehmend im instabilen Bereich der Kraftschlussbeiwert-Schlupf-Kurve. Die mittlere Verzögerung des Fahrzeugs liegt bei etwa 10,2 m/s^2.

Vergleicht man die Messungen bei Bremsung mit konventionellem und neuem Antiblockiersystem, so zeigt sich der Unterschied beider Systeme deutlich im Verlauf der Umfangsgeschwindigkeiten bzw. Bremsschlüpfe der Räder.

Während der Radschlupf beim Einsatz des konventionellen ABS vorwiegend unterhalb des optimalen Bremsschlupfs liegt, befindet sich der vom ABS mit neuem Ansatz eingeregelte Radschlupf in einem sehr schmalen Bereich zu beiden Seiten des optimalen Bremsschlupfs. Der mittlere Bremsschlupf liegt hierbei leicht oberhalb des optimalen Bremsschlupfs, wie anhand einer leichten Schwingung von 10 Hz im Bremsschlupf ersichtlich wird.

Hierzu ist in Bild 7-17 ein Schlupfhistogramm der zuvor gezeigten Bremsvorgänge auf trockenem Asphalt mit konventionellem ABS und demjenigen ABS mit neuem Ansatz dargestellt. Der mittlere Bremsschlupf des ABS mit neuem Ansatz liegt hierbei höher als derjenige des konventionellen ABS. Dies ist von Vorteil, da der Kurvenverlauf der Kraftschlussbeiwert-Schlupf-Kurve oberhalb des optimalen Bremsschlupfs wesentlich flacher ist als derjenige unterhalb des optimalen Bremsschlupfs. Im Durchschnitt liegt somit der vom ABS mit neuem Ansatz ausgenutzte Kraftschlussbeiwert höher als derjenige des konventionellen ABS, wie anhand der in Bild 7-17 aufgetragenen Kurven ersichtlich ist.

Beim Vergleich der während des Bremsvorgangs gemessenen Längsbeschleunigungen beider Systeme bestätigt sich der oben erwähnte Sachverhalt. Das ABS mit neuem Ansatz ist somit aufgrund der besseren Kraftschlussausnutzung in der Lage, den Bremsweg gegenüber demjenigen des konventionellen ABS im Fall einer ABS-Bremsung zu reduzieren.

Eine Analyse der bei ABS-Bremsung auf trockenem Asphalt auftretenden Raddrehzahlschwingungen zeigt ebenfalls den Unterschied zwischen in Serie eingesetztem ABS im Vergleich zu demjenigen ABS mit neuem Ansatz.

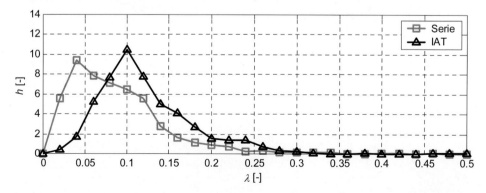

Bild 7-17: Schlupfhistogramm für jeweils drei Bremsvorgänge auf Asphalt mit in Serie eingesetztem ABS und demjenigen ABS mit neuem Ansatz

Wie aus Bild 7-15 ersichtlich wird, ist deutlich die für ein konventionelles ABS typische Regelfrequenz im Bereich zwischen 2 und 3 Hz zu erkennen. Im Gegensatz hierzu regelt das ABS mit neuem Ansatz im Bereich von 10 bis 12 Hz, wie in Bild 7-16 zu erkennen ist. Dies war zu erwarten, da der mittlere Bremsschlupf des ABS mit neuem Ansatz oberhalb des hinsichtlich maximaler Fahrzeugverzögerung optimalen Bremsschlupfs liegt und damit bei denjenigen Kraftschlussbeiwerten, die mit steigendem Bremsschlupf abnehmen.

Bei der Auswertung von jeweils zehn Geradeausbremsungen auf trockenem und ebenem Asphalt aus einer Anfangsgeschwindigkeit von 100 km/h mit in Serie eingesetztem ABS sowie mit dem hier vorgestellten ABS hat sich gezeigt, dass die erreichbare Bremswegverkürzung mittels der hier vorgestellten Verfahren bei durchschnittlich 2 % liegt.

7.5 Zusammenfassung

Im Rahmen dieses Kapitels wurde ein vielversprechendes Verfahren zur Regelung der Fahrzeugbremsdynamik durch den Einsatz kontinuierlich einstellbarer Radbremsen am Beispiel der elektrohydraulischen Bremse vorgestellt. Es konnte anhand ausgewählter Fahrsituationen gezeigt werden, dass der neue Ansatz hinsichtlich des Bremswegs Vorteile im Vergleich zum bereits in Serie eingesetzten Antiblockiersystem aufweist. So kann der Bremsweg mittels der hier vorgestellten Verfahren um etwa 2 % reduziert werden. Der hier vorgestellte neue Ansatz zur Regelung der Fahrzeugbremsdynamik kann somit einen weiteren Beitrag zur Erhöhung der aktiven Fahrzeugsicherheit leisten.

Literatur

[1] Verband der Automobilindustrie (VDA): Verkehrssicherheit. VDA, 2002
[2] *Burckhardt, M.*: Fahrwerktechnik: Radschlupfregelsysteme. 1. Auflage. Würzburg: Vogel Verlag und Druck KG 1993
[3] *Albrichsfeld, C. von; Eckert, A.*: EHB als technologischer Motor für die Weiterentwicklung der hydraulischen Bremse. Haus der Technik, Hydraulik im Kraftfahrzeug – Systeme und Komponenten, Essen (2003)
[4] *Breuer, B.; Bill, K. H.* (Hrsg.): Bremsenhandbuch: Grundlagen, Komponenten, Systeme, Fahrdynamik. 2. Auflage. Wiesbaden: Vieweg Verlag, 2004
[5] *Jonner, W.-D.; Winner, H.; Dreilich, L.; Schunck, E.*: Electrohydraulic Brake System – The First Approach to Brake-by-Wire Technology. SAE 1996-09-91, Detroit (1996)
[6] Robert Bosch GmbH (Hrsg.): Kraftfahrtechnisches Taschenbuch. 25. Auflage. Wiesbaden: Vieweg Verlag, 2004
[7] Robert Bosch GmbH (Hrsg.): Fahrsicherheitssysteme. 2. Auflage. Wiesbaden: Vieweg Verlag, 2004
[8] *Lachmann, K-H.*: Parameteradaptive Regelalgorithmen für bestimmte Klassen nichtlinearer Prozesse mit eindeutigen Nichtlinearitäten. Fortschritt-Berichte Reihe 8, Nr. 66. Düsseldorf: VDI-Verlag, 1983

[9] *Stölzl, S.; Schmidt, R.; Kling, W.; Sticher, T.; Fachinger, G.; Klein, A.; Giers, B.; Fennel, H.*: Das elektrohydraulische Bremssystem von Continental Teves – eine neue Herausforderung für die System- und Methodenentwicklung in der Serie. VDI-Berichte Nr. 1547. Düsseldorf: VDI-Verlag, 2000

[10] *Germann, S.*: Modellbildung und modellgestützte Regelung der Fahrzeuglängsdynamik. Fortschritt-Berichte Reihe 12, Nr. 309. Düsseldorf: VDI-Verlag, 1997

[11] *Semmler, S.; Isermann, R.; Schwarz, R., Rieth, P.*: Wheel Slip Control for Antilock Braking Systems using Brake-by-Wire Actuators. SAE 2002-01-0303, Detroit (2002)

[12] *Semmler, S.; Fischer, D.; Isermann, R.; Schwarz, R., Rieth, P.*: Estimation of Vehicle Velocity using Brake-by-Wire Actuators. IFAC World Congress, Barcelona (2002)

[13] *Clausert, H.; Wiesemann, G.*: Grundgebiete der Elektrotechnik 2. 6. Auflage. München: Oldenbourg Verlag 1993

8 Elektronisches Stabilitätsprogramm (ESP)

ANTON T. VAN ZANTEN

Im täglichen Verkehr verhält sich das Fahrzeug auf griffiger Fahrbahn meistens linear: die Querbeschleunigung ist selten größer als 0,2 g und die Längsbeschleunigung und die Längsverzögerung sind selten größer als 0,3 g. Damit sind die Beträge der Schräg- und Schwimmwinkel selten größer als 2° und der Schlupfbetrag ist selten größer als 2%. In diesen Bereichen verhält sich der Reifen linear. Gerät das Fahrzeug in den nichtlinearen Bereich, so wird die Fahrzeugführung sehr schwer, einerseits weil der Fahrer nicht gewohnt ist, das Fahrzeug in dieser schwer zu kontrollierenden Situation zu führen und andererseits, weil er umso länger braucht die Fahrsituation zu erkennen, je weniger Erfahrung er mit solchen Situationen gesammelt hat. Erreicht z.B. die Hinterachse den maximalen Seitenkraftbeiwert vor der Vorderachse, so kann das Fahrzeug ins Schleudern geraten (Bild 8-1). Solche Situationen werden häufig durch übermäßiges Lenken hervorgerufen. Um den Fahrer in solchen Situationen zu unterstützen, wurden aktive Fahrsicherheitssysteme wie das Elektronische Stabilitätsprogramm, ESP, entwickelt und seit 1995 in den Fahrzeugen verbaut [1], [2].

Bild 8-1: Schleuderndes Fahrzeug auf trockener Asphaltfahrbahn

Aktive Fahrsicherheitssysteme sind Regelsysteme im Fahrzeug, die der Unfallvermeidung dienen. Passive Fahrsicherheitssysteme dienen der Reduzierung der Verletzungsgefahr der Fahrzeuginsassen bei einem Unfall. In diesem Kapitel geht es um das aktive Fahrsicherheitssystem ESP, welches auf die Bremse und auf den Motor einwirkt. Kennzeichnend für die Leistungsfähigkeit dieser Systeme ist die Geschwindigkeit, mit der große Bremskräfte und Bremskraftänderungen erreicht werden können. Bei ESP wird primär die Fahrzeugbewegung geregelt. ESP enthält jedoch auch einen Regelkreis zur Regelung der Raddrehung. Es benutzt aber die Regelung der Raddrehung, um in jede Situation die erforderlichen Längs- und Querkräfte an den Rädern, und damit auch die am Fahrzeug, einzustellen.

An dieser Stelle soll noch erläutert werden, warum bei extremen Lenkmanövern die Fahrsituation schwer zu kontrollieren sein kann. Hierbei sollen die Lenkfähigkeit und die Stabilität des Fahrzeugs betrachtet werden. Mittels der Lenkung sollen Seitenkräfte an den Rädern und damit ein Giermoment auf das Fahrzeug ausgeübt werden können, wodurch die Fahrzeugführung ermöglicht wird. Nun ist aber das Giermoment nicht nur von dem Lenkwinkel, sondern auch von dem Schwimmwinkel abhängig [3]. Wird der Schwimmwinkel größer, so nimmt die Giermomentänderung durch eine Lenkwinkeländerung ab (Bild 8-2): das Fahrzeug wird lenkunwilliger, bis der Fahrer bei großen Schwimmwinkeln mit der Lenkung praktische keine Giermomentänderung mehr hervorrufen kann und die Kontrolle über das Fahrzeug schnell verliert. Diese Situation tritt beim Schleudern des Fahrzeugs auf.

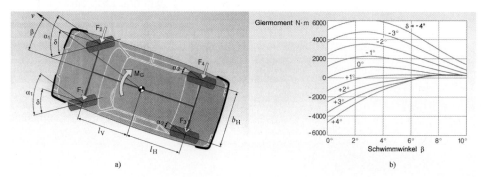

Bild 8-2: Giermoment in Abhängigkeit vom Lenkwinkel und Schwimmwinkel

Sind der Schwimmwinkel und die Schwimmwinkelgeschwindigkeit klein, so verhält sich das Fahrzeug bei der Fahrt stabil [4]. Ist der Lenkwinkel null, so stellt sich trotz kleiner Störungen im Schwimmwinkel und in der Schwimmwinkelgeschwindigkeit immer eine stabile Geradeausfahrt ein. Die Trajektorien sind in dem Phasendiagramm von Bild 8-3 a) dargestellt. Bei größeren Störungen divergieren die Trajektorien, der Nullpunkt stellt sich nicht mehr ein und das Fahrzeug ist instabil. Die instabilen Bereiche werden mit zunehmendem Lenkwinkel größer und bei großen Lenkwinkeln kann der stabile Bereich sogar ganz verschwinden, und der Fahrer hat die größte Mühe, das instabile Fahrzeug noch unter Kontrolle zu halten.

Vorsprung durch Technik www.audi.de

Es ist unmöglich, an zwei Orten gleichzeitig zu sein.
Es wurde aber noch nie in einer Limousine
mit V10-FSI®-Aggregat versucht.

**S heißt Sport.
Der neue Audi S8 mit 331 kW (450 PS).**

Neue Kraft entsteht. Zum Beispiel wenn ein V10-Motor auf eine Karosserie
in Aluminium-Leichtbauweise trifft. So beschleunigt die Limousine binnen
5,1 Sekunden von 0 auf 100 km/h. Zudem sorgt der permanente Allradantrieb
quattro® dafür, dass die 331 kW (450 PS) konsequent auf die Straße gebracht
werden. Egal an welchem(n) Ort(en) Sie sich gerade befinden.

Ihr Audi Partner freut sich auf Sie.

Kraftstoffverbrauch in l/100 km: innerorts 19,7; außerorts 9,7; kombiniert 13,4;
CO_2-Emission in g/km: kombiniert 319.

Astronaut?
Lokführer?
Ingenieur?

Ja

Willkommen im
Bosch Engineering-Team.

Ungewöhnliche Aufgaben erfordern außergewöhnliche Ideen. Und genauso faszinierend und exklusiv sind auch die Aufgaben, denen sich das Team von Bosch Engineering täglich stellt: Von der Einzelanfertigung bis zur Spezialapplikation – das Einzige, was wir in Serie produzieren, sind neue Fassetten zukunftsweisender automobiler Faszination. Die liefert das Bosch Engineering-Team in bester Qualität. Garantiert und zertifiziert wird dies durch ISO und CMMI, Level 2. Und weil die Zukunft des Automobils auf internationaler Ebene weitergeschrieben wird, zeichnen sich unsere Ingenieure auch überall auf der Welt durch innovative Systeme und neue Konzepte aus. www.bosch-engineering.de

BOSCH
Technik fürs Leben

8.1 Regelkonzept des ESP   171

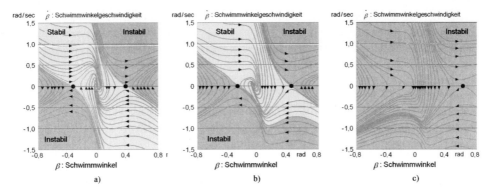

Bild 8-3: Trajektorien im Phasendiagramm des Schwimmwinkels und der Schwimmwinkelgeschwindigkeit bei verschiedenen Lenkwinkel: a) 0 rad, b) 0,08 rad, c) 0,16 rad.

8.1 Regelkonzept des ESP

ESP hat sich auf der Basis von ABS und ASR entwickelt, mit denen die Radbremsdrücke und das Motormoment individuell moduliert werden können. Das Konzept des ESP baut auf die Eigenschaft des Reifens, dass der Seitenkraftbeiwert über den Schlupf λ verändert werden kann (Bild 8-4). Damit ist auch die Querdynamik des Fahrzeugs über die Reifenschlupfwerte beeinflussbar. Aus diesem Grund wurde beim ESP der Schlupf als fahrdynamische Regelgröße gewählt. Im Allgemeinen lässt sich das Giermoment auf das Fahrzeug über die Schlupfwerte der vier Reifen beeinflussen. Allerdings bedeutet eine Schlupfänderung an einem Reifen im Allgemeinen auch eine Änderung in der Längskraft am Reifen und damit eine zunächst nicht beabsichtigte Änderung in der Fahrzeugbeschleunigung.

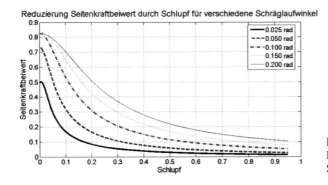

Bild 8-4:
Einfluss des Schlupfes auf den Seitenkraftbeiwert des Reifens

Die Änderung des Giermoments durch eine Schlupfänderung ist in erster Näherung bei einer Bremsschlupfänderung am Rad vorne links (VL) und bei konstantem Schräglaufwinkel, vgl. Bild 8-5,

$$\Delta M_Z = \frac{\partial M_Z}{\partial \lambda_{VL}} \cdot \Delta \lambda_{VL} = \frac{\partial F_{S,VL}}{\partial \lambda_{VL}} \cdot \Delta \lambda_{VL} \cdot (l_V \cdot \cos\delta + 0.5 \cdot b_V \cdot \sin\delta)$$
$$+ \frac{\partial F_{B,VL}}{\partial \lambda_{VL}} \cdot \Delta \lambda_{VL} \cdot (l_V \cdot \sin\delta - 0.5 \cdot b_V \cdot \cos\delta) \quad (8.1)$$

Wird an jedem Rad der Bremsschlupf geändert, so ist die Giermomentänderung

$$\Delta M_Z = \frac{\partial M_Z}{\partial \lambda_{VL}} \cdot \Delta \lambda_{VL} + \frac{\partial M_Z}{\partial \lambda_{VR}} \cdot \Delta \lambda_{VR} + \frac{\partial M_Z}{\partial \lambda_{HL}} \cdot \Delta \lambda_{HL} + \frac{\partial M_Z}{\partial \lambda_{HR}} \cdot \Delta \lambda_{HR} \quad (8.2)$$

Die Frage nach den Bremsschlupfänderungen an den verschiedenen Rädern (bekannt unter den Namen „Eingriffsstrategie") kann mit der Gradientenmethode gelöst werden

$$\Delta \lambda_{VL} = k \cdot \frac{\partial M_Z}{\partial \lambda_{VL}}, \quad \Delta \lambda_{VR} = k \cdot \frac{\partial M_Z}{\partial \lambda_{VR}}, \quad \Delta \lambda_{HL} = k \cdot \frac{\partial M_Z}{\partial \lambda_{HL}}, \quad \Delta \lambda_{HR} = k \cdot \frac{\partial M_Z}{\partial \lambda_{HR}} \quad (8.3)$$

wobei k ein wählbarer Faktor ist. Es folgt aus (8.2) und (8.3)

$$\Delta M_Z = k \cdot \left\{ \left(\frac{\partial M_Z}{\partial \lambda_{VL}}\right)^2 + \left(\frac{\partial M_Z}{\partial \lambda_{VR}}\right)^2 + \left(\frac{\partial M_Z}{\partial \lambda_{HL}}\right)^2 + \left(\frac{\partial M_Z}{\partial \lambda_{HR}}\right)^2 \right\} \quad (8.4)$$

Hiermit kann, bei vorgegebenem Giermomentänderungswunsch, der erforderliche Wert des Faktors k berechnet werden. Um den Einfluss der Schlupfänderung auf die ungewollte Fahrzeugverzögerung zu berücksichtigen, können die Giermomentgradienten in (8.3) noch mit den Bremskraftgradienten gewichtet werden, jedoch soll hierauf nicht mehr weiter eingegangen werden [5]. Ein erster Nachteil ist, dass die Giermomentgradienten in (8.4) bekannt sein müssen. Die Bestimmung der Giermomentgradienten wird im Abschnitt über den Fahrzeugregler erläutert. Ein zweiter Nachteil dieser Methode ist, dass es lokale Minima und Maxima in dem Giermoment als Funktion des Bremsschlupfes geben kann (8.1), wo die Methode dann scheitert. Dies wird anhand von Bild 8-5 erklärt, wobei v_{VL} die Fahrzeuggeschwindigkeit vorne links ist.

Die Wirkung einer Schlupfänderung ist eine Drehung der resultierenden Kraft zwischen Reifen und Fahrbahn. Dies ist in Bild 8-5 verdeutlicht. Gezeigt wird das Fahrzeug bei einer Kurvenfahrt im Grenzbereich (an der Haftgrenze zwischen Reifen und Fahrbahn). Zur Vereinfachung ist es in einer frei rollenden Situation dargestellt (keine Bremskräfte, keine Antriebskräfte) in der ESP mit einem Bremsschlupf λ_0 an dem linken Vorderrad eingreift. Vor dem Eingriff wirkt, bei einem Schräglaufwinkel $\alpha_{VL} = \alpha_0$, nur eine Seitenkraft von der Größe $F_{res}(\lambda = 0)$ auf das Rad. Wird das Rad gebremst, so dass ein

8.1 Regelkonzept des ESP

Schlupf $\lambda = \lambda_0$ entsteht, so entsteht auch eine entsprechende Bremskraft $F_B(\lambda_0)$, während die Seitenkraft durch den Schlupf zu $F_S(\lambda_0)$ reduziert wird. Die geometrische Summe dieser Kräfte ist $F_{res}(\lambda_0)$. Der Betrag dieses Kraftvektors gleicht, unter der Annahme des „Kamm'schen" Kreises, in etwa dem der anfänglichen Seitenkraft $F_{res}(\lambda = 0)$, da die physikalische Kraftschlussgrenze zwischen Reifen und Fahrbahn erreicht ist. Durch die Schlupfänderung wird der Kraftvektor also gedreht, der Hebelarm zum Fahrzeugschwerpunkt verändert und somit das Giermoment verändert, wobei die Drehung mit dem Schlupf zunimmt, bis das Rad blockiert ($F_{res}(\lambda = 1)$). Bei dem Rad vorne rechts ist die Situation anders. Hier wird der Bremsschlupf zunächst den Hebelarm erhöhen und damit das Giermoment erhöhen und erst bei großen Schlupfwerten wird der Hebelarm wieder kleiner und das Giermoment reduziert, so dass ein lokales Maximum entsteht. Dies muss bei der Eingriffsstrategie berücksichtigt werden. Weiter muss bei der Eingriffsstrategie erstens berücksichtigt werden, dass Bremsdrücke unterhalb des atmosphärischen Druckes unwirksam sind, da dann die Bremsbeläge nicht mehr an die Bremsscheibe bzw. Bremstrommel anliegen. Zweitens ist der Eingriff an einem Rad, welches den Bodenkontakt verloren hat, (das Rad hängt in der Luft) unwirksam und muss von der Giermomentverteilung ausgeschlossen werden.

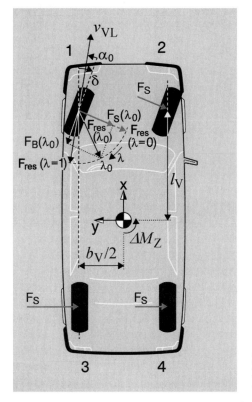

Bild 8-5:
Drehung der resultierenden Reifenkraft F_{res} durch Schlupfänderung von 0 auf λ_0

Aus dem Wunsch nach einer hierarchischen Reglerstruktur und bei der Bedingung, dass der Reifenschlupf als fahrdynamische Regelgröße zu verwenden ist, entstand die Forderung nach einem unterlagerten Regler, der den Reifenschlupf einstellen kann. Dieser Regler muss sowohl die ABS-Funktion als auch die ASR-Funktion enthalten. Da das serienmäßige ASR bereits ein Schlupfregler ist, waren nur geringe Modifikationen des Serienreglers notwendig. Da das serienmäßige ABS aber ein Beschleunigungsregler ist, musste zunächst ein schlupfbasiertes ABS als unterlagerter Regler entwickelt werden. Beide schlupfbasierte unterlagerte Regler werden in diesem Kapitel vorgestellt und erläutert. Es gibt aber auch ESP-Realisierungen, bei denen die hierarchische Reglerstruktur nicht im Vordergrund steht, und die das serienmäßige ABS als Beschleunigungsregler nach wie vor im ESP einsetzen.

8.2 Komponenten des ESP

Zur Erfassung des Fahrzustands werden kostengünstige, fahrzeugtaugliche Sensoren eingesetzt. Diese sind ein Drehratensensor zur Erfassung der Giergeschwindigkeit und ein Beschleunigungssensor zur Erfassung der Querbeschleunigung. Zur Prüfung, ob der Fahrzustand zum Fahrerwunsch passt, werden bei ESP ein Winkelsensor zur Erfassung des Lenkradwinkels und ein Drucksensor zur Erfassung des Bremsdrucks im Hauptbremszylinder eingesetzt. Weiter werden die für ABS und ASR üblichen Radsensoren zur Erfassung der Drehgeschwindigkeiten der Räder verwendet. Ebenso wird ein für ESP-Belange erweitertes ASR-Hydroaggregat zur Schlupfregelung eingesetzt (Bild 8-6) [6].

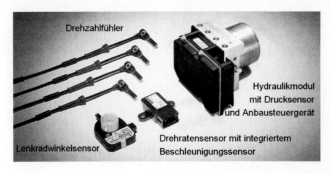

Bild 8-6:
ESP-Komponenten der 8-er Generation von Bosch

8.3 Anforderungen an das ESP

Die Anforderungen an das ESP beziehen sich auf das Fahrverhalten im querdynamischen Grenzbereich. Das Fahrverhalten wird von Experten subjektiv beurteilt, und die ESP Abstimmung ist damit personen- und firmenabhängig. Eine Korrelation zu einer objektiven

Beurteilung gibt es kaum. Im Grenzbereich können die Reifenkräfte nicht mehr erhöht werden, so dass z.B. bei einer Vollbremsung ein Kompromiss zwischen den Wünschen nach maximalen Längskräften für den kürzesten Bremsweg und maximalen Querkräften für die Spurstabilität eingegangen werden muss. Bei einem frei rollenden Fahrzeug muss ein Kompromiss eingegangen werden zwischen Lenkfähigkeit und Stabilität einerseits und unerwünschter Fahrzeugverzögerung andererseits.

Bevor auf die Anforderungen an das ESP eingegangen wird, soll hier noch stichwortartig die Führungsfähigkeit eines Durchschnittsfahrers (der Normalfahrer) im Außerortsverkehr beschrieben werden.

- Normalfahrer bremsen mit Bremsdrücken, die fast immer unterhalb von 40 bar liegen (entspricht eine Fahrzeugverzögerung von ca. 0,4 g).
- Normalfahrer lenken nicht mehr als mit 90° Lenkradwinkel und so, dass die Querbeschleunigung kleiner als 0,2 g bleibt.
- Normalfahrer fahren mit Schwimmwinkeln kleiner als 2°.
- Normalfahrer reagieren auf die Fahrzeugbewegung erst nach ca. 1 s. Bis dahin bestimmt das Gesamtsystem Fahrzeug-ESP den Bewegungsablauf.
- Normalfahrer fahren deshalb fast immer im linearen Bereich der Schlupf- und Schräglaufkurven.
- Normalfahrer haben deshalb auch keine Erfahrung im nichtlinearen Bereich der Schlupf- und Schräglaufkurven.
- Normalfahrer haben keine Ahnung vom momentanen Reibwert der Fahrbahn und von der momentanen Stabilitätsreserve des Fahrzeugs in Längs- und Querrichtung.
- Wenn Normalfahrer in den nichtlinearen Bereichen der Reifen geraten, sind sie oft überrascht vom grundlegend verschiedenen Fahrverhalten, geraten in Panik und handeln unüberlegt (lenken zu viel etc.).
- Bei der Auslegung von Sicherheitssystemen darf deshalb nicht von überlegtem Handeln des Fahrers in Paniksituationen ausgegangen werden.

Die Anforderungen an ABS und ASR gelten auch für ESP. Weitergehende Anforderungen an ESP sind, wie oben erläutert, eher beschreibender Natur, und beziehen sich auch auf diese Kompromisse:

- ESP muss den Fahrer in allen Fahrsituationen unterstützen (beim Bremsen und Beschleunigen, bei Konstantfahrt, Spurwechsel, ...).
- ESP muss den Lenkaufwand des Fahrers reduzieren.
- Der Fahrer muss sich bzgl. dem Verhalten des Fahrzeugs immer sicher fühlen (Nachvollziehbarkeit der ESP-Eingriffen).
- Der Fahrer darf nicht den Eindruck haben, dass das Fahrzeug mit ESP langsamer fährt als das ohne ESP.
- Die Fahrervorgaben dürfen nicht zur Instabilität des ESP führen.
- Das Fahrzeug muss prompt auf die Lenkvorgabe des Fahrers reagieren.
- ESP muss sofort die Rückkehr zu einer stabilen Fahrsituation erkennen.
- ESP muss die kinematischen Bedingungen und Toleranzen im Lenkstrang berücksichtigen.

- ESP darf in Steilkurven auf öffentlichen Straßen nicht unnötigerweise eingreifen (Fahrbahnquerneigung < 20°).
- ESP darf die Fahrsituation unter keinen Umständen verschlechtern (defekte Stoßdämpfer, Anhänger, Reifenplatzen, ...).
- ESP muss im Gebirge bis zu einer Höhe von 2500 m ü.M. voll leistungsfähig sein.
- Prioritäten für Vollbremsung (ABS) bei Fahrverhalten bei hohen Fahrgeschwindigkeiten:
  1. Fahrzeugstabilität (Schwimmwinkel < 5°)
  2. Bremsweg: Der Bremsweg darf durch die Stabilisierung nicht größer werden.
  3. Komfort (Geräusch, Pedalpulsieren)
- Bei Open-loop-Lenkwinkelsprüngen bei Vollbremsung (ABS) darf der Schwimmwinkel in den ersten 3 Sekunden den Wert von 6° nicht überschreiten.
- Teilbremsung
  1. Die Fahrzeugverzögerung muss dem Hauptbremszylinderdruck folgen.
  2. Die Bremskraftverteilung muss so geregelt werden, dass sich ein Minimum an ESP-Regeleingriffen ergibt.
- Prioritäten im Fahrverhalten bei Antrieb (ASR) bei hohen Fahrgeschwindigkeiten
  1. Fahrzeugstabilität
  2. Der Schwimmwinkel darf den Wert von 6° nicht überschreiten.
  3. Komfort (Geräusch, Fahrzeugschaukeln)
  4. Traktion

Die unterlagerte ASR muss so eingestellt werden, dass ESP-Bremseingriffe an den nichtangetriebenen Rädern minimal und möglichst nicht notwendig sind.

- Sonstige Anforderungen:
  - Bei Open-loop-Kurvenfahrt darf die Querverschiebung des Fahrzeugs 0,5 m nicht überschreiten (relativ zur Fahrspurmitte).
  - Closed-loop-Spurwechsel bei Konstantfahrt
    - Schwimmwinkel < 5°,
    - Lenkradwinkelgeschwindigkeit:
      auf niedrig μ: < 300°/s,
      auf hoch μ: < 400°/s.
  - Der Elch-Test (VDA Test) muss erfolgreich abgeschlossen werden.

8.4 Struktur des ESP-Reglers

Kennzeichnend für ESP ist die sogenannte Fahrdynamikregelung, welche die Fahrzeugbewegung mittels über- und unterlagerten Reglern regelt (Bild 8-7) [7]. Wichtiger Bestandteil des Fahrdynamikreglers ist ein Beobachter, in dem die Fahrzeugbewegung analysiert und geschätzt wird. Ein weiterer wichtiger Bestandteil ist die Sollwertbestimmung,

8.4 Struktur des ESP-Reglers

bei der aus den Fahrervorgaben – Lenkradwinkel, Bremsdruck und Gaspedalstellung – unter anderem die Sollgiergeschwindigkeit bestimmt wird. Im Fahrzeugregler wird die erforderliche Giermomentänderung bestimmt. Auch die Verteilung der Giermomentänderung auf die Räder zur optimalen Einstellung des Giermoments ist ein wesentlicher Bestandteil des Fahrdynamikreglers. Die Einstellung der Schlupfwerte geschieht mit Hilfe von Schlupfreglern. Somit ist das ESP mit einem überlagerten Fahrdynamikregler, der in jeder Fahrsituation und für jeden Fahrzustand die Sollschlupfwerte für jedes Rad individuell vorgibt, und mit unterlagerten Reglern, welche die Sollschlupfwerte einstellen, hierarchisch gegliedert.

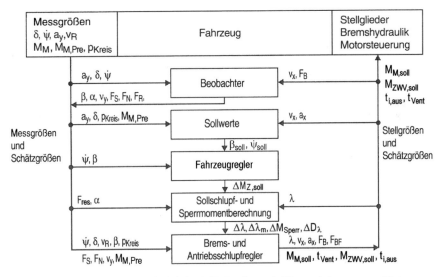

Bild 8-7: Vereinfachtes Blockschaltbild des ESP-Reglers mit Ein- und Ausgangsgrößen

8.4.1 Fahrdynamikregler

Aufgabe des Fahrdynamikreglers ist es, Instabilitäten im querdynamischen Grenzbereich zu vermeiden und das Fahrverhalten dem Verhalten im Erfahrungsbereich des Fahrers bestmöglich anzugleichen. Dazu kann der Regler, wie bereits dargestellt, durch Sollschlupfänderungen, die von den unterlagerten Brems- und Antriebsschlupfreglern eingestellt werden müssen, Längskräfte und damit auch indirekt die Seitenkräfte an jedem Rad ändern. Die Eingriffe erfolgen nur in dem Maß, wie es die Aufrechterhaltung des vom Automobilhersteller beabsichtigten Fahrverhaltens und die Sicherstellung der Beherrschbarkeit im fahrdynamischen Grenzbereich erfordert.

8.4.1.1 Beobachter

Im Beobachter werden modellgestützt aus den Messgrößen Giergeschwindigkeit, Lenkradwinkel und Querbeschleunigung sowie aus den Schätzgrößen Fahrgeschwindigkeit und Brems- bzw. Antriebskräften, die Schräglaufwinkel der Räder, der Schwimmwinkel und die Fahrzeugquergeschwindigkeit geschätzt. Weiter werden noch die Seiten- und Normalkräfte geschätzt und die resultierenden Kräfte der Räder berechnet. Dazu wird ein Zweispurmodell verwendet, bei dem das Übertragungsverhalten des Automobils sowie Sondersituationen, wie geneigte Fahrbahn oder µ-Split, berücksichtigt sind. Bei horizontaler, homogener Fahrbahn gilt folgende Differentialgleichung für den Schwimmwinkel:

$$\dot{\beta} = -\dot{\psi} + \frac{1}{v}\left(a_Y \cdot \cos\beta - a_X \cdot \sin\beta\right) \tag{8.5}$$

wobei a_x und a_y die Längs- bzw. die Querbeschleunigung des Fahrzeugs, β der Fahrzeugschwimmwinkel und ψ der Fahrzeuggierwinkel ist. Für kleine Werte der Verzögerung a_x und des Schwimmwinkels β gilt:

$$\dot{\beta} = \frac{a_Y}{v} - \dot{\psi}, \quad \beta(t) = \beta_0 + \int_{t=0}^{t}\left(\frac{a_Y}{v} - \dot{\psi}\right) dt \tag{8.6}$$

Da die gemessenen Werte für die Querbeschleunigung und die Giergeschwindigkeit und die geschätzte Fahrgeschwindigkeit fehlerbehaftet sind, führt die Integration schnell zu großen Fehlern, so dass das Vertrauen in den so gewonnenen Schwimmwinkelwert gering ist.

Für große Werte der Verzögerung a_x wird ein Kalman-Filter als Beobachter für die Querdynamik verwendet. Ausgangsgleichungen für das Kalman-Filter sind die Differentialgleichungen der Quer- und Giergeschwindigkeit des Zweispurmodells (8.7) und (8.8) (siehe [7] und [8] für Einzelheiten),

$$m \cdot (\dot{v}_Y + v_X \cdot \dot{\psi}) = (F_{S,VL} + F_{S,VR}) \cdot \cos\delta + (F_{B,VL} + F_{B,VR}) \cdot \sin\delta + F_{S,HL} + F_{S,HR} \tag{8.7}$$

$$\begin{aligned}J_Z \cdot \ddot{\psi} =& \left[(F_{S,VL} + F_{S,VR}) \cdot l_V \cdot \cos\delta + (F_{S,VL} - F_{S,VR}) \cdot 0{,}5 \cdot b_V \cdot \sin\delta\right] \\ & -(F_{S,HL} + F_{S,HR}) \cdot l_H - (F_{B,VL} + F_{B,VR}) \cdot l_V \cdot \sin\delta \\ & +(F_{B,VL} - F_{B,VR}) \cdot 0.5 \cdot b_V \cdot \cos\delta + (F_{B,HL} - F_{B,HR}) \cdot 0{,}5 \cdot b_H\end{aligned} \tag{8.8}$$

wobei statt der Schwimmwinkel die Quergeschwindigkeit des Fahrzeugs geschätzt und danach der Schwimmwinkel berechnet wird. Dabei werden die Fahrbahnsteigung und der Windwiderstand vernachlässigt. Als Messgröße für das Kalman-Filter wird die Giergeschwindigkeit verwendet. Da das Kalman-Filter robust gegen Sensorfehler und Störungen ist, ist das Vertrauen in den so gewonnenen Schwimmwinkelwert größer als in den nach Formel (8.6) berechneten Wert. In (8.7) und (8.8) sind m und J_Z die Fahrzeugmasse bzw. das Fahrzeugträgheitsmoment um die Hochachse sind, v_Y und v_X die Quer- bzw. Längsgeschwindigkeiten des Fahrzeugs sind, δ der Lenkwinkel der Vorderräder ist, die Indices S und B sich auf die Seitenkraft bzw. Bremskraft des Reifens beziehen, die Indizes VL,

8.4 Struktur des ESP-Reglers

VR, HL, HR sich auf die Reifen resp. vorne links, vorne rechts, hinten links und hinten rechts beziehen, l_V und l_H die Schwerpunktslage der Vorder- bzw. der Hinterachse ist, b_V und b_H die Spurweite vorne bzw. hinten ist.

Aus Gleichung (8.7) kann die Filtergleichung, und aus Gleichung (8.8) kann die Messgleichung abgeleitet werden, wenn die Brems- und Seitenkräfte auf die Reifen bekannt sind. Ist der Bremsdruck und das Motormoment bekannt, so können die Bremskräfte berechnet werden:

$$F_B = c_p \cdot \frac{p_R}{r} - \frac{M_M \cdot i_G}{2 \cdot r} + \frac{J_R}{r^2} \cdot \dot{v}_R \tag{8.9}$$

Hierbei ist c_p der Bremsenkennwert, p_R der Radbremszylinderdruck, r der Radradius, M_M das Motormoment, i_G die wirksame Gesamtübersetzung vom Motor zum Rad (berücksichtigt Getriebeübersetzung, Differentialübersetzung und Wandlerschlupf beim Automatikgetriebe), J_R das Radträgheitsmoment und v_R die Radumfangsgeschwindigkeit. Die Seitenkräfte können aus dem Verhältnis zwischen Schlupf und Schräglauf berechnet werden. Aus dem HSRI-Reifenmodell [9] folgt sofort

$$F_S = \frac{c_\alpha}{c_\lambda} \cdot \frac{\alpha}{\lambda} \cdot F_B \tag{8.10}$$

wobei c_α und c_λ die dimensionslose Schräglauf- bzw. die Schlupfsteifigkeit des Reifens sind und α der Schräglaufwinkel des Reifens ist.

Für kleine Werte des Schwimmwinkels und des Lenkwinkels sind die Schräglaufwinkel der Reifen an einer Achse ungefähr gleich. Weiter werden der Sinus und der Tangens von kleinen Winkeln durch den Winkel selber approximiert. Es folgen dann die Schräglaufwinkel an der Vorder- und an der Hinterachse

$$\alpha_V = \delta - \frac{v_Y + l_V \cdot \dot{\psi}}{v_X}, \quad \alpha_H = -\frac{v_Y - l_H \cdot \dot{\psi}}{v_X} \tag{8.11}$$

Nach der Substitution der Gleichungen (8.9), (8.10) und (8.11) in die Gleichungen (8.7) und (8.8) und nach Zusammenfassung verschiedener Termini in den Gleichungen folgt

$$\begin{aligned} \dot{v}_Y &= A_{11} \cdot v_Y + A_{12} \cdot \dot{\psi} + u_1 \\ \ddot{\psi} &= A_{21} \cdot v_Y + A_{22} \cdot \dot{\psi} + u_2 \end{aligned} \tag{8.12}$$

Hierin sind A_{11}, A_{12}, A_{21}, A_{22} zeitvariante Koeffizienten, u_1 und u_2 sind Stellgrößen die über die Bremsdrücke eingestellt werden können. Es wird darauf verzichtet die Koeffizienten und Stellgrößen auszuschreiben (siehe [8] für Einzelheiten). Um die Bewegungsgleichung für die Quergeschwindigkeit und die Messgleichung zu bekommen, werden die Differentialgleichungen (8.12) numerisch nach Euler integriert

$$v_{Y,k+1} = (A_{11} \cdot T + 1) \cdot v_{Y,k} + A_{12} \cdot T \cdot \dot{\psi}_k + T \cdot u_{1,k}$$
$$\dot{\psi}_{k+1} = A_{21} \cdot T \cdot v_{Y,k} + (A_{22} \cdot T + 1) \cdot \dot{\psi}_k + T \cdot u_{2,k}$$
(8.13)

Hierin ist der Index k der Abtastzeitzähler, T ist die Abtastzeit, $u_{1,k}$ und $u_{2,k}$ sind die Stellgrößen.

Um aus der Gleichung für die Giergeschwindigkeit die gesuchte Messgleichung zu bekommen (die Giergeschwindigkeit wird ja gemessen), wird die Giergeschwindigkeit linear extrapoliert

$$\dot{\psi}_{k+1} = 2 \cdot \dot{\psi}_k - \dot{\psi}_{k-1}$$
(8.14)

Es folgt

$$v_{Y,k} = \frac{(1 - A_{22} \cdot T) \cdot \dot{\psi}_k - \dot{\psi}_{k-1} - T \cdot u_{2,k}}{A_{21} \cdot T}$$
(8.15)

Mit der Bewegungsgleichung für die Quergeschwindigkeit aus (8.13) und der Messgleichung (8.15) kann das Kalman Filter angewendet werden, um eine optimale Schätzung für die Quergeschwindigkeit zu erhalten. Der geschätzte Schwimmwinkel ist nun der Quotient der geschätzten Quergeschwindigkeit und der geschätzten Längsgeschwindigkeit (siehe dazu Abschnitt 8.5.2). Für das Kalman Filter wird der ersten Gleichung in (8.13) ein Zustandsrauschen und der zweiten Gleichung in (8.13) ein Messrauschen hinzugefügt, die experimentell bestimmt werden. In Bild 8-8 ist der geschätzte Schwimmwinkel an der Vorder- (Bild 8-8 a) und an der Hinterachse (Bild 8-8 b) verglichen mit den gemessenen Verläufe für einen doppelten Spurwechsel während einer ABS-Bremsung auf Glatteis. Wichtig bei der Schätzung des Schwimmwinkels sind die Nulldurchgänge, da die Eingriffsstrategie auf das Vorzeichen des Schwimmwinkels beruht.

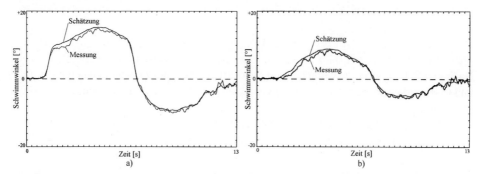

Bild 8-8: Vergleich Messung und Schätzung des Schwimmwinkels an der Vorderachse (a) und an der Hinterachse (b) bei einem doppelten Spurwechsel während einer ABS-Bremsung auf Glatteis

Aus Gleichung (8.10) geht hervor, dass die Schätzung des Schwimmwinkels mit dem Kalman Filter robust bzgl. Reifenänderungen ist, denn das Verhältnis der Reifensteifigkeiten in Längs- und Querrichtung ändert sich kaum, z.B. bei Reifenverschleiß und beim

8.4 Struktur des ESP-Reglers

Wechsel von Sommer- zu Winterreifen. Beim frei rollenden Fahrzeug ist der Schlupf an den Reifen null und Gleichung (8.8) und damit das Kalman Filter kann nicht angewandt werden. In diesem Fall muss Gleichung (8.6) verwendet werden.
Weitere Schätzungen die im Beobachter verwendet werden, benutzen einfache Zusammenhänge. So wird z.B. die Radlaständerung aus der Fahrzeugbeschleunigung in Längs- und Querrichtung geschätzt. Auf diese Schätzungen wird deshalb nicht näher eingegangen.

8.4.1.2 Sollwerte

Zur Bestimmung der Sollwerte gilt das Lastenheft für den Schwimmwinkel β_{soll}. Für den Sollwert der Giergeschwindigkeit wird ein lineares Einspurmodell im eingeschwungenen Zustand verwendet, bei dem die Reifenseitenkräfte proportional zu den Schräglaufwinkeln sind (siehe Abschnitt über das lineare Einspurmodell) [10]. Im eingeschwungenen Zustand ist die Sollgiergeschwindigkeit proportional zum Lenkwinkel [9]

$$\dot{\psi}_{soll} = \frac{v_X \cdot \delta}{(l_V + l_H) \cdot \left(1 + \frac{v_X^2}{v_{ch}^2}\right)} \qquad (8.16)$$

Die charakteristische Geschwindigkeit, v_{ch}, beschreibt das Eigenlenkverhalten des Fahrzeugs und ist, zunächst gesehen, von den wirksamen Schräglaufsteifigkeiten an der Vorderachse $c'_{\alpha V}$ und an der Hinterachse $c'_{\alpha H}$, von dem Radstand $l = l_V + l_H$, von der Fahrzeugmasse m und von der Schwerpunktslage abhängig. Bei den wirksamen Schräglaufsteifigkeiten ist sowohl die Reifenschräglaufsteifigkeit zu berücksichtigen als auch die Elastizitäten in der Radaufhängung und in dem Lenkstrang.

$$v_{ch} = l \cdot \sqrt{\frac{1}{m} \cdot \left(\frac{c'_{\alpha V} \cdot c'_{\alpha H}}{l_H \cdot c'_{\alpha H} - l_V \cdot c'_{\alpha V}}\right)} \qquad (8.17)$$

Da jedoch die Schräglaufsteifigkeiten fast proportional von der Fahrzeugmasse und von der Schwerpunktslage abhängen, ist die charakteristische Geschwindigkeit nahezu unabhängig von der Fahrzeugmasse und von der Schwerpunktslage. Ebenfalls ist die charakteristische Geschwindigkeit nahezu unabhängig von der Zuladung und von der Ladungsverteilung.
Aus der Überlegung dass die Querbeschleunigung durch den Reibwert der Fahrbahn begrenzt wird, folgt eine Begrenzung der Sollgiergeschwindigkeit.

$$|a_Y| = \left|\frac{v_X^2}{R}\right| = |\dot{\psi}_{soll} \cdot v_X| \leq \mu_{S,max}, \quad |\dot{\psi}_{soll}| \leq \left|\frac{\mu_{S,max}}{v_X}\right| \qquad (8.18)$$

Hierin ist R der Kurvenradius, und $\mu_{S,max}$ ist der Maximalwert des Seitenkraftbeiwerts des Fahrzeugs. Die Sollgiergeschwindigkeit als Funktion von der Fahrgeschwindigkeit nach den Gleichungen (8.16) und (8.18) ist für verschiedene Lenkradwinkel in Bild 8-9 a) beispielhaft eingezeichnet. Auch sind Kurven gleicher Querbeschleunigung (Hyperbel) eingezeichnet. Erreicht die Querbeschleunigung den maximalen Wert des Seitenkraftbeiwerts des Fahrzeugs (im Bild 8-9 a) ca. 0,775 g), so nimmt die Sollgiergeschwindigkeit entsprechend Gleichung (8.18) ab.

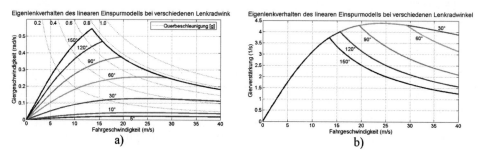

Bild 8-9: Giergeschwindigkeit und Gierverstärkung als Funktion von der Fahrgeschwindigkeit und vom Fahrbahnreibwert für verschiedene Lenkradwinkel

Die entsprechende Soll-Gierverstärkung ist in Bild 8-9 b) dargestellt, wobei die Soll-Gierverstärkung wie folgt definiert ist

$$\frac{\dot{\psi}_{\text{soll}}}{\delta} = \frac{v_X}{(l_V + l_H) \cdot \left(1 + \dfrac{v_X^2}{v_{\text{ch}}^2}\right)} \tag{8.19}$$

Das tatsächliche Fahrverhalten sieht, vor allem wenn die Querbeschleunigung den maximalen Seitenkraftbeiwert des Fahrzeug erreicht, deutlich anders aus. In den Bereichen verläuft die Gierverstärkung im realen Fahrzeug verschliffen (Bild 8-10). Diese Eigenschaft kann mit dem nichtlinearen Verlauf der Schräglaufkurven erklärt werden. Das Einspurmodell ist deshalb noch mal mit Schräglaufkurven berechnet, und das Ergebnis ist in Bild 8-11 dargestellt.

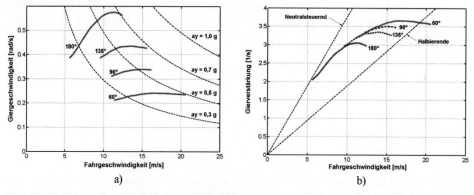

Bild 8-10: Giergeschwindigkeit und Gierverstärkung als Funktion von der Fahrgeschwindigkeit gemessen in einem Fahrzeug der Mittelklasse im 3. Gang auf trockenem Asphalt

8.4 Struktur des ESP-Reglers

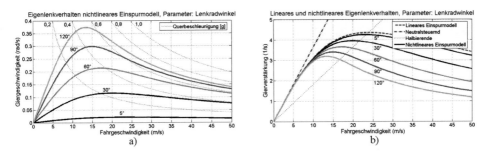

Bild 8-11: Giergeschwindigkeit und Gierverstärkung als Funktion von der Fahrgeschwindigkeit und dem Fahrbahnreibwert für verschiedene Lenkradwinkel, berechnet mit dem nichtlinearen Einspurmodell

Es folgt, dass das lineare Einspurmodell nicht direkt verwendet werden kann, sondern erweitert werden muss, um diesen wichtigen Bereich, wo sich die Fahrzeugbewegung dem physikalischen Grenzbereich nähert, richtig abzubilden. Sonst werden „zu frühe Regeleingriffe" vom Fahrer moniert, ein häufiges Problem bei der Applikation des ESP.

Die Sollgiergeschwindigkeit aus dem erweiterten Einspurmodell kann so noch nicht direkt im Regelalgorithmus für den Fahrzeugregler verwendet werden. Es müssen noch weitere Effekte berücksichtigt werden. Diese sind in dem Blockschaltbild, Bild 8-12, dargestellt.

Fährt das Fahrzeug durch eine Steilkurve (quergeneigte Fahrbahn in einer Kurve), so muss die Erdbeschleunigung, die sich in der gemessenen Querbeschleunigung bemerkbar macht, berücksichtigt werden, denn sonst könnte ein wegen zu geringer Querbeschleunigung unberechtigter ESP-Eingriff erfolgen.

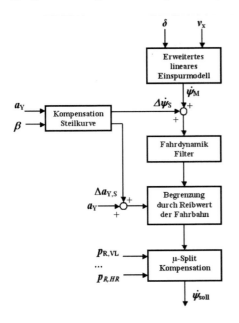

Bild 8-12:
Blockschaltbild der Sollwertbestimmung für die Giergeschwindigkeit

Dies geschieht durch eine Steilkurvenkorrektur in der Soll-Giergeschwindigkeit $\Delta\dot{\psi}_S$, und in der Querbeschleunigung $\Delta a_{Y,S}$. Da die Fahrbahn-Querneigung nicht gemessen wird, muss zuerst auf eine Steilkurve erkannt werden. Dazu wird das Fahrerverhalten in einem Plausibilitätstest herangezogen. Liegt ein Schleuderverdacht bei kleiner Querbeschleunigung vor, so wird geprüft, ob der Fahrer gegenlenkt. Ist das der Fall, dann wird darauf geschlossen, dass das Fahrzeug auf glatter Fahrbahn auszubrechen droht, es erfolgt ein ESP-Eingriff und die Steilkurvenkorrektur wird nicht durchgeführt. Ist das nicht der Fall, d.h. der Fahrer macht keine Gegenlenkung, dann liegt eine Steilkurve vor, und die Steilkurvenkorrektur kann durchgeführt werden. Im realen Fahrzeug folgt die Giergeschwindigkeit der Lenkung mit einer Zeitverzögerung (siehe Bild 8-16). Diese Zeitverzögerung wird durch ein einfaches Tiefpassfilter (Fahrdynamikfilter) nachgebildet.

Wie bereits erwähnt, wird die Soll-Giergeschwindigkeit im nächsten Block von dem Fahrbahnreibwert begrenzt.

Im letzten Block findet eine Berücksichtigung der Fahrbahnbeschaffenheit statt. Als Beispiel wird hier eine geregelte μ-Split Bremsung (unterschiedliche Griffigkeiten der Fahrbahn auf der linken und rechten Seite des Fahrzeugs) herangezogen. Bei dieser Bremsung sind die Bremskräfte auf der linken Fahrzeugseite unterschiedlich zur rechten Fahrzeugseite. Die Folge ist, dass ein Giermoment auf das Fahrzeug ausgeübt wird, und das Fahrzeug anfängt, in Richtung der griffigen Fahrbahnseite zu drehen. Dagegen muss der Fahrer gegenlenken. Nun darf dieses Gegenlenken nicht als Richtungswunsch des Fahrers verstanden werden. Es werden deshalb bei ESP die geregelten Bremsdrücke an den Rädern ausgewertet und es wird ein Kompensationslenkwinkel berechnet, der notwendig ist, um das Giermoment durch Gegenlenken zu kompensieren. Dieser Kompensationslenkwinkel wird als Nullpunktskorrektur (Offset) verwendet, um damit den Lenkwinkel für die Soll-Giergeschwindigkeitsberechnung zu kompensieren.

Der so erhaltene Soll-Giergeschwindigkeit wird in den Fahrzeugreglerteil zur Berechnung der Giermomentänderung herangezogen. Allerdings ist noch Vorsicht geboten, denn bei der Soll-Giergeschwindigkeitsberechnung wird von bekannten Schräglaufsteifigkeiten der Reifen ausgegangen. Diese ändern sich aber mit dem Reifentyp (z.B. Sommer- und Winterreifen) und mit dem Reifenzustand (z.B. neues oder abgefahrenes Profil). Den Einfluss auf die Sollgiergeschwindigkeit zeigt Bild 8-13 a).

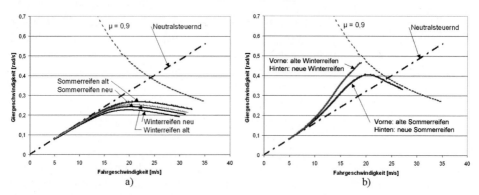

Bild 8-13: Abhängigkeit der Giergeschwindigkeit vom Reifentyp und vom Reifenzustand bei einem Lenkradwinkel von 45° („alt" bedeutet abgefahrenes Profil)

Noch drastischer ändert sich das Eigenlenkverhalten, wenn unterschiedliche Reifenzustände an den Achsen vorliegen. Bild 8-13 b) zeigt für Sommer- und Winterreifen, wie das Eigenlenkverhalten sich ändert, wenn das Profil an der Vorderachse abgefahren und an der Hinterachse neu ist. Das Eigenlenkverhalten wird übersteuernd und es können ESP-Eingriffe stattfinden, bereits deutlich bevor die Fahrzeug-Querbeschleunigung den Maximalwert des Seitenkraftbeiwerts des Fahrzeugs erreicht hat. Die Folge sind Beanstandungen des Fahrers. Diese Eingriffe lassen sich nur durch eine unempfindliche Einstellung des Fahrzeugreglers, bzw. durch eine Anhebung der Sollgiergeschwindigkeiten bei höheren Querbeschleunigungen, vermeiden. Die Frage ist aber, ob die Eingriffe nicht zugelassen werden sollten, da das Fahrzeug sich ja (gefährlich) übersteuernd verhält und das Eigenlenkverhalten deutlich von dem des vom Automobilhersteller beabsichtigten Fahrverhaltens abweicht.

8.4.1.3 Fahrzeugregler

Beim Fahrzeugregler muss zwischen Vollbremsung, Teilbremsung, Lastwechsel, Konstantfahrt und Beschleunigung unterschieden werden [11]. Bei der Teilbremsung und beim Lastwechsel tendiert das Fahrzeug in Richtung übersteuern und dies könnte einen ESP-Eingriff provozieren, deutlich bevor die Fahrzeug-Querbeschleunigung den Maximalwert des Seitenkraftbeiwerts des Fahrzeugs erreicht hat. Dies muss aber unbedingt vermieden werden und die Bremseingriffe müssen deshalb zurückhaltend gehandhabt werden. Problematisch dabei ist, dass die Berechnung einer Soll-Giergeschwindigkeit nicht mehr anhand des erweiterten linearen Einspurmodells erfolgen kann, zumal das Eigenlenkverhalten auch noch von der Bremskraftverteilung, vom Motorschleppmoment und von der wirksamen Getriebeübersetzung der angetriebenen Rädern abhängig ist. Bei der Vollbremsung werden bereits alle Räder geregelt, so dass die Fahrzeugregler-Eingriffe nicht negativ auffallen, und die Giergeschwindigkeitsregelung kann entsprechend der berechneten Soll-Giergeschwindigkeit erfolgen. Bei der Beschleunigung werden zunächst nur die geregelten angetriebenen Rädern durch den Fahrzeugregler beeinflusst, so dass auch hier die Fahrzeugregler-Eingriffe zunächst nicht negativ auffallen. Die Fahrzeugregler-Bremseingriffe an die nichtangetriebenen Rädern müssen jedoch wohl zurückhaltend gehandhabt werden (aus Komfortgründen und wegen Einbrüchen in der Fahrzeugbeschleunigung).

Der Fahrzeugregler wird nun für die Konstantfahrt, wo die Soll-Giergeschwindigkeit entsprechend Abschnitt 8.5.1.2 berechnet ist, anhand von Bild 8-14 erläutert. Kernstück des Reglers ist ein PID-Regler, wo die Regelabweichung in der Giergeschwindigkeit Eingang findet und der Schwimmwinkel über eine Erhöhung der Verstärkung des P-Anteils berücksichtigt wird. Die Verstärkungsfaktoren für die P-, I- und D-Anteile des Reglers (K_p bzw. K_i und K_d) werden dem Fahrbahnreibwert und der Fahrgeschwindigkeit angepasst. Ausgang des Reglers ist die erforderliche Giermomentänderung, $\Delta M_{Z,\text{soll}}$. Kleine Giermomentänderungen werden dabei mittels eine toten Zone ausgeblendet. Die verbleibende Giermomentänderung, ΔM_Z, muss nun auf die einzelnen Rädern entsprechend den Gleichungen (8.1) – (8.4) verteilt werden. Dazu müssen die Brems- und Seitenkraftgradienten bekannt sein. Diese werden berechnet mit Hilfe der Annahme, dass die Reifenbremskraft, F_B, und –Seitenkraft, F_S, unter Berücksichtigung des „Kamm'schen Reibungskreises" nach folgenden Formeln berechnet werden können

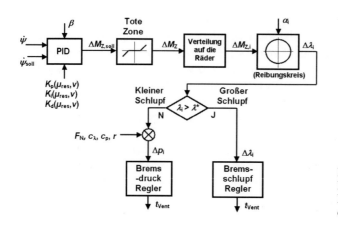

Bild 8-14:
Blockschaltbild des Fahrzeugreglers (oberer Teil des Bildes)

$$F_{\text{B}} = \frac{\lambda}{\sqrt{\lambda^2 + \alpha^2}} \cdot \mu_{\text{res}} \cdot F_{\text{N}}, \ F_{\text{S}} = \frac{\alpha}{\sqrt{\lambda^2 + \alpha^2}} \cdot \mu_{\text{res}} \cdot F_{\text{N}} \qquad (8.20)$$

Hierin ist μ_{res} der geschätzte maximale Kraftschlussbeiwert zwischen Reifen und Fahrbahn. Die berechneten Schlupfänderungen $\Delta\lambda_i$ werden nun im unterlagerten Bremsschlupfregler für jedes Rad *i* individuell eingestellt. Liegt jedoch der Reifenschlupf im stabilen, linearen Bereich der Schlupfkurve, so werden die Schlupfänderungen in Bremsdruckänderungen umgerechnet, und die Bremsdruckänderung wird im unterlagerten Regler (oder besser Steuerung, wenn die Bremsdrücke nicht gemessen werden) direkt eingestellt. Der Grund dafür ist, dass bei dem steilen Anstieg der Schlupfkurve im linearen Bereich kleine Fehler in der Schlupfberechnung große Fehler in den Druckänderungen hervorrufen. Die direkte Druckeinstellung ist genauer und somit viel komfortabler als die Schlupfeinstellung. Ausgang der unterlagerten Regler sind die Ventilansteuerungszeiten, t_{vent}, des ESP-Hydroaggregats.

Beim Antrieb werden die ESP-Eingriffe an den angetriebenen Räder anders definiert, da der unterlagerte Antriebsschlupfregler den Schlupf nicht individuell regelt. Statt dessen werden ein „symmetrischer" Antriebsschlupf, λ_{m}, (gleiche Schlupfwertanteile am linken und rechten Rad) und ein „asymmetrischer" Antriebsschlupf, D_λ, (unterschiedliche Schlupfwertanteile am linken und rechten Rad) der angetriebenen Rädern geregelt (siehe Abschnitt „Antriebsschlupfregler") [12, 13]. Steuergröße des symmetrischen Schlupfs der angetriebenen Rädern ist das Motormoment und der symmetrische Bremseingriff (links und rechts gleiche Bremsmomentanteile), und Steuergröße des asymmetrischen Schlupfs der angetriebenen Rädern ist das Brems-Sperrmoment als asymmetrischer Bremseingriff (links und rechts unterschiedliche Bremsmomentanteile). Die ESP-Eingriffe an den Rädern werden deshalb verteilt auf eine symmetrische Sollschlupfänderung, $\Delta\lambda_{\text{m}}$, und eine (komfortable) asymmetrische Bremsmomentänderung, ΔM_{Sperr}.

Das Motormoment wird als ESP-Eingriff nach oben begrenzt. Die Obergrenze bildet das Fahrerwunschmoment, welches aus der Stellung des Gaspedals abgeleitet wird. Dies geschieht durch eine Absenkung des symmetrischen Antriebsschlupfs um $\Delta\lambda_{\text{m}}$. Zur Berechnung der symmetrischen Schlupfabsenkung wird in Abhängigkeit von einem Instabi-

8.4 Struktur des ESP-Reglers

litätsfaktor, der aus den Regelabweichungen der Giergeschwindigkeit und des Schwimmwinkels berechnet wird, zwischen einem Maximalwert, λ_Z, und einem Minimalwert, λ_{min}, interpoliert (Bild 8-15). Der Maximalwert wird im unterlagerten Antriebsschlupfregler berechnet. Der Minimalwert wird im Fahrversuch festgelegt und zwar so, dass eine maximale Spurstabilität bei noch akzeptablem Antriebsmoment erreicht wird. Dieser Motoreingriff kann bei Bedarf noch um einen symmetrischen Bremseingriff erweitert werden, um damit die symmetrische Schlupfabsenkung zu beschleunigen. Weiter wird, in Abhängigkeit von der Regelabweichung, auch das asymmetrische Bremsmoment um ΔM_{Sperr} reduziert. Da dies ein Eingriff in einer Stellgröße und nicht in der Regelgröße „asymmetrischer Schlupf" des unterlagerten Reglers ist, muss der Fahrzeugregler gleichzeitig einen größeren asymmetrischen Schlupf zulassen. Dies geschieht in Form einer Aufweitung des asymmetrischen Schlupfs um ΔD_λ.

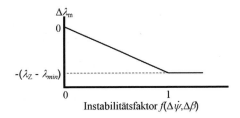

Bild 8-15:
Reduzierung des symmetrischen Antriebsschlupfs in Abhängigkeit von einem Maß für die Fahrzeuginstabilität

Ein Hauptproblem der Antriebsschlupfregelung sind die Schwingungen im Antriebsstrang, die mit der relativ langsamen Bremsdrucksteuerung nicht unterdrückt werden können. Aus diesem Grund werden die Radgeschwindigkeiten gefiltert, bevor sie dem ASR-Regler zugeführt werden. Hierzu wird ein Tiefpassfilter mit einer Bandbreite von ca. 2 Hz verwendet. Die Regelung ist dann entsprechend langsam. Weiter ist die Motormomentänderung relativ langsam, so dass der Eingriff zu spät wirksam werden kann. Aus diesem Grund enthält die Regelung auch eine Vorsteuerung des Motormoments. Aus der Schlupfänderung, $\Delta \lambda_m$, wird eine Änderung des Motormoments berechnet und dem Antriebsschlupfregler direkt zugeführt.

Eine der Anforderungen an das ESP ist, dass die Fahrervorgaben nicht zur Instabilität des ESP führen dürfen. Da die Fahrereingabe Lenkradwinkel von der Übertragungsfunktion der Giergeschwindigkeit gefiltert wird, wirken sich hohe Frequenzen in der Fahrervorgabe in der Giergeschwindigkeit nicht aus. Damit ESP die Giergeschwindigkeitsschwingung nicht aufschaukelt, muss die Eigenfrequenz des ESP-Systems deutlich größer sein als die Eigenfrequenz der Giergeschwindigkeits-Übertragungsfunktion. In den Messungen (Bild 8-16) sind die Schwingungen von ca. 0,6 Hz in der Giergeschwindigkeit deutlich ersichtlich, wobei die Schwingungsdämpfung bei höheren Fahrgeschwindigkeiten geringer ist.

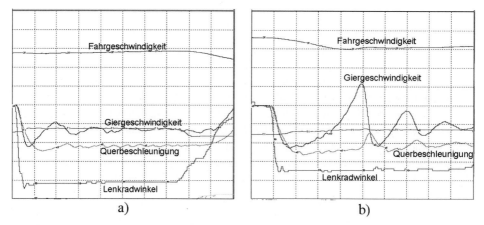

Bild 8-16: Giergeschwindigkeitsverlauf (a) nach einem Lenkradwinkelsprung von 121° bei einer Fahrgeschwindigkeit von 28 m/s und (b) nach einem Lenkradwinkelsprung von 100° bei einer Fahrgeschwindigkeit von 37 m/s. Messbereiche: Zeit: 0 bis 8 s, Fahrgeschwindigkeit: –50 bis +50 m/s, Lenkradwinkel: –145° bis +145°, Giergeschwindigkeit: –1 bis +1 rad/s, Querbeschleunigung: –20 bis +20 m/s²

Dies kann mithilfe des linearen Einspurmodells für die Gier- und Querbewegung erklärt werden. Die Differentialgleichungen (8.7) und (8.8) vereinfachen sich dann zu

$$m \cdot (\dot{v}_Y + v_X \cdot \dot{\psi}) = -c'_{\alpha V} \cdot \left(\frac{v_Y}{v_X} + \frac{l_V \cdot \dot{\psi}}{v_X} \right) - c'_{\alpha H} \cdot \left(\frac{v_Y}{v_X} - \frac{l_H \cdot \dot{\psi}}{v_X} \right) \quad (8.21)$$

$$J_Z \cdot \ddot{\psi} = -l_V \cdot c'_{\alpha V} \cdot \left(\frac{v_Y}{v_X} + \frac{l_V \cdot \dot{\psi}}{v_X} \right) + l_H \cdot c'_{\alpha H} \cdot \left(\frac{v_Y}{v_X} - \frac{l_H \cdot \dot{\psi}}{v_X} \right) \quad (8.22)$$

Aus Gleichung (8.22) lässt sich die Quergeschwindigkeit extrahieren

$$v_Y = \frac{1}{l_H \cdot c'_{\alpha H} - l_V \cdot c'_{\alpha V}} \cdot \left\{ J_Z \cdot v_X \cdot \ddot{\psi} + \left(l_H^2 \cdot c'_{\alpha H} + l_V^2 \cdot c'_{\alpha V} \right) \cdot \dot{\psi} \right\} \quad (8.23)$$

Hieraus kann die Änderungsgeschwindigkeit der Quergeschwindigkeit abgeleitet werden

$$\dot{v}_Y = \frac{1}{l_H \cdot c'_{\alpha H} - l_V \cdot c'_{\alpha V}} \cdot \left\{ J_Z \cdot v_X \cdot \dddot{\psi} + \left(l_H^2 \cdot c'_{\alpha H} + l_V^2 \cdot c'_{\alpha V} \right) \cdot \ddot{\psi} \right\} \quad (8.24)$$

Substitution von (8.23) und (8.24) in (8.21) ergibt

8.4 Struktur des ESP-Reglers

$$m \cdot J_Z \cdot v_X^2 \cdot \ddot{\psi} + \left\{ m \cdot v_X \cdot \left(l_H^2 \cdot c'_{\alpha H} + l_V^2 \cdot c'_{\alpha V} \right) + J_Z \cdot v_X \cdot \left(c'_{\alpha H} + c'_{\alpha V} \right) \right\} \cdot \dot{\psi} +$$

$$\begin{bmatrix} \left(c'_{\alpha H} + c'_{\alpha V} \right) \cdot \left(l_H^2 \cdot c'_{\alpha H} + l_V^2 \cdot c'_{\alpha V} \right) + \\ \left\{ m \cdot v_X^2 + \left(l_H \cdot c'_{\alpha H} - l_V \cdot c'_{\alpha V} \right) \right\} \cdot \left(l_H \cdot c'_{\alpha H} - l_V \cdot c'_{\alpha V} \right) \end{bmatrix} \cdot \dot{\psi} = 0 \qquad (8.25)$$

Die konjugiert komplexe Wurzel der charakteristischen Gleichung von Gleichung (8.25) ist als Funktion der Fahrgeschwindigkeit, v_x, in der Wurzelortskurve von Bild 8-17 dargestellt. Dabei sind der Realteil und der Imaginärteil der Wurzel

$$\text{Realteil} = \sigma = -\frac{m \cdot \left(l_H^2 \cdot c'_{\alpha H} + l_V^2 \cdot c'_{\alpha V} \right) + J_Z \cdot \left(c'_{\alpha H} + c'_{\alpha V} \right)}{2 \cdot v_X \cdot m \cdot J_Z}$$

$$\text{Imaginärteil} = \omega = \pm \sqrt{\frac{l_H \cdot c'_{\alpha H} - l_V \cdot c'_{\alpha V}}{J_Z} + \frac{c'_{\alpha H} \cdot c'_{\alpha V} \cdot l^2}{v_X^2 \cdot m \cdot J_Z} - \sigma^2} \qquad (8.26)$$

Es zeigt sich, dass die Dämpfung mit der Fahrgeschwindigkeit abnimmt. Weiter zeigt es sich, dass die Giergeschwindigkeit unterhalb eines fahrzeugabhängigen Fahrgeschwindigkeit nicht schwingt und dass die Frequenz der Schwingung bei hohen Fahrgeschwindigkeiten kaum noch zunimmt. Es reicht deshalb, die Eigenfrequenz des ESP-Systems an die Frequenz der Giergeschwindigkeitsschwingung bei hohen Fahrgeschwindigkeiten (ca. 0,6 Hz) anzupassen.

Liegt bereits Bremsdruck im Radbremszylinder vor, so kann eine aktive Druckdifferenz von 50 bar in ca. 200 ms aufgebaut und in ca. 100 ms abgebaut werden. Bei einer Druckamplitude von 25 bar entspricht dies eine Druckänderungsfrequenz von ca. 3,5 Hz. Bei kleineren Druckamplituden sind die Änderungsfrequenzen entsprechend höher und diese Frequenzen sind hoch genug um die Gierschwingungen von 0,6 Hz mittels aktiver Eingriffe schnell ausdämpfen zu können.

Liegt jedoch noch kein Bremsdruck im Radbremszylinder vor, so vergeht eine Totzeit von ca.250 ms, bis der Druck im Radbremszylinder mit dem hohen Druckgradienten aufgebaut werden kann. Diese Totzeit ist konstruktionsbedingt: zuerst müssen die Bremsbeläge zur Bremsscheibe verschoben werden und erst wenn die Bremsbeläge anliegen, kann der Bremsdruck schnell ansteigen. Regelungstechnisch ist deshalb der Anfang des aktiven Druckaufbaus am schwierigsten. Aus diesem Grund wird am Rad an dem demnächst ein Bremseingriff erwartet wird, ein aktiver Druckaufbau bereits eingeleitet, bevor der Eingriff dann erfolgt. Auf diese Weise kann die anfängliche Totzeit reduziert oder gar eliminiert werden. Wenn die Erwartung nicht bestätigt wird, ist der Eingriff nicht notwendig und aus diesem Grund muss der Voreingriff auf kleine Werte (2–3 bar) begrenzt werden.

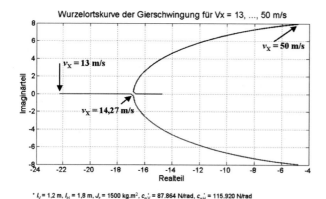

Bild 8-17:
Wurzelortskurve der charakteristischen Gleichung der Giergeschwindigkeit als Funktion der Fahrgeschwindigkeit

Bei hohen Fahrgeschwindigkeiten ist die Fahrzeugbewegung quer zur Fahrbahn bei Änderungen in der Giergeschwindigkeit entsprechend groß. Da die Fahrbahnbreite begrenzt ist, gerät das Fahrzeug dann schneller außerhalb der Fahrspur. Aus diesem Grund wird bei hohen Fahrgeschwindigkeiten der erlaubte Schwimmwinkel reduziert und der Regler somit empfindlicher eingestellt.

Die Sollschlupfänderungen werden durch die unterlagerten Brems- bzw. Antriebsschlupfregler realisiert, während in den unterlagerten Reglern die Zielschlupfwerte für eine maximale Bremskraft bzw. Antriebskraft berechnet werden. Im ungebremsten Fall oder wenn der Fahrervordruck nicht ausreicht, um den gewünschten Sollschlupf einzustellen (Teilbremsbereich), wird aktiv der Druck in den Bremskreisen des Hydroaggregats erhöht.

Bei der Antriebsschlupfregelung übergibt der Fahrdynamikregler neben einer Änderung des symmetrischen Antriebsschlupfwerts auch eine Änderung des Schlupftoleranzbandes ein. Je schmäler das Toleranzband, desto größer ist die Sperrwirkung der Antriebsachse bei unterschiedlich absetzbaren Antriebskräften zwischen den angetriebenen Rädern und der Fahrbahn. Mit größer werdender Sperrung nimmt das Giermoment auf das Fahrzeug zu. Ist dieses Giermoment zu groß, so reduziert der Fahrdynamikregler die Sperrung durch Vorgabe einer Änderung des Sperrmoments.

Eine Sonderstellung bildet die ABS-Bremsung auf µ-Split. Durch die unterschiedlichen Bremskräfte auf der linken und rechten Seite des Fahrzeugs entsteht ein Giermoment und das Fahrzeug dreht sich in Richtung des griffigeren Fahrbahnbelags. Zur Reduzierung des Giermoments erhöht ESP den Schlupf an dem Vorderrad auf dem rutschigen Fahrbahnbelag. Jedoch hat dieser Eingriff wegen dem niedrigen Kraftschlussbeiwert eine geringe Auswirkung auf das Giermoment. Deshalb wird das entstehende Giermoment durch eine Vorsteuerung der Bremsdruckdifferenz zwischen den linken und rechten Rädern begrenzt (Bild 8-18). Am Anfang der µ-Split-Bremsung wird die Bremsdruckdifferenz auf einen kleinen Wert, Δp_1, beschränkt. Diese Zeitspanne, t_1, wird der Fahrerreaktionszeit zum Gegenlenken (ca. 1 s) angepasst. Nachdem diese Zeitspanne verstrichen ist, wird eine gewisse Aufweitung der Bremsdruckdifferenz zugelassen. Die Geschwindigkeit mit der dieser Bremsdruck ansteigen darf, wird in der Applikation durch die Festlegung des Zeitpunkts t_2 bestimmt, und hängt von den Lastenheftangaben des Automobilherstellers ab.

8.4 Struktur des ESP-Reglers

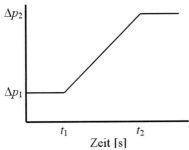

Bild 8-18:
Vorsteuerung der Druckdifferenz bei einer µ-Split-Bremsung

Auch die maximal erlaubte Druckdifferenz, Δp_2, wird entsprechend den Vorgaben des Automobilherstellers in der Applikation bestimmt. Die eingestellte Vorsteuerung ist dementsprechend auch von der Fahrzeugauslegung abhängig.

Bild 8-19 zeigt ESP-Eingriffe am Beispiel eines frei rollenden Fahrzeugs bei einem Ausweichmanöver bei 100 km/h auf trockenem Asphalt (Simulation mit gemessenem Lenkradwinkel aus dem Fahrversuch, zum Quervergleich Simulation/Versuch).

Beim ersten Lenkradeinschlag von ca. 70° folgen die Giergeschwindigkeit, die Querbeschleunigung und der Schwimmwinkel mit stabilen Werten. Die Querbeschleunigung des Fahrzeugs erreicht jedoch bereits den Haftreibwert der Fahrbahn in Reifen-Querrichtung (ca. 0,775 g). Beim Zurücklenken steigt die Giergeschwindigkeit deutlich stärker und mit einem deutlichen Überschwinger schnell an und übersteigt die Soll-Giergeschwindigkeit.

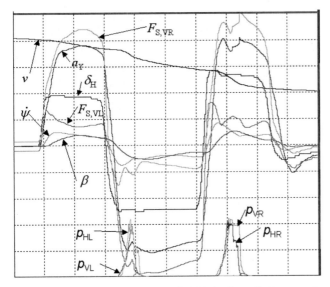

Bild 8-19: Ausweichmanöver bei 100 km/h auf einer trockenen Asphaltfahrbahn mit ESP-Eingriffen. Messbereiche: Zeit: 0 bis 7 s, Fahrzeuggeschwindigkeit: 0 bis 30 m/s, Querbeschleunigung: –10 bis +10 m/s, Lenkradwinkel: –180 bis +180°, Giergeschwindigkeit –200 bis +200 °/s, Schwimmwinkel: –45 bis +45°, Seitenkräfte: –6000 bis +6000 N, Bremsdrücke: 0 bis 200 bar.

Daraufhin greift ESP an den kurvenäußeren Rädern mit einem Bremsdruck-Eingriff von ca. 40 bar ein. Die Eingriffdauer ist ca. 350 ms. Hierdurch wird die Giergeschwindigkeit reduziert, und der Schwimmwinkel wird auf ca. 4° begrenzt. Die Querbeschleunigung erreicht wieder den Maximalwert von ca. 0,775 g. Beim dritten Lenkmanöver ergibt sich eine ähnliche Situation. Es werden wieder die kurvenäußeren Räder gebremst, wobei Bremsdruck und Bremsdauer in etwa dem ersten Eingriff entsprechen. Die Eingriffe reduzieren wieder die Giergeschwindigkeit und begrenzen den Schwimmwinkel auf ca. 5°. Durch die großen Seitenkräfte und durch die Bremsenbetätigungen verliert das Fahrzeug während dem Manöver an Geschwindigkeit.

8.4.2 Bremsschlupfregler

Der Bremsschlupfregler dient einerseits zur Sicherstellung der ABS-Funktion und andererseits zur Einstellung der vom Fahrzeugregler vorgegebenen Bremsschlupfänderungen. Zur Vereinheitlichung der beiden Aufgaben wurde ein vom Serien-ABS abweichender Regler erstellt bei dem die ABS-Funktion durch Schlupfregelung realisiert wird [14]. Der für die ABS-Funktion einzustellende Schlupf wird Zielschlupf, λ_Z, genannt, und wird im Schlupfregler mitbestimmt. Bild 8-20 zeigt in einem vereinfachten Blockschaltbild die Struktur des unterlagerten Bremsschlupfreglers, der bei einer Vollbremsung auch ABS-Regler genannt wird.

Für die Regelung des Radschlupfes auf einen vorgegebenen Sollwert, λ_{soll}, muss der Schlupf hinreichend bekannt sein. Da die Längsgeschwindigkeit des Automobils nicht gemessen wird, wird diese aus den Radgeschwindigkeiten bestimmt. Dazu werden während einer ABS-Regelung auf den Sollschlupfwert λ_{soll} einzelne Räder kurz „unterbremst", das heißt, die Schlupfregelung wird unterbrochen und das aktuelle Radbremsmoment definiert abgesenkt und kurze Zeit konstant gehalten (Anpassungsphase, Bild 8-21) [15]. Unter der Annahme, dass das Rad während dieser Zeit stabil läuft (Punkt λ_A, μ_A), kann aus der momentanen Bremskraft $F_{B,A}$ und der Reifensteifigkeit c_λ die frei rollende (ungebremste) Rad-(umfangs)-geschwindigkeit $v_{R,frei,A}$ bestimmt werden

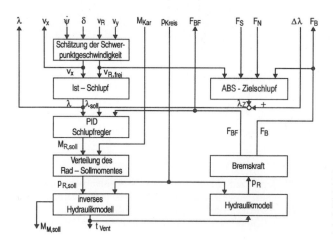

Bild 8-20:
Blockschaltbild des Bremsschlupfreglers mit den wichtigsten Modulen und ihren Ein- und Ausgangsgrößen

8.4 Struktur des ESP-Reglers

$$\mu_A = \frac{F_{B,A}}{F_{N,A}} = c_\lambda \cdot \lambda_A = c_\lambda \cdot \frac{v_{R,\text{frei},A} - v_{R,A}}{v_{R,\text{frei},A}}, \Rightarrow v_{R,\text{frei},A} = v_{R,A} \cdot \frac{c_\lambda}{c_\lambda - \frac{F_{B,A}}{F_{N,A}}} \quad (8.27)$$

wobei der Index A einen Zeitpunkt während der Anpassungsphase angibt, und c_λ die Steigung der μ-Schlupfkurve bei $\lambda = 0$ ist, und v_R die Rad-(umfangs)-geschwindigkeit ist. Die im Radkoordinatensystem bestimmte freirollende Radgeschwindigkeit, $v_{R,\text{frei},A}$, wird über die Giergeschwindigkeit, den Lenkwinkel, die Quergeschwindigkeit und die Fahrzeuggeometrie in den Schwerpunkt transformiert und generiert den „Messwert" für die Schätzung der Schwerpunktsgeschwindigkeit in Längsrichtung mittels einem Kalman Filter. Anschließend wird die gefilterte Schwerpunktsgeschwindigkeit in Längsrichtung auf die vier Radmittelpunkte zurücktransformiert, um die freirollenden Radgeschwindigkeiten aller vier Räder zu erhalten. Somit kann auch für die verbleibenden drei geregelten Rädern der Schlupf berechnet werden.

Als Filtergleichung für das Kalman Filter wird die Differentialgleichung der Längsgeschwindigkeit herangezogen, wobei das Produkt $v_Y \cdot \dot{\psi}$ vernachlässigt wird.

$$\dot{v}_X = \frac{1}{m} \cdot \left\{ \left(F_{S,VL} + F_{S,VR}\right) \cdot \sin\delta - \left(F_{B,VL} + F_{B,VR}\right) \cdot \cos\delta - \left(F_{B,HL} + F_{B,HR}\right) \right\}$$
$$- \frac{c_W \cdot A \cdot v_X^2 \cdot \rho}{2 \cdot m} - \dot{v}_{X,\text{offset}} \quad (8.28)$$

$$\ddot{v}_{X,\text{offset}} = 0 \quad (8.29)$$

wobei c_W der Windwiderstandsbeiwert, A die Spantfläche des Fahrzeugs, und ρ die Luftdichte ist. Gleichung (8.29) gibt an, dass die Fahrbahnsteigung sich nur langsam ändert. Für die Brems- und Seitenkräfte werden die Gleichungen (8.9) und (8.10) verwendet. Die Fahrbahnsteigung wird im Kalman Filter mitgeschätzt.

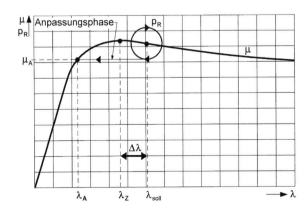

Bild 8-21:
Anpassungsphase während einer Bremsschlupfregelung zur Bestimmung der frei rollenden Radgeschwindigkeit (der Kreis p_R deutet symbolisch die Bremsdruckmodulation der Schlupfregelung an)

Für eine gute Fahrzeuggeschwindigkeitsschätzung ist es notwendig, dass während der ABS-Regelung ständig ein Rad in der Anpassungsphase ist. Wo dies nicht der Fall ist, wird die Fahrzeuggeschwindigkeit linear extrapoliert. Für die Anpassungsphasen werden vorzugsweise die Hinterräder herangezogen, denn dadurch wird die Fahrzeugstabilität verbessert. Weiter trägt die Hinterachse vor allem auf griffigen Fahrbahnen nicht so viel zur Fahrzeugabbremsung bei wie die Vorderachse, so dass die Bremswegverlängerung so klein wie möglich ist. Bild 8-22 zeigt eine Messung einer ABS-Bremsung, bei der die Anpassungsphasen an den Hinterrädern deutlich ersichtlich sind.

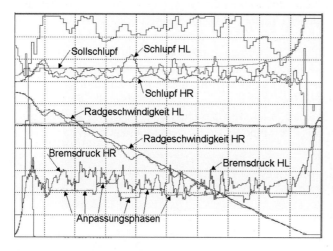

Bild 8-22: ABS-Geradeausbremsung mit ESP aus 120 km/h auf einer trockenen und ebenen Asphaltfahrbahn. Messbereiche:
Zeit: 0 bis 4,2 s,
Schlupfwerte: –0,7 bis +0,3,
Radgeschwindigkeiten:
0 bis 50 m/s,
Bremsdrücke: 0 bis 250 bar

Ausgehend von der stationären Bremskraft, F_{BF}, und der Fahrzeugverzögerung, welche sich in einem Gradienten der frei rollenden Radgeschwindigkeit, $v_{R,frei}$, bemerkbar macht, wird entsprechend der Schlupfregelabweichung über ein PID-Regelgesetz das Sollmoment am Rad, $M_{R,soll}$, gebildet

$$M_{R,soll} = F_{BF} \cdot r - \frac{J_R}{r} \cdot (1-\lambda) \cdot \dot{v}_{R,frei} + K_P \cdot (\lambda_{soll} - \lambda) \cdot r$$
$$+ K_D \cdot (\dot{v}_R - \dot{v}_{R,frei}) \cdot \frac{J_R}{r} + K_I \cdot c_p \cdot \text{SUM}\{(\lambda_{soll} - \lambda) \cdot T\} \quad (8.30)$$

wobei die stationäre Bremskraft, F_{BF}, (gefilterte Bremskraft) den Arbeitspunkt bildet, K_P, K_D und K_I die Verstärkungsfaktoren der P-, I- und D-Anteile des Reglers sind, und SUM das Integral darstellt. Die Verstärkungsfaktoren werden dem Fahrbahnreibwert, der Fahrgeschwindigkeit, dem Vorzeichen der Regelabweichung $\Delta\lambda = (\lambda_{soll} - \lambda)$ und dessen Zeitgradienten angepasst.

Für die angetriebenen Räder kann das Radsollmoment teilweise oder im ungebremsten Fall vollständig vom Motor eingestellt werden, um eine Motorschleppmomentregelung zu realisieren. Das Antriebsrad mit dem kleineren Radsollmoment wird in den erlaubten Grenzen mit dem Motoreingriff geregelt.

8.4 Struktur des ESP-Reglers

$$M_{M,soll} = -\frac{2 \cdot m}{i_G} + \frac{J_M \cdot i_G}{r} \cdot \dot{v}_X \tag{8.31}$$

wobei

$$m = \text{MIN}\left(M_{R,soll,HL}, M_{R,soll,HR}\right) \quad \text{(beim Hecktrieb)} \tag{8.32}$$

Das Motorsollmoment ist bei negativen Werten durch das maximale Motorschleppmoment begrenzt und im Antriebsfall (positive Werte) auf das vom Hersteller erlaubte, maximale aktive Antriebsmoment. Für ein positives Radsollmoment muss das eventuell verbleibende Bremsmoment durch den Bremsdruck eingestellt werden.

$$p_{R,soll} = \frac{M_{R,soll} + M_{Kar}/2}{c_p} \tag{8.33}$$

Der vom Regler geforderte Solldruck in den Radbremszylindern wird über die Bremshydraulik und die zugehörige Ventilansteuerzeit eingestellt. Mit einem inversen Hydraulikmodell, dessen Parameter vorab bestimmt und im Regler abgelegt werden, wird die gewünschte Ventilansteuerzeit berechnet. Im Wesentlichen besteht das Modell aus dem Bernoulli-Ansatz für inkompressible Medien und einer Druckvolumenkennlinie der Radbremse. Vereinfacht dargestellt

$$t_{Vent} = \frac{p_{R,soll} - p_R}{(X_1 + X_2 \cdot p_R) \cdot \sqrt{|p_{Kreis} - p_R|}}$$

$t_{Vent} > 0$ Druckaufbau

$t_{Vent} = 0$ Druckhalten

$t_{Vent} < 0$ Druckabbau

(8.34)

wobei t_{Vent} die Ventilansteuerzeit ist, X_1 und X_2 Bremsenparameter sind welche die Druck-Volumenkennlinie der Radbremse beschreiben, und p_{Kreis} der Druck vor dem Einlassventil (bei Druckaufbau) oder der Druck hinter dem Auslassventil (bei Druckabbau) ist. Da die Ventilansteuerzeit beschränkt und quantisiert wird, muss über das Hydraulikmodell der tatsächlich eingestellte Druck berechnet werden. Durch das Momentgleichgewicht am Rad kann dann bei bekanntem Radbremsdruck und den gemessenen Radgeschwindigkeiten die aktuelle und die stationäre Bremskraft bestimmt werden (Gleichung 8.9). Die gefilterte Bremskraft dient nun als Bezugsgröße des PID- Reglers.

$$T_1 \cdot \dot{F}_{BF} + F_{BF} = F_B \tag{8.35}$$

Der Zielschlupf, λ_Z, für den Schlupfregler (für die ABS-Funktion) wird abhängig vom maximalen Kraftschlussbeiwert der Fahrbahn, μ_{res}, berechnet. In Bild 8-23 ist der Ansatz zur Berechnung des Zielschlupfes vereinfacht dargestellt. Zwischen dem Maximum der

Schlupfkurve auf einer Fahrbahn mit hohem maximalen Kraftschlussbeiwert und dem einer Fahrbahn mit niedrigem maximalen Kraftschlussbeiwert wird eine Gerade gezogen. Es wird nun unterstellt, dass die Maxima der Schlupfkurven für beliebige maximale Kraftschlussbeiwerte auf der Gerade liegen

$$\lambda_Z = A_0 \cdot \mu_{res} + \frac{A_1}{v_{R,frei}} + A_2$$

$$\mu_{res} = \frac{\sqrt{F_B^2 + F_S^2}}{F_N}$$
(8.36)

wobei, λ_Z, der Zielschlupf für die ABS-Funktion ist, und A_0, A_1 und A_2 Parameter sind. Der zweite Term in der Gleichung für den Zielschlupf, ($A_1/v_{R,frei}$), verhindert, dass bei kleinen Fahrgeschwindigkeiten, der Zielschlupf zu klein wird. Aus dem Zielschlupf, λ_Z, und der vom Fahrdynamikregler vorgegebenen Schlupfänderung, $\Delta\lambda$, errechnet der Schlupfregler den einzustellenden Sollschlupf

$$\lambda_{soll} = \lambda_Z + \Delta\lambda$$
(8.37)

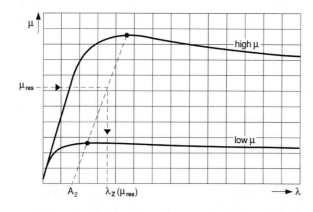

Bild 8-23:
Bestimmung des Zielschlupfes in Abhängigkeit des geschätzten Haftbeiwertes der Fahrbahn

Die Schätzung der Fahrzeuggeschwindigkeit mit Hilfe der Anpassungsphasen wird während der ABS-Regelung und während der ASR-Regelung bei Allradantrieb verwendet. Läuft ein Rad oder laufen mehrere Räder frei, so kann der „Messwert für die Schwerpunktsgeschwindigkeit in Fahrzeuglängsrichtung" ohne Extrapolation nach Gleichung (8.27) bestimmt werden. Läuft ein Rad oder laufen mehrere Räder mit stabilem Schlupf, so kann der „Messwert" ohne Anpassungsphasen aber mittels der Extrapolation nach Gleichung (8.27) für die entsprechenden Rädern bestimmt werden. Auf diese Weise kann es zu jedem Zeitpunkt ein bis vier „Messwerte" geben. Zur Verbesserung des „Messwerts" wird ein gewichteter Mittelwert dieser „Messwerte" gebildet [16]. Die Gewichte sind abhängig von der zugehörigen Radgeschwindigkeit und deren ersten und zweiten Ableitungen. Folgende Idee verbirgt sich dahinter:

8.4 Struktur des ESP-Reglers

* Läuft ein Rad mit kleinem Schlupf, so liefert die Extrapolation wahrscheinlich eine bessere Schätzung der frei rollenden Radgeschwindigkeit als die bei einem Rad, bei dem der Schlupf größer ist.
* Ist die Radverzögerung oder -beschleunigung klein, so ist die Wahrscheinlichkeit, dass das Rad eine gute Schätzung der frei rollenden Radgeschwindigkeit liefert, größer als die bei einem Rad, welches sich stärker verzögert oder beschleunigt.
* Ist die Steigung der Schlupfkurve groß, so wirken sich Störungen im Bremsmoment oder in der Fahrbahngriffigkeit weniger stark in der Radverzögerungsänderung aus, als wenn die Steigung der Schlupfkurve klein ist. Ein Rad bei dem die Verzögerungsänderungen groß sind, hat einen Schlupf, der wahrscheinlich näher am Maximum der Schlupfkurve liegt als ein Rad, bei dem die Verzögerungsänderungen klein sind, und die Extrapolation bei einem Rad mit kleineren Verzögerungsänderungen liefert wahrscheinlich eine bessere Schätzung der frei rollenden Radgeschwindigkeit als die bei einem Rad mit größeren Radbeschleunigungsänderungen.

Die Gewichte werden zur Berücksichtigung der Wahrscheinlichkeiten mit der Fuzzy-Methode bestimmt.

8.4.3 Antriebsschlupfregler

Der Antriebsschlupfregler wird nur zur Schlupfregelung der angetriebenen Rädern im Antriebsfall eingesetzt. Aktiveingriffe an den anderen Rädern werden über den Bremsschlupfregler direkt angesteuert. Im Folgenden wird die Antriebsschlupfregelung für einen Hecktriebler beschrieben.

Die Antriebsräder bilden mit dem Achsdifferential, dem Getriebe und dem Motor ein gekoppeltes System der Radgeschwindigkeiten $v_{R,HL}$ und $v_{R,HR}$. Durch die Bildung der neuen Variablen $v_{Kar} = (v_{R,HL} + v_{R,HR})/2$ und $v_{Dif} = (v_{R,HL} - v_{R,HR})$ entfällt die Kopplung und es folgen zwei nicht gekoppelte Differentialgleichungen [12, 13]. Werden die Torsionselastizitäten im gesamten Antriebsstrang vernachlässigt, dann sind die Differentialgleichungen für die Radgeschwindigkeiten

$$2 \cdot J_R \cdot (J_G + 2 \cdot J_R) \cdot \frac{\dot{v}_{R,HL}}{r} = (J_G + 4 \cdot J_R) \cdot (M_{B,HL} - M_{R,HL})$$
$$- J_G \cdot (M_{B,HR} - M_{R,HR}) + 2 \cdot J_R \cdot M_M$$

$$2 \cdot J_R \cdot (J_G + 2 \cdot J_R) \cdot \frac{\dot{v}_{R,HR}}{r} = -J_G \cdot (M_{B,HL} - M_{R,HL}) \qquad (8.38)$$
$$+ (J_G + 4 \cdot J_R) \cdot (M_{B,HR} - M_{R,HR}) + 2 \cdot J_R \cdot M_M$$

$$J_G = i_G^2 \cdot J_M$$

wobei J_G das auf die Raddrehzahl reduziertes Trägheitsmoment des Antriebsstranges bis zum Differential ist, und $M_{R,HL}$ und $M_{R,HR}$ die Fahrbahnmomente am linken bzw. rechten angetriebenen Rad sind (Fahrbahnmoment $= F_B \cdot r$). Da die Bremskraft vom Schlupf und damit von der Radgeschwindigkeit abhängt, stellt Gleichung (8.38) ein gekoppeltes Differentialgleichungssystem dar, wobei die Koppelung durch das reduzierte Trägheitsmoment verursacht wird. Durch Addition und Subtraktion der zwei Differentialgleichungen in Gleichung (8.38) erfolgen zwei neue Differentialgleichungen

$$2 \cdot (J_G + 2 \cdot J_R) \cdot \frac{\dot{v}_{Kar}}{r} = (M_{R,HL} + M_{R,HR}) - (M_{B,HL} + M_{B,HR}) + M_M$$
$$2 \cdot J_R \cdot \frac{\dot{v}_{Dif}}{r} = (M_{R,HL} - M_{R,HR}) - (M_{B,HL} - M_{B,HR})$$
(8.39)

wobei v_{Kar} die Kardangeschwindigkeit und v_{Dif} die Raddifferenzgeschwindigkeit genannt wird. Die zwei Differentialgleichungen in Gleichung (8.39) sind nun nicht mehr gekoppelt und die zwei Steuereingriffe ($M_{B,HL} + M_{B,HR}$) und ($M_{B,HL} - M_{B,HR}$) sind unabhängig voneinander. Mit ($M_{B,HL} + M_{B,HR}$) und dem Motormoment M_M kann nun die Kardangeschwindigkeit geregelt werden, während mit ($M_{B,HL} - M_{B,HR}$) die Raddifferenzgeschwindigkeit geregelt werden kann. Aus diesem Grund wird der Schlupf nicht direkt geregelt, sondern es werden die Kardangeschwindigkeit und die Raddifferenzgeschwindigkeit geregelt. Zur Bestimmung des Sollwerts für die Kardangeschwindigkeit wird ein symmetrischer Sollschlupf (wobei das linke und das rechte Rad gleiche Sollschlupfanteile haben), λ_m, festgelegt. Zur Bestimmung des Sollwerts für die Raddifferenzgeschwindigkeit wird ein asymmetrischer Sollschlupf, D_λ, festgelegt, wobei der Sollschlupf am linken Rad sich um den asymmetrischen Sollschlupf vom Sollschlupf am rechten Rad unterscheidet. Mit Hilfe der frei rollenden Radgeschwindigkeiten können nun aus den symmetrischen und asymmetrischen Sollschlupfwerte die Kardan- und Raddifferenzgeschwindigkeitssollwerte berechnet werden.

Ähnlich wie beim Bremsschlupfregler berechnet der Antriebsschlupfregler aus dem maximalen Kraftschlussbeiwert der Fahrbahn, μ_{res}, und der Fahrgeschwindigkeit, v_X, den symmetrischen Schlupfzielwert, $\lambda_{m,Z}$, für eine maximale Traktion, entsprechend Gleichung (8.36). Hierbei wird der Zielwert für beide Räder gleich genommen, wobei das Rad mit dem höchsten resultierenden Kraftschlussbeiwert der Fahrbahn (z.B. bei µ-Split) den Zielschlupf bestimmt.

Der Zielwert für den asymmetrischen Schlupf, D_λ, ist für maximale Traktion auf homogener Fahrbahn null. Es wird jedoch ein asymmetrisches Schlupftoleranzband, $D_{\lambda,Z}$, für die Differenz der beiden Antriebsschlupfwerte zugelassen, welche eine tote Zone für die Regelabweichung darstellt, damit kleine Regelabweichungen nicht ausgeregelt werden müssen.

Der Antriebsschlupfregler erhält vom Fahrzeugregler die Änderungen in den Zielwerten, $\Delta\lambda_m$ und ΔD_λ, zur Bildung der Sollwerte für die Kardan- und Raddifferenzgeschwindigkeiten.

$$\lambda_m = \lambda_{m,Z} + \Delta\lambda_m$$
$$D_\lambda = D_{\lambda,Z} + \Delta D_\lambda$$
(8.40)

8.4 Struktur des ESP-Reglers

Fährt das Fahrzeug in einer Kurve, so ist bei gleichem Antriebsmoment an den angetriebenen Rädern, wegen der Radlastverschiebung, der Antriebsschlupf des kurveninneren Rades größer als der des kurvenäußeren Rades (Bild 8.24). Damit der Differenzdrehzahlregler nicht bei jeder normalen Kurvenfahrt eingreift und diese Schlupfdifferenz reduziert, wird das Schlupftoleranzband, D_λ, in der Kurve entsprechend aufgeweitet.

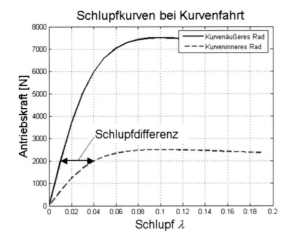

Bild 8-24:
Schlupfdifferenz zwischen den Antriebsrädern bei Antrieb während Kurvenfahrt bei einer bestimmten Querbeschleunigung

Greift der Differenzdrehzahlregler mit einem Bremsmoment, M_{Sperr}, an dem Antriebsrad mit dem größten Antriebsschlupf ein, so entsteht ein Giermoment auf das Fahrzeug, welches proportional zum Bremsmoment ist. Dies kann sowohl in der Kurve als auch auf µ-Split erfolgen. Wie bereits im Abschnitt „Fahrzeugregler" behandelt, geschehen ESP-Eingriffe direkt über eine Vorgabe, das asymmetrische Bremsmoment um ΔM_{Sperr} zu reduzieren. Die Folge ist, dass der asymmetrische Schlupf zunimmt. Damit der Differenzdrehzahlregler diese Bremsmomentreduktion nicht wieder sofort kompensiert, wird das Schlupftoleranzband bei solchen Eingriffen vom Fahrzeugregler aufgeweitet.

Der Antriebsschlupfregler berechnet die Sollbremsmomente für die beiden Antriebsräder, das Sollmotormoment für den Drosselklappeneingriff, den Sollwert für die Motormomentreduzierung durch die Zündwinkelverstellung sowie optional die Anzahl der Zylinder und Zeitdauer für welche die Kraftstoffeinspritzung ausgeblendet werden soll. Bild 8-25 zeigt die Reglerstruktur im Blockschaltbild.

Die Regelgrößen Kardangeschwindigkeit und Raddifferenzgeschwindigkeit der Antriebsräder werden aus den Radgeschwindigkeiten der angetriebenen Räder ermittelt:

$$v_{Kar} = \frac{1}{2}\left(v_{R,HL} + v_{R,HR}\right)$$
$$v_{Dif} = v_{R,HL} - v_{R,HR}$$
(8.41)

wobei v_{Kar} die mittlere Geschwindigkeit der angetriebenen Räder, und v_{Dif} die Differenz der Geschwindigkeiten der angetriebenen Räder ist.

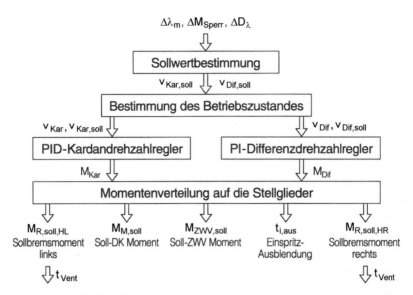

Bild 8-25: Blockschaltbild des Antriebsschlupfreglers (ASR) mit den wichtigsten Modulen und ihren Ein- und Ausgangsgrößen

Die Sollwerte für die Kardangeschwindigkeit und Raddifferenzgeschwindigkeit werden aus dem symmetrischen Sollschlupfwert mit den frei rollenden Radgeschwindigkeiten gebildet. Die Sollwerte für die Radgeschwindigkeiten sind

$$v_{R,\text{soll,HL}} = (1+\lambda_m) \cdot v_{R,\text{frei,HL}}$$
$$v_{R,\text{soll,HR}} = (1+\lambda_m) \cdot v_{R,\text{frei,HR}}$$
(8.42)

wobei die Schlupfwerte für Antriebsschlupf positiv definiert sind. Die Sollwerte der Regelgrößen sind

$$v_{\text{Kar,soll}} = (v_{R,\text{soll,HL}} + v_{R,\text{soll,HR}})/2$$
$$v_{\text{Dif,soll}} = v_{R,\text{soll,HL}} - v_{R,\text{soll,HR}}$$
(8.43)

Die tote Zone für den Differenzdrehzahlregler wird aus dem asymmetrischen Sollschlupfwert bestimmt und ist

$$D_v = D_\lambda \cdot (v_{R,\text{frei,HL}} + v_{R,\text{frei,HR}})/2$$
(8.44)

Die Dynamik hängt von den sehr unterschiedlichen Betriebszuständen der Regelstrecke ab. Deshalb wird der Betriebszustand ermittelt (um z.B. i_G berechnen zu können), um die Reglerparameter an Streckendynamik und Nichtlinearitäten anpassen zu können. Die Motoreingriffe und der symmetrische Anteil des Bremseingriffs sind die Stellgrößen des

Kardandrehzahlreglers. Der asymmetrische Anteil des Bremseneingriffs ist das Stellsignal des Differenzdrehzahlreglers.

Die Kardangeschwindigkeit wird durch einen nichtlinearen PID-Regler geregelt, wobei insbesondere die Verstärkung des I-Anteils, vom Betriebszustand abhängig, in einem weiten Bereich variiert. Im Gegensatz zum Bremsschlupfregler wird hier nicht ein Arbeitspunkt bestimmt. Dieser soll vom I-Anteil übernommen werden. Der I-Anteil ist deshalb stationär ein Maß für das auf die Fahrbahn übertragbare Moment. Reglerausgang ist das Sollkardanmoment.

Zur Regelung der Raddifferenzgeschwindigkeit dient ein nichtlinearer PI-Differenzdrehzahlregler. Die Reglerparameter sind von Fahrstufe und Motoreinflüssen unabhängig. Der Zielwert für die tote Zone wird relativ klein gewählt um bei µ-Split die Empfindlichkeit des Differenzdrehzahlreglers zu erhöhen. Bei einem Sperrmomenteingriff oder bei optionaler Select Low Regelung gibt der Fahrzeugregler ein breiteres Toleranzband vor und der Differenzdrehzahlregler lässt dadurch größere Drehzahlunterschiede an den angetriebenen Rädern zu. Reglerausgang ist das Solldifferenzmoment.

Die Sollwerte für das Kardanmoment und das Differenzmoment werden auf die Stellglieder verteilt. Das Solldifferenzmoment wird durch den Bremsmomentunterschied zwischen linkem und rechtem Antriebsrad über eine entsprechende Ventilansteuerung im Hydroaggregat eingestellt. Das Sollkardanmoment wird sowohl durch die Motoreingriffe, als auch durch einen symmetrischen Bremseneingriff, aufgebracht. Der Drosselklappeneingriff ist nur mit relativ großer Verzögerung (Totzeit und Übergangsverhalten des Motors) wirksam. Als schneller Motoreingriff wird eine Zündwinkelspätverstellung und optional eine zusätzliche Einspritzausblendung eingesetzt. Der symmetrische Bremseneingriff dient dabei zur kurzfristigen Unterstützung der Motormomentreduzierung. Der Antriebsschlupfregler kann in diesem Modul relativ einfach an die verschiedenen Motoreingriffsarten angepasst werden.

Im Lastenheft wird gefordert, dass ASR so eingestellt werden soll, dass ein Minimum an (unkomfortabler) ESP-Bremseingriffen notwendig ist. Aus diesem Grund wird die Geschwindigkeit des kurvenäußeren Rades analysiert, d.h. das Rad mit dem geringsten Schlupf. Weist die Radgeschwindigkeit eine Rauigkeit auf, so wird daraus geschlossen, dass das Maximum der Schlupfkurve erreicht ist (siehe den Abschnitt über die Fuzzy-Schätzung der Fahrzeuggeschwindigkeit). Die Reglerverstärkung des I-Anteils wird dann reduziert.

Bild 8-26 zeigt eine Messung von einer ASR-Regelung beim Wegfahren auf µ-Split. Das Fahrzeug hat einen Allrad-Antrieb und es werden das Antriebsmoment am Ausgang des Mittendifferentials, M_{kar}, und die Bremsdrücke an der Vorder- und an der Hinterachse gezeigt. Der Fahrer betätigt am Anfang des Manövers das Gaspedal aus dem der Wunsch nach einem Antriebsmoment $M_{M,Pre}$ abgeleitet wird. Durch das steigende Antriebsmoment beginnen die Räder auf der rutschigen Fahrbahnseite (linke Fahrzeugseite) durchzudrehen. Hierauf wird das Antriebsmoment M_{kar} zurückgenommen und es werden die linken Räder aktiv gebremst zur Reduzierung des asymmetrischen Schlupfs. Der Bremsdruck an dem Hinterrad ist dabei größer als der an dem Vorderrad, weil die Vorderradbremsen größer dimensioniert sind. Durch diese Eingriffe wird der asymmetrische Schlupf begrenzt und das Antriebsmoment, M_{kar}, kann weiter erhöht werden, solange der symmetrische Sollschlupf nicht überschritten ist. Das Fahrzeug fährt an, was aus den

Radgeschwindigkeiten der rechten Fahrzeugseite zu sehen ist. Auf ca. der Hälfte des Manövers, nachdem sich das Fahrzeug in Bewegung gesetzt hat, hält der Fahrer das Gas konstant, und das Antriebsmoment, M_kar, wird nur bis zu dem Fahrerwunsch bzw. bis zum symmetrischen Sollschlupf weiter erhöht. Nach kurzer Zeit synchronisieren sich die Radgeschwindigkeiten, und der Fahrer reduziert das gewünschte Antriebsmoment $M_\text{M,Pre}$. Am Ende des Manövers werden die Bremsdrücke an den linken Rädern und das Antriebsmoment gesteuert reduziert.

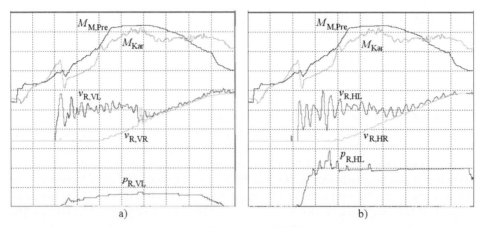

Bild 8-26: Messung einer Anfahrt auf µ-Split mit einem Allrad-Fahrzeug. Messbereiche: Zeit: 0 bis 6 s, Fahrerwunschmoment: –400 bis +400 Nm, Kardanmoment: –3000 bis +3000Nm, Radgeschwindigkeiten: –6 bis +14 m/s, Bremsdrücke: 0 bis 400 bar.

8.5 Überwachung des ESP-Systems

ESP ist ein komplexes mechatronisches System, mit dem die Sicherheitseinrichtung „Bremse" des Fahrzeugs beeinflusst wird. An dem System werden deshalb sehr hohe Anforderungen an Zuverlässigkeit und Ausfallsicherheit gestellt. Zusammen mit der Forderung nach minimalen Kosten des Systems, bei dem es auch darum geht Komponenten einzusparen, stellt die Sicherheit eine sehr hohe Anforderung an die Zuverlässigkeit und an die Überwachung der verwendeten Komponenten. Wenn das Thema „Sicherheit" hier angesprochen wird, geht es dabei nicht um die Verbesserung der Fahrzeugsicherheit durch ESP, sondern um die Fahrzeugsicherheit bei Ausfall einer ESP-Komponente. Bild 8-27 zeigt das betrachtete Gesamtsystem Fahrer-Fahrzeug-ESP [17].

8.5 Überwachung des ESP-Systems

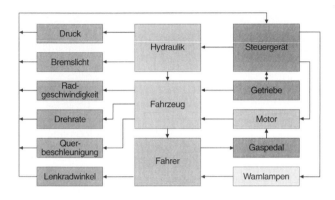

Bild 8-27:
Gesamtsystem Fahrer-Fahrzeug-ESP für die Systemsicherheit

Zur Erweiterung der Sicherheit ist das Verhalten des Fahrers für Plausibilitätsbeziehungen mit einbezogen, denn z.B. Lenkradwinkelsignalgradienten, die größer sind als solche, die ein Fahrer aufbringen kann, sind unplausibel und deuten auf einen defekten Lenkradwinkelsensor hin. Weiter gehören die Motor- und Getriebesteuerung zum System ESP, da beide von ESP beeinflusst und abgefragt werden. Aus Bild 8-27 geht auch hervor, dass bei der Sicherheit die Verbindungen zwischen den Systemkomponenten auch zu prüfen sind.

8.5.1 Anforderungen an die Sicherheit

Es gibt nur wenig formulierte Anforderungen an die Fahrzeugsicherheit bei Komponentenausfall. Die bekanntesten Anforderungen sind hier aufgelistet:
- Das Fahrverhalten mit ESP darf im Vergleich zu dem ohne ESP keine Verschlechterung aufweisen, d.h. Fehler im System dürfen das Fahrzeug nicht unsicher machen.
- Systemfehler müssen so schnell erkannt werden, dass die Sicherheit für die Insassen und die weiteren Verkehrsteilnehmer nicht beeinträchtigt wird.
- Zur Beeinflussung des querdynamischen Fahrverhaltens darf immer nur ein einzelnes Vorderrad auf sehr hohem Schlupf heruntergebremst werden. Hierdurch wird sichergestellt, dass dem Fahrer im Notfall ein Minimum an Manövrierbarkeit erhalten bleibt. Ausnahme: Gelände-ABS [18].
- Es wird akzeptiert, dass in seltenen Sonderfällen der Bremsweg mit ESP etwas länger ist als ohne, wenn dafür die Stabilität und die Lenkbarkeit erhalten bleiben (z.B. bei Tiefschnee oder bei Schotter).
- Bei Systemfehler muss die aus Kundensicht „bestmögliche" Abschaltstrategie eingeleitet werden. Wird ein Fehler während der Regelung erkannt, muss versucht werden, die Regelung bis zum Ende der Fahrsituation mit einer Notfunktion am Leben zu halten.
- Das Fahrdynamikregelsystem muss über eine Rückfallebene verfügen: Es muss dafür gesorgt werden, dass die ABS-Funktion so lange wie möglich am Leben bleibt, am besten auf Basis von nur 4 Radgeschwindigkeitssensoren.

- Bei Fehlern von sehr kurzer Dauer, z.B. EMV-Einstreuungen, kann auf eine Abschaltung verzichtet werden, vorausgesetzt alle stabilisierende Funktionen stehen dem Fahrer weiterhin in vertretbarer Qualität zur Verfügung. Ist damit zu rechnen, dass die Regelgüte für längere Zeit oder durch große Wiederholhäufigkeit verschlechtert sein wird, muss das System abgeschaltet werden.
- Die Vermeidung von fehlerbedingten ESP-Eingriffen hat eine höhere Priorität als die Durchführung von berechtigten ESP-Eingriffen.
- Erst wenn die Sicherheitssoftware das System freigegeben hat, darf die Regelung aktiviert werden.

8.5.2 Auswirkungen von Komponentenausfällen

Die Entwicklung der Sicherheit von sicherheitsrelevanten Systemen wird von verschiedenen methodischen Ansätze begleitet. Solche Methoden sind FMEA (Failure Mode and Effect Analysis) und FTA (Failure Tree Analysis), auf die hier nicht näher eingegangen wird.

Die System-FMEA-Methode betrachtet den Einfluss eines einzelnen Komponenten-Funktionsausfalls (z.B. Steckerpinkontakt unterbrochen) auf die Fahrsicherheit. Es wird eine Risikoprioritätszahl (zwischen 1 und 1000) berechnet, in der die Fehlerschwere (Fehlerauswirkung auf die Fahrsicherheit), die Entdeckungswahrscheinlichkeit des Fehlers (z.B. durch Überwachungssoftware) und die Auftretenswahrscheinlichkeit (z.B. durch Verwendung einer robusten Konstruktion) des Fehlers berücksichtigt wird. Bei hohen Risikoprioritätszahlen (z.B. über 120) müssen Maßnahmen (z.B. Änderung in der Konstruktion) zur Reduzierung der Zahl getroffen werden. Da sie den Ausfall auf der tiefsten Ebene betrachtet, wird sie als „Bottom-up"-Methode bezeichnet.

Die FTA-Methode leitet aus denkbaren sicherheitskritischen Fahrzuständen (z.B. „Fahrzeug schert unbeabsichtigt nach rechts aus") ab, welche Komponentenausfälle dazu führen könnten („Top-down"-Methode). Dabei werden sowohl Einzelfehler als auch Mehrfach- und Kombinationsfehler betrachtet (z.B. wenn ein Steckerpin korrodiert ist, dann ist es wahrscheinlich, dass auch benachbarte Steckerpins korrodiert sind). Aus dem Fehlerbaum wird die Wahrscheinlichkeit eines solchen Zustandes im Fahrzeugleben abgeleitet.

Wichtig ist bei diesen Methoden, die Auswirkungen von Komponentenausfällen auf die Fahrsicherheit in verschiedenen Fahrsituationen zu beurteilen. Diese Auswirkungen werden für die Bewertung der Fehlerfolgen und für die Berechnung der Risikoprioritätszahl in der FMEA benötigt. Es folgt nun eine Liste mit Beispiele für Fehlerfolgen, die mit der höchsten Bewertung in der FMEA eingestuft werden (Fehlerfolgen mit Fehlerschwere 9 oder 10):

- Unbeabsichtigtes Bremsen von einem oder mehreren Rädern außerhalb des ESP-Betriebs, das zu einer deutlichen Querbewegung des Fahrzeugs führt
- Unbeabsichtigte Beschleunigung des Fahrzeugs (> 1,5 m/s^2)
- Unbeabsichtigte Verzögerung des Fahrzeugs (> 2 m/s^2)
- Bremsung verhindert (z.B. alle Einlassventile sind geschlossen)
- Feuer oder Rauchentwicklung

8.5 Überwachung des ESP-Systems

- Trotz Fehler leuchtet die Warnleuchte nicht.
- Die Bremslichter leuchten beim Bremsen durch den Fahrer nicht auf.
- Die gesetzlich geforderte minimale Bremsverzögerung kann nicht erreicht werden.
- Unbeabsichtigte Bremsung eines Vorderrads während ASR-Betrieb
- ESP wird abgeschaltet, bzw. dessen Wirkung wird während des Eingriffs oder kurz bevor ein Eingriff notwendig wird, reduziert, wodurch das Fahrzeug schleudert oder aus der Kurve hinaus schiebt
- Signifikante Reduktion der Wirkung beim Bremsen:
  Der Bremsweg wird um mindestens 40% verlängert.
  Kein Bremsdruck an der Vorderachse
  Kein Bremsdruck an der Hinterachse
  Kein Bremsdruck in einem Bremskreis
  Kein Bremsdruck an einem Vorderrad

Fehlerfolgen mit Fehlerschwere 7 oder 8:
- Unbeabsichtigtes Bremsen von einem oder mehreren Rädern während des ESP-Betriebs, welches vom Fahrer bemerkt wird, jedoch nicht zu einem deutlichen Spurversatz führt
- Unbeabsichtigte Fahrzeugbeschleunigung ($> 1,2$ m/s^2 aber $< 1,5$ m/s^2)
- Unbeabsichtigte Fahrzeugverzögerung ($> 1,5$ m/s^2 aber $< 2,0$ m/s^2)
- Hinterräder sind während der Bremsung blockiert (es wird dabei vorausgesetzt, dass ESP sonst noch funktionsfähig ist).
- Unbeabsichtigtes Bremsen eines angetriebenen Rades während ASR-Betrieb
- ESP wird abgeschaltet, bzw. dessen Wirkung wird während des Eingriffs oder kurz bevor ein Eingriff notwendig wird, reduziert, wodurch der Fahrer sich unsicher fühlt, obwohl das Fahrzeug nicht schleudert oder sich nur wenig aus der Kurve hinaus schiebt.
- Minderung der ESP-Wirkung, die Angst bei dem Fahrer verursacht:
  Verlängerung des Bremsweges, jedoch um weniger als 40%
  Kein Bremsdruck an einem Hinterrad

8.5.3 Basiselemente des ESP-Sicherheitskonzepts

Die Basiselemente des ESP-Sicherheitskonzepts sind:
- Fehlervermeidung
- Systemüberwachung/Fehlerentdeckung
  Basisüberwachungen
  Eigensicherheit, Selbsttests und aktive Tests
  Modellgestützte Sensorüberwachung
  Maßnahmen im Fall eines Fehlerverdachts
  Begrenzung der Auswirkungen im Fall unentdeckter Fehler

- Maßnahmen im Fall entdeckter Fehler
- Rückfallebenen
- Abschaltkonzept
- Fahrerinformation über den Systemstatus

Auf diese Elemente soll im Folgenden nur stichpunktartig eingegangen werden.

8.5.3.1 Fehlervermeidung

- Verwendung bekannter und bewährter Prinzipien, Methoden und Lösungen der Sicherheitskonzepte von ABS und ASR
- Verwendung bewährter ABS- und ASR-Komponenten in einer unveränderten Konstruktion (so weit wie möglich)
- Verwendung von Sensoren mit einem robusten Messprinzip und einer robusten Schnittstelle zum Steuergerät
- Verwendung der FMEA und FTA in Zusammenarbeit mit dem Fahrzeughersteller

8.5.3.2 Systemüberwachung und Fehlerentdeckung

8.5.3.2.1 Basisüberwachung

Die Basisüberwachung enthält die meisten Überwachungsfunktionen von ABS und ASR, in einigen Fällen in erweiterter Form. Diese sind:

- Elektrische Funktionen der Magnetventile, des Pumpenmotors und deren Relais
- Radgeschwindigkeitssensoren
- Spannung für das Steuergerät und die Sensoren
- Elektronische Komponenten im Steuergerät
- Kabel und Stecker
- CAN Bus (Controller Area Network)

8.5.3.2.2 Eigensicherheit, Selbsttests und aktive Tests

- Drehratensensor: Built-In-Test (BITE), siehe Bild 8-25
- Drucksensor: „pre drive check", interne Empfindlichkeitsprüfung
- Gradientenüberwachung der Signale der Drehrate, des Lenkradwinkels und der Querbeschleunigung
- Überwachung des elektrischen Bereichs der Drehrate und der Querbeschleunigung
- Nullpunktsfehler: Überwachung der Drehrate, Querbeschleunigung, des Lenkradwinkels und des Bremsdrucks
- Hydraulischer Aktuatortest
- Drucksensortest
- Bremskreisausfalltest

Beim Drucksensortest wird die Fahrzeugverzögerung mit dem Bremsdruck korreliert. Beim Bremskreisausfalltest wird geprüft, ob während einer ABS-Bremsung die Räder beider Bremskreise geregelt werden.

8.5 Überwachung des ESP-Systems

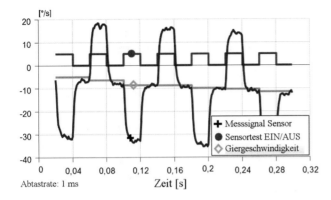

Bild 8-28:
Drehratensensorsignal mit überlagertem Prüfsignal

Bei dem BITE des Drehratensensors handelt es sich um einen internen Test, bei dem das Testergebnis dem Drehratennutzsignal überlagert wird. Im Steuergerät wird eine Pulsreihe generiert, die dem Drehratensensor zugeführt wird. Bei jedem Puls testet sich der Sensor. Bei intaktem Sensor ist das Testergebnis eine bipolare Drehratenänderung von 25°/s ± 9°/s. Da der Test Zeit braucht zum Ein- und Ausschwingen, kann er nur alle 40 ms durchgeführt werden, und die Messung der Giergeschwindigkeit erfolgt nur einmalig zwischen den Tests. Die Notwendigkeit dieses Tests war ein Ergebnis der System-FMEA.

8.5.3.2.3 Modellgestützte Sensorüberwachung

Hierbei geht es um die Überwachung des Drehratensensors, des Lenkradwinkelsensors und des Querbeschleunigungssensors mit Hilfe von Modellen [19]. Bild 8-29 zeigt den Ansatz dieser Überwachung. Eine ausführliche Beschreibung eines alternativen Ansatzes findet sich in den letzten Kapiteln dieses Buches.

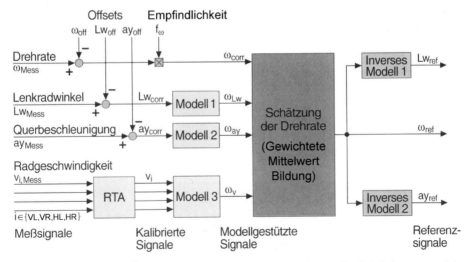

Bild 8-29: Modellgestützte Überwachung des Drehratensensors, des Lenkradwinkelsensors und des Querbeschleunigungssensors

Die gemessenen und während der Fahrt ständig abgeglichenen Sensorsignale des Lenkradwinkels, der Querbeschleunigung und der Radgeschwindigkeiten werden Modellen zugeführt, um mit deren Hilfe Schätzungen für die Giergeschwindigkeit zu erhalten. Dabei ist Modell 1 das Einspurmodell, Modell 2 ist $1/v_X$, Modell 3 ist $(v_{R,VL} - v_{R,VR})/b_V$ bzw. $(v_{R,HL} - v_{R,HR})/b_H$ wobei bei Frontantrieb die Hinterräder, bei Heckantrieb unter Berücksichtigung des Lenkwinkels die Vorderräder gewählt werden und beim Allradantrieb eine gewichtete Mittelwertbildung der Vorder- und Hinterräder verwendet wird (siehe die letzten Kapitel in diesem Buch). Bevor Modell 3 verwendet werden kann, müssen die Radgeschwindigkeitssignale mit dem „Reifen-Toleranzabgleich" (RTA) unter einander abgeglichen werden. Für die Abgleiche der anderen Sensorsignale stehen die entsprechenden, während der Fahrt ständig geschätzten und aktualisierten, Werte in EEPROM zur Verfügung. Dabei sind ω_{Mess}, Lw_{Mess}, ay_{Mess}, $v_{i,Mess}$ die gemessenen Signale des Drehratensensors, bzw. des Lenkradwinkelsensors, des Querbeschleunigungssensors und der Radgeschwindigkeitssensoren, wobei i für VL, VR, HL oder HR steht, ω_{off}, ay_{off}, Lw_{off} sind die Nullpunktsfehler (Offsets) des Drehratensensors, des Querbeschleunigungssensors und des Lenkradwinkelsensors, und f_ω ist der Empfindlichkeitsfehler des Drehratensensorsignals. Der Index „corr" steht für das abgeglichene Signal. Die Signale ω_{Lw}, ω_{ay}, ω_v sind die Schätzungen der Giergeschwindigkeit auf Basis der Signale des Lenkradwinkelsensors, des Querbeschleunigungssensors bzw. der Radgeschwindigkeitssensoren.

Nach einer gewichteten Mittelwertbildung, bei der sowohl der Abstand zwischen den vier Signalen als auch der Abstand zwischen den Gradienten der vier Signale ausgewertet werden, ist das Ergebnis eine Referenzgiergeschwindigkeit, ω_{ref}, die auch während der Regelung noch gute Werte für die aktuelle Giergeschwindigkeit des Fahrzeugs liefert. Die Signale müssen dabei aber stationär und der Abstand zwischen den Signalen für alle 4 Signale in etwa gleich sein. Aus der Referenzgeschwindigkeit kann unter Verwendung der inversen Modelle 1 und 2 Referenzwerte für den Lenkradwinkel, Lw_{ref}, bzw. für die Querbeschleunigung, ay_{ref}, abgeleitet werden. Diese werden wiederum für die Prüfung des abgeglichenen Lenkradwinkel- bzw. des Querbeschleunigungssensors verwendet.

Je mehr sich die Fahrdynamik dem Grenzbereich nähert, desto weniger genau sind die Modelle. Fährt das Fahrzeug jedoch noch stabil, so geben diese Modelle noch ausreichend gute Werte, um den Ausfall eines Sensors zu beurteilen. Liegen die Werte der modellgestützte Signale ω_{Lw}, ω_{ay}, und ω_v nahe zusammen, d.h. sind die Gewichte dieser Signale groß, so wird hier gesagt, dass das Drehratensensorsignal „beobachtbar" ist. Dies ist während der Fahrt, je nach Fahrstrecke, mehr oder weniger häufig der Fall (Bild 8-30). Die Differenz zwischen dem abgeglichenen Drehratensensorsignal und der Referenzgiergeschwindigkeit wird nun verglichen mit einer erlaubten Abweichung. Ausgangsbasis für die erlaubte Abweichung ist das Pflichtenheft des Sensors. Jedoch sind Zuschläge zu den Pflichtenheftangaben erforderlich, um den Ungenauigkeiten der Modelle und Fehler in den anderen Sensorsignalen Rechnung zu tragen.

Nullpunktsfehler in dem Lenkradwinkelsignal und Querbeschleunigungssignal, die durch Fertigungs- und Montagetoleranzen, Fahrzeugbeladung und Fahrzeugbeschädigungen entstehen können, werden wie folgt geschätzt:

8.5 Überwachung des ESP-Systems

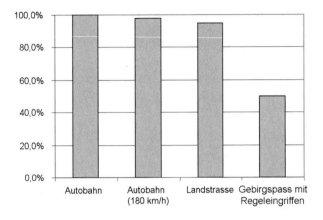

Bild 8-30:
Beobachtbarkeit der Giergeschwindigkeit in Abhängigkeit von der Fahrstrecke

- Grundlage für die Nullpunktsfehlerschätzung ist folgende Überlegung: Im Schnitt fährt jedes Fahrzeug geradeaus.
- Durch eine sehr langsame Filterung der Signale können die Nullpunktsfehler geschätzt werden.
- Spezielle Vorkehrungen müssen, z.B. bei Testfahrten auf speziellen Strecken, wo das Fahrzeug ständig im Kreis fährt, getroffen werden.

Nullpunktsfehler und Empfindlichkeitsfehler im Drehratensensorsignal werden wie folgt geschätzt:

- Steht das Fahrzeug still, z.B. vor einer Ampel, so ist das gemessene Drehratensensorsignal der Nullpunktsfehler. Spezielle Vorkehrungen müssen getroffen werden, wenn das Fahrzeug so langsam fährt, dass die Geschwindigkeit aus den Radsensorsignalen nicht mehr zuverlässig bestimmt werden kann. Weiter muss berücksichtigt werden, dass es Fahrzeugaufzüge in Parkhäusern gibt, z.B. in Tokyo, Japan, in denen das Fahrzeug gedreht werden kann.
- Während der Fahrt wird aus der Differenz zwischen dem gemessenen Drehratensensorsignal und der Referenzgiergeschwindigkeit der Nullpunktsfehler und der Empfindlichkeitsfehler bestimmt. Allerdings findet dies nur statt, wenn die Modellgültigkeit gegeben ist (z.B. bei kleinen Fahrzeugquerbeschleunigungen auf einer griffigen Fahrbahn).

Solange keine Sicherheit über die Nullpunktsfehler besteht, wird die tote Zone des Fahrzeugreglers zur Reduzierung von unbeabsichtigten ESP-Eingriffe, aufgeweitet.

8.5.3.2.4 Maßnahmen im Fall eines Fehlerverdachts

Die Zwischenstufe „Fehlerverdacht" wurde eingeführt, um die Fehlererkennungszeit, d.h. die Zeit, die benötigt wird, um einen Sensorsignalfehler sicher zu erkennen, zu verlängern. Liegt nur ein Fehlerverdacht vor, so wird der ESP-Eingriff in seiner Wirkung reduziert, z.B. durch Begrenzung des Druckgradienten im Radbremszylinder. Das Fahrzeug reagiert dann langsamer und die Modelle sind dann länger gültig. So lang wie diese Modelle gültig sind, kann das Sensorsignal weiter geprüft werden. Bei der herkömmlichen

Hydraulik (Bild 8-6) ist diese Zwischenstufe „Fehlerverdacht" nicht notwendig, da die Dynamik des Druckaufbaus von sich aus gering genug ist (siehe Abschnitt 8.5.1). Bei der elektrohydraulischen Bremse (EHB) ist die Situation aber anders. Hier kann innerhalb von 100 ms 100 bar Bremsdruck in einem Radbremszylinder aufgebaut werden. Für die EHB war die Einführung der Zwischenstufe „Fehlerverdacht" notwendig. Nur bei Fehlerverdacht wird die Druckdynamik bei EHB reduziert, sonst behält EHB seine volle Druckdynamik.

8.5.3.2.5 Begrenzung der Auswirkungen unentdeckter Fehler

Fehler können nicht immer (rechtzeitig) entdeckt werden. Die Auswirkungen unentdeckter Fehler werden begrenzt durch:

- Die Steilkurvenlogik. Bleibt z.B. das Querbeschleunigungssignal plötzlich bei Null stehen, dann könnte, bevor der Fehler erkannt wird, jede Kurvenfahrt als „Schleudern auf Eis" aufgefasst werden und es müsste ein ESP-Eingriff erfolgen. Dies ist aber eine Fahrsituation, die von der Steilkurvenlogik geprüft wird. Erfolgt kein Gegenlenken der Fahrers, so wird die Kurvenfahrt mit dem defekten Querbeschleunigungssignal als „Steilkurvenfahrt" interpretiert, und es erfolgt kein fehlerbedingter ESP-Eingriff. Nachdem der Fehler erkannt ist, wird ESP abgeschaltet.
- Überwachung der Eingriffsdauer des Fahrzeugreglers. Da die ESP-Eingriffe nur von kurzer Dauer sind (normalerweise weniger als 500 ms), kann auf Fehler geschlossen und das System abgeschaltet werden, wenn über längere Zeit eingegriffen wird.
- Überwachung der Regeldauer des ABS-Regler. ABS-Bremsungen sind auch begrenzt in ihrer Dauer. Deshalb kann auf Fehler geschlossen und das System abgeschaltet werden, wenn das ABS ständig , d.h. länger als eine bestimmte Zeitdauer, regelt.
- Plausibilisierung der Signale des Bremslichtschalters und des Bremsdrucksensors. Der Bremslichtschalter steht dauernd an, obwohl der Bremsdruck über längere Zeit nicht aufgebaut wird. In diesem Fall wird das System abgeschaltet.

8.5.3.3 Maßnahmen im Fall entdeckter Fehler

- Bei Fehler des Steuergeräts oder bei elektrischen Fehlern der hydraulischen Komponenten wird sofort abgeschaltet.
- Bei Fehlern eines Radgeschwindigkeitssensorsignals, des Drucksensorsignals oder des Bremslichtschaltersignals:
  - Wenn entdeckt während der Regelung: Abschalten des Systems erfolgt nach Beendigung der Regelung
  - Wenn entdeckt außerhalb der Regelung: Abschalten des Systems erfolgt sofort
- Bei Fehler des Drehratensensor-, Querbeschleunigungssensor-, Lenkradwinkelsensorsignals oder des Motor-Steuergeräts: Wechsel zu Rückfall-ABS und -ASR.
- Nach dem Abschalten des Systems oder des Rückfall-ABS: EBV (Elektronische Bremskraft Verteilung) bleibt verfügbar, so lange an der Vorderachse und an der Hinterachse mindestens ein Radgeschwindigkeitssensorsignal verfügbar ist.
- Der Fahrer wird über den System-Status mittels Lampenanzeige informiert.

8.5.4 Wiedergutprüfung nach Systemabschaltung

Wird das System auf Grund eines Sensorausfalls abgeschaltet, so wird eine Fehlermeldung im EEPROM des Steuergeräts eingetragen.
♦ Nach „Zündung Ein" wird diese Meldung aus dem EEPROM ausgelesen.
♦ Das System wird nicht freigegeben bevor ein Test, in welchem dieser Ausfall geprüft wird, bestanden wird.
♦ Nachdem der Test erfolgreich abgeschlossen wurde, wird das System freigegeben.
♦ Wenn der Test nicht positiv abgeschlossen werden kann, so wird ein neuer Fehlereintrag in das EEPROM geschrieben.

Literatur

[1] Robert Bosch GmbH (Hrsg.): Sicherheits- und Komfortsysteme. 3. Aufl., Wiesbaden: Vieweg, 2004
[2] *van Zanten, A.; Erhardt, R.; Pfaff, G.*: FDR – Die Fahrdynamikregelung von Bosch. In: ATZ (1994) 11, S. 674–689
[3] *Furukawa, Y.; Abe, M.*: Advanced Chassis Control Systems for Vehicle Handling and Active Safety. In: Vehicle System Dynamics, 28 (1997), S. 59–86
[4] *Inagaki, S.; Ksihiro, I.; Yamamoto, M.*: Analysis on Vehicle Stability in Critical Cornering Using Phase Plane Method. In: AVEC'94 (1994), S. 287–292
[5] Robert Bosch GmbH, Europäisches Patent Nr. 0 497 939 B1
[6] *Breuer, Bert; Bill, Karlheinz H.* (Hrsg.): Bremsenhandbuch. 2. Aufl., Vieweg, 2004
[7] *van Zanten, A.; Erhardt, R.; Pfaff, G.; Kost, F.; Hartmann, U.; Ehret, T.*: Control Aspects of the Bosch VDC. In: AVEC'96 (1996), S. 576–607
[8] Robert Bosch GmbH, Europäisches Patent Nr. 0 503 026 B1
[9] *Mitschke, M.; Wallentowitz, H.*: Dynamik der Kraftfahrzeuge. 4. Aufl., Springer-Verlag, 2004
[10] Robert Bosch GmbH, Europäisches Patent Nr. EP 0 625 946 B1
[11] Robert Bosch GmbH, Europäisches Patent Nr. EP 0 503 030 B1
[12] Robert Bosch GmbH, Deutsches Patent Nr. DE P 40 30 881.2
[13] Robert Bosch GmbH, Deutsches Patent Nr. DE 42 29 560 A1
[14] Robert Bosch GmbH, Europäisches Patent Nr. EP 0 503 025 B1
[15] Robert Bosch GmbH, Europäisches Patent Nr. EP 0 495 030 B1
[16] Robert Bosch GmbH, Deutsches Patent Nr. DE 44 28 347.C2
[17] *van Zanten, A.; Erhardt, R.; Landesfeind, K.; Pfaff, G.*: VDC Systems Development and Perspective. *SAE 98*, Nr. 980235, 1998
[18] *Fischer, G.; Müller, R.*: Das elektronische Bremsenmanagement des BMW X5. In: ATZ 102 (2000) 9, S. 764–773
[19] Robert Bosch GmbH, Deutsches Patent Nr. DE 196 36 443 A1

9 Mechatronische Lenksysteme: Modellbildung und Funktionalität des Active Front Steering

WOLFGANG REINELT, CHRISTIAN LUNDQUIST

Elektronisch geregelte Lenksysteme halten im Kraftfahrzeug zunehmend Einzug. Seit längerem bekannt sind z.B. Systeme wie die Elektrolenkung [1] und die Elektrohydraulische Lenkung, die das Moment des Lenksystems abhängig von der Fahrsituation beeinflussen. Dementgegen und recht neu auf dem Markt stellt die so genannte Aktivlenkung, auch Überlagerungslenkung oder Active Front Steering genannt, eine elektronisch geregelte Überlagerung eines Winkels zum Lenkradwinkel dar. Active Front Steering ermöglicht sowohl einen vom Fahrer abhängigen als auch einen aktiven Lenkeingriff an der Vorderachse, ohne die mechanische Kopplung zwischen Lenkrad und Vorderachse auftrennen zu müssen. Die nächste Stufe stellen die Steer-by-wire-Systeme dar [2], die auch die permanente mechanische Verbindung zwischen Lenkrad und Vorderrädern aufheben bzw. auftrennen.

Dieses Kapitel beschäftigt sich exklusiv mit dem Active-Front-Steering-Lenksystem. Nach kurzem Systemüberblick werden die Hauptfunktionalitäten des Systems, die für die Nutzer, d.h. die Fahrer, sichtbar sind, beschrieben. Zur schnellen und effizienten Auslegung dieser Funktionalitäten ist ein Modell des Systems erforderlich, das die wesentlichen Eigenschaften und dynamischen Effekte hinreichend genau widerspiegelt. Nach einer kurzen Diskussion der hauptsächlichen elektrischen und mechanische Komponenten, die das mechatronische System „Active Front Steering" bilden, wird ein solches Modell als Mehrkörpersystem hergeleitet. Parameterbestimmung und deren Validierung werden ebenfalls diskutiert. Als weiteres Beispiel für Modellbildung werden zwei modellbasierte Überwachungsfunktionen, Teil des Sicherheitskonzeptes, vorgestellt.

9.1 Systemüberblick des Active Front Steering

Active Front Steering kombiniert die Vorteile eines elektronisch geregelten Zusatzwinkels zu dem Lenkradwinkel mit der bekannten mechanischen Verbindung zwischen Lenkrad und Vorderrädern, siehe Bild 9-1. Der zusätzliche Freiheitsgrad ermöglicht die kontinuierliche und situationsabhängige Adaption der Lenkeigenschaften. Eine der Hauptfunktionen ist dabei die geschwindigkeitsabhängige Variation des Übersetzungsverhältnisses zwischen Lenkrad und Vorderrädern. Dies hat zur Folge, dass bei niedrigen Geschwindigkeiten, etwa beim Parkieren, die Lenkung sehr direkt ist (z.B. ist weniger als eine Umdrehung am Lenkrad notwendig, um das Rad an den Anschlag zu lenken). Bei höheren Geschwindigkeiten wird die Lenkung im Gegenzug indirekter. Komfort, Lenkaufwand und Lenkdynamik werden somit aktiv angepasst. Darüber hinaus sind auch Lenkeingriffe zur Verbesserung der Fahrzeugstabilisierung möglich.

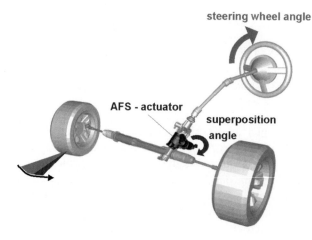

Bild 9-1:
Prinzipbild der Winkelüberlagerung. Zum Lenkradwinkel wird mittels Active-Front-Steering-Aktuator ein Überlagerungswinkel addiert.
Beide stellen sich gemeinsam als resultierender Radlenkwinkel dar

Die vorhandene mechanische Verbindung zwischen Lenkrad und Vorderrad unterscheidet das Active-Front-Steering-System wesentlich von einem Steer-by-wire-System und erlaubt die Deaktivierung des Active-Front-Steering-Aktuators. Im deaktivierten Zustand wird kein Winkel überlagert, sondern konventionell vom Lenkrad zu den Vorderrädern durchgelenkt. Der deaktivierte Zustand wird auch der „sichere Zustand" des Systems genannt [3]. Zusammengefasst bietet Active Front Steering im aktiven oder Nominalzustand folgende Funktionalitäten:

- erhöhten Lenkkomfort durch verringerten Lenkaufwand (im Sinne von Winkel, nicht jedoch Moment), dargestellt durch die variable Lenkübersetzung,
- verbesserte dynamische Fahrzeugreaktion durch den Lenkvorhalt, d.h. schnelle Antwort auf die Vorgabe des Fahrers und
- Fahrzeugstabilisierung z.B. durch Gierratenregelung (aktive Sicherheit).

Die beiden ersten Funktionalitäten können durch einfache Vorsteuerungen dargestellt werden, während es sich bei der letzteren Funktionalität offensichtlich um eine Regelung handelt. Diejenigen Funktionalitäten, die durch Vorsteuerungen dargestellt werden können, werden auch Lenkassistenzfunktionen genannt und im folgenden Abschnitt näher erläutert. Auf Fahrzeugstabilisierungen wird hier nicht näher eingegangen, es sei auf [4] verwiesen.

9.2 Lenkassistenzfunktionen des Active Front Steering

Einordnung der Assistenzfunktionen in das Gesamtsystem
Bild 9-2 zeigt den gesamten Signalfluss des Active-Front-Steering-Systems in einem geschlossenen Regelkreis. Die eben angesprochenen Stabilisierungsfunktionen sind dabei im Steuergerät (Electronic Control Unit - ECU) eines übergeordneten (Fahrzeug-)Reglers beheimatet, während die Lenkassistenzfunktionen des Active-Front-Steering-System im

eigentlichen Active-Front-Steering-System Steuergerät platziert sind. Mit den Fahrzeuggrößen als Eingang berechnen die Assistenzfunktionen (z.B. Variable Lenkübersetzung) den gewünschten Überlagerungswinkel. Auf ähnliche Weise berechnen Stabilisierungsfunktionen (z.B. Gierratenregelung) einen gewünschten Überlagerungswinkel. Die Summe der beiden gewünschten Überlagerungswinkel ist sodann der Sollwert für den Aktuatorregler, der den gewünschten Überlagerungswinkel einregelt. Währenddessen überwacht ein Sicherheitssystem die Komponenten, die Schnittstellen und die Dynamik des Lenksystems [5]. Jeder Fehler, der zu einer sicherheitsrelevanten Situation führen kann, wird erkannt und notwendige Maßnahmen werden eingeleitet. Diese Maßnahmen erstrecken sich von der Deaktivierung einzelner Teilfunktionen (z.B. keine Gierratenregelung mehr zulässig) bis hin zur Abschaltung des Gesamtsystems und somit Einnahme des sicheren Zustandes nach der Sicherheitsreaktion.

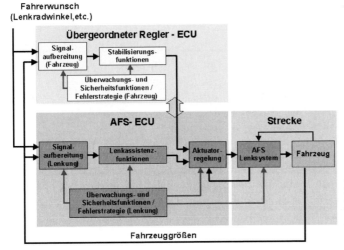

Bild 9-2: Blockdiagramm mit dem übergreifenden Signalfluss des Active-Front-Steering-Systems

Variable Lenkübersetzung

Das Ziel der variablen Lenkübersetzung (auch Variable Steering Ratio oder kurz VSR genannt) ist es, die Übersetzung zwischen dem Lenkradwinkel und dem Vorderradlenkwinkel an die aktuelle Fahrsituation anzupassen. Die Fahrsituation ist z.B. anhand der Fahrzeuggeschwindigkeit und des Ritzelwinkels gegeben, folglich ist die variable Lenkübersetzung eine Funktion aus diesen. Ein Vorteil bei der Veränderung der Übersetzung abhängig von der Fahrzeuggeschwindigkeit ist, dass die Übersetzung bei niedrigen Geschwindigkeiten sehr direkt gewählt werden kann, z.B. beim Parken. Die Fahrer haben nur einen geringen Lenkaufwand (im Hinblick auf den Lenkradwinkel), da sie vom Elektromotor unterstützt werden und können so beispielsweise mit weniger als einer Lenkradumdrehung an den Anschlag lenken. Mit steigenden Fahrzeuggeschwindigkeiten wird die Lenkübersetzung dann indirekter gewählt, bis sie die mechanische Übersetzung erreicht und danach sogar noch indirekter wird. Der Elektromotor dreht somit in die dem Fahrer entgegen gesetzte Richtung. Das Prinzip der Variation der Lenkübersetzung über der Fahrzeuggeschwindigkeit ist in Bild 9-3 dargestellt.

9 Mechatronische Lenksysteme: Modellbildung und Funktionalität des Active Front Steering

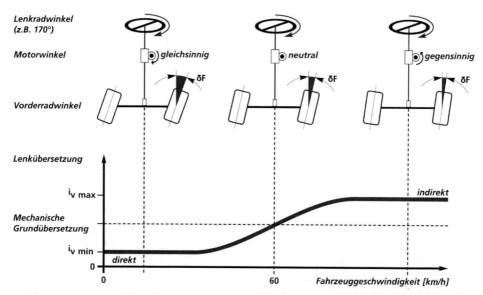

Bild 9-3: Beispiel für die geschwindigkeitsabhängige Lenkübersetzung, dargestellt durch Active Front Steering. Im unteren Geschwindigkeitsbereich werden Winkel zugestellt, um die Lenkung direkter zu gestalten, im oberen Geschwindigkeitsbereich abgezogen, um sie indirekter zu gestalten (jeweils bezogen auf die mechanische Grundübersetzung).

Die Lenkübersetzung kann auch in Abhängigkeit des Ritzelwinkels beeinflusst werden, so dass die Funktionalität einer variablen Zahnstange abgebildet werden kann. Die gewünschte Übersetzung kann mittels einer Kennlinie oder Kennfeldes spezifiziert werden, siehe Bild 9-4.

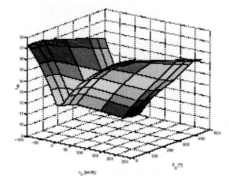

Bild 9-4:
Beispiel eines Kennfeldes für die variable Lenkübersetzung. Dargestellt ist das Übersetzungsverhältnis (z-Achse) abhängig von Fahrzeuggeschwindigkeit (x-Achse) und Ritzelwinkel (y-Achse)

Der Nutzen für die Fahrer wird in dem in Bild 9-5 dargestellten Slalommanöver ersichtlich: bei der gefahrenen Geschwindigkeit vom 50 km/h ist die Lenkung direkter als die mechanische Übersetzung. Daher ist das Manöver mit weniger Lenkbewegungen, also leichter, zu bewältigen. Weitere Details der variablen Lenkübersetzung sind z.B. [6] zu entnehmen.

9.2 Lenkassistenzfunktionen des Active Front Steering

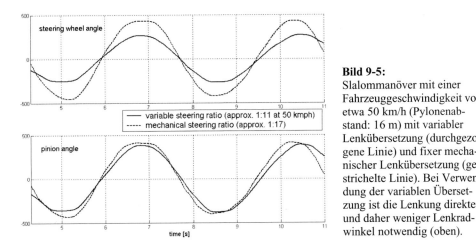

Bild 9-5:
Slalommanöver mit einer Fahrzeuggeschwindigkeit von etwa 50 km/h (Pylonenabstand: 16 m) mit variabler Lenkübersetzung (durchgezogene Linie) und fixer mechanischer Lenkübersetzung (gestrichelte Linie). Bei Verwendung der variablen Übersetzung ist die Lenkung direkter und daher weniger Lenkradwinkel notwendig (oben).

Lenkvorhalt

Der Lenkvorhalt (auch Steering Lead oder kurz SLD genannt) zielt darauf ab, das Lenkverhalten in Abhängigkeit der Lenkbewegung zu adaptieren. Dieser Ansatz entstammt daher, dass bei Ausweichmanövern oft schnelle Lenkbewegungen entstehen, da die Fahrer viel (im Sinne von Winkel) lenken möchten. Daraus resultiert sofort der Ansatz, der auch in Bild 9-6 gezeigt ist. Mit Hilfe eines differenzierenden Vorfilters wird die Lenkgeschwindigkeit gewichtet und als gewünschter Überlagerungswinkel an den Aktuatorregler weitergegeben. Dieser Ansatz entspricht dem Einfügen einer Nullstelle (im regelungstechnischen Sinne) in das Übertragungsverhalten von Lenkradwinkel zu Radlenkwinkel, daher auch der Name „Vorhalt". Die Nullstelle wird nun so gewählt, dass die Dynamik des Systems, je nach Situation, reduziert oder verstärkt wird. Bild 9-7 zeigt das Resultat. Ein doppelter Spurwechsel wurde mit einer Geschwindigkeit von 85 km/h gefahren, was üblicherweise zu schnellen Lenkbewegungen führt. Die Systemdynamik wird derart angepasst, dass das Durchfahren mit weniger Lenkbewegungen möglich ist.

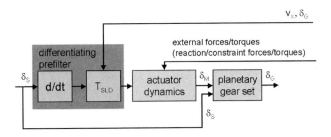

Bild 9-6:
Vereinfachtes Blockschaltbild des Lenkvorhalts

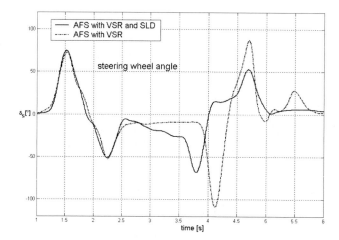

Bild 9-7:
Lenkradwinkel beim Durchfahren eines doppelten Spurwechsels auf Asphalt mit Lenkvorhalt (durchgezogene Linie) und ohne (gestrichelte Linie)

9.3 Systemkomponenten des Active Front Steering

Zur korrekten Auslegung der dargestellten Assistenzfunktionen, aber auch der Aktuatorregelung und der Stabilisierungsfunktionen ist ein Modell des Systems notwendig. Daher werden in diesem Abschnitt die elektrischen wie auch die mechanischen Systemkomponenten vorgestellt. Bild 9-8 zeigt folgende Active-Front-Steering-Komponenten, gruppiert in Subsysteme:

- Zahnstangenhydrolenkung, bestehend aus Lenkgetriebe (1), Servotronic-Ventil (2), Lenkungspumpe (9), Ölbehälter mit Feinfilter (10) und Schläuchen (11),
- Steller (oder Aktuator), bestehend aus Synchronmotor (3) mit elektrischen Verbindungen, Überlagerungsgetriebe (4) und elektromagnetischer Sperre (7),
- Regelungssystem, bestehend aus Steuergerät (5), Ritzelwinkelsensor (8), Motorwinkelsensor (6) und Verkabelung zwischen Steuergerät und Steller.

Elektrische Komponenten
Nachfolgend werden die elektrischen Komponenten und deren Aufgaben und Schnittstellen etwas näher beschrieben. Für eine ausführliche Darstellung sei auf [7] verwiesen.

Synchronmotor
Der Motor generiert das erforderliche Moment für die gewünschte Bewegung des Active-Front-Steering-Stellers. Er besitzt Windungen im Stator, Permanentmagnete im Rotor und einen Sensor, um die Rotorposition zu bestimmen. Das Motormoment wird mit einer feldorientierten Regelung geregelt [8]. Diese Regelung hat das Ziel, den Statorstrom in einen momentbildenden und einen feldbildenden Anteil aufzuteilen. Diese Anteile können separat geregelt werden und sind unabhängig von der Rotorlage.

9.3 Systemkomponenten des Active Front Steering

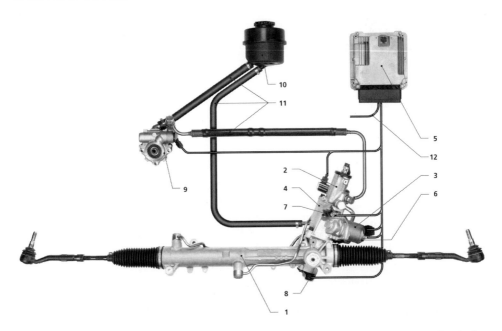

Bild 9-8: Schematische Darstellung der elektrischen und mechanischen Komponenten des Active Front Steering

Rotorlagesensor

Der Rotorlagesensor basiert auf einem magnetoresistiven Messprinzip und beinhaltet außerdem eine Signalverstärkung und eine Temperaturkompensation. Das Blockschaltbild des Motorlagesensors ist in Bild 9-9 dargestellt. Das Sensorsignal wird u.a. für die Motorregelung benutzt.

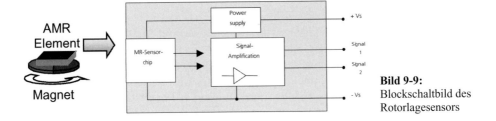

Bild 9-9: Blockschaltbild des Rotorlagesensors

Ritzelwinkelsensor

Analog zum Motorlagesensor basiert der Ritzelwinkelsensor auf einem magnetoresistiven Messprinzip und beinhaltet eine Signalverstärkung sowie eine Temperaturkompensation. Außerdem besitzt der Sensor eine Schnittstelle zum Fahrzeugnetz (CAN) und ermöglicht damit den direkten Zugriff anderer Fahrzeugregelsysteme, siehe Bild 9-10. Der Ritzelwinkel wird hauptsächlich als Eingangsgröße für Lenkassistenzfunktionen genutzt.

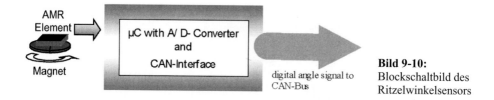

Bild 9-10:
Blockschaltbild des Ritzelwinkelsensors

Elektromagnetische Sperre
Der Metallstift der elektromagnetischen Sperre wird durch eine Feder gegen die Verzahnung des Schneckenrades gepresst, siehe Bild 9-11. Der Metallstift wird durch einen Strom vom Steuergerät gehalten, wenn das System im aktiven Zustand ist und dementsprechend gelöst, wenn das System abgeschaltet bzw. im sicheren Zustand ist, vergleiche [9,10]. In diesem Fall lenkt der Fahrer mit der konstanten Übersetzung weiter (mechanische Übersetzung).

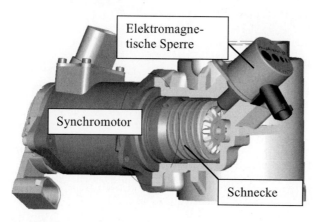

Bild 9-11:
Elektromagnetische Sperre

Steuergerät
Das Steuergerät stellt die Verbindung zwischen dem elektrischen System des Fahrzeugs, dem Fahrzeug CAN-Bus und den Sensoren und dem Synchronmotor des Active-Front-Steering-Systems dar. Die Hauptbestandteile des Steuergeräts sind zwei Mikroprozessoren, die die notwendigen Berechnungen für Regelung, Überwachungs- und Sicherheitsmaßnahmen durchführen. Über die integrierten Endstufen werden der Elektromotor, die Sperre, die Pumpe und das Servotronic-Ventil angesteuert. Außerdem wird von den beiden Mikroprozessoren redundante bzw. diversitäre Berechnungen und Überwachungsmaßnahmen umgesetzt.

Mechanische Komponenten
Zahnstangenhydrolenkung
Die Basis des Active-Front-Steering-Systems wird durch eine konventionelle Zahnstangenhydrolenkung dargestellt, die die Servounterstützung liefert und auch die Drehbewegung in einen Zahnstangenhub umsetzt, vgl. auch [11].

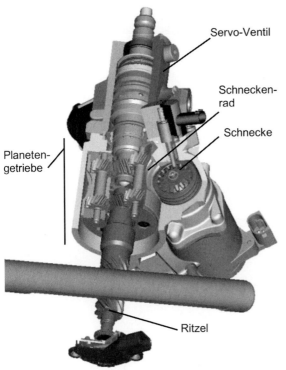

Bild 9-12:
Schnittzeichnung eines Active-Front-Steering-Stellers mit Motor, Planetengetriebe, Schneckengetriebe und Sperre sowie Darstellung des Servo-Ventils

Active-Front-Steering-Steller (Aktuator)
Das wichtigste mechanische Subsystem des Active-Front-Steering-Systems ist der Steller, der sich zwischen dem Lenkventil und dem Lenkgetriebe befindet, siehe Bild 9-12. Der Steller besteht aus einem Planetengetriebe mit zwei Eingangswellen und einer Ausgangswelle. Das Servo-Ventil verbindet die Eingangswelle des Planetengetriebes mit der Lenkzwischenwelle, der Lenksäule und dem Lenkrad. Die zweite Eingangswelle wird vom Elektromotor angetrieben und ist durch einen Schneckentrieb mit dem Planetengetriebe verbunden. Der Ritzelwinkelsensor ist an der Ausgangswelle montiert die gleichzeitig die Eingangswelle des Lenkgetriebes darstellt. Das Verhältnis zwischen dem Ritzel und den Vorderrädern ist durch eine nichtlineare kinematische Beziehung gegeben.

9.4 Mathematische Modellbildung, Parameterschätzung und Validierung

Basierend auf den Komponenten des Systems wird im Folgenden ein mathematisches Modell hergeleitet. Nach getrennter Betrachtung von mechanischem und elektrischem Teilsystem mit einer Momentenschnittstelle werden die beiden Teile danach zusammengefügt, die Parameter ermittelt und mit Hilfe von Prüfstandsmessungen validiert.

Modellbildung des mechanischen Teilsystems

In diesem Absatz werden die Modellgleichungen für das Achtkörpersystem hergeleitet, siehe Bild 9-13. Das servohydraulische Teilsystems (Servotronic) wird hier nicht weiter betrachtet, da die resultierenden Kräfte (Unterstützung und Straße/Fahrzeug), die auf die Zahnstange einwirken, im ersten Schritt nur als Störungen betrachtet werden sollen.

Die Herleitung der Modellgleichungen in Differential-Algebraischer Form (DAE) folgt der Aufstellung der impliziten Zwangsbeziehungen. In dem darauf folgenden Abschnitt werden die Koordinatenvektoren und die kinematischen Differentialgleichungen (DE) in abhängige und unabhängige Koordinaten aufgeteilt. Anschließend wird ein globaler Projektor eingeführt, der dazu dient, die Lagrange-Multiplikatoren zu eliminieren. Schließlich werden implizite Differentialgleichungen, formuliert mit unabhängigen Koordinaten, durch die Elimination der abhängigen Koordinaten unter Verwendung der expliziten Zwangsbeziehungen hergeleitet. Die impliziten Differentialgleichungen werden in einer expliziten analytischen Form gebildet. Sämtliche Größen in den Gleichungen ermöglichen eine physikalische Interpretation.

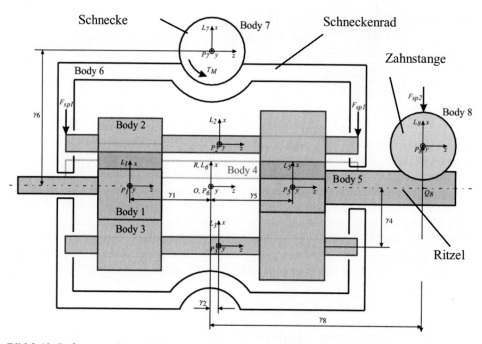

Bild 9-13: Referenzpunkte und Koordinatensysteme des mechanischen Teilsystems

Notation

In diesem Abschnitt wird die Notation, die für die Modellgleichungen benutzt wird, in Anlehnung an [12] eingeführt. Das Modell des Stellers beinhaltet acht starre Körper, siehe Bild 9-13. Es werden folgende geometrische Punkte angesetzt:

9.4 Mathematische Modellbildung, Parameterschätzung und Validierung

- P_i ist ein fixer Referenzpunkt des Körpers i ($i = 1,...,8$),
- C_i ist der Schwerpunkt von Körper i ($i = 1,...,8$),
- Q_i ist ein fixer Punkt auf dem Körper i ($i = 1,...,8$),
- z_i ist die Anzahl der Zähne von Körper (Getriebe) i ($i = 1,...,8$)
- γ_k ist ein konstanter Abstand ($k = 1,...,8$) und
- α_j ist ein konstanter Winkel ($j = 23$).

Die Modellgleichungen werden unter der Annahme, dass der Referenzpunkt im gleichen geometrischen Punkt definiert wird wie der Gravitationspunkt, d.h. $P_i = C_i$ ($i = 1,...,8$), hergeleitet. Die kinematischen und kinetischen Daten werden entweder in dem Grundkoordinatensystem R mit dem Ursprung O oder in einem Koordinatensystem L_i mit dem Ursprung P_i, welches am Körper i ($i = 1,...,8$) fixiert ist, dargestellt. Die Modellgleichungen sind mit den Koordinaten

$$p := (p_1^T, ..., p_8^T)^T \in \mathbb{R}^{n_p}, \quad p_i := ((r_{P_iO}^R)^T, \eta_i^T)^T \in \mathbb{R}^6$$

$$r_{P_iO}^R := (x_{P_iO}^R, y_{P_iO}^R, z_{P_iO}^R)^T \quad \eta_i := (\varphi_i, \theta_i, \psi_i)^T \tag{9.1}$$

beschrieben. Mit $n_p = 48$ Koordinaten, den Bryantwinkeln η_i ($i = 1,...,8$) und Geschwindigkeiten

$$\dot{p} = (\dot{p}_1^T, ..., \dot{p}_8^T)^T, \quad v := (v_1^T, ..., v_8^T)^T \tag{9.2}$$

mit den Einträgen

$$v_i := ((\dot{r}_{P_iO}^R)^T, (\omega_{L_iR}^{L_i})^T, \quad i = 1,..., 8 \tag{9.3}$$

und mit den zugehörigen Winkelgeschwindigkeiten

$$\begin{aligned}\omega_{L_iR}^{L_i} &:= (\omega_{xL_iR}^{L_i}, \omega_{yL_iR}^{L_i}, \omega_{zL_iR}^{L_i})^T \\ &= A^{L_iR}(\eta_i) \cdot H_i^{-1}(\eta_i) \cdot \dot{\eta}_i\end{aligned} \tag{9.4}$$

Die kinematische Matrix des Körpers i ist gegeben durch:

$$H_i(\eta_i) = \frac{1}{\cos\theta_i} \cdot \begin{pmatrix} \cos\theta_i & \sin\varphi_i \cdot \sin\theta_i & -\cos\varphi_i \cdot \sin\theta_i \\ 0 & \cos\varphi_i \cdot \cos\theta_i & \sin\varphi_i \cdot \cos\theta_i \\ 0 & -\sin\varphi_i & \cos\varphi_i \end{pmatrix} \tag{9.5}$$

Die Transformationsmatrix des Koordinatensystems L_i auf dem Körper i bezüglich des Koordinatensystems R ist (mit den Ankürzungen c := cos und s := sin) bestimmt durch:

$$A^{RL_i}(\boldsymbol{\eta}_i) := \begin{pmatrix} c\theta_i \cdot c\psi_i & -c\theta_i \cdot s\psi_i & s\theta_i \\ c\varphi_i \cdot s\psi_i + s\varphi_i \cdot s\theta_i \cdot c\psi_i & c\varphi_i \cdot c\psi_i - s\varphi_i \cdot s\theta_i \cdot s\psi_i & -s\varphi_i \cdot c\theta_i \\ s\varphi_i \cdot s\psi_i - c\varphi_i \cdot s\theta_i \cdot c\psi_i & s\varphi_i \cdot c\psi_i + c\varphi_i \cdot s\theta_i \cdot s\psi_i & c\varphi_i \cdot c\theta_i \end{pmatrix} \quad (9.6)$$

Modellgleichungen in differential-algebraischer Form

Nach [12] sind mit der oben eingeführten Notation die Modellgleichungen des Active-Front-Steering-Stellers, kompakt geschrieben in DAE Form:

$$\dot{\boldsymbol{p}} = \boldsymbol{T}(\boldsymbol{p}) \cdot \boldsymbol{v}$$

$$\begin{pmatrix} \boldsymbol{M}(\boldsymbol{p}) & \boldsymbol{T}^{\mathrm{T}}(\boldsymbol{p}) \cdot \boldsymbol{g}_p^{\mathrm{T}}(\boldsymbol{p}) \\ \boldsymbol{g}_p(\boldsymbol{p}) \cdot \boldsymbol{T}(\boldsymbol{p}) & \boldsymbol{0}_{n_c,n_c} \end{pmatrix} \cdot \begin{pmatrix} \dot{\boldsymbol{v}} \\ -\boldsymbol{\lambda} \end{pmatrix} = \begin{pmatrix} \boldsymbol{f} + \boldsymbol{q}_G \\ \boldsymbol{\beta}_c(\boldsymbol{p},\boldsymbol{v}) \end{pmatrix} \quad (9.7)$$

mit der allgemeinen kinematischen Matrix des Stellers:

$$\boldsymbol{T}(\boldsymbol{p}) := \mathrm{diag}(\boldsymbol{T}_1(\boldsymbol{p}_1),\ldots,\boldsymbol{T}_8(\boldsymbol{p}_8)) \quad (9.8)$$

mit den Elementen

$$\boldsymbol{T}_i(\boldsymbol{p}_i) := \begin{pmatrix} \boldsymbol{I}_3 & \boldsymbol{0}_{3,3} \\ \boldsymbol{0}_{3,3} & \boldsymbol{H}_i(\boldsymbol{\eta}_i) \cdot \boldsymbol{A}^{RL_i} \end{pmatrix}, \quad i = 1,\ldots,8 \quad (9.9)$$

und mit der generalisierten Massen-Matrix des Mechanismus

$$\boldsymbol{M} := \mathrm{diag}(\boldsymbol{M}_1,\ldots,\boldsymbol{M}_8) \quad (9.10)$$

mit den Elementen

$$\boldsymbol{M}_i := \begin{pmatrix} m_i \cdot \boldsymbol{I}_3 & \boldsymbol{0}_{3,3} \\ \boldsymbol{0}_{3,3} & \boldsymbol{J}_{c_i}^{L_i} \end{pmatrix}, \quad i = 1,\ldots,8 \quad (9.11)$$

Hierbei ist m_i die Masse des Körpers i ($i = 1,\ldots,8$) und

$$\boldsymbol{J}_{c_i}^{L_i}$$

der Trägheitstensor des Körpers i ($i = 1,\ldots,8$), bezogen auf den Schwerpunkt C_i und dargestellt in dem körperfesten Koordinatensystem L_i. Die Matrix der Momente und Trägheitsmomente des Körpers i ist

9.4 Mathematische Modellbildung, Parameterschätzung und Validierung

$$\boldsymbol{J}_{c_i}^{L_i} := \begin{pmatrix} J_{c_i x}^{L_i} & -J_{c_i xy}^{L_i} & -J_{c_i xz}^{L_i} \\ -J_{c_i yx}^{L_i} & J_{c_i y}^{L_i} & -J_{c_i yz}^{L_i} \\ -J_{c_i zx}^{L_i} & -J_{c_i zy}^{L_i} & J_{c_i z}^{L_i} \end{pmatrix}. \tag{9.12}$$

Weiter sind die gyroskopischen und zentrifugalen Terme des Stellers

$$\boldsymbol{q}_G := \text{diag}\left(\boldsymbol{q}_{G_1}^\text{T}, \ldots, \boldsymbol{q}_{G_8}^\text{T}\right)^\text{T} \tag{9.13}$$

mit den Einträgen

$$\boldsymbol{q}_{G_i} := \begin{pmatrix} \boldsymbol{0}_{3,1} \\ \tilde{\boldsymbol{\omega}}_{L_i R}^{L_i} \cdot \boldsymbol{J}_{c_i}^{L_i} \cdot \boldsymbol{\omega}_{L_i R}^{L_i} \end{pmatrix}, \quad i = 1, \ldots, 8 \,. \tag{9.14}$$

Die Kräfte und Momente *f*, welche auf die Körper des Stellers einwirken, sind in [13] näher beschrieben. Die Zwangskräfte welche auf den Steller einwirken sind:

$$\boldsymbol{c}_f = \boldsymbol{T}^T(\boldsymbol{p}) \cdot \boldsymbol{g}_p^T(\boldsymbol{p}) \cdot \boldsymbol{\lambda} \tag{9.15}$$

mit dem Vektor der 46 Lagrange-Multiplikatoren:

$$\boldsymbol{\lambda} := (\boldsymbol{\lambda}_1^\text{T}, \ldots, \boldsymbol{\lambda}_8^\text{T})^\text{T} \in \mathbb{R}^{46}. \tag{9.16}$$

Die Zwangsbeziehungen für die Beschleunigungen, die in (9.7) enthalten sind, sind

$$\boldsymbol{g}_p(\boldsymbol{p}) \cdot \boldsymbol{T}(\boldsymbol{p}) \cdot \dot{\boldsymbol{v}} = \boldsymbol{\beta}_c \tag{9.17}$$

mit der bedingten Jacobimatrix für die Gelenke [12]:

$$\boldsymbol{g}_p(\boldsymbol{p}) \cdot \boldsymbol{T}(\boldsymbol{p}) \in \mathbb{R}^{46,48} \tag{9.18}$$

und mit $\boldsymbol{\beta}_c$ als Vektor, der die rechte Seite der Zwangsbeziehung (9.17) beschreibt.

Implizite Form der Zwangsbeziehungen
Die impliziten Zwangsbeziehungen müssen nun aus den konsistenten und unabhängigen kinematischen Positionsbedingungen $\boldsymbol{g}^k(\boldsymbol{p}) \equiv \boldsymbol{0}$ für die Verbindungen hergeleitet werden. Exemplarisch werden diese für Körper 1 (diejenige Sonne des Planetengetriebes, die mit der Lenksäule verbunden ist) aufgeführt. Eine komplette und detaillierte Herleitung findet sich in [13]. Es gilt zum einen die Translationsbedingung:

$$g^k_{1,3} = r^R_{P_1 O} - r^R_{Q_1 O} = \mathbf{0}_3 \tag{9.19}$$

mit dem konstanten Vektor:

$$r^R_{Q_1 O} = (0, 0, \gamma_1)^T . \tag{9.20}$$

Zum anderen gilt die Rotationsbedingung:

$$g^k_{4,5} = (\varphi_1, \theta_1)^T - (0, 0) = \mathbf{0}_2 . \tag{9.21}$$

Schließlich gilt noch die aktive Rotationsbedingung, da die Eingangswelle durch das Lenkrad angetrieben wird:

$$g^a_6 = \psi_1 - \psi_{1m}(t) = 0 \tag{9.22}$$

Aufteilung von Koordinaten und Gleichungen
In einem nächsten Schritt wird der Koordinatenvektor p in zwei Vektoren aufgeteilt mit beiden unabhängigen Koordinaten (elektrischer) Motorwinkel $\theta_M = \theta_7$ und Eingangswelle des Planetengetriebes δ_{HW} :

$$p_{\text{ind}} = (\theta_M, \delta_{HW}) \tag{9.23}$$

oder

$$\begin{aligned} p_{\text{ind}} &= P_{r\,\text{ind}} \cdot p, \\ \dot{p}_{\text{ind}} &= P_{r\,\text{ind}} \cdot \dot{p}, \\ v_{\text{ind}} &= P_{r\,\text{ind}} \cdot v, \\ \dot{v}_{\text{ind}} &= P_{r\,\text{ind}} \cdot \dot{v}, \end{aligned} \tag{9.24}$$

mit dem Projektor

$$P_{r\,\text{ind}} = \frac{\partial p_{\text{ind}}}{\partial p} = \frac{\partial v_{\text{ind}}}{\partial v} \tag{9.25}$$

und dem Vektor der abhängigen Koordinaten

$$\begin{aligned} p_{\text{dep}} &= (p_{\text{dep}1}, \ldots p_{\text{dep}\,n_c})^T \in \mathbb{R}^{n_c, n_p} \\ p_{\text{dep}} &= P_{r\,\text{dep}} \cdot p, \\ \dot{p}_{\text{dep}} &= P_{r\,\text{dep}} \cdot \dot{p}, \\ v_{\text{dep}} &= P_{r\,\text{dep}} \cdot v, \\ \dot{v}_{\text{dep}} &= P_{r\,\text{dep}} \cdot \dot{v}, \end{aligned} \tag{9.26}$$

9.4 Mathematische Modellbildung, Parameterschätzung und Validierung

mit $n_c = 46$ Komponenten und

$$P_{r\,\text{dep}} = \frac{\partial p_{\text{dep}}}{\partial p} = \frac{\partial v_{\text{dep}}}{\partial v} \in \mathbb{R}^{n_c, n_p}. \tag{9.27}$$

Globaler Projektor
In diesem Absatz wird der globale Projektor J_v der die Differential-Algebraischen Gleichung (9.7) in Differentialgleichungen abbildet dargestellt. Weiter werden die 46 Lagrange-Multiplikatoren gemäß [12] eliminiert. Die impliziten Zwangsbeziehungen der Positionen, beispielhaft in (9.20) und (9.21) dargestellt, werden nun in expliziter Form geschrieben

$$p = h(p_{\text{ind}}) \tag{9.28}$$

wobei h die Funktion ist, die den Vektor der unabhängigen Koordinaten in den Vektor mit den Koordinaten in p abbildet [13]. Lösen der 46 Gleichungen aus (9.28) in p_{ind} ergibt

$$p_{\text{dep}\,i} = p_i = h_i(p_{\text{ind}}), i = 1, \ldots, 46 \tag{9.29}$$

Die erste zeitliche Ableitung von (28) ist

$$\dot{p} = h_{p_{\text{ind}}}(p_{\text{ind}}) \cdot \dot{p}_{\text{ind}} \tag{9.30}$$

mit der $n_p \times (n_p - n_c)$ dimensionalen Jacobimatrix $h_{p\text{ind}}(p_{\text{ind}})$. Einfügen der kinematischen Differentialgleichungen

$$\dot{p}_{\text{ind}} = T_{\text{ind}}(p_{\text{ind}}) \cdot v_{\text{ind}} \tag{9.31}$$

und der kinematischen Matrix (vergleiche [12] und [13])

$$T_{\text{ind}}(p_{\text{ind}}) = I_2 \tag{9.32}$$

in (9.30) ergibt zusammen mit der kinematischen Differentialgleichung (9.7, 9.28) die Beziehung

$$v = J_v(p_{\text{ind}}) \cdot v_{\text{ind}} \tag{9.33}$$

mit dem so genannten globalen Projektor

$$J_v(p_{\text{ind}}) = T^{-1}(h(p_{\text{ind}})) \cdot h_{p_{\text{ind}}}(p_{\text{ind}}). \tag{9.34}$$

Modellgleichungen in Differentialgleichungsform
Als letzter Schritt ergibt die Multiplikation der kinetischen DAEs (9.7)

$$M(p) \cdot \dot{v} = T^\mathrm{T}(p) \cdot g_p^\mathrm{T} \cdot \lambda + f(p,v) + q_G(p,v) \tag{9.35}$$

von der linken Seite mit dem Projektor J_v (9.34), zusammen mit den bekannten Beziehungen

$$J_v^\mathrm{T}(p_\mathrm{ind}) \cdot T^\mathrm{T}(p) \cdot g_p^\mathrm{T}(p) \cdot \lambda = 0_2 \tag{9.36}$$

die gewünschten Modellgleichungen

$$\begin{aligned}\dot{p}_\mathrm{ind} &= v_\mathrm{ind} \\ M_\mathrm{ind}(p_\mathrm{ind}) \cdot \dot{v}_\mathrm{ind} &= f_\mathrm{ind}(p_\mathrm{ind}, v_\mathrm{ind}) + q_{G_\mathrm{ind}}(p_\mathrm{ind}, v_\mathrm{ind})\end{aligned} \tag{9.37}$$

mit den nichtlinearen Matrizen und Vektoren

$$M_\mathrm{ind}(p_\mathrm{ind}) := J_v^\mathrm{T}(p_\mathrm{ind}) \cdot M(h(p_\mathrm{ind})) \cdot J_v(p_\mathrm{ind}), \tag{9.38}$$

$$f_\mathrm{ind}(p_\mathrm{ind}, v_\mathrm{ind}) := J_v^\mathrm{T}(p_\mathrm{ind}) \cdot \left(f(h(p_\mathrm{ind}) \cdot J_v(p_\mathrm{ind}) \cdot v_\mathrm{ind}) - M(h(p_\mathrm{ind})) \cdot \dot{J}_v(p_\mathrm{ind}) \cdot v_\mathrm{ind} \right) \tag{9.39}$$

und

$$q_{G_\mathrm{ind}}(p_\mathrm{ind}, v_\mathrm{ind}) := J_v^\mathrm{T}(p_\mathrm{ind}) \cdot q_G\left(h(p_\mathrm{ind}) \cdot J_v(p_\mathrm{ind}) \cdot v_\mathrm{ind} \right). \tag{9.40}$$

Modellbildung des elektrischen Teilsystems
Das elektrische Teilsystem aus Basis einer Momentenschnittstelle hat als Ausgangsgröße das vom Motor generierte elektrische Moment. Das folgende lineare Modell wurde als eine erste Näherung für die Dynamik des elektrischen Moments gewählt [8]:

$$\frac{di_{sq}}{dt} = \frac{1}{L_s} \cdot u_{sq} - \frac{R_s}{L_s} \cdot i_{sq} - \frac{\Psi_R}{L_s} \cdot \dot{\theta}_M \tag{9.41}$$

Mit den folgenden Parametern und Variablen:

L_s Statorinduktivität,
u_{sq} q-Komponente der Statorspannung (siehe Bild 9-14),
ψ_R Rotorfluss,

R_s Widerstand der Rotorwindungen,
i_{sq} momentenbildender Stromanteil q (siehe Bild 9-14),
θ_M Elektische Rotorlage (im Gegensatz zur mechanischen Rotorlage δ_M)

9.4 Mathematische Modellbildung, Parameterschätzung und Validierung

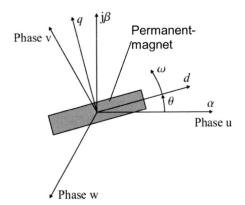

Bild 9-14:
Rotorfestes (d, q) und statorfestes (α, β) Koordinatensystem des Elektromotors

Zusammenführen der Modellgleichungen des mechatronischen Stellers

Messbare Eingangsgröße des Systems ist der Lenkradwinkel δ_H, während das Modell des mechanischen Teilsystems die Eingangswelle des Planetengetriebes δ_{HW}, vgl. (9.23) verwendet. Unter Zuhilfenahme der aktiven Zwangsbeziehung (9.22) und der Modellgleichung (9.40) wird dieser Winkel ersetzt und wir erhalten:

$$\begin{bmatrix} m_{11} & m_{12} \\ m_{21} & m_{22} \end{bmatrix} \cdot \begin{bmatrix} \ddot{\theta}_M \\ \ddot{\delta}_H \end{bmatrix} = \begin{bmatrix} f_1(i_{sq}, \theta_M, \dot{\theta}_M, \delta_H, \dot{\delta}_H, F_S) \\ f_2(i_{sq}, \theta_M, \dot{\theta}_M, \delta_H, \dot{\delta}_H, F_S) \end{bmatrix} \quad (9.42)$$

$$\ddot{\theta}_7 = \frac{f_1(i_{sq}, \theta_M, \dot{\theta}_M, \delta_H, \dot{\delta}_H, F_S) - \ddot{\delta}_H \cdot m_{12}}{m_{11}} \quad (9.43)$$

mit F_S als die resultierende Kraft, die auf die Zahnstange einwirkt, mit den Elementen m_{11}, m_{12} der Masse-Matrix M_{ind} und nichtlineare Beziehungen f_1, f_2 aus (9.37) [13]. Die Modellgleichungen des Stellermechanismuses (9.43) und des Elektromotors (9.41) ergeben sodann die Zustandsdarstellung des Active-Front-Steering-Stellers:

$$\begin{bmatrix} \dot{x}_1 \\ \dot{x}_2 \\ \dot{x}_3 \end{bmatrix} = \begin{bmatrix} -\dfrac{R_s}{L_s} \cdot x_1 - \dfrac{\psi_R}{L_s} \cdot x_3 + \dfrac{1}{L_s} \cdot u \\ x_3 \\ \dfrac{f_1(x_1, x_2, x_3, z_1, \dot{z}_1, z_2,) - \ddot{z}_1 \cdot m_{12}}{m_{11}} \end{bmatrix} \quad (9.44)$$

mit dem Zustandvektor, bestehend aus einem elektrischen und zwei mechanischen Zuständen:

$$\begin{bmatrix} x_1 \\ x_2 \\ x_3 \end{bmatrix} := \begin{bmatrix} i_{sq} \\ \theta_M \\ \dot{\theta}_M \end{bmatrix} \quad (9.45)$$

der q-Komponente der Motorspannung als Eingang

$$u := u_{sq}, \tag{9.46}$$

und dem Störgrößenvektor

$$\begin{bmatrix} z_1 \\ z_2 \end{bmatrix} := \begin{bmatrix} \delta_H \\ F_S \end{bmatrix} \tag{9.47}$$

Parameterschätzung und Validierung

Die Modellgleichung (9.44) besteht aus einem linearen Teil (elektrisches Modell) und einem nichtlinearer Teil (mechanisches Modell). Daher werden die Parameter separat für die beiden Teilmodelle geschätzt. Die Parameter des elektrischen Modells (L_s, R_s, ψ_R) wurden durch Verwendung von Daten ($u(t), x_1(t), x_2(t), x_3(t)$) gemessen an einem Motorprüfstand und Least-Squares-Schätzalgorithmen ermittelt [14]. Bild 9-15 zeigt den gemessenen Ausgang gegen den von dem elektrischen Modell ermittelten Ausgang.

Vom mechanischen Teil sind noch 14 Parameter zu ermitteln. Repräsentative Systemprüfstandsdaten ($u(t), x_1(t), x_2(t), x_3(t), z_1(t), z_2(t)$) werden in Schätz- und Validierungsdatensatz unterteilt. Die hergeleiteten nichtlinearen Gleichungen (9.43) wurden dazu benutzt um den Modellausgang (Rotorlage) zu errechnen. Nichtlineare Optimierungsroutinen (z.B. der Levenberg-Marquardt Algorithmus) wurden dazu verwendet, das Residuum (bzw. dessen Absolutbetrag) zwischen gemessener und geschätzter Rotorlage $\hat{x}_2$ zu minimieren. Als Startwerte für die Optimierung dienten Konstruktionsdaten. Beispiele für die Güte des mechanischen Modells mit den so geschätzten Parametern sind in Bildern 9-16 und 9-17 dargestellt.

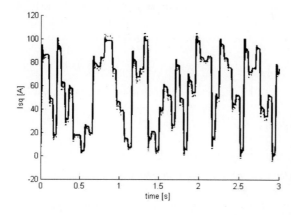

Bild 9-15:
Validierung des elektrischen Modells mit den geschätzten Parametern. Gemessener Ausgang (durchgezogene Linie) gegen geschätzter Ausgang (gestrichelte Linie) auf der Basis von Validierungsdaten

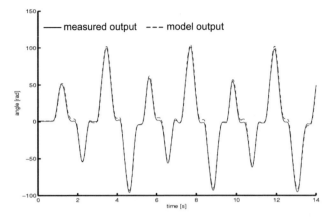

Bild 16:
Validierung des mechanischen Modells mit den geschätzten Parametern. Gemessener Ausgang (durchgezogene Linie) gegen geschätzter Ausgang (gestrichelte Linie) auf der Basis von Validierungsdaten (synthetisches Lenkmanöver)

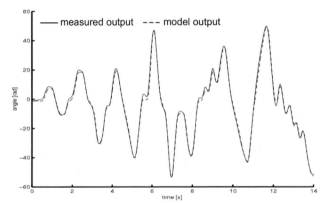

Bild 17:
Validierung des mechanischen Modells mit den geschätzten Parametern. Gemessener Ausgang (durchgezogene Linie) gegen geschätzter Ausgang (gestrichelte Linie) auf der Basis von Validierungsdaten (repräsentatives Lenkmanöver)

9.5 Grundzüge des technischen Sicherheitskonzeptes

Das technische Sicherheitskonzept beschreibt diejenigen technischen (Überwachungs) Maßnahmen, die notwendig und hinreichend sind, damit ein sicherheitsrelevantes programmierbares elektronisches System das leistet, was es leisten soll, insbesondere also keine Gefährdungen für seine Umwelt durch Fehlfunktionen auslöst [3]. Als System ist hier einmal das Fahrzeug zu betrachten und eventuelle Fehlfunktionen des Active-Front-Steering sind im Zusammenspiel mit Fahrer, Fahrzeug und Umwelt zu bewerten [15]. Sind zulässige Fehler auf der Lenksystemebene definiert, können Sicherheitsanforderungen für die Komponenten hergeleitet werden. Für programmierbare elektronische Komponenten werden dazu zufällige Fehler betrachtet, deren Auftreten mit gefährlichem Ausgang durch Vorsehen von entsprechenden Überwachungsmaßnahmen unter eine gewisse Wahrscheinlichkeit gedrückt werden muss. Diese Maßnahmen können grob wie folgt unterschieden werden:

- Applikationsunabhängige Überwachung der elektronischen Komponenten wie Sensorik, Steuergerät etc. in Form von Überwachung analoger Signale, Speichertests usw.
- Applikationsabhängige Plausibilisierung der Nutzsignale gegeneinander und gegen die Fahrsituation
- Absicherung der Kommunikationswege zum und vom Steuergerät
- Applikationsabhängige Überwachung der Aktuatorik und der Systemdynamik.

Sammlungen wie [3, Teil 3] geben genügend Handhabe zur Auswahl geeigneter applikationsunabhängiger Überwachungsmaßnahmen. Diese können jedoch nicht alles abdecken. Beispielsweise kann bei der applikationsunabhängigen Überwachung der Analogspannung als Ausgangssignal eines Sensors überprüft werden, ob die Spannung die richtige Größenordnung hat. Es kann jedoch nicht überprüft werden, ob die der Spannung zugeordnete Systemgröße (z.B. ein Winkel) zur derzeitigen Situation passt bzw. mit anderen Systemgrößen kompatibel ist. Letzteres kann nur von applikationsabhängigen Überwachungen geleistet werden. Um in diesen Situationen den notwendigen Aufdeckungsgrad zu haben, sind applikationsabhängige Überwachungsfunktionen notwendig. Weitere Ausführungen dazu finden sich in [5] und [10].

Aus regelungstechnischer Sicht am interessantesten sind die applikationsabhängigen Überwachungsmaßnahmen, da Modellbildung und Parameteridentifiation von Gesamtsystem oder Komponenten notwendig sind. Zwei Maßnahmen sollen im Folgenden vorgestellt werden.

9.6 Modellbasierte Überwachungsmaßnahmen

Einführung

Die zum Betrieb der Active-Front-Steering-Assistenzfunktionen notwendigen Signale sind im Wesentlichen der Lenkradwinkel und der Ritzelwinkel. Diese Signale werden eingangs mit einer Kommunikationsüberprüfung zur Quelle hin, einer Sensordiagnose und einer Bereichs-und Gradientenüberprüfung versehen. Diese Überwachungsfunktionen gehören zur Klasse der applikationsunabhängigen Sicherheitsfunktionen. Um diese Signale gegeneinander bzw. gegen die Fahrsituation zu plausibilisieren, werden die Signale mit Hilfe unabhängiger Signale und eines Filters geschätzt, siehe Bild 9-18. Die Differenz zwischen gemessenem und geschätztem Signal ergibt das sog. Residuum $\varepsilon(t)$. Dieses wird dann in seiner Größe beurteilt, die Qualitätsaussage ggf. über einen gewissen Zeitraum gefiltert. Im Nachfolgenden werden die Filter, d.h. Residuengeneratoren zweier Überwachungsmaßnahmen besprochen. Die letzten beiden Komponenten Distanzmaß und Stoppregel werden z.B in [16] behandelt.

9.6 Modellbasierte Überwachungsmaßnahmen

Bild 9-18: Überwachungsmaßnahme bestehend aus Filter/Residuemgenerator, Distanzmaß und Stoppregel

Ritzelwinkelüberwachung

Der Zweck der Ritzelwinkelüberwachung ist, das Ritzelwinkelsignal durch die Raddrehgeschwindigkeiten unabhängig zu plausibilisieren. Der folgende analytische Ausdruck kann durch die Raddrehgeschwindigkeiten hergeleitet werden, siehe auch [17] und Bild 9-19:

$$\tan \delta_i = \frac{-l(\omega_i^2 - \omega_o^2)}{b_V \omega_i^2 + \sqrt{b_V^2 \omega_i^2 \omega_o^2 - l^2(\omega_i^2 - \omega_o^2)^2}} \tag{9.48}$$

wobei l der Radstand b_V die Spurweite (vorn), δ_i der Winkel des kurveninneren Rades und schließlich ω_i und ω_o die Raddrehgeschwindigkeiten des kurveninneren bzw. -äußeren Rades darstellen. δ_i wird auf den Ritzelwinkel abgebildet. Demzufolge verwendet das Modell die zwei vorderen Raddrehgeschwindigkeiten und die Lenkungsgeometrie, um den Ritzelwinkel zu schätzen. Die Parameterschätzung erfolgt in zwei Teilschritten. Erst werden Radstand und Spur ausgemessen, in einem zweiten Schritt wird die statische Nichtlinearität geschätzt, was im Wesentlichen der Schätzung eines Wienermodells gleichkommt, vgl. [18].

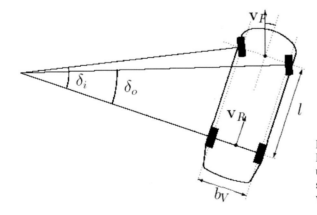

Bild 9-19:
Benutzung der Fahrzeuggeometrie, um aus den vorderen Raddrehgeschwindigkeiten den Vorderradwinkel zu ermitteln

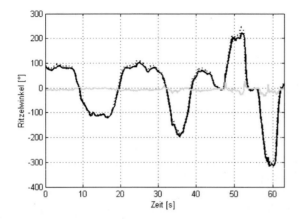

Bild 9-20:
Messung, aufgenommen beim Durchfahren eines Handlingkurses (ohne Sensorfehler): geschätzter Winkel (durchgezogene Linie), gemessener Winkel (gestrichelte Linie), Residuum zwischen den beiden Werten (graue Linie)

Bild 9-20 zeigt Ergebnisse dieser Ritzelwinkelschätzung beim Durchfahren eines Handlingkurses. Die Entscheidung, ob der Ritzelwinkelsensor fehlerhaft ist, hängt allerdings nicht nur vom Ergebnis dieser Funktion ab, sondern von weiteren Überwachungsfunktionen.

Winkelsummenüberwachung
Der Zweck der Winkelsummenüberwachung ist es, die kinematischen Zwangbeziehungen zwischen den drei Winkeln (Lenkrad δ_H, Motor δ_M, Ritzel δ_G) zu plausibilisieren. Auch wenn die mechanische Zwangsbeziehung

$$\delta_G = \frac{1}{i_H}\delta_H + \frac{1}{i_M}\delta_M \tag{9.49}$$

auf den ersten Blick recht einfach scheint, hat es sich gezeigt, dass sie nicht mit ausreichender Genauigkeit durch ein statisches Modell modellieren lässt (i_H und i_M sind Übersetzungsverhältnisse). Das grundlegende Problem ist, dass sich der Lenkradwinkelsensor am oberen Ende der Lenksäule befindet, der Ritzelwinkelsensor und der Rotorlagesensor aber am Lenkgetriebe, siehe Bild 9-1. Die oben bereits berechneten Modellgleichungen sind für ein Serienesteuergerät zu umfangreich, es muss also eine weniger rechenaufwendige Lösung gefunden werden. Effekte wie Torsion der Lenksäule können durch eine lineare Beziehung mit hinreichender Genauigkeit modelliert werden und Unstetigkeiten durch Kardangelenke können durch ein nichtlineares Modell angesetzt werden. Das alles ergibt ein lineares Modell, gefolgt von einer statischen Nichtlinearität, das folgende Wienermodell:

$$\begin{aligned}\dot{x}(t) &= Ax(t) + B(\delta_G^{\#}(t) - \delta_M^{\#}(t)); \quad x(0) = x_0 \\ \hat{\delta}_H(t) &= J(Cx(t))\end{aligned} \tag{9.50}$$

wobei $\delta^{\#}_G$ und $\delta^{\#}_M$ die auf das Lenkrad bezogenen Ritzel- bzw. Motorwinkel sind. Das lineare und zeitinvariante System (A, B, C) beschreibt die Torsion und die statische Nichtlinearität $J(\cdot)$ berücksichtigt Effekte der Kardangelenke. Genau wie bei der Ritzelwinkelüberwachung werden die linearen und nichtlinearen Teile in zwei Schritten geschätzt, basierend auf Daten von Messungen aus einem Fahrzeug. Die Daten müssen Fahrsituationen, die beide Effekte (Torsion und Kardangelenke) widerspiegeln, beinhalten, um genügend Informationen in den Eingangssignalen zu enthalten.

Bild 9-21 zeigt die Schätzung des Lenkradwinkels während einer Kreisfahrt mit sich verändernder Fahrzeuggeschwindigkeit. Ein Driften des Ritzelwinkelsensors wird ab 3,7 s simuliert, was zu einem immer größer werdenden Unterschied zwischen dem gemessenen Lenkradwinkel und dem geschätzten führt. Bild 9-22 zeigt das Schätzen des Lenkradwinkels während einer Slalomfahrt mit konstanter Geschwindigkeit. Ein Signalausreißer im Ritzelwinkelsensor wird bei 5,14 s injiziert, welcher zu einer punktuellen Abweichung zwischen dem gemessenen und dem geschätzten Lenkradwinkel führt.

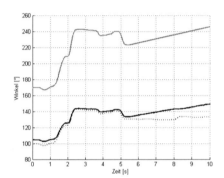

Bild 9-21: Daten gemessen während eines dynamischen Fahrmanövers, wobei ein Driften des Ritzelwinkelsignals startend im Zeitpunkt 3,7 s simuliert wird. Der gemessene Lenkradwinkel (gestrichelte Linie), der geschätzte Lenkradwinkel (durchgezogene Linie) und der Ritzelwinkel (grau)

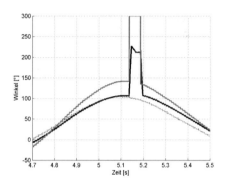

Bild 9-22: Daten gemessen während eines dynamischen Fahrmanövers, wobei ein Impuls des Ritzelwinkelsignals beim Zeitpunkt 5,4 s simuliert wird. Der gemessene Lenkradwinkel (gestrichelte Linie), der geschätzte Lenkradwinkel (durchgezogene Linie) und der Ritzelwinkel (grau)

9.7 Zusammenfassung

Nach Einführung in die Hauptfunktionalitäten „variable Lenkübersetzung" und „Lenkvorhalt" des Active-Front-Steering-Lenksystems wurden die wesentlichen elektrischen und mechanischen Komponenten vorgestellt. Ein Mehrkörpermodell für das Gesamtsystem, jedoch ohne Hydraulikunterstützung wurde hergeleitet. Die Parameter des Systems wurden mit Hilfe von Prüfstandsdaten geschätzt und mit unabhängigen Datensätzen validiert. Ein weiterer Einblick in die Modellierung des Systems wurde durch die Vorstellung der Residuengeneratoren zweier Überwachungsmaßnahmen, Ritzelwinkelüberwachung und Winkelsummenüberwachung gegeben.

Literatur

[1] *Köhnle, H.*: The Electromechanical Power Steering Systems of ZF Lenksysteme – Components, Function and Application. Paper F2004F293. FISITA World Automotive Congress, Barcelona, Mai 2004
[2] *Harter, W.; Pfeiffer, W.; Dominke, P.; Ruck, G.; Blessing, P.*: Future Electrical Steering Systems: Realizations with Safety Requirements. SAE Technical Paper 2000-01-0822. In: Proc. of the SAE World Congress, Detroit, März 2000
[3] IEC 61508: Functional Safety of E/E/PES Systems. International Electrotechnical Commission IEC, Genf, Dezember 1998
[4] *Knoop, M.; Leimbach, K.-D.; Schröder, W.*: Increased Driving Comfort and Safety by Electronic Active Steering. Active Safety TOPTEC, Wien, 27./28. September 1999
[5] *Reinelt, W.; Klier, W.; Reimann, G.*: Systemsicherheit des Active Front Steering. In: *at – Automatisierungstechnik*, 53(1): 36–43, Januar 2005
[6] *Köhn, P.; Wachinger, M.; Fleck, R.; Brenner, P.; Reimann, G.*: Aufbau und Funktion der Aktivlenkung von BMW. Tagung Fahrwerktechnik, Haus der Technik, München, 2003
[7] *Brenner, P.*: Die elektrischen Komponenten der Aktivlenkung von ZF Lenksysteme GmbH. Tagung PKW-Lenksysteme – Vorbereitung auf die Technik von morgen. Haus der Technik e.V., Essen, April 2003
[8] *Quang, N. P.*: Praxis der feldorientierten Drehstrom-Antriebsregelung. Renningen-Malmsheim: Expert Verlag, 1999
[9] *Reinelt, W.; Klier, W.; Reimann, G.; Schuster, W.; Großheim, R.*: Active Front Steering (part 2): safety and functionality. SAE Technical Paper 2004-01-1101. In: Proc. of the SAE World Congress, Detroit, März 2004
[10] *Eckrich, M.; Pischinger, M.; Krenn, M.; Bartz, R.; Munnix, P.*: Aktivlenkung – Anforderungen an Sicherheitstechnik und Entwicklungsprozess. Tagungsband Aachener Kolloquium Fahrzeug- und Motorentechnik, S. 1169–1183, 2002
[11] *Rupp, A.*: Renaissance der hydraulischen Lenkung durch Funktionserweiterung. Haus der Technik e.V., Essen, April 2005
[12] *Hahn, H.*: Rigid Body Dynamics of Mechanisms. Theoretical Basis. Springer, 2002
[13] *Lundquist, C.; Rothstrand, M.*: Modelling and Parameter Identification of the Mechanism and the Synchronous Motor of the Active Steering. Master Thesis, Chalmers University of Technology, Göteborg, 2003
[14] *Ljung, L.*: System Identification – Theory For the User. 2. Aufl., Prentice Hall, 1999
[15] *Neukum, A.; Reinelt, W.*: Integration des Fahrers bei der Bewertung der Ausfallsicherheit aktiver Lenksysteme. VDI Tagung „Der Fahrer im 21. Jahrhundert". Braunschweig, November 2005
[16] *Gustafsson, F.*: Adaptive Filtering and Change Detection. John Wiley & Sons, 2000
[17] *Wong, J. Y.*: Theory of Ground Vehicles. John Wiley & Sons, 2001
[18] *Bauer, D.; Ninnes, B.*: Asymtotic Properties of Least Squares Estimates of Hammerstein Wiener Model Structure. In: International Journal of Control, Vol.75, No. 1, pp. 34–51, 2002

10 Integrierte Querdynamikregelung mit ESP, AFS und aktiven Fahrwerksystemen

ANSGAR TRÄCHTLER, FRANK NIEWELS

Die Entwicklung der vergangenen 1-2 Jahrzehnte im Automobil und speziell im Fahrwerksbereich ist geprägt durch den Einzug von aktiven mechatronischen Systemen, welche bisher passive mechanische Komponenten ersetzen. Neben ESP sind die wesentlichen Systeme im Bereich Lenkung Active Front Steering AFS, elektrische oder elektrohydraulische Servolenkungen, regelbare Hinterachslenkungen und in weiterer Zukunft Steer-by-Wire. Im Bereich Fahrwerk sind es die Luftfederung, regelbare Dämpfer, aktive Wankstabilisatoren (ARC – Active Roll Control) und vollaktive Fahrwerke wie ABC; der Bereich Antrieb wird derzeit beherrscht durch die Entwicklungen der Hybrid-Technologien, deren Potenziale bei weitem noch nicht erschöpft sind, insbesondere wenn man die Möglichkeiten des seriellen Hybrid-Antriebs in Betracht zieht.

Vorangetrieben wird die Entwicklung der Fahrwerksysteme im Wesentlichen auf den drei Hauptpfaden Fahrzeugbewegungsregelung, Fahrzeugführung und Unfallvermeidung, welche zunehmend zusammenwachsen [1] zu einer perfekten Kombination von sicherem, geführtem und komfortablem Fahren, was By-wire-Technologien mit verteilten und redundanten Funktionen und eine starke Systemvernetzung voraussetzt, s. Bild 10-1.

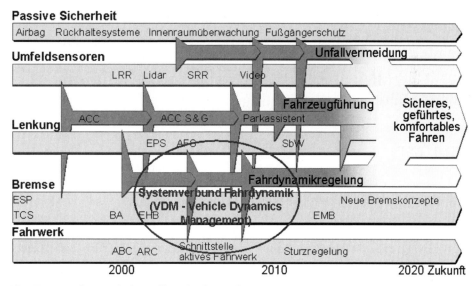

Bild 10-1: Roadmap Fahrdynamik und Fahrzeugführung

Bereits heute steigt mit der zunehmenden Anzahl und Verbreitung mechatronischer Fahrwerksysteme der Bedarf an einer Systemvernetzung, denn dadurch lässt sich einerseits der Nutzen erhöhen, indem systemübergreifende Funktionen überhaupt erst möglich werden. Mit der Vernetzung wächst aber auch die Abhängigkeit der Systeme voneinander, deren Wechselwirkungen und Verkopplungen. Allerdings sind diese drei unerwünschten Eigenschaften ohnehin vorhanden, da die Systeme über das Fahrzeug miteinander in Verbindung stehen. Die Systemvernetzung ermöglicht hierbei zusammen mit einer geeigneten Strukturierung der Funktionen, die Komplexität des Gesamtsystems in Grenzen und beherrschbar zu halten und durch explizite Berücksichtigung der Wechselwirkungen einen größtmöglichen Nutzen aus den Verkopplungen zu ziehen.

Für die Querdynamikregelung von Kraftfahrzeugen gilt dies in besonders ausgeprägter Weise, da hier mehrere Systeme unmittelbar Einfluss auf die Querbewegung nehmen: ESP über radindividuelle Bremseingriffe und die Reduktion des Antriebsmoments, regelbare Differenzialsperren über die Verteilung des Antriebsmoments, aktive Lenksysteme über die Verstellung der Lenkwinkel an der Vorder- und ggf. an der Hinterachse und aktive Feder-/Dämpfersysteme über die Variation der Radaufstandskräfte, was zu Änderungen der Längs- und Seitenkräfte führt.

Im Folgenden wird das Konzept VDM – Vehicle Dynamics Management – zur Fahrdynamikregelung vorgestellt, das auf einer konsequenten modularen und hierarchischen Funktionsstrukturierung mit physikalischen Schnittstellen beruht [2, 3, 4] und sich bereits seit längerem bewährt hat. Die Hauptbestandteile sind eine Aufteilung der Fahrdynamikfunktionen in dezentrale Aktuatorfunktionen und in übergreifende zentrale Fahrzeugfunktionen (hierarchische Kaskadenstruktur), eine koordinierte Ansteuerung der vorhandenen Fahrwerksaktoren durch eine situationsabhängige Verteilung der Stellbefehle und ein systemübergreifendes gestuftes Abschaltkonzept für den Fehlerfall. Hierdurch gelingt es, die Ziele – volle Ausschöpfung der Systemfunktionalität, Verhinderung gegenseitiger negativer Beeinflussungen und Beherrschung der Komplexität – zu erreichen.

10.1 Überblick über aktive Systeme zur Beeinflussung der Fahrzeugquerbewegung

10.1.1 ESP

Aus funktionaler Sicht lässt sich ESP in die drei Hauptfunktionen Fahrzeugregler (Regelung der Querdynamik), Bremsschlupfregler (Regelung des Radschlupfs im Bremsfall, ABS-Funktionalität) und Antriebsschlupfregelung (Regelung des Radschlupfs im Antriebsfall, ASR-Funktionalität) einteilen. Daneben gibt es weitere Funktionen zur Sensorüberwachung, Signalaufbereitung, Sicherheit und Reglerfreigabe. Bild 10-2 zeigt die hierarchische Struktur dieser drei Regelfunktionen, die sich in die Funktionsstruktur des Fahrzeugs einfügt. ABS und ASR sind unterlagerte Regelungen, welche die Aufgabe haben, die Radbewegung zu stabilisieren, und dazu die Aktoren für Bremse und Antrieb ansteuern. Die Stellgrößen sind die radindividuellen Bremsmomente und das Antriebsmoment. Der Fahrzeug-Querregler ist dem ABS und ASR überlagert und hat die Aufgabe, die Fahrzeugquerdynamik zu stabilisieren, was durch die Regelung der Giergeschwindig-

10.1 Überblick über aktive Systeme zur Beeinflussung der Fahrzeugquerbewegung

keit geschieht. Dazu wird aus Lenkradwinkel, Fahrgeschwindigkeit, Querbeschleunigung und den geschätzten Radumfangskräften ein Sollwert für die Giergeschwindigkeit ermittelt [5, 6]. Weicht der errechnete Gierratensollwert ab von der gemessenen Gierrate, so berechnet der Fahrzeug-Querregler ein stabilisierendes Giermoment M_z und übergibt dies als Sollwert an die unterlagerten Regler, wobei das Giermoment, welches eine Größe auf Fahrzeugebene darstellt, umgerechnet wird in einen Sollschlupf $\lambda_{wheel,i}$ bzw. ein Sollbremsmoment $M_{wheel,i}$ (Größen auf Radebene). Für die Umrechnung wird ein einfaches robustes Reifenmodell verwendet. Bild 10-3 zeigt das zugehörige regelungstechnische Strukturbild der Giergeschwindigkeitsregelung. Die Reglerhierarchie kommt hierin durch die Kaskadenstruktur mit ABS und ASR als unterlagerten Reglerblöcken zum Ausdruck.

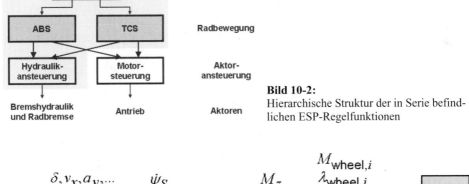

Bild 10-2: Hierarchische Struktur der in Serie befindlichen ESP-Regelfunktionen

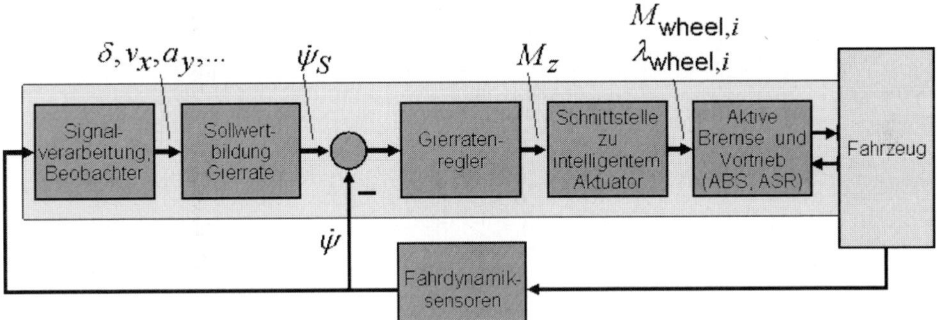

Bild 10-3: Regelungstechnisches Strukturbild der ESP-Querdynamikregelung

Die Struktur des ESP-Fahrzeugreglers lässt sich in geradliniger Weise erweitern zur *integrierten Fahrdynamikregelung*, welche alle vorhandenen Fahrwerksysteme für Reglereingriffe der Querdynamik ansteuert. Bild 10-4 zeigt eine Übersicht über die für die integrierte Fahrdynamikregelung relevanten Systeme mit den zugehörigen physikalischen Regelgrößen. Im Folgenden werden davon exemplarisch die *aktive Vorderachslenkung AFS* und die *aktive Wankstabilisierung ARC* näher betrachtet.

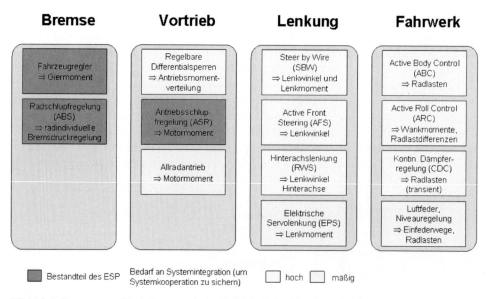

Bild 10-4: Systeme zur Beeinflussung der Fahrdynamik im Kontext mit ESP

10.1.2 Aktive Vorderachslenkung AFS

Das System AFS [7] besteht aus einem Elektromotor mit Überlagerungsgetriebe, womit dem vom Fahrer vorgegebenen Lenkradwinkel δ_{Driver} ein im AFS-Steuergerät berechneter Motorwinkel δ_{AFS} überlagert (d.h. addiert) wird, siehe Bild 10-5. Die Basisfunktion von AFS ist eine geschwindigkeitsabhängige Anpassung der Lenkübersetzung durch einen zum Fahrerlenkwinkel proportionalen Überlagerungswinkel, wie im Bild 10-5 rechts gezeigt. Bei niedriger Geschwindigkeit wird die Lenkung sehr direkt, um den Lenkaufwand des Fahrers beim Abbiegen oder Einparken zu reduzieren. Bei höheren Geschwindigkeiten wird die Lenkübersetzung vergrößert und die Lenkung somit indirekter.
Die wesentlichen Elemente der Funktionsstruktur sind im Bild 10-6 gezeigt. Sowohl der Fahrerlenkwinkel als auch der Summenlenkwinkel an der Vorderachse δ_{Wheel} werden mit Sensoren gemessen, ebenso die Motorposition δ_{AFS} für die Motorlageregelung, was nicht im Bild 10-6 gezeigt ist. Im Funktionsblock „Variable Lenkübersetzung" wird aus dem Lenkradwinkel und der vorgegebenen Übersetzung der „Kurswinkel" δ_{Course} berechnet:

$$\delta_{Course} = f(v_x) \cdot \delta_{Driver}, \tag{10.1}$$

mit $f(v_x)$ als Kehrwert der geschwindigkeitsabhängigen Lenkübersetzung (Bild 10-5). δ_{Course} gibt den Richtungswunsch des Fahrers wieder. Die Differenz von δ_{Course} und δ_{Driver} ist vom AFS einzustellen und stellt den Sollwert für den Motorlageregler dar:

10.1 Überblick über aktive Systeme zur Beeinflussung der Fahrzeugquerbewegung 241

$$\delta_{AFS,S} = \delta_{Course} - \delta_{Driver} \,. \tag{10.2}$$

Im Überlagerungsgetriebe werden Motorwinkel und Lenkradwinkel (mit hier nicht dargestellten Getriebeübersetzungen) addiert und ergeben den mittleren Radeinschlagwinkel an der Vorderachse:

$$\delta_{Wheel} = \delta_{Driver} + \delta_{AFS} \tag{10.3}$$

Zusätzlich lässt sich AFS auch zur Fahrzeugstabilisierung durch eine Gierratenregelung ähnlich wie bei ESP nutzen. Im VDM-Konzept ist die Stabilisierung mittels Lenkeingriffen der Funktion Fahrdynamikregelung zugeordnet, welche über die im Bild 10-6 gezeigte Schnittstelle δ_{Stab} zusätzliche Sollwinkel zur Stabilisierung an das AFS übergibt. Die vom AFS an VDM übermittelten Signale sind der Kurswinkel δ_{Course}, der als Fahrerwunsch für die Bildung des Gierratensollwerts verwendet wird sowie der mittlere Radlenkwinkel δ_{Wheel}, der überall dort eingesetzt wird, wo der tatsächliche Radlenkwinkel benötigt wird, beispielsweise bei der Signalüberwachung oder in Fahrdynamikmodellen zur Signalschätzung.

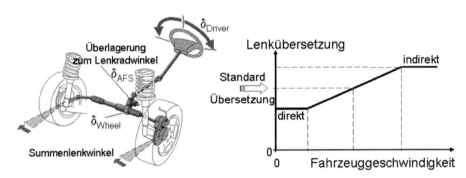

Bild 10-5: links: Prinzipbild AFS, rechts: variable Lenkübersetzung

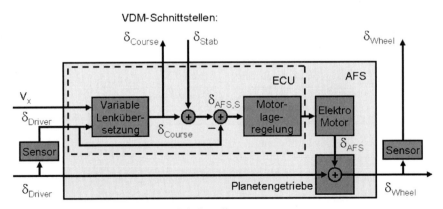

Bild 10-6: Strukturbild AFS mit VDM-Schnittstellen

10.1.3 Aktive Fahrwerksysteme

Als ein Beispiel für aktive Fahrwerksysteme wird ARC (Active Roll Control) betrachtet, wo die mechanischen Stabilisatoren der Achsen durch aktive ersetzt sind. Durch aktives Verspannen der Stabilisatorhälften mit einem elektrischen oder hydraulischen Motor lassen sich die Radaufstandskräfte gezielt beeinflussen; vorgebbar sind dabei nur die Normalkraftdifferenzen je Achse. (Weitere aktive Fahrwerksysteme sind z.B. in [15] und [16] zu finden; dort sind die Normalkräfte für jedes Rad individuell einstellbar.)

Die ARC-Basisfunktion ist der Ausgleich der Wankbewegung. Abhängig von der Querbeschleunigung werden der Wankbewegung entgegengerichtete Wankmomente an Vorder- und Hinterachse erzeugt; üblicherweise in einem festen Verhältnis zueinander, s. Bilder 10-7 und 10-8. Durch eine dynamische Verteilung des Wankmoments lässt sich auch die Gierbewegung des Fahrzeugs beeinflussen [8, 9]. Der physikalische Hintergrund ist die nichtlineare Abhängigkeit der Reifenseitenkräfte von der Radlast, s. qualitative Darstellung in Bild 10-8. Für unterschiedliche Radlasten ist die Summe der Seitenkräfte geringer als für gleiche Radlasten: $F_{y1} + F_{y2} \leq 2 F_{y0}$. Daher lässt sich durch eine Normalkraftaufspreizung an der Vorderachse dem Übersteuern entgegenwirken; an der Hinterachse wirkt dies dem Untersteuern entgegen.

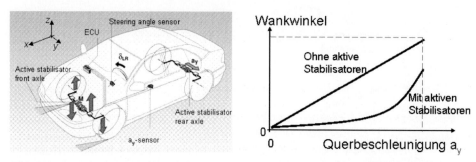

Bild 10-7: links: Prinzipbild aktive Wankstabilisatoren; rechts: Wankwinkelkompensation

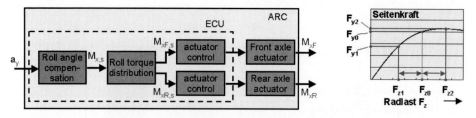

Bild 10-8: Strukturbild Active Roll Control (ARC) (links), qualitativer Verlauf der Reifenseitenkraft über der Radlast (rechts)

10.1 Überblick über aktive Systeme zur Beeinflussung der Fahrzeugquerbewegung   243

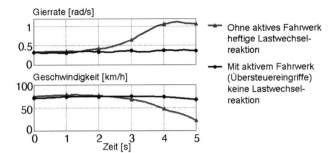

Bild 10-9:
Lastwechselreaktion mit und ohne akt. Fahrwerk (ARC)

Beispielhaft sind im Bild 10-9 Ergebnisse von Lastwechselversuchen im Grenzbereich (Querbeschleunigung 9 m/s²) mit unterschiedlicher Normalkraftverteilung an Vorder- und Hinterachse gezeigt. Im kritischen Fall ohne Fahrwerkseingriff weist das Fahrzeug eine sehr starke Lastwechselreaktion auf; durch einen Fahrwerkseingriff mit Normalkraftaufspreizung an der Vorderachse lässt sich die Lastwechselreaktion beseitigen. Die Auswirkung der Normalkraftverteilung tritt hier sehr deutlich zutage, das Ausmaß ist abhängig von der Fahrwerksabstimmung des jeweiligen Fahrzeugs.

10.1.4 Der Reifen als Übertragungsglied

Der Reifen fungiert als das Teilsystem, welches die Kraftübertragung zwischen Fahrzeug und Straße bewirkt. Die am Reifen übertragenen Längs- und Querkräfte F_x, F_y sind primär abhängig von Bremsschlupf λ, Schräglaufwinkel α und Aufstandskraft F_z, darüber hinaus von zahlreichen weiteren Einflussgrößen wie z.B. Temperatur, Reifendruck, Alterung, Reifeneigenschaften, s. Bild 10-10. Da viele dieser Einflussgrößen nicht genau bekannt sind oder während des Betriebs schwanken, ist es vorteilhaft, in den Regelsystemen nur das wesentliche Übertragungsverhalten in Form von einfachen, robusten, statischen Modellen zu beschreiben. Die Regelungsstrukturen (Radschlupf- und Gierratenregelung) sind auch bei Modellungenauigkeiten innerhalb weiter Grenzen hinreichend gut funktionsfähig. Zur Analyse wird hingegen im folgenden ein detailliertes *Pacejka*-Modell [11] eines Standard-Sommerreifens verwendet, dessen Parameter experimentell ermittelt wurden.

Drei allgemeine Reifeneigenschaften sind bei der Vernetzung von Vertikal- und Horizontaldynamikregelsystemen von Bedeutung:

- die Zunahme der Reifenlängs- und -seitenkraft mit der Vertikalkraft,
- die degressive Abhängigkeit der Seiten- von der Vertikalkraft und
- die Begrenzung der Horizontalkraft (Resultierende aus Längs- und Querkraft) durch den Reibwert.

Aufgrund des ersten Effekts lässt sich die Wirksamkeit von ESP-Eingriffen durch eine Erhöhung der Radlast an den abzubremsenden Rädern vergrößern; durch den zweiten Effekt lässt sich die an einer Achse wirkende Seitenkraft über Fahrwerkseingriffe beeinflussen: eine Erhöhung der Radlastdifferenz zwischen den Rädern einer Achse reduziert die

Gesamtseitenkraft an dieser Achse; durch eine Verringerung der Radlastdifferenz wird die Gesamtseitenkraft erhöht. Der dritte Effekt spielt bei der Überlagerung von Längs- und Seitenkräften eine Rolle, beispielsweise bei der Koordination von ESP- und Lenkeingriffen. Da Änderungen der Reifenkräfte in den drei Raumrichtungen gleichzeitig stattfinden können und nicht immer unabhängig sind, ist die Betrachtung einzelner Kräfte und ihrer Wirkung auf die Fahrdynamik nicht ausreichend; vielmehr stellt das resultierende Giermoment die angemessene Größe dar, denn dieses ist entscheidend für die sich einstellende Gierbewegung.

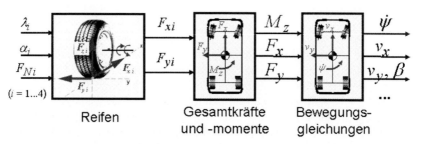

Bild 10-10: Reifen als Übertragungsglied

10.2 Bewertung von Querdynamikeingriffen anhand des Giermoments

Exemplarisch wird in diesem Abschnitt die Analyse des resultierenden Giermoments angewandt auf den Vergleich der Wirksamkeit von ARC-Vertikalkrafteingriffen und von ESP-Bremseingriffen sowie auf die Überlagerung beider Eingriffe, siehe auch [9] und [12]. Hierzu wurden mittels Modellrechnungen, die auf dem Reifenmodell aus Abschnitt 10.1.4 beruhen, für stationäre Kreisfahrten bei verschiedenen Querbeschleunigungen jeweils die maximal möglichen Giermomente für ARC- und ESP-Eingriffe ermittelt und im Bild 10-11 wiedergegeben. Ausdrehende Giermomente (Übersteuereingriffe) sind durch positive, eindrehende Giermomente (Untersteuereingriffe) durch negative Vorzeichen gekennzeichnet. Zwei wesentliche Unterschiede zwischen ESP- und Vertikalkrafteingriffen sind erkennbar:

1. Mit ESP-Eingriffen ist eine deutlich höhere Wirkung erzielbar (allerdings sind diese auch mit Komforteinbußen verbunden, was allerdings mit neueren ESP-Systemen, die sehr gut dosierbare Bremseneingriffe ermöglichen, immer weniger ins Gewicht fällt).
2. Prinzipbedingt geht die querdynamische Wirkung der Vertikalkrafteingriffe mit der Querbeschleunigung gegen Null.

10.2 Bewertung von Querdynamikeingriffen anhand des Giermoments

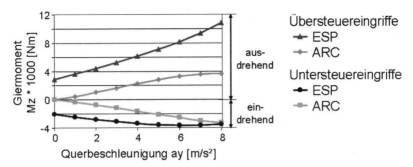

Bild 10-11: Maximal mögliche Giermomente

Ein weiterer wesentlicher Aspekt ist die Frage, wie sich gleichzeitig wirkende ESP- und ARC-Eingriffe überlagern. Im Übersteuerfall wird die Radlast an dem Rad erhöht, an dem auch der ESP-Eingriff erfolgt (kurvenaußen vorne), was die Wirksamkeit des ESP-Eingriffs deutlich vergrößert. Das Giermoment nimmt sowohl mit der Stärke des Bremsen- und des ARC-Eingriffs monoton zu, d.h. die beiden Eingriffe unterstützen sich Bild 10-12, links.

Anders ist dies im Untersteuerfall: hier wird die Radlast am kurveninneren Hinterrad, wo der ESP-Eingriff erfolgt, erniedrigt, was seine Wirksamkeit herabsetzt. Bei niedrigem Bremsschlupf nimmt das Giermoment (betragsmäßig) mit dem ARC-Eingriff zu, bei höherem Bremsschlupf jedoch ab: die Eingriffe arbeiten gegeneinander (keine Monotonie, Bild 10-12, rechts).

Um eine möglichst hohe Wirksamkeit zu erzielen, ist im Untersteuerfall eine recht aufwändige Eingriffskoordination notwendig, wie beispielhaft im Bild 10-13 gezeigt:

(1) Zunächst wird aus Komfortgründen ein reiner ARC-Eingriff durchgeführt bis zu einer vorgegebenen Radlastdifferenz. Ein ESP-Eingriff findet noch nicht statt.

(2) Reicht das Giermoment nicht aus, wird der ARC-Eingriff konstant gehalten und zusätzlich ein ESP-Eingriff ausgelöst. Der Bremsschlupf steigt bis zu einem vorgegeben Wert.

(3) Wird ein noch höheres Giermoment benötigt, wird bei konstantem oder weiter ansteigendem Bremsschlupf der ARC-Eingriff zurückgenommen.

Im Übersteuerfall besteht die Koordination nur aus den Schritten (1) und (2) und ist daher wesentlich einfacher. Bei den heute in Serie befindlichen Systemen findet eine solche Koordination der Regelereingriffe (noch) nicht statt.

Das vorgestellte Konzept hat den Vorteil, dass es geradlinig auch auf die Koordination von weiteren Aktoren übertragen werden kann und unterschiedliche Koordinationsstrategien zulässt. Die Grenzen liegen darin, dass lediglich eine stationäre Betrachtung erfolgt und beispielsweise die Stellerdynamik oder das dynamische Verhalten des Fahrzeugs derzeit nicht berücksichtigt wird.

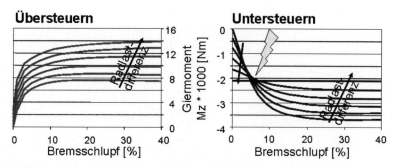

Bild 10-12: Überlagerung von ESP- und ARC-Eingriffen

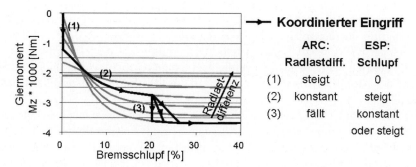

Bild 10-13: Koordination von ESP- und ARC-Eingriffen im Untersteuerfall

10.3 Funktions- und Regelungsstruktur von VDM

Um die Komplexität auch bei zunehmender Systemvernetzung zu beherrschen, hat es sich bewährt, die Funktionen der Fahrzeugbewegung in verschiedenen Schichten zu ordnen. Eine mögliche Einordnung zeigt Bild 10-14. Beispielsweise sind hiernach die AFS-Funktion variable Lenkübersetzung und die ARC-Funktion Wankkompensation in die Schicht Fahrerunterstützung eingeordnet. Die Fahrzeugstabilisierung des ESP mittels Gierratenregelung und Eingriffen in Bremse und Motorsteuerung gehört hingegen zur Schicht Fahrdynamikregelung. Werden zur Stabilisierung außerdem noch Fahrwerk- oder Lenksysteme angesteuert, sprechen wir von integrierter Fahrdynamikregelung oder VDM [2].

Die oberste Schicht im Bild 10-14 ist die Fahrzeugführung und Fahrerassistenz. Funktionen der Fahrzeugführung übernehmen Aufgaben des Fahrers, z.B. Beschleunigen und Verzögern bei der Längsführung (ACC), oder auch das Lenken bei zukünftigen Funktionen der Querführung [17]. Im Gegensatz zur Fahrdynamikregelung hat der Fahrer stets die Möglichkeit, den Eingriff zu übersteuern.

10.3 Funktions- und Regelungsstruktur von VDM

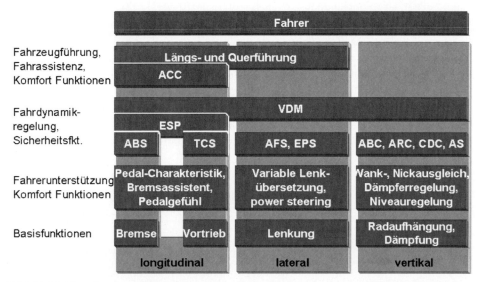

Bild 10-14: Einordnung von Funktionen und Systemen der Fahrzeugbewegungsregelung

Eine wichtige Anforderung bei der Entwicklung von VDM als integrierte Fahrdynamikregelung war die Evolution aus dem ESP, um eine Wiederverwendung von Funktion und Software zu erreichen und um auf die Betriebsbewährtheit und die vorhandene Felderfahrung aufbauen zu können. Wir haben dem Rechnung getragen, indem wir VDM in einem modularen und skalierbaren Konzept auf dem ESP aufbauend entwickelt haben. Die Gierratenregelung des ESP, s. Bild 10-3, ist die Basis des VDM; sie wurde um eine Eingriffskoordination und um physikalische Schnittstellen zu den Lenk- und Fahrwerksystemen erweitert, die als „intelligente Aktuatoren" die eigenen aktorbezogenen Funktionen mit Sollwerten von übergeordneten Fahrdynamikfunktionen überlagern können. Die Funktionsstruktur ist im Bild 10-15 gezeigt.

Ein Merkmal des VDM ist, dass die meisten ESP-Funktionen unverändert bleiben können und dass nur wenige zusätzliche Software-Module erforderlich sind. Hinter dem Gierratenregler ist ein neuer Block „Giermomentverteilung" eingefügt, dessen Aufgabe die situationsgerechte Verteilung des Sollgiermoments M_z auf die vorhandenen Chassis-Systeme ist. Ausgänge dieses Blocks sind die Sollgiermomente für Lenkung, Bremse und Fahrwerk: $M_{z,\text{steering}}$, $M_{z,\text{brake}}$, $M_{z,\text{suspension}}$. Die Schnittstellenblöcke wandeln die Giermomente um in entsprechende Sollgrößen für die „intelligenten Aktuatoren": Zusatzlenkwinkel δ_{stab} für das Lenksystem (s. Bild 10-5) und Normalkräfte für die Fahrwerksysteme. Auch hier wird ein einfaches, robustes Reifenmodell verwendet. Die Verteilung des Giermoments folgt einer Koordinationsstrategie, die unterschiedliche Ziele berücksichtigen kann:

- *Komfort-orientierte Koordinationsstrategie:* zuerst werden nur Fahrwerks- und/oder Lenkeingriffe durchgeführt. Die für den Fahrer unkomfortableren und das Fahrzeug verzögernden Bremseingriffe werden erst freigegeben, wenn dies für die Fahrstabilität und -sicherheit unumgänglich ist. Diese Strategie ist vergleichsweise einfach implementierbar.

- *Sicherheitsorientierte Koordinationsstrategie:* hat als Ziel, durch die Verteilung der Giermomente einen möglichst hohen Abstand der Reifenkraftvektoren von der Kraftschlussgrenze zu halten im Sinn eines Sicherheitsabstandes. Aufgrund der erforderlichen Fahrzustandsinformation und der numerischen Berechnungen ist die Implementierung hier recht aufwändig; der Nachweis der Machbarkeit muss noch erbracht werden.
- *Abschaltstrategie im Fehlerfall:* fällt eines der beteiligten Systeme aus, werden die Stabilisierungseingriffe auf die verbleibenden verteilt (gestufte Abschaltung).

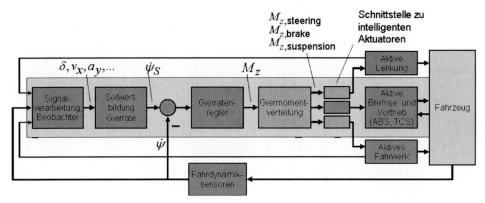

Bild 10-15: VDM: Regelungsstruktur

10.4 Anwendung im Fahrversuch

VDM-Funktionen sind in mehreren Versuchsträgern umgesetzt und in zahlreichen Fahrversuchen getestet worden. Ergebnisse der integrierten Fahrdynamikregelung mit ESP und AFS sind bereits publiziert [2, 4]; der Fahrernutzen besteht in einer sowohl bei Hoch- und Niedrigreibwert subjektiv und objektiv feststellbaren Verbesserung der Fahrstabilität (geringere Gierraten beim Übersteuern), der Lenkbarkeit (Lenkaufwand, Ansprechverhalten des Fahrzeugs auf das Lenken) und des Komforts (weniger ESP-Eingriffe).

Besonders deutlich wird der Nutzen einer Reglerkoordination bei einer *µ-split-Bremsung* (Fahrbahn mit ungleichem Reibwert rechts und links), wo aufgrund der unterschiedlichen Reifenkräfte ein Giermoment entsteht. Zur Abschwächung des Giermoments begrenzt ESP die Druckdifferenz an den Rädern jeder Achse, wobei die zulässige Druckdifferenz mit der Zeit aufgeweitet wird. Dem Fahrer wird genügend Zeit gelassen, den für die Spurhaltung nötigen Lenkwinkel aufzubringen. Die im ESP eingestellte Differenzdruckbegrenzung bildet einen Kompromiss zwischen Stabilität (Gierdämpfung) und Bremsweg.

10.4 Anwendung im Fahrversuch

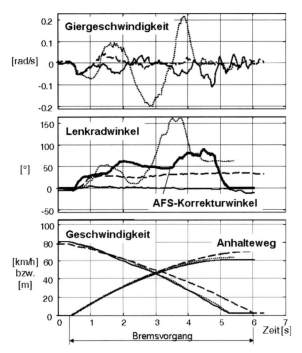

Bild 10-16: Bremswegverkürzung und Stabilisierung während µ-split-Bremsung: gestrichelt: Standard-ESP (Normalfall); gepunktet: ESP + ARC (unbeherrschbar); durchgezogen: VDM (ESP + AFS + ARC) (kein Lenkaufwand, kürzerer Bremsweg)

Durch eine erweiterte Gierratenregelung mit koordinierter Ansteuerung von Bremse (ESP), Fahrwerk (ARC) und Lenkung (AFS) lässt sich dieser Kompromiss erheblich verbessern. Dazu wird die Differenzdruckbegrenzung des ESP aufgeweitet und gleichzeitig über einen Fahrwerkseingriff das hoch-µ Vorderrad belastet. Beides bewirkt eine Bremswegverkürzung, jedoch zu Lasten der Stabilität: das Fahrzeug bleibt nur unter extremem Lenkaufwand beherrschbar. Daher übernimmt bei VDM die Stabilisierung ein AFS-Lenkeingriff, der die Gierrate auf den Sollwert (0 bei Geradeausfahrt) regelt. Das Ergebnis ist ein deutlich reduzierter Bremsweg bei verbesserter Stabilität; gleichzeitig wird der Lenkaufwand des Fahrers reduziert: es sind nur noch kleine Lenkbewegungen zur Kurskorrektur nötig (Bild 10-16, Tabelle 10-1). Dass die Gierrate zwischen 4 und 5 s geringfügig stärkere Ausschläge hat, ist unkritisch, da das Fahrzeug zu diesem Zeitpunkt bereits auf eine sehr niedrige Geschwindigkeit abgebremst ist.

Die erweiterte Gierratenregelung mit Lenkeingriff erfordert im Vergleich zur früher dargestellten Giermomentenkompensation [8] keine zusätzlichen Radddrucksensoren und lässt sich auch für weitere Geradeauslauf-Funktionen, z.B. die Kompensation von Seitenwind, einsetzen [10].

Tabelle 10-1: Vergleich von Bremsweg, Fahrstabilität und Lenkaufwand für das Manöver von Bild 10-16.

	Bremsweg	Max. Gierrate	Max. Lenkwinkel
ESP	71 m	0,04 rad/s	35
ESP+ARC	64 m	0,25 rad/s	>150
VDM (ESP+ARC+AFS)	61 m	0,08 rad/s	5

10.5 Schlussfolgerung

Der heutige Stand der Vernetzung von Fahrdynamikregelsystemen ist gekennzeichnet durch den Austausch von Informationen über Systemzustände, Sensorgrößen und Fahrsituationen. Damit lassen sich Funktionen realisieren, die jeweils einem einzigen Regelsystem zugeordnet sind; die Systeme arbeiten jedoch weitgehend unkoordiniert und steuern fast ausschließlich die eigene Aktuatorik an. Um allerdings die Systemfunktionalitäten voll auszunutzen, ist künftig eine stärkere Vernetzung und Koordination der Systeme erforderlich durch übergeordnete Funktionen des Fahrdynamikmanagements, welche mehrere unterlagerte Regelsysteme zugleich ansteuern, wie dies beim vorgestellten Konzept VDM der Fall ist. Beispiele hierfür sind Untersteuereingriffe mittels ARC und ESP sowie die Lenkwinkelkompensation bei gleichzeitiger Bremswegverkürzung auf µ-split mittels ESP, AFS und ARC.

Ein weiterer großer Nutzen der Vernetzung wird in der gemeinsamen Nutzung von Sensorinformation liegen, die sich künftig mehr und mehr auch auf aufbereitete Sensorsignale und Schätzgrößen beziehen wird. Dies erfordert ebenfalls eine gesamtheitliche Betrachtung des Fehler- und des Abschaltverhaltens. Unterstützt wird dies durch Einführung einer einheitlichen, systemübergreifenden Funktionsstrukturierung mit Standardschnittstellen. Der Preis für diese fahrdynamischen Verbesserungen ist die wachsende Komplexität, zu deren Beherrschung nicht nur technische Aufgaben zu lösen sind, sondern auch firmenübergreifende Fragen der Entwicklungsprozesse, der Produktverantwortung und des Know-How-Schutzes.

Literatur

[1] *Harms, K.*: Erhöhung von Sicherheit und Komfort durch die Vernetzung von Fahrzeugsystemen mit Umfeldinformationen. 3. Braunschweiger Symposium Automatisierungs- und Assistenzsysteme für Transportmittel, 2002
[2] *Trächtler, A.; Liebemann, E.*: Vehicle Dynamics Management: ein Konzept für den Systemverbund. 11. Aachener Kolloquium Fahrzeug- und Motorentechnik, 2002
[3] *Trächtler, A.; Verhagen, A.*: Vehicle Dynamics Management – Verbund von ESP, aktiver Lenkung und aktivem Fahrwerk. 5. Internationales Stuttgarter Symposium 2003

[4] *Trächtler, A.*: Integrierte Fahrdynamikregelung mit ESP, aktiver Lenkung und aktivem Fahrwerk. In: at – Automatisierungstechnik 53 (2005) Nr. 1, S. 11–19, Oldenbourg Wissenschaftsverlag GmbH, 2005

[5] *van Zanten, A.*: Control aspects of the Bosch VDC. Proc. AVEC, Aachen 1996

[6] *van Zanten, A.*: Evolution of Electronic Control Systems for Improving the Vehicle Dynamic Behaviour. Proc. AVEC, 2002

[7] *Köhn, P.;* et al.: Die Aktivlenkung – das neue fahrdynamische Lenksystem von BMW. 11. Aachener Kolloquium Fahrzeug- und Motorentechnik, 2002

[8] *Knoop, M.; Leimbach, K.-D.; Verhagen, A.*: Fahrwerksysteme im Reglerverbund. Tagung Fahrwerktechnik, Haus der Technik, Essen, 1999

[9] *Smakmann, H.*: Functional Integration of Slip Control with Active Suspension for Improved Lateral Vehicle Dynamics. München: H. Utz Verlag, 2000

[10] *Sackmann, M.; Trächtler, A.*: Nichtlineare Regelung des Fahrverhaltens mit einer aktiven Vorderachslenkung zur Reduktion der Seitenwindeinwirkung. In: at – Automatisierungstechnik 51 (2003) Nr. 12, S. 535–546

[11] *Pacejka, H. B.; Bakker, E.*: The Magic Formula Tyre Model. In: *H. B. Pacejka* (Hrsg.): Proc. 1st International Tyre Colloquium, Delft, 1991, S. 1–18

[12] *Saeger, M.; Gärtner, A.*: Simulation Environment for the Investigation of Active Roll Control in Combination with Vehicle Dynamics Control. Proc. FISITA 2004, Barcelona, Paper F2004F330

[13] *Schwarz, R.; Rieth, P.*: Global Chassis Control: Systemvernetzung im Fahrwerk. In: at – Automatisierungstechnik 51 (2003) 7, S. 299–312

[14] *Hiemenz, R.; Klein, A.*: Interaktion von Fahrwerkregelsystemen im Integrated Chassis Control (ICC). Tag des Fahrwerks, Aachen, 2002, S. 75–88

[15] *Castiglioni, G.; Jäker, K.-P.; Lückel, J.; Rutz, R.*: Active Vehicle Suspension with an Active Vibration Absorber. Proc AVEC 1992, S. 148–153

[16] *Ammon, D.*: Künftige Fahrdynamik- und Assistenzsysteme. Eine Vielzahl von Möglichkeiten und regelungstechnischen Herausforderungen. In: atp – Automatisierungstechnische Praxis 46 (2004) 6, S. 60–70

[17] *Stabrey, S.*: Prädiktive Fahrdynamikregelung durch Nutzung von Umgebungsinformationen. In: VDI-Bericht 1789 – Elektronik im Kraftfahrzeug. VDI-Verlag, 2003

11 Semiaktive Stoßdämpfer und aktive Radaufhängungen

THOMAS KUTSCHE, STEFAN RAPPELT

11.1 Übersicht aktiver Stoßdämpfer und aktiver Radaufhängungen

Die weitaus größte Zahl von Kraftfahrzeugen hat heute noch Dämpfer mit konstanter Dämpfkraftcharakteristik. Seit Anfang der achtziger Jahre wurden elektronische geregelte Dämpfungssysteme entwickelt und gefertigt, von einfachen, handgeschalteten elektromotorischen Verstellungen über schnelle, elektromagnetische Systeme mit diskreten Dämpfungsstufen, die heute noch gebaut werden, bis hin zu den aktuellen stufenlosen Systemen der dritten Generation mit proportional wirkenden Dämpfventilen, die mittlerweile in die Serie eingeführt sind und die Fortschritte einer rasanten Entwicklung der Fahrzeugsensorik und Elektronik nutzen [1].
Neben diesen aktiven Stoßdämpfern, im folgenden CDC genannt, sind heutzutage auch aktive Radaufhängungen unterschiedlicher Bauart in Serie eingeführt. Wie zum Beispiel die aktive Wankstabilisierung ARS, besser bekannt unter dem Namen Dynamik Drive bei BMW, oder die aktive Federfußpunktvorstellung ABC aus dem Hause DaimlerChrysler. In der Übersicht der unterschiedlichen Systeme (Bild 11-1) sind nun die Auswirkungen dieser Systeme auf die Fahrzeugbewegung entsprechend gegeneinander bewertet worden. Die kontinuierliche Dämpfkraftverstellung CDC führt zu einer deutlichen Reduzierung der Hub- und Senkbewegung des Aufbaus. Gleichzeitig werden die Vibrationen unterhalb einer Frequenz von 3 Hertz deutlich reduziert. Hinsichtlich des Wanken des Fahrzeuges bei querdynamischen Vorgängen kann ein CDC-System ebenfalls durch Erhöhung der Dämpfung dem Wanken entgegenwirken und so eine dynamische Reduzierung des Wankwinkels erzielen. Bei Beschleunigungs- oder Verzögerungsmanövern wird ebenfalls durch Erhöhung der Dämpfung dem Nicken entgegengewirkt.
In Richtung Fahrsicherheit werden die Radlastschwankungen durch entsprechende Regelung der Dämpfung radindividuell reduziert, was in Summe zu einer Bremswegverkürzung auf schlechten Fahrbahnen führt. Dem gegenüber weisen die aktiven Radaufhängungen nicht nur eine Begrenzung oder Reduzierung der entsprechenden Bewegungen auf, sondern führen, wie bei ARS bezüglich Wanken, zu einem vollständigen Ausgleich. Dieser vollständige Ausgleich bezüglich Wankbewegungen kann auch mit einem ABC-System erzielt werden. Zusätzlich dazu kann mit einem ABC-System das Nicken bei Beschleunigungs- und Verzögerungsvorgängen komplett kompensiert werden, da hier ein Nickmoment durch entsprechende Druckbeaufschlagung der vorderen zu den hinteren Aktuatoren erzielt werden kann.

Regelsystem \ Aufbaubewegung	Kontinuierliche Dämpf-kraftregelung CDC	Aktive Wank-stabilisierung ARS (DD)	Aktive Federfuß-punktverstellung ABC
Heben / Senken (<3Hz)	◐		◐
Vibration (>3Hz)	◐		◐
Wanken	◐	●	●
Nicken	◐		●
Radlast- Schwankungen	◐	◐	◐

● vollständiger Ausgleich   ◐

Bild 11-1: Übersicht aktiver Stoßdämpfer und aktiver Radaufhängungen [2]

11.2 CDC-System und Weiterentwicklung zur Mechatronik

Das heutige CDC-System (Bild 11-2) besteht aus einem stufenlos verstellbaren Dämpfer, entweder mit integriertem oder externem Proportionalventil. Dieser Dämpfer steht in Verbindung mit einem CDC-Steuergerät, in dem ein eigenentwickelter Skyhookalgorithmus diese CDC-Stoßdämpfer radindividuell anspricht.

Zur Erkennung der Fahrzeugbewegung sind im Fahrzeug standardmäßig Beschleunigungssensoren sowohl am Rad als auch am Aufbau verbaut. Über drei Aufbaubeschleunigungssensoren kann die komplette Fahrzeugbewegung hinsichtlich Heben, Wanken und Nicken erkannt werden. Über die Radbeschleunigungssensoren an der Vorderachse erhält das System die Informationen über die Raddynamik an Vorder- und Hinterachse. Diese Informationen, Rad- und Aufbaubeschleunigungen, werden für eine Regelung für nach dem Skyhookalgorithmus benötigt. Zusätzlich zu diesen eben explizit genannten Sensoren steht die Elektronik über ein heute übliches Bussystem mit anderen elektronischen Systemen in Verbindung.

Mehr Fahrdynamik und Sicherheit – durch Technik von ZF

www.zf.com

Elektronische Dämpfungssysteme von ZF Sachs sorgen für spürbare Verbesserungen des Komforts und der Sicherheit. Auch darum haben Sie mit CDC® mehr Spaß am Fahren.

Immer die optimale Dämpfkraft für jede Fahrsituation: CDC® regelt das für Sie, stufenlos und innerhalb von Millisekunden. Vernetzt mit anderen Fahrzeugsystemen, ermöglicht es perfekte Spurtreue und besseres Brems- und Lenkverhalten. CDC® war anfangs Sportwagen und Fahrzeugen der Oberklasse vorbehalten. Heute sorgt es nicht nur in der Mittelklasse, sondern auch in der Kompaktklasse und bei den Fahrern von Vans für erhöhtes Fahrvergnügen.

Antriebs- und Fahrwerktechnik

Stellen Sie sich vor, Elektronik wäre orange …

 Orange steht für Kreativität und aktive Energie. Und weil sich in kaum einer anderen Branche die Entwicklung derart aktiv und dynamisch gestaltet wie im Bereich der Automobil-Elektronik, gibt es jetzt eine Fachzeitschrift in Orange: ATZelektronik.

ATZelektronik informiert 4 x im Jahr über neueste Trends und Entwicklungen zum Thema Elektronik in der Automobilindustrie. Auf wissenschaftlichem Niveau. Mit einzigartiger Informationstiefe.

Erfahren Sie alles über neueste Entwicklungsmethoden und elektronische Bauteile. Lesen Sie, wie zukünftige Fahrerassistenzsysteme unsere automobile Gesellschaft verändern werden. Halten Sie sich auf dem Laufenden über die Entwicklung auf dem Gebiet des Bordnetz- und Energiemanagements. Mit ATZelektronik sind Sie hierüber sowie über viele weitere Bereiche immer top informiert!

Darüber hinaus profitieren Sie als ATZelektronik-Abonnent vom Online-Fachartikelarchiv: das nützliche Recherche-Tool mit kostenlosem Download der Fachbeiträge aus ATZelektronik. Verschaffen Sie sich Ihren persönlichen Informationsvorsprung – sichern Sie sich jetzt Ihr kostenloses Probe-Exemplar. Per E-Mail unter ATZelektronik@vieweg.de oder direkt online unter www.ATZelektronik.de

11.2 CDC-System und Weiterentwicklung zur Mechatronik

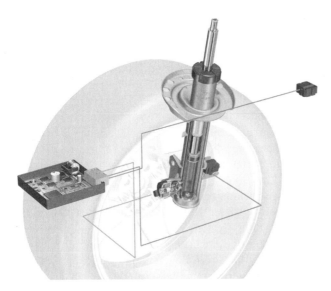

Bild 11-2: CDC-System

Mit zunehmendem Einsatz von Fahrwerksystemen entsteht verstärkt der Wunsch, das Zusammenspiel der einzelnen Systeme zu koordinieren und dadurch weitere Verbesserungen für den Kunden zu erreichen.

Während heute in der Regel verschiedene Systeme wie z.B. ESP/ABS und CDC nebeneinander arbeiten und die Entwicklungsaktivitäten sich darauf beschränken, möglichst keine negativen Beeinflussungen der Systeme zu bekommen (Stichwort: Friedliche Koexistenz), kann durch gezielte Nutzung von Systemeigenschaften eines Systems durch ein anderes das Gesamtfahrzeugverhalten positiv beeinflusst werden.

Als Beispiel sei hier genannt, dass das Eigenlenkverhalten durch ein verstellbares Dämpfungssystem und durch ESP gesteuert werden kann. Wenn nun ESP eine Änderung des Eigenlenkverhaltens für nötig erachtet, kann zunächst die Dämpfung zur Erreichung dieses Ziels eingesetzt werden, bevor der als relativ unkomfortabel empfundene Bremseingriff erfolgt. Unter dem Kürzel ICC (Integrated Chassis Control) [4] oder GCC (Global Chassis Control) [3] sind solche Aktivitäten bereits in Serienanwendungen umgesetzt.

Durch die Systemvernetzung verschiedener Fahrwerksysteme können folgende Vorteile erreicht werden:

- verbessertes Handling
- Bremswegverkürzung
- Komfortgewinn
- Vermeidung systemimmanenter Nachteile
- Vermeidung ungewollter Systembeeinflussungen
- Reduzierung der Steuergeräteanzahl
- Kostensenkung

Gerade die letzten beiden Punkte werden als sehr interessant angesehen, ist es doch auf diese Weise möglich, durch Zusammenfassung von Einzelsystemen trotz erhöhter Funktionalität die Anzahl der Steuergeräte und damit auch die Gesamtkosten zu reduzieren. Leider wirft aber dieser Ansatz auch wieder neue Probleme auf: Da Fahrwerksysteme ein hohes Maß an Spezialwissen erfordern, ist es nicht ohne weiteres möglich, dass ein einziges Entwicklungsteam das wesentlich komplexer gewordene Gesamtsystem entwickelt. Vielmehr ist es erforderlich, dass insbesondere die Systemsoftware der einzelnen Teilsysteme von Systempartnern entworfen wird und dann auf einem gemeinsamen Steuergerät implementiert wird. Das stellt in zunehmendem Maß erhöhte Anforderungen sowohl an das Projektmanagement als auch an die vertragliche Gestaltung zwischen den verschiedenen Unternehmen.

Da Fahrwerksysteme immer mechanische Komponenten beinhalten, ist sehr viel spezielles Know-How in der Steuerung/Regelung dieser Komponenten enthalten. Auch dies führt zu Problemen bei der Integration von Systemen. Ein weiteres nicht zu unterschätzendes Problem liegt darin, dass zwar die Rechenleistung der Microcontroller ständig steigt, was zu der Möglichkeit führt, ohne zusätzlichen Bauraum und Kosten immer mehr Systeme zu integrieren, aber bei jeder Zusammenfassung von Einzelsystemen der Bedarf an Leistungstreibern zur Steuerung der mechanischen Komponenten zunimmt. Das führt in Summe zu erhöhtem Bauraumbedarf und zu steigender Verlustleistung auf engem Raum.

Die oben aufgeführten Probleme lassen sich durch Einsatz von Mechatronik, das heißt der Integration von elektronischen und mechanischen Komponenten, lösen. Das Spezialwissen über die Komponente ist beim Komponentenhersteller und fließt auch dort in die Software der Komponente ein. Durch Abspeichern von individuellen, d.h. für jede einzelne Komponente leicht unterschiedlichen Kenndaten wird eine optimale Ansteuerung der Komponente erreicht. Das zentrale Fahrwerksteuergerät enthält keine Leistungsbauteile mehr und wird dadurch wesentlich kompakter und kostengünstiger. Ebenso sinkt die Verlustleistung erheblich. Durch die Verteilung der Verlustleistung auf die einzelnen Komponenten wird das Wärmemanagement vereinfacht. Schließlich bietet eine intelligente Komponente auch die Möglichkeit, Teilaufgaben der Fahrwerksregelung zu übernehmen. Gerade bei komponentennahen Regelalgorithmen führt dies zu einer weiteren Entlastung des Zentralsteuergerätes und kann auch für das Fehlerhandling des Gesamtsystems sehr vorteilhaft eingesetzt werden (Notlaufprogramme bei Ausfall des Zentralsteuergerätes).

Der CDC-Stoßdämpfer von ZF Sachs wird durch ein magnetisch betätigtes Proportionalventil gesteuert. Dabei führt ein Strom, der durch eine Magnetspule fließt, zu einer Verschiebung des Ankers, der wiederum das eigentliche Ventilsystem betätigt und so die gewünschte hydraulische Wirkung erzielt.

Bei der Integration von Elektronik bietet es sich daher an, diese in die Magnetspule zu integrieren, da sich dort ja die elektrische Schnittstelle des Stoßdämpfers befindet (Bild 11-3). Dies bietet den Vorteil, dass bewährte Lösungen z.B. der Kabelanbindung verwendet werden können.

11.2 CDC-System und Weiterentwicklung zur Mechatronik

Bild 11-3:
Intelligent Controlled Damper (ICD)

Leider werden aber aufgrund des besonderen Einbauortes erhöhte Anforderungen an die Elektronikbaugruppe gestellt (Bild 11-4). Durch den Aufbau des Ventilsystems ergibt sich eine besondere Form der Leiterplatte (rund mit Loch in der Mitte), es sollte möglichst kein oder zumindest so wenig wie möglich zusätzlicher Bauraum entstehen. Die Umwelteinflüsse sind ebenfalls nicht gerade elektronikfreundlich. Der Temperaturbereich muss –40 °C bis +125 °C abdecken, das Modul muss absolut wasserdicht sein (IP6K9K, aber auch tauchfähig, also IP6K6), es treten Vibrationen bis 50 g auf und die Position im Radhaus ist anfällig für Steinschlag und jede Art von Verschmutzung. Durch die unmittelbare Nähe zur Magnetspule wird zusätzliche Wärme erzeugt, was die Verlustleistungsproblematik noch verschärft.

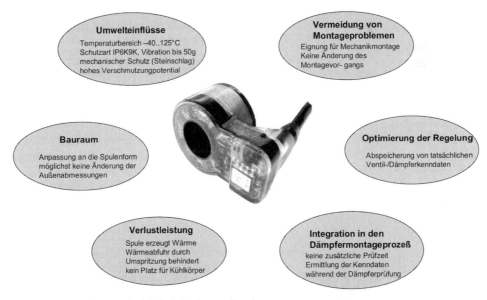

Bild 11-4: Probleme und Ziele bei der Integration

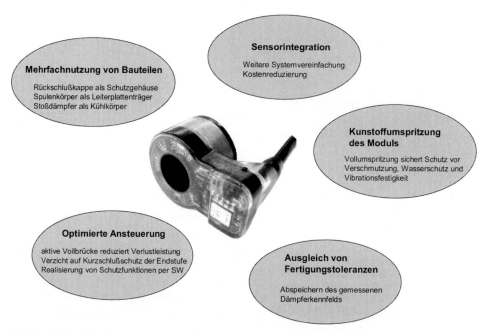

Bild 11-5: Problemlösung

Ein wesentliches Entwicklungsziel war es, die eingefahrenen Montageprozesse aus der laufenden CDC-Fertigung nicht zu verändern, sondern höchstens durch Zusatzschritte zu ergänzen. Oberstes Ziel der Funktionsüberprüfung ist es, keine zusätzliche Prüfzeit während der Dämpferfertigung zu erzeugen.

Im Laufe der mehrjährigen Entwicklung des ICD-Moduls konnten die meisten der angesprochenen Probleme gelöst werden (Bild 11-5).

Die bereits aus der Spulenfertigung bewährte Lösung der vollständigen Umspritzung mit Kunststoff wird auch für das ICD-Modul verwendet. Das sichert zum einen den Schutz vor Umwelteinflüssen, zum anderen können bewährte Konzepte der Kabelanbindung und des Handlings der Baugruppen im Fertigungsprozess unverändert übernommen werden.

Durch die Mehrfachnutzung verschiedener Bauteile kann die Bauraumproblematik erheblich entschärft werden. Zwar ist es nicht gelungen, ohne zusätzlichen Bauraum auszukommen, aber dieser konnte minimiert werden. So wird die magnetische Rückschlusskappe als Schutzgehäuse für die Elektronik verwendet und der Spulenträger ebenfalls als Leiterplattenträger.

Durch eine Optimierung der Leistungsendstufe ist es gelungen, den Bauraum und die Verlustleistung deutlich zu reduzieren, ohne auf Performance zu verzichten. Hilfreich war dabei, dass aufgrund der Baueinheit Spule/Elektronik auf jeglichen Kurzschlussschutz verzichtet werden konnte und aufgrund der hohen Rechenleistung des Microcontrollers die externen Schutzmaßnahmen der Endstufe zum großen Teil entfallen konnten.

Ein weiterer Aspekt zur Lösung der Verlustleistungsproblematik ist die Tatsache, dass der komplett montierte Dämpfer eine sehr große thermische Masse darstellt und somit als gigantische Kühlkörper wirkt. Fahrversuche und Prüfstandsmessungen haben gezeigt, dass auch bei hoher Dämpferanregung die Gesamttemperatur des Dämpfers ca. 60 °C nur äußerst selten übersteigt. Diese Temperatur kann als Wert der Umgebungstemperatur angesetzt werden und wird aufgrund der relativ guten Gesamtwärmekopplung auch von der Spule gesehen. Die Elektronik lässt dann eine leichte Temperaturerhöhung erkennen, befindet sich aber weit von ihren Grenzen entfernt.

Als großer Vorteil der intelligenten Komponente erweist es sich, dass durch Abspeichern von individuellen Kenndaten ein gewisser Ausgleich von Fertigungstoleranzen möglich wird. Dazu wird während der ohnehin erforderlichen Endprüfung der Dämpfkraft an üblicherweise drei Punkten im Kennfeld ein Korrekturwert ermittelt und das Kennfeld entsprechend im Dämpfer abgelegt. Dies geschieht so schnell, dass keine zusätzliche Prüfzeit anfällt. Schließlich ist es noch gelungen, trotz des knappen Bauraums den im System benötigten Radbeschleunigungssensor zu integrieren, was sowohl kostenmäßig als auch funktionsmäßig einige Vorteile bietet.

Eine besondere Problemlösung war durch die Forderung nach vollständiger Umspritzung des Moduls notwendig. Da sowohl der Spritzdruck als auch die Temperatur während des Spritzvorgangs die für elektronische Bauteile zulässigen Werte überschreiten, waren viele Versuche nötig, diesen Prozess ohne Vorschädigung zu überstehen. Als brauchbare Lösung erwies sich schließlich eine Vorumspritzung der bestückten Platine in einem Niederdruck-Kaltspritzprozess. Dieser kann relativ einfach in die Fertigungslinie der Elektronik integriert werden. Auf diese Weise ist es möglich, die Leiterplatten im Nutzen, das heißt zu mehreren miteinander verbundenen Einzelleiterplatten, zu bestücken und ebenfalls im selben Nutzen vorumzuspritzen. Erst danach erfolgt dann die Vereinzelung. Die so geschützte Baugruppe übersteht dann die weiteren Fertigungsschritte problemlos.

11.3 Funktionsvernetzung am Beispiel CDC und ARS

Wie im Vorigen ausgeführt, wurden die entsprechenden Systeme für Dämpfung, Bremse und Lenkung über die Jahre zu elektronischen Systemen weiterentwickelt (Bild 11-6).

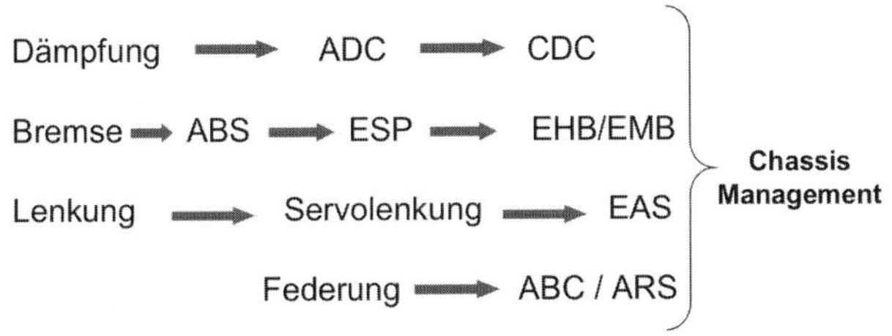

Dämpfung ➡ ADC ➡ CDC
Bremse ➡ ABS ➡ ESP ➡ EHB/EMB
Lenkung ➡ Servolenkung ➡ EAS
Federung ➡ ABC / ARS

} Chassis Management

Bild 11-6:
Verfügbare Fahrwerksysteme
[2]

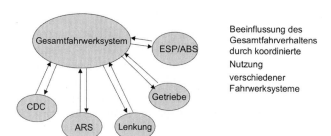

Beeinflussung des Gesamtfahrverhaltens durch koordinierte Nutzung verschiedener Fahrwerksysteme

Bild 11-7: Chassis Management

Die Entwicklungsaufgabe der nächsten Jahre wird nun sein, diese einzelnen Systeme sinnvoll zu vernetzen zu einem Gesamtfahrwerksystem, dass das Gesamtfahrverhalten durch koordinierte Nutzung dieser Systeme optimiert (Bild 11-7). Diesen begonnenen Prozess möchten wir am Beispiel der Vernetzung CDC und ARS darstellen.

Zuerst wird die Funktion des ARS-Systems im Einzelnen betrachtet. Wie in Bild 11-8 dargestellt, ist in einem Fahrzeug mit einem ARS-System sowohl an Vorder- und Hinterachse ein aktives Stellelement zwischen den beiden Stabilisatorenhälften eingebaut. Durchfährt solch ein Fahrzeug nun eine Kurve, wird es sich aufgrund der Fliehkraft zum Kurvenaußenradius neigen. Wird nun jedoch der Aktuator mit einem der Querbeschleunigung proportionalen Druck beaufschlagt, wird innerhalb des Stabilisators ein Moment erzeugt, das genau dieser Bewegung entgegen wirkt und so der Wagen horizontal gehalten werden kann. Da diese Wankabstützung sowohl als Vorder- und Hinterachse erfolgt, kann über eine entsprechende Verteilung zwischen Vorder- und Hinterachse aktiv in das Eigenlenkverhalten des Fahrzeuges eingegriffen werden.

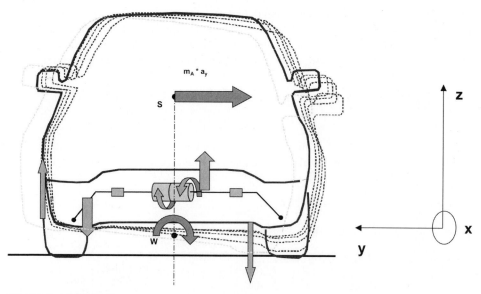

Bild 11-8: ARS-System

11.3 Funktionsvernetzung am Beispiel CDC und ARS

Somit hat ein Fahrzeug mit ARS die Vorteile, dass sowohl die Wankbewegung stationär minimiert wird als auch eine deutliche Verbesserung des Eigenlenkverhaltens besonders bei Lastwechseln erreicht wird. Zusätzlich zu diesen Vorteilen kann der Komfort bei Geradeausfahrt dadurch erhöht werden, dass die Radbewegungen vom rechten zum linken Rad über die Freischaltung des Stabilisators entkoppelt werden.

Diesen Vorteilen stehen natürlich auch Nachteile gegenüber. Hier wären zu nennen: die entsprechende Einleitung von hydraulischer Dämpfung im ARS-Aktuator bei einseitigen Radanregungen. Um die benötigte Energie für solche Systeme gering zu halten, wird der aktive Eingriff dieser Systeme erst oberhalb einer fixierten Regelschwelle erfolgen. Dies bedeutet jedoch ebenfalls ein Kompromiss bezüglich der Dynamik des Fahrzeuges.

Zu Beginn wurde schon das CDC-System erläutert. Auch dieses System hat natürlich Vor- und Nachteile. Die Vorteile sind der Komfortgewinn, die Verringerung der Wank- und Nick- als auch Vertikalbewegung bei dynamischen Anregungen, der Sicherheitsgewinn durch die Optimierung der Raddämpfung und über den entsprechenden Datenaustausch mit ESP-Systemen, die schon erwähnte Bremswegverkürzung auf unebenen Fahrbahnen. Nachteil bei diesem System ist, dass es nur bei dynamischen Vorgängen eingreifen kann.

Da es sich bei dem CDC-System um ein semiaktives System ohne externe Energiezuführung handelt, ist einleuchtend, dass die Wankdämpfung nur bei instationären, d.h. dynamischen Fahrmanövern angepasst werden kann. Daher kann aufgrund einer Stoßdämpferregelung nur ein begrenzten Einfluss auf das Eigenlenkverhalten durch entsprechende Verteilung der Wankdämpfung zwischen Vorder- und Hinterachse erfolgen. Wie man bei der Einzelbetrachtung der beiden Systeme sieht, liegen die Vor- und Nachteile dieser beiden Systeme nahezu konträr. Von daher können bei einer Integration von CDC und ARS in ein Gesamtsystem alle Vorteile zusammengeführt werden, was zur Folge hat das die Nachteile der Einzelsysteme sich in Summe aufheben.

Zum Schluss soll beispielhaft aufgezeigt werden, wie eine Systemvernetzung entwicklungsseitig angegangen werden kann. Dabei spielen sowohl die Simulation als auch der Fahrversuch eine entscheidende Rolle. Da für die Simulation ein relativ genaues Fahrzeugmodell benötigt wird, sind umfangreiche Modellabgleiche mit der Realität erforderlich. Dazu werden reale Fahrmanöver mit simulierten verglichen und so Schritt für Schritt eine Annäherung der Simulationsergebnisse an die Realität erreicht. Erst mit einem für den geplanten Anwendungsfall ausreichenden Modell kann die eigentliche Systementwicklung sinnvoll gestartet werden. Diese verläuft dann in drei Phasen:

In der ersten Phase werden die existierenden Einzelsysteme sowohl im Fahrzeug eingebaut, als auch in der Matlab/Simulink-Simulationsumgebung in das Fahrzeugmodell eingebunden. Auf diese Weise ist es möglich, die Einzelsysteme mit gezielten Fahrmanövern zu untersuchen und Stärken und Schwächen der Systeme zu identifizieren (Bild 11-9). Der Fahrversuch im realen Fahrzeug dient auch hier wieder zum Modellabgleich. Dabei werden auch die mechanischen Komponenten wie Dämpfer oder hydraulischer Stabilisator nebst zugehöriger Energieversorgung modelliert (Bild 11-10).

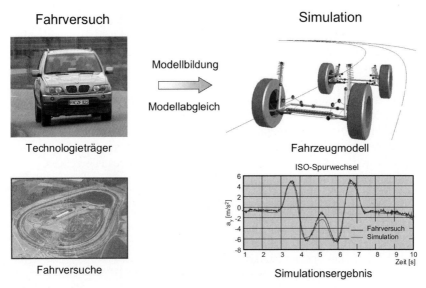

Bild 11-9: Phase 1: Zusammenwirken von Simulation und Versuch

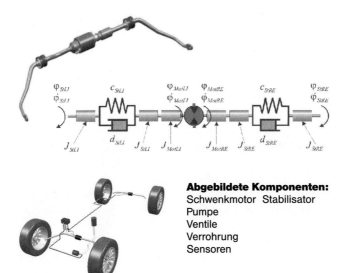

Bild 11-10: Modellierung des ARS-System

In der zweiten Phase erfolgt die Entwicklung einer Vernetzungsstrategie, das heißt es werden Wege gesucht, die Vorteile der Einzelsysteme dazu zu nutzen, die Nachteile des jeweils anderen Systems zu kompensieren. Dabei werden die gewonnenen Daten aus Phase 1 als Grundlage der Gesamtfunktionsdefinition und Gesamtsimulation genutzt. Die Phase 2 besteht also in der Hauptsache aus Spezifikations- und Simulationsarbeit. Das Ergebnis der Phase 2 ist eine im Modell lauffähige Gesamtstrategie zur Regelung der vormals getrennten Einzelsysteme (Bild 11-11).

11.3 Funktionsvernetzung am Beispiel CDC und ARS

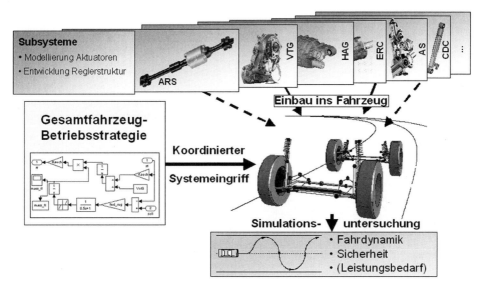

Bild 11-11: Phase 2: Modellierung des Gesamtsystems

In der dritten Phase schließlich wird durch Rapid-Prototyping-Systeme die Strategie im Fahrzeug erprobt (Bild 11-12). Dazu werden die Komponenten aus Phase 1 von einer dSpace-Autobox angesteuert, auf der der Gesamtsystemregler läuft. Auf diese Weise kann dann die Strategie in mehreren Schritten optimiert und immer wieder validiert werden.

Bild 11-12: Erprobung des vernetzten Systems im Fahrzeug

11.4 Zusammenfassung

Um die Vielzahl der momentan verfügbaren Einzelsysteme zu einem sinnvollen Gesamtsystem zu vernetzen, ist sowohl die Weiterentwicklung der Einzelkomponenten zum mechatronischen System als auch die funktionale Vernetzung durch Software nötig. Hierbei kommt aufgrund der Komplexität des entstehenden Gesamtsystems der Simulation eine entscheidende Bedeutung zu.

Literatur

[1] *Causemann, P.*: Semiaktive Schwingungsdämpfer. TAE-Tagung, 2002
[2] *Balaudat, W.*: Continuous Damping Control. Tag des Fahrwerks, 2004
[3] *Rieth, P.*: Global Chassis Control.Tag des Fahrwerks, 2002
[4] *Hiemenz, R.*: Interaktion von Fahrwerkregelsystemen. VDI Fachtagung Reifen – Fahrwerk – Fahrbahn, 2003

12 Elektronisch geregelte Luftfedersysteme

UWE FOLCHERT

Moderne Fahrwerkkonzepte für Pkw erfordern zunehmend intelligente und adaptive Komponenten oder Subsysteme, um den ständig steigenden Anforderungen an Fahrkomfort, Fahrzeughandling und Fahrsicherheit gerecht zu werden. Da diese Anforderungen mit elektronisch geregelten Luftfedersystemen erfüllt werden können, setzen sie sich in Pkw zunehmend durch. Dieses Kapitel soll einen Überblick geben über die Funktionsweise und die erforderlichen Komponenten eines Luftfeder-/Dämpfersystems. Dabei ergeben sich über die verschiedenen Einsatzfelder im Pkw-Bereich unterschiedliche Anforderungen an die Systemarchitektur und die Komponentengestaltung für die Luftfedersysteme.

12.1 Luftfedersysteme

Die Hauptkomponenten eines Luftfedersystems sind (Bild 12-1): die Luftfedern, Dämpfer, eine Luftversorgung, ein Steuergerät, notwendige Sensoren, wie z.B. Höhen- und Beschleunigungssensoren, pneumatische und elektrische Leitungen. Aus diesen Komponenten lassen sich je nach Anforderungsprofil fahrzeugspezifische Systemarchitekturen ableiten. Das Anforderungsprofil ergibt sich aus dem Fahrzeugkonzept, dem Einsatzbereich des Fahrzeuges, der Marktpositionierung und gewünschten Zusatzfunktionen.
Die grundlegenden Systemarchitekturen, die sich jeweils noch fahrzeugspezifisch anpassen lassen, sind in Bild 12-2 dargestellt.
Aufgrund der Eigenschaften einzelner Komponenten sowie durch die Kombination und Vernetzung im Fahrzeug zu einem Fahrwerksystem ergeben sich zahlreiche Funktionsvorteile bzw. Funktionspotentiale, die je nach Systemgestaltung genutzt werden können (Bild 12-3).
Die Grundfunktion der Niveauregelung ermöglicht das Ausregeln der Höhe nach Beladungsänderung und damit eine bessere Ausnutzung der Federwege. Die für den Komfort und die Fahrsicherheit notwendigen Restfederwege bleiben erhalten. Die Niveauregelfunktion kann in der Transporterklasse sogar dazu genutzt werden, die maximale Gesamtaufbauhöhe zu vergrößern, da bei leerem Fahrzeug die Aufbauhöhe nachgeregelt wird. Dies kann für ein größeres Transportvolumen genutzt werden.

266   12 Elektronisch geregelte Luftfedersysteme

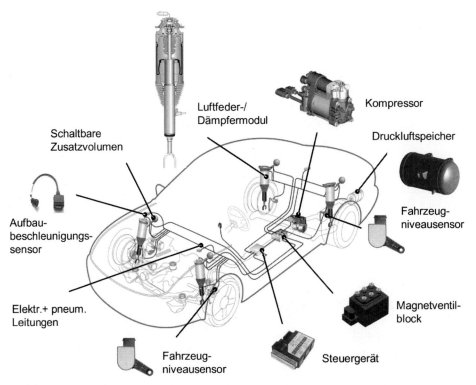

Bild 12-1: Komponenten eines Luftfedersystems

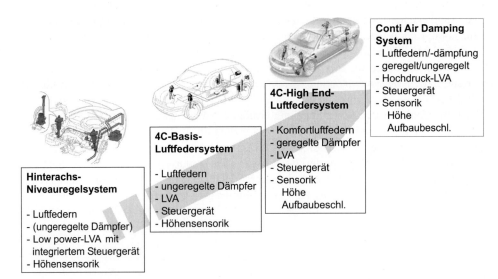

Bild 12-2: Systemarchitekturen für Luftfedersysteme; LVA: Luftversorgungsaggregart

12.1 Luftfedersysteme

Funktionen / Funktionspotenziale

Niveauregelung	Komfort	Fahrdynamik	Zusatzfunktionen
• Beladungsausgleich • Federwegausnutzung • konstante Restfederwege • reduzierte Aufbauhöhe (spez. LLkw)	• beladungsunabhängiger Federungskomfort • Komfortpotenzial Federratenabsenkung • Komfortpotenzial Luftfeder (außengeführt) • Reduzierung der ungefederten Massen • Dämpferregelung adaptiv + Skyhook	• Schwerpunktabsenkung • Reduzierung von Nick- und Wankbewegungen • Beeinflussung der Wankmomentenverteilung • Dämpferregelung adaptiv	• variable Bodenfreiheit • verbesserte Geländefähigkeit • Be-/Entladehilfe bzw. Ein-/Aussteigehilfe • Reifenfüllanschluss

Bild 12-3: Funktionen und Potentiale eines Luftfedersystems

Um den Komfort zu steigern, kann die Federrate deutlich abgesenkt werden. Niveauänderungen durch unterschiedliche Beladungszustände und damit der störende frühe Einsatz von Zuganschlag- und Zusatzfedern wird durch die Niveauregelung vermieden. Durch die Eigenschaften der Luftfeder, mit steigendem Luftdruck durch steigende Beladung auch die Steifigkeit zu erhöhen, ergibt sich ein gleichmäßiges Schwingungsverhalten über den gesamten Beladungsbereich. In Verbindung mit einer Dämpferregelung können die Komfortvorteile der Luftfederung mit einer verbesserten Aufbauanbindung einerseits und einer weichen Dämpferkennung im Komfortmodus der geregelten Dämpfer andererseits kombiniert werden.

Fahrsicherheit und Fahrdynamik profitieren zudem auch von der Möglichkeit, den Fahrzeugschwerpunkt bei höheren Geschwindigkeiten abzusenken. Hierdurch wird auch ein reduzierter Kraftstoffverbrauch erreicht. Durch die Kombination der Luftfederung mit einer adaptiven oder semiaktiven Dämpferregelung ergeben sich weitere Potenziale, den Zielkonflikt zwischen Komfort und Handlingeigenschaften zu umgehen. Als Beispiele seien hier die Erhöhung der Dämpfung in Kurven und beim Bremsen genannt, um dadurch Wank- und Nickgeschwindigkeiten zu reduzieren.

Weitere Zusatzfunktionen sind die variable Anpassung der Bodenfreiheit für bessere Geländefähigkeit oder die Änderung der Fahrzeughöhe für die Be- und Entladung bzw. für das Ein- und Aussteigen. Weiterhin lässt sich der Luftkompressor des Luftfedersystems mit entsprechenden Anschlussarmaturen auch für andere Funktionen wie z.B. für eine Reifenbefüllung nutzen.

12.2 Einsatzfelder von Luftfedersystemen

Auch wenn sich Luftfedersysteme durch ihre vielfältigen Funktionspotenziale und durch die Variationsmöglichkeiten der einzelnen Komponenten in jeder Fahrzeugklasse vorteilhaft eingesetzt werden können, ist es hilfreich, einige Hauptaspekte herauszugreifen. Dadurch lässt sich besser erkennen, welche wichtige Funktionen bzw. die dazu erforderlichen Komponenten wie weiterentwickelt werden sollten.

Aus diesem Grund soll an dieser Stelle eine Einteilung der Fahrzeugkonzepte in nur drei Klassen erfolgen: Limousinen aus dem Oberklasse- und Premiumsegment, die Klasse der SUVs (Sport Utility Vehicle) und Geländewagen, hier hauptsächlich das obere Segment, sowie die Klasse der Transporter, zu der man dann auch Kombis und Vans zählen kann. Für diese drei Klassen lassen sich die wichtigsten Funktionen eines Luftfedersystems klar erkennen: Für die Transporter-Klasse ist dies der Beladungsausgleich wegen der hohen Zulademöglichkeit; für die SUV-Klasse die Niveauverstellung für große Bodenfreiheit im Gelände und niedrigen Schwerpunkt auf der Straße. Für die Limousinen zählt der Fahrkomfort in Kombination mit der bestmöglichen Fahrdynamik.

Eine erfolgreiche Weiterentwicklung der Luftfedersysteme und deren Komponenten muss mit diesen Hauptaspekten korrespondieren, d.h. es müssen nach diesen Klassen spezifische Komponenten und Systemeigenschaften entwickelt werden.

12.3 Bauformen der Luftfedern und Luftfederdämpfereinheiten

Die konstruktiven Gestaltungsmöglichkeiten für Luftfedern sind vielfältig. Sie sind abhängig von dem Achskonzept, von Bauraumbeschränkungen und Komfortansprüchen. Die einfachste Bauform stellt eine freistehende Luftfeder dar (Bild 12-5). Sie besteht aus einem Schlauchrollbalg, einem Deckel, einem Abrollkolben, der meist konturiert ist, und zwei Klemmringen zur Befestigung des Schlauchrollbalges an Deckel und Kolben.

An dieser Stelle sei zunächst noch auf die Gestaltungsfreiheit einer Luftfederkennlinie durch die Konturierung des Abrollkolbens eingegangen (Bild 12-4). Eine Luftfederkennlinie ist gegenüber einer Stahlfederkennlinie durch die Erhöhung der Druckes beim Einfedern immer progressiv. Darüber hinaus lässt sich die Steifigkeit aber auch über dem Federweg variieren. Daher ist es z.B. möglich, die Steifigkeit im einem begrenzten Federwegbereich um die Nulllage herum abzusenken und im weiteren Ein- und Ausfederbereich wieder anzuheben. Dadurch kann eine deutliche Komfortsteigerung in normaler Fahrt erreicht werden, ohne die Wank- und Nickabstützung bei dynamischen Manövern zu sehr zu reduzieren. Ebenso ist es auch möglich, die Steifigkeit an die Niveaulagen anzupassen, z.B. höhere Steifigkeit im Tiefniveau für höhere Geschwindigkeiten und geringere Steifigkeiten in einem Hochniveau für besseren Komfort speziell auf Schlechtwegestrecken.

12.3 Bauformen der Luftfedern und Luftfederdämpfereinheiten

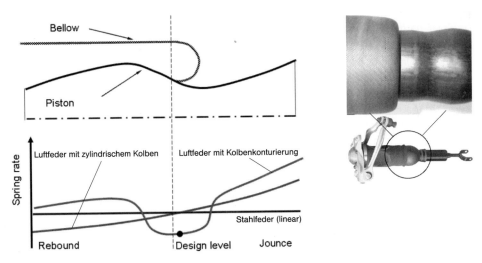

Bild 12-4: Kennliniengestaltung einer Luftfeder durch Kolbenkonturierung

Eine Luftfeder beansprucht in der Regel den gleichen Bauraum wie eine konventionelle Stahlfeder. Bei Fahrzeugen mit optionaler Luftfederausstattung sind daher auch meist Bauräume und Anschlussgeometrien für Luft- und Stahlfeder identisch.

Da bei einer solchen Basisausführung der Luftfeder das Verhältnis von minimaler Bauhöhe zu möglichen Ein- und Ausfederwegen durch die geometrischen Zusammenhänge beim Abrollen des Balges weitgehend festgelegt ist, können bei erhöhten Anforderungen durch die Achskinematik weitere Bauformen zum Tragen kommen. Die Bauform mit doppelter Rollfalte ermöglicht einen im Verhältnis zur Bauhöhe vergrößerten Ausfederweg, indem im letzten Ausfederbereich die obere Rollfalte abgezogen wird. Die Ausführung ermöglicht außerdem einen guten Kardanikausgleich.

Sind die Kinematikverhältnisse durch große Verschränkungen bzw. kleine Bewegungsradien besonders ungünstig, kann die Up-Side-Down-Ausführung Vorteile bringen. Hierbei ist der Abrollkolben oben, d.h. karosserieseitig angebracht. Um Beschädigungen durch liegenbleibenden Schmutz und Steinchen zu vermeiden, ist jedoch ein Schutzbalg erforderlich. Möglich ist auch die Integration der Zusatzfeder in die Luftfeder. Das führt zu Packagevorteilen und reduziert die Toleranzkette bei der Auslegung der Bauräume im eingefederten Zustand.

Ein komplexeres Modul stellt die Luftfederdämpfereinheit dar (Bild 12-6). Damit ist die Kombination von Luftfeder und Dämpfer - hier hydraulischer Dämpfer- gemeint. Durch die Führung des Dämpfers ist die Bewegung der Luftfeder zunächst auch gradlinig. Je nach Anbindungskonzept muss die Luftfeder jedoch auch die Kardanikbewegungen in der Achse zulassen. Die Ausführungen mit ungeführter Luftfeder sind vom Aufbau einfacher. Sie lassen sich mit verschiedenen Dämpferkonzepten kombinieren, z.B. konventionell, lastabhängig pneumatisch verstellbar, elektrisch verstellbar. Das Dämpferlager kann druckentlastet ausgeführt werden, um lastabhängige Vorspannungen zu vermeiden.

12 Elektronisch geregelte Luftfedersysteme

Basis
- kompakt
- kostengünstig
- konturierter Abrollkolben
- Balgwandstärke 1,8 bis 2,6mm

Doppelte Rollfalte
Zusätzlich:
- obere Rollfalte wird beim Ausfedern abgezogen
- große Federwege
- reduzierte Bauhöhe

Up-Side-Down
Zusätzlich:
- Verbesserter Ausgleich Achskinematik
- Packagevorteil
- mit Schutzbalg

Integrierte Zusatzfeder
Zusätzlich:
- Einfederweg optimal ausgenutzt
- verkürzte Toleranzkette

Bild 12-5: Freistehende Luftfedern

Luftfederdämpfer

Merkmale:
- Dämpferlager druckentlastet
- Konturierter Abrollkolben
- Optional lastabhängige Dämpfung
- Balgwanddicke 1,8 bis 2,6 mm

McPherson Federbein

Merkmale:
- Querkraftausgleich
- Schrägstellung von Kolben und Deckel
- Konturierter Abrollkolben, nicht rotationssymmetrisch

Luftfederdämpfer mit Außenführung

Merkmale:
- Hohes Komfortniveau
- Mit Kopflager oder Kardanikfalte
- Einsatz von CDC-Dämpfern
- Balgwanddicke 1,4 bis 1,8 mm (2-lagig, 70°)

Bild 12-6: Luftfederdämpfermodule

12.3 Bauformen der Luftfedern und Luftfederdämpfereinheiten

Eine Sonderbauform ist das McPherson-Luftfederbein. Hierbei wird der notwendige Querkraftausgleich durch eine Schrägstellung von Luftfederdeckel und Abrollkolben realisiert. Der Abrollkolben wird zusätzlich konturiert und ist dann nicht mehr rotationssymmetrisch. Vorteil ist jedoch, dass der Querkraftausgleich über einen größeren Federwegbereich optimiert werden kann.

Bei höheren Komfortansprüchen kommen Luftfederdämpfereinheiten mit außengeführter Luftfeder zum Einsatz. Hierbei werden die Umfangskräfte der Luftfeder durch das Außenführungsrohr abgestützt. Das ermöglicht den Einsatz sehr dünnwandiger Bälge mit steilen Fadenwinkeln, die einen sehr guten Anfederungskomfort haben. Die Anbindung der Außenführung unter Zulassung der notwendigen Kardanikbewegungen erhöhen jedoch den Aufwand. Zusätzlich ist ein Schutzfaltenbalg erforderlich, um Beschädigungen des dünnen Balges zu vermeiden. In dieser Bauform wird meist ein elektrisch verstellbarer Dämpfer eingesetzt.

Um die Möglichkeiten einer adaptiven Beeinflussung der Fahrwerkparameter zu erweitern, sind auch Luftfedern mit schaltbaren Zusatzvolumen im Einsatz (Bild 12-7). Da das Luftvolumen direkten Einfluss auf die Steifigkeit der Luftfeder hat, lässt sich hierdurch die Federsteifigkeit in Abhängigkeit vom Fahrzustand zwischen weich und hart schalten. Dadurch können Nick- und Wankbewegungen deutlich reduziert werden, ohne im Normalmodus an Komfort zu verlieren. Die schaltbaren Volumen beanspruchen jedoch zusätzlichen Bauraum und schränken daher die Einsatzmöglichkeit in Fahrzeugen oft ein.

Schaltbares Zusatzvolumen

- Zusatzvolumen kann durch Schaltventil abgetrennt werden
- Umschaltung Federkennlinie hart - weich
- Schaltzeit ca. 50ms
- Reduzierung von Nick- und Wankbewegungen

Bild 12-7: Luftfederdämpfermodul mit schaltbarem Zusatzvolumen

12.4 Luftversorgung

Die Luftversorgung stellt die für den Betrieb der Luftfedern notwendige Luftmenge auf dem erforderlichen Druckniveau zur Verfügung. Um die Regelvorgänge zu ermöglichen, die ein Luftfedersystem von der Funktion her gerade auszeichnen, sind Luftmengenausgleichsvorgänge mit unterschiedlichen Anforderungen an die Dynamik erforderlich.

Die wesentlichen Komponenten der Luftversorgung sind der Kompressor, Magnetventile, Luftleitungen, ggf. ein Druckspeicher und ggf. ein Drucksensor. Die Komponenten sind außerdem über entsprechende Halterungen mit Schwingungsentkopplungen in Modulen zusammengefasst in das Fahrzeug zu integrieren.

Luftmengenausgleichsvorgänge werden benötigt bei Beladungswechsel, bei Niveauverstellung und beim Ausgleich von Temperaturänderungen und Leckagen. Die Anforderungen an diese Ausgleichsvorgänge sind je nach Funktion und auch nach Fahrzeugkonzept unterschiedlich.

Luftmengenausgleichsvorgänge, die automatisch ablaufen, sollten den Fahrer nicht stören, können verzögert ablaufen, dürfen aber die Funktionsfähigkeit des Fahrwerkes nicht unzumutbar einschränken. Funktionen, die der Fahrer über Bedienelemente direkt anfordert, sollen auch unmittelbar umgesetzt werden. Dafür muss eine bestimmte Verfügbarkeit der Luftversorgung vorhanden sein und der Vorgang sollte mit spürbarer Geschwindigkeit umgesetzt werden.

Um die Anforderungen an die Ausgleichsvorgänge zu erfüllen, haben sich zwei unterschiedliche Konzepte etabliert. In bisherigen Luftfedersystemen wurde zumeist das Konzept der „Offenen Luftversorgung" umgesetzt (Bild 12-8a). Dabei wird die Luft aus der Atmosphäre angesaugt und mit dem Kompressor auf den erforderlichen Luftfederdruck verdichtet und in die Luftfeder geleitet. Um die Regelgeschwindigkeit zu erhöhen, wird häufig zusätzlich ein Druckspeicher eingesetzt, der mit einem deutlich höheren Druck befüllt werden muss, um ein ausreichendes Druckgefälle zur Luftfeder zu erhalten.

Durch das Verdichtungsverhältnis Atmosphäre/Luftfeder bzw. Atmosphäre/Druckspeicher ergibt sich ein ungünstiger Wirkungsgrad im Verdichter. Dies führt zu starker Erhitzung im Verdichtungsprozess. Da die Bauräume und Bauteilgewichte im Fahrzeug sehr begrenzt sind und durch die Einbauverhältnisse nicht immer optimale Abkühlverhältnisse gegeben sind, muss der Kompressor nach bestimmten Laufzeiten abgeschaltet werden, um eine Abkühlpause einzulegen. Je nach Anforderungen an die Regelperformance kann das zu Einschränkungen in der Verfügbarkeit führen, die für den Fahrer deutlich spürbar sind, zumal dann, wenn der Druckspeicher aufgrund mehrerer vorangegangener Regelvorgänge bereits leer ist. Um die Verfügbarkeit des Kompressors voll auszunutzen, kann zusätzlich ein Temperatursensor am Kompressor verbaut werden, um genauere Informationen für Abschalt- und Wiedereinschaltzeitpunkt zu erhalten.

12.4 Luftversorgung

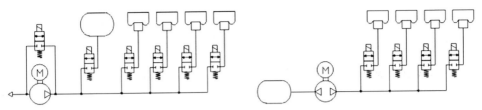

Bild 12-8: Pneumatik-Schaltbild: offene Luftversorgung (links), geschlossene Luftversorgung (rechts)

Für bestimmte Anwendungen ist die „Offene Luftversorgung" vollkommen ausreichend, besonders, wenn es sich nur um automatische Regelvorgänge oder kleine Niveauverstellungen handelt. Das Konzept stößt jedoch an Grenzen, wenn die Anforderungen an die Niveauverstellung steigen und zusätzlich auch die Luftfederdrücke aus Packagegründen angehoben werden. Dies kann heutzutage z.B. bei SUVs der Fall sein. Der Wirkungsgrad sinkt dann weiter und da die aus dem Bordnetz entnehmbare Leistung begrenzt ist, fällt die verfügbare Performance weiter ab.

Von Continental wurde daher das Konzept der „Geschlossenen Luftversorgung" aufgegriffen und bereits in Serie gebracht. Hierbei wird die Luft zwischen dem Druckspeicher und den Luftfedern verschoben (Bild 12-8b). Die Druckdifferenzen sind geringer und der Kompressorwirkungsgrad daher deutlich besser.

Anhand der Verdichtungszyklen im p-V-Diagramm (Bild 12-9) kann man erkennen, dass der ausgeschobene Volumenstrom mit steigendem Vordruck stark ansteigt. Da der Volumenstrom überproportional ansteigt, erhält man bei gleicher Verdichterarbeit – entsprechend der eingeschlossenen Fläche des Verdichtungszyklus – einen höheren Volumenstrom und damit einen deutlich besseren Wirkungsgrad.

Dieses Prinzip hat für die Systemperformance deutliche Vorteile. Durch den besseren Wirkungsgrad kann der Kompressor viele Regelvorgänge nacheinander ausführen, ohne zu stark zu erhitzen. Durch die höheren Volumenströme erfolgen die Regelvorgänge schneller. Das führt auch dazu, dass die Kompressorgesamtlaufzeit deutlich niedriger ist und der Kompressor viel mehr Lebensdauerreserven hat und das sogar, wenn dem Kunden mehr Niveauregelfunktionen angeboten werden, z.B. Ein- und Aussteigehilfe, Beladungsniveau etc.

Durch den besseren Wirkungsgrad ist auch der Energieverbrauch sehr viel niedriger, in vergleichbarer Anwendung um bis zu 70 % gegenüber dem „Offenen System" mit Speicher. Außerdem konnte der von Continental entwickelte Kompressor (Bild 12-12a) prinzipbedingt deutlich kompakter gestaltet werden, so dass dieser ca. 1 kg leichter – entspricht ca. 25% – als ein vergleichbarer „offener" Kompressor ist.

Das pneumatische Schaltbild (Bild 12-10) zeigt den Aufbau mit den Hauptkomponenten Kompressoreinheit, Magnetventilblock und Druckspeicher. In der Kompressoreinheit sind die Umschaltmagnetventile integriert, um die Förderrichtung umzuschalten sowie ein Trockner, um beim Nachfüllen des Systems aus der Atmosphäre die Feuchtigkeit zu entziehen. Der Magnetventilblock enthält einen Drucksensor sowie ein fünftes Ventil zur Umgebung, um Luftmengenüberschuss z.B. durch Temperaturerhöhung ausgleichen zu können.

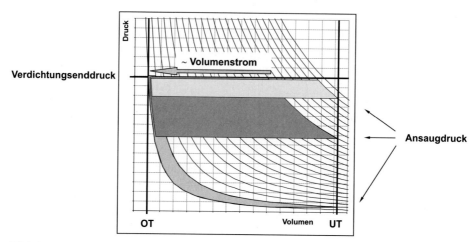

Bild 12-9: p-V-Diagramm bei unterschiedlichen Ansaugdrücken

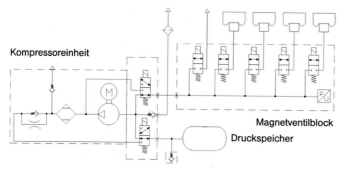

Bild 12-10:
Pneumatisches Schaltbild der „Geschlossenen Luftversorgung"

Für den regulären Betrieb der „Geschlossenen Luftversorgung" ist es notwendig, die Gesamtluftmenge im System zu überwachen und ggf. nachzuregeln. Die Gesamtluftmenge ist dabei die Summe der Luftmenge in den Luftfedern und im Speicher. Es wird ein Luftmengenband mit oberen und unteren Toleranzen festgelegt, welches auch gewisse Temperaturänderungen ohne Luftmengenausgleich zulässt. Darüber hinaus kann die Luftmenge durch Ablassen oder Ansaugen aus der Umgebung nachgeregelt werden.

Für die Festlegung der Systemluftmenge sind die Luftfedervolumen, -drücke, Niveauverstellbereich, Speichergröße und gewünschte Regelperformance zu berücksichtigen. Ein Kriterium ist dann, die Druckdifferenzen zwischen Luftfedern und Druckspeicher in einem ausgewogenem Verhältnis zu halten, ohne den zulässigen Kompressorstrom zu überschreiten.

Die „Geschlossene Luftversorgung" ist in erster Linie eine High-Performance-Luftversorgung für 4-Corner-Luftfedersysteme, die es ermöglicht, neben einer guten Regelperformance und guten Verfügbarkeit auch neue Regelfunktionen darzustellen, die bisher aufgrund der eingeschränkten Verfügbarkeit im „Offenen System" nicht sinnvoll waren. Hierzu gehören das Anfahren von Beladungsniveaus oder Einsteigehilfen (Easy Entry).

12.4 Luftversorgung

Des weiteren bietet die „Geschlossene Luftversorgung" auch das Potenzial, alle Regelvorgänge auf höherem Druckniveau durchzuführen, so dass eine leistungsfähige Luftversorgung auch für packagebedingte Druckerhöhungen in den Luftfedern oder für Luftdämpfungssysteme mit höherem Druckniveau zur Verfügung steht.

Um aber auch der Anforderung nach einer kompakten, kostengünstigen Luftversorgungseinheit speziell für die Grundfunktion „Beladungsausgleich" gerecht zu werden, hat Continental aus den Komponenten des Kompressors für die „Geschlossene Luftversorgung" ein Baukasten entwickelt, aus dem im Wesentlichen durch den Austausch der Ventileinheit ein neues Aggregat als „Offene Luftversorgung" für Hinterachsniveauregelanlagen entsteht. In die Ventileinheit für das Kompaktaggregat wurden die Luftfederventile, ein Ablassventil, ein Relais, und das Steuergerät integriert (Bild 12-11). Damit steht ein Kompaktaggregat zur Verfügung, welches mit geringem Integrationsaufwand ins Fahrzeug die komplette Niveauregelfunktion für die Hinterachse darstellt (Bild 12-12b).

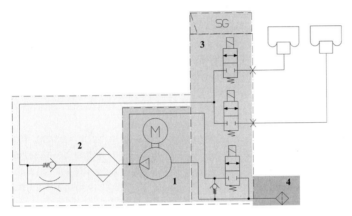

Bild 12-11: Pneumatisches Schaltbild „Offene Luftversorgung für Hinterachsniveauregelung"
1: Verdichter mit E-Motor; 2: Trockner mit Drosselrückschlagventil; 3: Ventileinheit mit angebautem Steuergerät; 4: Ansaugluftfilter/ Ablassschalldämpfer

Bild 12-12: Kompressoraggregate von Continental: Kompressoreinheit für geschlossene Luftversorgung (links), Luftversorgungseinheit mit integriertem Steuergerät (rechts)

12.5 Luftfederdämpfungssystem

Da das Schwingungsverhalten einer Luftfederung beladungsunabhängig, das Dämpfungsverhalten aber im Vergleich zur Stahlfeder deutlich beladungsabhängiger ist, hat dies zur Folge, dass anspruchsvolle Kunden beim Einsatz einer Luftfederung eine zumindest beladungsabhängige Dämpferverstellung fordern. Dabei handelt es sich bei den hochpreisigen Systemen um elektrisch verstellbare Dämpfersysteme. Bei einfacheren Systemen werden pneumatisch verstellbare Dämpfer eingesetzt.

Eine weitere Möglichkeit, lastabhängige und komfortable Dämpfung für ein Luftfedersystem zu realisieren, sind Luftfederdämpfungssysteme. Bei diesen Systemen wird als Dämpfungsfluid Luft verwendet. Die Luftfederdämpfung wurden vor etwa 30 Jahren durch die Herren Essers und Gold erfunden. Das Grundprinzip eines Luftfederdämpfers ist sehr einfach zu beschreiben. Bei einem hydraulischen Dämpfer werden zwei mit Öl gefüllte Räume durch einen Kolben getrennt, der vereinfacht dargestellt, mit Drosseln versehen ist. Öl strömt durch die Drosseln und Bewegungsenergie wird in Wärme umgesetzt. Der Luftfederdämpfer funktioniert analog. Ein Kolben trennt zwei mit Luft gefüllte Räume und eine Bewegung des Kolbens führt dazu, dass Luft durch die im Kolben befindlichen Drosseln strömt und zu einer Dämpfung des Systems führt. Der Unterschied liegt in der Dimensionierung. Die erzielbare Druckdifferenz ist aufgrund der Kompressibilität der Luft deutlich kleiner und folglich muss die Wirkfläche entsprechend vergrößert werden, um gleiche Dämpfkräfte zu erhalten.

Bis heute werden jedoch Luftfederdämpfungssysteme in Pkw nicht in Serie verbaut. Begründet wird dies durch eine ungenügende Bedämpfung der Achse bei hohen Frequenzen und kleinen Amplituden. Ein weiterer Nachteil sind akustische Probleme, die bisher nicht befriedigend gelöst werden konnten, die aber auf die im bisherigen Prinzip notwendige trockene Reibung zwischen Kolben und Gehäuse zurückgeführt werden.

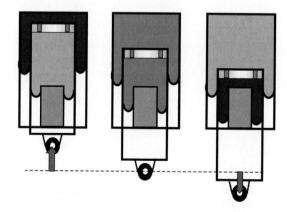

Bild 12-13:
Prinzip des Luftfederdämpfers mit doppelter Rollfalte

12.5 Luftfederdämpfungssystem

Um das Dämpfungsvermögen des Luftfederdämpfers zu steigern, gibt es zwei Möglichkeiten. Zum Ersten kann der Luftfederdämpfer geometrisch größer werden, was aber bei den immer enger werdenden Bauräumen im Fahrzeug einen Serieneinsatz verhindern würde. Zum Zweiten kann der Systemdruck gesteigert werden. Mit der Entwicklung der „Geschlossenen Luftversorgung" hat Continental die technische Voraussetzung für eine deutliche Erhöhung des Systemdruckes geschaffen.

Zur Verbesserung der akustischen Eigenschaften wird ein Ansatz entwickelt, bei dem die Führung des Kolbens mittels Rollbälgen realisiert wird. Das Differenzflächenprinzip ermöglicht ein im Verhältnis zur Traglast hohen Druck. In Bild 12-13 ist das Prinzip und das Verhalten bei Federvorgängen gezeigt. Die Führung des mit der Achse verbundenen Kolbens wird mittels der beiden Rollfalten realisiert.

Zur Herleitung des dynamischen Ersatzmodells werden folgende Grenzfälle betrachtet (Bild 12-14):

- Bei komplett geöffneter Verbindung der beiden Druckräume verhält sich das System wie eine Feder mit der Steifigkeit c_0.
- Bei komplett geschlossener Verbindung verhält sich das System wie eine Feder mit der Steifigkeit c_0 plus c_1.
- Bei einer Zwischenstellung wird Dämpfungsarbeit verrichtet.

Systeme dieser Art haben das in Bild 12-15 skizzierte Verhalten. Um die von dem System zur Verfügung gestellten Dämpfungsarbeit zu steigern, muss die Differenzsteifigkeit c_1 angehoben werden (Bild 12-15 links). In diesem Anwendungsfall bedeutet das, dass mit der geometrischen Festlegung des Systems, d.h. mit den beiden Luftfedervolumina, den wirksamen Flächen und dem Druck auch das maximal erreichbare Dämpfungsvermögen festgelegt wird.

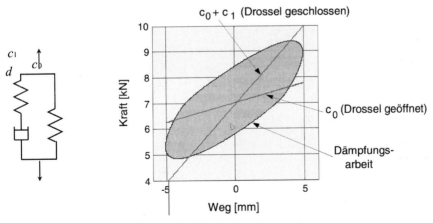

Bild 12-14: Systembeschreibung der Luftfederdämpfung

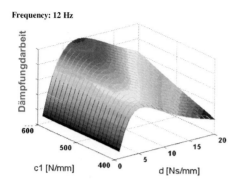 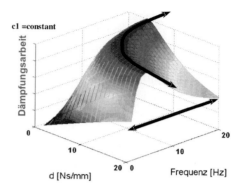

Bild 12-15: Systemcharakteristik

Bild 12-15 rechts zeigt für eine konstante Differenzsteifigkeit die Abhängigkeit der Dämpfungsarbeit von der Dämpferkonstanten über der Frequenz. Das Maximum der Dämpfungsarbeit ist von der Dämpfungskonstanten unbeeinflusst. Nur die Lage des Maximums im Frequenzbereich wird verschoben. Hiermit ist das Dämpfungsverhalten an die Erfordernisse von Achse und Aufbau abstimmbar.

Zum Nachweis der Funktion wurde ein Audi Allroad (serienmäßig Luftfederung mit pneumatisch verstellbaren hydraulischen Dämpfern) mit einem Luftfederdämpfungssystem ausgerüstet. In Bild 12-16 werden die Aufbaubeschleunigungsspektren des Seriensystems mit denen eines Luftfederdämpfungssystems verglichen. Das Dämpfungsvermögen des Luftfederdämpfers wurde so gewählt, dass es dem des hydraulischen Systems entspricht. Bei gleicher Bedämpfung im Achsfrequenzbereich ist eine deutlich bessere Anbindung und sind die reduzierten Werte bei höheren Frequenzen erkennbar.

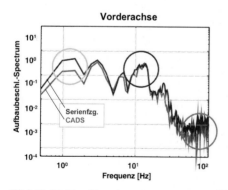 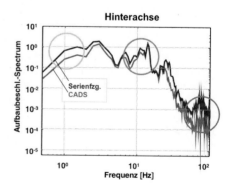

Bild 12-16: Beschleunigungsmessungen am Versuchsträger 1

12.5 Luftfederdämpfungssystem

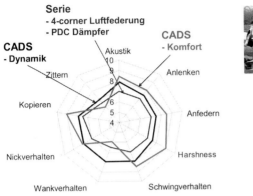

Bild 12-17:
Systembewertung im Versuchsträger 1 (Kundenbewertung)

Zur Darstellung des Applikationsbereiches wurde das Fahrzeug zum Ersten sehr komfortabel abgestimmt, wobei die Federsteifigkeiten und die Dämpferkennlinien in etwa dem Serienfahrzeug entsprachen. In einer deutlich strafferen Abstimmung wurde sehr viel Wert auf die Wankabstützung gelegt, wobei dies nur mittels Applikation der Federbeine, d.h. ohne Änderung des Stabilisators, erreicht wurde. In Bild 12-17 wird eine Fahrzeugbewertung eines Kunden der zwei Fahrzeugabstimmungen vereinfacht dargestellt.

Die komfortable Abstimmung zeigt im Vergleich zum Serienfahrzeug ein großes Komfortpotenzial auf (Harshness, Anfedern, Akustik). Des weiteren ist der Aufbau besser angebunden.

Bei der sportlichen Abstimmung wurde das Wankverhalten um 2 Punkte verbessert, so dass die Beurteilung 1,5 Punkte über dem Serienfahrzeug liegt. Trotzdem ist die Beurteilung in allen komfortrelevanten Punkten besser als die des Serienstandes.

Ein weiterer Versuchsträger wurde auf Basis eines Audi A8 aufgebaut. Die Bewertungen, auch hier durch einen Kunden, zeigen, dass das Fahrzeug mit dem Luftfederdämpfungssystem in fast allen Punkten ebenbürtig oder sogar besser ist, obwohl das Serienfahrzeug mit Luftfedern und elektrisch verstellbaren Dämpfern ausgerüstet ist (Bild 12-18). In einem weiteren Entwicklungsschritt wird auch das Luftfederdämpfungssystem mit elektrisch verstellbarer Dämpfung versehen werden, so dass zu erwarten ist, dass dann alle Punkte mindestens Serienniveau erreichen werden.

Bild 12-18:
Systembewertung im Versuchsträger 2 (Kundenbewertung)

12.6 Steuergerät und Regelung

Eine Kernkomponente eines „Elektronisch geregelten Luftfeder-/Dämpfersystems" ist das Steuergerät, bei Continental mit CCU (Chassis Control Unit) bezeichnet. Hauptbestandteile sind die Hardware, das Betriebssystem mit den hardwarenahen Funktionen und die Anwendungssoftware. Hauptaufgabe ist die Sicherstellung der bestmöglichen Systemperformance unter allen Betriebszuständen. Dazu gehört die Beobachtung des Fahrzeugzustandes, in der Regel über eine CAN-Verbindung oder sonstige diskrete Eingänge, die Beobachtung des Fahrwerksystems anhand der systemeigenen oder der systemzugeordneten Sensoren, z.B. Höhensensoren, Beschleunigungssensoren, Drucksensoren, Temperatursensoren. Des weiteren werden die Fahrerwünsche aufgenommen und Rückmeldungen für Anzeigen und Warnhinweise geliefert. Die Hardware wird dazu so ausgelegt, dass alle erforderlichen Ein- und Ausgangsgrößen entsprechend der Luftfedersystemarchitektur sowie der Bordnetz- und Kommunikationsstruktur im Fahrzeug dargestellt werden können.

Die eigentliche Fahrwerkregelung ist unterteilt in eine Luftfederregelung und eine Dämpferregelung. Die Luftfederregelung umfasst die Niveauregelung je nach Fahrerwunsch und Betriebszustand (Bild 12-19). Darin enthalten ist auch ein Luftversorgungsmanagement, welches z.B. Luftmengen, Speicherdrücke und Verfügbarkeit des Kompressors überwacht und dementsprechende Regelvorgänge durchführt.

Die Dämpferregelung regelt je nach Fahrzustand und ggf. eingestelltem Fahrmodus (z.B. Sport oder Komfort) die Dämpfkraft bei elektrisch verstellbaren Dämpfern (Bild 12-20).

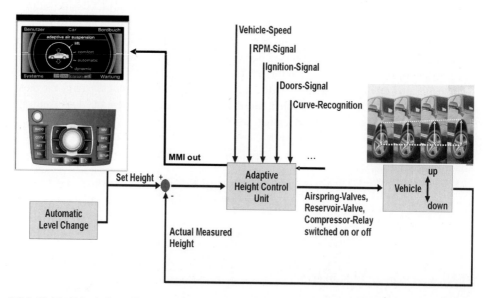

Bild 12-19: Prinzipdarstellung Luftfederregelung: „Continuous Suspension Control" (mit Fahrer Interface)

12.6 Steuergerät und Regelung

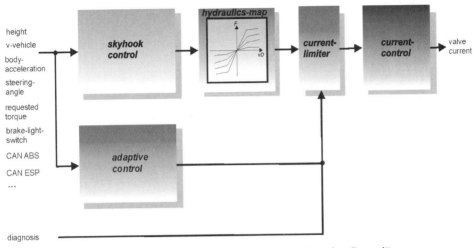

Bild 12-20: Prinzipdarstellung Dämpferregelung: „Continuous Damping Control"

Die Algorithmen richten sich nach den Dämpferverstellkonzepten und können kontinuierliche Anteile sowie Skyhook-Anteile beinhalten.

Zur Beobachtung des Fahrzeugzustandes kann das Steuergerät über CAN mit vielen anderen Steuergeräten vernetzt sein, um die erforderlichen Informationen auszutauschen (Bild 12-21). Z.B. das ABS für Informationen über das Verzögerungsverhalten, Motormanagement für das Beschleunigungsverhalten, Steuersteuergeräte für Informationen über Öffnen und Schließen der Türen u.v.a.

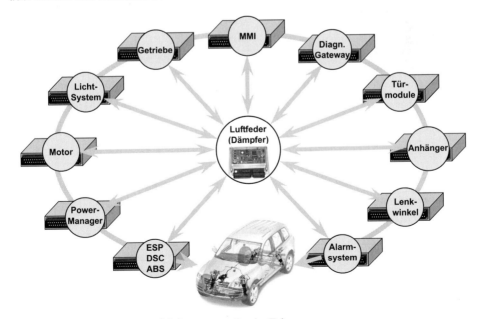

Bild 12-21: Vernetzung des Luftfedersteuergerätes im Fahrzeug

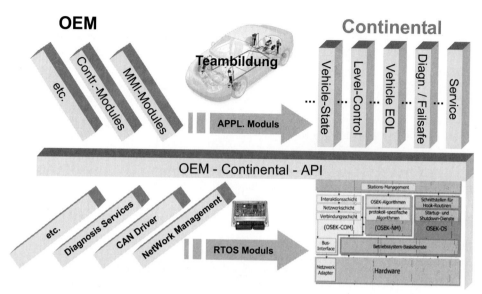

Bild 12-22: Aufteilung der Softwaremodule

Einen großen Anteil der Software nehmen aber vor allem auch Funktionen wie Diagnose, Plausibilisierungen, Sonderfunktionen für Kundendienst und Initialisierungsabläufe in der Erstmontage ein. Um die Sofwarestruktur übersichtlich und erweiterungsfähig zu halten, werden die hardwarenahen Funktionen, wie z.B. Diagnose- und Netzwerkmanagement, von den anwendungsnahen Funktionen, wie z.B. Regelfunktionen, Fahrzustandserkennung etc., getrennt.

Die anwendungsnahen Funktionen sind in Modulen gegliedert und es können auch kundeneigene Funktionsmodule eingebunden werden (Bild 12-22). Dies setzt jedoch die Standardisierung der Schnittstellen und Entwicklungstools voraus. Dieser Prozess ist im Gange und wird auch bei Continental bereits eingesetzt.

12.7 Zusammenfassung

Elektronisch geregelte Luftfedersysteme haben sich aufgrund ihrer vielfältigen Funktionspotentiale bereits in vielen Marktsegmenten durchgesetzt. Drei Schwerpunktsfunktionen in den zugeordneten Marktsegmenten sind dabei a) der Beladungsausgleich für Transporter, Vans und Kombis, b) die Niveauregelfunktion für SUVs und Geländefahrzeuge und c) das hohe Komfortniveau für Fahrzeuge im Oberklasse- und Premiumsegment.

Continental bietet für all diese Segmente zugeschnittene Lösungen: a) eine kompakte Luftversorgungseinheit mit integriertem Steuergerät für die Hinterachsniveauregelanlagen, b) die „Geschlossene Luftversorgung" als High Performance-Luftversorgung für anspruchvolle Niveauverstellungen und c) das CADS (Continental Air Damping System) mit einem bisher nicht gekannten Potential für Fahrkomfort bei bester Fahrdynamik. Daher wird die Durchdringung des Pkw- und Transportermarktes mit elektronisch geregelten Luftfedersystemen nach unserer Einschätzung auch weiter zunehmen.

Literatur

[1] *Folchert, U.; Schönauer, A.*: Die Luftfederung des Audi allroad quattro. In: ATZ 102 (2000)
[2] *Dreilich, L.; Folchert, U.*: Entwicklungstrends elektronisch geregelter Luftfedersysteme, Aachener Kolloquium 2000, Aachen
[3] *Gauterin, F.; Sorge, K.*: Noise, Vibration and Harshness of Air Spring Systems, Reifen-Fahrwerk-Fahrbahn 2001, Hannover
[4] *Sommer, S.*: Electronic Air Suspension with Continuous Damping Control. In: AutoTechnology, 2/2003
[5] *Kock, J.; Rohde, A.*: Potenziale und Grenzen bei der Abstimmung von elektronisch geregelten Luftfedersystemen mit variabler Dämpfung, Reifen-Fahrbahn-Fahrwerk 2003, Hannover
[6] *Behmenburg, C.*: Alternative Dämpfungssysteme für Luftfederfahrzeuge. Federung und Dämpfung im Fahrwerk, 2004, Stuttgart
[7] *Kock, J.; Rohde, A.*: Applikation von Luftfedersystemen unter Berücksichtigung der Fahrsicherheit. Tag des Fahrwerks 2004, Aachen
[8] *Behmenburg, C; Kock, J.*: Continental Luftdämpfungssystem. Aachener Kolloquium 2004, Aachen

13 Automatisches Spurfahren auf Autobahnen

THOMAS MÜLLER, DIRK ROHLEDER

Autofahren macht vielen Menschen Spaß und gilt als Synonym für Individualität und grenzenlose Mobilität. In der täglichen Realität setzt das aktuelle Verkehrsgeschehen dem Fahrspaß jedoch oftmals Grenzen. Häufig verringert auch die innere Befindlichkeit des Fahrers das Fahrvergnügen und stellt die reine Ortsveränderung in den Mittelpunkt. Und schließlich fährt das Risiko, in einen Unfall verwickelt zu werden, immer mit. Wie schön wäre es da, wenn man in bestimmten Situationen die Aufgaben der Fahrzeugführung dem Fahrzeug selbst übertragen und so die Sicherheit und geringe Fahrerbeanspruchung des öffentlichen Verkehrs mit der Flexibilität, der Bequemlichkeit und den (noch) akzeptablen Kosten des motorisierten Individualverkehrs verbinden könnte.

Technische Systeme werden zukünftig dem Fahrer die Möglichkeit eröffnen, Teilaufgaben der Fahrzeugführung vom Fahrzeug selbst ausführen zu lassen. Derartige Assistenzsysteme werden fahrerspezifische Defizite entschärfen, die Fahrerbelastung verringern und den Fahrkomfort und die Fahrsicherheit erhöhen [1]. Im Laufe der Zeit werden schrittweise immer mehr und immer komplexere Funktionen entstehen, die schließlich einmal in einer vollständig automatisierten Fahrzeugführung münden können. Gleichzeitig mit der technischen Entwicklung werden Fahrer lernen, mit immer komplexeren Assistenzfunktionen umzugehen und sie nicht als Bevormundung, sondern als effektive Unterstützung bei der Fahrzeugführung ansehen. Der Fahrer kann diese Systeme bei Bedarf nutzen und im Betrieb jederzeit übersteuern. Autonom werden diese Systeme nur dann agieren, wenn der Fahrer aufgrund der Dynamik der Fahrvorgänge keine Möglichkeit für einen Eingriff hat. Langfristig bietet sich so die Perspektive, durch die Optimierung der Verkehrsabläufe das vorhandene Straßennetz effizienter zu nutzen, notwendige Transportzeiten mit sinnvoller Tätigkeit ausfüllen zu können und Mobilität im Sinne einer „mobility on demand" nur dann anzufordern, wenn sie wirklich benötigt wird.

Im Folgenden wird ein Fahrerassistenzsystem vorgestellt, welches ein automatisches Fahren innerhalb des Fahrstreifens einer Autobahn bzw. einer autobahnähnlichen Straße realisiert. Ein solches System entlastet den Fahrer weitgehend von den Routinearbeiten des Gasgebens, Bremsens und Lenkens. Der Fahrer kann das Assistenzsystem jederzeit übersteuern und muss dies zur Realisierung von Spurwechseln, bei Autobahnübergängen sowie bei ungünstigen infrastrukturellen bzw. Witterungsbedingungen auch tun. Unter „Normalbedingungen" entlastet das Fahrerassistenzsystem den Fahrer jedoch spürbar und ermöglicht ihm, mehr mentale Kapazität auf die Verkehrsüberwachung zu richten. Die Automatisierung der Fahrzeuglängs- und -querführung stellt, wenn auch eingeschränkt auf ein einzelnes Fahrmanöver und einer begrenzten Verkehrsumgebung, einen wesentlichen Schritt in Richtung einer vollständig automatisierten Fahrzeugführung dar.

13.1 Systemüberblick

13.1.1 Systemfunktion

Das als Automatic Lane Driving (ALD) bezeichnete System realisiert eine automatische Längs- und Querführung des Fahrzeugs auf Autobahnen und gut ausgebauten Landstraßen bei Vorhandensein sichtbarer und eindeutiger Spurmarkierungen bis zu einem minimalen Kurvenradius von 250 m und in einem Geschwindigkeitsbereich von 0 km/h bis 180 km/h. Dazu erfolgen eine Erkennung der Position und der Relativgeschwindigkeit vorausfahrender Fahrzeuge bis zu einer Entfernung von 120 m mit einem Lidar und eine Erkennung des Straßenverlaufs in einem Erfassungsbereich bis 60 m vor dem eigenen Fahrzeug mit einer Kamera. Das Fahrerassistenzsystem muss aktiv durch den Fahrer in Betrieb genommen werden und kann jederzeit durch ihn übersteuert werden. Bremsen bzw. aktives Ausschalten deaktiviert sowohl die Längs-, als auch die Querführung. Einen Spurwechsel muss der Fahrer selbstständig durch Übersteuern der Querführung ausführen. Nach erfolgtem Spurwechsel und entsprechender Positionierung des Fahrzeugs in der neuen Fahrspur übernimmt das ALD selbstständig wieder die Fahrzeugführung. Ist eine automatische Querführung nicht mehr darstellbar (z.B. durch fehlende bzw. mehrdeutige Spurmarkierungen oder eingeschränkte Sichtverhältnisse) erkennt dies das System selbstständig, informiert akustisch und durch Lenkradvibration den Fahrer und phast den Lenkeingriff aus. Eine eingestellte automatische Fahrzeuglängsführung in der Ausprägung als Abstandsregeltempomat zwischen 0 km/h und 180 km/h besteht weiter kann auch ohne Spurhaltung erfolgen. Als Erfahrung ausgiebiger Fahrversuche erscheint eine Spurhaltung ohne Fahrzeuglängsführung nicht sinnvoll und wurde nicht dargestellt.

Das Assistenzsystem entlastet den Fahrer auf langen Autobahnfahrten weitgehend von den ermüdenden Routinearbeiten des Gasgebens, Bremsens und Lenkens und bietet ihm die Möglichkeit, mehr mentale Kapazität zur Verkehrsüberwachung einzusetzen. Durch das schnelle Reagieren auf Regelabweichungen bietet das Assistenzsystem zudem einen indirekten Sicherheitsgewinn. Eine Bevormundung des Fahrers ist nicht gegeben, da der Fahrer das Assistenzsystem situationsabhängig nutzen und bei Betrieb jederzeit übersteuern kann.

13.1.2 Funktionaler Systemaufbau und Verarbeitungsablauf

Der funktionale Systemaufbau des ALD-Systems sowie die Aufteilung der Funktionen zu Komponenten ist in Bild 13-1 dargestellt. Im linken Teil von Bild 13-1 ist die Signalverarbeitungskette für die automatische Fahrzeuglängsführung dargestellt, der rechte Teil beschreibt die Signalverarbeitungskette der Fahrzeugquerführung. Beide Regelungspfade sind über Teile der Mensch – Maschine – Schnittstelle miteinander verbunden, eine Kopplung im Sinne einer integrierten Quer- und Längsführung des Fahrzeuges besteht nicht.

13.1 Systemüberblick

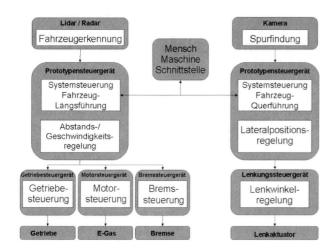

Bild 13-1:
Funktionaler Systemaufbau des ALD-Systems

Die Fahrzeuglängsführung entspricht in ihrem Aufbau einem Abstandsregeltempomaten. Von einem Lidar werden kontinuierlich die Abstände und die Relativgeschwindigkeiten der vorausfahrenden Fahrzeuge ermittelt und das innerhalb der eigenen Fahrspur nächste Fahrzeug als potenzielles Regelobjekt gekennzeichnet. Hat der Fahrer über die Mensch-Maschine-Schnittstelle die automatische Fahrzeuglängsführung angewählt, dann wird über die Systemsteuerung der Fahrzeuglängsführung die Abstands- bzw. Geschwindigkeitsregelung aktiviert, deren Anforderungen von der Motorsteuerung, der Bremssteuerung bzw. der Getriebesteuerung umgesetzt werden. Existiert ein in der eigenen Fahrspur vorausfahrendes Fahrzeug, dann wird eine von der Fahrzeuggeschwindigkeit und vom Fahrerwunsch abhängige Zeitlücke eingeregelt. Existiert dagegen kein vorausfahrendes Fahrzeug, erfolgt eine Einregelung der vom Fahrer eingestellten Wunschgeschwindigkeit.

Die automatische Fahrzeugquerführung kann mit der automatischen Fahrzeuglängsführung kombiniert werden, eine eigenständige Fahrzeugquerführung ist nicht möglich. Grundlage der Fahrzeugquerführung bildet eine kontinuierliche Bestimmung der Fahrspurgeometrie (Fahrspurbreite, horizontale Fahrspurkrümmung, horizontale Krümmungsänderung) sowie der eigenen Position und der eigenen Fahrzeugausrichtung bezüglich des Fahrstreifens über ein automotives Kamerasystem. Wird das Assistenzsystem durch den Fahrer aktiviert, dann prüft die Systemsteuerung der Fahrzeugquerführung, ob alle Bedingungen für ein automatisches Spurfahren gegeben sind. Ist dies der Fall, übernimmt nach einem Vorgang des „Einphasens" die Lateralpositionsregelung die Fahrzeugquerführung. Die Anforderungen der Lateralpositionsregelung werden von einer unterlagerten Lenkwinkelregelung in Zusammenarbeit mit einem Lenkaktuator umgesetzt.

13.1.3 Systemkomponenten

Neben dem funktionalen Systemaufbau ist in Bild 13-1 die Verteilung der einzelnen Funktionsbausteine auf die Fahrzeugkomponenten ersichtlich. Das Gesamtsystem besteht aus

- einem Lidar zur Erkennung vorausfahrender Fahrzeuge,
- einem automotiven Kamerasystem zur Erkennung des Fahrstreifens,
- drei Prototypensteuergeräten zur Realisierung der Abstands- bzw. Geschwindigkeitsregelung, der Lateralpositionsregelung, der Lenkwinkelregelung sowie der Systemsteuerung für die Fahrzeuglängs- und –querführung,
- den serienmäßigen Steuergeräten zur Steuerung von Getriebe, Motor und Bremsen inklusive ihren Aktuatoren,
- dem Prototypen eines Lenkaktuators sowie
- den modifizierten Bedien- und Anzeigeelementen zur Funktionsanwahl, Funktionsaktivierung und Statusanzeige.

Die Kamera wurde ursprünglich für ein Warnsystem zum Warnen bei unbeabsichtigtem Überschreiten der Fahrbahnmarkierungen geplant und realisiert. Hierfür wird ein modelprädiktives Bildanalyseverfahren eingesetzt, welches den einer Klothoide entsprechenden Fahrbahnverlauf anhand der doppelten (gekoppelten) Spurmarkierungen berechnet und den relativen Zustand des Fahrzeug zur Fahrbahn sowie den Zustand der Fahrbahn am Ort des Fahrzeuges berechnet und diese Daten über eine CAN-Schnittstelle zur Verfügung stellt.

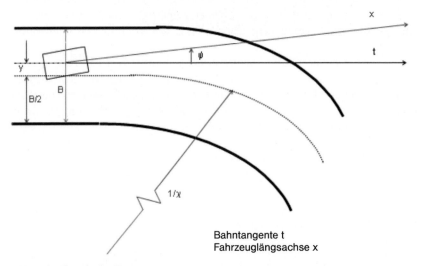

Bild 13-2: Signale der Kamera

13.1 Systemüberblick

Die vom Kamerasystem geschätzten Spurparameter sind: Spurbreite B [m], Spurkrümmung χ [1/m], Krümmungsänderung χ_1 [1/m²], Lateralposition y [m], Lateralgeschwindigkeit v_y [m/s] und relativer Gierwinkel ψ [rad]. Beispielhaft zeigt Bild 13-3 ein Kamerabild mit eingezeichneten Spurmarkierungen als Overlay.

Eine weitere wesentliche Komponente im ALD-System ist der IPAS-Lenkungssteller (IPAS – Intelligent Power Assisted Steering). Er besteht aus einem an die Lenksäule über ein Riemengetriebe angekoppelten bürstenlosen Gleichstrommotor, der es ermöglicht ein zusätzliches Lenkmoment aufzubringen. In Verbindung mit dem IPAS-Steuergerät fungiert sie unter anderem auch als Lenkwinkelsteller. Von dieser Funktionalität wird für automatische Fahrzeugführung Gebrauch gemacht.

Bild 13-3: Videobild mit erkannter Spur

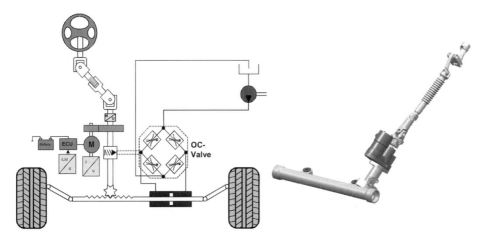

Bild 13-4: IPAS – Systemkonzept und Komponentenaufbau

Der IPAS-Lenkungssteller besitzt ein maximales Lenkmoment von 5,5 Nm und ein Übersetzungsverhältnis von 1 : 4. Er weist ein PT1-Verhalten mit einer Zeitkonstanten von 80 ms auf. Zur Visualisierung der Umfelderfassung sowie für weitergehende Entwicklungsarbeiten stehen ein Industrie-PC mit separatem Monitor zur Verfügung, welcher jedoch für die eigentliche Realisierung der automatischen Fahrzeugführung nicht notwendig ist. Der Informationsaustausch zwischen den Komponenten erfolgt über private und standardmäßige CAN-Bus-Verbindungen des Fahrzeuges. Im Unterschied zu anderen prototypischen Realisierungen der automatischen Fahrzeugführung ([2], [5]) wurde in dem hier beschriebenen ALD-System großen Wert auf die Robustheit und technologische Reife der Komponenten gelegt. Die Sensoren und Aktuatoren sind Eigenentwicklungen der Continental AG und speziell für den Einsatz in Kraftfahrzeugen ausgelegt. Alle Funktionsbausteine sind auf Steuergeräte verteilt, die keine zeitaufwendige Initialisierungsprozedur bis zur Systembereitschaft benötigen. Das System ist bei Vorliegen der im vorangegangenen Abschnitt beschriebenen Systembedingungen sofort erfahrbar. Die Aufteilung der Funktionsbausteine auf die einzelnen Komponenten erfolgte derart, dass möglichst keine störanfälligen größeren Datenströme durch das Fahrzeug geleitet werden. Dies bedeutet insbesondere eine Kapselung der rechenintensiven Umfeldsensorik.

13.1.4 Fahrzeugintegration und Mensch-Maschine-Schnittstelle

Die Integration der gegenüber einem Serienfahrzeug zusätzlichen Systemkomponenten in das Versuchsfahrzeug ist im linken Teil der Bild 13-5 dargestellt. Im rechten Teil dieser Bild sind die Elemente der Mensch-Maschine-Schnittstelle dargestellt. Über den Funktionsanwahlschalter kann die ALD-Funktion ausgewählt werden. Eine automatische Fahrzeugführung erfolgt jedoch erst nach Aktivierung über den Tempomathebel. Die Ausführung der ALD-Funktion wird dem Fahrer über ein Funktionssymbol im Kombiinstrument angezeigt. Bei einem nicht fahrerinitiierten Abschalten der ALD-Funktion erfolgt eine Lenkradvibration verbunden mit einer akustischen Aufforderung an den Fahrer, die Fahrzeugführung wieder selbst zu übernehmen.

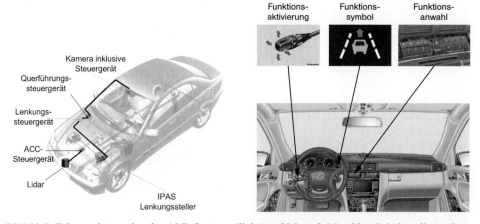

Bild 13-5: Fahrzeugintegration des ALD-Systems (links) und Mensch-Maschine-Schnittstelle (rechts)

Da Regelungssysteme für die Fahrzeuglängsregelung in der Literatur an verschiedenen Stellen beschrieben wurden, konzentrieren sich die weiteren Ausführungen auf die Fahrzeugquerregelung.

13.2 Fahrzeugquerführung

13.2.1 Reglerstruktur

Die Grundlage für die Fahrzeugquerführung wird einerseits durch eine in Fahrtrichtung ausgerichtete Kamera mit integriertem Steuergerät zur Spurfindung und andererseits durch eine IPAS-Lenkung mit integriertem Servoregler zur Lenkwinkelstellung bereitet. Das für die Fahrzeugquerführung verantwortliche Steuergerät übernimmt hierbei auch die Funktionalität der Mensch-Maschine-Schnittstelle, die es dem Fahrer ermöglicht, das System zu aktivieren, zu deaktivieren und zu übersteuern. (siehe Bild 13-1).

Die auf dem Querführungssteuergerät ablaufende Querregelung hat die Aufgabe, das Fahrzeug durch geeignete Ansteuerung des IPAS-Lenkwinkelstellers mit Hilfe der o.g. Sensordaten stabil in der Fahrspur, d.h. mit dem Schwerpunkt in der Mitte der zwei zur Fahrspur gehörigen Fahrbahnmarkierungen zu halten. Eine sehr wichtige Anforderung durch die Art der Ankopplung des Lenkwinkelstellers gegeben: Jede Stellbewegung ist aufgrund des mechanischen Durchgriffs für den Fahrer am Lenkrad spürbar. Aus diesem Grund sollten Lenkbewegungen so gering und so langsam wie möglich ausfallen. Die Wirkkette Lenkwinkel δ zu Querabweichung y war zu Beginn der Entwicklung zwar bekannt, jedoch waren die Komfortkriterien mathematisch noch nicht fassbar. Da auch eine mathematische Beschreibung des Übertragungsverhaltens der Messeinrichtung (Kamera) nicht zur Verfügung stand, schied ein Entwurf eines Zustandsreglers zunächst aus. Stattdessen wurde, der Wirkkette entsprechend, ein konventioneller PDT1-Regler in Kaskadenstruktur bevorzugt, der eine Parametrierung im Fahrzeug erlaubt.

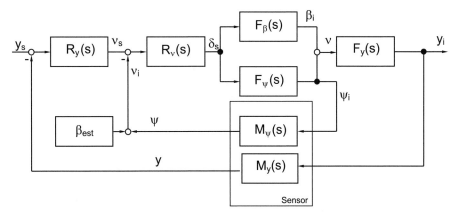

Bild 13-6: Anfängliche Reglerstruktur

Die Komponenten Kurswinkelregler (PDT1) $R_\nu(s)$, Fahrzeuggierwinkelübertragungsfunktion $F_\beta(s)$, Fahrzeugschwimmwinkelübertragungsfunktion $F_\psi(s)$, Messeinrichtung $M_\psi(s)$ und Schwimmwinkelschätzer β_{est} bilden den unterlagerten Regelkreis für den Kurswinkel ν, der sich aus dem relativen Gierwinkel ψ_i und dem Schwimmwinkel β_i des Fahrzeuges zusammensetzt. Da der Sensor nur den relativen Gierwinkel ψ_i beobachten kann, beinhaltet der Querregler einen Schwimmwinkel-Schätzer β_{est}, auf den hier jedoch nicht weiter eingegangen werden soll. Der überlagerte Regelkreis besteht aus den Komponenten Lateralpositionsregler (PDT1) $R_y(s)$, Kurswinkel-Regelkreis, Fahrzeugübertragungsfunktion $F_y(s)$ und Messeinrichtung $M_y(s)$. Wie bereits erwähnt, sind die Übertragungsfunktionen des Sensors nicht hinreichend bekannt und werden somit zu 1 angenommen. Eine weitere Vereinfachung besteht in der Modellierung des Lenkwinkelstellers als PT1-Element sowie einer Regelstrecke ohne weitere Totzeiten z.B. durch Datenübertragung.

Nach den ersten praktischen Versuchen mit dem in Bild 13-6 gezeigten Regler hat sich herausgestellt, dass diese Struktur stabil ist, jedoch Störungen existieren, die zu bleibenden Regelabweichungen führen. Dies sind insbesondere Fahrbahnneigungen und Seitenwind. Obwohl der Einsatz einer integralen Regelkomponente zunächst wegen des integralen Verhaltens der Regelstrecke eine Strukturinstabilität vermuten lässt, kann hierauf nicht verzichtet werden. Versuche im Fahrzeug haben ergeben, dass eine integrale Komponente parallel zu dem bereits bestehenden Kurswinkelregler das gewünschte Reglerverhalten realisiert und einfach zu parametrieren ist. Somit können auch Regelabweichungen kompensiert werden, bei denen sich der Kurswinkel κ nicht oder nicht vollständig über $\psi + \beta$ einstellt, sondern nur oder auch über eine Parallelverschiebung des Fahrzeuges zustande kommt.

Um im weiteren Entwicklungsverlauf das Gesamtfahrverhalten insbesondere in Kurven zu verbessern, wurde dem Querregler eine Kurvenvorsteuerung V_χ zugeschaltet. Mit Hilfe des Krümmungssignals χ des Sensors wird der für die aktuelle Krümmung benötigte stationäre Lenkwinkel δ_χ berechnet und additiv dem Reglerausgang überlagert. Damit wird (bildlich gesprochen) die Fahrspur für den Regler gerade gebogen.

Weiterhin ist die Führungsgröße y_s nicht konstant, sondern abhängig von der Krümmung χ. Sie verschiebt das Fahrzeug leicht in Richtung des kurveninneren Randes. Diese Führungsgröße spielt aufgrund ihrer starken Tiefpassfilterung keine Rolle für die weitere Reglerbetrachtung.

Die genannten Vereinfachungen in den Annahmen und Ergänzungen führen zu der in Bild 13-5 dargestellter Gesamtstruktur.

Nachfolgend sind die einzelnen Regelkreiskomponenten mathematisch mit den Gleichungen (13.1) bis (13.23) beschrieben.

13.2 Fahrzeugquerführung

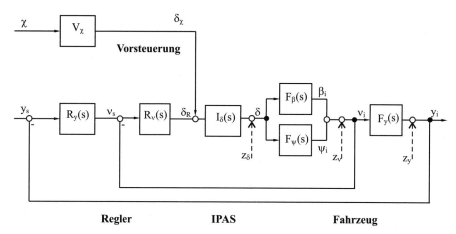

Bild 13-7: Implementierte Reglerstruktur mit Vereinfachungen und Ergänzungen

a) Übertragungsfunktionen der Regelstrecke nach [3]:

Gierwinkelübertragungsfunktion:

$$F_\psi(s) = \frac{1}{s} \cdot \left(\frac{\dot\psi}{\delta}\right)_{stat} \cdot \frac{1+sT_1}{1+s\dfrac{2\sigma_f}{\zeta_f^2}+s^2\dfrac{1}{\zeta_f^2}} \tag{13.1}$$

mit

$$\left(\frac{\dot\psi}{\delta}\right)_{stat} = \frac{1}{l} \cdot \frac{v}{1+\left(\dfrac{v}{v_{ch}}\right)^2} \tag{13.2}$$

und

$$T_1 = \frac{mvl_V}{c_{\alpha H} l} \tag{13.3}$$

Schwimmwinkelübertragungsfunktion:

$$F_\beta(s) = \left(\frac{\beta}{\delta}\right)_{stat} \cdot \frac{1+sT_2}{1+s\dfrac{2\sigma_f}{\zeta_f^2}+s^2\dfrac{1}{\zeta_f^2}} \tag{13.4}$$

mit

$$\left(\frac{\beta}{\delta}\right)_{stat} = \frac{l_H}{l} \cdot \frac{1-\dfrac{ml_V}{c_{\alpha H} l_H l}\cdot v^2}{1+\left(\dfrac{v}{v_{ch}}\right)^2} \tag{13.5}$$

und

$$T_2 = \frac{J_z v}{c_{\alpha H} l_H l - l_V m v^2} \tag{13.6}$$

IPAS-Übertragungsfunktion:

$$I_\delta(s) = \frac{1}{1+sT_3} \quad \text{idealisiert als PT1} \tag{13.7}$$

Kurswinkelübertragungsfunktion:

$$F_v(s) = F_\psi(s) + F_\beta(s) \tag{13.8}$$

Lateralpositionsübertragungsfunktion:

$$F_y(s) = v \cdot \frac{1}{s} \tag{13.9}$$

Die Bestandteile der charakteristischen Gleichung der Übertragungsfunktionen F_ψ und F_β lauten:
ungedämpften Eigenkreisfrequenz

$$\omega_f = \sqrt{\frac{c_{\alpha V} c_{\alpha H} l^2 + m v^2 \left(c_{\alpha H} l_H - c_{\alpha V} l_V\right)}{J_z m v^2}} \tag{13.10}$$

Abklingkonstante

$$\sigma_f = \frac{1}{2} \cdot \frac{m\left(c_{\alpha V} l_V^2 + c_{\alpha H} l_H^2\right) + J_z \left(c_{\alpha V} + c_{\alpha H}\right)}{J_z m v} \tag{13.11}$$

Die charakteristische Geschwindigkeit, bei welcher der Gierverstärkungsfaktor $\dot{\psi}/\delta$ sein Maximum erreicht, errechnet sich zu:

$$v_{ch} = \sqrt{\frac{l^2 c_{\alpha V} c_{\alpha H}}{m \cdot \left(c_{\alpha H} l_H - c_{\alpha V} l_V\right)}} \tag{13.12}$$

Die Lenkungssteifigkeit mit Auswirkungen auf $c_{\alpha V}$ wurde in den oben genannten Übertragungsfunktionen nicht berücksichtigt.

13.2 Fahrzeugquerführung

b) Übertragungsfunktionen des Reglers

Kurswinkel-Regler:

$$R_V(s) = K_{PV} \cdot \frac{1+sT_{Vv}}{1+sT_{1v}} + K_{IV} \cdot \frac{1}{s} \quad \text{(PIDT1-Regler)} \tag{13.13}$$

mit

$$T_{Vv} = T_{1v} + \frac{K_{Dv}}{K_{Pv}} \tag{13.14}$$

Die Führungsübertragungsfunktion der Kurswinkel-Regelstrecke lautet:

$$G_V(s) = \frac{R_V(s) \cdot I_\delta(s) \cdot F_V(s)}{1 + R_V(s) \cdot I_\delta(s) \cdot F_V(s)} \tag{13.15}$$

Lateralpositionsregler:

$$R_y(s) = K_{Py} \cdot \frac{1+sT_{Vy}}{1+sT_{1y}} \quad \text{(PDT1-Regler)} \tag{13.16}$$

mit

$$T_{Vy} = T_{1y} + \frac{K_{Dy}}{K_{Py}} \tag{13.17}$$

Die Führungsübertragungsfunktion des vollständigen Regelkreises lautet somit

$$G_y(s) = \frac{y_i(s)}{y_s(s)} = \frac{R_y(s) \cdot G_V(s) \cdot F_y(s)}{1 + R_y(s) \cdot G_V(s) \cdot F_y(s)} \tag{13.18}$$

Um später die Sprungantwort des Lenkwinkels über einen Führungssprung der Lateralposition untersuchen zu können, wird der Abgriff (Ausgang) entsprechend verlegt. Hieraus ergibt sich die Übertragungsfunktion

$$G_\delta(s) = \frac{\delta_i(s)}{y_s(s)} = \frac{1}{F_V(s) \cdot F_y(s)} \cdot G_y(s) \tag{13.19}$$

Die Störübertragungsfunktionen ergeben sich als Ableitung aus dem Signalflussplan zu:

$G_{z\delta}$ – *Störung am Lenkwinkel* δ:

$$G_{z\delta}(s) = \frac{y_i(s)}{z_\delta(s)} = \frac{R_V(s) \cdot I_\delta(s) \cdot G_V(s) \cdot F_y(s)}{1 + R_y(s) \cdot G_V(s) \cdot F_y(s)} \tag{13.20}$$

G_{zn} – *Störung am Kurswinkel v:*

$$G_{z\kappa}(s) = \frac{y_i(s)}{z_v(s)} = \frac{F_y(s)}{1 + F_\kappa(s) \cdot I_\delta(s) \cdot R_v(s) \cdot (1 + R_y(s) \cdot F_y(s))} \tag{13.21}$$

G_{zy} – *Störung an der Lateralposition y:*

$$G_{zy}(s) = \frac{y_i(s)}{z_y(s)} = \frac{1}{1 + R_y(s) \cdot G_v(s) \cdot F_y(s)} \tag{13.22}$$

c) Kurvenvorsteuerung

Mit $\delta_\chi = \delta_A + EG \cdot a_y$ für stationäre Kreisfahrt so wie $\delta_A = l \cdot \chi$ und $a_y = v^2 \cdot \chi$ ergibt sich

$$V_\chi = \frac{\delta_\chi}{\chi} = l + EG \cdot v^2 \tag{13.23}$$

Die Vorsteuerung ist hier nur der Vollständigkeit halber genannt. Für die weiteren Betrachtungen des Reglers spielt sie keine Rolle.

13.2.2 Stabilitätsuntersuchungen

Im praktischen Einsatz hat der Querregler über den gesamten Geschwindigkeitsbereich von $0 < v \leq 50$ m/s keine Instabilitäten gezeigt. Die zugrunde liegenden Fahrzeugparameter und geschwindigkeitsabhängigen Regler-Parameter wurden zunächst im Fahrversuch ermittelt und später auf Grundlage der mathematischen Zusammenhänge optimiert.
Die im praktischen Einsatz erlebbare Stabilität kann auch mathematisch nachgewiesen werden. In Bild 13-8 ist der Pol-Nullstellenplan der Übertragungsfunktion $G_y(s)$ des Regelkreises dargestellt.
Grundsätzlich liegen alle Polstellen in der linken s-Ebene, somit ist der Gesamtregelkreis als stabil anzusehen. Die Pole wandern mit zunehmender Geschwindigkeit unter leicht abnehmender Dämpfung in Richtung der imaginären Achse. Die Dämpfung bleibt dabei aber in unkritischen Bereichen. Die folgende Frequenzganganalyse bestätigt dieses Verhalten:
Die Übertragungsfunktion des offenen Kreises

$$G_{y,o}(s) = R_y(s) \cdot G_\kappa(s) \cdot F_y(s) \tag{13.24}$$

zeigt eine große Phasenreserve von $\varphi_m|_{v = 10\text{ m/s}} = 80°$ bis hin zu $\varphi_m|_{v = 50\text{ m/s}} = 60°$ sowie einer nahezu konstanten Amplitudenreserve von $A_m = 20$ dB.

13.2 Fahrzeugquerführung

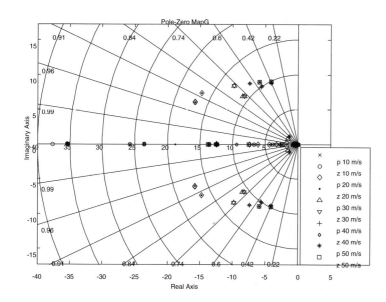

Bild 13-8: Pol-Nullstellenplan $G_y(s)$ für $v = 10 \ldots 50$ m/s $\Delta v = 10$ m/s

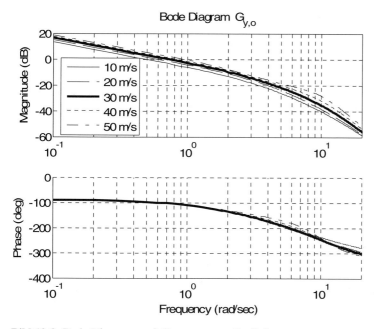

Bild 13-9: Bode-Diagramm mit Frequenzgang $G_{y,o}(j\omega)$

13.2.3 Kennlinien und Sprungantworten

Fast alle Parameter des Reglers weisen eine starke Abhängigkeit von der Geschwindigkeit auf.

Kurswinkelregler:

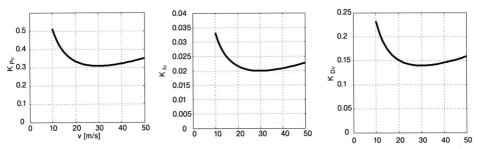

Bild 13-10: Kennlinien des Kurswinkelreglers

Diese Kennlinien entsprechen in ihrem Verlauf der Funktion

$$K_v = k_v \cdot \frac{\left(\frac{\dot{\psi}}{\delta}\right)_{stat} \bigg|_{v = v_{ch}}}{\left(\frac{\dot{\psi}}{\delta}\right)_{stat}(v)} \qquad (13.25)$$

mit $k_{Pv}= 0{,}3$, $k_{Iv}= 0{,}02$, $k_{Dv}= 0{,}14$ sowie $T_{Iv} = 1{,}7$ s.
Hiermit wird die geschwindigkeitsabhängige Gierverstärkung $\dot{\psi}/\delta$ der Gierwinkelübertragungsfunktion (13.1) kompensiert.

Lateralpositionsregler:

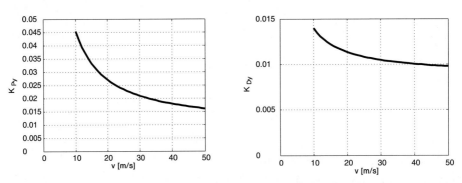

Bild 13.11: Kennlinien des Lateralpositionsreglers

13.2 Fahrzeugquerführung

Diese Kennlinien entsprechen in ihrem Verlauf der Funktion

$$K_y = \left(k_y \cdot \frac{1}{v} + k_{y0}\right) \cdot \frac{\pi}{180} \tag{13.26}$$

mit k_{py} = 21,0 deg/s, k_{py0} = 0,5 deg/m, k_{dy} = 3,0 deg, k_{dy0} = 0,5 deg s/m sowie T_{1y} = 1,7 s

Der $1/v$-Ausdruck kompensiert die geschwindigkeitsabhängige Verstärkung der Lateralpositionsübertragungsfunktion (13.9). In dieser Schreibweise lässt sich der anfänglich geforderte Kurswinkel zum Ausgleich eines Fehlers in der Lateralposition anschaulich darstellen und parametrieren.

Der Regelkreis erzeugt mit diesen Einstellungen folgende Sprungantworten der Lateralposition und des Lenkwinkels für einen Führungssprung in der Lateralposition y_s von 1 m:

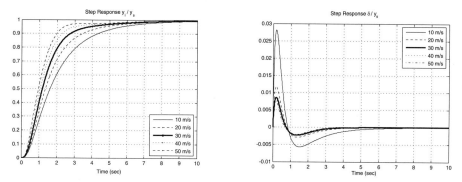

Bild 13.12: Sprungantwort der Lateralposition (links) und des Lenkwinkels (rechts)

Die hier gezeigten Sprungantworten sollen allerdings nicht darüber hinweg täuschen, dass in der technischen Umsetzung der Regler diesen Führungssprung so nicht ausführt. Bedingt durch eine Anstiegsbegrenzung wird die maximale Lenkrate auf 0.01 rad/s entsprechend einer Lenkradwinkel-Rate von 10°/s begrenzt. Dieser Wert wurde mit Versuchsfahrten ermittelt und dient der Sicherheit des Fahrers bei aktivierter Fahrzeugquerführung.

Die Bilder 13-13 und 13-14 zeigen die für diese Parametrierung geltenden Sprungantworten auf Störungen

$$\alpha \cdot \frac{1}{s} \cdot G_{zn}(s) \quad \text{für } n = [y, \nu, \delta]. \tag{13.27}$$

Wie zu erwarten gleicht der Verlauf einer Laststörung y einem Sprung in der Führungsgröße y_s.

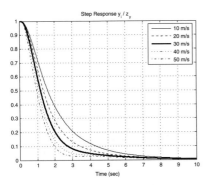 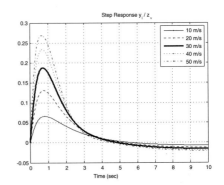

Bild 13-13: Laststörung y mit $\alpha = 1$ m (links) und κ mit $\alpha = 0{,}017$ rad (≈ 1 deg Kurswinkelstörung) (rechts)

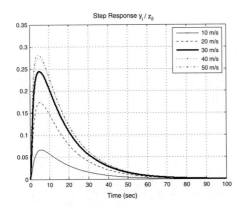

Bild 13-14:
Versorgungsstörung δ mit $\alpha = 2{,}18$ e-3 rad (≈ 2 deg Lenkradwinkelstörung)

Die Variation des Positionsreglers zu $k_{py} = 41{,}0$, $k_{py0} = 0{,}0$, $k_{dy} = 6{,}0$, und $k_{dy0} = 0{,}0$ erzeugt hingegen die in Bild 13-15 dargestellten Sprungantworten:

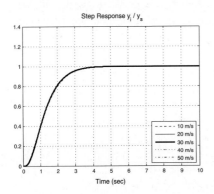 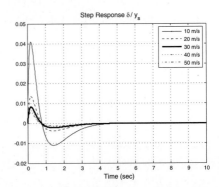

Bild 13-15: Sprungantworten der Lateralposition und des Lenkwinkels für veränderte Parameter des Lateralpositionsreglers

13.2.4 Praktisches Reglerverhalten

Im praktischen Einsatz verhält sich der Regler gutmütig und ist leicht zu parametrieren. Wegen des größeren Abstandes zu kritischen Verstärkungen bleibt genug Spielraum, um einen guten Kompromiss zwischen Komfort, Stabilität und Präzision zu finden. Ebenso zeigt sich eine große Toleranz gegenüber Variationen der Fahrzeugparameter (Beladung, Reibwerte). Eine schnelle Adaptierbarkeit an andere Fahrzeuge ist ebenfalls gegeben: Die Portierung von einem Mercedes C320 auf einen Opel Vektra GTS bedurfte nur die Anpassung der Kennlinien für den Kurswinkelregler und Einstellung der Kennwerte für den Schwimmwinkelbeobachter durch Eintragen der entsprechenden Fahrzeugparameter.

13.3 Leistungsbewertung des ALD-Systems

Bei Auslegung der Fahrzeugquerregelung für ein mechanisch gekoppeltes Lenksystem muss versucht werden, einen für den Fahrer akzeptablen Kompromiss zwischen der Einhaltung von maximal zulässigen Toleranzbereichen einerseits und der Aufrechterhaltung eines möglichst hohen Fahrkomforts andererseits zu erreichen. Unter Sicherheitsgesichtspunkten ist eine möglichst geringe Regelabweichung durch schnelle und häufige Lenkbewegungen zu erzielen. Schnelle und häufige Lenkeingriffe sind jedoch aufgrund des mechanischen Durchgriffs unkomfortabel und vermitteln dem Fahrer ein Gefühl von Unsicherheit. Dieser Gegensatz wird langfristig erst über mechanisch entkoppelte Steer-by-wire-Systeme aufgehoben werden können. Für die Leistungsbeurteilung einer Fahrzeugquerregelung müssen demzufolge sowohl regelungstechnische als auch komfortrelevante Aspekte betrachtet werden, wobei die Qualität der Reglereingangsdaten zu berücksichtigen ist, da diese in starkem Maße die Möglichkeiten der Fahrzeugregelung bestimmen.

Abweichungen von den Sollvorgaben stellen, mehr als bei der Fahrzeuglängsregelung, eine potenzielle Gefährdung dar. Als relevantes Beurteilungskriterium aus technischer Sicht wurde deshalb die Querablage des Fahrzeugs vom Sollwert (Spurmitte ggf. mit Versatz bei Führungsgrößenaufschaltung) untersucht. Als maßgebliche Größen zur Beurteilung des Fahrkomforts werden einerseits die auftretenden Querbeschleunigungen und Querbeschleunigungswechsel und andererseits die auftretenden Lenkbewegungen angesehen. Da zwischen Querbeschleunigungen und Lenkbewegungen ein enger Zusammenhang besteht und Lenkbewegungen das sensiblere Kriterium darstellen, wurden letztere zur Beurteilung des Fahrkomforts untersucht. Es wurde dabei davon ausgegangen, dass die auftretenden Lenkradwegungen eine Überlagerung aus den durch die Streckengeometrie resultierenden Lenkradbewegungen, Lenkradbewegungen zur Korrektur von Störeinflüssen (Seitenwind, Fahrbahnneigung, etc.) und Korrekturen von Fahrfehlern (z.B. durch Fehleinschätzung der notwendigen Kurvenvorsteuerung) darstellen. Lenkradbewegungen aufgrund der Streckengeometrie sind kontinuierlich, sie traten auf den gefahrenen Streckenabschnitten vergleichsweise selten auf und werden im Allgemeinen nicht als komfortreduzierend angesehen. Unkomfortabel dagegen sind viele, schnelle Lenkradbewegungen zur Korrektur von

Fahrfehlern und Störeinflüssen. Als integrales Maß zur quantitativen Beurteilung des Fahrkomforts wurden die Abweichungen des Lenkwinkels in Bezug zu einem gleitenden Mittelwert des Lenkwinkels bestimmt.

Bei der Leistungsbewertung wurde zunächst die Qualität der Reglereingangsdaten beurteilt. Im Anschluss wurde das menschliche Fahrverhalten untersucht, um daraus die maximal zulässigen Toleranzbereiche der Fahrzeugquerregelung abzuleiten. Schließlich wurden die gleichen Beurteilungskriterien für die automatisierte Querregelung bestimmt und mit dem menschlichen Fahrverhalten verglichen. Zu diesem Zweck wurden ein Autobahnabschnitt von insgesamt 24 km Länge mit bekannter Straßengeometrie mit mehreren Fahrern sowie automatisiert abgefahren und die Daten aufgezeichnet. Die Fahrstrecken beinhalten Kurven bis zu minimalen Radien von 1500 m, Spurbreiten um 3,60 m und besitzen mittlere Neigungswechsel. Bei den Untersuchungen herrschten für die Umfelderfassung gute Bedingungen: trockene Fahrbahn, bedeckter Himmel, geringe Verkehrsdichte und gut sichtbare Spurmarkierungen.

Zur Beurteilung der Qualität der Reglereingangsdaten wurden die durch das Kamerasystem ermittelten Größen mit Daten des Straßenbauamtes verglichen. Darüber hinaus wurden Simulationen durchgeführt. Es zeigte sich, dass die Reglereingangsdaten eine hohe Abhängigkeit von einer Vielzahl von Einflussgrößen, wie Beleuchtungsverhältnisse (Tag, Nacht, Gegenlicht, bedeckter Himmel, etc.), eingeschränkte Vorausschaubereiche durch vorausfahrende Fahrzeuge, Wetterverhältnisse (Regen, Schneefall, etc.) oder von der Sichtbarkeit der Spurmarkierungen aufweisen. Schlechtere Umgebungsbedingungen beeinträchtigen die Qualität Reglereingangsdaten. Bild 13-16 zeigt die Qualität des zur Kurvenvorsteuerung verwendeten Krümmungssignals.

Die Beurteilung der Reglereingangsdaten Querablage und relativer Gierwinkel zum Fahrstreifen ließen sich nur über Simulationen bestimmen. Bild 13-17 zeigt den Vergleich zwischen den geschätzten und tatsächlichen Reglereingangsdaten Querablage und relativer Gierwinkel.

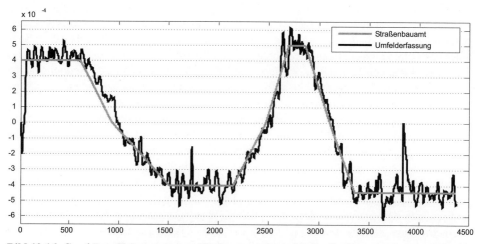

Bild 13-16: Geschätzte Krümmungen und Krümmungsdaten des Straßenbauamtes im Vergleich

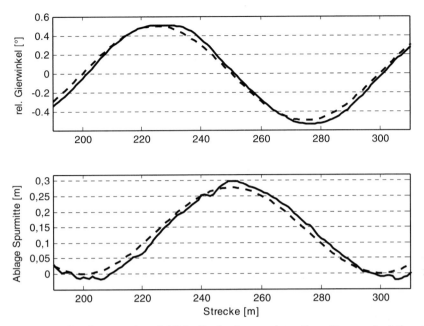

Bild 13-17: Geschätzte und tatsächliche Reglereingangsdaten Querablage und relativer Gierwinkel im Vergleich

Aus den Bildern geht hervor, dass die Umfelderfassung die tatsächlichen Straßendaten sowie die Position und Ausrichtung des Fahrzeugs innerhalb des Fahrstreifens nur mit einer zeitlichen Verzögerung und nur mit einer gewissen Genauigkeit ermitteln kann. Eine Fahrzeugquerregelung muss mit dieser Signalqualität umgehen und auftretende Fehler möglichst kompensieren.

Die Analyse des menschlichen Fahrverhaltens hatte das Ziel, die grundsätzlichen Tendenzen des menschlichen Fahrverhaltens exemplarisch zu bestimmen. Die Ergebnisse sind nicht statistisch abgesichert.

Um die Auswirkungen fehlerhafter Lenkradbewegungen begrenzen zu können, wurde zunächst untersucht, wie schnell Lenkbewegungen durch einen Fahrer ausgeführt werden. Die Auswertung der Messdaten ergab, dass bei dem Fahren innerhalb eines Fahrstreifens sowohl auf der Autobahn als auch auf der Bundesstraße Lenkraten von 8°/s nicht überschritten wurden. Spurwechsel unterscheiden sich vom Fahren innerhalb des Fahrstreifens deutlich. Langsame Spurwechsel wurden mit Lenkraten von etwa 25°/s gefahren, schnelle Spurwechsel mit bis zu 100°/s.

Tabelle 13-1 zeigt die Zusammenstellung der Ergebnisse hinsichtlich der gefahrenen Querablage in Bezug auf einen gleitenden Mittelwert, der in einem Fenster von 150 m Fahrstrecke ermittelt wurde. Der Bezug zu einem gleitenden Mittelwert ergibt sich aus der Tatsache, dass sich sowohl Fahrer, als auch das automatische System nicht an der Spurmitte orientieren, sondern den Bezug der Fahrzeugregelung in Abhängigkeit von der Streckengeometrie und von der Verkehrssituation variiert.

Tabelle 13-1: Standardabweichungen der Querablage und des Lenkradwinkels bezüglich gleitender Mittelwerte

	Sigma (Ablage) [m]	Sigma (Ablage) normiert auf Fahrerdurchschnitt	Sigma (Lenkwinkel) [°]	Sigma (Lenkwinkel) normiert auf Fahrerdurchschnitt
Fahrer 1	0,05	1,31	0,46	0,95
Fahrer 2	0,05	1,01	0,35	0,9
Fahrer 3	0,07	0,67	0,23	1,14
Fahrerdurchschnitt	0,06	1	0,35	1
Kamerabasiertes ALD-System	0,04	1,30	0,45	0,71
Fusionsbasiertes ALD-System	0,04	1,02	0,35	0,83

Die durchschnittliche Standardabweichung der Ablage von Fahrern bzw. vom automatischen System um einen gleitenden Mittelwert, d.h. das „Pendeln" um diesen Wert, betrugen ca. 6 cm. Die Ergebnisse decken sich mit der subjektiven Erfahrung, dass bei einer ausreichenden Breite des Fahrstreifens ein Toleranzbereich der Querführung von ca. ± 15 cm von einem Fahrer akzeptiert wird. Bei aktivem Fahren werden auch kurzzeitige Abweichungen bis zu ± 60 cm toleriert. Allerdings wird vermutet, dass eine solche Akzeptanz bei passivem Erleben derartiger Abweichungen im Fall einer automatisierten Querführung nicht mehr besteht. Insofern sind die Anforderungen an den einzuhaltenden Toleranzbereich der Querablage bei einer automatisierten Querführung sicherlich höher, als sie der Fahrer für das eigene Fahrverhalten akzeptiert. Die durchschnittliche Standardabweichung des Lenkradwinkels von Fahrern als ein Maß für die Stellaktivität der Fahrer bzw. des automatischen Systems sind ebenfalls in Tabelle 13-1 dargestellt. Es zeigt sich, dass ein durchschnittlicher Fahrer in einem Bereich von ca. 0,34° um einen durch die Streckenführung notwendigen Lenkradwinkel pendelt. Die Normierung der Standardabweichungen mit dem Fahrerdurchschnitt zeigt die Querführungsgenauigkeit bzw. die Lenkungsaktivität, den ein einzelner Fahrer im Vergleich zum Durchschnittsfahrer aufweist. Beispielsweise pendelt Fahrer 3 etwa 1,14 mal stärker um den gleitenden Mittelwert als ein Durchschnittsfahrer, er wendet dafür jedoch nur 67 % der Lenkungsaktivität auf. Das kamerabasierte ALD-System besitzt bei der derzeitigen Auslegung eine um 30 % höhere Lenkaktivität als ein durchschnittlicher menschlicher Fahrer, es fährt dafür jedoch auch um 30 % präziser. Mit einem fusionsbasierten ALD-System, in welchem zusätzlich Daten aus digitalen Karten verwendet werden, lässt sich bei ähnlicher Regelgüte wie im kamerabasierten ALD-System eine Lenkradruhe wie bei einem menschlichen Fahrer erzielen.

Zur Beurteilung der Gesamtgüte der Fahrzeugquerregelung wurden die Regelgüte und der Fahrkomfort zu einem integralen Gütemaß gleichanteilig entsprechend 13.28 verrechnet.

13.3 Leistungsbewertung des ALD-Systems

$$G = \frac{2}{\sigma_{\delta_{normiert}} + \sigma_{yego_{normiert}}} \tag{13.28}$$

mit

$$\sigma_{\delta_{normiert}} = \frac{\sigma_\delta}{\overline{\sigma}_{\delta_{Fahrer}}} \quad \text{und} \quad \sigma_{yego_{normiert}} = \frac{\sigma_{yego}}{\overline{\sigma}_{yego_{Fahrer}}}$$

Bezugsmaß für die Güte der Fahrzeugquerführung sind die Durchschnittswerte der Fahrer, d.h. die menschliche Fahrzeugquerführung. Eine Gewichtung der Beurteilungskriterien wurde bewusst nicht vorgenommen. Die Ergebnisse sind in Tabelle 13-2 dargestellt.

Tabelle 13-2: Güte der Fahrzeugquerführung der einzelnen Fahrer und des ALD-Systems

Querführung durch	Güte der Querführung
Fahrer 1	0,883
Fahrer 2	1,045
Fahrer 3	1,098
Kamerabasiertes ALD-System	0,995
Fusionsbasiertes ALD-System	1,077

Es ist festzustellen, dass das Lenkverhalten des automatischen Systems ähnlich dem eines menschlichen Fahrers ist. Im kamerabasierten ALD-System wird eine höhere Präzision der Fahrzeugquerführung erkauft durch eine erhöhte Lenkaktivität. Vielversprechend ist die Nutzung von Informationen aus einer digitalen Karte, da dadurch bei gleicher Regelgüte eine höhere Lenkradruhe erreicht werden kann. Zu diskutieren bleibt, inwiefern das Regelverhalten durch Veränderung der Reglerparameter noch weiter dem menschlichen Regelverhalten angenähert werden sollte.

Zusammenfassung

Fahrerassistenzsysteme werden in zunehmendem Maße den Fahrer bei der Fahrzeugführung unterstützen, fahrerspezifische Defizite entschärfen, die Fahrerbelastung verringern und der Fahrkomfort und – indirekt – die Fahrsicherheit erhöhen. Der im Beitrag vorgestellte Prototyp realisiert ein automatisches Spurfahren als Kombination aus einer automatischen Fahrzeuglängsführung im Sinne eines Abstandsregeltempomaten und einer automatischen Fahrzeugquerführung. Mehr als bei früheren Vorstellungen von Forschungsfahrzeugen wurde bei dem Aufbau des Assistenzsystems auf eine sichere und zugleich komfortable Systemauslegung und auf die Verwendung technisch ausgereifter Systemkomponenten geachtet. Im Vergleich zu japanischen Anbietern besitzt das System ein stark erweitertes Einsatzspektrum. Es wurde im Beitrag nachgewiesen, dass das Assistenzsystem unter regelungstechnischem Gesichtspunkt stabil und präzise arbeitet. Die

Leitungsanalyse ergab, dass das Assistenzsystem im Vergleich zum Menschen ein ähnliches, zum Teil sogar besseres Fahrverhalten aufweist. Der technologische Stand der Situationswahrnehmung erfordert gegenwärtig noch die ständige Überwachung des Verkehrsgeschehens durch den Fahrer. Bei verantwortungsvollem Umgang entlastet das Assistenzsystem den Fahrer auf langen Autobahnfahrten weitgehend von den ermüdenden Routinearbeiten des Gasgebens, Bremsens und Lenkens. Durch das schnelle Reagieren auf Regelabweichungen bietet das Assistenzsystem zudem einen indirekten Sicherheitsgewinn. Eine Bevormundung des Fahrers ist nicht gegeben, da der Fahrer das Assistenzsystem situationsabhängig nutzen und bei Betrieb jederzeit übersteuern kann und dies zur Ausführung spezieller Fahrmanöver (Spurwechsel, Autobahnwechsel, etc.) auch muss.

Literatur

[1] *Naab K.*: Automatisierung bei der Fahrzeugführung im Straßenverkehr. In: at - Automatisierungstechnik; Bd. 5; Nr. 48; S. 211–223; 2000
[2] *Dickmanns E. D.*: The Development of Machine Vision for Road Vehicles in the Last Decade; IEEE Intelligent Vehicles Symposium. Versailles, 2002
[3] *Mitschke M.*: Dynamik der Kraftfahrzeuge; Bd. C Fahrverhalten. Berlin, Springer Verlag, 1990
[4] *Ackermann J.*: Robuste Regelung. Berlin, Springer Verlag, 1993
[5] *Bertozzi M., Broggi A., Fascioli A.*: Vision-based intelligent vehicles: State of the art and perspectives. In: Robotics and Autonomous Systems. Elsevier Science, 1999
[6] *Germann, S.: Isermann, R.*: Modelling and control of longitudinal vehicle motion. In: Proceedings of the American Control Conference, 1994
[7] *Fritz, H.*: Longitudinal and Lateral Control of Heavy-Duty Trucks for Automated Following in Mixed Traffic. In: Proceedings of the IEEE Conference for Decision an dControl, Hawaii, 2003

14 Parkassistent

MICHAEL KOCHEM

Aufgrund der steigenden Zulassungszahlen für Pkw und einer zunehmenden Urbanisierung, wird der für Fahrzeuge zur Verfügung stehende Raum auf den Straßen, insbesondere in europäischen Ballungszentren, immer knapper. Daneben werden die Fahrzeuge selbst durch aerodynamisch optimierte Karosserieformen, crashgünstige Konstruktion sowie vergrößerte Gepäckräume für den Fahrer zunehmend unübersichtlicher.
Zur Zeit in Serie oder in der Entwicklung befindliche Parkassistenzsysteme erweitern mit Ultraschall-Sensoren bzw. Nahbereichsradar nur die Wahrnehmung des Fahrers, in dem sie den Abstand zum nächsten Hindernis akustisch bzw. optisch anzeigen. Im Gegensatz dazu soll das hier vorgestellte *Parkassistenzsystem (PAS)* konkrete *Handlungsanweisungen* geben. Dazu gehört unter anderem der Hinweis auf eine ausreichend große Parklücke, akustische Warnhinweise bei Kollisionsgefahr und – als Kernstück des Systems – genaue Lenkanweisungen, mit deren Hilfe der Fahrer das Fahrzeug auf einer vorher geplanten Bahn in die Parklücke führt. Letztere sollen den Fahrer dazu befähigen, auch in ihren Abmessungen unbekannte Fahrzeuge, beispielsweise Mietwagen, in unbekannter Umgebung ohne Schwierigkeiten in einem Zug zu parken. In Bild 14-1 sind mögliche Szenarien zu unterstützender Parksituationen bzw. der Parkablauf selbst gezeigt.

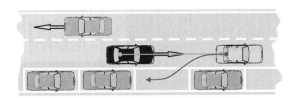 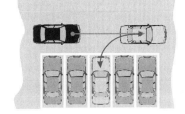

Bild 14-1: Mögliche Szenarien zu unterstützender Parksituationen

In Anlehnung an dem in den Bildern skizzierten Ablauf eines Parkvorgangs (Vorbeifahrt an der Parklücke, Anhalten, in die Parklücke zurücksetzen), wurde auch das Parkassistenzsystem entwickelt.
Der Anteil der Elektronik (inkl. Software) an der Wertschöpfung eines Kfz steigt weiterhin überproportional schnell an. Dabei nimmt die Zahl der elektronischen Steuergeräte (ECU: Electronic Control Unit) im Fahrzeug, begünstigt durch die schnelle Miniaturisierung und Leistungssteigerung der Mikroprozessoren, schnell zu. Ein weiterer Trend ist die steigende Zahl der im Fahrzeug verbauten Umfeldsensoren. Zusammen mit der steigenden Prozessorleistung erlaubt dies die Implementierung eines Parkassistenten als reine Zusatz-Software in einem der Fahrzeug-Steuergeräte. Da es sich bei der Konzeption des vorgestellten Systems um ein rein passives System handelt – es wird aktiv weder in die Längs- noch in die Quersteuerung des Fahrzeugs eingegriffen – sondern nur Hinweise zum korrekten Lenken gegeben, ist die System relativ leicht implementierbar.

14.1 Systemkonzept

Bei der hier angestrebten ausschließlichen Unterstützung des Fahrers beim Manövrieren des Fahrzeugs auf engem und begrenztem Raum ohne den Einsatz von X-by-Wire-Aktorik tritt der Fahrer als Stellglied innerhalb eines Regelkreises für die Längs- und Querführung des Fahrzeugs auf.

Für den Normalfahrer ist es sehr schwer, zwei Vorgaben, einer für den Lenkwinkel und einer für die Fahrzeuggeschwindigkeit, gleichzeitig so zu folgen, dass sich das Fahrzeug dadurch auf einer vorher berechneten Bahn bewegt. Somit wurde ein Konzept entwickelt, welches die Wahl einer dieser Größen frei stellt. Sowohl unter Gesichtspunkten der Sicherheit, des Komforts als auch der Kundenakzeptanz erscheint hier eigentlich nur die freie Wahl der Fahrzeuggeschwindigkeit durch den Fahrer als sinnvoll. Die Größe, welche der Fahrer dann nach Vorgabe des Systems einstellen muss, ist der Lenkradwinkel. Aus diesen Randbedingungen folgt, dass eine geeignete Mensch-Maschine-Schnittstelle (MMS) für die Übermittlung des einzustellenden Lenkradwinkels geschaffen werden muss, welche den Fahrer in den Regelkreis integriert. Diese MMS spielt deshalb eine zentrale Rolle bei der praktischen Realisierung eines solchen Systems.

Einen schematischen Überblick über das realisierte System gibt Bild 14-2. Der Fahrer ist vollständig in den Regelkreis eingebunden. Dieser besteht aus dem Fahrzeug (als zu regelndem System), dem Regler (Bahnregler), welcher seine Sollwertvorgabe von der Bahnplanung erhält, und dem Fahrer als Aktor/Stellungs-Regler, der auf Anweisung des Bahnreglers, übermittelt durch die MMS, handelt. Die gesamte Dynamik des geschlossenen Regelkreises wird dabei im Wesentlichen durch die Dynamik des Fahrers in Bezug auf die Informationsaufnahme über die MMS sowie die motorische Ausführung der Lenkbewegung beeinflusst.

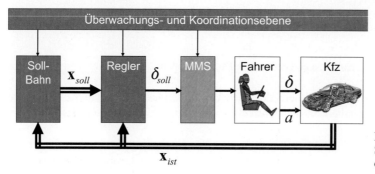

Bild 14-2: Systemarchitektur des Parkassistenten

Der Zustands-Vektor

$$\mathbf{x}_{\text{ist}} = \begin{bmatrix} x & y & \psi & \omega & \delta \end{bmatrix}^T \tag{14.1}$$

bezeichnet als Regelgröße die aktuelle, von den Algorithmen der Positionsbestimmung berechnete Fahrzeugkonfiguration. Diese besteht aus der Fahrzeugposition (x, y) und der Orientierung (ψ) im parallel zur Fahrbahnoberfläche ausgerichteten Weltkoodinaten-

14.1 Systemkonzept

system. Weiterhin wird die Gierrate ω, die Fahrzeuggeschwindigkeit v und der Lenkwinkel δ in den Zustandsvektor aufgenommen.

Für niedrige Fahrgeschwindigkeiten kann die Bewegung des Fahrzeugs durch die folgenden rein kinematischen Bewegungsgleichungen beschrieben werden:

$$\begin{aligned}\dot{x} &= \cos(\psi) \cdot v_H \\ \dot{y} &= \sin(\psi) \cdot v_H \\ \dot{\psi} &= 1/l \cdot \tan(\delta_A) \cdot v_H\end{aligned} \qquad (14.2)$$

Dabei bezeichnet v_H die Längsgeschwindigkeit des Fahrzeugs in der Mitte zwischen den beiden Aufstandspunkten der Hinterräder, also im Ursprung und in x-Richtung des hier gewählten fahrzeugfesten Koordinatensystems, Bild 14-3.

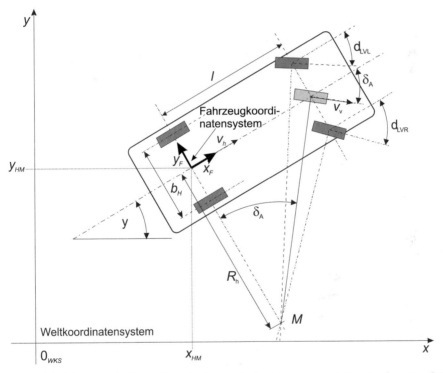

Bild 14-3: Schematische Darstellung des kinematischen Fahrzeugmodells mit relevanten Größen

Bild 14-3 zeigt das Fahrzeug mit einer so genannten Ackermann-Lenkung, also mit Radlenkwinkeln für eine querkraftfreie Kurvenfahrt. Aus fahrdynamischen Gesichtspunkten (Vorspur, Radsturz) gilt diese idealisierte Betrachtung in der Realität nicht. Deshalb werden hier die beiden Vorderräder zu einem virtuellen, vorne mittig angeordneten Rad mit dem effektiven Lenkwinkel δ_A zusammengefasst. Im Weiteren dient dieses Modell als Basis zur Bahnplanung, zur Regler-Entwicklung und als Grundlage für die Positionsbestimmung mit Hilfe eines erweiterten Kalman-Filters.

14.2 Positionsbestimmung

Die Realisierung des Parkassistenten mit Hilfe einer Positions- bzw. Bahnregelung setzt die genaue Kenntnis der aktuellen Position und Orientierung des Fahrzeugs – auch bezeichnet als *Konfiguration,*[1] – in jedem Abtastschritt voraus. Aus dem Bereich der mobilen Robotik sind bereits eine Vielzahl von Verfahren für die Positionsbestimmung mobiler Plattformen bekannt, die sich aber nur bedingt auf ein reales Kfz übertragen lassen. Im Wesentlichen kann man zwischen *internen* und *externen* Methoden zur Ermittlung der eigenen Position relativ zu einem inertialen Koordinatensystem unterscheiden, [2].

Dabei basieren die *internen* Methoden ausschließlich auf im Fahrzeug gemessenen Größen. Ein zugrunde liegendes Modell berechnet aus diesen Daten beispielsweise durch Integration von Wegstrecken die aktuelle Position des Fahrzeugs.

Die *externen* Methoden nutzen hingegen künstliche oder natürliche Referenzpunkte um die eigene Position relativ zu diesen zu berechnen. Dazu muss allerdings die Position der Referenzpunkte absolut bzw. relativ zueinander bekannt sein. Dies ist für die Funktion des Parkassistenten, welcher in ständig wechselnder und teilweise unstrukturierter Umgebung operieren muss, nicht praktikabel.

Da zu Beginn eines geplanten Parkvorgangs zunächst ein Abbild der lokalen Umgebung in Form einer lokalen Karte erzeugt werden muss, ist eine enge Zusammenarbeit zwischen Positionsbestimmung und einer Umgebungserfassung notwendig.

Die Position des Fahrzeugs wird nur über einen begrenzten Zeitraum (ca. 2 min) sowie eine begrenzte Strecke (ca. 60 m, mit Fahrtrichtungswechseln) berechnet, daher bietet sich die Verwendung interner Methoden an. Hierbei ist die bei koppelnden Verfahren auftretende Drift begrenzt und kann vernachlässigt werden.

Um möglichst viele im Fahrzeug verfügbare Fahrzustandsinformationen in die Berechnung der Fahrzeugposition ein zu beziehen, bietet sich die Verwendung eines *erweiterten Kalman Filters (EKF)* an, [3]. Die zur Positionsbestimmung herangezogenen Messgrößen sind:

- Lenkradwinkel,
- gemessene Gierrate,
- Impulse der Raddrehzahlsensoren aller vier Räder.

Daraus abgeleitet werden die beiden Wegstrecken der (angetriebenen) Hinterräder sowie die aus dem Lenkradwinkel und den gemessenen Impulsen der Vorderräder ermittelte Fahrzeuggeschwindigkeit. Mit Hilfe des nichtlinearen Prozessmodells (Gl. 14.2) werden die Differenzterme der bekannten Koppelgleichungen berechnet, [4]:

$$\Delta x = v_k \cdot T_0 \cdot \cos\left(\psi_k - \omega_k \cdot \frac{T_0}{2}\right) \tag{14.3a}$$

$$\Delta y = v_k \cdot T_0 \cdot \sin\left(\psi_k - \omega_k \cdot \frac{T_0}{2}\right) \tag{14.3b}$$

14.2 Positionsbestimmung

$$\Delta \psi = \omega_k \cdot T_0 \qquad (14.3c)$$

mit

$$v_k = \frac{l_{RL} + l_{RR}}{2T_0}, \quad \omega_k = \frac{l_{RL} - l_{RR}}{b_r T_0} \text{ und der Abtastzeit } T_0.$$

Somit lässt sich die differenzielle Bewegung des Fahrzeugs zwischen zwei Zeitschritten k und $k + 1$ gemäß Bild 14-4 beschreiben.

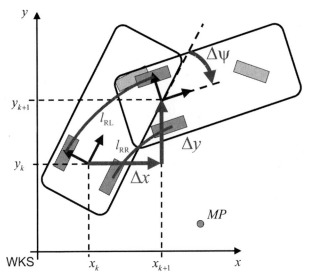

Bild 14-4:
Bewegung des Fahrzeugs zwischen zwei Abtastschritten x_k und x_{k+1}

Auf Basis der im Messvektor

$$\mathbf{z}_k = \begin{bmatrix} l_{RL} & l_{RR} & \omega_G & v_{VA} \end{bmatrix}^T, \qquad (14.4)$$

enthaltenen Größen l_{RL} und l_{RR} allein kann die Position mit Hilfe des nichtlinearen Prozessmodells berechnet werden. Die zusätzlichen Messgrößen ω_G und v_{VA} dienen der (unabhängigen) Abstützung der Positionsschätzung. Über die bekannten Kalman-Filter Gleichungen zur Berechnung von Prädiktion bzw. Korrektur des Systemzustandes – in diesem Fall der Fahrzeugposition – wird eine bezüglich des Gesamtfehlers der gemessenen Größen minimal-quadratischen Positionsschätzung durchgeführt.

Der Zusammenhang der berechneten Positionsdaten mit der realen Fahrzeugumgebung wird über eine im Fahrzeug installierte Zeilenkamera, welche die Fahrzeugumgebung abtastet, hergestellt. Aus den gemeinsam gespeicherten Bild- und Positionsdaten ergibt sich bei der Bildverarbeitung eine eindeutige Zuordnung der Position des Fahrzeugs innerhalb einer durch Linienzüge repräsentierten Fahrzeugumgebung (vgl. Bild 14-5).

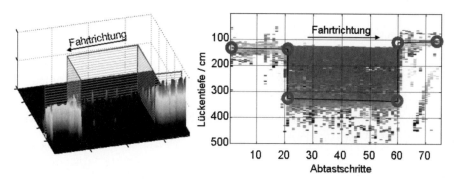

Bild 14-5: Dreidimensionale bzw. zweidimensionale Darstellung der Parklücke nach der Vermessung während der Vorbeifahrt

14.3 Bahnplanung

Ziel der Bahnplanung ist es, möglichst in funktionaler Form eine zeitliche Folge von Fahrzeugpositionen und -orientierungen zu erstellen, die als Grundlage für die (im nachfolgenden Abschnitt beschriebene) Bahnregelung dient. Grundvoraussetzung für eine praktikable Umsetzung im Fahrzeug ist allerdings, dass der Bahnplaner schnell genug arbeitet, um im realen Einsatz einen flüssigen Ablauf des Parkvorgangs zu gewährleisten. Das Thema Bahnplanung war bisher mehr mit dem Gebiet der mobilen Robotik als mit der Fahrzeugtechnik verbunden. Nachfolgend wird ein neu entwickelter Algorithmus vorgestellt, welcher die Planung einer kollisionsfreien Bahn in die Parklücke gestattet (vgl. Block „Sollbahn" in Bild 14-2). Die Planung geschieht im Arbeitsraum, im Gegensatz zum sonst üblicherweise verwendeten Konfigurationsraum (zur Unterscheidung siehe [1], [5]).

Für die Gestaltung der Bahn gelten dabei unter Einbeziehung des menschlichen Aktors als Querregler verschiedene, teilweise widersprüchliche, Optimierungskriterien (priorisierte Reihenfolge):

1. Ausnutzung möglichst kurzer Parklücken, bei möglichst wenigen Fahrtrichtungswechseln
2. Bahn für den Menschen möglichst angenehm nachfahrbar (Lenkradwinkelverlauf an realem, beispielhaftem Parkverlauf angelehnt)
3. Bahnverlauf und damit Lenkradwinkelverlauf, an die tatsächlich zur Verfügung stehende Lückenlänge angepasst
4. Die Bahn sollte sich möglichst in einer geschlossenen funktionalen Form darstellen lassen (Polynome, Splines, abschnittsweise definierte geschlossene Funktion).
5. Möglichst einfache und damit auch schnelle Kollisionserkennung/-vermeidung bereits in der Bahnplanungsphase
6. Einstellbare Regelreserve bzw. Sicherheitsabstand zu den Hindernissen

14.3 Bahnplanung

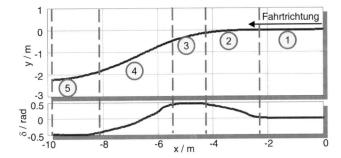

Bild 14-6:
Darstellung der Bahn (oben, in Aufsicht) und des Lenkwinkelverlaufs (unten) eines realen, manuellen Parkvorgangs, eingeteilt in fünf geometrische Abschnitte

In Bild 14-6 ist die Aufsicht eines realen, manuellen Parkvorgangs mit zugehörigem Lenkradwinkelverlauf über der x-Koordinate im Weltkoordinatensystem dargestellt.
Im direkten Vergleich von Bahn- und Lenkradwinkelverlauf lässt sich die Bahn in 5 Abschnitte und damit geometrische Grundformen einteilen (vgl. Bild 14-7): *Gerade* (1), *Kreisbögen* (3 und 5), sowie *Klothoiden* bzw. *S-Kurven* (2 und 4). Diese Aufteilung liefert einen direkten Hinweis auf die Gestaltung der Bahn im Hinblick auf die Erfüllung der Forderung 2 zur Bahngestaltung.
Der entwickelte iterative Bahnplanungsalgorithmus ist durch die implizite Kollisionsberechnung – unter Berücksichtigung der Regelreserve – sehr schnell. Startpunkt der Bahnplanung ist die bereits bei der Positionsbestimmung ermittelte Zielposition. Darauf aufbauend werden die Mittelpunkte der Kreisbögen in der Fläche iterativ verschoben (Abschnitte 3 und 5). Deren Radien sind durch den maximalen Lenkradwinkel (Wendekreis des Fahrzeugs plus Regelreserve) vorgegeben. Liegen die beiden Kreisbögen fest werden diese untereinander mit einer S-Kurve (zwei aneinander gesetzte Klothoiden) und mit Hilfe einer weiteren Klothoiden mit der Start-Geraden verbunden. Dieses Vorgehen ist in Bild 14-7 skizziert.

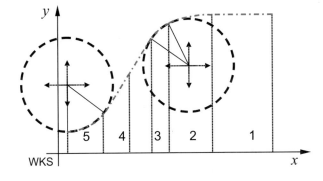

Bild 14-7:
Skizze zur Darstellung der Bahnplanung im Arbeitsraum (WKS) mit den zentralen Kreisen/Kreisbögen und der Startgerade sowie deren Verbindungsstücke (Klothoiden)

Die mit Hilfe der oben beschriebenen Vorgehensweise geplante, in Abschnitte aufgeteilte Bahn, lässt sich abschnittsweise analytisch formulieren. Die Klothoiden werden dabei durch sog. G^2-Splines dargestellt. Die dergestalt funktional definierte Bahn steht im Block „Sollbahn" (vgl. Bild 14-1) bzw. „Bahnplaner/Bahnfunktion" (vgl. Bild 14-9) zur Verfügung.

14.4 Bahnregelung

Gemäß der Konzeption des Gesamtsystems besteht die Hauptaufgabe des Reglers darin, das Fahrzeug so präzise wie möglich auf der a priori geplanten Bahn zu führen. Da die Bahn, um die kleinstmögliche Parklücke ausnutzen zu können, mit geringem Sicherheitsabstand zum Hindernis geplant wird, muss der Regler, trotz der großen dynamischen Bandbreite des Fahrers als Aktor im Regelkreis, diese Bahntreue gewährleisten. Der Regler muss also robust gegenüber Parameterschwankungen der Regelkreisdynamik sein. Um die Abstimmung im Fahrzeug so einfach wie möglich zu machen, soll der Regler schließlich noch einfach parametrierbar sein.

Um eine weitestgehende Unabhängigkeit von der gefahrenen Geschwindigkeit bei gleichzeitiger bestmöglicher Bahntreue zu gewährleisten lässt sich der *Positions-* bzw. *Orientierungsfehler* wie folgt definieren (vgl. auch Bild 14-8):

$$
\begin{aligned}
e_y &= \Delta y = y_\text{soll} - y_\text{ist}, \\
e_\psi &= \Delta \psi = \psi_\text{soll} - \psi_\text{ist}.
\end{aligned}
\quad (14.5)
$$

Aus dieser Fehlerdefinition ergibt sich unmittelbar als Regelgesetz ein *Zustandsregler mit gekoppelten Führungsgrößen mit* $(w_\delta, w_\psi, w_y,$ siehe Bild 14-9):

$$\delta_{L,\text{soll}} = w_\delta + K_y \cdot e_y + K_\psi \cdot e_\psi. \quad (14.6)$$

Dabei ist der Soll-Lenkwinkel w_δ eine Funktion der Bahnkrümmung und der Fahrzeuggeometrie. Der in Bild 14-9 grafisch dargestellte Regelkreis zeigt die im Regler realisierte Superposition der gewichteten Bahn- bzw. Orientierungsabweichung.

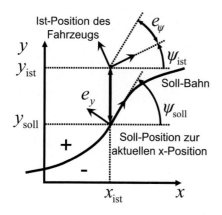

Bild 14-8: Definition des Positions- und Orientierungsfehlers im kartesischen Weltkoordinatensystem

14.4 Bahnregelung

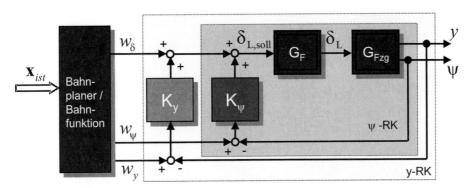

Bild 14-9: Grafische Darstellung des Zustandsreglers mit gekoppelten Führungsgrößen

Die Einstellung der beiden Parameter des Reglers, den Gewichtungs-/Verstärkungsfaktoren K_y und K_ψ, kann für ein vereinfachtes Fahrermodell asymptotisch stabil mit Hilfe des Wurzel-Orts-Kurven-Verfahrens (WOK) durchgeführt werden. Durch eine Erweiterung dieses Reglers, in Form einer wegabhängigen Änderung der Verstärkungsfaktoren, das sog. *Gain-Scheduling*,

$$K_y = K_y(x_{\text{ist}}), K_\psi = K_\psi(x_{\text{ist}}) \tag{14.7}$$

kann eine evtl. auftretende Bahnabweichung im Zielpunkt minimiert werden.

1992 führten Fliess und Rouchon. das Konzept der *Flachheit* ein ([6], [7]). Es eröffnet einen neuen Zugang zur Analyse und zum Entwurf nichtlinearer Regelsysteme. Flache, nichtlineare Systeme sind eine Verallgemeinerung der linearen steuerbaren Systeme und ermöglichen einen systematischen Entwurf von Steuerungen und Regelungen zur Trajektorienfolge [8]. Flache Systeme können in geeigneten Koordinaten wie lineare Systeme in linearen Räumen dargestellt werden. Die Koordinaten beschreiben die Zustände und die Eingänge des Systems und zusätzlich alle zeitlichen Ableitungen. Flache Systeme besitzen ähnliche Steuerbarkeitseigenschaften wie lineare Systeme. Daher können Trajektorien von flachen Systemen einfach geplant und durch Steuerungen bzw. Regelungen realisiert werden.

Wesentliches Merkmal eines flachen Systems ist die Existenz eines fiktiven Ausgangs **y**, welcher *flacher* Ausgang genannt wird. Ein solcher flacher Ausgang enthält ebenso viele (differentiell) unabhängige Komponenten y_i, $i = 1,...,m$ wie der Eingang **u** und beschreibt das dynamische Verhalten dann vollständig, wenn alle Zustände und Eingänge des Systems als Funktion der y_i und einer endlichen Zahl von Zeitableitungen $y_1(k)$, $k \geq 1$ dargestellt werden können [8].

In seiner Grundform ist der flache Regler allerdings nicht brauchbar, da aufgrund seiner Zeitparametrierung eine Singularität bei einer Fahrgeschwindigkeit gleich null auftritt. Dieses Problem lässt sich durch eine Umparametrierung der Zeit auf den Weg umgehen. Dies geschieht durch die Einführung einer *dynamischen Rückführung* (vgl. Bild 14-10, [9])

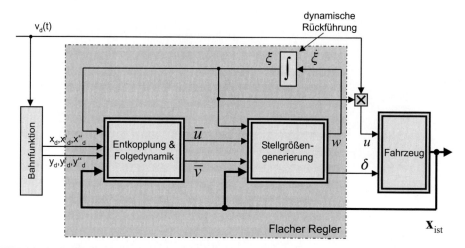

Bild 14-10: Grafische Darstellung des flachheitsbasierten Reglers

Bild 14-10 zeigt die Gleichungen des flachen Reglers als Blockschaltbild, bestehend im Wesentlichen aus der Berechnung der *Entkopplung* und der *Folgedynamik* sowie der *Stellgrößengenerierung*. Im erst genannten Block wird das System Fahrzeug linearisiert. Basierend auf dieser Linearisierung erfolgt die Berechnung der unabhängigen (entkoppelten) Stellgrößen $\overline{u}$ und $\overline{v}$ für die beiden Koordinatenrichtungen des kartesischen (Welt-)koordinatensystems. Im anschließenden Block Stellgrößengenerierung werden daraus wiederum reale Stellgrößen (Lenkwinkel und Geschwindigkeit) berechnet. Man erkennt, dass sich der zusätzlich eingeführte Zustand ξ als Modifikationsfaktor für die Geschwindigkeit des Fahrzeugs interpretieren lässt. Weicht das geregelte Fahrzeug von der Soll-Bahn ab, muss die reale Geschwindigkeit bei gleichzeitiger Anpassung des Lenkwinkels δ erhöht werden, um das Fahrzeug wieder zurück auf die Bahn zu führen und mit der vorgegebenen Referenzgeschwindigkeit $v_d(t)$ der Solltrajektorie „Schritt zu halten" (vgl. Bild 14-11 links)).

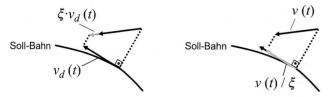

Bild 14-11: Modifikation der Längsgeschwindigkeit durch die dynamische Rückführung der beiden Varianten des flachen Reglers (links für Bild 14-10, rechts für Bild 14-12)

Dazu nimmt $|\xi|$ Werte größer eins an. Ist die Bahn wieder erreicht, fällt der Wert am Ausgang des Integrators wieder auf eins zurück. Das reale Fahrzeug bewegt sich nun wieder mit der Referenzgeschwindigkeit $ds(t)/dt = v_d(t)$ entlang der Soll-Bahn.

Diese Betrachtungsweise führt zu folgender Modifikation des Reglers: man kann umgekehrt die Geschwindigkeit des realen Fahrzeugs vorgeben und durch den Zustand ξ eine Anpassung der Geschwindigkeit des Referenzfahrzeugs vornehmen. Dies kann man als Projektion der Geschwindigkeit des geregelten Fahrzeugs auf die Bahn auffassen (Bild 14-11 rechts). Der hieraus resultierende modifizierte flache Regler mit bereits integriertem Fahrer ist in Bild 14-12 zu sehen. Diese Modifikation ist unter der Annahme zulässig, dass die Dynamik des Fahrzeugpositionsregelkreises wesentlich geringer ist als die des unterlagerten Regelkreises bestehend aus Fahrer und MMS. Für die niedrigen Längsgeschwindigkeiten, wie sie beim Parken auftreten, ist diese Annahme gerechtfertigt, bei höheren Fahrgeschwindigkeiten, wird das System allerdings instabil. Detaillierte Ausführungen zu weiteren Reglern bzw. entsprechende Stabilitätsuntersuchungen finden sich in [10].

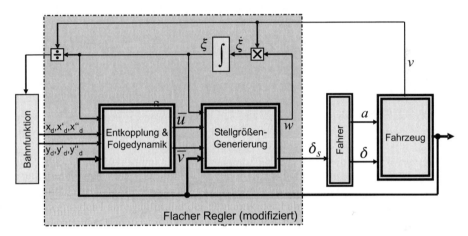

Bild 14-12: Grafische Darstellung des flachheitsbasierten Reglers (modifiziert)

14.5 Mensch-Maschine-Schnittstelle

Bei der Auswahl bzw. Gestaltung der MMS spielen verschiedene Gesichtspunkte eine Rolle. Um den Fahrer bei seiner primären Aufgabe, der Fahrzeugführung, nicht weiter zu belasten, muss für die jeweilige Teilaufgabe des Parkvorgangs eine geeignete Form der Informationsübermittlung verwendet werden.

Über den visuellen Kanal werden beim Autofahren ca. 90 % aller Informationen aufgenommen. Die Kapazität des Kanals beträgt ca. 3,5 Mbit/sec. Der zweite wichtige Kanal ist die auditive Wahrnehmung. Dieser Kanal hat noch freie Aufnahmekapazität, bietet aber mit ca. 800 Bit/sec nur ein Bruchteil der visuellen Kapazität. Die Informationsaufnahme ist aber unabhängig von der Blickrichtung. Sowohl der visuelle als auch der auditive Kanal benöti-

gen in aller Regel vor der Fahrerreaktion eine relativ zeitintensive Signalverarbeitung im Gehirn. Der haptisch-taktile Kanal hingegen weist die kürzeste Reaktionszeit auf, besitzt aber mit Abstand die geringste Kapazität [11].
Aus diesen Überlegungen ergeben sich folgende Bedingungen für die MMS:
♦ Ausnutzung des jeweils günstigsten Informationskanals,
♦ intuitive / verständliche Gestaltung zur schnellen Informationsaufnahme,
♦ geringe Beanspruchung des Fahrers.

Das beschriebene Parkassistenzsystem soll den gesamten Parkablauf (von der Suche bzw. Vermessung einer geeigneten Parklücke) bis hin zu konkreten Lenkanweisungen beim rückwärtigen Parkvorgang unterstützen. Somit zerfällt die Aufgabe der MMS in die Steuerung des Parkablaufs und den eigentlichen Kernpunkt des Systems, die Regelung des eigentlichen Parkmanövers. Weiterhin soll die MMS auch Warnhinweise und Systemfehler anzeigen.
Basierend auf diesen Überlegungen bzw. Bedingungen wurde eine MMS bestehend aus auditiver und visueller Informationsübermittlung gestaltet. Die Steuerung des Parkablaufs geschieht im Wesentlichen durch akustische Ansagen und wird unterstützt durch statische Anzeigen. Hierbei wird die Aufmerksamkeit des Fahrers nicht von der aktuellen Verkehrssituation abgelenkt.
Für die Regelung des Einparkmanövers wird eine dynamische, rein optische Anzeige verwendet. Dabei ist nur eine Anzeige für die Querführung, also den Lenkradwinkel vorgesehen, da der Fahrer seine Fahrgeschwindigkeit der Situation angemessen frei wählen kann. Für die Hauptaufgabe des Fahrers während des Parkmanövers, den Lenkradwinkel nach Vorgabe des Reglers einzustellen, lassen sich grundsätzlich vergleichende und verfolgende Anzeigen unterscheiden [12].

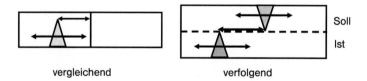

Bild 14-13: Vergleichende bzw. verfolgende Anzeige für die Darstellung des Lenkradwinkels

Um den Fahrer mit den notwendigen Informationen zu versorgen, wie schnell und wie weit er das Lenkrad entsprechend dem Soll-Lenkradwinkelsignal des Bahnreglers drehen soll, wurde ein frei programmierbares optisches Display verwendet. Dieses, in der Mitte des Armaturenbrettes angeordnete, Display dient normalerweise der Anzeige von Bord-Computer-/Statusinformationen bzw. des Navigationssystems. Für das Parkassistenzsystem wurde eine verfolgende Anzeige gewählt ([12], [13]). Im oberen Bereich der Anzeige ist der vom System bzw. vom Bahnregler berechnete Soll-Lenkradwinkel zu sehen, während im unteren Bereich, der aktuell vom Fahrer eingestellte Ist-Lenkradwinkel dargestellt wird (vgl. Bild 14-13) Aufgabe des Fahrers ist es nun, während des Parkvorgangs die beiden Pfeilspitzen ständig zur Deckung zu bringen bzw. zu halten. Die aufgrund der normalen Reaktionszeit des Fahrers auftretenden Bahnabweichungen werden dabei mit Hilfe des Bahnreglers durch Veränderung der Sollvorgabe kompensiert.

Neben dem Display im Armaturenbrett ist es sinnvoll, ein weiteres Display im Fahrzeugheck an zu bringen. Dieses liegt so im Blickfeld, dass es entweder direkt gesehen wird, wenn sich der Fahrer herumdreht, oder aber im Rückspiegel gesehen werden kann (vgl. Bild 14-14).

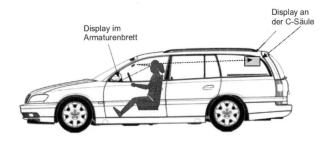

Bild 14-14:
Beispielhafte Anordnung der MMS-Displays im Fahrzeug, sowie mögliche Sehstrahlen des Fahrers

14.6 Experimentelle Ergebnisse

Zur Validierung der in Abschnitt 14.2 beschriebene entwickelten Algorithmen bzw. des gesamten Systemkonzepts, wurde ein Serienfahrzeug (Opel Omega B Caravan, Automatik, Heckantrieb) zum Versuchsfahrzeug umgerüstet. Die komplette Software des Parkassistenzsystems wurde dabei auf einer Rapid-Control-Prototyping-Plattform (DS1401, Mikro-AutoBox) der Firma dSPACE entwickelt und getestet. Das Fahrzeug, ausgerüstet mit vier serienmäßigen passiven ABS-Raddrehzahlsensoren, einem Gierraten- und einem Lenkradwinkelsensor, wurde zusätzlich um die in Abschnitt 14.3 beschriebene Zeilenkamera mit zugehöriger Bildauswertungseinheit erweitert [14]. Bis auf die analog eingelesenen Raddrehzahlsensoren kommunizieren sämtliche Sensoren über den High-Speed Fahrzeug-CAN-Bus mit der Recheneinheit (DS1401), wie in Bild 14-15 dargestellt.

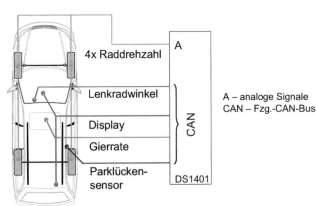

Bild 14-15:
Sensorik (Raddrehzahl, Lenkradwinkel, Gierrate, Parklückensensor) und Aktorik (Display) im Versuchfahrzeug

Ein spezieller Auswertealgorithmus für die analogen Raddrehzahlsignale gewährleistet eine Abtastrate von 192 Impulsen pro Radumdrehung und einer Auswertung bis zu einer minimalen Fahrgeschwindigkeit von 0,01 m/s bei entsprechender Genauigkeit. Dies ist die Grundvoraussetzung für die notwendige präzise Positionsbestimmung.

Bild 14-16 zeigt das Resultat eines kompletten, vom System unterstützten Parkvorgangs, bestehend aus Vorbeifahrt mit Vermessung der Parklücke und rückwärtigem Parkmanöver. Um einen Vergleich mit einer absoluten Referenzgröße zu erhalten, wurde das Versuchsfahrzeug zusätzlich mit einem (unabhängig vom Parkassistenten arbeitenden) Differential-GPS (DGPS) ausgestattet. Neben der Aufzeichnung der Koordinaten der Bahn erfolgte auch die statische Vermessung der Szene mit Hilfe dieses Systems. Das mit 1 Hz Aufzeichnungsrate arbeitende System weist eine dynamische Genauigkeit von 2 cm und eine statische von 5 mm auf. Die Ringe im Bild zeigen die vom System erfassten Kanten/Ecken der Hindernisse (zwei parkende Fahrzeug) und das aus diesen Daten erzeugte Koordinatensystem. (Aufgrund der ungleichen Achsenaufteilung erscheinen die Fahrzeuge verzerrt). Das Bild zeigt, dass die vom Parkassistenten über die interne Positionsbestimmung ermittelte Bahn nahezu deckungsgleich mit der vom DPGS ermittelten Referenzbahn ist. In diesem Fall erfolgte der Parkvorgang in einem Zug wobei das Fahrzeug mit der Außenkante fluchtend in der Parklücke zu stehen kam.

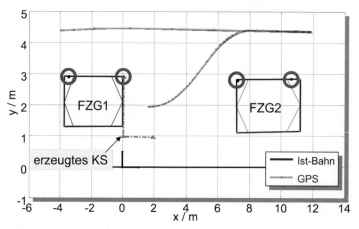

Bild 14-16: Beispielhafter, geregelter Parkvorgang in Aufsicht, zeitgleich vermessen mit Hilfe eines DGPS (statisch und dynamisch)

Bild 14-17 zeigt als Ausschnitt die Bahn des geregelten rückwärtige Parkmanövers aus Bild 14-16 mit den zugehörigen Stellgrößen (Fahrgeschwindigkeit und Soll-/Ist-Lenkradwinkel, sowie die Fahrzeugorientierung bezüglich des zu Beginn des Parkvorgangs festgelegten Weltkoordinatensystems). An der ebenfalls dargestellten Abweichung von berechneter Soll-Bahn und tatsächlich gefahrener Ist-Bahn (im Bild 14-17 links unten) von max. 2 cm lässt sich die Güte des gesamten Systems ablesen. Für diesen Fall wurde der Zustandsregler mit gekoppelten Führungsgrößen verwendet.

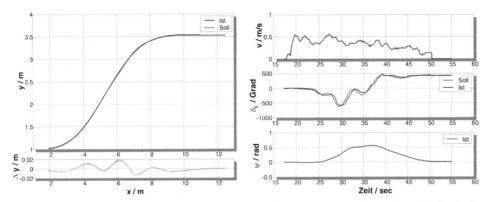

Bild 14-17: Bahn des geregelten Parkmanövers und Bahnabweichung (links) und zugehörige Stellgrößen sowie Fahrgeschwindigkeit (rechts) zum Parkvorgang aus Bild 14-16

14.7 Zusammenfassung

Begünstigt durch immer preisgünstigere und leistungsfähigere Elektronikkomponenten wird die Mechatronisierung des Automobils von den Herstellern und ihren Zulieferern voran getrieben. Dabei werden die Fahrzeuge mit immer mehr die Fahrzeugumgebung erfassender Sensorik ausgestattet. Hieraus ergibt sich für Hersteller bzw. Zulieferer die Chance, mit geringem Mehraufwand wertsteigernde Zusatzfunktionen in Form von beispielsweise komfortorientierten Fahrerassistenzsystemen (FAS) in die Fahrzeuge zu integrieren. Die damit zunehmende Individualisierung des einzelnen Fahrzeugs sichert einen Wettbewerbsvorteil gegenüber anderen Herstellern.

Das in diesem Kapitel vorgestellte Parkassistenzsystem (PAS) stellt eine Erweiterung bisheriger ultraschallbasierter Einparkhilfen dar. Kernpunkt des Systems ist dabei nicht die Erweiterung der Umgebungswahrnehmung des Fahrers, wie es bei schon am Markt erhältlichen Systemen der Fall ist, sondern vielmehr die Unterstützung der Parklückensuche und des Parkvorgangs durch genaue Steueranweisungen. Letztlich wurde mit Hilfe des Parkassistenten eine Positionsregelung für ein Kraftfahrzeug mit Hilfe eines menschlichen Lenkaktors realisiert, [10].

Wesentliches Merkmal des PAS ist die möglichst präzise Regelung des Fahrzeugs auf eine kartesische Position innerhalb eines parallel zur Fahrbahnoberfläche ausgerichteten kartesischen (Welt-)Koordinatensystems mit der Einschränkung niedriger Fahrzeuggeschwindigkeiten.

Entsprechend dem nutzerzentrierten Ansatz des PAS wurde das beschriebene Bahnplanungsverfahren entwickelt. Die aus den geometrischen Grundelementen Gerade, Kreis und Klothoide zusammengesetzte Bahn gewährleistet im Regelfall einen Parkvorgang in einem Zug, wobei sich ein Lenkradwinkelverlauf ergibt, wie er auch bei einem manuellen Parkvorgang auftritt.

Durch den modularen Aufbau des Systems, mit in sich abgeschlossenen Funktionseinheiten, sind einzelne Komponenten ohne strukturelle Änderungen leicht austauschbar. So ließe sich aus dem System mit einem Lenkaktor und einer davon unabhängigen Geschwindigkeitssteuerung, welche beide den Fahrer ersetzen, ein vollautomatisch parkendes Fahrzeug schaffen. Da die Regler unabhängig von der Bahnform arbeiten, ist mit einer Änderung der Bahnplanung weiterhin eine vollautomatische und genaue Bahnsteuerung eines Fahrzeugs im niedrigen Geschwindigkeitsbereich auf beliebige Bahnen erweiterbar.

Abgerundet wird das System durch eine eigens entwickelte Mensch-Machine-Schnittstelle (MMS), die den Menschen als integralen Bestandteil vollständig in den Regelkreis integriert (Stellglied für die Querregelung). Eine ausführliche Beschreibung des entwickelten Parkassistenzsystems ist in [10] zu finden.

Literatur

[1] *Latombe, J.-C.:* Robot Motion Planning; 5. Auflage. Kluwer Academic Publishers, 1991

[2] *Borenstein, J.; Everett, H. R.; Feng, L.:* Where am I? Sensors and Methods for Mobile Robot Positioning – Technischer Bericht, The University of Michigan, Department of Mechanical Engineering and Applied Mechanics, Mobile Robotics Laboratory, 1996

[3] *Welch, G.; Bishop, G.:* An Introduction to the Kalman Filter. Department of Computer Science, University of North Carolina, S. 1–16, 2001

[4] *Kochem, M.; Wagner, N.; Hamann, C.-D.; Isermann, R.:* Data fusion for precise deadreckoning of passenger cars. In: Proceedings of the 15th IFAC World Congress, IFAC, Barcelona/Spain, 2002

[5] *Laumond, J. P.:* Robot Motion Planning and Control. Springer, Berlin, Heidelberg, New York, 1998

[6] *Rouchon, P.; Fliess, M.; Lévine, J.; Martin, P.:* Flatness and motion planning: the car with n trailers. In: *Nieuwenhuis, J.; Praagman, C.; Trentelman, H. L.* (Hrsg.): Proceedings of the 2nd European Control Conference, S. 1518–1522, Groningen, The Netherlands, ECC, 1993

[7] *Fliess, M.; Lévine, J.; Martin, P.; Rouchon, P.:* Flatness and defect of nonlinear systems: Introductory theory and examples. In: International Journal of Control, 61(6): pp. 1327–1361, 1995

[8] *Rothfuß, R.; Rudolph, J.; Zeitz, M.:* Flachheit: Ein neuer Zugang zur Steuerung und Regelung nichtlinearer Systeme. In: *at – Automatisierungstechnik,* 45(11): S. 517–525, 1997

[9] *Isidori, A.:* Nonlinear Control Systems, 3. Auflage. Springer-Verlag, Berlin, Heidelberg, New York, 1995

[10] *Kochem, M.:* Ein Fahrerassistenzsystem zur Unterstützung des rückwärtigen Parkvorgangs für Pkw. In: VDI Fortschritt-Berichte Reihe 12, Nummer 590: Verkehrstechnik / Fahrzeugtechnik. VDI-Verlag, Düsseldorf, 2005

[11] *Bielaczek, C.:* Untersuchungen zur Auswirkung einer aktiven Fahrerbeeinflussung auf die Fahrsicherheit beim Pkw-Fahren im realen Straßenverkehr. In: VDI Fortschritt-Berichte Reihe 12, Nummer 357: Verkehrstechnik / Fahrzeugtechnik. VDI-Verlag, Düsseldorf, 1998

[12] *Sanders, M. S.; McCormick, E. J.:* Human Factors in Engineering and Design, 6. Auflage. McGraw-Hill, New York, 1987

[13] *Bokranz, R.; Landau, K.:* Einführung in die Arbeitswissenschaft. Eugen Ulmer Verlag, Stuttgart, 1991

[14] *Kochem, M.; Neddenriep, R.; Wagner, N.; Hamann, C.-D.; Isermann, R.:* Accurate local vehicle dead-reckoning for a parking assistance system. In: *Brockett, R. W.* (Hrsg.): Proceedings of the American Control Conference – ACC 2002, Anchorage/Alaska, AACC, 2002

15 Systemvernetzung und Funktionseigenentwicklung im Fahrwerk – Neue Herausforderung für Hersteller und Zulieferer

RALF SCHWARZ

Innovationen in der Automobilindustrie kamen in den letzten Jahren vor allem aus der Elektronik. Die Bedeutung der Elektronik und ihrer Funktionen wird auch in Zukunft weiter steigen. Die Elektronifizierung hat jedoch noch ihre Kehrseiten. Laut einer vom ADAC 2004 in Auftrag gegebenen CAR-Studie ist in Deutschland in den letzten fünf Jahren der Anteil der Pannen bei drei- bis fünfjährigen Autos, die auf Elektrik und Elektronik zurückzuführen sind, von 50,5 auf 59,2 Prozent gestiegen. Aufgabe der OEMs und Zulieferer muss es daher zukünftig verstärkt sein, die Verfügbarkeit der Funktionen bei gleichbleibender Innovationsgeschwindigkeit zu erhöhen, dies wird durch partnerschaftliche Zusammenarbeit mit neuen Wegen der Entwicklungsverzahnung ermöglicht. Mit dem Leitsatz „Vorsprung durch Technik" folgt daraus für Audi der Anspruch:

> **„Wir wollen gemeinsam mit unseren Zulieferern neue Funktionen kundengerecht, frühzeitig und kosteneffizient in Serie umsetzen."**

Betrachtet man diesen Anspruch vor dem derzeit stattfindenden Wandel der Wertschöpfungskette zwischen OEM und Zulieferer, Bild 15-1, so wird deutlich, dass die OEMs Kompetenz in der Funktionsentwicklung sowie der Funktions- und Systemvernetzung aufbauen müssen. Die Zulieferer werden zunehmend Aufgaben der Systemintegration auf Elektronik- und Mechanikebene übernehmen. Dazu bedarf es neuer Schnittstellen auf Produkt- und Prozessebene, die es den Premiumherstellern ermöglichen, neue wettbewerbsrelevante Funktionen einfach und mit hoher Produktqualität umzusetzen und diese nach Wegfall des Wettbewerbsvorsprungs als Zuliefererprodukt zu etablieren. Über den Zulieferersynergieeffekt werden diese Funktionen damit dem Massenmarkt zugänglich und erfahren zusätzliche Testtiefe.

Dieses Kapitel beschreibt zunächst die im Fahrwerk existierenden und zukünftigen Systeme. Dabei werden die Systeme in die Kategorien passiv, semiaktiv und aktiv unterteilt. Am Beispiel ihres Potentials zur Beeinflussung des Giermomentes und damit der Horizontaldynamik wird der Nutzen bzw. die Notwendigkeit der Vernetzung dargestellt. Im Weiteren werden verschiedene Architekturen für die funktionale Vernetzung, Vor- und Nachteile der OEM-Funktionseigenentwicklung sowie neue Geschäftsmodelle zwischen OEM und Zulieferer für die Umsetzung der sich ergebenden Aufgaben aufgezeigt.

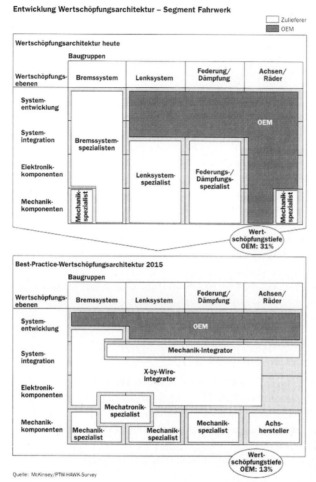

Bild 15-1:
Heutige und zukünftige Aufgabenteilung OEM/Zulieferer

15.1 Fahrwerksysteme – Ein Überblick

Bild 15-2 gibt einen Überblick über die Entwicklung der Fahrwerkssysteme und zeigt auf, wie sich die Systeme jeweils durch evolutionäre Weiterentwicklung bzw. durch einen Technologiewandel (z.B. Einführung der Elektronik) funktional verbessert haben.
Bei den Bremssystemen fand die Elektronik 1978 mit dem Anti-Blockier-System ABS Einzug, Bild 15-3. Beim ABS kann man jedoch noch nicht von einem aktiven Fahrwerkregelsystem sprechen, da Druckaufbauten ohne Fahrerbremsbetätigung nicht möglich sind. Erst die Antriebsschlupfregelung (1983) und das Elektronische Stabilitätsprogramm ESP (1995) ermöglichten autarke radindividuelle Druckmodulationen.

15.1 Fahrwerksysteme – Ein Überblick

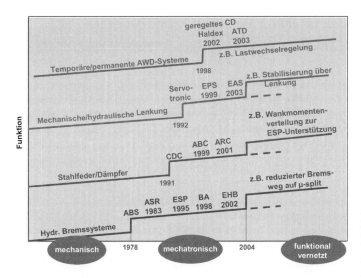

Bild 15-2:
Evolution und Roadmap von Fahrwerk- und Allradsystemen

Aufgrund der bei diesen Systemen immer noch mechanischen Kopplung zwischen Fahrerpedal und Bremssystem, der Geräuschbildung durch die verwendete Ventil- und Pumpentechnik sowie der durch Bremseneingriff hervorgerufenen Fahrzeugverzögerung ist eine Aktuierung im Handlingbereich zur Beeinflussung des Eigenlenkverhaltens nur eingeschränkt darstellbar. Der aktive Bremseneingriff beschränkt sich bei diesen Systemen auf den Grenzbereich. Vom Fahrer mechanisch entkoppelte Systeme wie die elektrohydraulische und die elektromechanische Bremse (EHB/EMB) konnten sich aufgrund des ungünstigen Kosten/Nutzenverhältnisses bisher nicht durchsetzen.

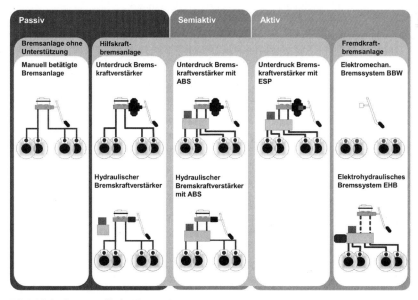

Bild 15-3: Systematik der Bremssysteme

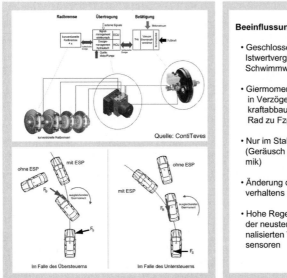

Bild 15-4: Systemkomponenten und Funktion des ESP

Das größte Potential zur Fahrzeugcharakterisierung im Fahrwerk liegt in den Vernetzungsfunktionen, die das Zusammenspiel der Giermomentenregelungen der Einzelsysteme definieren. Bild 15-4 zeigt im Hinblick auf die in Kapitel 15.3 beschriebenen Vernetzungsarchitekturen die Möglichkeiten der Horizontaldynamikbeeinflussung durch das Teilsystem ESP.

Bei den Feder-/Dämpfersystemen kann man, wie bei den Bremssystemen, zwischen passiven, semiaktiven und aktiven Systemen unterscheiden, Bild 15-5.

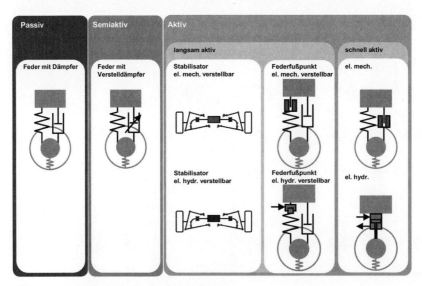

Bild 15-5: Systematik der Feder-/Dämpfersysteme

15.1 Fahrwerksysteme – Ein Überblick

Alle drei Kategorien sind im Pkw-Bereich zu finden. Es haben sich unterschiedlichste Ausführungen und Kombinationen herausgebildet. Sie unterscheiden sich durch den Kraftstellbereich, den beeinflussbaren Frequenzbereich, ihren Energiebedarf und den Aufwand an Aktuatoren und Sensoren.

Die semiaktiven Verstelldämpfersysteme bieten aufgrund der nur unter Aufbaudynamik möglichen Normalkraftbeeinflussung eingeschränktes Potential zur Regelung des Eigenlenkverhaltens.

Die ersten aktiven Feder-/Dämpfersysteme wurden Anfang der neunziger Jahre mit den aktiven hydropneumatischen Systemen in Serie angeboten. Als vollhydraulisches System fand 1999 das Active Body Control System (ABC) Einzug im Pkw. Das ABC verstellt mittels eines Stellzylinders den oberen Federteller und kann somit Radnormalkräfte bis zu einer Frequenz von ca. 5 Hz einstellen. Eine weitere Bauform aktiver Feder-/Dämpfersysteme, die sich auf die Beeinflussung der Wankbewegung konzentriert, sind Systeme mit aktiven Stabilisatoren. Ein hydraulischer bzw. sich in der Entwicklung befindliche elektromechanische Schwenkmotoren im Stabilisator ermöglichen bei diesen Systemen das gezielte Aufbringen von Differenzkräften an einer Achse.

Die zuletzt beschriebenen aktiven Feder- und Stabilisatorsysteme bieten im Sinne von Global Chassis Control ein hohes Funktionspotential durch Vernetzung, da mit ihnen aktiv Giermomente zur Beeinflussung des Fahrzeugeigenlenkverhaltens sowie aktiv Radlasten zur Unterstützung des Bremseneingriffs aufgebracht werden können, Bild 15-6.

Verstelldämpfer:
- Radaufstandskraftbeeinflussung nur instationär möglich
- Potential zur aktiven Giermomentenbeeinflussung im Normalfahrbereich aufgrund geringer Dämpfergeschwindigkeiten gering
- Als Unterstützung des ESP im fahrdynamischen Grenzbereich einsetzbar

Verstellstabilisatoren:
- Radaufstandskraftbeeinflussung auch stationär möglich
- Potential zur aktiven Giermomentenbeeinflussung im Normalfahrbereich aufgrund aktivem Kraftaufbau möglich
- Als Unterstützung des ESP im fahrdynamischen Grenzbereich einsetzbar

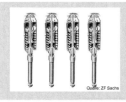

Verstellbarer Federfußpunkt:
- Radaufstandskraftbeeinflussung auch stationär möglich
- Potential zur aktiven Giermomentenbeeinflussung im Normalfahrbereich aufgrund aktivem Kraftaufbau möglich
- Als Unterstützung des ESP im fahrdynamischen Grenzbereich einsetzbar

Bild 15-6: Vergleich verschiedener regelbarer Feder-/Dämpfer Verstellsysteme

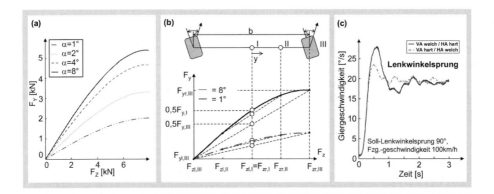

Beeinflussung der Horizontaldynamik:

- Gezielte Ausnutzung des physikalischen Effektes der degressiven Seitenkraftkennlinie von Gummireifen (Seitenkraft über Normalkraft)
- Radlastunterschied mit Normalkräften im degressiven Kennlinienbereich auf der Hochkraftseite führen zur Verringerung der maximalen Summenseitenkraft und zur Destabilisierung der Achse

Bild 15-7: Horizontaldynamikbeeinflussung durch Feder-/Dämpfersysteme

Bild 15-7 zeigt das Wirkprinzip der Giermomentenbeeinflussung durch gezielte Radnormalkraftregelung. Die Beeinflussung der Seitenkraft wird über die degressive Charakteristik der Seitenkraft/Radaufstandskennlinie, Bild 15-7a, ermöglicht. Bei gleicher Gesamtradaufstandskraft einer Achse führt die Erhöhung der Radaufstandskraft des einen Rades aufgrund der Degression zu einem geringeren Seitenkraftzuwachs als die Seitenkraftverringerung durch die gleich große Radaufstandskraftreduktion des anderen Rades, Bild 15-7b. Diesen Effekt zeigt Bild 15-7c am Beispiel eines Lenkwinkelsprungs mit unterschiedlichen achsweisen Dämpfereinstellungen.

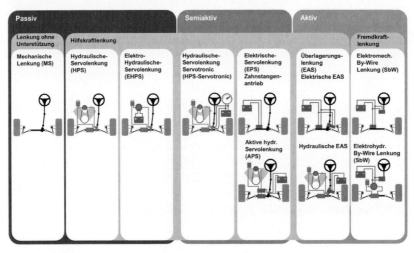

Bild 15-8: Systematik der Lenksysteme

15.1 Fahrwerksysteme – Ein Überblick

Bei der Lenkung haben, wie bei der Bremse, die Hilfskraftsysteme die Muskelkraftsysteme weitgehend abgelöst. Bild 15-8 gibt einen Überblick über die am Markt befindlichen und zukünftigen Lenksysteme.

Unter dem Gesichtspunkt der Giermomentenbeeinflussung sind die elektromechanischen Servolenkungen (EPS) und aktiven hydraulischen Lenkungen (AHPS) als semiaktiv zu bezeichnen. Sie ermöglichen über die freie Momentenüberlagerung zum Fahrerlenkmoment eine Umsetzung von Horizontaldynamikfunktionen durch Lenkrichtungsempfehlungen für den Fahrer, Bild 15-9.

Lenksysteme, die eine aktive Überlagerung des Lenkwinkels, also eine frei wählbare Lenkübersetzung ermöglichen, sind die Überlagerungslenkung sowie die elektrohydraulische und die elektromechanische By-Wire-Lenkung. Neben der Grundfunktion der variablen Lenkübersetzung eröffnet sich im Fahrwerk-Systemverbund mit der Möglichkeit der aktiven Lenkwinkelüberlagerung ein hohes Potential für neue Funktionen. Gegenüber dem reinen „Bremsen"-ESP lässt sich im Rahmen einer Fahrstabilitätsregelung mit kombiniertem Brems- und Lenkeingriff die Fahrdynamik und Fahrstabilität, bei gleichzeitig leichter beherrschbarem Grenzbereich, deutlich verbessern.

Eine ideale Kombination auf dem Weg zur voll entkoppelten Steer-by-Wire-Lenkung stellt die Überlagerungslenkung zusammen mit der frei lenkmomentbeeinflussbaren Servounterstützung dar.

Momenten-Überlagerungslenkungen (elektromechanisch/elektrohydraulisch)

Beeinflussung der Horizontaldynamik:
- Nur indirekt als Fahrervorschlag (Richtungsempfehlung)
- Anwendung: Assistenz- und Sicherheitsfunktionen
- Beispiele von vernetzten Sicherheitsfunktionen:
  - Lenkempfehlung bei µ-split Bremsungen
  - Lenkempfehlung in Über-/Untersteuersituationen
  - Lenkempfehlung zur Vermeidung von Anhängerschlingern, Fahrzeugüberschlag etc.

Winkel-Überlagerungslenkungen

Beeinflussung der Horizontaldynamik:
- Direktes Stellen eines Radlenkwinkels unabhängig vom Fahrerlenkwinkel möglich
- Das fahrerempfundene Eigenlenkverhalten, nicht aber das Fahrzeugeigenlenkverhalten kann beeinflusst werden
- Anwendungsgebiete: Sicherheits-, Komfort- und Handlingfunktionen
- Beispiele von vernetzten Sicherheitsfunktionen: Wie bei Momentenüberlagerung jedoch ohne „Mithilfe" Fahrer

Bild 15-9: Vergleich verschiedener regelbarer Voderachslenksysteme

Bild 15-10: Vergleich verschiedener regelbarer Hinterachslenksysteme

Zunehmend wird auch den in den 90er-Jahren erstmals in Serie angebotenen Hinterachslenksystemen wieder Beachtung geschenkt, Bild 15-10. Ihr größtes Potential zur Horizontaldynamikbeeinflussung liegt in der Möglichkeit den Schwimmwinkel zu minimieren und dem Untersteuern entgegenzuwirken. In Übersteuersituationen ist die Wirksamkeit aufgrund des erschöpften Seitenkraftpotentials an der Hinterachse gering – nur durch Gegenlenken an der Vorderachse bzw. durch Bremseneingriff kann die Stabilität wieder hergestellt werden.

Allradsysteme bieten neben der Traktionsverbesserung erhebliches Potential zur Fahrdynamikbeeinflussung. Die Bilder 15-11 (Längsverteilung) und 15-12 (Querverteilung) geben einen Überblick über den Aufbau der verschiedenen am Markt angebotenen und zukünftigen Systeme.

Technisch wird die Längsverteilung der Antriebskräfte üblicherweise mit einem **Mittendifferential** oder mit einer **Kupplung** realisiert. Im Bild 15-11 sind die Systeme neben dieser Abgrenzung zusätzlich in manuell passive, in passiv geregelte und in aktiv geregelte Systeme unterteilt.

Bei passiven Systemen mit Mittendifferential wird das Motormoment über das Differential auf die beiden Achsen verteilt. Das Differential gewährleistet bei engen Kurvenradien den Drehzahlausgleich zwischen Vorder- und Hinterachse. Das Verhältnis des Antriebsmoments von Vorder- und Hinterachse ist durch die Konstruktion geometrisch festgelegt. Übliche Werte der Momentenverteilung variieren je nach Gewichtsverteilung und gewünschtem Fahrverhalten von 60 : 40 bis 33 : 67.

15.1 Fahrwerksysteme – Ein Überblick

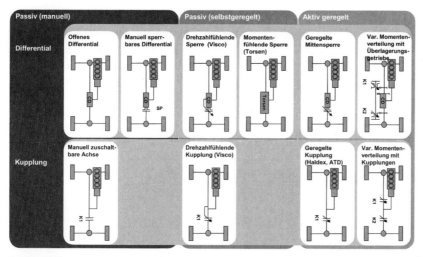

Bild 15-11: Systematik der Allradsysteme (Längsverteilung)

Bei dieser Momentenverteilung ist im Fahrbetrieb das übertragbare Moment durch die Achse mit dem niedrigeren Reibwert limitiert. Im Extremfall, wenn ein Rad in der Luft ist, kann das Fahrzeug trotz Allradantrieb nicht anfahren. Aus diesem Grund wurden schon sehr früh manuell sperrbare Differentiale eingesetzt. Zur Gewährleistung der Fahrsicherheit muss allerdings sichergestellt werden, dass die Sperre bei höheren Geschwindigkeiten wieder gelöst wird. Eine Automatisierung des Sperrvorgangs wird mit einer Viscosperre elegant gelöst, allerdings mit der Einschränkung, dass das Sperrmoment erst durch Drehzahlunterschied zeitverzögert entsteht. Ein momentenfühlendes Differential (z.B. Torsen) kann das Antriebsmoment bereits vor dem Entstehen eines Drehzahlunterschiedes zwischen den Achsen verteilen. Die mechanisch realisierbaren Sperrgrade sind ausreichend für die Optimierung der Fahrdynamik. Für eine optimale Traktion ist allerdings noch die Unterstützung durch die elektronische Differentialsperrenfunktion des ESP erforderlich.

Bei den aktiv geregelten Systemen wird meistens ein Mitteldifferential mit einer elektrohydraulischen oder elektromechanisch geregelten Sperre eingesetzt. Prinzipbedingt kann allerdings immer nur die Abtriebswelle mit der höheren Drehzahl abgebremst werden und so maximal Drehzahlgleichheit zwischen den Achsen hergestellt werden. Die Antriebsmomente stellen sich dann nach Achslast und Reibwert ein. Wünscht man eine variablere Verteilung der Längskräfte, ist dies nur mit einer aktiv geregelten Momentenverteilung zwischen Vorder- und Hinterachse möglich. Beispielsweise könnte man mit einem Überlagerungsgetriebe, die Abtriebsdrehzahlen zwischen Vorder- und Hinterachse variabel einstellen. Über die eingestellten Drehzahlen werden somit die Radschlüpfe und die Antriebskräfte aktiv geregelt.

Bei den Kupplungssystemen wird im einfachsten Fall bei Bedarf manuell die zweite Antriebsachse angekuppelt und so Drehzahlgleichheit zwischen beiden Achsen hergestellt. Diese Systeme finden sich häufig bei Fahrzeugen, die im Gelände hohe Traktion benötigen und auf der Straße mit Einachsantrieb fahren. Um aus diesen Systemen einen Pkwtauglichen permanenten Allradantrieb zu machen, muss die Kupplung automatisch geregelt werden. Mit einer Viscokupplung kann die zweite Achse automatisch angekuppelt werden. Das übertragene Moment hängt direkt vom Schlupf der Kupplung ab. Möchte man die Antriebsmomente mit Kupplungen völlig frei aktiv regeln, kann man jede Achse über eine Kupplung an den Antriebsstrang ankuppeln. So kann der Anteil der Achse am Antriebsmoment frei eingestellt werden. Der Verstellbereich ist variabel von 100 % Front- bis zu 100 % Heckantrieb.

Im Bild 15-12 sind die verschiedenen Systeme zur Querverteilung der Antriebsmomente in manuell passive, in selbstgeregelt passive und in aktiv geregelte Systeme dargestellt.

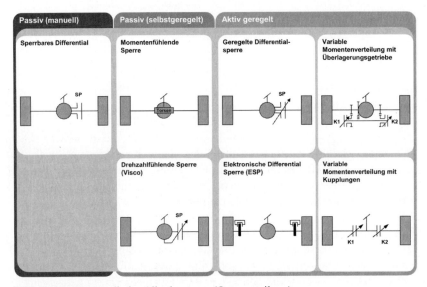

Bild 15-12: Systematik der Allradsysteme (Querverteilung)

Falls es erforderlich ist, die symmetrische Momentenverteilung eines Differentials zu ändern, erfolgt dies am einfachsten mit einer mechanischen Differentialsperre, die zwischen linkem und rechtem Rad die gleiche Drehzahl erzwingt. Die Traktion wird z.B. bei µ-split deutlich verbessert.

Mit den momentenfühlenden Sperren (z.B. Torsen) wird vor allem die Fahrdynamik (z.B. bei Beschleunigen und Lastwechsel in Kurven) optimiert. Diese Sperren reagieren sehr sensibel bzw. feinfühlig und schnell auf Momentenschwankungen und sind selbstregelnd. Aufgrund des endlichen Sperrwertes ist für eine sehr gute Traktion, z.B. auf µ-split, immer noch die Unterstützung des ESP erforderlich.

Die drehzahlfühlenden Sperren haben in der Regel höhere Sperrwerte, benötigen allerdings immer zuerst Schlupf, um die Sperrwirkung zu erzeugen, und wirken somit zeitverzögert.

Sehr schnell und mit einer Sperrwirkung von bis zu 100 % können die Räder mit einer aktiv geregelten Differentialsperre gesperrt werden.

Will man die Antriebsmomente variabel und frei in einer Kurve zwischen dem inneren und dem äußeren Rad verteilen, kann man auf das Achsdifferential verzichten und die

15.1 Fahrwerksysteme – Ein Überblick

Antriebswellen jeweils über eine Kupplung ankoppeln. Das Antriebsmoment kann dann zwischen innen und außen frei verteilt werden.

Alternativ kann man mit einem Überlagerungsgetriebe mit Kupplungen aktiv an den Rädern frei den gewünschten Schlupf einstellen und somit die Umfangskräfte der Räder einstellen. Auch ohne Antriebskräfte (z.B. ausgekuppelt) können so an einer Seite Antriebskräfte und an der anderen Seite Bremskräfte erzeugt werden.

Fahrdynamisch eignen sich Längsverteilungssysteme hauptsächlich zur Fahrdynamikbeeinflussung im Grenzbereich, da das Seitenkraftpotential nur über den Längsschlupf verändert werden kann, Bild 15-13.

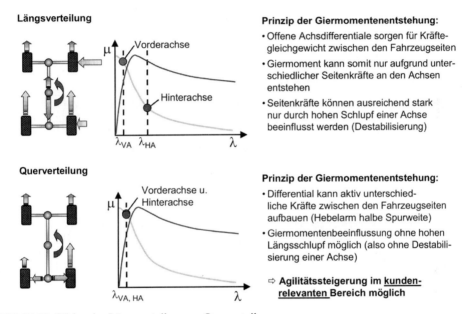

Bild 15-13: Wirkweise Längsverteilung vs. Querverteilung

Antriebskraft-Querverteilungssysteme besitzen insbesondere auf Hochreibwert ein großes fahrdynamisches Potential in allen Fahrsituationen (Schub, Last, freies Rollen) zur Veränderung und Beeinflussung des Eigenlenkverhaltens. Es wird in Quersperren und so genanntes „Quer Torque Vectoring" unterschieden.

Erstere bewirken eine Momentenverschiebung zum langsameren Rad, was sich primär in erhöhter Stabilität, z.B. beim Spurwechsel auswirkt. Neben der Stabilisierung wird auch die Traktion bei hohen Querbeschleunigungen und auf μ-split verbessert. Dies erhöht im Grenzbereich zusätzlich auch die Agilität, da durch die verbesserte Traktion bei Kurvenfahrt mehr Moment am äußeren als am inneren Rad abgesetzt wird. Dieser Effekt tritt allerdings nur auf, wenn ohne Sperre das Traktionspotential erschöpft wäre. Bei einer Quersperre handelt es sich um ein verhältnismäßig einfaches System aus offenem Differential und nur einer Kupplung, die hydraulisch oder bei hoher Stückzahl aus Kostengründen sinnvollerweise elektromotorisch aktuiert wird.

„Quer Torque Vectoring" ermöglicht auch die Verteilung des Antriebsmomentes zum schneller drehenden Rad. Hierdurch kann die Querdynamik in einem großen Bereich der OEM-Philosophie angepasst und der Konflikt zwischen Stabilität und Agilität beispielsweise geschwindigkeitsabhängig gelöst werden. Jedoch handelt es sich um sehr aufwändige Systeme, da zwei Kupplungen und eine anspruchsvolle Ansteuerung notwendig sind. Während Längssysteme hauptsächlich im Grenzbereich Potential zur Beeinflussung der Querdynamik besitzen, können Quersperren und „Quer Torque Vectoring"-Systeme das Fahrzeugverhalten durch das Aufbringen eines Giermomentes auf das Fahrzeug (aus asymmetrischen Antriebskräften mit der Spurweite als Hebelarm) auch im Handlingbereich auf Hochreibwert signifikant verändern.

Die prinzipiellen Unterschiede in der Wirkweise und dem Giermomentenpotential von längs- und querkraftverteilenden Systemen sind in Bild 15-14 zusammengefasst.

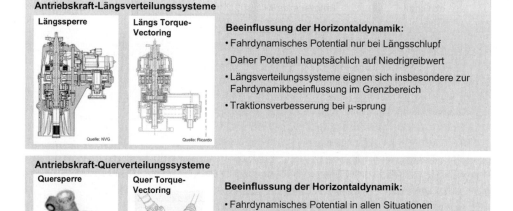

Bild 15-14: Vergleich verschiedener regelbarer Allradsysteme

Betrachtet man noch einmal die Funktionalitäten der heutzutage im Fahrzeug realisierten Systeme, so zeigt sich, dass die Stabilisierung des Fahrzeuges durch ESP im Grenzbereich gut gelöst ist. Da zum einen die Entwicklung des ESP einen hohen Qualitäts- und Prüfstandard sowie mit proportionalisierten Schaltventilen eine hohe Regelgüte erreicht hat und zum anderen für den Kunden *ein* Sicherheitssystem ausreichend erscheint, ist die Entwicklung und Integration weiterer reiner Stabilisierungssysteme nicht sinnvoll.

Ein Schwachpunkt des ESP besteht jedoch noch in der Reaktion auf Untersteuersituationen. In diesem Fall muss das kurveninnere Hinterrad abgebremst werden, um ein ausdrehendes Giermoment zu erzeugen. Aufgrund der auftretenden Querbeschleunigung haben die kurveninneren Räder nur eine geringe Radlast und damit ein geringes Stabilisierungspotential. Daher wurde dazu übergangen, neben dem kurveninneren Rad auch beide Vorderräder abzubremsen und damit eine eindrehende Lastwechselreaktion hervorzurufen sowie die Geschwindigkeit weiter zu vermindern. Dies ermöglicht eine gute Stabilisierung, senkt allerdings das Fahrvergnügen und die Agilität.

Geregelte Lenksysteme wie EPS oder Überlagerungssysteme können neben Zusatzfunktionen wie Seitenwindkompensation und einer variablen Lenkübersetzung ebenfalls fahrdynamisch stabilisierend wirken. Allerdings kann die Vorderachslenkung nicht besser stabilisieren als es ein guter Fahrer durch Lenkeingriffe selbst kann. Eine Agilitätsverbesserung ist nur indirekt über eine variable Lenkübersetzung möglich.

Die Systeme zur Beeinflussung der Vertikaldynamik können ebenfalls das Fahrzeugverhalten verbessern, was dem Fahrer durch eigenes Handeln im Grenzbereich so nicht möglich ist, und können dadurch die Agilität erhöhen, sind aber in den bisherigen Ausführungen nur teilweise in den Fahrwerkregelverbund integriert.

Betrachtet man nun noch einmal die Stärken und Schwächen der Systeme, so lässt sich erkennen, dass mit aktuell realisierten Systemen Untersteuersituationen bisher noch nicht ausreichend begegnet werden kann. Beispielsweise kann das ESP konzeptbedingt das durch die dynamische Achslastverlagerung entstehende Beschleunigungsuntersteuern auf Hochreibwert nicht verhindern.

Neben der Integration von aktiven Fahrwerken und der Realisierung einer Vierradlenkung eröffnen hier geregelte Allradsysteme neue Möglichkeiten.

15.2 Funktionale Architekturen der Fahrwerksvernetzung

Unter regelungstechnischen Gesichtspunkten ideal ist die funktionale Vernetzung der in Kapitel 15.2 dargestellten Fahrwerksysteme nach dem Global-Chassis-Control (GCC) Ansatz, Bild 15-15.

Die Vorgaben des Fahrers sowie die Sensor-Informationen über den Fahrzustand und die Fahrzeugumgebung werden in diesem Ansatz von einem einzigen Regler interpretiert und Stellbefehle zur Erzielung des gewünschten Fahrzustandes auf die verschiedenen Fahrdynamiksysteme verteilt. Der Fahrzeughersteller hat über die Funktionen dieses einen GCC Reglers die Möglichkeit, das Fahrzeug entsprechend seiner Markenphilosophie zu definieren und abzustimmen.

Aufgrund der bauteilorientierten Organisation der OEMs, der damit verbundenen Zuliefererlandschaft, der noch fehlenden Schnittstellenstandards sowie aus einkaufsstrategischen Gründen hat sich diese Architektur bisher nur schleppend in der Form des ESP als GCC Regler durchgesetzt. Ein OEM eigener GCC-Regler ist bisher nicht in Serie realisiert.

Bild 15-16 zeigt die Vor- und Nachteile der zwei Realisierungsformen von GCC als OEM-Regler (Konzept 3) und als ESP-Regler (Konzept 2) sowie im Vergleich die heute noch am weitesten verbreitete Koexistenzarchitektur (Konzept 1).

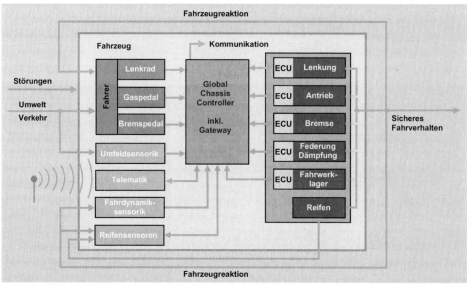

Bild 15-15: Wirkkette im GCC-Fahrzeug (Idealkonfiguration) [Quelle: Continental Teves]

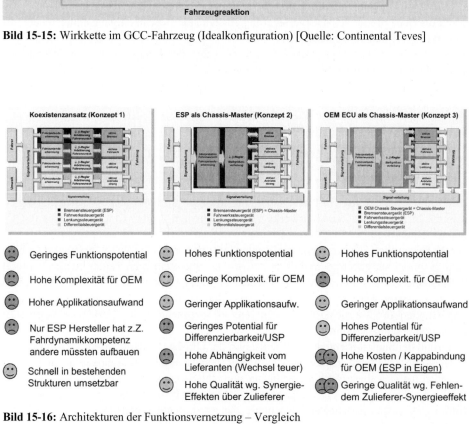

Bild 15-16: Architekturen der Funktionsvernetzung – Vergleich

15.2 Funktionale Architekturen der Fahrwerksvernetzung

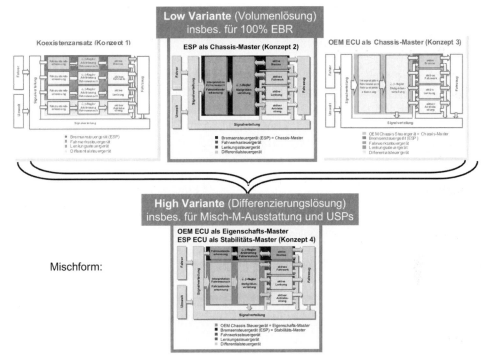

Bild 15-17: Architekturvarianten „Low" und „High"

Will man eine hohe Bandbreite an Fahrzeugklassen bedienen, bietet sich die Etablierung von zwei Architekturen nebeneinander an: eine „Low"- und eine „High"-Variante, Bild 15-17. Bei der „Low"-Variante fungiert der ESP-Regler als GCC-Regler und bei der „High"-Variante agieren der ESP-Regler als Stabilitäts-Master und ein zweiter OEM-Regler als Eigenschafts-Master im Handlingbereich (Konzept 4).

Bild 15-18 zeigt ein Beispiel für die Architektur „ESP als Chassismaster" (Konzept 2). In diesem Beispiel führt die elektromechanische Lenkung EPS ihre Grundfunktionen, z.B. variable Servounterstützung aus. Die Funktionen zur Fahrzeugstabilisierung über Fahrerlenkempfehlung, dies sind Funktionen zur Übersteuer- und μ-split-Stabilisierung, hingegen sind im ESP untergebracht. Die Auswahlkriterien für das Konzept „ESP als Chassismaster" kann man in folgendes „Kochrezept" fassen:

♦ Funktion ist Stabilisierungsfunktion oder Funktion hat hohe Überdeckung mit Modulen der ABS/ESP-Funktionen

♦ Differenzierung vor Kunde nur durch Funktion „haben"/„nicht-haben", d.h. ihre Ausprägung ist nicht fahrzeugcharakterisierend bzgl. z.B. Eigenlenkverhalten (gilt insbesondere für Funktionen im Stabilitätsbereich - nur Wirksamkeit zählt)

♦ Alle ESP-Lieferanten können Funktion in geplanten Modellzyklen realisieren (Funktion korrespondiert mit Prozessor-Roadmap und Prozess-Level der ESP-Zulieferer)

♦ Funktion wird bereits oder wird in naher Zukunft (< 2 Jahre) von anderen OEMs am Markt angeboten

338 15 Systemvernetzung und Funktionseigenentwicklung im Fahrwerk

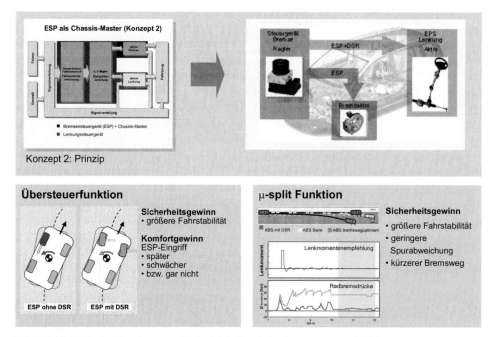

Bild 15-18: ESP als Chassismaster (Beispiel ESP mit Lenkmomentenempfehlung)

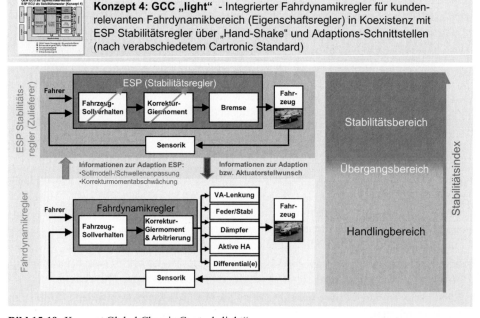

Bild 15-19: Konzept Global Chassis Control „light"

Ein Beispiel für das Konzept 4 (GCC „light") ist in Bild 15-19 dargestellt. Hier gibt es zwei Master, die jeweils in einem anderen Fahrdynamikbereich agieren. Der Eigenschaftsregler, der vom OEM verantwortet wird, regelt die Aktuatoren im fahrzeugcharakterisierenden Handlingbereich. Der Stabilitätsregler übernimmt die Masterfunktion im fahrdynamisch kritischen Stabilitätsbereich. Die beiden Regler informieren sich gegenseitig über interne Größen, um die Aktuatoren abgestimmt an den übernehmenden Regler zu übergeben.

Die Auswahl für dieses Konzept ist nach folgenden Kriterien zu treffen:

♦ Funktion ist fahrzeugcharakterisierend (Eigenschaftsfunktion) oder Funktion hat geringe Überdeckung mit Modulen der ABS/ESP-Funktionen

♦ Nicht alle ESP-Lieferanten können Funktion in geplanten Modellzyklen realisieren (Funktion korrespondiert nicht mit Prozessor-Roadmap oder Prozess-Level der ESP-Zulieferer)

♦ Funktion ist „Unique Selling Proposition"[1] (USP) oder „First to Market" (FTM) Funktion und verschafft OEM auch zeitlich nachhaltige Wettbewerbsvorteil (> 2 Jahre)

15.3 Geschäftsmodelle für Funktionseigenentwicklung beim OEM

Der wesentliche Unterschied zwischen den in Kapitel 15.3 favorisierten Konzepten 2 und 4 zur funktionalen Vernetzung ist die Möglichkeit der Funktionseigenentwicklung durch den Fahrzeughersteller in Konzept 4. Über die Funktionseigenentwicklung verschafft sich der OEM die Möglichkeit, sich bezüglich Einsatztermin („First to Market") und Ausprägung der Funktion vom Wettbewerb zu differenzieren. Die Funktionseigenentwicklung hat jedoch einige Nachteile im Vergleich zu dem beim ESP praktizierten Modell, in dem der OEM Lastenheft- bzw. Konzeptkompetenz und der Zulieferer Entwicklungskompetenz hat. Diese Nachteile liegen darin begründet, dass die über den Zulieferer gewollt vorhandene Synergie bezüglich Funktionspflege, Testtiefe und Ideentransfer wegfällt.

Jede Funktion im Fahrzeug durchläuft zwei Phasen. Die Phase der Neueinführung, in der sie einen Wettbewerbsvorteil darstellt und die Phase, in der sie evolutionär weiterentwickelt wird. Die erste Phase dauert in der Regel 1,5 bis 3 Jahre, wobei 1,5 Jahre übliche Exklusivitätszeiten zwischen OEM und Zulieferer sind und 3 Jahre die Entwicklungsdauer, bis ein konkurrierender OEM die Funktion in Eigen nachentwickelt hat. Es handelt sich also um maximal 1,5 Jahre Wettbewerbsvorsprung, der durch Eigenentwicklungs- gegenüber Konzeptkompetenz erreicht werden kann. Dieser Wettbewerbsvorsprung muss in der zweiten Phase der Funktionspflege und Weiterentwicklung mit einem hohen Aufwand bezahlt werden, wenn es dem OEM nicht gelingt, die Funktion in eine Zuliefererfunktion zu wandeln.

---

[1] Unter „Unique Selling Proposition" versteht man den einzigartigen, der Konkurrenz überlegenen Wettbewerbsvorteil eines Produktes, z.B. beste Qualität, niedrigster Preis u.ä.

Die folgenden Entwicklungs- und Geschäftsmodelle zeigen die Aufgabeninhalte der beiden Extrema „Lastenheftkompetenz" und „Gesamtentwicklungsverantwortung" beim OEM auf und stellen einen Ansatz für einen effizienten Mittelweg vor, der es dem OEM ermöglicht, die eigenschaftsprägenden Funktionsinhalte zunächst selbst zu entwickeln und nach Wegfall des Wettbewerbsvorteils an einen Zulieferer zu übergeben.

Die Aufgabenteilung im Geschäftsmodell „Konzept- und Lastenheftkompetenz beim OEM / Entwicklungskompetenz beim Zulieferer" ist in Bild 15-20 dargestellt.

Bild 15-21 und 15-22 zeigen die Aufgabenteilung in einem Projekt mit vollständiger Prozessverantwortung beim OEM.

Bild 15-20: Entwicklungsprozess OEM/Zulieferer (Beispiel ESP)

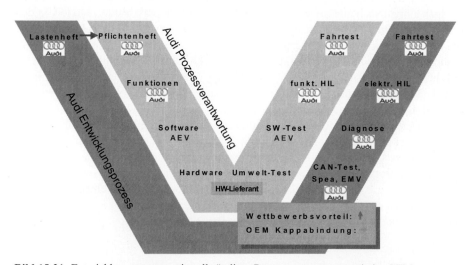

Bild 15-21: Entwicklungsprozess mit vollständiger Prozessverantwortung beim OEM

15.3 Geschäftsmodelle für Funktionseigenentwicklung beim OEM

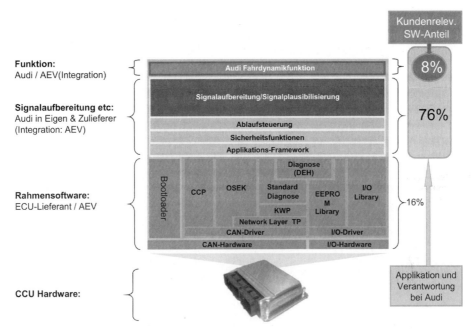

Bild 15-22: Lieferumfänge Elektronik HW/SW (Szenario 2)

An dieser Stelle wird durch die Detailbetrachtung des Entwicklungsablaufes weiteres Optimierungspotential deutlich. Der Fahrzeughersteller verantwortet für Fahrdynamikfunktionen auch Applikationsanteile, die nicht kundenrelevant sind und damit keinen Wettbewerbsvorteil darstellen. Hauptanteil ist die Signalaufbereitung und -plausibilisierung. Sie macht ca. 76% der Gesamtsoftware aus, der kundenrelevante Teil dagegen nur 8%. Bild 15-23 und 15-24 zeigen einen Vorschlag für eine effizientere Aufgabenteilung.

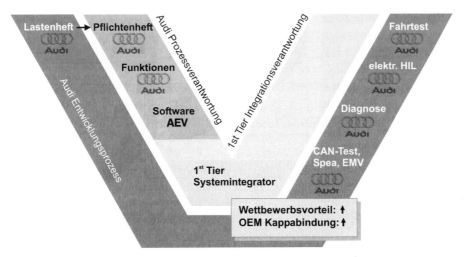

Bild 15-23: Entwicklungsprozess Funktionseigenentwicklung Audi mit 1st Tier Systemintegrator

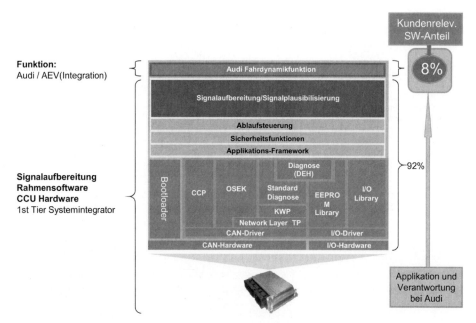

Bild 15-24: Lieferumfänge Elektronik HW/SW (Audi mit 1st-Tier-Systemintegrator)

Ein 1st-Tier-Systemintegrator liefert und appliziert ein OEM-Steuergerät oder Prozessorressourcenplatz incl. Rahmensoftware und spezifizierter Signalaufbereitung. Er vertreibt dieses Produkt an mehrere OEMs zur Funktionseigenentwicklung. So enthalten neue eigenentwickelte OEM Funktionen bereits von Anfang an einen hohen Anteil an breitenerprobter Software.

Bild 15-25 zeigt ein mögliches Szenario für die Fahrwerkselektronik und Fahrwerksfunktionsarchitektur nach diesem Geschäftsmodell am Beispiel zweier OEM eigenentwickelter Funktionen im Lenkungs- und Antriebsstrangbereich. Die OEM-Funktion für die fahrdynamikrelevante Ansteuerung der Lenkung (EAS) wird nach einem Jahr an den ESP-Pilotzulieferer übergeben, so dass dieser die OEM-Funktion zwei Jahre später im ESP integriert anbieten kann. Mit der Integration der ersten Funktion ins ESP wird eine neue Funktion auf dem mit der Zulieferersignalaufbereitung ausgestatteten ECU angeboten. Eine weitere Integrationsstufe könnte realisiert werden, wenn alle ESP-Lieferanten in der Lage wären einen gleich spezifizierten Ressourcenbereich anzubieten, der vom Ressourcenbereich der Bremsfunktionen getrennt ist und sich z.B. auch getrennt flashen lässt. So könnte das separate Steuergerät entfallen und realisierte Funktionen würden sich unabhängig von ihrem „Besitzer" bezüglich des Umgebungsnetzwerkes gleich verhalten.

15.4 Zusammenfassung

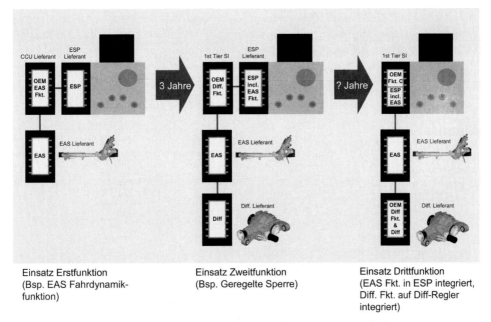

Einsatz Erstfunktion
(Bsp. EAS Fahrdynamik-
funktion)

Einsatz Zweitfunktion
(Bsp. Geregelte Sperre)

Einsatz Drittfunktion
(EAS Fkt. in ESP integriert,
Diff. Fkt. auf Diff-Regler
integriert)

Bild 15-25: Mögliche Roadmap Funktionsallokierung und Steuergerätetopologie

15.4 Zusammenfassung

Die wachsenden Funktions- und Eigenschaftsanforderungen im Fahrwerk haben zu einer Mechatronisierung bei Bremse, Feder-/Dämpfer, Lenkung und Antriebsstrang geführt. Als Folge werden die Vernetzungsarchitektur und der Funktionsentwicklungsprozess zunehmend komplexer. Der vorliegende Beitrag zeigt für beide Aspekte – der Architektur und des Entwicklungsprozesses – Wege auf, die es den Fahrzeugherstellern und den Zulieferern ermöglichen, die Belange beider Seiten bei beherrschbarer Komplexität und hoher Produktqualität mit dem entsprechenden Feiraum zur Generierung von Wettbewerbsvorteilen zu berücksichtigen. Dafür ist es notwendig, die Entwicklungsabläufe weiter zu verzahnen und für beide Seiten verlässliche strategische Partnerschaften zu etablieren, d.h. im Einzelnen:

♦ In Zukunft müssen OEMs und Zulieferer partnerschaftliche Entwicklungs- und Geschäftsmodelle erarbeiten, die es den OEMs ermöglichen, USPs zu generieren ohne die Synergievorteile der Zulieferer zu verlieren.

♦ Die 1st-Tier-Zulieferer müssen eine Plattform schaffen (OEM Chassis ECU oder Prozessor-Ressourcenbereich), auf der/in dem der OEM auf Basis einer standardisierten Signalaufbereitung USP-Funktionen in Serie bringen kann und die es dem OEM ermöglichen, Modelle/Derivate und Mehrausstattungsvarianten zu beherrschen.

♦ Zwischen den OEMs und Zulieferern müssen Standards für eine Signalaufbereitung (Signaldefinition bzgl. Güte und Fehlerlatenzzeit) geschaffen werden, die es den Zulieferern ermöglicht, Prozessor-Ressourcen mit aufbereiteten und auf das Fahrzeug applizierter Signalaufbereitung anzubieten.

Literatur

[1] *Schwarz, R.; Rieth, P.*: Global Chassis Control – Systemvernetzung im Fahrwerk, Autoreg 2002
[2] *Trächtler, A.*: Integrierte Fahrdynamikregelung mit ESP, aktiver Lenkung und aktivem Fahrwerk, Autoreg 2004

16 Vernetzung von Längs-, Quer- und Vertikaldynamik-Regelung

TORSTEN BERTRAM

Die Integration von mechatronischen Systemen in das Fahrwerk eines Kraftfahrzeugs hat mit dem Anti-Blockier-System (ABS) im Jahre 1978 begonnen. Primäre Aufgabe des ABS ist die Aufrechterhaltung der Lenkbarkeit des Fahrzeugs im physikalischen Grenzbereich. Das mechatronische System soll den Fahrer in der Fahrzeugführungsaufgabe unterstützen und das Fahrzeug in den physikalischen Grenzen stabilisieren. Nach dem ABS folgte dann im Jahre 1987 das mechatronische System Antriebs-Schlupf-Regelung (ASR). Die Aufgabe der ASR ist die Längsstabilisierung des Fahrzeugs bei starken Beschleunigungsvorgängen. Mit dem Elektronischen Stabilitäts-Programm (ESP) kam im Jahre 1995 ein mechatronisches System in das Fahrzeug, das eine erweiterte Fahrzeugstabilisierung in dem Sinne bereit stellt, dass das Fahrzeug bei allen Fahrzuständen stabil in der Spur gehalten wird, soweit es die physikalischen Grenzen zulassen.

Die weitergehende Mechatronisierung des Fahrwerks ergibt sich folgend im Jahre 1999 mit dem so genannten „langsam aktiven Fahrwerk", Active Body Control (ABC). Dieses System kann alle Fahrzeugaufbaubewegungen bis zu einer Frequenz von etwa 5 Hz aktiv durch eine Federfußpunktverstellung beeinflussen. Aktive Fahrwerke bieten den Entwicklern neue und individuelle Lösungen bei der Fahrwerksabstimmung. Bestand die Kunst der Fahrwerksingenieure bislang darin, einen vernünftigen Kompromiss zwischen Komfort und Fahrsicherheit zu finden, geht es bei aktiven Systemen vorrangig darum, Federn, Dämpfer und Stabilisatoren sowohl hinsichtlich des Schwingkomforts als auch hinsichtlich der Fahrstabilität abzustimmen.

Die Beeinflussung der Fahrzeugaufbaubewegung kann ebenfalls mit Hilfe aktiver Stabilisatoren erfolgen, die auf dem europäischen Markt im Jahre 2001 mit dem Dynamic Drive System in Serie gingen. Primäre Aufgabe des aktiven Stabilisators an der Vorder- und an der Hinterachse ist die Beeinflussung der Fahrzeugwankbewegungen in Abhängigkeit der Fahrsituation. Aktive Stabilisatoren bieten ein hohes Funktionspotenzial für die Vernetzung in einem fahrdynamischen Systemverbund, da mit den Stabilisatoren aktiv Radlasten zur Unterstützung eines Bremseneingriffs oder einer Giermomentenregelung aufgebracht werden können. Die aktiven Stabilisatoren sind jedoch nicht in der Lage die Nickbewegung zu beeinflussen, wie es beispielsweise mit dem ABC möglich ist. Durch die Beeinflussung der Nickbewegung kann noch der Bremsweg sowie die Traktion verbessert werden.

Mit dem aktiven Stabilisator ist ein weiteres mechatronisches System in das Kraftfahrzeug integriert worden, das den Kraftschluss zwischen dem Reifen und der Straße beeinflusst. So greifen nun neben dem Brems- sowie Antriebssystem, die primär die Längskräfte beeinflussen, und der Lenkung, die die Querkräfte in Abhängigkeit der Fahrsituation steuert, die Stabilisatoren aktiv über die Radlasten in den Kraftschluss ein. Die physikalische Grenze wird dabei über das Modell des Kamm'schen Kreises beschrieben. Die

Radlast gibt den Radius des Kreises vor und damit die maximal übertragbare Kraft in der Reifenaufstandsfläche als Summe aus der Längs- und Querkraft für jeden Reifen.

Die aktiven Stabilisatoren werden so angesteuert, dass die Wankbewegung des Fahrzeugaufbaus bei Kurvenfahrt minimiert oder ganz beseitigt, eine hohe Agilität über dem gesamten Geschwindigkeitsbereich erreicht und ein optimales Eigenlenk- sowie ein gutmütiges Lastwechselverhalten erzeugt werden. Andererseits werden die Aktuatoren bei Geradeausfahrt beziehungsweise sehr geringen Querbeschleunigungen nicht angesteuert, so dass die Drehfederrate des Stabilisators die Grundfederung nicht verhärten kann und die Kopierbewegung des Fahrzeugaufbaus reduziert wird. Das Hauptregelsignal des Systems ist die Querbeschleunigung, die vom entsprechenden Sensor gemessen wird. Das Dynamic Drive System ist so ausgelegt, dass es im kundenrelevanten Fahrbereich den Wankwinkel deutlich reduziert. Im Querbeschleunigungsbereich von 0 bis 0,3 g treten keine relativen Wankwinkel auf, sie werden zu 100 Prozent ausgeglichen. Bis 0,6 g erzeugt das Dynamic Drive System ein quasi-stationäres Wankverhalten, wie man es von passiven Fahrwerken bis maximal 0,1 g gewohnt ist. So beträgt die Reduzierung der Seitenneigung bei 0,6 g Querbeschleunigung mehr als 80 Prozent. Zudem reduziert das System den Lenkwinkelbedarf gegenüber einem Fahrzeug mit konventionellem Fahrwerk.

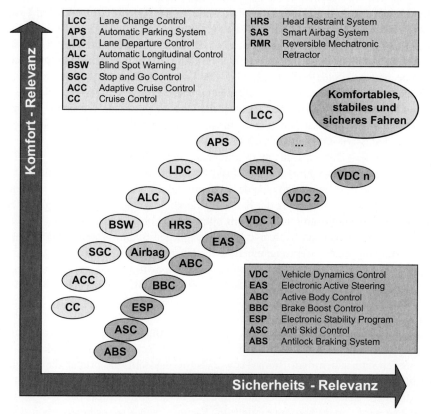

Bild 16-1: Mechatronisierung der Unfall vorbeugenden und Unfallfolgen mindernden Sicherheitssysteme [1]

Die Abstimmung des Dynamic-Drive-Systems im Bereich hoher Querbeschleunigung über 0,6 g soll den Fahrer über den bevorstehenden Grenzbereich informieren. Deshalb steigt hier der Wankwinkelgradient kontinuierlich und spürbar an. Diese Grenzbereichsanzeige, die den Fahrer nicht verunsichert, weist darauf hin, dass die physikalischen Grundgesetze nicht außer Kraft gesetzt werden können. Ingesamt haben Fahrzeuge mit Dynamic Drive System im unteren Querbeschleunigungsbereich ein eher neutrales Fahrverhalten. Mit wachsendem Querbeschleunigungsniveau wird hingegen zu einem leicht untersteuernden Fahrzeugverhalten übergegangen.

Die aufgezeigte und die zukünftige Mechatronisierung eines Kraftfahrzeugs (Bild 16-1) aus Sicht der fahrdynamischen Systeme veranschaulicht zunehmend die damit verbundene Wechselwirkung der einzelnen Systeme. Diese Wechselwirkung gilt es bereits bei der Weiter- und Neuentwicklung fahrdynamischer Systeme zu berücksichtigen.

16.1 Querregelkreis und Fahrer

Die etablierten fahrdynamischen Systeme verwenden den vom Fahrer vorgegebenen Lenkwinkel als eine zentrale Größe für die Bestimmung der Fahrzeugsollbewegung. Bevor weiter auf die Vernetzung der Längs-, Quer- und Vertikaldynamik eingegangen wird, soll aufgezeigt werden, dass der Lenkwinkel nicht in jeder Situation den Fahrerwunsch ausreichend beschreibt. Insbesondere während sicherheitskritischer Fahrmanöver reagiert der Fahrer häufig zu heftig und damit der Situation nicht angemessen. Bild 16-2 zeigt eine über 27 Fahrversuche gemittelte Kurvenfahrt mit lokaler Reduktion des Reibwerts bei einer Längsgeschwindigkeit von 45 km/h.

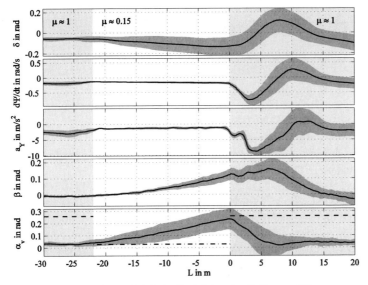

Bild 16-2: Kurvenfahrt mit lokaler Reduktion des Reibwerts [2]

Die Fahrzeugbewegung auf dem niedrigen Reibwert führt zu einem zunehmenden Lenkeinschlag, da der Fahrer das Fahrzeug der Kurve folgen lassen möchte. Durch das weitere Lenken gleicht der Fahrer die geringeren Seitenkräfte, die auf der Fahrbahn mit dem niedrigen Reibwert aufgebaut werden können, durch einen größeren Schräglaufwinkel aus. Bei dem erneuten Wechsel des Reibwerts der Fahrbahn, nun von einem niedrigen auf einen hohen Reibwert, führt der sehr große Schräglaufwinkel zu entsprechend großen Seitenkräften, die „schlagartig" auf das Fahrzeug wirken und dieses stark gieren lassen. Der Fahrer ist in diesem Moment überfordert und kann nicht durch eine Lenkgegenbewegung ausreichend schnell das Fahrzeug stabilisieren (Bild 16-3).

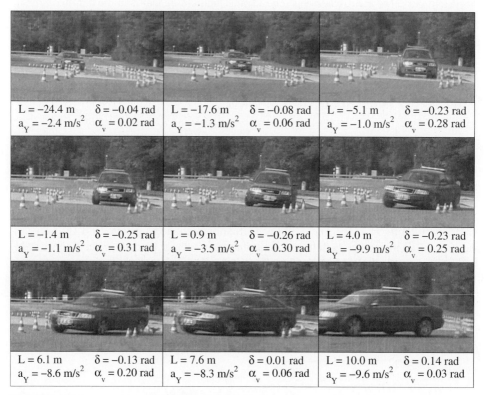

Bild 16-3: Bildsequenz einer Kurvenfahrt mit lokaler Reduktion des Reibwerts [2]

Ein ähnliches Verhalten zeigt sich bei einem Ausweichmanöver von einer Fahrbahn mit niedrigem auf eine Fahrbahn mit hohem Reibwert (Bild 16-4).
Die anschauliche Diskussion der Querregelung durch den Fahrer in sicherheitskritischen Situationen soll zeigen, dass der Fahrer schnell in seinem Verhalten bezüglich einer zielorientierten Reaktion zur Fahrzeugstabilisierung beschränkt ist. Eine funktionsbasierte Analyse des vom Fahrer vorgegebenen Lenkwinkels weist drei situationsabhängige Lenkanteile auf, die antizipatorische Steuerung, die kompensatorische Regelung und ein nicht aufgabenbezogenes Lenken. Aus dem Straßenverlauf ermittelt der Fahrer die Straßenkrümmung und darüber den Anteil der antizipatorischen Steuerung, um die Bahnfüh-

rungsaufgabe zu erledigen. Auf Basis der Krümmung generiert der Fahrer ebenfalls die Sollspur und vergleicht diese mit der Fahrzeugistspur, um Abweichungen über die kompensatorische Regelung auszugleichen. Der Regelung kommt ebenfalls die Aufgabe der Fahrzeugstabilisierung zu. Die drei vom Fahrer situationsabhängig erbrachten Anteile unterstreichen die Schwierigkeiten bei der Entwicklung eines fahrdynamischern Systems alleine zur Fahrzeugquerregelung.

Bild 16-4: Bildsequenz einer Kurvenfahrt mit lokaler Reduktion des Reibwertes [2]

Bei der Entwicklung eines fahrdynamischen Systemverbunds, also der koordinierten Vernetzung der Längs-, Quer- und Vertikaldynamik des Fahrzeugs, muss daher neben der technischen Realisierung in den fahrphysikalischen Grenzen auch der Fahrer eingehend als weiterer Regler in dem Verbund von lokalen Reglern (bezüglich der Stellglieder nahe Funktionen) und globalen Reglern (bezüglich der Fahrzeugfreiheitsgrade nahe Funktionen) auch mit seinem möglicherweise der Fahrsituation nicht angemessenem Verhalten berücksichtigt werden. Aus regelungssystemtechnischer Sicht kann der Fahrer als nichtlinearer und zeitvarianter Regler im Verbund betrachtet werden, der sowohl auf der Regelungs- und Steuerungsebene, der Führungs- und Überwachungsebene als auch auf der Koordinations-, Optimierungs- und Managementebene agiert (Bild 16-5).

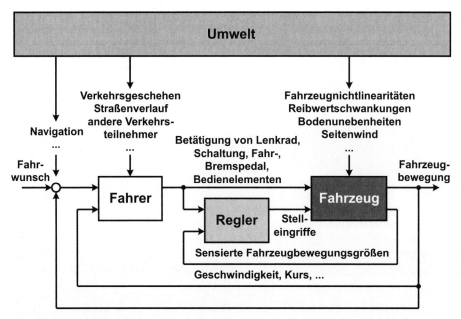

Bild 16-5: Regelkreis Fahrer-Fahrzeug-Umwelt

16.2 Wechselwirkung Längs- und Querdynamik

Die Fahrsicherheit, der Komfort und die Agilität sind wichtige differenzierende Merkmale eines Fahrzeugs, die durch die Schlupfregelungssysteme, das Fahrstabilisierungssystem und weitere fahrdynamische Systeme wie eine aktive Lenkung, aktive Stabilisatoren, aktive Dämpfer und aktive Federn neben den fahrwerksmechanischen Komponenten geprägt werden. Ein fahrdynamischer Systemverbund muss neben einer erhöhten Fahrsicherheit (Tabelle 16-1), auch eine Verbesserung im Komfort bereitstellen und mit weiteren Vorteilen zur Agilität des Fahrzeugs beitragen.

Tabelle 16-1: Definition Fahrsicherheit, Komfort und Agilität [3]

Begriff	Definition
Fahrsicherheit	… ist die Reserve der Längs-, Quer, und Vertikalführung eines Fahrzeugs zur physikalischen Grenze in der aktuellen Fahrsituation.
Komfort	… beschreibt die Fahreigenschaften eines Fahrzeugs, die das Führen eines Fahrzeugs angenehm gestalten und die Fahrzeuginsassen sowie transportierte Güter möglichst geringen Belastungen aussetzen.
Agilität	… beschreibt die Empfindlichkeit der Reaktion eines Fahrzeugs auf Anregungen durch den Fahrer und den vom Fahrer aufzubringenden Aufwand, das Fahrzeug einer gewünschten Bahn folgen zu lassen.

16.2 Wechselwirkung Längs- und Querdynamik

Tabelle 16-2: Komfort und Agilität – Leistungsmerkmale bei einem koordinierten Eingreifen von Brems- und Lenksystem

	Leistungsmerkmale
Komfort	Variable und *geschwindigkeitsabhängige* Lenkübersetzung zur Verminderung der Lenknervosität bei hohen Geschwindigkeiten und zur Einparkunterstützung Variable und *lenkwinkelabhängige* Lenkübersetzung Seitenwindkompensation Fahrbahnquerneigungskompensation Dämpfung von Lenkradschwingungen (Noise, Vibration, Harshness)
Agilität	Variable und *geschwindigkeitsabhängige* Lenkübersetzung zur Erhöhung der Agilität bei niedrigen Geschwindigkeiten Vorhaltelenkung zur Erhöhung der Agilität (Reduktion des Phasenverzugs der Fahrzeugreaktion)

Bei den Schlupfregelungssystemen ist stets ein Kompromiss zwischen der Stärke eines Eingriffs und der sich daraus ergebenden Fahrzeuggierbewegung, die dem Fahrer zur Kompensation über die Lenkung noch zugemutet werden kann, zu finden. Ein koordinierter Eingriff über die Bremse und die Lenkung beispielsweise bei µ-Split Bremsungen könnte zur Reduktion des Bremswegs führen, da das durch die radindividuelle Schlupfregelung erzeugte Giermoment durch entsprechende Schräglaufwinkel an einer lenkbaren Achse kompensiert werden könnte. Ebenso können durch ein koordiniertes Agieren von Brems- und Lenksystem lastwechselbedingte Giermomente beim Bremsen und Beschleunigen in der Kurve kompensiert werden, wodurch der Grenzbereich heutiger fahrdynamischer Stabilisierungssysteme erweitert und leichter beherrschbar gestaltet werden kann. Die zuvor aufgezeigten Szenarien verdeutlichen, wie durch das koordinierte Eingreifen der Längs- und Querregelung die Fahrsicherheit erhöht werden kann. Die Tabelle 16-2 fasst die Leistungsmerkmale der koordinierten Eingriffe unter den Aspekten Komfort und Agilität zusammen.

Die Querregelung bietet eine Vielzahl an Verbesserungsmöglichkeiten aus Sicht der Fahrdynamik. Eine Analyse der Vorderachs- und der Hinterachslenkung hinsichtlich ihres Beitrags zum fahrdynamischen Systemverbund zeigt Tabelle 16-3. Neben dem Potential ist aber auch das bei der Integration der Querregelung auftretende Risiko zu erkennen, wenn keine Abstimmung mit der Längs- und Vertikaldynamik erfolgt.

Tabelle 16-3a: Beiträge einer Vorderachslenkung zum fahrdynamischen Systemverbund

	Leistungsmerkmale
Vorder- achslenkung	Direktes Stellen eines Radlenkwinkels unabhängig vom Fahrerlenkwinkel
	Fahrerempfundenes Eigenlenkverhalten, nicht aber das Fahrzeugeigenlenkverhalten kann beeinflusst werden

	Fahrerassistenzfunktion:
	    Variable Lenkübersetzung – direkte Lenkung im Stadtverkehr sowie beim Parkieren und
	        indirekte Lenkübersetzung bei hohen Geschwindigkeiten
	    Agilitätsfunktion – agileres Handling und Verringerung des Phasenverzugs zwischen
	        Lenkvorgabe und Fahrzeugreaktion

	Stabilisierungsfunktion:
	    Gierratenregelung – Verbesserung der Fahrstabilität und Kompensation von äußeren
	        Störungen (Seitenwind, Fahrbahnanregungen, usw.)
	    Giermomentenkompensation – Automatisches Gegenlenken auf inhomogener Fahrbahn

Tabelle 16-3b: Beiträge einer Hinterachslenkung zum fahrdynamischen Systemverbund

	Leistungsmerkmale
Hinterachslenkung	Direktes Stellen eines Radlenkwinkels unabhängig vom Fahrerlenkwinkel
	Fahrzeugeigenlenkverhalten wird signifikant beeinflusst
	Fahrerassistenzfunktion: Agilitätsfunktion – Fahrzeugansprechverhalten lässt sich bei gleichzeitig verringertem Schwimmwinkel deutlich verbessern

	Stabilisierungsfunktion:
	    Markante Beeinflussung der Fahrdynamik im stabilen Bereich
	    Bremswegverkürzung auf μ-Split realisierbar

	Entkopplung der Spur vom Radhub bei Spurstangen- oder Lageraktuatoren
	Einstellbarkeit weiterer fahrwerkskinetischer Größen (Sturz, usw.) bei Spurstangen- oder Lageraktuatoren

16.3 Wechselwirkung Quer- und Wankdynamik

Eine kostengünstige Alternative für aktive Feder-Dämpferelemente bietet die Verwendung aktiver Stabilisatoren [3]. Dazu werden konventionelle Stabilisatoren zweigeteilt und die dadurch entstehenden freien Enden über einen Aktuator wieder miteinander verbunden. Mit diesem Aktuator wird dann ein Moment eingeprägt, das sich über die Pendelstützen an den Radträgern abstützt und durch die Reaktionskräfte ein Drehmoment um die Fahrzeuglängsachse in den Aufbau einleitet. Neben der Steigerung des Komforts durch verminderte Kurvenneigung und Entkopplung beider Radaufhängungen einer Achse wird durch die Einführung eines aktiven Stabilisators die Sicherheit von Personenkraftwagen in Kurvenfahrten erhöht. Denn durch eine Verminderung der Wankbewegungen ist aufgrund in der Summe höherer Reifenquerkräfte eine größere Seitenführung gegeben. Weiterhin ist eine Einflussnahme auf das Eigenlenkverhalten – und somit auch auf die Gier- beziehungsweise Querdynamik – eines Pkws möglich, das einen wesentlichen Faktor für die Stabilität des Gesamtsystems Fahrer-Fahrzeug-Umgebung darstellt. Bei konventionellen Fahrwerken wird üblicherweise eine untersteuernde Fahrzeugabstimmung angestrebt, damit der Fahrer in kritischen Fahrsituationen nach Gewohnheit beispielsweise der Kurve folgend lenken kann. Ein untersteuerndes Fahrzeug verliert jedoch im Bereich Agilität deutlich gegenüber einem übersteuernden Fahrzeug. Daraus ergibt sich der Wunsch nach einem übersteuernden Fahrzeug im stabilen und sicheren Fahrbetrieb und nach einem untersteuernden Fahrzeug in instabilen und kritischen Fahrsituationen. Aktive Fahrwerke beeinflussen das Eigenlenkverhalten durch eine situationsangepasste Verteilung der Wanksteifigkeit auf die Vorder- und Hinterachse.

Der Einfluss wird mit der identifizierten nichtlinearen Abhängigkeit des Reifenparameters Schräglaufsteifigkeit, der zur Bestimmung der Radquerkraft verwendet wird, und der Radvertikalkraft erläutert, die durch ein Polynom angenähert wird. Mit den durchgezogenen Linien sind in Bild 16-6 die Radvertikalkraft und Schräglaufsteifigkeit bei Geradeausfahrt dargestellt. Die Einfahrt in einen Kreis bewirkt nun eine Radlastdifferenz von $2\,\Delta F_\mathrm{n}$ (gestrichelt). Aufgrund des nichtlinearen Zusammenhangs zwischen Vertikalkraft und Schräglaufsteifigkeit verliert das an Vertikalkraft abnehmende Rad mehr an Schräglaufsteifigkeit, als das an Vertikalkraft zunehmende Rad gewinnt ($|\Delta C_{\alpha,z}| < |\Delta C_{\alpha,a}|$). Ein größeres Stabilisatormoment an dieser Achse führt zu einer weiteren Erhöhung der Radlastdifferenz. Somit verringert sich die Summe der Schräglaufsteifigkeiten und für den Aufbau der entsprechenden Radquerkraft ist ein größerer Schräglaufwinkel erforderlich. Mit einer fahrzustandsabhängigen Verteilung der Stabilisatormomente kann somit das Querkraftpotential an der üblicherweise destabilisierten Vorderachse voll ausgeschöpft und eine Steigerung der Lenkwilligkeit durch eine direktere Lenkung bei einer möglichst neutralen Abstimmung erzielt werden.

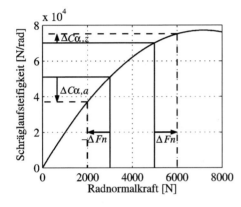

Bild 16-6: Identifizierte Reifencharakteristik an der Vorderachse (Reibwert $\mu = 1$)

Die Differenz der Schräglaufwinkel der vorderen zur hinteren Achse entscheidend über die Steuertendenz eines Fahrzeugs. Das heißt ein untersteuerndes Fahrzeug benötigt einen größeren und ein übersteuerndes Fahrzeug einen kleineren Lenkwinkel, um bei identischer Geschwindigkeit dieselbe Trajektorie zu befahren wie ein Fahrzeug mit neutraler Abstimmung. Durch Vergrößerung des vorderen Schräglaufwinkels kann ein Fahrzeug stärker untersteuerndes Verhalten erlangen, was mit einer Erhöhung der Radlastdifferenz an der Vorderachse erreichbar ist. Daraus folgt, dass die Verteilung der gesamten Stabilisatorsteifigkeit (Summe der Steifigkeiten der Stabilisatoren an der Vorder- und Hinterachse) so variiert werden muss, dass die Steifigkeit an der Vorderachse erhöht wird.

In Bild 16-7 sind die Trajektorien eines Fahrzeugs bei Lenkwinkelsprüngen mit jeweils identischer Geschwindigkeit bei einer Querbeschleunigung von etwa $a_y = 4$ m/s², einer gesamten Stabilisatorsteifigkeit von $C_s = 3000$ Nm/rad und Verteilungen der Steifigkeit von $\lambda = 0{,}1$ (gepunktet), $0{,}5$ (durchgezogen) und $0{,}9$ (gestrichelt) dargestellt. Der Verteilungsparameter λ ist in dem Intervall [0 1] definiert. Bei einer Verteilung von $\lambda = 0$ liegt die gesamte Steifigkeit an der Hinterachse und bei $\lambda = 1$ an der Vorderachse. Der Einfluss der Steifigkeitsverteilung ist deutlich erkennbar, so besitzt das Fahrzeug bei einer Verteilung von $\lambda = 0{,}1$ ein geringeres untersteuerndes Verhalten, da 90 % der Steifigkeit an der Hinterachse liegt und aufgrund der vergrößerten Radlastdifferenz in der Summe eine kleinere Schräglaufsteifigkeit existiert. Bei einer Verteilung von $\lambda = 0{,}9$ liegen 90 % der Steifigkeit an der Vorderachse und das untersteuernde Verhalten ist dementsprechend stärker ausgeprägt.

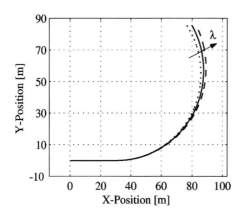

Bild 16-7:
Trajektorien der Lenkradwinkelsprünge

In Bild 16-8 sind für den Querbeschleunigungsbereich von $a_y = 4$ m/s² die Differenzen der Schräglaufwinkel aus als Maß für das Eigenlenkverhalten eines Fahrzeugs im stationären Zustand über die Gesamtstabilisatorsteifigkeiten von C_s = 1500, 2250, 3000, 3750 und 4500 Nm/rad und Verteilungen der Steifigkeiten von λ = 0,1, 0,3, 0,5, 0,7 und 0,9 dargestellt. Aufgrund durchweg positiver Schräglaufwinkeldifferenzen ist zu erkennen, dass das Fahrzeug stets untersteuerndes Verhalten zeigt, welches allerdings unterschiedlich stark ausgeprägt ist. Es sei an dieser Stelle erwähnt, dass das verwendete Fahrzeug in seiner Auslegung als sehr untersteuernd gilt. Es wird sehr deutlich, dass bei allen Stabilisatorsteifigkeiten das untersteuernde Verhalten stärker wird, wenn die Verteilung zur Vorderachse tendiert.

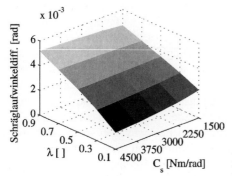

Bild 16-8:
Eigenlenkverhalten in Abhängigkeit von λ und C_s

Aktive Stabilisatoren stellen eine Alternative für aktive Feder-Dämpferelemente zur Regelung der Wankdynamik und Beeinflussung des Eigenlenkverhaltens eines Fahrzeugs dar. Für die Wankstabilisierung wird ein Regler verwendet, der anhand eines vereinfachten echtzeitfähigen Fahrzeugmodells ausgelegt wurde und ein Gesamtstabilisatormoment liefert. Die Verteilung dieses Moments auf die Vorder- und Hinterachse zur Beeinflussung der Gier- und Querdynamik erfolgt dabei in Abhängigkeit der aktuellen Querbeschleunigung bezogen auf die bei dem Reibwert maximal mögliche Querbeschleunigung, des Reibwertes selbst und der Längsgeschwindigkeit. Ein geregeltes echtzeitfähiges Modell dient dann als fahrdynamischer Sollwertgenerator mit der Größe Gierwinkelgeschwindigkeit für eine Modellfolgeregelung des Fahrzeugs, wobei die Stellgrößen des Referenzmodells außerdem für eine Vorsteuerung verwendet werden. Die Modellfolgeregelung zeigt, dass das aktive Fahrzeug den Insassen durch Verminderung der Wankbewegungen und Kompensation der Seitenneigung mehr Komfort bietet. Aufgrund der Wankreduzierung erhöhen sich die übertragbaren Seitenführungskräfte, was eine größere maximale Querbeschleunigung und eine Steigerung der Fahrsicherheit zur Folge hat. Ein neutraler eingestelltes Fahrverhalten bei Kurvenfahrt führt darüber hinaus zu einer verbesserten Agilität, die sich durch einen deutlich geringeren Lenkwinkelbedarf äußert [3].

16.4 Fahrdynamischer Systemverbund

Die Schlupfregelungs-, die Fahrstabilisierungssysteme und weitere fahrdynamische Systeme wie eine aktive Lenkung, aktive Stabilisatoren, aktive Dämpfer und aktive Federn sind bisher bottom-up entwickelt und dann mit dem Ziel einer weiteren Verbesserung der fahrdynamischen Merkmale in das Fahrzeug integriert worden. Die Integration der Systeme in einen vernetzten fahrdynamischen Systemverbund mit einer aufgrund der Bottom-up-Entwicklung bedingten Funktionsautonomie und im Sinne einer „friedlichen Koexistenz" beschreibt den Stand der Technik und trägt dem Anspruch der Beherrschung der Komplexität und Heterogenität derartiger Systeme Rechnung, um die geforderte Sicherheit, Zuverlässigkeit und Verfügbarkeit der Systeme zu erzielen. Mit einer derartigen Integration der Systeme ist allerdings nur eine suboptimale Gesamtlösung zu erzielen, da durch einfache Restriktionen das Potential der Systeme nur eingeschränkt genutzt wird (Bild 16-9).

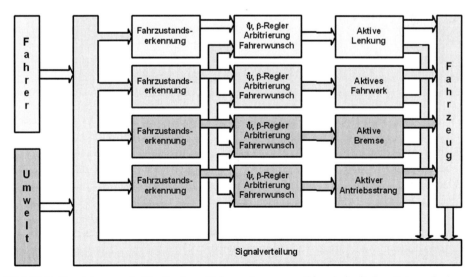

Bild 16-9: Koexistenzansatz für die ebene Fahrzeugbewegung (hier sind mit dem Fahrwerk eingeschränkt nur die Feder-Dämpferelemente und die Stabilisatoren gemeint)

Die verfügbaren beziehungsweise die in der Entwicklung befindlichen fahrdynamischen Systeme bieten zahlreiche Potentiale zur weiteren Optimierung der Fahrsicherheit, des Komforts und der Agilität. Wobei hier nicht die Optimierung der Einzelsysteme beziehungsweise einzelner Aspekte gemeint ist, sondern vielmehr eine Gesamtoptimierung hinsichtlich der Fahrdynamik die wesentliche Herausforderung beschreibt. Mit dem wachsenden Funktionsumfang der fahrdynamischen Systeme wächst auch die Komplexität in einem heutigen Verbund. Die Betrachtung des Ansatzes der „friedlichen Koexistenz" zeigt ferner, dass jede einzelne Regelung zunächst mit einer Fahrzustandserkennung die Fahrsituation bewertet, um dann folgend für das jeweilige Stellglied den Sollwert mit Kenntnis des Fahrerwunsches zu ermitteln. Eine das Fahrzeug, den Fahrer und die Umwelt umfassende Beschreibung der Situation unabhängig von dem jeweiligen Stellglied stellt einen ersten Schritt für einen integrierten Ansatz dar [4].

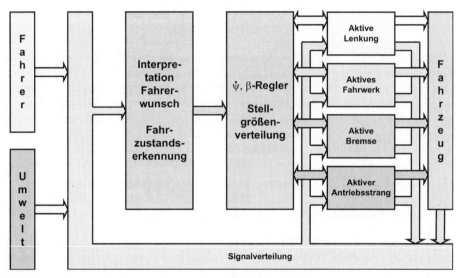

Bild 16-10: Integrierter Ansatz für die ebene Fahrzeugbewegung (hier sind mit dem Fahrwerk eingeschränkt nur die Feder-Dämpferelemente und die Stabilisatoren gemeint)

Der integrierte Ansatz für eine ebene Fahrzeugbewegung ist in Bild 16-10 dargestellt, hier sind die gemeinsame Interpretation des Fahrerwunsches, eine zentrale Fahrzustandserkennung und die einmalige Regelung der Gierrate und des Schwimmwinkels mit anschließender Verteilung der Stellgröße auf die möglichen Stellglieder in Abhängigkeit der Stellglieddynamik im Vergleich zum Koexistenzansatz hervorzuheben. Dieser Herangehensweise liegt eine Analyse der Einflüsse einzelner Stellglieder auf die Fahrdynamik zugrunde. Die Tabelle 16-4 zeigt die Einflüsse zwar nur in einer recht groben Abschätzung, jedoch sind die sich daraus ergebenden Wechselwirkungen bezüglich der Freiheitsgrade auf Stellgliedebene sehr deutlich zu erkennen.
Der integrierte Ansatz erfordert zudem die Integration weiterer Regler, um eine räumliche Fahrzeugbewegung zu realisieren. Aufgrund der dargestellten Problematik ist aus Sicht der Fahrphysik ein gänzlich neuer Ansatz notwendig.

16.4 Fahrdynamischer Systemverbund

Tabelle 16-4: Einflüsse heutiger aktiver Stellglieder auf die Fahrdynamik

	longitudinal	lateral	vertikal	wanken	nicken	gieren
Bremse	++++	+++		+	+	++++
Differential	+++	++				+++
Lenkung		++++		+		++++
Dämpfer		+	+++	++	++	+
Feder-Dämpfer		++	++++	++++	++++	++
Stabilisator		++		++++		++

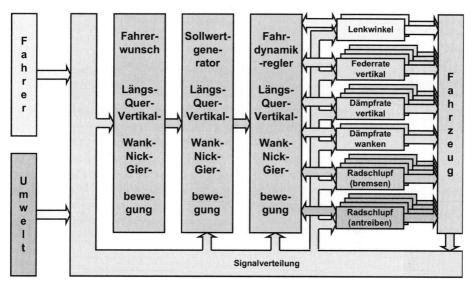

Bild 16-11: Fahrdynamischer Systemverbund für die räumliche Fahrzeugbewegung mit physikalisch relevanten Stell- und Regelungsgrößen aufgrund einer funktionalen Sicht

Der fahrdynamische Systemverbund (Bild 16-11) soll nicht nur die ebene, sondern in seiner Gesamtheit die räumliche Fahrzeugbewegung unter den Aspekten Sicherheit, Komfort und Agilität regeln. Hierzu sind die Integration weiterer Stellglieder und in Folge dieser weiterer lokaler und globaler Regler notwendig. Die Verkopplungen in den Freiheitsgraden, die die Fahrzeugbewegung beschreiben, machen die Komplexität der Aufgabe aus und müssen bereits im Konzept einer Mehrgrößenregelung der Fahrdynamik berücksichtigt werden. So können der Längs-, Quer- und Vertikaldynamik sowohl primäre als auch sekundäre Freiheitsgrade zugeordnet werden (Tabelle 16-5).

Tabelle 16-5: Kopplungen der Bewegungsfreiheitsgrade eines Fahrzeugs

	Primäre Freiheitsgrade	Sekundäre Freiheitsgrade
Längsdynamik	Längs-, Nickbewegung	Hubbewegung
Querdynamik	Quer-, Gier, Wankbewegung	Nick-, Hubbewegung
Vertikaldynamik	Hub-, Nick-, Wankbewegung	Querbewegung

Die Gedanken zum fahrdynamischen Systemverbund sollen am Beispiel eines zusätzlich erzeugten Giermoments über einen Bremseneingriff an der Vorder- sowie an der Hinterachse und über die Lenkung etwas eingehender diskutiert werden. Bei der weiteren Ausführung steht die Erzeugung eines statischen Giermoments zur Stabilisierung eines Fahrzeugs im Vordergrund. Die Bilder 16-12 bis 16-14 zeigen, welche Momente um die Hochachse in Abhängigkeit der Fahrsituation erzeugt werden können.

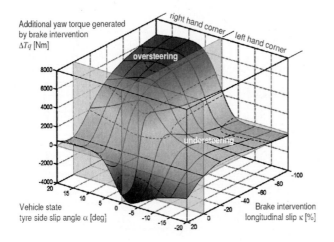

Bild 16-12:
Zusätzliches Giermoment durch einen Bremseneingriff vorne Fahrerseite auf trockenem Asphalt [5]

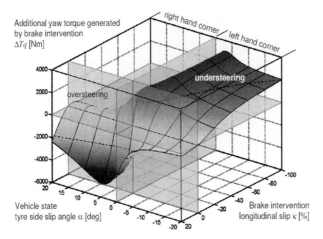

Bild 16-13:
Zusätzliches Giermoment durch einen Bremseneingriff hinten Fahrerseite auf trockenem Asphalt [5]

16.4 Fahrdynamischer Systemverbund

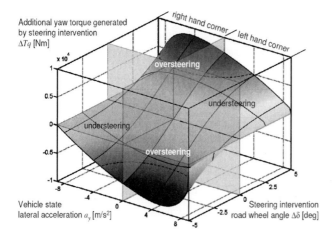

Bild 16-14:
Zusätzliches Giermoment durch einen Lenkeingriff auf trockenem Asphalt [5]

Die Ergebnisse basieren auf Simulationen mit einem einfachen Mehrkörperfahrzeugmodell. Mit dem Bremseneingriff an der Vorderachse kann im Wesentlichen ein die Kurvenfahrt unterstützendes Giermoment erzeugt werden. Das erzeugbare Moment erreicht Werte von bis zu 7000 Nm bei kleinen Schräglaufwinkeln und einem großem Bremsschlupf, es wird über die Vorderachse ein übersteuernder Eingriff realisiert. Der Bremseneingriff an der Hinterachse dagegen kann sowohl die Übersteuer- als auch die Untersteuertendenz des Fahrzeugs unterstützen, allerdings erreicht das zusätzliche Giermoment nur Maximalwerte bis zu 3000 Nm.

Mit dem Lenkeingriff können vergleichbare Giermomente erzeugt werden. Diese Ergebnisse veranschaulichen die im Fahrzeug vorhandene Redundanz zum Stellen eines Freiheitsgrads der Fahrzeugbewegung und bieten zum einen nicht nur Potential für die koordinierte Regelung der Fahrzeugbewegung, sondern auch zum anderen Funktionalitäten für gänzlich neue Sicherheitskonzepte. So kann beispielsweise eine Funktion in einem Fall unterstützend und in einem anderen Fall ersetzend agieren, Lenken durch Bremsen (radindividuelles ~) oder Bremsen durch Lenken (gegensinniges ~ einzelner Räder).

Für einen globalen Ansatz, der bereits die vorhandenen Kopplungen im Entwurf berücksichtigt, ist es notwendig, die heutige Systemsicht, die sich sehr stark an Produkten (ABS, ASR, ESP, usw.) orientiert, zunächst im Sinne einer Funktionssicht zu modifizieren. Erst hierüber ergibt sich dann die Möglichkeit, die physikalisch relevanten Stell- und Regelungsgrößen für eine Mehrgrößenregelung zu identifizieren. Diese Größen sind in einem ersten Schritt realisierungsunabhängig. Ferner führt eine funktionale Betrachtungsweise zum Aufbrechen bereits existierender Funktionskonglomerate, die sich in heutigen Produkten wieder finden. Mit einem derartigen Ansatz, der sich von dem integrierten Ansatz darin unterscheidet, dass physikalische, aus Sicht der Fahrzeugbewegung relevante Stell- und Regelungsgrößen zur Beeinflussung der Fahrzeugbewegung die Struktur des Regelungskonzeptes bestimmen, sind gänzlich neue Qualitäten in Bezug auf Sicherheit, Komfort, Umweltverträglichkeit und Erlebbarkeit im Sinne einer globalen situationsgerechten Optimierung möglich. Darüber hinaus können mehr nutzbare Funktionen (Fahrzeug- und Aktuatorfunktionen) sicher, zuverlässig und verfügbar realisiert werden. Durch eine Mehrfachnutzung von Aktuatoren und Sensoren entsteht weiteres Optimierungspotential, und vorhandene Redundanzen in Komponenten und Funktionen können reduziert werden.

Das „Aufbrechen" heutiger fahrdynamischer Systeme führt darüber hinaus auch zu neuen Komponenten. Ein heutiges System besteht üblicherweise aus den Komponenten Sensor, Steuergerät und Aktuator (Bild 16-15).

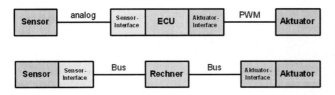

Bild 16-15:
Komponenten eines fahrdynamischen Systems;
oben: Komponentensicht,
unten: Funktionssicht

Die funktionale Sicht liefert Information gebende Subsysteme (Sensor und Sensorinterface) und auf das Gesamtsystem einwirkende Subsysteme (Aktuator und Aktuatorinterface). Die Funktionen, die in das Information gebende Subsystem integriert werden, umfassen dann eine Signalgenerierung sowie -verarbeitung, eine Informationsgenerierung sowie -verarbeitung, eine Eigendiagnose und darüber eine fehlertolerante Informationsbereitstellung für die Fahrdynamikregelung. Entsprechend sind die Funktionen für das auf das Gesamtsystem einwirkende Subsystem mit einer fehlertoleranten Informationsverarbeitung zur Prozessansteuerung und den dafür notwendigen Aktuatorregelungen zu nennen.

16.5 Entwicklungsmethodik für einen fahrdynamischen Systemverbund

Die Bottom-up-Entwicklung heutiger fahrdynamischer Systeme führt zwangsläufig zu Inkompatibilitäten und möglicherweise intrinsischen Fehlfunktionen im Betrieb aufgrund von nicht vorhersehbaren Wechselwirkungen. Zur Beherrschung der Komplexität und damit verbundenen Erscheinungen sind zugehörige systematische und modellbasierte Entwicklungsmethoden sowie Integrationsregeln für die einzelnen Systeme erforderlich. Eine Herangehensweise zur Entwicklung eines fahrdynamischen Systemverbunds, die eine deutliche Steigerung der Fahrsicherheit, des Komforts und der Agilität mit der geforderten Sicherheit, Zuverlässigkeit und Verfügbarkeit mit sich bringt, muss top-down-orientiert, funktionsbasiert und modellgestützt erfolgen. Die funktionsbasierte Entwicklung setzt eine abstrahierte Betrachtung der bisherigen Systeme voraus, die dazu führt, dass beispielsweise die Aktuatorfunktionen ausschließlich über ihr dynamisches Verhalten und die fahrdynamisch relevanten Beeinflussungen (beispielsweise Eigenlenkverhalten, Querkraftpotential, Reifenkraftschlussausnutzung, Radlastschwankungen, Gierdämpfung, usw.) beschrieben werden.

Das Ergebnis einer top-down-orientierten, funktionsbasierten und modellgestützten Entwicklung ist eine neue Qualität von fahrdynamischen Funktionen, wie beispielsweise eine Gierstabilisierung, die über die Stellglieder Radmoment oder Radschlupf (Bremse, Vortrieb), Schräglaufwinkel (Lenkung) und Radlastverteilung (Stabilisator) die Fahrdynamik beeinflussen, und führt zu einer neuen hierarchischen Strukturierung der fahrdynamischen Funktionen. Die Fahrdynamik wird hierbei als die koordinierte Bewegung der translatorischen und rotatorischen Freiheitsgrade des Fahrzeugs verstanden. Auf einer höheren Hierarchieebene der Funktionsstruktur finden sich die Koordinations-, Optimierungs- und Managementfunktionen, auf einer darunter liegenden Hierarchieebene werden die Führungs- und Überwachungsfunktionen und auf einer unteren Ebene die Steuerungs- und Regelungsfunktionen strukturiert, wobei auf den höheren Hierarchieebenen das gesamte Fahrzeug mit der neuen Qualität von fahrdynamischen Funktionen betrachtet wird und erst auf den aktuatornahen Hierarchieebenen die tatsächliche Realisierung der Funktionen eine Rolle spielt. Die funktionsbasierte Strukturierung unterstützt eine Trennung der merkmalsbildenden und differenzierenden, aber realisierungsunabhängigen Funktionen des Fahrzeugs von den komponentenorientierten und damit realisierungsabhängigen Funktionen und stellt darüber eine gute Möglichkeit für die Entwicklung ganz neuer Funktionen auf der merkmalsbildenden und differenzierenden Funktionsebene dar [6].

Eine Entwicklung, die sowohl eine top-down- als auch bottom-up-orientierte Vorgehensweise im Fokus hat, ist unter dem Gesichtspunkt einer evolutionären Transformation des heutigen fahrdynamischen Systemkonglomerats in einen unter den Aspekten Fahrsicherheit, Komfort, Handling und Agilität optimalen fahrdynamischen Systemverbund eine Erfolg versprechende Vorgehensweise. Die Top-down-Vorgehensweise ist hierbei der dominantere Teil, um zunächst eine neue Qualität von fahrdynamischen Funktionen, wie oben beschrieben, zu entwickeln. Allerdings unterstützt die Bottom-up-Betrachtungsweise, die von den bisherigen Realisierungen kommend orientiert ist, eine Extraktion von neuen (Einzel-) Funktionen durch die Spiegelung dieser auf den Verbund der im Fahrzeug realisierten Systeme, die durch eine Festlegung der Hardware im Sinne der möglichen Aktuatoren charakterisiert ist, und unterstützt damit die stufenweise und zeitlich schrittweise vorgehende Integration der extrahierten Funktionen in neue Fahrzeuge.

Die Aufgaben zur funktionsbasierten Entwicklung eines fahrdynamischen Systemverbunds können im Sinne einer systematischen Vorgehensweise wie folgt formuliert werden:

♦ Analyse der in Serie oder kurz vor Serieneinführung befindlichen fahrdynamischen Systeme zur Identifikation der realisierungsunabhängigen fahrdynamischen Funktionen und zur Beschreibung deren dynamischen Verhaltens
♦ Festlegung der funktionalen Schnittstellen der realisierungsunabhängigen fahrdynamischen Funktionen
♦ Herleitung von realisierungsunabhängigen fahrdynamischen Regelungsgrößen zur Regelung der gesamten Fahrdynamik
♦ Untersuchung der Möglichkeit von Mehrgrößenregelungen (ganzheitlich beziehungsweise bereichsweise) der Fahrdynamik über die Verkopplung der Regelungsgrößen
♦ Herleitung einer Kaskadierung für bereichsweise wirkende Mehrgrößenregelungen
♦ Entwicklung der Mehrgrößenregelungen für einzelne Kaskaden
♦ Untersuchung der Möglichkeiten zur Realisierung einzelner Kaskaden mit Hilfe bereits existierender Aktuatorkonzepte.

Die gesamte Vorgehensweise orientiert sich an der Entwicklungsmethodik mechatronischer Systeme (VDI 2206, [7]), so dass sämtliche Phasen der Entwicklung durch eine Modellbildung und Simulation unterstützt werden. Über die Modelle kann das dynamische Verhalten der Funktionen und der Informationsübertragung vom Sensor über die Informationsverarbeitung zum Aktuator, mit Hilfe von Parametern einfach modifiziert und damit ein mögliches, bereits realisiertes Aktuatorkonzept im Sinne einer Funktionsextraktion festgelegt werden. Von großem Wert ist die Entwicklungsmethodik mechatronischer Systeme, insbesondere wenn es um den Systementwurf eines fahrdynamischen Systemverbunds geht, da der Grobentwurf durch eine Funktionsstruktur, die wiederum auf einer Modellstruktur basiert, unterstützt wird. Mit Hilfe der Funktionsstruktur erfolgt zunächst die Analyse bereits existierender fahrdynamischer Systeme und darauf folgend die Synthese neuer fahrdynamischer Funktionen hinsichtlich ihrer statischen und dynamischen Eigenschaften.

16.6 Zusammenfassung und Ausblick

Die Vernetzung der Längs-, Quer- und Vertikaldynamik bietet Potentiale für die Entwicklung ganz neuer fahrdynamischer Funktionen auf der merkmalsbildenden und differenzierenden Ebene, die dann einen entsprechenden Wettbewerbsvorteil mit sich bringen. Die neuen Funktionen sind ferner Wegbereiter für eine weitere Verbesserung der Fahrsicherheit, des Komforts und der Agilität heutiger Fahrzeuge.
Stand der Technik zur Vernetzung ist die „friedliche Koexistenz", fahrdynamische Systeme werden dabei unter dem Aspekt von jeweils lokalen Optima miteinander in Wechselwirkung gebracht und bieten dem Fahrer bereits neue Funktionalitäten. Die sich an existierenden Produkten orientierenden Systemgrenzen bleiben hierbei erhalten und über einen Austausch von Sensor- und Stellgrößeninformationen wird gemäß einer Prioritätenliste das dominierende System zum Stelleingriff in fahrsicherheitskritischen Situationen gebracht.
Einen nächsten Schritt stellt der integrierte Ansatz dar, hierbei werden die Fahrzustandserkennung und Regelungen einzelner fahrdynamischer Systeme zusammengeführt, um dann abgestimmt mit den jeweiligen Stellgliedern die Fahrzeugbewegung zu beeinflussen. Hierzu müssen erste Systemgrenzen existierender fahrdynamischer Funktionen „aufgebrochen" werden.
Einen konsequenten nächsten Schritt stellt der fahrdynamische Systemverbund zur räumlichen Regelung der Fahrzeugbewegung dar. Hierzu werden die fahrdynamischen Systeme zunächst durch eine ganzheitliche Funktionsstruktur beschrieben. In der Funktionsstruktur finden sich lokale Aktuatorfunktionen, Funktionen zur Informationsbereitstellung und -verarbeitung, die die Fahrzeugbewegung regelnden Funktionen, Überwachungs-, Diagnose-, Koordinations-, Management- und Optimierungsfunktionen. Die Funktionsstruktur beschreibt noch realisierungsunabhängig den möglichen Funktionsumfang und stellt eine sehr gute Basis für weitere hinzukommende Funktionen, beispiels-

weise durch die Fahrzeug-Fahrzeug-Vernetzung und das autonome Fahren (Einparken, Kolonnenfahren, usw.), dar.

Zur Beherrschung der wachsenden Komplexität und Heterogenität derartiger Funktionszuwächse und -umfänge ist eine ganzheitliche Betrachtung des fahrdynamischen Systemverbunds zwingend notwendig. Über eine modellbasierte Vorgehensweise, die sich auf die Entwicklungsmethodik mechatronischer Systeme stützt, kann der Systemverbund sicher, verfügbar und zuverlässig realisiert werden.

Neben der technischen Herausforderung, die sich aus der Komplexität ergibt, stellt der fahrdynamische Systemverbund und seine Vorstufen über den Koexistenzansatz und den integrierten Ansatz hohe Anforderungen an die an der Entwicklung beteiligten Personen. Eine enge Zusammenarbeit sowohl bei dem domänenübergreifenden Systementwurf, dem domänenspezifischen Entwurf und der domänenübergreifenden Systemintegration ist zwingend notwendig, um den erforderlichen Aufwand für die Entwicklung wirtschaftlich gestalten zu können. Neben der Automobilindustrie übergreifenden Zusammenarbeit erfordert der fahrdynamische Systemverbund einheitliche Strukturierungsrichtlinien und Schnittstellendefinitionen, die in einem Quasistandard die Rahmenbedingungen für Neu- und Weiterentwicklungen vorgeben. Nur so können die am Systemverbund beteiligten Unternehmen effizient und wirtschaftlich erfolgreich zum Nutzen der Fahrer zusammen arbeiten.

Literatur

[1] *Bertram, T.*: Eine Erfolgsgeschichte – Von der mechanischen zur mechatronischen Bremse. 47. Internationales Wissenschaftliches Kolloquium, Maschinenbau und Nanotechnik – Hochtechnologien des 21. Jahrhunderts. Technische Universität Ilmenau, S. 131–132, 2002

[2] *Stabrey, S.*: Adaptive Fahrdynamikregelung unter Nutzung von Fahrspurinformationen. Dissertation Technische Universität Ilmenau. Tönning: Der Andere Verlag, 2006

[3] *Öttgen, O.*: Zur modellgestützten Entwicklung eines mechatronischen Fahrwerkregelungssystems für Personenkraftwagen. Dissertation Universität Duisburg-Essen. Fortschritt-Berichte Reihe 12, Nr. 610. Düsseldorf: VDI, 2005

[4] *Greul, R.; Haß, C.; Bertram, T.*: Fahrzustandsbeurteilung zur Koordination mechatronischer Systeme im Kraftfahrzeug. VDI-Mechatroniktagung 2003 – Innovative Produktentwicklung. VDI-Berichte 1753. Düsseldorf: VDI, S. 401–420, 2003

[5] *Zegelaar, P.*: Impact on vehicle dynamics by tire, chassis and active systems. 3rd International CTI-Forum Fahrwerk und Reifen / Chassis Systems and Tires. Darmstadt, 21./22.09.2004, 2004

[6] *Bertram, T.; Schröder, W.; Dominke, P.; Volkart, A.*: CARTRONIC – Ein Ordnungskonzept für die Steuerungs- und Regelungssysteme in Kraftfahrzeugen. Systemengineering in der KFZ-Entwicklung. VDI-Berichte 1374. Düsseldorf: VDI, S. 369–398, 1997

[7] VDI Richtlinie 2206. Entwicklungsmethodik für mechatronische Systeme. Berlin: Beuth, 2004

17 Entwicklungsumgebung mit echtzeitfähigen Gesamtfahrzeugmodellen für sicherheitsrelevante Fahrerassistenzsysteme

JÜRGEN SCHMITT

Zur Bewertung des Fahrverhaltens eines Kraftfahrzeugs benutzt der Fahrer subjektive Begriffe wie Komfort, Fahrspaß und Handling. Es gibt zwar Ansätze, diese Eigenschaften in Gütekriterien im Zeit- und Frequenzbereich mit Hilfe standardisierter Testverfahren zu erfassen ([11], [12]), letztendlich kann das subjektive Fahrgefühl jedoch nur durch Testfahrten mit Prototypen untersucht werden. Systematische Änderungen werden in diesem Entwicklungsstadium unter Umständen sehr kostspielig. Mit Fahrsimulatoren, die über ein geeignetes Human-Machine-Interface (HMI) verfügen, können die Regelungskonzepte bereits in einem sehr frühen Entwicklungsstadium durch Simulation realitätsnah getestet werden ([4], [9], [14]). Aus diesem Grund wurden am Institut für Automatisierungstechnik ein Force-Feedback-Lenkrad und eine Pedaleinheit mit einem echtzeitfähigen Gesamtfahrzeugmodell gekoppelt. Das Gesamtfahrzeugmodell ist ein Zweispurmodell mit Motor-, Getriebe-, Bremsen- und Reifenmodell, programmiert unter Matlab®/Simulink™ Es besitzt eine modulare und hierarchische Struktur, die die Anpassung an verschiedene Fahrzeugtypen möglich macht. Das Fahrzeug wurde im Laufe der Entwicklung auf verschieden Fahrzeuge abgestimmt ([6], [7], [8]). Das gesamte Modell wird durch automatische Codegenerierung auf einer Echtzeithardware der Fa. dSpace übertragen und kann anschließend mit dem Force-Feedback-Lenkrad und der Pedaleinheit vom Bediener gesteuert werden. Die Simulationsergebnisse werden online visualisiert und zur Weiterverarbeitung unter Matlab® aufgezeichnet.

Im Folgenden werden der Fahrer und dessen Bedeutung für die Regelung sowie Motivation des aufgebauten Simulators beschrieben. Dann folgen zwei Beispiele, wie mit Hilfe des Simulators Fahrdynamikregelsysteme und Assistenzsysteme entwickelt werden können. Die Arbeit endet in mit einer Zusammenfassung und einem Ausblick.

17.1 Besondere Betrachtung des Fahrers im Regelkreis

Nach heutigem Stand der Gesetzgebung ist es nicht zulässig, den Fahrer während einer kritischen Situation vom Regelkreis vollständig zu entkoppeln und die kritische Situation allein durch die Regelsysteme zu bereinigen. Der Fahrer muss bei der Entwicklung und Bewertung der Regelung berücksichtigt werden. Im frühen Stadium der Simulation ist dies durch geeignete Fahrermodelle möglich. Bild 17-1 zeigt ein Fahrermodell nach Ammon [2]. Danach setzt sich der Fahrer aus verschiedenen Ebenen zusammen. Die Ebene *Informationsaufbereitung* rechnet sensorische Daten über bestimmte Modellvorstellungen auf fahrdynamisch relevante Größen um. In der *Informationsverarbeitung* werden die so gewonnenen fahrdynamischen Größen zu Zielvorgaben verarbeitet und der Ist-Zustand des Fahrzeugs wird analysiert. Auf der Ebene der Basisregler wird meist unbewusst die eigentliche Aufgabe der Spur- und Geschwindigkeitshaltung durchgeführt. Im Normalfall sind dies Steuerungsaufgaben, die der Fahrer aufgrund seiner Erfahrung tätigt, z.B. das Einlenken in eine Kurve. Bei massiven Abweichungen des tatsächlichen Fahrzeugverhaltens vom Wunschverhalten durch unvorhergesehene, starke Störungen greift der Fahrer mit schnellen Regeleingriffen ein, um das Fahrzeug auf Kurs zu halten und wieder zu stabilisieren. Genau hier wird der Fahrer durch den aktiven Brems- und Lenkeingriff zur Gierratenkompensation unterstützt. Das Unvermögen des Fahrers, das Fahrzeugverhalten in Grenzsituationen richtig einzuschätzen, führt zu einer schlechten Regelgüte oder überfordert den Fahrer [2]. Die übergeordnete Informationsaufbereitung und -verarbeitung bleibt jedoch weiterhin dem Fahrer überlassen. Bei Ausweichassistenten wird der Fahrer dagegen bereits in der Informationsaufbereitung und -verarbeitung unterstützt. Beide Beispiele werden im Folgenden vorgestellt.

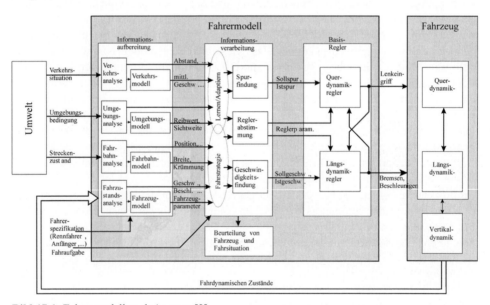

Bild 17-1: Fahrermodell nach Ammon [2]

Bei Offline-Simulationen ist es sehr schwierig, das beschriebene Fahrerverhalten durch mathematische Modelle nachzubilden [3]. Vor allem die Tatsache, dass der reale Fahrer in der Lage ist zu lernen und situationsabhängig auf verschiedene Herausforderungen zu reagieren, macht eine realitätsnahe Nachbildung des Menschen in einem Modell sehr schwierig. Auch die herausragenden sensorischen Fähigkeiten des Fahrers und dessen Möglichkeiten, verschiedene Sensorinformationen schnell und zum Teil intuitiv zu verarbeiten, sind schwer nachzubilden. Der Laboraufbau am Institut für Automatisierungstechnik versucht dieses Problem zu lösen, indem der Fahrer im Regelkreis belassen wird und das Fahrzeug über das HMI steuert.

Insbesondere in kritischen Situationen tragen die auf den Fahrer wirkenden Beschleunigungen stark zur Bewertung der aktuellen Situation bei. Diese können bei dem hier vorgestellten Ansatz nicht berücksichtigt werden und würde einen weitaus aufwändigeren Versuchsaufbau bedeuten. Trotzdem ist der Entwickler mit diesem Prüfstand in der Lage, schnell und effektiv kritische Fahrmanöver zu erzeugen und die entworfenen Regler zu testen.

17.2 Laboraufbau und HIL-Simulationsmodell

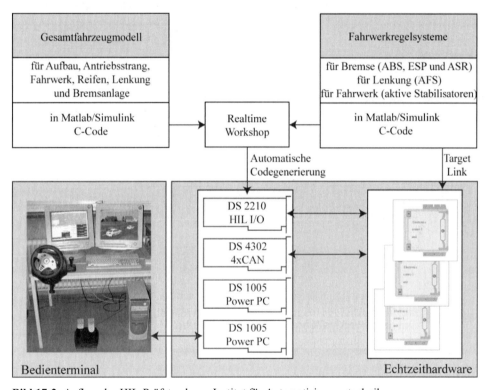

Bild 17-2: Aufbau des HIL-Prüfstands am Institut für Automatisierungstechnik

Bild 17-2 zeigt den Signalflussplan und den prinzipiellen Laboraufbau des *Hardware-in-the-Loop-Simulators* (HIL). Der Simulationsrechner besteht aus zwei Power-PCs der Firma dSpace und verschiedenen I/O-Interface Karten, über die die Hardware mit dem Fahrzeugmodell gekoppelt werden kann. Auf dem Simulationsrechner werden die Modelle der Fahrbahn, des Fahrzeugs, die Regelalgorithmen und die Echtzeitdatenverarbeitung gerechnet. Die Modelle sind in Matlab/Simulink programmiert und werden durch automatische Codegenerierung auf den Echtzeitrechner übertragen. Während der Simulation dient das Bedienterminal zur Visualisierung der Ergebnisse und zur Steuerung der Simulation. Das HMI ist über analoge Schnittstellen mit den I/O-Karten verbunden und liefert die Eingangssignale für die Simulation.

Tabelle 17-1: Ordnung und Freiheitsgrade des Fahrzeugmodells

Teilmodell	Anzahl der Zustandsgrößen	Anzahl der Freiheitsgrade
Fahrzeugaufbau	12	6
Reifen (alle vier)	12	12
Antriebsstrang	4	1
Hydraulische Bremsanlage	8	–
Lenkung	2	1

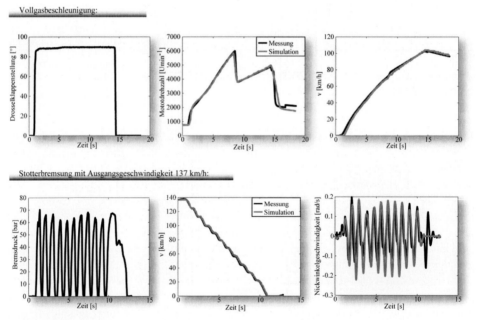

Bild 17-3: Validierung der Fahrzeuglängsdynamik mit einer Vollgasbeschleunigung (oben) und einer Stotterbremsung (unten)

Das *Gesamtfahrzeugmodell* besteht aus den Einheiten Motor, Getriebe, Differential und Fahrzeugdynamik. In Tabelle 17-1 sind Ordnung und Freiheitsgrade der Teilmodelle angegeben. Die Elastokinematiken der Radaufhängung und der Lenkanlage sind vereinfacht über stationäre Kennfelder realisiert. Eine detaillierte Darstellung des verwendeten Modells ist in [6], [7], [8] zu finden. Als Eingänge besitzt das Modell den Lenkradwinkel, den Bremsdruck und die Drosselklappenstellung, die vom Fahrer vorgegeben werden.

17.2 Laboraufbau und HIL-Simulationsmodell

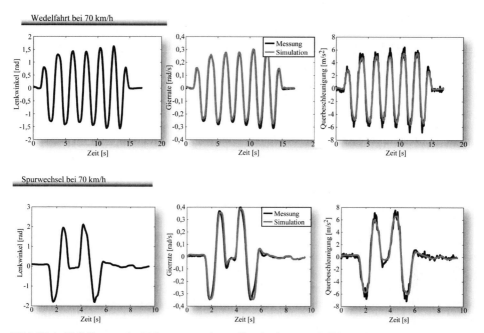

Bild 17-4: Validierung der Fahrzeugquerdynamik mit einer Wedelfahrt (oben) und einem doppelten Spurwechsel (unten)

Des Weiteren können Umwelteinflüsse, die das Fahrzeugverhalten beeinflussen, vorgegeben werden (Kraftschluss zwischen Straße und Reifen, Seiten- und Gegenwind, sowie die Steigung und Neigung der Fahrbahn). Bild 17-3 und Bild 17-4 zeigen Simulationsergebnisse und Messungen für einige Fahrmanöver der Längs- und Querdynamik. Die Längsdynamik wird durch eine Vollgasbeschleunigung und eine Stotterbremsung validiert. Bei der Vollgasbeschleunigung ist als Eingang die Drosselklappenstellung abgebildet. Verglichen werden die Messungen und Simulationsergebnisse von Motordrehzahl und Fahrzeuggeschwindigkeit. Beide Signale zeigen sehr gute Übereinstimmungen zwischen Messung und Simulation. Auch bei der Stotterbremsung weisen die gemessenen Signale gute Übereinstimmung mit der Simulation auf. Die Nickrate wird nicht genau erreicht, weil das Modell von einem deutlich vereinfachten Fahrwerksmodell ausgeht. Die Ergebnisse sind aber trotzdem zufriedenstellend. Für die Querdynamik sind eine Wedelfahrt und ein Spurwechsel bei $v = 70$ km/h aufgetragen. Als Eingang ist der Lenkradwinkel und als Ausgänge sind jeweils Gierrate und Querbeschleunigung aufgetragen. Das komplexe Simulationsmodell ist in der Lage, das Fahrzeugverhalten ausreichend genau abzubilden, so dass es im Weiteren zum Testen der entwickelten Assistenzsysteme dient [18]. Konzepte zur Koordination verschiedener Regelsysteme in kritischen Situationen sind in [10], [15], [16], [17] zu finden.

17.3 Stabilisierung des Fahrzeugs durch Gierraten-Regelung mit aktivem Lenkeingriff

Bild 17-5 zeigt das Prinzip der aktiven Überlagerungslenkung. Der Regelkreis für den aktiven Lenkeingriff in Bild 17-6 ist im Wesentlichen eine Gierratenregelung (Gierrate: Drehbewegung des Fahrzeugs um die Hochachse). Der Regler vergleicht die gemessene Gierrate mit der Ausgabe eines Referenzmodells, das dem Fahrerwunsch entspricht (vgl. Bild 17-1). Sobald die gemessene Gierrate von der gewünschten Gierrate abweicht, greift der Regler ein [1], [5]. Reglerausgang ist ein zusätzlicher Lenkwinkel, der in einem speziellen Überlagerungsgetriebe dem Lenkradwinkel des Fahrers additiv überlagert wird (Bild 17-5). Die Beeinflussung der Gierbewegung über einen aktiven Lenkeingriff kann deutlich schneller erfolgen als über herkömmliche Bremsanlagen. Besonders bei plötzlich auftretenden Störungen (z.B. Kraftschlussverlust an einem Rad) kann dies die Sicherheit in kritischen Situationen deutlich erhöhen. Außerdem gibt es Fahrsituationen, die das Kräftepotential am Rad in Längsrichtung bereits ausschöpfen und keine weiteren Reserven für den Eingriff mit ESP bieten. Ein Beispiel hierfür ist eine Vollbremsung auf einer μ-split Oberfläche (unterschiedliche Kraftschlussbeiwert an den linken und rechten Rädern, vgl. Bild 17-7). Die μ-split Situation wird bei herkömmlichen ABS – Regelungen durch einen verzögerten Aufbau der Bremsdrücke entschärft („Giermomentaufbauverzögerung") [5]. Diese Verzögerung kann bei einer Regelung der Vorderachslenkung entfallen, so dass der Bremsweg reduziert werden kann. Beim aktiven Lenkeingriff wird das Giermoment, das durch das Bremsen auf einer μ-split Oberfläche entsteht, durch gezieltes Gegenlenken kompensiert.

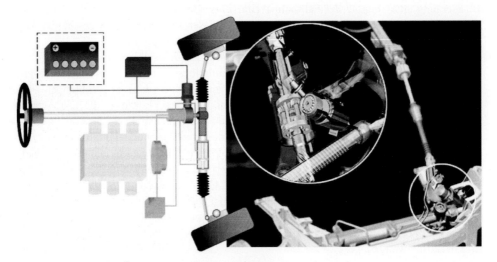

Bild 17-5: Prinzip der Überlagerungslenkung (BMW)

17.3 Stabilisierung des Fahrzeugs durch Gierraten-Regelung mit aktivem Lenkeingriff

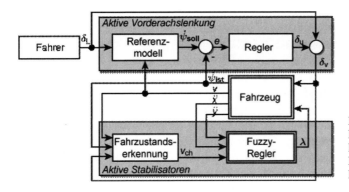

Bild 17-6:
Regelkreis der Vorderachslenkung mit zusätzlicher Regelung der aktiven Stabilisatoren

Beim Regler für den aktiven Lenkeingriff handelt es sich um einen Kennfeldregler, der den Einfluss der Fahrzeuggeschwindigkeit durch Variation der Reglerparameter berücksichtigt [13]. Um den entworfenen Regler zu testen, wird das Fahrzeug auf einer μ-split Oberfläche gebremst. Der Fahrer hat die Aufgabe, das Fahrzeug auf einem stabilen Kurs zu halten.

Bild 17-7 zeigt das durchgeführte Fahrmanöver und die Visualisierung am Prüfstand. Zur Bewertung des Reglers können die Simulationsergebnisse in Bild 17-8 und Bild 17-9 herangezogen werden. Das beschriebene Fahrmanöver wurde mit einem einfachen ABS, das ausschließlich das Blockieren der Räder verhindert, durchgeführt. Anschließend wird der Fahrer durch eine aktive Vorderachslenkung unterstützt. Bild 17-8 zeigt, dass die Lenkbewegungen des Fahrers mit aktivem Lenkeingriff deutlich in ihrer Amplitude reduziert werden. Auch der Anteil schneller Lenkbewegungen nimmt ab (Bild 17-8, links). Weitaus wichtiger ist aber der Verlauf des Bremsdrucks des Fahrers (Bild 17-8, Mitte). Durch das erhöhte Sicherheitsempfinden beim Lenken ist der Fahrer in der Lage, mit aktivem Lenkeingriff stärker zu bremsen und kann damit den Bremsweg deutlich reduzieren (Bild 17-8, rechts).

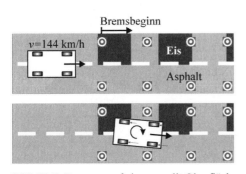

Bild 17-7: Bremsen auf einer μ-split Oberfläche und 3D-Visualisierung am Prüfstand

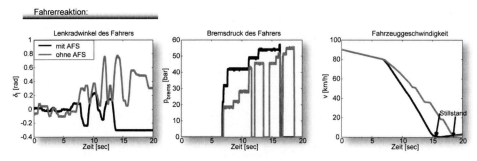

Bild 17-8: Reaktion des Fahrers während des Fahrmanövers

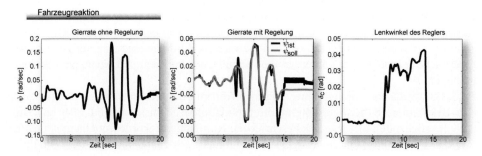

Bild 17-9: Fahrzeugreaktion auf das durchgeführte Fahrmanöver

Das Fahrzeugverhalten in Bild 17-9 zeigt die Gierrate ohne Regelung, die Soll- und Ist-Gierrate mit Regelung und den Radeinschlagwinkel an den Vorderrädern (Lenkübersetzung $i = 1/18$), der durch den Regler verursacht wird. Die Gierrate wird durch die Regelung deutlich reduziert, was das Sicherheitsempfinden des Fahrers erhöht. Die Störungen beim Bremsbeginn werden mit der Gierraten-Regelung gut und schnell ausgeregelt.

Durch die Einbindung des menschlichen Fahrers in die Simulation der Fahrdynamik ist eine realitätsnahe Bewertung des geregelten und ungeregelten Fahrmanövers möglich. Ohne Fahrer würde sich die Bewertung der Fahrsituation auf die Tatsache reduzieren, dass das ungeregelte Fahrzeug ausbricht und das geregelte Fahrzeug den Kurs halten kann. Mit dem Fahrermodell in Bild 17-1 könnte der Fahrer zwar ebenfalls berücksichtigt werden. Dabei besteht jedoch die Gefahr, dass das Regelungsverhalten des Fahrers sehr stark der technischen Realisierung der aktiven Vorderachslenkung ähnelt.

Durch den beschriebenen Ansatz lassen sich Fahrversuche nicht vermeiden, es können aber im Vorfeld und auch parallel zu den Testfahrten Untersuchungen zum Reglerverhalten unter Laborbedingungen durchgeführt werden.

17.4 Beispiel Ausweichassistent

Eine weitere Anwendung findet die Online-Simulation bei der Entwicklung eines Fahrerassistenzsystems zur Vermeidung von Kollisionen im Straßenverkehr. Um Entwicklungsdauer und Entwicklungskosten kurz bzw. gering zu halten, soll das Zusammenspiel von Fahrzeugumfeld, Fahrzeug, Assistenzsystem und Fahrer durch Simulationen im Voraus untersucht werden. Hierfür wird ein komplexes Gesamtfahrzeugmodell verwendet. Um Regler zu entwerfen, werden einfachere Modelle benutzt, mit deren Hilfe das Übertragungsverhalten der zu regelnden Strecke einfach abzuleiten ist. Vor dem Einsatz im realen Fahrzeug ist es jedoch hilfreich, diese Regler in der vorgestellten Entwicklungsumgebung zu testen und dabei das komplexe Fahrzeugmodell zu verwenden. Hierdurch lassen sich negative Einflüsse der verschiedenen Regler und Systemkomponenten frühzeitig erkennen und beheben. Da das Gesamtsystem vor allem in kritischen Situationen zum Einsatz kommt, müssen diese Bereiche durch Testfahrten abgedeckt werden. Unerkannte Fehler in den Systemkomponenten können daher zu einer Gefahr für die Testfahrer werden.

Die ganzheitliche Simulation besteht in diesem Fall aus Folgendem:

- **Simulation des Fahrzeugumfelds:** Mit Hilfe dieser Simulation wird das Verhalten der Umfeldsensorik nachgebildet. Hindernisse können in der Simulationsumgebung dargestellt und von der *Sensorik* erkannt werden. Auf diese Weise können Abweichungen und Fehler simuliert werden. Zusätzlich können Situationen untersucht werden, die in Fahrversuchen nicht nachstellbar sind oder zu gefährlich wären.
- **Simulation des Fahrzeugverhaltens:** Als Fahrzeugmodell wird ein Zweispurmodell verwendet, dessen Parameter auf das Versuchsfahrzeug angepasst wurden. Es enthält auch Modelle der Aktorik des Fahrzeugs. Das Modell wurde im Rahmen von Versuchsfahrten validiert.
- **Simulation des Assistenzsystems:** Das Assistenzsystem umfasst sämtliche Regler sowie die Algorithmen zur Kollisionsvermeidung des Fahrzeugs und wird in die Gesamtsimulationsumgebung integriert. Auf diese Weise können gegenseitige Beeinflussungen der Regler erkannt werden, die bei isolierter Betrachtung nicht erkennbar sind.
- **Einfluss des Fahrers:** Bei der Reaktion des Fahrers ist mit Gegenreaktionen zu rechnen. Vor allem die Entscheidung, wann und wie lange das System den Fahrer übersteuern soll, muss sorgfältig untersucht werden. Hier spielen auch juristische Vorgaben eine Rolle.

Das mit Hilfe der Simulationsumgebung entwickelte und getestete Assistenzsystem zur Unfallvermeidung wird zur Zeit in einem Versuchsfahrzeug des Forschungsprojekts PRORETA an der TU Darmstadt auf einem Rapid Prototyping System implementiert und kann somit auch in Fahrversuchen verwendet werden.

17.5 Zusammenfassung und Ausblick

Es wurde eine Hardware-in-the-Loop-Entwicklungsumgebung für den Entwurf aktiver Brems- und Lenkeingriffe bei Kraftfahrzeugen vorgestellt. Das Vorgehen beim Entwurf eines Ausweichassistenten wurde erläutert. Dabei wird der Fahrer im Regelkreis belassen. Die Schwierigkeiten bei der Bewertung reiner Offline-Simulationen und die Vorteile einer Echtzeitsimulation mit realem Fahrer wurden diskutiert. Es konnte gezeigt werden, dass die Fahrerreaktionen mit dem in diesem Beitrag gezeigten Aufbau analysiert werden können. Diese Ergebnisse können in der weiteren Entwicklung von Fahrerassistenzsystemen berücksichtigt werden. Dabei kann auch untersucht werden, unter welchen Voraussetzungen die Regelung den Fahrer unterstützen muss und in welchen Situationen es besser dem Fahrer überlassen bleibt, das Fahrzeug zu stabilisieren.

Einen weiteren Schwerpunkt bei der Entwicklung von modernen Assistenzsystemen ist die Koordinierung verschiedener aktiver Systeme (Elektrohydraulische Bremse, aktive Vorderachslenkung und aktives Fahrwerk). Mit dem vorgestellten Prüfstand kann der Entwickler die verschiedensten Fahrmanöver sehr einfach vorgeben und so die entwickelten Strategien bewerten.

Literatur

[1] *Ackermann, J.*: Robust Control. Heidelberg, Springer-Verlag, 1993
[2] *Ammon, D.*: Modellbildung und Systementwicklung in der Fahrzeugdynamik. Stuttgart, B.G. Teubner Verlag, 1997
[3] *Bielaczek, C.*: Untersuchung der Auswirkung einer aktiven Fahrerbeeinflussung auf die Fahrsicherheit beim Pkw-Fahren im realen Straßenverkehr. Fortschritt-Bericht VDI, Reihe 12, Nr. 357, 1998
[4] *Fukao, T.; Miyasaka, S.; Mori, K.; Adachi, N.; Osuka, K.*: Active steering systems based on model reference adaptive nonlinear control. In: IEEE Intelligent transportation systems conference proceeding – Oakland (CA), USA, 2001
[5] Robert Bosch GmbH (Hrsg.): Kraftfahrtechnisches Taschenbuch, 25. Aufl. Wiesbaden, Vieweg Verlag, 2004
[6] *Halfmann, C.*: Adaptive semiphysikalische Echtzeitsimulation der Kraftfahrzeugdynamik im bewegten Fahrzeug. VDI-Fortschrittsbericht, Reihe 12, Nr. 467. VDI-Verlag, 2001
[7] *Halfmann, C.; Holzmann, H.*: Adaptive Modelle für die Kraftfahrzeugdynamik. Berlin, Springer Verlag, 2003
[8] *Holzmann, H.*: Adaptive Kraftfahrzeugdynamik – Echtzeitsimulation mit Hybriden Modellen. VDI Fortschrittsbericht, Reihe 12, Nr. 465. VDI-Verlag, 2001
[9] *Huh, K.; Seo, C.; Kim, J.; Hong, D.*: Active steering control based on the estimated tire forces. Proceedings of the American Control Conference, San Diego, California, 1999
[10] *Isermann, R.; Schmitt, J.; Fischer, D.; Börner, M.*: Model-based supervision and control of lateral vehicle dynamics. 3rd IFAC Symposium on Mechatronic Systems, Sydney, 2004
[11] *Mitschke, M.*: Dynamik der Kraftfahrzeuge, Band C Fahrverhalten, 2. Aufl. Springer-Verlag, 1990
[12] *Popp, K.; Schiehlen, W.*: Fahrzeugdynamik. Stuttgart, Teubner Verlag, 1993
[13] *Schmitt, J.; Schorn, M.; Isermann, R.*: Controller design for an active steering system in passenger cars based on local linear models. Proc. of FISITA World Congress in Barcelona, 2004

[14] *Schmitt, J.; Schorn, M.; Stählin, U.; Isermann, R.*: Einsatz echtzeitfähiger Gesamtfahrzeugmodelle für den Funktionsentwurf sicherheitskritischer Fahrerassistenzsysteme. Steuerung und Regelung von Fahrzeugen und Motoren – AUTOREG 2004, Fachtagung am 2. und 3. März, 2004

[15] *Shino, M.; Raksincharoensak, P.; Nagai, M.*: Vehicle handling and stability control by integrated control of direct yaw moment and active steering. Proc. of International Symposium on Advanced Vehicle Control, 2002

[16] *Trächtler, A.*: Integrierte Fahrdynamikregelung mit ESP, aktiver Lenkung und aktivem Fahrwerk. In Steuerung und Regelung von Fahrzeugen und Motoren – AUTOREG 2004, VDI - Berichte 1828. VDI/VDE - Gesellschaft Mess- und Automatisierungstechnik, 2004

[17] *Trächtler, A.; Liebemann, E.*: Vehicle Dynamics Management: ein Konzept für den Systemverbund. 11. Aachener Kolloquium Fahrzeug- und Motorentechnik, 2002

[18] *Weilkes, M.*: Auslegung und Analyse von Fahrerassistenzsystemen mittels Simulation. Schriftreihen Automobiltechnik, Institut für Kraftfahrwesen Aachen, 1999

18 Modellgestützte Überwachung und Fehlerdiagnose für Kraftfahrzeuge

ROLF ISERMANN

Im Rahmen einer zunehmenden Anzahl mechatronischer Komponenten und Regelungsfunktion und größer werdenden Anforderungen an Zuverlässigkeit, Sicherheit und Funktionsgarantien für Kraftfahrzeuge kommt einer umfassenden Überwachung und Fehlerdiagnose eine wachsende Bedeutung zu, [49]. Die Aufgaben der Überwachung bestehen dabei darin, den gegenwärtigen Prozesszustand anzuzeigen, unerwünschte oder unerlaubte Prozesszustände zu melden und entsprechende Maßnahmen einzuleiten, um den weiteren Betrieb zu erhalten und um Schäden oder Unfälle zu verhindern ([1], [3]). Hierbei kann man folgende Arten der Überwachung unterscheiden, vgl. Bild 18-1.

a) **Grenzwert-Überwachung**: Direkt messbare Größen werden im Hinblick auf das Überschreiten von Toleranzen oder Plausibilitäten geprüft, und es werden Alarmmeldungen gegeben.

b) **Automatischer Schutz:** Bei gefährlichen Prozesszuständen leitet eine Grenzwert-Überschreitung automatisch eine geeignete Gegenmaßnahme ein, um den Prozess in einen sicheren Zustand zu überführen.

c) **Überwachung mit Fehlerdiagnose:** Aus messbaren Größen werden Merkmale berechnet, Symptome erzeugt, eine Fehlerdiagnose durchgeführt und Entscheidungen für Gegenmaßnahmen getroffen.

Die klassischen Methoden a) und b) sind geeignet für die allgemeine Prozessüberwachung. Ihr Stand in verschiedenen Gebieten wird z.B. beschrieben in [4] bis [8]. Bei der Festlegung der Toleranzen müssen im Allgemeinen Kompromisse zwischen der Erkennung unnormaler Abweichungen und Fehlalarmen aufgrund normaler regelloser Änderungen der Variablen gemacht werden. Die einfache Grenzwertüberwachung arbeitet in der Regel zuverlässig, wenn sich der Prozess in einem stationären Zustand befindet. Bei schnellen dynamischen Änderungen wird die Festlegung von Grenzwerten jedoch schwierig. Da Regelkreise Störsignale und auch kleine Prozessänderungen kompensieren, können kleine Veränderungen im Prozess durch die Grenzwert-Überwachung der Ausgangssignale nicht erkannt werden, solange die Stellgrößen im normalen Stellbereich bleiben. Deshalb können Regelkreise eine frühe Erkennung von Fehlern verhindern.

Der große Vorteil der klassischen Überwachungsmethoden auf der Basis von Grenzwerten direkt messbarer Signale ist die Einfachheit und Zuverlässigkeit im stationären Betrieb. Eine Alarmmeldung kann jedoch nur nach relativ großen Merkmalsänderungen, z.B. nach einer relativ großen plötzlichen Änderung oder nach lang anhaltenden allmählichen Änderungen erfolgen. Ferner ist eine detaillierte Fehlerdiagnose im Allgemeinen nicht möglich. Hinzu kommt, dass bei größeren Störungen eine Flut von Alarmmeldungen erscheint, deren Auswertung kaum noch möglich ist.

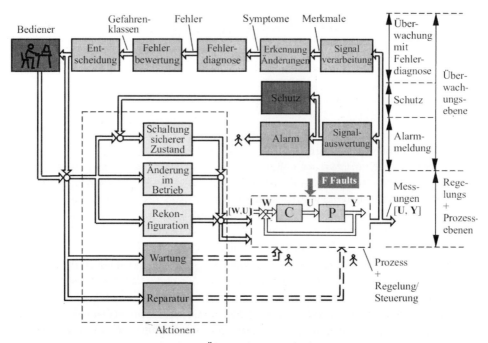

Bild 18-1: Schema für die verschiedenen Überwachungsmethoden

Aus diesen Gründen werden weiter entwickelte Methoden der Art c) *Überwachung mit Fehlerdiagnose* benötigt, die folgende Eigenschaften erfüllen sollten:

1) Frühe Erkennung kleiner Fehler (plötzliches, allmähliches oder intermittierendes Auftreten)
2) Fehlerdiagnose mit Angabe von Fehlerort, Fehlergröße und Fehlerursache
3) Erkennung von Fehlern in geschlossenen Regelkreisen
4) Überwachung von Prozessen in dynamischen Betriebszuständen.

Wenn die Überwachung verbessert werden soll, dann liegt es zunächst nahe, zusätzliche Sensoren einzuführen, die spezielle Fehler möglichst direkt erfassen, und das Bedienungspersonal-Wissen in Rechnern zu verarbeiten. Durch die zusätzlichen Sensoren und die zugehörigen Messketten steigt aber die Gesamtzuverlässigkeit nicht unbedingt an, und viele Fehler können dennoch nicht erfasst werden. Eine andere Möglichkeit besteht darin, die bereits vorhandenen Messsignale der Prozesseingangs- und -ausgangsgrößen besser zu nutzen. Denn beim Auftreten von vielen Fehlern ändert sich der Zusammenhang dieser Signale untereinander ([1] bis [3]). Wenn man die Signalzusammenhänge über *mathematische Modelle* beschreibt, kann man durch Beobachtung dieser analytischen Prozessmodelle auf Fehler zurück schließen, ohne zusätzliche Sensoren.

18.1 Wissensbasierte Fehlererkennung und Fehlerdiagnose

Bild 18-2 zeigt ein allgemeines Schema der wissensbasierten Fehlererkennung und -diagnose. Die wesentlichen Aufgaben können dabei in die *Fehlererkennung* durch Erzeugung analytischer und heuristischer Symptome und die *Fehlerdiagnose* mit Klassifikations- und Inferenzmethoden unterteilt werden [1].

Analytische Symptomerzeugung
Das quantifizierbare Wissen über den Prozess wird verwendet, um analytische Information zu erzeugen. Hierzu wird auf der Grundlage gemessener Variablen eine Datenverarbeitung durchgeführt, um zunächst *Kennwerte* (charakteristische Größen) zu bilden durch:
- *Grenzwert-Überwachung* direkt messbarer Signale. Kennwerte sind überschrittene Signaltoleranzen.
- *Signalanalyse* direkt messbarer Signale durch Bildung von Signalmodellen wie Korrelationsfunktionen, Frequenzspektren, ARMA-Modelle (auto regressive moving average). Kennwerte sind z.B. Varianzen, Amplituden, Frequenzen.
- *Prozessanalyse* durch Verwendung mathematischer Prozessmodelle in Verbindung mit Parameterschätzmethoden, Zustandsschätzmethoden und Paritätsgleichungen. Kennwerte sind Parameter, Zustandsgrößen oder Residuen.

In manchen Fällen können dann aus diesen Kennwerten besondere *Merkmale* ermittelt werden, z.B. physikalisch definierte Prozess-Koeffizienten oder gefilterte oder transformierte Residuen. Diese Merkmale werden dann mit den normalen Merkmalen des fehlerlosen Prozesses verglichen. Hierzu werden Methoden zur Erkennung signifikanter Änderungen eingesetzt. Die resultierenden Änderungen der Merkmale bilden dann die *analytischen Symptome*.

Heuristische Symptomerzeugung
Als Ergänzung zur analytischen Symptomerzeugung können dann aus der qualitativen Information, über die das Servicepersonal verfügt, heuristische Symptome gebildet werden. Beobachtung und Inspektion erlauben z.B. heuristische Angaben in Form von bestimmten Geräuschen, Farben, Gerüchen, Schwingungen, Verschleißmarken, usw. Die bisherige Prozessgeschichte in Form von Wartung, Reparaturen, früheren Fehlern, Standzeiten, Belastungsmaßen bilden eine weitere Quelle heuristischer Information, ebenso statistische Daten über denselben oder ähnliche Prozesse. Auf diese Weise lassen sich heuristische Symptome bilden, die als linguistische Variablen (z.B. klein, mittel, groß) oder als unscharfe Zahlenwerte anzugeben sind.

Fehlerdiagnose
Die Aufgabe der Fehlerdiagnose besteht aus der Bestimmung des Typs, der Größe und dem Ort des Fehlers und dem Zeitpunkt seiner Erkennung auf der Grundlage der analytischen und heuristischen Symptome. Eine erste Möglichkeit besteht in der Verwendung von Klassifikationsmethoden, bei denen die Änderungen in mehrdimensionalen Räumen

bestimmt werden. Ein anderer Weg ist die Nutzung von in der Struktur bekannten Fehler-Symptom-Kausalitäten. Dann kann man diese heuristische Prozesskenntnis dazu verwenden, Methoden des diagnostischen Schließens anzuwenden. Schließlich erfolgt eine Fehlerentscheidung über den möglichsten Fehler.

(Die hier verwendeten Begriffe lehnen sich weitgehend an die Richtlinien VDI/VDE 3342; 3542; DIN 25424; DIN 40042 an, siehe [3]).

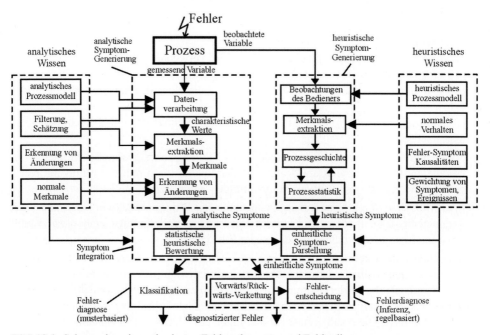

Bild 18-2: Schema der wissensbasierten Fehlererkennung und Fehlerdiagnose

18.2 Modellgestützte Methoden zur Fehlererkennung

Zur Verbesserung der Fehlererkennung werden nun die im statischen und dynamischen Prozessverhalten vorhandenen Abhängigkeiten verschiedener messbarer Signale durch Einsatz von mathematischen Prozessmodellen ausgenutzt. Im Folgenden werden Methoden der Fehlererkennung auf Grund von Parameterschätzung, Paritätsgleichungen und Zustandsgrößenschätzung bzw. -beobachtern beschrieben. Dabei wird von einer Anordnung wie im Bild 18-3 ausgegangen. Der Gesamtprozess (meist Prozess genannt) besteht aus Aktoren, dem eigentlichen physikalischen oder chemischen Prozess und den Sensoren.

18.2 Modellgestützte Methoden zur Fehlererkennung

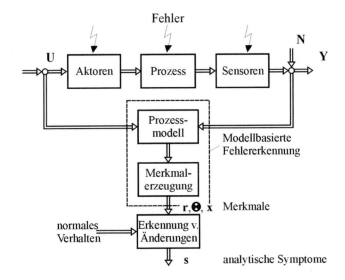

Bild 18-3:
Schema für die modellbasierte Fehlererkennung (Erzeugung analytischer Symptome)

Als Messgrößen stehen in der Regel die Eingangsgrößen **U** und die Ausgangsgrößen **Y** zur Verfügung. Aufgrund dieser Messgrößen sollen nun Fehler in den Aktoren, im Prozess und den Sensoren erkannt werden. Eine modellgestützte Fehlererkennung vergleicht nun den Prozess mit einem Prozessmodell und erzeugt mit verschiedenen Methoden Vergleichsgrößen, die Residuen genannt werden. Weichen diese Residuen vom normalen Verhalten ab, dann bilden sich Symptome aus, siehe Bild 18-3.

Für die Anwendung der im Folgenden beschriebenen modellgestützten Methoden sind noch folgende Unterscheidungen zu treffen, vgl. Bild 18-4:

a) *Einkanaliger Prozess*
Es existiert nur eine Wirkungslinie des Signalflusses. Die Fehler sind aus zwei messbaren Signalverläufen $U(t)$ und $Y(t)$ zu erkennen.

b) *Einkanaliger Prozess mit messbaren Zwischengrößen*
Zur Fehlererkennung stehen eine Eingangsgröße und mehrere Ausgangsgrößen $Y_i(t)$ entlang einer Wirkungslinie zur Verfügung. (Wenn der erste Block ein Aktor ist, und $Y_1(t)$ seine messbare Ausgangsgröße, z.B. ein Massenstrom, dann kann die Erkennung von Aktorfehlern auf (a) zurückgeführt werden)

c) *Mehrkanaliger Prozess mit einem Eingang*
Die Fehler sind aus einem Eingangssignal $U(t)$ und mehreren Ausgangssignalen $Y_1(t)$, $Y_2(t)$, ... zu erkennen.

d) *Mehrkanaliger Prozess*
Die Fehler sind aus mehreren Eingangssignalen $U_1(t)$, $U_2(t)$, ... und mehreren Ausgangssignalen $Y_1(t)$, $Y_2(t)$, ... zu erkennen. Die Prozessmodelle enthalten dann außer den direkten Wirkungslinien auch noch Kopplungen.

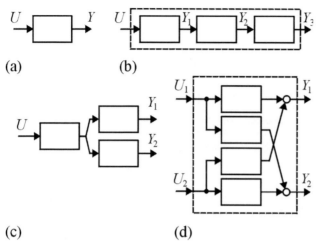

Bild 18-4:
Prozessstruktur mit verschiedenen Wirkungszusammenhängen: (a) Einkanaliger Prozess (SISO); (b) Einkanaliger Prozess mit Zwischenmessgrößen; (c) Mehrkanaliger Prozess mit einem Eingang (SIMO); (d) Mehrkanaliger Prozess (MIMO)

18.2.1 Mathematische Prozessmodelle und Fehlermodellierung

Unter Fehler wird die unzulässige Abweichung eines Merkmals verstanden. Damit ist der Fehler ein Zustand, der eine Störung oder einen Ausfall des Prozesses zur Folge haben kann. Bei der Modellierung von Fehlern kann man bezüglich des zeitlichen Verhaltens des Merkmals unterscheiden, vgl. Bild 18-5:

♦ sprungförmige Fehler (abrupt),
♦ driftförmige Fehler (allmählich),
♦ intermittierende Fehler (sporadisch).

In Bezug auf die Prozessmodelle können die Fehler nun weiter unterteilt werden. Gemäß Bild 18-6 beeinflussen *additive Fehler* eine Variable Y durch eine Addition des Fehlers f und multiplikative Fehler eine Variable Y durch das Produkt einer anderen Variablen U mit dem Fehler f.

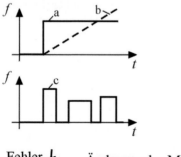

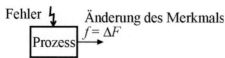

Bild 18-5:
Fehlertypen: a) sprungförmig, b) driftförmig; c) intermittierend

18.2 Modellgestützte Methoden zur Fehlererkennung

Bild 18-6: Modelle von Fehlern: (a) additive Fehler, (b) multiplikative Fehler

Additive Fehler treten z.B. bei der Nullpunktverschiebung eines Sensors und multiplikative Fehler bei Parameteränderungen (z.B. Widerstand) in einem Prozess auf.

Im Folgenden werden Prozesse mit konzentrierten Parametern im offenen Regelkreis betrachtet. Dabei lassen sich lineare und nichtlineare, statische und dynamische Prozessmodelle unterscheiden. Diese können in kontinuierlicher Zeit oder diskreter Zeit Abtastzeit, dargestellt werden. Tabelle 18-1 zeigt das statische Prozessverhalten, also den Zusammenhang von Ein- und Ausgangssignal im Gleichgewichtszustand. Häufig findet man eine nichtlineare Kennlinie vor, die z.B. durch einen Polynomansatz beschrieben werden kann.

Tabelle 18-1: Nichtlineares statisches Prozessmodell und Modellierung von Fehlern

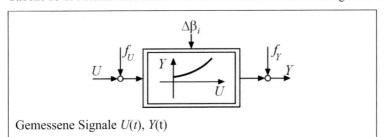

Gemessene Signale $U(t)$, $Y(t)$
Grundgleichung: $Y = \beta_0 + \beta_1 U + \beta_2 U^2 + \cdots + \beta_q U^q$ $Y = \boldsymbol{\psi}_S^T \boldsymbol{\Theta}_S$
$\boldsymbol{\Theta}_S^T = [\beta_0 \beta_1 \ldots \beta_q]$ $\boldsymbol{\psi}_S^T = [1\ U\ U^2 \ldots U^q]$
Additive Fehler: f_U Eingangssignalfehler f_Y Ausgangssignalfehler
Multiplikative Fehler: $\Delta\beta_i$ Parameterfehler

Betrachtet man nun kleine Signaländerungen um einen Arbeitspunkt (Y_{00}, U_{00}), dann können viele Prozesse durch lineare Modelle beschrieben werden. Das dynamische Verhalten kann dann im Fall kontinuierlicher Signale durch gewöhnliche Differentialgleichungen beschrieben werden, wie in Tabelle 18-2 gezeigt. Auch hier lassen sich additive und multiplikative Fehler unterscheiden. Die multiplikativen Fehler sind Parameteränderungen, z.B. Änderungen des Verstärkungsfaktors und der Zeitkonstanten. Eine entsprechende Darstellung erhält man für die Zustandsgrößendarstellung in Form einer Vektor-Differentialgleichung (hier als Beispiel in Beobachter-Normalform). Die Modellierung der Fehler erfolgt wie bei Differentialgleichungen. Mit dem Eingangsfehler f_i können jedoch auch direkt Zustandsgrößenfehler angesetzt werden.

Tabelle 18-2: Lineare dynamische Prozessmodelle und Modellierung von Fehlern

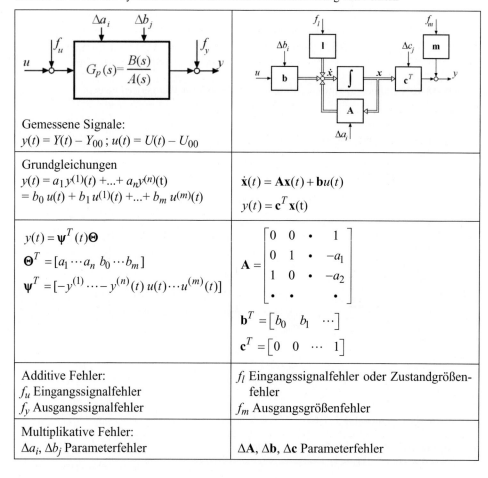

18.2.2 Fehlererkennung mit Parameterschätzmethoden

Die Parameterschätzung kann sowohl auf statische Modelle als auch dynamische Modelle angewandt werden. Tabelle 18-3 zeigt das prinzipielle Vorgehen am Beispiel linearer dynamischer Prozesse. Dabei kann entweder der Gleichungsfehler oder der Ausgangsfehler minimiert werden. Die Residuen sind Änderungen der Modellparameter und ändern sich aufgrund von Änderungen der additiven Fehler f_u, f_y und Parameterfehler a_i, b_j (Tabelle 18-2). Falls aus der theoretischen Modellbildung der Zusammenhang zwischen den Prozesskoeffizienten **p** (wie z.B. Steifigkeiten, Dämpfungsfaktoren, Widerstände) und den Modellparametern Θ in Form von $\Theta = f(\mathbf{p})$ bekannt ist, können unter Umständen die Änderungen der Prozesskoeffizienten durch eine Inversion dieser Beziehung angegeben werden, die einen tieferen Einblick in die Art des Fehlers erlauben [9].

Zur Parameterschätzung muss lediglich die Ordnung des Prozessmodells bekannt sein. Stationäre Störsignale dürfen den Ausgangssignalen überlagert sein. Das Eingangssignal muss zur Schätzung der dynamischen Modellparameter dabei genügend anregend sein. Die Parameterschätzung liefert auch bei nur einem Ein- und Ausgangssignal mehrere Residuen. Durch entsprechende Modifikation kann die Methode auch auf mehrere Klassen nichtlinearer Prozesse und auf zeitvariante Prozesse angewandt werden.

Tabelle 18-3: Parameterschätzmethoden für dynamische Prozesse

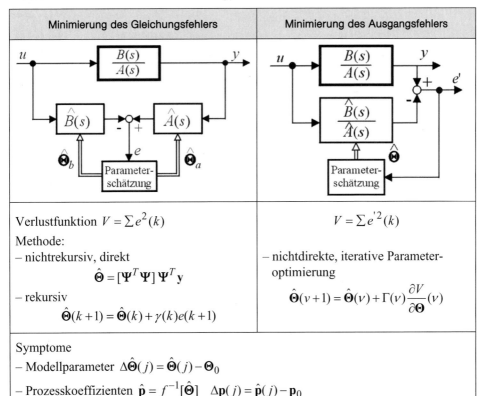

18.2.3 Fehlererkennung mit Paritätsgleichungen

Eine einfache Form der modellgestützten Fehlererkennung ergibt sich durch Vergleich des Prozessverhaltens mit einem festen Modell, dessen Struktur und Parameter im Voraus bekannt sind. Bei Parallelschaltung des Modells kann man, wie in Tabelle 18-3 rechts, einen Ausgangsfehler bilden oder durch eine Anordnung, wie in Tabelle 18-4 links, einen Gleichungsfehler erzeugen, auch Polynomfehler genannt. Bei einem einkanaligen Prozess wird dann nur ein Residuum $r(t)$ gebildet, das je nach Eingangssignal $u(t)$ und Fehler $f(t)$ verschiedenes Zeitverhalten zeigt. Es ist aber nicht zur einfachen Unterscheidung verschiedener Fehler geeignet. Mehr Gestaltungsmöglichkeiten für die Residuen erhält man für einkanalige Prozesse mit messbaren Zwischengrößen oder für mehrkanalige Prozesse, indem ein Zustandsgrößenmodell, Tabelle 18-4 rechts, angesetzt wird ([12], [13]).

Tabelle 18-4: Paritätsgleichungen für dynamische Prozesse

Eingangs-/Ausgangsmodell	Zustandgrößenmodell
(Blockschaltbild: $u \to \frac{B(s)}{A(s)} \to y$; Rückführung über $B_M(s)$ und $A_M(s)$ mit Summierer, Ausgang r)	*(Blockschaltbild: $u \to \dot{x}=Ax+Bu,\ y=Cx \to y$; D'-Blöcke, $U_F \to WQ$, $W \to Y_F$, Ausgang r)*
Paritätsgleichungen $r(s) = A_M(s)y(s) - B_M(s)u(s)$ $r(t) = \boldsymbol{\psi}_a^T(t)\boldsymbol{\Theta}_{Ma} - \boldsymbol{\psi}_a^T(t)\boldsymbol{\Theta}_{Mb}$	$\mathbf{Y}_F(t) = \mathbf{T}\mathbf{x}(t) + \mathbf{Q}\mathbf{U}_F(t)$ $\mathbf{W}\mathbf{Y}_F(t) = \mathbf{W}\mathbf{T}\mathbf{x}(t) + \mathbf{W}\mathbf{Q}\mathbf{U}_F(t)$ $\mathbf{W}\mathbf{T} = 0$ $\mathbf{r}(t) = \mathbf{W}(\mathbf{Y}_F(t) - \mathbf{Q}\mathbf{U}_F(t))$
$B_M(s) = b_0 + b_1 s + \ldots + b_m s^m$ $A_M(s) = 1 + a_1 s + \ldots + a_n s^n$ $\boldsymbol{\Theta}_{Mb}^T = [b_0 b_1 \ldots b_m] \quad \boldsymbol{\Theta}_{Ma}^T = [a_1 a_2 \ldots a_n]$ $\boldsymbol{\psi}_b^T = [u^{(1)} u^{(2)} \ldots u^{(n)}] \quad \boldsymbol{\psi}_a^T = [y\, y^{(1)} \ldots y^{(m)}]$	$\mathbf{D'u} = [u\, u^{(1)} \ldots u^{(m)}]^T = \mathbf{U}_F$ $\mathbf{D'y} = [y\, y^{(1)} \ldots y^{(n)}]^T = \mathbf{Y}_F$ $\mathbf{T} = [C\ CA\ CA^2 \ldots]^T$ $\mathbf{Q} = \begin{bmatrix} 0 & 0 & 0 & \cdots \\ CB & 0 & 0 & \\ CAB & CB & 0 & \\ \vdots & & & \end{bmatrix}$

Die Anwendung der Methode der Paritätsgleichungen setzt voraus, dass die Parameter des Prozessmodells bekannt sind und sich nicht wesentlich ändern und dass nur kleine nichtmessbare Störsignale einwirken. Von Vorteil ist, dass sich das Eingangssignal nicht fortlaufend ändern muss. Bei konstantem Eingangssignal kann man noch einen Teil der verschiedenen Fehler erkennen. Zur Erzeugung von mehreren Residuen müssen aber mehrere Ausgangsgrößen messbar sein.

18.2.4 Fehlererkennung mit Beobachtern

Einen Vergleich des Prozessverhaltens mit einem festen, bekannten Prozessmodell führen auch *Zustandsgrößen-Beobachter* durch, bzw. im Fall von stochastischen Signalen Kalman-Bucy-Filter. Beobachter werden bei Zustandsregelungen zur Rekonstruktion nichtmessbarer Zustandsgrößen $\hat{x}(t)$ eingesetzt. Zur Fehlererkennung eignen sich Beobachter vor allem für mehrkanalige Prozesse mit einem oder mehreren Eingangsgrößen und mehreren Ausgangsgrößen. Tabelle 18-5 zeigt links die übliche Anordnung eines vollständigen Luenberger-Beobachters.

Tabelle 18-5: Beobachter für dynamische Prozesse

Zustands-Beobachter	Ausgangs-Beobachter
(Blockschaltbild)	*(Blockschaltbild)*
Beobachtergleichungen $\dot{\hat{x}}(t) = A\hat{x}(t) + Bu(t)He(t)$ $e(t) = y(t) - C\hat{x}(t)$	$\dot{\hat{z}}(t) = F\hat{z}(t) + Ju(t) + Gy(t)$ $z(t) = Tx(t)$: Transformation
Symptome $\Delta x(t) = x(t) - x_0(t)$ $e(t)$ $r(t) = We(t)$	$r(t) = W_z(t)\hat{z}(t) + W_y y(t)$ – unabhängig von $x(t), u(t)$ – abhängig von $f_L(t), f_m(t)$
Besondere Beobachter – fault-sensitive filters – dedicated observers	

Wenn ein Prozessfehler direkt eine Änderung einer Prozess-Zustandsgröße bewirkt, dann wird der Beobachter diese Änderung $\Delta x(t)$ anzeigen, wenn das Modell mit dem Prozess übereinstimmt. Ein Anwendungsfall ist z.B. die Leckerkennung an Pipelines, bei denen die Massenströme einzelner Rohrabschnitte Zustandsgrößen sind [15].

Verwendet man den Ausgangsgrößenfehler des Beobachters als Residuum, dann besteht eine Möglichkeit zur Herstellung eines direkten Bezuges zwischen bestimmten Fehlern und einzelnen Residuen $r_i(t)$ in der Wahl der Rückführmatrix **H**. Dies führt auf *fehlersensitive Filter* (fault sensitive filters) ([16], [17]).

Wenn die Residuen **r** aus den Ausgangsfehlern **e** durch Gewichtung mit **W** gebildet werden, dann lassen sich durch die abgestimmte Wahl von **W** und **H** noch weitere Eigenschaften der Residuen erzeugen, z.B. die Entkopplung von unbekannten Eingangssignalen (eigenstructure assignment) [18].

Auf der Grundlage von Zustandsbeobachtern existieren noch weitere Methoden zur Fehlererkennung. Mit Hilfe einer Bank von Beobachtern sind bei Mehrgrößenprozessen Sensorfehler erkennbar, wenn den Beobachtern alle Eingangsgrößen und je eine Ausgangsgröße [19] (dedicated observers) oder je alle Ausgangsgrößen bis auf eine (generalized observers) zugeführt werden. Entsprechend sind Aktorfehler erkennbar, wenn den Beobachtern alle Ausgangsgrößen und je eine Eingangsgröße oder alle Eingangsgrößen bis auf eine zugeführt werden [20].

Eine andere Möglichkeit ist der Entwurf von *Ausgangsgrößen-Beobachtern*, bei denen nicht die Zustandsgrößen-Rekonstruktion des Prozesses im Vordergrund steht ([21], [22]), Tabelle 18-5 rechts. Zwischen Ausgangs-Beobachtern und Paritätsgleichungen, Tabelle 18-4 rechts, besteht eine große Ähnlichkeit. Unter bestimmten Bedingungen lassen sie sich ineinander überführen ([23], [14]).

Die Bedingungen zur Anwendung von Beobachtern sind ähnlich wie bei Paritätsgleichungen. Es muss aber zusätzlich die Stabilität garantiert werden. Insgesamt ist der Entwurfsaufwand zum Teil erheblich größer und ausgeprägt von der Struktur des Prozesses und seiner Signale abhängig. Die Beobachter-Methoden setzen in der Regel mehrere messbare Ausgangsgrößen voraus.

18.2.5 Fehlererkennung mit Signalmodellen

Häufig enthalten Messsignale $y(t)$ Schwingungen, die entweder harmonisch oder regellos sind oder beides. Wenn Änderungen dieser Signale durch Fehler im Prozess, Aktor oder Sensor verursacht werden, dann bildet eine Signalanalyse eine weitere Informationsquelle. Besonders bei Maschinen werden zur Überwachung Schwingungssensoren eingesetzt, um Unwucht, Lagerschäden, Klopfen oder Rattern zu erkennen. Die Extraktion der fehlerrelevanten Signalmerkmale kann in vielen Fällen durch die Bestimmung von Amplituden in bestimmten Frequenzbereichen über z.B. Bandpassfilter erfolgen. Andere Möglichkeiten ergeben sich durch die Bildung von Autokorrelationsfunktionen oder Spektraldichten [24], die nichtparametrische Signalmodelle sind. Da die automatische Auswertung von Spektren nicht einfach ist, kann man auch parametrische Signalmodelle verwenden. So können z.B. über ARMA-Modelle, Bildung von Korrelationsfunktionen und Parameterschätzung eine ausgewählte Zahl unbekannter Frequenzen und Amplituden geschätzt werden ([1], [3], [25], [26], [45]). Symptome sind dann Änderungen von Frequenzen und Amplituden harmonischer Schwingungen.

18.2.6 Vergleich der verschiedenen Methoden

Die kurze Beschreibung der modellgestützten Fehlererkennungsmethoden zeigt, dass sie unterschiedliche Eigenschaften in Bezug auf die Erkennung bestimmter Fehler haben. Bei der Beurteilung ihrer Anwendbarkeit sind zu beachten [27]:

- Abbildung real auftretender Fehler in die erzeugten Residuen
- Änderungsgeschwindigkeit der Fehler (abrupt, driftförmig)
- Vorhandene a priori Kenntnis über das Modell (Struktur, Parameter)
- Anregung durch Eingangssignale (statisch und dynamisch)
- Informationsgehalt für eine (tiefe) Fehlerdiagnose

Parameterschätzmethoden sind besonders zur Erkennung multiplikativer Fehler in Form von Parameteränderungen geeignet, vgl. Tabelle 18-2. Diese werden hauptsächlich durch Fehler in Prozessen und Aktoren verursacht. Parameterschätzverfahren liefern auch bei Prozessen mit einem Ein- und einem Ausgangssignal mehrere Residuen. Sie können direkt auch auf viele Klassen nichtlinearer dynamischer Prozesse übertragen werden und lassen sich für nichtlineare statische Kennlinien anwenden. Sie benötigen allerdings eine Anregung des Prozesses durch eine Änderung des Eingangssignals mit bestimmtem Frequenzspektrum. Dies ist für viele Prozesse kein Problem, wenn der Betrieb diese Eingangssignaländerungen erzeugt, wie z.B. bei Servosystemen, Aktoren, Bearbeitungsmaschinen, Fahrzeugen usw. Bei Prozessen, die überwiegend in einem stationären Zustand betrieben werden, wie z.B. bei manchen verfahrenstechnischen Anlagen, kann man im Verdachtsfall u.U. mit einem kleinen Testsignal kurzfristig anregen. Parameterschätzverfahren können wegen einem einheitlichen, modularen Aufbau mit wenig Aufwand konfiguriert werden. Lediglich die Berechnung von Prozesskoeffizienten ist vom individuellen Prozess abhängig (falls dies durchgeführt wird).

Paritätsgleichungen sind besonders zu Erkennung von additiven Fehlern geeignet. Diese kommen z.B. bei Sensoren und Aktoren vor, aber auch bei Prozessen, z.B. durch Lecks oder Kurzschlüsse. Das verwendete Prozessmodell muss den Prozess allerdings sehr genau beschreiben. Von Vorteil ist der kleine Rechenaufwand und dass, wenigstens für einen Teil der Fehler, kein Anregungssignal am Eingang vorhanden sein muss. Die Paritätsgleichungen sind aber sehr empfindlich gegenüber nichtmessbaren Prozessstörsignalen, die nicht bei der Auslegung entkoppelt werden. Nur bei mehreren messbaren Ausgangssignalen erhält man mehrere Residuen.

Beobachter haben ähnliche Eigenschaften wie Paritätsgleichungen. Sie sind besonders für additive Fehler geeignet. Der Entwurfsaufwand ist lediglich für fehlersensitive Filter relativ gering, für die anderen Methoden aber relativ groß und prozessabhängig.

Ein grundsätzlicher Unterschied besteht zwischen den Methoden darin, dass eine Parameterschätzung dafür ausgelegt ist, konstante Größen aus gestörten Signalen zu bestimmen und ein Zustandsgrößenbeobachter (und auch Paritätsgleichungen) dazu, um zeitvariable Größen aus ungestörten Signalen zu ermitteln. Deshalb ist die Antwort eines Parameterschätzers bei gestörten Signalen etwas langsamer, aber mit relativ zuverlässigen Schätzwerten. Zustandsbeobachter reagieren in solchen Fällen schneller, aber mit unzuverlässigen Werten (z.B. große Varianz). Legt man die Parameterschätzung für schnell zeitvariante Parameter aus, z.B. durch ein exponentiell nachlassendes Gedächtnis oder Einschluss eines dynamischen Parameter-Zustands-Änderungsmodell (siehe z.B. [9]), dann folgt auch der Parameterschätzer zeitvariablen Parametern schneller auf Kosten der Störsignalunterdrückung. Die Fähigkeit, abrupten Änderungen schnell zu folgen, ist also sowohl für die Parameter- als auch Zustandsschätzung eine Frage der Auslegung. Ein Vergleich von Parameterschätzmethoden und Paritätsgleichungen wird in [3] und [14] gezeigt.

18.2.7 Kombination verschiedener Methoden zur Fehlererkennung

Wegen der unterschiedlichen Eigenschaften der Methoden zur Fehlererkennung ist es zweckmäßig, sie geeignet zu kombinieren ([14], [27]). Da die Prozessparameter selten genau bekannt sind, ist es empfehlenswert mit der Parameterschätzung zu beginnen. Es ergeben sich z.B. folgende Möglichkeiten.

I) Sequentielle Parameterschätzung und Paritätsgleichungen, siehe Bild 18-7
- Parameterschätzung zur Gewinnung des Modells
- Paritätsgleichungen zur schnellen Erkennung von Änderungen
- Parameterschätzung nach Erkennung einer Änderung zur tiefgehenden Fehlerdiagnose

II) Sequentielle Parameterschätzung und Zustandsschätzung (entsprechend I)

III) Fortlaufende Parameterschätzung und Paritätsgleichungen oder Zustandschätzung
- zur Erkennung multiplikativer und additiver Fehler
- abhängig von Anregung durch Eingangssignale
- Eine weitere Möglichkeit bietet die Kombination von prozessmodellgestützten und
- signalmodellgestützten Methoden:

IV) Parameterschätzung und Schwingungsanalyse
- Parameterschätzung für Fehler, die Parameteränderungen ergeben
- Schwingungsanalyse für andere Fehlertypen wie z.B. Unwucht, Klopfen, Rattern

Diese Kombination eignet sich besonders bei Maschinen. Beispiele für kombinierte Fehlererkennungsmethoden sind in [27] und [28] gezeigt.

18.2 Modellgestützte Methoden zur Fehlererkennung

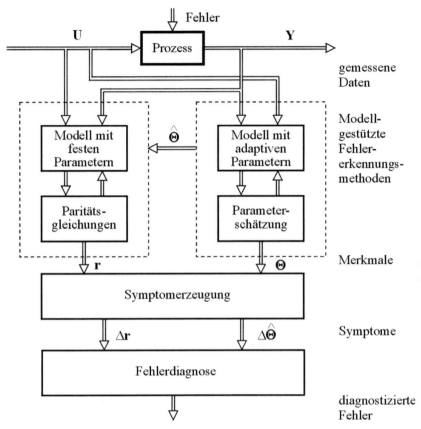

Bild 18-7: Kombination verschiedener Methoden zur Fehlererkennung am Beispiel Paritätsgleichungen und Parameterschätzung

18.2.8 Symptomerkennung

Die Symptomerkennung beruht auf der Erkennung von Änderungen zwischen dem normalen und fehlerhaften Verhalten des Prozesses, Bild 18-2. Hierzu werden Abweichungen von Merkmalen gebildet, gemäß

$$\text{Symptom} = \text{Beobachtetes Merkmal} - \text{Normales Merkmal}$$

Die Merkmale sind hierbei z.B. gemessene Größen $y(t)$, geschätzte Parameter $\hat{\Theta}_i(t)$, geschätzte Zustandsgrößen $\hat{x}_j(t)$. Da Residuen bereits Abweichungen ausdrücken, stellen sie schon Symptome dar. Wenn die Symptome aus gemessenen oder berechneten Größen hervorgehen, werden sie *analytische Symptome* genannt.

Merkmale $S_i(t)$ haben, bedingt durch Störsignale und Modellungenauigkeiten, häufig einen stochastischen Charakter. Um nun festzustellen, ob sie sich signifikant geändert haben, empfiehlt sich zunächst eine Mittelwertbildung durch z.B. Tiefpassfilterung und Bestimmung der Standardabweichung σ_S, Bild 18-8. Dann können verschiedene Methoden zur Erkennung signifikanter Änderungen eingesetzt werden, z.B. Bayes-Entscheidung, Likelihood-Verhältnis-Test, Laufsummentest, usw. ([3], [29]). Es reicht aber oft ein einfacher Grenzwerttest aus, Bild 18-8 und Tabelle 18-6 links, wobei der Grenzwert in Abhängigkeit von σ_S zu bilden ist. Als Ergebnis erhält man dann eine binäre Entscheidung, ob ein Symptom eingetreten ist oder nicht. Bei der Festlegung der Grenzwerte ist in der Regel ein Kompromiss zu schließen zwischen der Erkennung kleiner Fehler und Fehlermeldungen wegen nur kurzfristigen Überschreitungen. Hier kann die Einführung *adaptiver Grenzwerte* eine Abhilfe sein ([30], [14]).

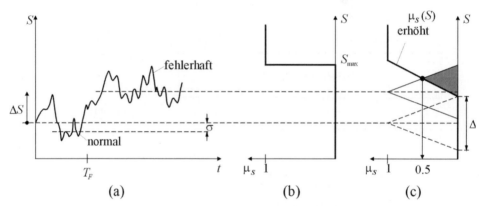

Bild 18-8: Fester und Fuzzy-Grenzwert für eine stochastische Variable $S(t)$ mit Standardabweichung $\sigma(t)$: a) zeitlicher Verlauf mit Mittelwertänderung für $t > T_F$; b) Zugehörigkeitsfunktion eines festen Grenzwertes; c) Zugehörigkeitsfunktion mit einem Fuzzy-Grenzwert und Fuzzy-Menge des Symptoms mit z.B. $\Delta = 2\sigma$

In vielen Fällen sind die Grenzwerte keine scharfen, genauen Werte, sondern vage Toleranzgrößen. Dann kann man eine Zugehörigkeitsfunktion μ_{S+} für die linguistische Aussage „Symptom zugenommen" festlegen, Tabelle 18-6 rechts und Bild 18-8. Wird dann das momentane Symptom als Fuzzy-Menge $\mu_S(S)$ festgelegt, in die die Standardabweichung σ_S eingeht, dann ergibt eine Ähnlichkeitsauswertung (matching) durch max-min-Bildung einen „Grad der Grenzwertüberschreitung", z.B. 0,5 in Bild 18-8, [27]. Solche graduellen Maße für die Ausprägung von Symptomen sind für die spätere Fehlerdiagnose von grundlegender Bedeutung, siehe Abschnitt 18.3.

Tabelle 18-6: Symptomerkennung von einzelnen Merkmalen

Statistische Auswertung mit festem Grenzwert	Statistische Auswertung mit Fuzzy Grenzwert
(Diagramme: $p(S)$ mit ΔS, σ_S, $p_n(S)$, $p'(S)$, $\overline{S}$; Alarm mit ΔS_{tol})	(Diagramme: $\mu(S)$ mit μ_{Sn}, $\mu_{S'}$, Δ, $\overline{S}$; μ_S mit $\mu_{S'}$, $\mu_{S'+}$, Niveau 0,6)
Normalzustand: $\overline{S} = E\{S(k)\} \approx \dfrac{1}{N}\sum_{k=1}^{N} S(k)$ $\overline{\sigma}_S^2 = E\{[S(k)-\overline{S}]^2\} \approx \dfrac{1}{N}\sum_{k=1}^{N}[S(k)-\overline{S}]^2$	$S_n(k): \mu_{Sn}(S)$ $\mu_{Sn}(\overline{S}) = 1;\ \Delta = \kappa\sigma_S;\ \kappa = 2,3,\ldots$
Fehlerzustand: $S(k) = \overline{S} + \Delta S_{tol}$ $\Delta S_{tol} \approx 2\overline{\sigma}_S$	$\mu_S = \max_S[\min \mu_{S'}(S), \mu_{S'+}(S)]$
Beispiele für Symptome: – Messgrößen: $\Delta y = y - y_n$ - Zustandsgrößen: $\Delta \hat{x}_j = \hat{x}_j - x_{jn}$ – Parameter: $\Delta\hat{\Theta}_i = \hat{\Theta}_i - \Theta_{in}$ - Residuen: r	

18.3 Methoden zur Fehlerdiagnose

Die Aufgabe der Fehlerdiagnose ist die Ermittlung der Fehler mit möglichst detaillierten Angaben über ihren Ort und ihre Größe. Hierzu reicht die Kenntnis analytischer Symptome im Allgemeinen nicht aus, sondern es ist auch die Verarbeitung von heuristischem Wissen erforderlich. Deshalb ist der Einsatz von Online-Expertensystemen in einer Anordnung nach Bild 18-2 zweckmäßig. In Abschnitt 18.2 wurden bereits die Komponenten der analytischen und heuristischen Wissensbasis beschrieben. Hier wird nun darauf eingegangen, wie die Diagnose durchgeführt werden kann.

18.3.1 Arten der Merkmale und Symptome

Eingangsgrößen der Fehlerdiagnose sind die beobachteten Symptome. Hierbei werden unterschieden:

Analytische Symptome
Die analytischen Merkmale S_{ai} und ihre Änderungen, die analytischen Symptome ΔS_{ai}, Bild 18-9, sind die Ergebnisse der modellgestützten Fehlererkennung und der modellgestützten Signalanalyse (FFT, ARMA-Modelle) und von Grenzwertüberwachungen direkt messbarer Signale, wie in Abschnitt 18.2 beschrieben.

Heuristische Symptome
Heuristische Merkmale S_{hi} und die heuristischen Symptome ΔS_{hi} sind weder direkt messbar noch berechenbar, sondern Beobachtungen des Bedienungspersonals in Form von Geräuschen, Schwingungen, optischen Eindrücken (Farben, Rauch). Dieses empirische Faktenwissen kann in Form von qualitativen Angaben wie z.B. „wenig", „mittel", „viel" linguistisch dargestellt werden.

Prozessgeschichte und Fehlerstatistik
Die Prozessgeschichte beinhaltet z.B. die bisherige Laufzeit, bisherige Störfälle, letzte Wartung oder Reparatur. Fehlerstatistiken geben die Häufigkeit bestimmter Fehler am gleichen Prozess oder bei anderen ähnlichen Prozessen an. Je nach Qualität der Zahlenangaben können diese Fakten den analytischen Merkmalen oder heuristischen Merkmalen zugeordnet werden. Sie werden mit S_{pi} bezeichnet. Die entsprechenden Symptome sind ΔS_{pi}.

Das Faktenwissen über die Symptome kann z.B. in Tabellenform oder als Datensatz (Nummer, Name, beobachteter Wert, Referenzwert, Zugehörigkeitswert, Zeitpunkt, Erklärungen) dargestellt werden [31].

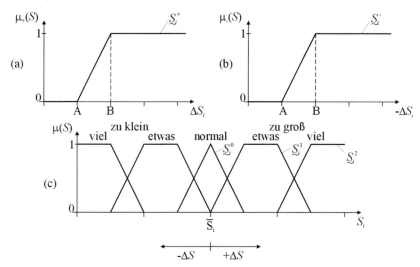

Bild 18-9: Beispiele für Zugehörigkeitsfunktionen von Merkmalen und Symptomen: a) Symptom ΔS_i nimmt zu; b) Symptom ΔS_i nimmt ab; c) Merkmal S_i nimmt zu oder ab

18.3.2 Einheitliche Darstellung der Symptome

Zur Verarbeitung der Symptome im Inferenzmechanismus ist es zweckmäßig, eine einheitliche Form der Darstellung zu wählen. Eine Möglichkeit ist die Verwendung von *Konfidenzzahlen* $0 \leq c(S_i) \leq 1$ und Anlehnung an wahrscheinlichkeitstheoretische Behandlungen der Zuverlässigkeitstechnik [31]. Eine andere Möglichkeit ist die Darstellung der Symptome als *unscharfe Mengen* (fuzzy sets) mit Zugehörigkeitsfunktionen $0 \leq \mu(S_i) \leq 1$, Bild 18-9. Der ermittelte Wert eines Merkmals S_i bzw. eines Symptoms ΔS_i kann somit sowohl für analytische als auch heuristische Symptome einheitlich in Werte zwischen 0 und 1 umgesetzt werden. Bei den analytischen Symptomen kann man die Änderung auf die Standardabweichung beziehen und $(\Delta S_i/\sigma_i)$ zur Bildung von c oder μ verwenden, [31]. Die einheitliche Darstellung aller Symptome erleichtert die weitere Verarbeitung.

18.3.3 Klassifikationsverfahren

Es wird nun davon ausgegangen, dass aus der Fehlererkennung entweder Merkmale **S** oder Symptome Δ**S** als Vektoren zur Verfügung stehen. Außerdem seien die entstehenden Fehler bekannt und in einem Fehlervektor **F** zusammengefasst. Die Elemente von **F** können dabei binär sein $F_i \in [0,1]$ und damit Fehler als „nicht vorhanden" oder „vorhanden" ausdrücken. Sie können aber auch als graduelle Maße für die Größe des Fehlers $F_i \in [0...1]$ dargestellt werden.

Wenn kein weiteres Wissen zwischen Symptomen und Fehlern existiert, können Klassifikationsverfahren oder Mustererkennungsverfahren eingesetzt werden, Tabelle 18-7, links. Bei diesen werden im fehlerfreien Fall Referenzvektoren S_n festgestellt. Dann werden durch Experimente mit bestimmten Fehlern **F** die zugehörigen Eingangsvektoren **S** der Merkmale oder Symptome festgestellt. Der Zusammenhang zwischen **F** und **S** wird also experimentell „erlernt" oder „trainiert" und abgespeichert (implizite Wissensbasis). Durch Vergleich von **S** mit der fehlerfreien Referenz S_n kann dann auf Fehler **F** geschlossen werden. Hierzu werden Klassifikatoren- oder Mustererkennungsverfahren eingesetzt ([32], [36]).

Man unterscheidet dabei *statistische Klassifikationsverfahren* mit und ohne Annahme bestimmter Verteilungsdichtefunktionen. Weitere Möglichkeiten ergeben sich durch die Approximationseigenschaft nichtlinearer Zusammenhänge mit *Neuronalen Netzen* mit vielen Freiheiten bei der Form der Entscheidungsgebiete von **F** in kontinuierlicher oder diskreter Form ([33], [34]). *Fuzzy-Klassifikation* (clustering) ermöglicht die Berücksichtigung von unscharfen Trennfunktionen, [35].

Geht man bei der Klassifikation von den Merkmalen S_i aus, dann muss die Symptomerzeugung nach Tabelle 18-6 nicht gesondert ausgeführt werden, da sie in den Klassifikationsverfahren bereits eingeschlossen ist.

18.3.4 Inferenzverfahren

In vielen Fällen sind für technische Prozesse die prinzipiellen Zusammenhänge zwischen den Fehlern und den zugehörigen Symptomen bekannt. Dieses a priori Wissen kann dann in Form von kausalen Beziehungen

$$\text{Fehler} \rightarrow \text{Ereignisse} \rightarrow \text{Symptome}$$

ausgedrückt werden. Als graphische Darstellung kann man dann „kausale Netze", d.h. gerichtete Graphen mit Knoten (Zustände, wie z.B. Fehler, Ereignisse, Symptome) und gerichtete Kanten oder Pfeile als Abhängigkeiten oder Wirkungsketten angeben, siehe Tabelle 18-7, rechts. Aus diesen kausalen Netzen ergeben sich in Anlehnung an die Fehlerbaumanalyse (DIN 25424, von Fehlern zu Symptomen) oder Ereignisablaufanalyse (DIN 25419, von Symptomen zu Fehlern) die Fehler-Symptom-Bäume mit Zwischenereignissen E_k. Die Ereignisse und Fehler entstehen durch Wenn-Dann-Regeln

$$\text{WENN} < \text{Bedingung} > \text{DANN} < \text{Schlussfolgerung} >.$$

Tabelle 18-7: Methoden der Fehlerdiagnose

Klassifikationsmethoden	Inferenzmethoden
REFERENCE-PATTERN → S_n → CLASSIFICATION: S → F	CAUSALITIES → INFERENCE-STRATEGY: S → F
Ohne Vorwissen über Fehler-Symptom-Kausalitäten Abbildung: S_1 vs S_2 ⇒ F_1 vs F_2 $\mathbf{S}^T = [S_1, S_2 \cdots S_n]$ $\mathbf{F}^T = [F_1, F_2 \cdots F_m]$	Mit Vorwissen über Fehler-Symptom-Kausalitäten Kausales Netzwerk: $S_1 \to E_1 \to F_1$ $S_2 \to E_2 \to F_2$ Fehler-Symptom-Baum: $S_1 \to \wedge E_1 \to F_1$ $S_2 \to \wedge E_2 \to F_2$

Klassifikation:
– statistisch
– geometrisch
– neuronale Netze
– Fuzzy-Klassifikation
	Regeln: WENN $\langle S_1 \wedge S_2 \rangle$ DANN $\langle E_1 \rangle$
	
	Diagnostisches Schließen:
	– Boole'sche Logik: Fakten sind binär
	– Approximatives Schließen:
	  Probabilistische Fakten sind Verteilungsdichten
	  Fuzzy-logische Fakten sind Fuzzy Mengen

Der Bedingungsteil enthält Fakten (Symptome) und der Schlussfolgerungsteil gibt Ereignisse E_k oder Fehler F_j als logische Folgerung der Fakten an. Die Prämissen enthalten logische UND- und ODER-Verknüpfungen der Symptome, wie z.B.

$$\text{WENN} < [S_i \text{ UND } S_{i+1} \text{ UND } ... S_\nu] \text{ ODER } [S_i \text{ UND } S_{i+1} \text{ UND } S_\kappa] > \text{DANN} < [E_k] >$$

In der klassischen Fehlerbaumanalyse werden Variable als binäre Variable betrachtet und die Auswertung der Regeln erfolgt aufgrund der Boole'schen Algebra durch *binäres Schließen*. Dies hat sich jedoch für die Fehlerdiagnose technischer Prozesse wegen der kontinuierlichen Ausprägung der Symptome und Fehler nicht bewährt.

Zur Fehlerdiagnose eignen sich besser die Methoden des *approximativen Schließens*. Durch die Strategie der *Vorwärtsverkettung* einer Regel werden dabei die Fakten mit der Bedingung verglichen und die Schlussfolgerungen aufgrund der logischen Verknüpfung des Bedingungsteils gezogen (modus ponens). Eine erste Möglichkeit ist das *probabilistische Schließen*. Hierzu fasst man die Fakten und Fehler als statistische Größen auf, ordnet ihnen Wahrscheinlichkeiten $p(S_i)$ und $p(F_j)$ zu und drückt die probabilistische Relationen entlang eines kausalen Netzes als bedingte Wahrscheinlichkeiten $p(F_j|S_i)$ aus. Dann kann man mit Hilfe des Bayesschen Theorems die Verbundwahrscheinlichkeiten der Fehler, z.B. $P(F_1, S_1 \text{ und } S_2)$, berechnen. Man muss zur Auswertung dieser Bayesschen Netze stark vereinfachte Annahmen treffen und alle Wahrscheinlichkeiten kennen, was meist nicht der Fall ist [36].

Einfacher ist das approximative Schließen mit Hilfe der Fuzzy-Logik. Die Merkmale S_i bzw. Symptome ΔS_i werden als unscharfe Mengen S_i und ΔS_i angenommen und in Form von Zugehörigkeitsfunktionen $\mu(S_i)$ bzw. $\mu(\Delta S_i)$ beschrieben und evtl. mit linguistischen Ausdrücken „klein", „mittel", „groß" versehen, vgl. Bild 18-9. Das fuzzy-logische Schließen folgt dann dem Prinzip eines Fuzzy-Wenn-Dann-Regel-Systems ([36], [37]).

♦ Fuzzifizierung: Umformen von unscharfen Mengen in Fuzzy-Mengen
♦ Inferenz:
  – Ähnlichkeitsauswertung (matching) der Fakten mit den Regelprämissen
  – Auswertung der logischen Verknüpfung (UND/ODER) in der Prämisse durch z.B. min-max oder prod-sum-Operation)
  – Auswertung aller Schlussfolgerungen durch max-min Komposition
♦ Akkumulation aller Schlussfolgerungen (Vereinigungsoperator, z.B. max)
♦ Defuzzifizierung: Bildung scharfer Werte durch z.B. Schwerpunkt (falls erforderlich).

Durch Hintereinanderketten dieser Prozedur kann man verschiedene Ebenen von Regeln berücksichtigen. Schließlich erhält man die Diagnose eines oder mehrerer Fehler mit Angabe des Möglichkeitsgrades und evtl. der Fehlergröße.

Bei der Strategie der *Rückwärtsverkettung* werden die Schlussfolgerungen als bekannt angenommen und die relevanten Bedingungen gesucht (modus tollens). Dies ist besonders von Interesse, wenn die Symptome nicht vollständig sind. Dann werden z.B. die mit der Vorwärtsverkettung bestimmten Ereignisse und Symptome angezeigt. Eine Vervollständigung der Diagnose wird dabei durch Annahme möglicher Fehler und Ereignisse als Hypothese und einer Suche nach fehlenden Symptomen erreicht. Dann wird wieder die

Vorwärtsverkettung angewandt und im interaktiven Dialog wird die Prozedur solange wiederholt bis der Fehler mit der größten Möglichkeit (possibility) bestimmt ist [31].
Im Folgenden werden einige *Anwendungsbeispiele* der *modellgestützten Diagnose* für das *Kraftfahrzeug* kurz beschrieben, welche Gegenstand ausführlicher Entwicklungen waren. Eine kurze Übersicht für den Kraftfahrzeugbereich ist auch in [2] gegeben.

18.4 Elektromechanische Aktoren

Elektromechanische Aktoren und Antriebe kommen in Kraftfahrzeugen in vielfältiger Form und mit zunehmender Anzahl vor. Sie reichen von einfachen Gleichstrom-Antrieben, wie z.B. Fensterhebern, Sitzverstellern, Kraftstoffpumpen bis zu sicherheitsrelevanten E-Gas-Aktoren, Hilfslenkaktoren, ABS/ESP-Magnetventilen und Pumpen und zukünftigen elektrischen Brems- und Lenkaktoren. Die zugrunde liegenden dynamischen Modellgleichungen zur Fehlererkennung sind für Gleichstrommotoren mit und ohne Bürsten und magnetische Linearaktoren ähnlich aufgebaut, allerdings mit unterschiedlichen nichtlinearen Magnetfeldeffekten. Hierzu werden zwei Anwendungsbeispiele beschrieben.

18.4.1 Elektrische Drosselklappe

Bild 18-10 zeigt als Beispiel eine entwickelte Diagnosemethode für einen elektrischen Drosselklappensteller [38]. Es stehen die 3 Messsignale Ankerspannung, Ankerstrom und Drosselklappenposition mit Abtastzeit $T_0 = 1,5$ ms zur Verfügung. Ein Drehpotentiometer liefert dabei zwei redundante Spannungen. Mittels rekursiver Parameterschätzung werden bei dynamischer Anregung 6 Parameter kontinuierlich berechnet. Ihre Änderungsmuster erlaubt die unmittelbare Erkennung von 14 verschiedenen Fehlern. Mit Hilfe von zwei einfach berechenbaren Residuen können Positionssensorfehler und Ankerstromkreisfehler erkannt werden. Diese Paritätsgleichungen eignen sich besonders für den *onboard Einsatz* mit einem Mikrocontroller und zur automatischen Umschaltung (Rekonfiguration in 100 ms) auf den intakten zweiten Positionssensor im geschlossenen Positions-Regelkreis. Parameterschätzung und Paritätsgleichungen kombiniert erlauben mit Hilfe von Fehler-Symptom-Bäumen und Wenn-Dann-Fuzzy-Regeln die Diagnose von mehr als 30 verschiedenen Fehlern nach einem Testlauf von etwa 9 Sekunden. Diese Methodik ist besonders zur *Qualitätskontrolle* oder für den *Werkstatt-Betrieb* geeignet und benötigt einen PC [38]. Eine Weiterentwicklung der Diagnosemethodik für bürstenlose Gleichstrommotoren und die Realisierung auf einem 16-Bit-Mikrocontroller C167 ist in [39] beschrieben.

18.4.2 Elektromagnet (Magnetventil)

Elektromagnete oder Magnetventile werden sowohl als schaltende Stellglieder, z.B. Einspritzventile, Hydraulikventile für automatische Getriebe oder ABS, sowie als proportional wirkende Stellglieder, z.B. stellbare Stoßdämpfer, elektrohydraulische Bremse (EHB) eingesetzt. In der Regel ist eine Positionsmessung des Ankers nicht vorgesehen, so dass es nicht möglich ist, die Funktion des Magnetventils direkt zu überwachen. Für schaltende und schnell verstellte proportionale Magneten lässt sich jedoch die Ankerbewegung aus gemessenem Spannungs- und Stromverlauf rekonstruieren. Hierbei wird in den nichtlinearen Gleichungen des Stromkreises und der mechanischen Bewegung die Rückwirkung einer Ankerbewegung auf die induzierte Spannung modelliert ([40], [41]).

Wie in Bild 18-11 gezeigt, werden aus Spannungs- und Stromverlauf die differentielle Induktivität und der Ohmsche Widerstand geschätzt und die Ankerposition berechnet (Abtastzeit $T_0 = 35$ µs). Abweichungen von der Normposition als Residuum lassen dann Rückschlüsse auf Ankerhubfehler im eingebauten Zustand wie z.B. Verklemmen oder erhöhte Reibung zu.

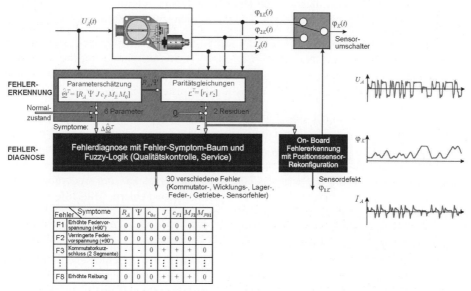

Bild 18-10: Modellgestützte Fehlerdiagnose eines elektrischen Drosselklappenstellers mit redundantem Sensor und Rekonfiguration bei Sensorfehler (Fehlertoleranz)

18.5 Modellgestützte Fehlerdiagnose am Fahrwerk

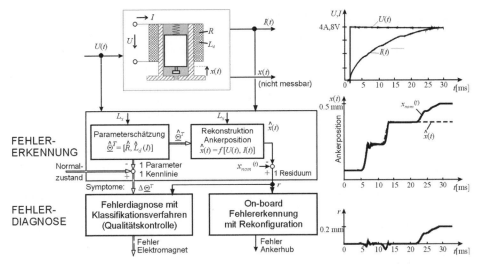

Bild 18-11: Modellgestützte Fehlerdiagnose an einem 3/3 Wege-ABS-Magnetventil

Die beiden gezeigten Beispiele lassen erkennen, dass mit den elektrischen Eingangssignalen Spannung und Strom auch Fehler im nachfolgenden mechanischen System erkannt werden können. Dann wird der elektrische Aktor als „Sensor" für das mechanische System genutzt: „*Aktor-als-Sensor-Prinzip*" [1]. Ein weiteres Beispiel ist die modellgestützte Fehlerdiagnose von *hydraulischen Bremsen* für z.B. Lecks und Blasenbildung [52].

18.5 Modellgestützte Fehlerdiagnose am Fahrwerk

Semiaktive und aktive Fahrwerke mit verstellbaren Dämpfern und Federn (Luftfedern) führen Sensoren und Aktoren an den Radaufhängungen ein. Die Überwachung in diesem hoch beanspruchten und fahrsicherheitskritischen Bereich ist von besonderem Interesse. Die Fehlerdiagnose der Aktoren wie z.B. der Magnetventile kann wie im letzten Abschnitt erfolgen. Im Folgenden wird zunächst beschrieben, wie eine Fehlerdiagnose von Dämpfern, Federn und zugehöriger Vertikalsensorik an Bord durchgeführt werden kann.

18.5.1 Fehlerdiagnose an Radaufhängungen

Ausführliche Untersuchungen zur Entwicklung einer semiaktiven Radaufhängung mit verstellbarem Dämpfer und verstellbarer Luftfeder am dazu gebauten IAT-Prüfstand PEGASUS haben gezeigt, dass Einfederweg und Aufbaubeschleunigung oder Radbeschleunigung am besten geeignet sind, um die Parameter eines Stoßdämpfers und einer Feder aus Straßenanregungen zu schätzen [42].

Bild 18-12 zeigt, dass nur durch Messung von zwei Ausgangsgrößen die Federkonstante, die trockene Reibung und die Dämpferkennlinie mit Parameterschätzmethoden bestimmt werden können [43]. Ihre Änderungen lassen auf mehrere Fehler schließen. Die nichtlineare Dämpferkennlinie wird dabei in 4 lineare Abschnitte für Zug- und Druckrichtung unterteilt. Gleichwert- und Verstärkungsfehler des Federweg- und Aufbaubeschleunigungssensors können über Paritätsgleichungen erkannt werden. Die experimentellen Untersuchungen wurden sowohl am Prüfstand als auch im fahrenden Pkw durchgeführt ([44], [45], [46]).

Die entwickelte Methodik lässt sich auch zur Überprüfung von Stoßdämpfern im eingebauten Zustand am stehenden Fahrzeug (TÜV, Werkstätten) und Fußpunktanregung durchführen [43]. Reifenluftdruckänderungen können über eine Änderung der Resonanzfrequenz aus der Messung der Radbeschleunigung erkannt werden [45] oder aus der Aufbaubeschleunigung über Vorder- und Hinterrad ([2], [46]).

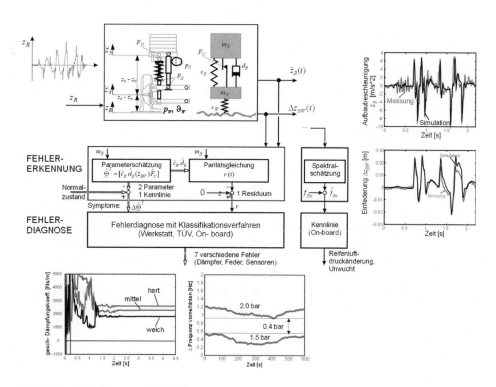

Bild 18-12: Modellgestützte Fehlerdiagnose an einer Radaufhängung und im fahrenden Fahrzeug

18.5.2 Aktive Radaufhängung

Eine aktive Radaufhängung mit z.B. hydraulischen Aktoren zur vertikalen Krafterzeugung der Radaufhängung enthält eine größere Anzahl an Komponenten wie Pumpe, Magnetventile, Plunger oder Zylinder und mehrere Sensoren für Spannung, Strom, Drehzahl, Drücke und Wege. Eine modellgestützte umfassende Fehlererkennung und -diagnose kann mit dieser umfangreichen Sensorik sowohl für die Sensoren selbst, als auch die hydraulischen Komponenten durchgeführt werden, wie im Kapitel 20 gezeigt wird, siehe auch [47].

Ein weiteres Anwendungsbeispiel der modellgestützten Fehlererkennung wird im Kapitel 19 und in [48] für das *querdynamische Verhalten* beschrieben. Hierbei werden Fehler der Sensoren Lenkwinkel, Gierrate, Raddrehzahlen erkannt und eine Rekonfiguration im Fehlerfall durchgeführt (analytische Redundanz).

Neue Methoden zur Fehlerdiagnose mit Signal- und Prozessmodellen sowohl für *Dieselmotoren* als auch *Ottomotoren* werden in [50] beschrieben. Hierbei werden durch nichtlineare Paritätsgleichungen mit bestimmten nichtlinearen Netzmodellen und FFT-Analysen z.B. Lecks im Ansaugkanal, Einspritzmengenfehler, AGR-Ventilfehler, HFM-Sensorfehler mit Seriensensoren erkannt, siehe auch [51].

18.6 Schlussfolgerungen

Die beschriebenen Methoden zur modellgestützten *Fehlererkennung* mittels Parameterschätzung, Paritätsgleichungen und Beobachtern erlauben eine wesentlich bessere Überwachung im Vergleich zu den einfachen Grenzwertüberwachungen und Plausibilitätsbetrachtungen. Voraussetzung ist allerdings, dass die verwendeten Prozessmodelle relativ genau sind, was aber mit entsprechenden Voruntersuchungen und dem heutigen Stand der Modellbildung und Identifikation für viele Prozesse erreicht werden kann. Wegen der unterschiedlichen Eigenschaften der modellgestützten Fehlererkennungsmethoden in Bezug auf die Art des Fehlers (z.B. multiplikativ, additiv, plötzliche oder allmähliche Entstehung), die Art der Eingangsanregung des Prozesses, die Störsignalempfindlichkeit, usw., bietet sich eine Kombination verschiedener Verfahren an.

Zur *Fehlerdiagnose* ist die systematische Verarbeitung von analytisch erzeugten Symptomen durch Klassifikationsverfahren oder analytischen und heuristischen Symptomen aufgrund von Fehler-Symptom-Kausalitäten durch Inferenzmethoden erforderlich. Hierzu bieten sich sowohl neuronale Netze als auch das approximative Schließen mit Fuzzy-Logik an.

Eine Verbesserung der Fehlererkennung und -diagnose für das Kraftfahrzeug sowohl an Bord, als auch in den Werkstätten ist eine Voraussetzung für Fortschritte der „not-touble-found"-Problematik, der Wartung nach Bedarf, der Ferndiagnose und der Gestaltung fehlertoleranter Komponenten für z.B. eine Weiterentwicklung von By-wire-Systemen.

Die beschriebene Methodik wurde an einer größeren Zahl technischer Prozesse praktisch erprobt, z.B. bei Kreiselpumpen, Rohrfernleitungen, Industrierobotern, Bohr- und Fräsmaschinen, Wärmeaustauschern, elektrischen, pneumatischen und hydraulischen Aktoren, Fahrzeug-Radaufhängungen, hydraulischen Bremsen, fahrdynamischen Sensoren und Verbrennungsmotoren. In allen Fällen konnte die Erkennung bereits kleiner Fehler und in den meisten Fällen eine Fehlerdiagnose erfolgreich experimentell nachgewiesen werden. Die modellgestützten Fehlererkennungs- und Fehlerdiagnosemethoden lassen folgende Fortschritte zu:

♦ *online Überwachung* im laufenden Betrieb (frühe Erkennung kleiner Fehler)
♦ *online Fehlerdiagnose* (mit dem Ziel der Wartung nach Bedarf oder Rekonfiguration im laufenden Betrieb)
♦ *Ferndiagnose* mit modernen Kommunikationsmitteln (und zunehmender Bedeutung für Export-Produkte)
♦ *Kontrolle und Qualitätssicherung von Produkten* am Ende der Fertigung oder nach Wartungsarbeiten.

Für die onboard (online) Diagnose und die Werkstatt-Diagnose von Kraftfahrzeugen reicht es im Allgemeinen aus, die fehlerhafte kleinste austauschbare Einheit zu diagnostizieren.

Literatur

[1] *Isermann, R.*: Modellgestützte Überwachung und Fehlerdiagnose technischer Systeme. In: atp Automatisierungstechnische Praxis 38 (1996) 5 und 6, S. 9–20 und S. 48–57
[2] *Isermann, R.*: Modellgestützte Diagnose im Kraftfahrzeug. In: Automotive Electronics 2000, S. 92–99
[3] *Isermann, R.*: Fault-Diagnosis Systems. An Introduction from Fault Detection to Fault Tolerance. Springer, Berlin u.a, 2006
[4] *Stohrmann, G.*: Anlagensicherung mit Mitteln der MSR-Technik. Oldenbourg, München, 1983
[5] *Schneider-Fresensius, G.*: Technische Fehlerfrühdiagnose-Einrichtungen. Oldenbourg, München, 1985
[6] *Sturm, A.; Förster, R.*: Maschinen- und Anlagendiagnostik für die zustandsbezogene Instandhaltung. VEB-Verlag Technik, Berlin, 1988
[7] *Knuth, T.*: Schadenfrüherkennung durch Schwingungsanalysen - Neue Möglichkeiten in der Instandhaltung. In: Der Maschinenschaden 61 (1988), S. 70–74
[8] *Zörner, W.; Andrae, K. H.; Emshoff, H.; Müller, H.*: Diagnosesystem zur Betriebsüberwachung von Dampfturbinenanlagen. In: VGB-Kraftwerkstechnik 71 (1991) 6, S. 547–556
[9] *Isermann, R.*, Identifikation dynamischer Systeme. Bde 1. u. 2. Springer Verlag, Berlin, 1992
[10] *Nold, S.*: Wissensbasierte Fehlererkennung und Diagnose mit den Fallbeispielen Kreiselpumpe und Drehstrommotor. Dissertation TH Darmstadt. Fortschr.-Ber. VDI Reihe 8 Nr. 273. VDI-Verlag, Düsseldorf, 1991
[11] *Raab, U.*: Modellgestützte digitale Regelung und Überwachung von Kraftfahrzeugen. Dissertation TH Darmstadt. Fortschr.-Ber. VDI Reihe 8 Nr. 313. VDI-Verlag, Düsseldorf, 1993
[12] *Gertler, J.*: Fault detection and diagnosis in engineering systems. Marcel Dekker, New York 1998
[13] *Choe, R. N.; Willsky A. S.*: Analytical redundancy and the design of robust detection systems. In: IEEE Transactions on Automatic Control 29 (1984) 7, S. 603–614
[14] *Höfling, T.*, Methoden zur Fehlererkennung mit Parameterschätzung und Paritätsgleichungen. Dissertation TH Darmstadt. Fortschr.-Ber. VDI Reihe 8 Nr. 546. VDI-Verlag, Düsseldorf, 1996

[15] *Isermann, R.*: Process Fault Detection Based on Modeling and Estimation Methods - A Survey. In: Automatica 20 (1984) S. 387–404
[16] *Beard, R. V.*: Failure accomodation in linear systems through self-reorganization. Report MVT-71-1, Man Vehicle Laboratory, Cambridge, MA, USA 1971
[17] *Jones, H. L.*: Failure detection in linear systems. Ph.D. Thesis, MIT, Cambridge, MA, USA 1973
[18] *Patton, R. J.; Kangethe S. M.*: Robust fault diagnosis using eigenstructure assignment of observers. Kapitel 4 in [30]
[19] *Clark, R. N.*: A simplified instrument detection scheme. In: IEEE Transactions on Aerospace Electron. (1978), S. 558–563
[20] *Viswanadham, N.; Srichander R.*: Fault detection using unknown-input observers. In: Control Theory and Advanced Technology 3 (1987) 2, S. 91–101
[21] *Frank, P. M.; Wünnenberg J.*: Robust fault diagnosis using unkown input observer schemes. Chapter 3 in [30]
[22] *Tsui, C.-C.*: A general failure detection, isolation and accomodation system with model uncertainty and measurement noise. 12th IFAC World Congress, Sydney, Australia 1993
[23] *Frank, P. M.*: Diagnoseverfahren in der Automatisierungstechnik. In: at 42 (1994), S. 47–64
[24] *Barschdorff, D.*: Schätzmethoden in der Diagnosetechnik. GMA-Bericht 18. VDI/VDE-Vortragsreihe: Schätzmethoden in der Meß-Signal-Verarbeitung, Langen (1989), S. 269–283
[25] *Isermann, R.* (Hrsg.): Überwachung und Fehlerdiagnose - Moderne Methoden und ihre Anwendungen bei technischen Systemen. Düsseldorf, VDI-Verlag, 1994
[26] *Janik, W.*: Fehlerdiagnose des Außenrundstechschleifens mit Prozeß- und Signalmodellen. Dissertation TH Darmstadt. Fortschr.-Ber. VDI Reihe 2 Nr. 288. Düsseldorf, VDI-Verlag, 1993
[27] *Isermann, R.*: Integration of fault detection and diagnosis methods. IFAC-Symposium SAFEPROCESS (1994), Espoo, Finnland
[28] *Höfling, T.; Pfeufer, T.*: Detection of additive and multiplicative faults - Parity space versus parameter estimation. IFAC-Symposium SAFEPROCESS (1994), Espoo, Finnland.
[29] *Tou, J. T.; Conzales, R. C.*: Pattern recognition principles. Addison-Wesley Publication Company 1974
[30] *Patton, R. J.; Frank, P. M.; Clark, R. N.* (Hrsg.): Fault diagnosis in dynamic systems – theory and applications. London, Prentice Hall, 1989
[31] *Freyermuth, B.*: Wissensbasierte Fehlerdiagnose am Beispiel eines Industrieroboters. Dissertation TH Darmstadt. Fortschr.-Ber. VDI Reihe 8 Nr. 315. Düsseldorf, VDI-Verlag, 1993
[32] *Niemann, H.*: Methoden der Mustererkennung. Frankfurt, Akademische Verlagsgesellschaft, 1974
[33] *Barschdorff, D.; Becker, B.*: Neuronale Netze als Signal- und Musterklassifikation. In: Technisches Messen 57 (1990) 11, S. 437–444
[34] *Leonhardt, S.*: Modellgestützte Fehlererkennung mit neuronalen Netzen – Überwachung von Radaufhängungen und Diesel-Einspritzanlagen. Dissertation TH Darmstadt. Fortschr.-Ber. VDI Reihe 12 Nr. 295. Düsseldorf, VDI-Verlag, 1996
[35] *Halgamuge, S. K.*: Advanced methods for fusion of fuzzy systems and neural networks in intelligent data processing. Dissertation TH Darmstadt. Fortschr.-Ber. VDI Reihe 10 Nr. 401. Düsseldorf, VDI-Verlag, 1996
[36] *Füssel, D.*: Fault diagnosis with tree-structured neuro-fuzzy systems. Dissertation TU Darmstadt. Fortschr.-Ber. VDI Reihe 8, 957. Düsseldorf, VDI Verlag, 2003
[37] *Isermann, R.*: On Fuzzy Logic Applications for Automatic Control, Supervision and Fault Diagnosis. Third European Congress on Intelligent Techniques and Soft Computing. Aachen 1995, S. 738–753
[38] *Pfeufer, T.*: Modellgestützte Fehlererkennung und Diagnose am Beispiel eine Kraftfahrzeugaktors. Dissertation TU Darmstadt. Fortschr.-Ber. VDI Reihe 8 Nr. 749. Düsseldorf, VDI-Verlag, 1999

[39] *Moseler, O.*: Mikrocontrollerbasierte Fehlererkennung für mechatronische Komponenten am Beispiel eines elektromechanischen Stellantriebs. Dissertation TU Darmstadt. Fortschr.-Ber. VDI Reihe 8, Nr.980. Düsseldorf, VDI-Verlag, 2001

[40] *Moseler, O.; Straky, H.*: Fault detection of a solenoid valve for hydraulic systems in vehicles. IFAC Symposium on Fault Detection, Supervision and Safety of Technical Processes (SAFEPROCESS'2000), 14–16 June 2000, Budapest, Hungary

[41] *Moseler, O.; Straky, H.; Isermann, R.*: Verfahren zur Rekonstruktion der Ankerbewebung eines elektromagnetischen Aktors. Patentschrift DE 100 34 839 C 2, 2003

[42] *Bußhardt, J.*: Selbsteinstellende Feder-Dämpfer-Systeme für Kraftfahrzeuge. Dissertation TU Darmstadt. Fortschr.-Ber. VDI Reihe 12, Nr. 240. Düsseldorf, VDI-Verlag, 1995

[43] *Isermann, R.; Bußhardt, J.*: Verfahren zur Regelung der Dämpfung und/oder Diagnose des Fahrwerks eines Kraftfahrzeugs. Deutsches Patent P 42 18 089.2-21

[44] *Weispfenning, T.; Isermann, R.*: Fehlererkennung mit dynamischen Modellen eines Kraftfahrzeuges. GMA-Kongress, Ludwigsburg, 18.–19. Juni 1998

[45] *Weispfenning, T.*: Fault detection and diagnosis of components of the vehicle vertical dynamics. 1st International Conference on Control and Diagnostics in Automotive Applications. Genua, Italy, 3–4 October 1997

[46] *Halfmann, C.; Ayoubi, M.; Holzmann, H.*: Supervision of vehicles' tyre pressures by measurement of body accelerations. In: Control Engineering Practice 5 (1997) 8, S. 1151–1159

[47] *Fischer, D.*: Fehlererkennung für mechatronische Fahrwerksysteme. Dissertation TU Darmstadt, 2005

[48] *Börner, M.*: Adaptive Querdynamikmodelle für Personenkraftfahrzeuge – Fahrzustandserkennung und Sensorfehlertoleranz. Dissertation TU Darmstadt. Fortschr.-Ber. VDI Reihe 12, Nr. 563. Düsseldorf, VDI-Verlag, 2004

[49] *Müller, M.*: Strategische Ausrichtung der Diagnose im Kraftfahrzeug aus dem Blickwinkel der BMW Serviceorganisation. Elektronik im Kraftfahrzeug. Baden-Baden, 6.–7. Oktober 2005

[50] *Isermann, R.; Hartmanshenn, E.; Schwarte, A.; Kimmich, F.*: Fehlerdiagnosemethoden für Diesel- und Ottomotoren. 12. Aachener Kolloquium Fahrzeug- und Motorentechnik 2003. Aachen, 7.–8. Oktober 2003

[51] *Isermann, R.* (Hrsg.): Modellgestützte Steuerung, Regelung und Diagnose von Verbrennungsmotoren. Berlin u.a., Springer, 2003

[52] *Straky, H.*: Modellgestützter Funktionsentwurf für Kfz-Stellglieder; Regelung der Elektromechanischen Ventiltriebaktorik und Fehlerdiagnose der Bremssystemhydraulik. Dissertation TU Darmstadt. Fortschr.-Ber. VDI Reihe 12, Nr. 546. Düsseldorf, VDI-Verlag, 2003

19 Fehlererkennung und -diagnose für Fahrdynamiksensoren mit querdynamischen Modellen

MARCUS BÖRNER

Neue Fahrerassistenzsysteme und Drive-by-Wire-Architekturen benötigen eine detaillierte Fehlererkennung für Sensoren und Aktoren. Zur Anwendung kommen bisher überwiegend Grenzwertüberwachungen und Plausibilitätsprüfungen von messbaren Größen sowie direkte Vergleiche redundant gemessener Größen [1]. Eine detaillierte Erkennung von Fehlerart und -ursache sowie eine Lokalisierung können mit diesen Verfahren nicht erreicht werden. Außerdem können Fehler erst dann detektiert werden, wenn sie ein relativ großes Ausmaß angenommen beziehungsweise bereits zum Ausfall einer Komponente geführt haben. Aber besonders während sicherheitskritischer querdynamischer Fahrmanöver müssen Fehler zuverlässig erkannt werden, um schnellstmöglich auf eine intakte Komponente umzuschalten. Aufgrund der höheren Zahl an Sensorinformationen wird es nun wegen der internen Kopplungen möglich, Fehlererkennung und -diagnose von Fahrwerkskomponenten systematisch durchzuführen. Hierzu eignen sich besonders modellgestützte Methoden.

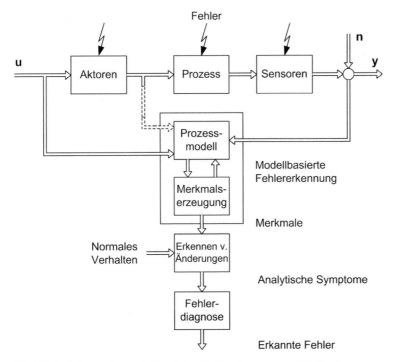

Bild 19-1: Schema der modellbasierten Fehlererkennung und Fehlerdiagnose

19 Fehlererkennung und -diagnose für Fahrdynamiksensoren mit querdynamischen Modellen

Die Überwachung der Querdynamik ist in drei Teilaufgaben aufgespalten und in drei Hierarchieebenen angeordnet, Bild 19-2. Die Überwachung basiert auf der Auswertung der für die Querdynamik relevanten Sensorsignale, die fehlerbehaftete Signale liefern können. Zu den relevanten Sensorsignalen gehören die Signale des Lenkradwinkelsensors, des Querbeschleunigungssensors, des Gierratensensors und der vier ABS-Drehzahlsensoren.

Die **untere** Ebene enthält die Fehlererkennung. Es werden auf der Basis von modellgestützten Verfahren Fehlermerkmale generiert. Hierbei können auch unterschiedliche Modelle parallel eingesetzt werden. Fehlermerkmale sind Kenngrößen des Systems, z.B. ein zeitlich veränderlicher Parameter, Signalmittelwert oder Varianz. Um einen Fehler zu erkennen, werden die Merkmale mit entsprechenden Kenngrößen des fehlerfreien Falls verglichen. Überschreiten die Abweichungen feste oder variable Grenzen [2], erhält man signifikante Symptome für den Fahrzustand. Die Auslenkungen der Symptome deuten auf Fehler im querdynamischen System hin.

Auf der **mittleren** Ebene wird eine Weiterverarbeitung der auf der unteren Ebene generierten Symptome durchgeführt. Es müssen Zusammenhänge zwischen den Fehlersymptomen und den Fehlern durch eine entsprechende Wissensbasis abgelegt werden. Diese Wissensbasis kann entsprechende Muster der ausgelenkten und nicht ausgelenkten Symptome sowie heuristisches Wissen einschließen. Die mittlere Ebene der Fehlerdiagnose gibt somit den Fehler (Art, Größe) an.

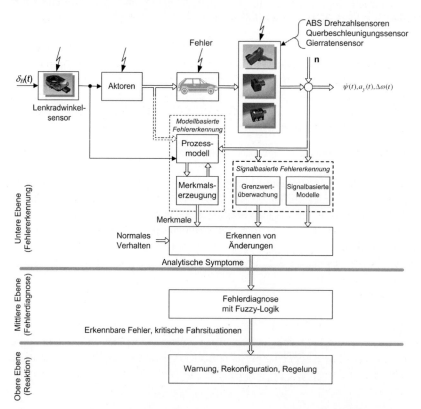

Bild 19-2: Dreiebenenkonzept zur Überwachung des querdynamischen Sensorsystems

Die Aufgabe der **oberen** Ebenen besteht in der Verarbeitung der Informationen über den aktuellen Zustand. Dies umfasst z.B. eine Warnung des Fahrers über einen defekten Sensor oder eine Rekonfiguration des Sensorsystems. Eine weitere Aufgabe der oberen Ebene kann eine Nachricht an ein Fahrerassistenzsystem über die Notwendigkeit eines aktiven Eingriffs darstellen.

19.1 Symptomgenerierung in der unteren Ebene

19.1.1 Geometrische Modelle

Geometrische Modelle der Fahrzeugkinematik können zum Ermitteln der wichtigsten Sensorsignale verwendet werden. Der große Vorteil liegt in der einfachen Struktur und im geringen Echtzeitberechnungsaufwand. Deshalb sind die Gleichungen der geometrischen Modelle unter anderem auch für Überwachungsaufgaben geeignet [3].

19.1.2 Geometrische Modelle mit Raddrehzahldifferenz

Bei einer stationären Kreisfahrt mit einem Zweispurmodell existiert ein Punkt, um den die ebene Bewegung momentan als reine Drehung aufgefasst werden kann (Momentanpol). Zu beachten ist aber, dass bei der Kurvenfahrt jedes Rad einen individuellen Schwenkradius ρ_{ij} besitzt. Aus dem Produkt der Gierrate $\dot{\psi}$ und dem Schwenkradius ρ_{ij} der einzelnen Räder berechnet sich dann die Beziehung zum Ermitteln der individuellen Geschwindigkeiten v_{ij} in den Radmitten.

$$v_{ij} = \rho_{ij} \cdot \dot{\psi} \quad \text{mit } i = V, H \text{ und } j = L, R \tag{19.1}$$

Die Schwenkradien zum Momentanpol sind in der Regel nicht bekannt. Um diese im Folgenden zu ersetzen, sind in Bild 19-3 die relevanten kinematischen Größen dargestellt. Werden alle Radgeschwindigkeiten durch eine Drehung mit dem individuellen Schwenkradius auf die y-Achse des ortsfesten Koordinatensystems abgebildet, wird das Geschwindigkeitsprofil der reinen Drehung um den Momentanpol deutlich. Durch Anwendung des Strahlensatzes lassen sich die Geschwindigkeiten an den Rädern v_{ij} herleiten. Die Radien um den Momentanpol ρ_{ij} sollen nun durch die Radiendifferenzen der einzelnen Räder ausgedrückt werden.

Die Radiendifferenzen $\Delta\rho_H$ und $\Delta\rho_V$ werden für den Sonderfall, dass der Momentanpol unendlich weit entfernt ist, gleich der Spurweite des Fahrzeugs b_V und b_H. Hieraus folgt, dass die Radien als parallele Strecken angesehen werden müssen. Für Kurven sind diese Annahmen nicht mehr zulässig. Die Differenzradien für starke Kurvenfahrten können aus den geometrischen Überlegungen hergeleitet werden. Aus Bild 19-3 folgt:

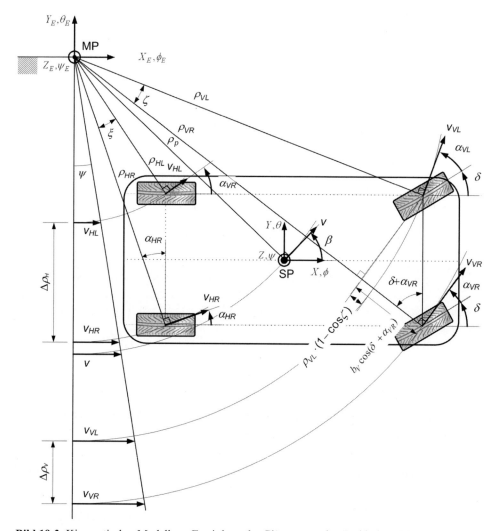

Bild 19-3: Kinematisches Modell zur Ermittlung der Gierrate aus den Raddrehzahldifferenzen

$$\Delta\rho_V = b_V \cos(\delta + \alpha_{VR}) - \rho_{VL} \overbrace{(1 - \cos\zeta)}^{=0}$$
$$\Delta\rho_H = b_H \cos(\alpha_{HR}) - \rho_{HL} \overbrace{(1 - \cos\xi)}^{=0}$$
(19.2)

Die Winkel ζ und ξ sind für enge Kurvenfahrten klein, deshalb können die Kosinusterme zu Null gesetzt werden. Damit entfallen die unbekannten Schwenkradien ρ_{VL} und ρ_{HL}. Es ergeben sich die gesuchten Differenzen der Schwenkradien

19.1 Symptomgenerierung in der unteren Ebene

$$\Delta \rho_V = \rho_{VR} - \rho_{VL} = \frac{v_{VR} - v_{VL}}{\dot{\psi}} = b_V \cos(\delta + \alpha_{VR})$$

$$\Delta \rho_H = \rho_{HR} - \rho_{HL} = \frac{v_{HR} - v_{HL}}{\dot{\psi}} = b_H \cos(\alpha_{HR})$$

(19.3)

Befindet sich das Fahrzeug im linearen Bereich der Kraftschlussbeiwert-Schlupf-Kurve, so dass die Schräglaufwinkel α klein sind, ist eine Linearisierung der Kosinusterme möglich. Für enge Kurvenfahrten ist der Radeinschlagwinkel δ zu berücksichtigen.
Werden die Radgeschwindigkeiten an der Vorderachse v_{VL}, v_{VR} als Eingangsgrößen benutzt, kann zur Berechnung der Gierwinkelgeschwindigkeit $\dot{\psi}$ eine von der mathematischen Struktur sehr einfache Gleichung hergeleitet werden:

$$\hat{\dot{\psi}}_1 = \frac{v_{VR} - v_{VL}}{b_V \cos(\delta + \alpha_{VR})} \overset{\delta_V \gg \alpha_{VR}}{=} \frac{v_{VR} - v_{VL}}{b_V \cos \delta} \overset{\delta \text{ ist klein}}{=} \frac{v_{VR} - v_{VL}}{b_V}$$

(19.4)

Hierbei bezeichnet b_V die Spurweite. Die Radgeschwindigkeiten v_{VL} und v_{VR} berechnen sich aus dem Produkt des dynamischen Reifenradius r_{dyn} und der Raddrehzahlen ω_{VL} und ω_{VR}. Für ein Fahrzeug mit Vorderradantrieb ist diese Berechnungsgleichung infolge des Antriebschlupfs zwangsläufig von geringerer Qualität als die Auswertung mit den ABS-Drehzahlen an der nicht angetriebenen Hinterachse.
Analog erhält man durch Auswertung der Drehzahldifferenzen an den Hinterrädern:

$$\hat{\dot{\psi}}_2 = \frac{v_{HR} - v_{HL}}{b_H \cos \alpha_{HR}} \overset{\alpha_{HR} \text{ ist klein}}{=} \frac{v_{HR} - v_{HL}}{b_H}$$

(19.5)

Die folgenden Gleichungen resultieren aus dem Zusammenhang zwischen Schwimmwinkel β, Gierrate $\dot{\psi}$, Geschwindigkeit v und Querbeschleunigung a_y:

$$a_y = \frac{v^2}{\rho} \cos \beta = v \cdot (\dot{\beta} + \dot{\psi}) \cos \beta$$

(19.6)

Für kleine und konstante Schwimmwinkel β folgt

$$a_y = \frac{v^2}{\rho} = v \cdot \dot{\psi}$$

(19.7)

Wird als weiterer Eingang die Fahrgeschwindigkeit v verwendet, kann eine Aussage über die Querbeschleunigung a_y getroffen werden:

$$\hat{a}_{y_1} = \frac{v_{VR} - v_{VL}}{b_V} \cdot v \quad \text{oder} \quad \hat{a}_{y_2} = \frac{v_{HR} - v_{HL}}{b_H} \cdot v$$

(19.8)

Die hohe Empfindlichkeit gegenüber Schlupf schränkt den Einsatzbereich der Modelle vor allem bei starken Bremsmanövern ein.

19.1.3 Geometrische Modelle mit Vorderradeinschlag

Stellen sich während einer stationären Kreisfahrt beim Einspurmodell keine Schräglaufwinkel α ein, schneiden sich die Radachsen im Mittelpunkt (Ackermann-Gesetz).

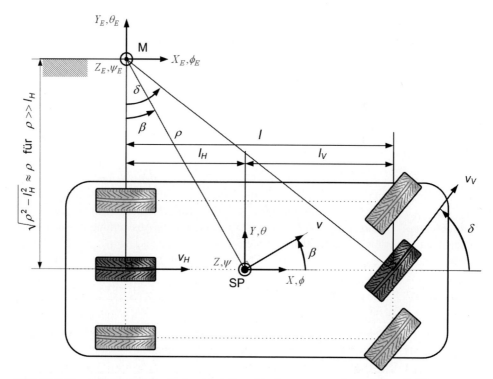

Bild 19-4: Vereinfachtes kinematisches Modell zur Bestimmung querdynamischer Größen

In Bild 19-4 ist dieser Spezialfall dargestellt. Der Krümmungsmittelpunkt fällt mit dem Momentanpol zusammen. Es wird vorausgesetzt, dass der Krümmungsradius sehr viel größer ist als der Abstand vom Schwerpunkt zur Hinterachse ($\rho \gg l_H$). Diese Forderung führt notwendigerweise zu einem kleinen Schwimmwinkel β. Bei schlupffrei rollenden Rädern sind alle Geschwindigkeitskomponenten in Fahrzeuglängsrichtung gleich groß. Für eine stationäre Kurvenfahrt ($v = \rho \dot{\psi}$) folgt die Beziehung zwischen Gierrate $\dot{\psi}$ und Lenkradwinkel δ_H, die aus geometrischen Überlegungen hergeleitet werden kann

$$\delta = \frac{\delta_H}{i_s} = \frac{l}{\rho} \text{ mit } v = \rho\dot{\psi} \Rightarrow \delta_H = \frac{i_s l}{v}\dot{\psi}$$

$$\Rightarrow \hat{\dot{\psi}}_4 = \frac{v}{l \cdot i_s} \cdot \delta_H$$

(19.9)

beziehungsweise die Gleichungen

19.1 Symptomgenerierung in der unteren Ebene

$$\hat{a}_{y4} = \frac{v^2}{l \cdot i_s} \cdot \delta_H \quad \text{und} \quad \hat{\delta}_{H4} = \frac{l \cdot i_s}{v} \cdot \dot{\psi}. \tag{19.10}$$

In diesem Abschnitt sind sehr einfache Gleichungen angegeben, die die wesentlichen Abhängigkeiten zwischen der Gierrate, der Querbeschleunigung und dem Lenkradwinkel aufzeigen. Trotz der vielfältigen Einschränkungen besitzen diese Gleichungen den Vorteil, nur kinematische Größen zu verwenden. In der folgenden Tabelle sind die geometrischen Modelle nochmals aufgeführt.

19.1.4 Paritätsgleichungen

Zur Sensorfehlererkennung der Fahrdynamikgrößen Gierrate $\dot{\psi}$, Querbeschleunigung a_y, Lenkradwinkel δ_H und die aus den ABS-Raddrehzahlen gewonnene Geschwindigkeitsinformation v_{ij}, werden einfache mathematische Modelle verwendet. Diese Modelle müssen online während des Fahrbetriebs mitgerechnet werden. Als analytische Fahrzeugmodelle zur Fehlererkennung können die in Abschnitt 19.1.2 beschriebenen Beziehungen verwendet werden. Sie sind in Tabelle 19-1 zusammengefasst.

Tabelle 19-1: Modelle zur Sensorfehlererkennung mit Paritätsgleichungen

	Gierrate $\dot{\psi}$	Querbeschleunigung a_y	Lenkradwinkel δ_H
Modell 1	$\hat{\dot{\psi}}_1 = \dfrac{v_{VR} - v_{VL}}{b_V}$	$\hat{a}_{y1} = \dfrac{v_{VR} - v_{VL}}{b_V} \cdot v$	$\hat{\delta}_{H1} = \dfrac{l \cdot i_s}{v} \cdot \left(1 + \dfrac{v^2}{v_{ch}^2}\right) \cdot \dfrac{v_{VR} - v_{VL}}{b_V}$
Modell 2	$\hat{\dot{\psi}}_2 = \dfrac{v_{HR} - v_{HL}}{b_H}$	$\hat{a}_{y2} = \dfrac{v_{HR} - v_{HL}}{b_H} \cdot v$	$\hat{\delta}_{H2} = \dfrac{l \cdot i_s}{v} \cdot \left(1 + \dfrac{v^2}{v_{ch}^2}\right) \cdot \dfrac{v_{HR} - v_{HL}}{b_H}$
Modell 3	$\hat{\dot{\psi}}_3 = \dfrac{a_y}{v}$	$\hat{a}_{y3} = \dot{\psi} \cdot v$	$\hat{\delta}_{H3} = \dfrac{l \cdot i_s}{v^2} \cdot \left(1 + \dfrac{v^2}{v_{ch}^2}\right) \cdot \hat{a}_y$
Modell 4	$\hat{\dot{\psi}}_4 = \dfrac{v}{l \cdot i_s} \cdot \delta_H$	$\hat{a}_{y4} = \dfrac{v^2}{l \cdot i_s} \cdot \delta_H$	$\hat{\delta}_{H4} = \dfrac{l \cdot i_s}{v} \cdot \dot{\psi}$

Es ist deutlich zu erkennen, dass für jeden der 3 Sensoren 4 rekonstruierte Werte berechnet werden können. Die zugehörigen Gleichungen zeigen eine einfache Struktur. Die Modellausgänge $\zeta_{Modell}(t)$ werden in der unteren Ebene mit dem gemessenen Sensorsignal $\zeta_{mess}(t)$ verglichen und die berechneten Residuen $r_i(t)$ in der mittleren Ebene ausgewertet, siehe Bild 19-5. Es ergeben sich damit 12 Residuen, mit denen während der Fehlerdiagnose auf Fehler in dem Gierratensensor, Querbeschleunigungssensor, Lenkradwinkelsensor und den ABS-Raddrehzahlsensoren geschlossen werden kann.

414   19 Fehlererkennung und -diagnose für Fahrdynamiksensoren mit querdynamischen Modellen

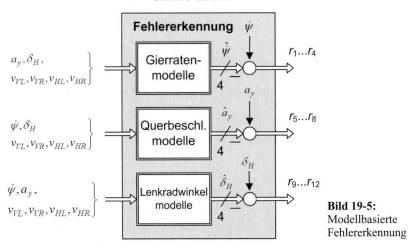

Bild 19-5: Modellbasierte Fehlererkennung

Hierbei sind die Residuen r_1 bis r_4 den Modellen 1 bis 4 der Gierrate (Tabelle 19-1) zugeordnet, die Residuen r_5 bis r_8 den Modellen der Querbeschleunigung und r_9 bis r_{12} den Lenkradwinkelmodellen, siehe Tabelle 19-2.

Tabelle 19-2: Zuordnung der Residuen

	$\dot{\psi}$	a_y	δ_H
Modell 1	r_1	r_5	r_9
Modell 2	r_2	r_6	r_{10}
Modell 3	r_3	r_7	r_{11}
Modell 4	r_4	r_8	r_{12}

Die Fahrbahnneigung ε_{ng} in der unteren Ebene des Überwachungssystems kann nicht berücksichtigt werden.

19.1.5 Fehlererkennung der ABS Radgeschwindigkeitssignale

Zur Fehlererkennung an den ABS-Raddrehzahlsensoren kann auf Tabelle 19-1 zurückgegriffen werden. Wird die Geschwindigkeit v beispielsweise durch

$$v = \frac{v_{VL} + v_{VR} + v_{HL} + v_{HR}}{4} \tag{19.11}$$

angenähert, schlägt wegen

$$v = \omega \cdot r \tag{19.12}$$

19.1 Symptomgenerierung in der unteren Ebene

beim Ausfall des vorderen linken Raddrehzahlsensors nur Residuum r_2 nicht aus. Hierbei gibt ω die Winkelgeschwindigkeit und r den Abstand des Radaufstandspunkts vom Radmittelpunkt an. Residuum r_2 ist nicht von der Gesamtgeschwindigkeit v oder der Geschwindigkeit v_{VL} des vorderen linken Rads abhängig. Bei einem Fehler des vorderen rechten Raddrehzahlsensors ergibt sich das gleiche Residuummuster. Eine Unterscheidung der ABS-Sensorfehler an der Vorderachse (mit Modell 1) und Hinterachse (mit Modell 2) ist jedoch nicht möglich. Um einen Fehler des linken oder rechten Raddrehzahlsensor zu erkennen, wird im Folgenden der Abstand der einzelnen ABS-Signale zueinander betrachtet werden, um so eine Differenzierung zwischen defektem vorderen linken bzw. rechten und hinteren linken bzw. rechten Sensor durchzuführen.
Hierzu wird auf ein Voterverfahren namens Gewichtsfaktorenvoter zurückgegriffen ([4]–[6]).

$$w_{VL} = \frac{1}{1+\left(\dfrac{v_{VL}-v_{VR}}{a}\right)^2 \cdot \left(\dfrac{v_{VL}-v_{HL}}{a}\right)^2 \cdot \left(\dfrac{v_{VL}-v_{HR}}{a}\right)^2}$$

$$w_{VR} = \frac{1}{1+\left(\dfrac{v_{VR}-v_{VL}}{a}\right)^2 \cdot \left(\dfrac{v_{VR}-v_{HL}}{a}\right)^2 \cdot \left(\dfrac{v_{VR}-v_{HR}}{a}\right)^2}$$

$$w_{HL} = \frac{1}{1+\left(\dfrac{v_{HL}-v_{VL}}{a}\right)^2 \cdot \left(\dfrac{v_{HL}-v_{VR}}{a}\right)^2 \cdot \left(\dfrac{v_{HL}-v_{HR}}{a}\right)^2}$$

$$w_{HR} = \frac{1}{1+\left(\dfrac{v_{HR}-v_{VL}}{a}\right)^2 \cdot \left(\dfrac{v_{HR}-v_{VR}}{a}\right)^2 \cdot \left(\dfrac{v_{HR}-v_{HL}}{a}\right)^2}$$

(19.13)

Der Gewichtsfaktorenvoter basiert auf einer gewichteten Mittelwertberechnung aus beispielsweise vier Sensormesswerten. Fehlerhafte Sensormesswerte werden dann in Abhängigkeit von der Größe der Fehlauslenkung mehr oder weniger stark gewichtet. Es erfolgt also kein scharfes Maskieren beim Überschreiten eines scharfen Schwellwertes, sondern ein von der Fehlergröße abhängiges unscharfes Ausblenden eines Sensors (ähnlich dem Fuzzy-Logik-Prinzip). Die Gewichte w_{VL}, w_{VR}, w_{HL} und w_{HR} werden nun so gewählt, dass die Korrektheit des jeweiligen ABS-Geschwindigkeitssignals v_{VL}, v_{VR}, v_{HL} und v_{HR} im Wertebereich von 0 bis 1 ausgedrückt wird. Je näher das Signal an den anderen drei Signalen liegt, desto näher an der 1 wird das Ergebnis des Gewichts sein. Je stärker das Signal von den anderen drei Signalen abweicht, desto näher wird das Ergebnis an der 0 liegen.
Der Parameter a besitzt einen direkt wirkenden Einfluss auf den Wert der Gewichtung während eines Fehlers [7] und gibt somit an, wie „hart" die Gewichtung auf Abweichungen der Sensorsignale reagiert.

Man erkennt,
wenn sich die Radgeschwindigkeiten v_{VL}, v_{VR}, v_{HL} und v_{HR} gleichzeitig nähern, folgt

$$w_{VL} \to w_{VR} \to w_{HL} \to w_{HR} \to 1$$

wenn sich v_{VL}, v_{VR}, und v_{HR} nähern, während v_{HL} vom gemeinsamen Wert weg divergiert, folgt

$$w_{VL} \to w_{VR} \to w_{HR} \to 1, \text{ während } w_{HL} \to 0$$

Es werden nun zwei weitere Residuen definiert:

$$\left. \begin{array}{l} r_{13} = w_{VL} - w_{VR} \\ r_{14} = w_{HL} - w_{HR} \end{array} \right\} \quad r_{13,14} \in [-1, +1] \tag{19.14}$$

Bei einem Fehler des vorderen linken Raddrehzahlsensors wird Residuum r_{13} einen Wert zwischen -1 und 0 annehmen. Bei einem Fehler des vorderen rechten Raddrehzahlsensors wird Residuum r_{13} größer als Null. Die gleichen Zusammenhänge gelten für die Raddrehzahlsensoren an der Hinterachse. Die komplette Fehlererkennung der ABS-Geschwindigkeitssignale ist in Bild 19-6 dargestellt.

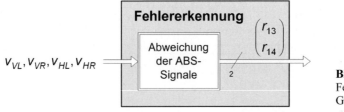

Bild 19-6: Fehlererkennung der ABS-Geschwindigkeitssignale

19.2 Diagnosesystem in der mittleren Ebene

19.2.1 Einsatz von Fuzzy-Logik zur Diagnose

Die Diagnose der Fehler im System wird durch ein Fuzzy-Logik-System realisiert. Beim Entwurf eines Fuzzy-Systems werden als erstes die Zugehörigkeitsfunktionen der Symptome festgelegt. Hierzu müssen die möglichen Fehler analysiert werden, die im System auftreten können. Die möglichen Fehler werden dann in Bezug auf ihre Auswirkungen auf die Merkmale untersucht. Als Zugehörigkeitsfunktionen können trapezförmige Funktionen verwendet werden. In vielen Fällen reichen drei Zugehörigkeitsfunktionen („Residuum negativ", „Residuum null" und „Residuum positiv").

19.2 Diagnosesystem in der mittleren Ebene

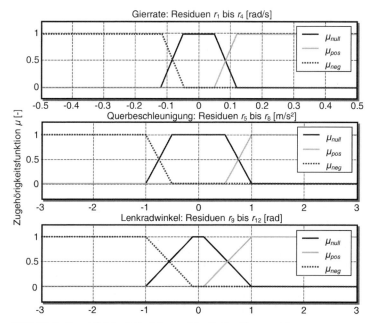

Bild 19-7: Zugehörigkeitsfunktionen für die Residuen r_1 bis r_{12}

Die Form der Trapeze wird so gewählt, dass die Summe der Zugehörigkeitswerte über dem gesamten Bereich stets Eins ist. Die Zugehörigkeitsfunktionen der Residuen für die Gierratenmodelle, Querbeschleunigungsmodelle und Lenkradwinkelmodelle sind in Bild 19-7 gezeigt. In Bild 19-8 sind die Zugehörigkeitsfunktionen der Residuen r_{13} bis r_{14} dargestellt.

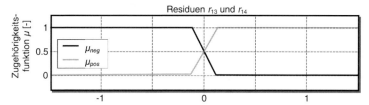

Bild 19-8: Zugehörigkeitsfunktionen für die Residuen r_{13} bis r_{14}

Für jeden Fehler kann eine Regel angegeben werden, die nur UND Operationen enthält. Die linguistische Formulierung für einen negativen Offsetfehler im hinteren rechten ABS-Raddrehzahlsignal (Fehler F14) lässt sich beispielsweise folgendermaßen beschreiben:

WENN r_1 null UND r_2 negativ UND r_3 null UND ... UND r_{14} null DANN F14 = 1

Das Aufstellen der übrigen Regeln geschieht analog. Als zusätzliche Regel ist der fehlerfreie Fall definiert, bei dem alle Residuen null sind. Man erhält eine Regelbasis mit 15 Regeln und insgesamt 15 Residuen als Eingangsgrößen. Die Regelbasis ist in Tabelle 19-3 dargestellt.

Eine kritische Fahrsituation liegt vor, wenn keine normale Fahrsituation und kein Sensorfehler klassifiziert werden. Es können damit 14 verschiedene Sensorfehler und die normale Fahrsituation charakterisiert werden. Aus Tabelle 19-3 geht außerdem hervor, dass alle Fehler unterschiedliche Muster aufweisen. Das ist die Voraussetzung für eine Isolation der Fehler durch ein Diagnosesystem.

Tabelle 19-3: Fehler-Symptom-Zusammenhänge

Fehler		Merkmale													
		Gierraten-residuen r_1–r_4				Querbeschl.-residuen r_5–r_9					Lenkradwinkel-residuen r_{10}–r_{12}			r_{13}	r_{14}
F1	Querbeschleunigung $a_y + \Delta a_y$	o	o	+	o	–	–	–	–	o	o	+	o	d	d
F2	Querbeschleunigung $a_y - \Delta a_y$	o	o	–	o	+	+	+	+	o	o	–	o	d	d
F3	Gierrate $\dot{\psi} + \Delta \dot{\psi}$	–	–	–	–	o	o	+	o	o	o	o	+	d	d
F4	Gierrate $\dot{\psi} - \Delta \dot{\psi}$	+	+	+	+	o	o	–	o	o	o	o	–	d	d
F5	Lenkradwinkel $\delta_H + \Delta \delta_H$	o	o	o	+	o	o	o	+	–	–	–	–	d	d
F6	Lenkradwinkel $\delta_H - \Delta \delta_H$	o	o	o	–	o	o	o	–	+	+	+	+	d	d
F7	ABS Signal $v_{VL} + \Delta v_{VL}$	–	o	o	o	–	o	o	o	–	o	o	o	–	d
F8	ABS Signal $v_{VL} - \Delta v_{VL}$	+	o	o	o	+	o	o	o	+	o	o	o	–	d
F9	ABS Signal $v_{VR} + \Delta v_{VR}$	+	o	o	o	+	o	o	o	+	o	o	o	+	d
F10	ABS Signal $v_{VR} - \Delta v_{VR}$	–	o	o	o	–	o	o	o	–	o	o	o	+	d
F11	ABS Signal $v_{HL} + \Delta v_{HL}$	o	–	o	o	o	–	o	o	o	–	o	o	d	–
F12	ABS Signal $v_{HL} - \Delta v_{HL}$	o	+	o	o	o	+	o	o	o	+	o	o	d	–
F13	ABS Signal $v_{HR} + \Delta v_{HR}$	o	+	o	o	o	+	o	o	o	+	o	o	d	+
F14	ABS Signal $v_{HR} - \Delta v_{HR}$	o	–	o	o	o	–	o	o	o	–	o	o	d	+
F15	normale Fahrsituation	o	o	o	o	o	o	o	o	o	o	o	o	o	o

Zeichenerklärung:
- \+ positive Auslenkung des Merkmals
- – negative Auslenkung des Merkmals
- d don't care = veränderliche Auslenkung, abhängig vom Arbeitspunkt und Anregungssignal, wird nicht zur Diagnose herangezogen
- $\pm \Delta$ positiver bzw. negativer Offset auf Sensorsignal

Aus dem zeitlichen Verlauf der Merkmale kann das signifikante Verhalten der Merkmale im Fehlerfall ermittelt werden. In der ersten Spalte werden die Veränderungen der Sensorsignale dargestellt. „Querbeschleunigung $a_y \pm \Delta a_y$" steht für einen positiven bzw. negativen Offsetwert Δa_y, der auf das Querbeschleunigungssignal a_y addiert wird. In den anderen Spalten wird der Einfluss des Fehlers auf die verschiedenen Residuen gezeigt. Hierbei symbolisiert ein „o", dass kein Einfluss des Fehlers auf das Residuum ausgeübt wird, ein „+" eine Erhöhung und ein „–" eine Verminderung des Residuums. Ein „d = don't care" stellt einen unbekannten Einfluss dar.

Die Ausgangsgrößen sind hierbei Singletons. Eine Defuzzifizierung ist bei diesem System nicht notwendig. Vielmehr beschreibt jeder Regelausgang den Erfüllungsgrad der jeweiligen Regel. Dieser Erfüllungsgrad kann als Möglichkeit für einen Fehler gewertet werden. Die Fehlerzuordnung kann beispielsweise über den Maximalwert der Regelausgänge geschehen.

Eine hinreichende Robustheit gegenüber Fehlalarmen im Fuzzy-Logik-System wird dadurch erreicht, dass Sensoroffsets nur dann eindeutig als Fehler klassifiziert werden, wenn eine Abweichung von mindestens zehn Prozent festgestellt wird. Die Prozentangaben beziehen sich auf Fahrmanöver, die bei Normalfahrt ohne kritische Fahrsituationen vorkommen. Die Wahl der Zehn-Prozent-Grenze ist willkürlich.

19.3 Experimentelle Ergebnisse der Fehlererkennung und -diagnose

Das Fehlererkennungs- und Fehlerdiagnosesystem soll nun anhand von mehreren Messfahrten verifiziert werden. In die einzelnen zu überwachenden Sensoren wurden nach verschiedenen Messfahrten in einer Simulation Offsetfehler hinzugefügt. Im Folgenden sollen die Ergebnisse der Sensorüberwachung, die bei unterschiedlichen Fahrmanövern erzielt wurden, dargestellt und erläutert werden. Hierzu werden eine stationäre Kreisfahrt ohne Sensorfehler (Bild 19-9), eine stationäre Kreisfahrt mit Querbeschleunigungsfehler Δa_y, Gierratenfehler $\Delta \dot{\psi}$ und Lenkradwinkelfehler $\Delta \delta_H$ (Bild 19-10), eine Wedelfahrt (Bild 19-11), ein doppelter Fahrspurwechsel (Bild 19-12), eine Wedelfahrt auf trockenem Asphalt und glatter Fläche (Bild 19-13), sowie eine stationäre Kreisfahrt mit ABS-Sensorfehler (Bild 19-14) untersucht.

Anstelle der Fuzzy-Schwellwerte wurden in den Grafiken feste Schwellwerte eingezeichnet. Dieser charakteristische Schwellwert ergibt sich aus den positiven und negativen Zugehörigkeitsfunktionen (siehe Bild 19-7).

In Bild 19-9a) ist eine stationäre Kreisfahrt ohne Sensorfehler gezeigt. In der Zeitspanne t von 8 bis 45 s ist eine konstante Geschwindigkeit v von 7 m/s ($\approx$ 25 km/h) vorgegeben (schwarze Kurve). Zum Zeitpunkt $t = 9$ s wird der Lenkradwinkel δ_H (hellgraue Kurve) rampenförmig erhöht und erreicht bei $t = 12,5$ s die konstante Auslenkung von 4 rad ($\approx 230°$). Die Gierrate $\dot{\psi}$ (schwarze gestrichelte Kurve) und Querbeschleunigung a_y (dunkelgraue Kurve) folgen dem Lenkradwinkel δ_H.

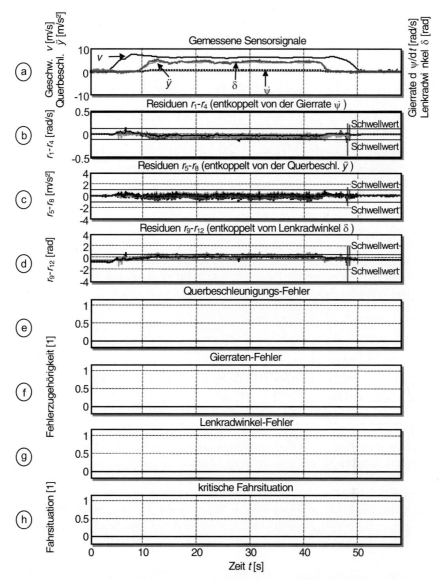

Bild 19-9: Gemessene Sensorsignale während einer stationären Kreisfahrt ohne Fehler
    a)   Geschwindigkeit v, Gierrate $\dot{\psi}$, Querbeschleunigung a_y und Lenkradwinkel δ_H,
    b)–d) Residuen r_1–r_{12}
    e)–g) Fehlerzugehörigkeiten (0: kein Sensorfehler, 1: Sensorfehler)
    h)   Fahrsituation (0: normal, 1: kritisch)

19.3 Experimentelle Ergebnisse der Fehlererkennung und -diagnose

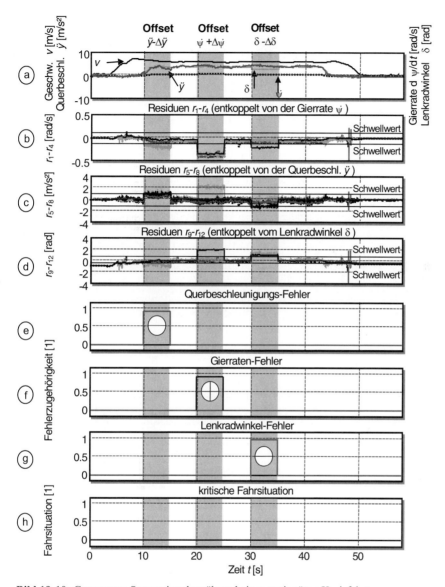

Bild 19-10: Gemessene Sensorsignale während einer stationären Kreisfahrt
  a) Geschwindigkeit v, Gierrate mit Gierratenoffset $\Delta \dot\psi$, Querbeschleunigung a_y mit Querbeschl.-offset Δa_y, und Lenkradwinkel δ mit Lenkradwinkeloffset $\Delta \delta_H$
  b)–d) Residuen r_1–r_{12}
  e)–g) Fehlerzugehörigkeiten
       (0: kein Sensorfehler, 1: Sensorfehler, +: positiver Offset, –: negativer Offset)
  h) Fahrsituation (0: normal, 1: kritisch)

Das Fahrzeug durchfährt die stationäre Kreisfahrt auf einem Radius von $r = 15$ m. Die mittlere Querbeschleunigung a_y liegt am Ende des Gültigkeitsbereichs des linearen Einspurmodells bei ca. 4 m/s². Bild 19-9b), c) und d) zeigt die Residuen r_1 bis r_{12}. Zusätzlich angegeben sind die Schwellwerte, ab denen ein Symptom positiv oder negativ gewertet wird. In den Bildern wird folgende Farbgebung benutzt. Die Residuen r_1, r_5, r_9 sind mit einer schwarzen gestrichelten Kurve gezeichnet, Residuen r_2, r_6, r_{10} mit dunkelgrauen Kurven, Residuen r_3, r_7, r_{11} mit hellgrauen Kurven und Residuen r_4, r_8, r_{12} mit schwarzen Kurven. Während der Messfahrt überschreiten die Residuen die Schwellen im Wesentlichen nicht. Nur Residuum r_{12} (hellgrau) in Bild 19-9d) überschreitet zeitweise den Schwellwert. Dies ist auf einen Offset der realen Sensoren zurückzuführen und kann vom Fuzzy-Diagnosesystem toleriert werden, so dass eine normale Fahrsituation ohne Sensorfehler angezeigt wird.

Bild 19-9e), f) und g) gibt die Fehlerzugehörigkeiten zu den einzelnen Fehlern an. Hierbei symbolisiert die graue Kurve einen positiven Offsetfehler und die schwarze Kurve einen negativen Offsetfehler. Sind beide Fehlerzugehörigkeiten Null, ist nur die schwarze Linie zu sehen. Das Diagnosesystem erkennt eine sensorfehlerfreie Fahrt ohne Fehlalarme.

Bild 19-9h) stellt die Zughörigkeit zu einer kritischen Fahrsituation dar. Die stationäre Kreisfahrt wird als normale und somit unkritische Fahrsituation erkannt.

Bild 19-10a) zeigt nun die gleiche stationäre Kreisfahrt mit drei zusätzlich eingefügten Offsetfehlern in den Sensorsignalen. Von $t = 10$ s bis $t = 15$ s wird ein negativer Offset Δa_y zum Querbeschleunigungssignal a_y von 1 m/s² addiert. Dies entspricht einem Fehler von 10% bezogen auf die Querbeschleunigung-Bezugsgröße, die hier willkürlich auf 10 m/s² festgesetzt wurde. In der Zeitspanne von $t = 20$ s bis $t = 25$ s ist ein Gierratensensoroffset $\Delta \dot\psi$ dem Gierratensignal $\dot\psi$ überlagert. Die Amplitude des Offsets $\Delta \dot\psi$ beträgt 0,3 rad/s oder 30% von der Gierraten-Bezugsgröße (1 rad/s). Zwischen $t = 30$ s bis $t = 35$ s wird ein negativer Lenkradwinkel-Offsetfehler $\Delta \delta_H$ dem Lenkradwinkelsensor δ eingekoppelt. Der Offset beträgt 1 rad oder 11% von der Lenkradwinkel-Bezugsgröße, die auf 9,5 rad festgelegt ist. Die Residuen r_1 bis r_{12} sind in Bild 19-10b), c), d) dargestellt. Die charakteristischen Abweichungen der Residuen für die einzelnen Offsetfehler ermöglichen eine Zuordnung zu den einzelnen mit Offset behafteten Sensoren in Bild 19-10e), f) und g). Die Querbeschleunigungs- und Gierratenoffsets werden über die gesamte Fehlerzeitdauer erkannt. Bild 19-10h) zeigt, dass die stationäre Kreisfahrt keine kritische Fahrsituation ist (vgl. Bild 19-9h) und dass während der auftretenden Sensorfehler keine kritische Fahrsituation erkannt wird.

Bild 19-11a) zeigt eine aufschwingende Wedelfahrt. Die Geschwindigkeit v während des Wedelns beträgt 8 m/s ($\approx$ 29 km/h). Die Lenkradamplitude δ erreicht hintereinander 1,4 rad, −2,5 rad, 4,1 rad, −4,4 rad, 6,3 rad, −5,5 rad und 2,8 rad, was auf trockener Straße in eine maximale Gierrate $\dot\psi$ von 1 rad/s und einer maximalen Querbeschleunigung a_y von 7,3 m/s² resultiert. In diese Messfahrt wird ein negativer Offset $\Delta \dot\psi$ in die Gierrate $\dot\psi$ von $t = 15$ s bis $t = 20$ s mit der Amplitude von 0,15 rad/s (= 15%) addiert. Zusätzlich ist ein positiver Querbeschleunigungsoffset Δa_y in das Querbeschleunigungssignal a_y von $t = 20$ s bis $t = 25$ s mit der Amplitude von 1 m/s² (= 10%) und ein positiver

19.3 Experimentelle Ergebnisse der Fehlererkennung und -diagnose

Lenkradwinkeloffset $\Delta\delta_H$ in das Lenkradwinkelsignal δ_H von $t = 25$ s bis $t = 30$ s mit dem Wert 1,5 rad (16%) addiert worden. Bild 19-11b), c) und d) zeigt die Residuen, die sich bis $t < 23$ s eindeutig zu den Sensoroffsetfehlern zuordnen lassen. Von $t = 23$ s bis $t = 31$ s liegt eine Fahrsituation mit einer hohen Querbeschleunigung a_y vor, in der die Modelle zur Residuengenerierung keine sehr hohe Güte besitzen. Deshalb kann die Fehlerzugehörigkeit nicht zu 100 % zu dem Querbeschleunigungs- bzw. Lenkradwinkelsensorfehler zugeordnet werden. Bild 19-11h) zeigt, dass ab $t = 23$ s die Wedelfahrt als kritische Fahrsituation gewertet wird.

Einen doppelten Fahrspurwechsel zeigt Bild 19-12a). Während diesem Fahrmanöver ist eine Geschwindigkeit v von 12 m/s (= 43 km/h) vorgegeben. Der maximale Lenkradausschlag δ_H beträgt 3 rad, was zu einer maximalen Gierrate $\dot{\psi}$ von 0,8 rad/s und Querbeschleunigung a_y von 7 m/s² führt. In diese Messfahrt werden keine Sensorfehler eingebracht, sondern es soll untersucht werden, ob das Fehlerdiagnosesystem in der Lage ist, eine kritische Fahrsituation, wie sie bei einem schnell durchfahrenen Spurwechsel gegeben ist, von einem Sensorfehler zu unterscheiden. Bild 19-12b) bis d) zeigt die Ausschläge der Residuen während dieses Fahrmanövers. Deutlich zu erkennen sind die Überschreitungen der Schwellen im Bereich von $t = 15$ s bis $t = 20$ s. Diese Überschreitungen lassen sich aber nicht auf ein Muster für einen Sensorfehler oder auf das Muster für eine normale Fahrsituation zurückführen, so dass eine kritische Fahrsituation in Bild 19-12h) erkannt wird.

Eine weitere Wedelfahrt ist in Bild 19-13a) illustriert. Bei einer Geschwindigkeit v von 8 m/s (= 29 km/h) wurden zunächst auf trockenem Asphalt Lenkwinkeleinschläge vorgenommen und beim Befahren der glatten Fläche ($t > 17$ s) fortgesetzt. In der Zeitspanne von $t = 10$ s bis $t = 17$ s wurde ein positiver Offset $\Delta\dot{\psi}$ zu dem Gierratensensorsignal $\dot{\psi}$ addiert. Die Amplitude des Gierratenoffsetfehlers $\Delta\dot{\psi}$ beträgt 0,2 rad/s, was 20 % der maximalen Gierrate $\dot{\psi}$ beträgt. Bild 19-13b), c) und d) zeigt die Residuen r_1 bis r_{12}. Die charakteristischen Überschreitungen der Schwellen ermöglichen eine Zuordnung der Fehler bzw. kritischen Fahrsituationen mit Hilfe von Tabelle 19-3. Bild 19-13h) zeigt die eindeutige Zuordnung der Wedelfahrt auf der glatten Fläche zu einer kritischen Fahrsituation. Teilweise als kritische Fahrsituation wird die Wedelfahrt auf Asphalt eingestuft, da auch hier nahe der querdynamischen Stabilitätsgrenze gefahren wird.

Bild 19-14a) zeigt eine stationäre Kreisfahrt mit zwei ABS-Geschwindigkeitsoffsetfehlern. Da das Fehlerdiagnosesystem zwischen positiven und negativen ABS-Offsetfehlern unterscheiden kann, ist zum vorderen linken ABS-Geschwindigkeitssignal v_{VL} (Bild 19-14b) von $t = 10$ s bis $t = 15$ s ein positiver Offset Δv_{VL} von 1 m/s und von $t = 15$ s bis $t = 20$ s ein negativer Offsetwert Δv_{VL} von 1 m/s addiert worden. Zusätzlich zu den Residuen r_1 bis r_{12} in Bild 19-14c), d) und e) zeigt Bild 19-14f) und g) die Residuen r_{13} und r_{14}. Ist $r_{13} > 0$, liegt ein positiver Offset Δv_{VL} im vorderen linken ABS-Geschwindigkeitssignal v_{VL} vor. *Zusätzlich* müssen sich die Residuen r_1 bis r_{12} entsprechend zu Tabelle 19-3 verhalten. Dies ist in Bild 19-14h) von $t = 10$ s bis $t = 15$ s zu erkennen. Von $t = 15$ s bis $t = 20$ s wird ein negativer Offsetfehler Δv_{VL} erkannt. Die Residuen r_{13} und r_{14} sind während der fehlerfreien Fahrt nicht Null, da die Messfahrt eine stationäre Kreisfahrt ist und somit unterschiedliche Fahrgeschwindigkeiten am linken und am rechten Rad gemessen werden. Trotzdem kann während des Sensorfehlers von 1 m/s der Fehler richtig zugeordnet werden.

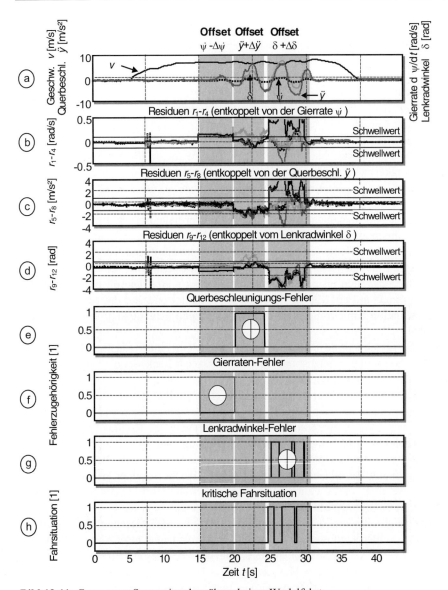

Bild 19-11: Gemessene Sensorsignale während einer Wedelfahrt
a) Geschwindigkeit v, Gierrate mit Gierratenoffset $\Delta\dot{\psi}$, Querbeschleunigung a_y mit Querbeschleunigungsoffset Δa_y, und Lenkradwinkel mit Lenkradwinkeloffset $\Delta\delta_H$
b)–d) Residuen r_1–r_{12}
e)–g) Fehlerzugehörigkeiten
(0: kein Sensorfehler, 1: Sensorfehler, +: positiver Offset, –: negativer Offset)
h) Fahrsituation (0: normal, 1: kritisch)

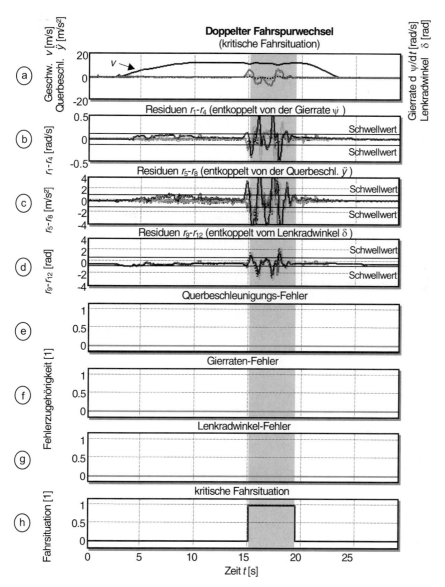

Bild 19-12: Gemessene Sensorsignale während eines doppelten Fahrspurwechsels
    a)   Geschwindigkeit v, Gierrate $\dot{\psi}$, Querbeschleunigung a_y, und Lenkradwinkel δ_H
    b)-d) Residuen r_1–r_{12}
    e)-g) Fehlerzugehörigkeiten (0: kein Sensorfehler, 1: Sensorfehler)
    h)   Fahrsituation (0: normal, 1: kritisch)

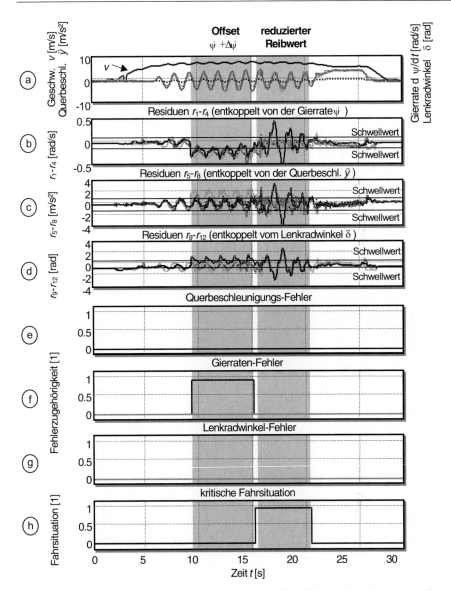

Bild 19-13: Gemessene Sensorsignale während einer Wedelfahrt auf trockenem Asphalt und auf einer glatten Fläche
    a)   Geschwindigkeit v, Gierrate $\dot\psi$ mit Gierratenoffset $\Delta\dot\psi$, Querbeschleunigung a_y, und Lenkradwinkel δ_H
    b)-d)   Residuen r_1–r_{12}
    e)-g)   Fehlerzugehörigkeiten (0: kein Sensorfehler, 1: Sensorfehler)
    h)   Fahrsituation (0: normal, 1: kritisch)

19.3 Experimentelle Ergebnisse der Fehlererkennung und -diagnose

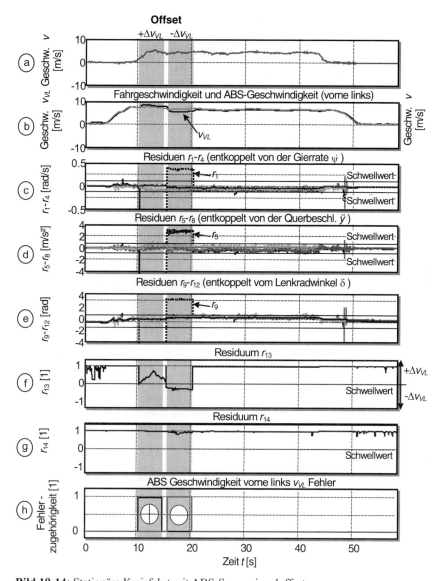

Bild 19-14: Stationäre Kreisfahrt mit ABS-Sensorsignaloffset
    a)   Gemessene Geschwindigkeit v
    b)   Gemessene ABS Geschwindigkeit v_{VL} und Geschwindigkeit v
    c)–g) Gemessene Residuen r_1–r_{12} und r_{15}–r_{16}
    h)   Fehlerzugehörigkeit
           (0: kein Sensorfehler, 1: Sensorfehler, +: positiver Offset, –: negativer Offset)

19.4 Rekonfiguration in der oberen Ebene

In der oberen Ebene werden die Informationen der Fehlerdiagnose weiterverarbeitet. Neben der Erkennung des Fahrzustands und der Warnung des Fahrers ist eine Rekonfiguration des Sensorsystems eine weitere mögliche Hauptaufgabe der oberen Ebene des Überwachungssystems.

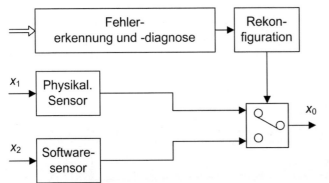

Bild 19-15:
Rekonfiguration eines fehlerhaften Sensors

Eine Rekonfiguration ist unter Umständen notwendig, wenn sich ein Sensor im Fehlzustand befindet [8] und die Sensorinformation aus Sicherheitsgründen erforderlich ist. Diese Rekonfiguration wird von der Fehlererkennungs- und Fehlerdiagnoseeinheit entschieden, Bild 19-15. Der Sensor wird ausgegliedert und durch den Ausgang eines mathematisch physikalischen Zweispurmodells, das in diesem Fall auch Softwaresensor genannt wird. Diese Ausgliederung des Sensors muss z.B. bei einem ESP-System hinreichend schnell geschehen ($t < 250$ ms, [9]), damit das nachgeschaltete Fahrerassistenzsystem der Fahrsituation entsprechend reagieren kann. Durch die Ausgliederung des Sensors wird eine Ersatz-Sensorkonfiguration hergestellt. Die Einstufung, wann ein Sensor auszugliedern ist und das System damit rekonfiguriert wird, erfolgt über den frei konfigurierbaren Fehlerzähler. Für die in Bild 19-10 gezeigte stationäre Kreisfahrt soll nun die Rekonfiguration des Sensorsystems verdeutlicht werden.

Bild 19-16 zeigt das Querbeschleunigungs- und Gierratensensorsignal (graue Kurve), die mit Offsetfehler behaftet sind. Von $t = 10$ s bis $t = 15$ s wird ein negativer Offset Δa_y von 1 m/s² zum Querbeschleunigungssignal a_y addiert. In der Zeitspanne von $t = 20$ s bis $t = 25$ s ist ein Gierratensensoroffset $\Delta \dot{\psi}$ dem Gierratensignal $\dot{\psi}$ überlagert. Die Amplitude des Offsets $\Delta \dot{\psi}$ beträgt 0,3 rad/s. Damit in ein Fahrerassistenzsystem keine fehlerbehafteten Signale eingespeist werden, wird in dem Fehlerzeitintervall auf ein nichtlineares adaptiertes Zweispurmodell zurückgegriffen und das Ausgangssignal des Zweispurmodells – wahlweise die berechnete Querbeschleunigung oder die berechnete Gierrate – für Assistenzsysteme verwendet (schwarze Kurve). Mit Hilfe dieser Rekonfiguration lässt sich die Funktion des Assistenzsystems erhalten. Die Erkennung einschließlich Rekonfiguration dauert 110 ms. Damit übertrifft das Fehlererkennung- und Fehlerdiagnosesystem einschließlich der Rekonfiguration die von van Zanten (1998) geforderten 250 ms zur Ausgliederung eines Sensors.

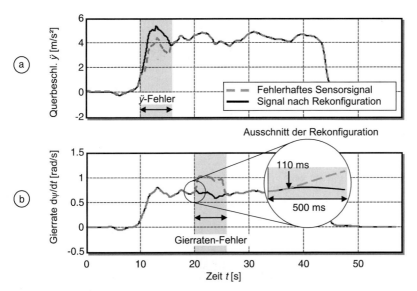

Bild 19-16: Stationäre Kreisfahrt: a) Rekonfiguration des Systems bei einem Fehler in dem Querbeschleunigungssensor und b) bei einem Fehler in dem Gierratensensor

19.5 Zusammenfassung

Anhand des querdynamischen Sensorsystems wurde der Entwurf eines Überwachungssystems vorgestellt. Das Überwachungssystem besteht aus einer Fehlererkennung und Fehlerdiagnose sowie aus einer Rekonfiguration im Fehlerfall. Aufbauend auf den hergeleiteten analytischen Modellen wurden Residuen gebildet. Weiter wurde ein Verfahren vorgestellt, das ABS-Sensorfehler in allen vier Rädern detektieren kann. Hierzu wurde eine Gewichtung der Abstände zwischen einzelnen ABS-Sensorsignalen vorgenommen. Insgesamt standen 15 Merkmale für die Diagnose zur Verfügung.

Nicht modellierte Störungen und Eingangsgrößen in der Fehlererkennung können zu Falschalarmen führen. So kann in der Überwachungseinheit starker Seitenwind oder eine starke Fahrbahnneigungen nicht von einem Sensorfehler unterschieden werden. Da das vorgestellte Verfahren zur Berechnung der Fahrbahnneigung von allen querdynamischen Eingangsgrößen abhängig ist, kann diese Methode für die Fehlererkennung nicht verwendet werden. Ebenfalls wird bei hohem Schlupf an den Rädern die Geschwindigkeitsberechnung nicht ordnungsgemäß funktionieren, so dass alle Modelle, die auf die Geschwindigkeitsinformation aufbauen, falsche Informationen liefern. Das Fuzzy-Logik-System wird in diesen Fällen eine kritische Fahrsituation anzeigen, da diese Fahrsituation nicht durch die Regelbasis abgedeckt wird. Erst durch eine Integration von mehr Sensorinformation, wie beispielsweise durch einen Längsbeschleunigungssensor, könnte die Geschwindigkeitsberechnung in Brems- und Antriebssituationen mit hohem Schlupf korrekt arbeiten. Dieser Sensor müsste dann aber mit überwacht werden, so dass nicht nur querdynamische Modelle eingesetzt werden müssten, sondern auch längsdynamische.

Die Auswertung der Fehlererkennung wurde mit einem manuell entworfenen Fuzzy-System verwirklicht. Zur Analyse der Fehler-Symptom-Zusammenhänge wurden mehrere Sensorfehler in das Sensorsystem eingebracht und die Merkmale mit den Fehlererkennungsverfahren bestimmt. Insgesamt wurden 15 Regeln, mit denen die 14 Fehler und der fehlerfreie Fall beschrieben werden konnten, bestimmt. Kritische Fahrsituationen lagen vor, wenn kein Sensorfehler und keine Normalfahrt detektiert wurden. Mit dem Fuzzy-Diagnosesystem konnte eine hohe Klassifikationsgüte erreicht werden. Die Rekonfiguration des Sensorsystems stellt dem Assistenzsystem auch bei Sensorfehlern die richtigen Sensorinformationen zur Verfügung. Diese Rekonfiguration wird innerhalb 110 ms nach Eintritt eines Sensorfehlers durchgefüht.

Literatur

[1] *Eckrich, M.; Pischinger, M.; Krenn, M.; Bartz, R.; Munnix, P.* : Aktivlenkung – Anforderungen an Sicherheitstechnik und Entwicklungsprozess. In: Tagungsband zum 11. *Aachener Kolloquium Fahrzeug- und Motorentechnik.* Bd. 2, S. 1169–1184, 8./9.10.2002, Aachen, 2002

[2] *Höfling, T.*: Methoden zur Fehlererkennung mit Parameterschätzung und Paritätsgleichungen. VDI-Fortschrittberichte, Reihe 8, Nr. 546. Düsseldorf, VDI-Verlag, ISBN 3-18-354608-6, 1996

[3] *Din, E. L.*: Modellgestützte Sensorüberwachung eines ESP-Systems. In: atp – Automatisierungstechnische Praxis, (1999) 41(7), S. 35–42

[4] *Broen, R.*: A fault tolerant estimator for redundant systems. In: IEEE Transactions on Aerospace and Electronic Systems, Vol. AES-11, Nr. 6, November 1975, S. 1281–1285

[5] *Broen, R.*: New voters for redundant systems. In: Transactions of the ASME Journal of Dynamic Systems, Measurement, and Control, Vol. 97, Series G, Nr. 1, März 1975, S. 41–45

[6] *Broen, R.*: Performance of fault-tolerant estimators in a noisy environment. AIAA Guidance and Control Conference, AIAA Paper Nr.75-1062, Boston, Massachusetts, August 20–22, USA, 1975

[7] *Stölzl, S.*: Fehlertolerante Pedaleinheit für ein elektromechanisches Bremssystem. VDI-Fortschrittberichte, Reihe 12, Nr. 426. Düsseldorf, VDI-Verlag, 2000

[8] *Echtle, K.*: Fehlertoleranzverfahren. Heidelberg, Springer Verlag, ISBN 3-540-52680-3, 2000

[9] *Van Zanten, A.; Erhardt, R.; Landesfeind, K.; Pfaff, G.*: VDC Systems Development and Perspective. International Congress and Exposition, SAE Nr. 980235, 23.-26. Februar, Detroit, Michigan, USA, ISSN 0148-7191, (1998)

20 Diagnose und Sensor-Fehlertoleranz aktiver Fahrwerke

DANIEL FISCHER

Das Fahrwerk eines Fahrzeugs überträgt alle Kräfte zwischen Fahrbahn und Chassis, so dass ihm die zentrale Bedeutung bezüglich der Fahrdynamik zufällt. Daher ist es maßgeblich verantwortlich für die Fahreigenschaften und bestimmt den *Fahrkomfort* sowie die *Fahrsicherheit*. Folglich wird versucht, durch konstruktive Maßnahmen und durch zusätzliche Komponenten das Systemverhalten weiter zu verbessern. So entsteht aus dem rein mechanischen Feder- und Dämpfersystem durch die mechatronische Integration von Aktoren, Sensoren und Informationsverarbeitung ein aktives Fahrwerk. Für solche Systeme spielt die Fehlererkennung, -diagnose und -toleranz eine bedeutende Rolle, wofür sich im Wesentlichen die folgenden Gründe formulieren lassen. Die aktiven Systeme ermöglichen einen tieferen Eingriff in das Prozessgeschehen als klassische Systeme und können somit im Falle einer Fehlfunktion den Prozess entsprechend stark beeinflussen. Weiterhin reduziert die erhöhte Anzahl an Komponenten, die in ihrer Funktion zumeist eine Serienschaltung darstellen, zwangsläufig die Gesamtzuverlässigkeit. Zudem stellen die in einem Fahrzeug auftretenden Umwelteinflüsse wie Korrosion, Temperaturschwankungen, elektromagnetische Einflüsse, Vibrationen und mechanische Beanspruchungen erhebliche Ansprüche an die verbauten Komponenten.

Um den daraus folgenden Ansprüchen gerecht zu werden, sind im Folgenden Methoden und deren konkrete Realisierung zur Diagnose und Sensor-Fehlertoleranz beispielhaft für zwei aktive Fahrwerke vorgestellt.

20.1 Diagnose und Sensor-Fehlertoleranz für eine elektrohydraulische Radaufhängung

Bei dem untersuchten aktiven Fahrwerk handelt es sich um ein volltragendes, teilaktives System mit einem elektrohydraulischen Aktor, vgl. Bild 20-1. Dieser Aktor besteht aus einer Motor-Pumpen-Einheit, die aus einem Speicher einen Hydraulikzylinder beaufschlagt. Dieser Hydraulikzylinder befindet sich in Reihe zu einer konventionellen Stahlfeder, die mit einem dazu parallel angeordneten Dämpfer das Federbein bildet. Diese Anordnung ist äquivalent zu dem Active-Body-Control-System (ABC) von Mercedes [1]. Der Prüfstand ist mit einer Reihe von Sensoren ausgestattet, wobei für die Fehlererkennung nur die Sensoren herangezogen werden, die für einen Serieneinsatz notwendig sind. Dabei handelt es sich um die Aufbaubeschleunigung $\ddot{z}_A$ und den Einfederweg z_{RA} sowie um die Motordrehzahl ω_M, Motorspannung u_M und den Motorstrom i_M. Erstere werden für die Aufbauregelung und letztere für die Motorregelung benötigt.

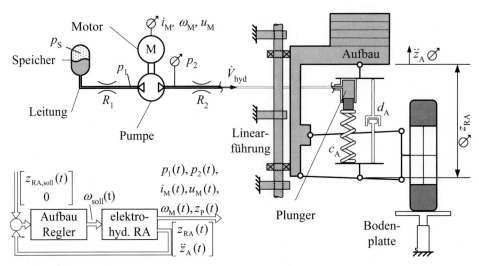

Bild 20-1: Schematische Darstellung einer aktiven Radaufhängung mit den verwendeten Sensorgrößen (⌀) und dem Regelkonzept

20.1.1 Modellbildung der elektrohydraulischen Radaufhängung

Die Komponenten des Prüfstands wie Hydrospeicher, Hydraulikleitungen, Motor, Pumpe, Plunger (Hydraulikzylinder) und Radaufhängung werden entsprechend 2 modelliert. Im Einzelnen ergeben sich folgende Modelle.

Während für die Modellierung einer einzelnen Radaufhängung im fahrenden Fahrzeug das restliche Fahrzeug nicht vernachlässigt werden darf [3], kann der Prüfstand durch ein Viertelfahrzeugmodell gemäß folgender Gleichung modelliert werden:

$$m_A \cdot \ddot{z}_A(t) =$$
$$+ A_P \cdot p_2(t) - A_P \cdot R_2 \cdot \dot{V}_{hyd}(t) \qquad \leftarrow \text{Druck im Plunger}$$
$$+ d_{A+,-} \cdot \sqrt{|\dot{z}_{RA}(t)|} \cdot sign(\dot{z}_{RA}(t)) + F_C \cdot sign(\dot{z}_{RA}(t)) \qquad \leftarrow \text{Dämpfer} \qquad (20.1)$$
$$- d_{LF} \cdot \dot{z}_A(t) - F_{C,LF} \cdot sign(\dot{z}_A(t)) \qquad \leftarrow \text{Reibung LF}$$

Dabei werden für die Hydraulikleitung laminare Leitungswiderstände berücksichtigt. Die Charakteristik des Dämpfers wird durch einen wurzelförmigen Ansatz mit einem coulombschen Anteil approximiert, um die typische nichtlineare Abhängigkeit der Dämpferkraft von der Einfedergeschwindigkeit zu beschreiben, vgl. Bild 20-2. Während für die Zug- und Druckstufe unterschiedliche Wurzelfunktionen angesetzt werden, ist der cou-

20.1 Diagnose und Sensor-Fehlertoleranz für eine elektrohydraulische Radaufhängung

lombschen Anteil jeweils gleich. Die vereinfachte Annahme eines gleichen coulombschen Anteils für die Zug- und Druckstufe ist durch die Reduktion der zu identifizierenden Parameter motiviert. Weiterhin ist ein Reibmodell der Linearführung (LF) ergänzt. Alle betroffenen Parameter berücksichtigen bereits die Übersetzung der Radaufhängung, die durch das Übersetzungsverhältnis der Querlenker gegeben ist [4].

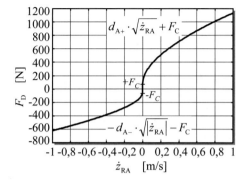

Bild 20-2: Approximation der Dämpferkennlinie durch einen wurzelförmigen Verlauf

Der Elektromotor wird als Gleichstrommotor mir der Pumpe als Last modelliert. Das elektrische und das mechanische Modell des Motors sind gemäß

$$u_M(t) = R_M \cdot i_M(t) + L_M \cdot \dot{i}_M(t) + \Psi \cdot \omega_M(t) \tag{20.2}$$

$$\theta_M \cdot \dot{\omega}_M(t) = \Psi_M \cdot i_M(t) - M_{hyd}(t) - M_R \cdot \omega_M(t) \tag{20.3}$$

gegeben, wobei eine drehzahlabhängige Reibung und das Gegenmoment der Pumpe M_{hyd} berücksichtigt sind.

Bei der Pumpe handelt es sich um eine Innenzahnradpumpe, deren Volumenstrom sich unter Berücksichtigung einer inneren Leckage proportional zum anliegenden Differenzdruck Δp ergibt zu:

$$\dot{V}_{hyd}(t) = V_{Z0} \cdot \omega_M(t) - k_L \cdot \Delta p(t) \tag{20.4}$$

Das hydraulische Gegenmoment der Pumpe M_{hyd} ergibt sich ebenfalls aus dem anliegenden Differenzdruck. Dieser ergibt sich aus dem Speicher- und dem Plungerdruck. Während der plungerseitige Druck p_2 mit einem Sensor gemessen wird, muss der Speicherdruck über ein Modell bestimmt werden. Dazu wird der Hydrospeicher als Luftfeder mit

$$\dot{p}_S(t) = -\kappa \cdot \frac{p_{S,0}}{V_{Gas,0}} \cdot \dot{V}_{Gas}(t) = -c_S \cdot \dot{V}_{Gas} = c_S \cdot \dot{V}_{hyd}(t) \tag{20.5}$$

modelliert. Unter Berücksichtigung von Leitungswiderständen erhält man den speicherseitigen Druck an der Pumpe

$$p_1(t) = p_S(t) + R_l \cdot \dot{V}_{\text{hyd}}(t) \tag{20.6}$$

20.1.2 Parameterschätzung

Zur Parameterschätzung werden die physikalischen Gleichungen (20.1)–(20.6) kombiniert, so dass ihre Ein- und Ausgänge nur noch durch die Sensorengrößen des Prüfstands gegeben sind und die Anzahl der zu schätzenden Parameter möglichst gering ist. Dazu sind die laminaren Strömungsverluste der Leitungen und die Pumpenreibung zur Reibung R_{hyd} zusammengefasst.

$$\ddot{z}_A(t) = \frac{c_A}{m_A} \cdot z_{RA}(t) + \frac{c_A \cdot V_{Z0}}{m_A \cdot A} \int \omega(t) dt + \frac{d_{Ai}}{m_A} \cdot \sqrt{\dot{z}_{RA}(t)} + \frac{F_C}{m_A} \cdot sign(\dot{z}_{RA}(t))$$
$$+ \frac{c_A \cdot V_{Z0} \cdot \varphi_0}{m_A \cdot A_P} \tag{20.7}$$

$$u_M(t) = R_M \cdot i_M(t) + \psi \cdot \omega_M(t) \tag{20.8}$$

$$\dot{\omega}_M(t) = -\frac{R_{\text{hyd}} \cdot V_{Z0}^2}{J} \omega_M(t) - \frac{c_S \cdot V_{Z0}}{J} \int \omega_M(t) dt$$
$$+ \frac{\psi_M}{J} i_M(t) - \frac{V_{z0} \cdot c_A}{A_P \cdot J} z_{RA}(t) + M_0 \tag{20.9}$$

Zur Identifikation dieser Gleichungen wird die rekursive Parameterschätzmethode des *Discrete-Square-Root-Filter-in-Information-Form* (DSFI) [5] herangezogen. Hierbei handelt es sich um ein rekursives Parameterschätzverfahren ähnlich zur rekursiven Methode der kleinsten Quadrate, das auf einer QR-Zerlegung mit den damit verbunden numerischen Vorteilen beruht. Zur Bestimmung der hierfür benötigten zeitlichen Ableitungen der Sensorgrößen kommen Zustandsvariablenfilter [6] zum Einsatz.

Bild 20-3 zeigt einige Zeitverläufe der Parameterschätzung. Dabei weist die Schätzung der Dämpferkennwerte deutliche Schwankungen auf, die aus der nur angenäherten Nachbildung der nichtlinearen Dämpfercharakteristik resultieren. Im Gegensatz dazu sind die Schätzungen der eindeutig linearen Systeme wie dem elektrischen Modell des Motors sehr schnell eingeschwungen und weisen einen sehr konstanten Verlauf auf. Das Hubvolumen der Pumpe (normiert auf den Referenzwert) zeigt deutliche Schwankungen auf, wobei jedoch der geschätzte Wert nahe dem Referenzwert liegt.

20.1 Diagnose und Sensor-Fehlertoleranz für eine elektrohydraulische Radaufhängung

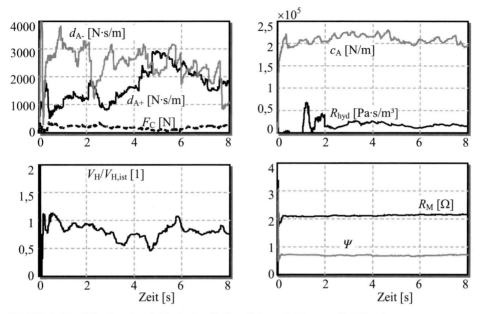

Bild 20-3: Identifikation des elektrohydraulischen Fahrwerkaktors am Prüfstand

Für die Fehlererkennung werden die online geschätzten Parameter $\hat{\boldsymbol{\theta}}$ mit Referenzwerten $\boldsymbol{\theta}_{\text{ref}}$ verglichen und die Differenz aus diesen als Symptome weiterverwendet

$$\Delta\boldsymbol{\theta}(t) = \hat{\boldsymbol{\theta}}(t) - \boldsymbol{\theta}_{\text{ref}} .\tag{20.10}$$

Die Symptome der Parameterschätzung eignen sich besonders für die Erkennung von Verstärkungsfehlern und Prozessfehlern.

20.1.3 Modellierung mit semi-physikalischen Modellen

Aus den Gleichungen (20.7) – (20.9) lassen sich drei Residuen gemäß

$$r_i(t) = \hat{\zeta}_i(t) - \zeta_i(t) \; \left(\text{z.B. } r_1(t) = \hat{\ddot{z}}_A(t) - \ddot{z}_A(t)\right) \tag{20.11}$$

bilden. Mit diesen Residuen ist jedoch keine eindeutige Diagnose der fünf Sensoren möglich. Um einen isolierenden Satz von Residuen zu erzeugen, werden daher durch Kombination dieser Gleichungen drei weitere Modellgleichungen erzeugt. Die Praxis hat jedoch gezeigt, dass diese physikalisch abgeleiteten sechs Modelle für die Online-Schätzung der

Sensorgrößen eine zu geringe Güte aufweisen. Dies liegt in nicht berücksichtigten Nichtlinearitäten und Effekten bei der Modellbildung (z.B. nichtlineare Kennlinie des Hydrospeichers und der Aufbaufeder) begründet. Daher werden diese Modelle in LOLIMOT abgebildet. Bei LOLIMOT handelt es sich um eine datenbasierte Methode zur experimentellen Modellbildung dynamischer Systeme, die für einen Prozess lokal lineare Modelle ansetzt und sich an neuronalen Netzen mit Basisfunktionen orientiert. Hier werden jedoch semi-physikalische Modelle eingesetzt. Details hierzu sind [7] zu entnehmen. Die Struktur der semi-physikalischen Modelle folgt aus den diskretisierten physikalischen Modellen.

$$\begin{aligned}
\ddot{z}_A(k) &= f_1\left(z_{RA}(k, .., k-4),\ \omega_M(k, .., k-4),\ i_M(k, .., k-4), \ddot{z}_A(k-1)\right) \\
\ddot{z}_A(k) &= f_2\left(z_{RA}(k, .., k-3),\ \omega_M(k, .., k-3),\ u_M(k, .., k-3), \ddot{z}_A(k-1)\right) \\
\ddot{z}_A(k) &= f_3\left(z_{RA}(k, .., k-3),\ i_M(k, .., k-3),\ u_M(k, .., k-3), \ddot{z}_A(k-1)\right) \\
u_M(k) &= f_4\left(i_M(k, k-1),\ \omega_M(k)\right) \\
i_M(k) &= f_5\left(z_{RA}(k, .., k-2),\ \omega_M(k, .., k-3), i_M(k-1)\right) \\
u_M(k) &= f_6\left(z_{RA}(k, .., k-4),\ \omega_M(k, .., k-4), u_M(k, .., k-2)\right)
\end{aligned} \quad (20.12)$$

Diese Modelle werden mit Messdaten vom Prüfstand identifiziert und mit Generalisierungsdaten verifiziert. Bild 20-4 zeigt beispielhaft den Verlauf der gemessenen und der geschätzten Aufbaubeschleunigung. Es ist deutlich zu erkennen, dass der geschätzte Wert den realen Kurvenverlauf gut nachbildet. Insgesamt weisen die resultierenden Modelle einen mittleren relativen Fehler von 15% auf. Die Ausgänge dieser Modelle werden nun für Paritätsgleichungen gemäß Gl. (20.11) und Bild 20-5 verwendet.

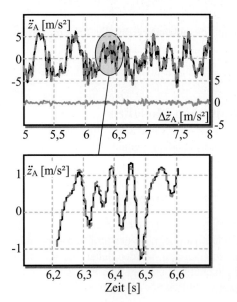

Bild 20-4: Generalisierungsergebnis des Modells der Aufbaubeschleunigung

20.1.4 System zur Diagnose und Sensor-Fehlertoleranz

Für das aktive Fahrwerk sollen Sensor- und Prozessfehler erkannt werden. Bezüglich der Sensorfehler lassen sich zwei Klassen von Fehlern unterscheiden. Bei Sensorfehlern wie Rauschen, Ausfall, Messbereichsüberschreitung und Ausreißern handelt es sich um direkt ermittelbare Sensorfehler, die aufgrund ihres erheblichen Einflusses auf das Zeitverhalten des Messsignals leicht mit signalbasierten Methoden erkannt werden können. Für die Erkennung von kleineren Offset- und Verstärkungsfehlern sind jedoch modellbasierte Verfahren nötig. Für die Erkennung von Prozessfehlern sind ebenfalls modellbasierte Verfahren erforderlich, da hierbei ein detailliertes Prozessverständnis erforderlich ist.

Anhand des in Bild 20-5 dargestellten Schemas wird im Folgenden beschrieben, wie mit Parameterschätzung und Paritätsgleichungen Offset- und Verstärkungsfehler der Sensoren und Prozessfehler gleichermaßen erkannt und diagnostiziert werden. Für die Erkennung und Diagnose der direkt ermittelbaren Fehler mit signalbasierten Methoden sei auf [8] verwiesen.

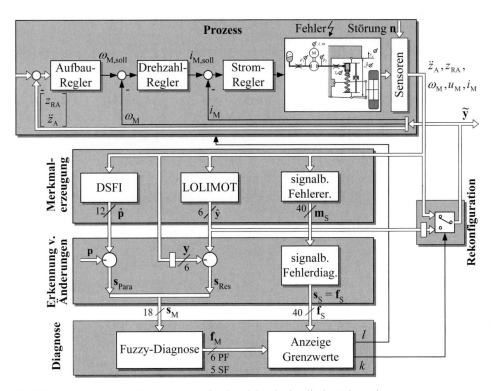

Bild 20-5: Schema zur Fehlererkennung für das elektrohydraulische Fahrwerk

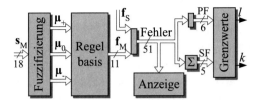

Bild 20-6:
Fuzzy-Diagnose: Aus den modellbasierten Symptomen s_M werden die Sensor- und Prozessfehler f_M bestimmt und mit den Ergebnissen der signalbasierten Methoden f_S kombiniert

Das vorgestellte Schema zur Fehlererkennung verwendet für die Sensor- und Prozessfehlererkennung die gleichen Symptome. Dabei handelt es sich nach Bild 20-5 um 12 Parametersymptome und um sechs Residuen. Diese 18 Symptome s_M stellen den Eingang eines Fuzzy-Diagnosesystems dar, dessen Regelbasis die Fehler-Symptom-Zusammenhänge bilden. Zunächst findet die Fuzzifizierung statt, die die Symptome auf die drei Zugehörigkeitsfunktionen „erhöht"/μ_+, „normal"/μ_0, und „vermindert"/μ_- abbildet. Die hieraus resultierenden Zugehörigkeitswerte werden daraufhin entsprechend der Regelbasis miteinander verknüpft. Bei der Regelbasis handelt es sich um die Fehlertabelle Tabelle 20-1, die jedem Fehler ein bestimmtes Muster der Symptome bezüglich der drei Zugehörigkeitsfunktionen zuordnet. In den Fehler-Symptom-Zusammenhängen werden Sensor- und Prozessfehlererkennung gleichermaßen berücksichtigt, so dass eine Unterscheidung zwischen diesen Fehlern möglich ist insofern sich ihre Symptommuster unterscheiden. Das Fuzzy-Logik-System berücksichtigt drei trapezförmigen Zugehörigkeitsfunktionen für alle Symptome. Den Ausgang des Fuzzy-Diagnosesystems bildet der Fehlervektor f_M, der für die 6 berücksichtigten Prozessfehler und die 5 Sensorfehler die Zugehörigkeitswerte oder auch Fehlermöglichkeiten angibt. Diese Zugehörigkeitswerte beschreiben die Möglichkeit für das Vorhandensein des jeweiligen Fehlers mit einem Wert zwischen null und eins.

Tabelle 20-1: Auszug des Fehler-Symptom-Zusammenhangs für das aktive Fahrwerk. +: Erhöhung, –: Verminderung, ±: positiver ODER negativer Ausschlag

Fehler (Auszug)	Symptome																	
	Parameterschätzung												Residuen					
	c_A	d_A	F_C	V_{Z0}	ψ	R_{el}	c_S	J	ψ_M	R_{hyd}	M_0	φ_0	r_1	r_2	r_3	r_4	r_5	r_6
Verstopfung	0	0	0	0	0	0	0	0	0	+	0	0	0	0	±	0	±	±
Offset ω_M	0	0	0	–	±	±	±	0	0	0	+	d	±	±	0	±	±	±
Verst. ω_M	0	0	0	0	–	0	0	–	0	–	0	d	±	±	0	±	±	±

20.1.5 Erkennung und Diagnose von Sensorfehlern

Um die modellbasierte Fehlererkennung von Offset- und Verstärkungsfehler der Sensoren zu testen, wurden Offset- und Verstärkungsfehler der verschiedenen Sensoren für jeweils 0,5 Sekunden erzeugt. Der Offsetfehler entspricht einem Drittel der Standardabweichung des jeweiligen Signals. Im Durchschnitt entsprach das etwa 6 % des maximalen

Messbereichs des jeweiligen Sensors. Tabelle 20-2 zeigt die Fehlermöglichkeiten für alle Fehler. Jede Spalte entspricht dabei einem der Ausgänge f_M des Fuzzy-Diagnosesystems. In den Zeilen sind die jeweiligen Maximalwerte der Fehlermöglichkeiten eingetragen, die sich während des jeweiligen Fehlers ergeben. Eine eindeutige Diagnose erfordert, dass bei einem bestimmten Fehler nur der zugehörige Wert in einer Spalte eine deutlich erhöhte Fehlermöglichkeit aufweist. Sowohl für die Offset- als auch die für die Verstärkungsfehler ist deutlich zu erkennen, dass die Fehlerzustände mit einem eindeutigen Ausschlag erkannt werden. Lediglich die Fehlererkennung für die Sensoren für Aufbaubeschleunigung und Einfederweg weisen eine reduzierte Trennungsschärfe auf. Dieser Effekt ist jedoch bereits von der Fehlererkennung bei passiven Radaufhängung bekannt [9] und liegt in der starken physikalischen Abhängigkeit zwischen Einfederweg und Aufbaubeschleunigung begründet.

Diese Ergebnisse stammen von einem Prüfstand unter Laborbedingungen. Daher ist in Fahrversuchen und Langzeitversuchen noch zu testen, wie sich Temperaturschwankungen und Alterungserscheinungen auf die Fehlererkennung auswirken.

Tabelle 20-2: Diagnoseergebnis von Sensorfehlern für das aktive Fahrwerk. Werte der Zugehörigkeitsfunktion: $1 \triangleq 100\,\%$ erfüllt, $0 \triangleq 0\,\%$ erfüllt

Tatsächlicher Fehler		Maximalwerte der Fehlermöglichkeiten f_M während des jeweiligen Fehlers				
		f_{M,u_M}	f_{M,i_M}	f_{M,ω_M}	$f_{M,\ddot{z}_A}$	$f_{M,z_{RA}}$
u_M	Offset	1	0	0	0	0
	Verst.	1	0	0	0	0
i_M	Offset	0,005	1	0	0	0
	Verst.	0	1	0	0	0
ω_M	Offset	0,003	0	0,981	0	0
	Verst.	0,002	0	1	0	0
$\ddot{z}_A$	Offset	0	0	0,002	1	0,582
	Verst.	0	0	0	0,974	0,018
z_{RA}	Offset	0	0	0,003	0,363	1
	Verst.	0	0,004	0	0	0,856

20.1.6 Prozessfehlererkennung

Die Prozessfehlererkennung basiert auf den gleichen Symptomen s_M wie die Sensorfehlererkennung, die sich aus den Symptomen der Parameterschätzung und der Paritätsgleichung zusammensetzen. Die Fehler-Symptomzusammenhänge weisen für die untersuchten Prozessfehler charakteristische Muster auf, die sowohl untereinander als auch bezüglich der Sensorfehler verschieden sind, so dass alle Fehler einzeln isoliert werden können, vgl. Tabelle 20-1.

Da im Rahmen einer seriennahen Diagnose lediglich die kleinste austauschbare Einheit relevant ist, erfolgt die Prozessfehlererkennung komponentenspezifisch. Das bedeutet, dass verschiedene Prozessfehler an einer Komponente zu einem einzigen Fehler dieser Komponente zusammengefasst werden. Hierdurch erhöht sich die Robustheit der Diagnose, da die verschiedenen Prozessfehler einer Teilkomponente oftmals ähnliche Residuenmuster besitzen und somit ein Ausschlagen aller betroffenen Fehlerzugehörigkeiten möglich ist. Somit erhöht sich die Fehlermöglichkeit für diese Komponente besonders und führt zu einer deutlicheren Unterscheidung gegenüber den Fehlern anderer Teilkomponenten. Die Diagnoseergebnisse für die am Prüfstand erzeugten Prozessfehler sind in Tabelle 20-3 zusammengestellt. Die Spalten stellen wiederum die Ausgänge f_M des Fuzzy-Diagnosesystems dar. In den Zeilen sind die ermittelten Fehlermöglichkeiten bei Auftreten des jeweiligen Fehlers aufgetragen. Bei den Werten handelt es sich um den Maximalwert der jeweiligen Zugehörigkeitsfunktionen bei Erkennen des jeweiligen Fehlers. Prinzipiell lassen sich alle Fehler erkennen und diagnostizieren, eine Ausnahme stellt lediglich der Fehler „Pumpenleckage" dar. Dieser Fehler schlägt sich lediglich im geschätzten Hubvolumen der Pumpe V_{Z0} nieder. Dieser Einfluss ist jedoch so gering, dass lediglich eine Fehlermöglichkeit von 0,21 ermittelt wird. Weiterhin weist der Fehler „plungerseitige Verstopfung" einen sehr geringen Ausschlag auf. Da diese Fehlermöglichkeit bei den anderen Fehlern jedoch keinen signifikanten Ausschlag aufweist, kann die zugehörige Diagnoseschwelle entsprechend gering gewählt werden, so dass ein gutes Diagnoseverhalten erreicht wird.

Die Fehlermöglichkeit für eine Verstopfung ist stark von der Aufbaumasse abhängig, so dass hier zur Diagnose noch eine Masseschätzung ergänzt werden muss, die beispielsweise auf die statische Einfederung der Radaufhängung basiert.

Tabelle 20-3: Diagnoseergebnis von Prozessfehlern der elektrohydraulischen Radaufhängung

Tatsächlicher Fehler		Maximalwerte der Fehlermöglichkeiten f_M während des jeweiligen Fehlers					
		$f_{M,A}$	$f_{M,B}$	$f_{M,C}$	$f_{M,D}$	$f_{M,E}$	$f_{M,F}$
A: MoPu	Wicklungsbruch	1	0	0	0,001	0	0
	Pumpenleckage	0,21	0	0	0	0	0
B: Verstopfung	speicherseitig	0,008	1	0	0,191	0	0
	plungerseitig	0	0,073	0	0,054	0	0
C: Luft	Lufteinschluss	0,078	0	1	0	0	0
D: Speicher	Gasleckage	0	0	0	1	0	0
E: Ölleckage	Ölleckage	0,004	0	0,005	0,738	1	0
F: Aufbaumasse	Reduktion	0,002	0,08	0,12	0,006	0,21	1

20.1.7 Sensorfehler-Toleranz

Als Konsequenz auf einen diagnostizierten Fehler kann das System unter Umständen rekonfiguriert werden, wodurch zumindest ein degradierter Betrieb des Systems erhalten bleibt. Im Fall von Sensorfehlern gestaltet sich diese Rekonfiguration als einfach, insofern Schätzwerte für die Sensorgrößen bereits durch die Online-Modelle der Paritätsgleichungen vorliegen. Weist dieses geschätzte Signal eine hinreichende Güte auf, so kann im Fehlerfall auf dieses Signal umgeschaltet werden. Als Beispiel hierfür wird ein Fehler des Sensors für die Aufbaubeschleunigung bei seriennaher Sensorkonfiguration vorgestellt. In Bild 20-7a ist der Signalverlauf des fehlerfreien ($\ddot{z}_{A,real}$), des fehlerbehafteten Sensorsignals ($\ddot{z}_{A,Sensor}$) und des rekonfigurierten Sensorsignals ($\ddot{z}_{A,rekonf}$) dargestellt. Zum Zeitpunkt $t = 11$ s tritt ein Offsetfehler von 1,8 m/s² auf. Dieser Fehler schlägt sich direkt im Fehlergrad für einen Sensorfehler des Beschleunigungssensors $f_{M,\ddot{z}_A}$ in Bild 20-7b nieder. Bei Überschreiten eines bestimmten Schwellwertes (hier $f_{M,\ddot{z}_A} = 10^{-4}$) erfolgt die Rekonfiguration des Sensors. Dies hat zur Folge, dass bereits nach ca. 50 ms ein qualitativ hochwertiges Ersatzsignal als Modellausgang für die Aufbaubeschleunigung zur Verfügung gestellt werden kann.

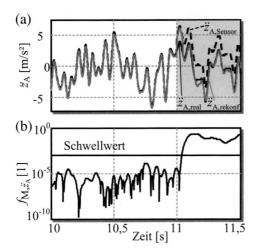

Bild 20.7:
Nach ca. 50 ms wird der Sensorfehler erkannt und es wird auf den geschätzten Wert für die Aufbaubeschleunigung umgeschaltet

20.2 Diagnose und Sensor-Fehlertoleranz für einen aktiven Stabilisator

Fahrzeugstabilisatoren basieren auf der achsweisen Verbindung der rechten und linken Radaufhängung mit einem Torsionsstab. Durch eine ungleiche Einfederung rechts und links, wie sie durch eine Wankbewegung erzeugt wird, erfolgt eine Verdrehung des Torsionsstabs, was ein Gegenmoment zur Wankbewegung erzeugt. Hierdurch wird der Wankwinkel reduziert. Andererseits bewirken ungleiche Straßenanregung auf der linken und rechten Fahrspur ebenfalls Torsionsmomente des Stabilisators, die den Fahrkomfort beeinträchtigen. Man spricht hier von der Kopierwirkung eines Stabilisators, der die Radbewegung einer Seite auf die andere Seite kopiert. An dieser Stelle setzen aktive Stabilisatoren an. Bei Geradeausfahrten werden diese in einer Art Leerlauf betrieben und bei Kurvenfahrten wird ein zusätzliches Torsionsmoment eingebracht, das den Wankwinkel und die Wankmomentenverteilung gezielt beeinflusst. Durch die Notwendigkeit von statischen Kräften während Kurvenfahrten bieten sich für Stabilisatoren – im Gegensatz zu Radaufhängungen – keine semi-aktiven Systeme an. Aktive Stabilisatoren sind mittlerweile Stand der Technik und befinden sich in Form des *Dynamic Drive Systems* von BMW seit 2001 im Serieneinsatz [10]. Weiterhin bieten verschiedene Zulieferer der Automobilindustrie aktive Stabilisator-Systeme an. Während das Dynamic Drive System von BMW aus einem hydraulischen Schwenkmotor besteht, stellt bei dem System *Active Roll Control* von TRW ein hydraulischer Zylinder das aktive Element dar [11]. [12] beschreibt einen elektromechanischen Aktor für einen aktiven Stabilisator von Bosch.

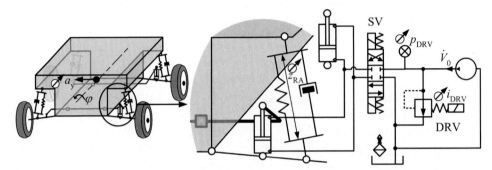

Bild 20-8: Funktionsprinzip des aktiven Stabilisators: ein Hydraulikzylinder an jeder Achse ermöglicht eine aktive Torsion des Stabilisators, die Hydraulikzylinder sind parallel geschaltet und werden über ein System von Druckregel- und Schaltventil angesteuert; ⌀ : Sensoren

Im Folgenden wird ein Versuchsfahrzeug betrachtet, das mit einem aktiven Stabilisator ausgestattet ist. Bei diesem Versuchsfahrzeug handelt es sich um eine Mercedes E-Klasse, die pro Achse über einen hydraulischen Zylinder verfügt, der den unteren Querlenker der Radaufhängung mit dem Hebelarm des Stabilisators verbindet, vgl. Bild 20-8. Die Hydraulikzylinder werden über ein Druckregelventil (DRV) und ein Schaltventil (SV) für die Ein- bzw. Ausfahrbewegung versorgt. Das Funktionsprinzip wird durch den Schaltplan in Bild 20-8 verdeutlicht. Die Versorgung des Hydrauliksystems erfolgt über eine Verdrängermaschine, die bei diesem Versuchsfahrzeug mit einem Elektromotor angetrieben wird aber prinzipiell auch an der Kurbelwelle des Verbrennungsmotors angeschlossen sein kann. Die Verdrängermaschine wird so geregelt, dass sie – abgesehen von Leckverlusten – einen konstanten Volumenstrom $\dot{V}_0$ zur Verfügung stellt. Über das proportional verstellbare Druckregelventil wird der Systemdruck p_{DRV} geregelt, wozu der Druck am Druckregelventil mit einem Sensor erfasst wird. Über das Schaltventil können die parallel geschalteten Hydraulikzylinder mit dem Systemdruck für eine Ein- oder Ausfahrbewegung beaufschlagt werden. Neben dem Systemdruck p_{DRV} wird der elektrische Strom des Druckregelventils i_{DRV} und die Fahrzeugquerbeschleunigung a_y mit Sensoren erfasst. Insofern das Fahrzeug über eine Luftfederung verfügt, werden zusätzlich die Federwege der Radaufhängung z_{RA} gemessen. Besonders die Einfederwege spielen für die Regelung und die Fehlererkennung des Systems eine bedeutende Rolle, da mit diesen der Wankwinkel des Fahrzeugs zu berechnen ist. Ohne diese Größe lässt sich für die Wank-

20.2 Diagnose und Sensor-Fehlertoleranz für einen aktiven Stabilisator

kompensation nur eine Steuerung auf Basis der gemessenen Querbeschleunigung realisieren. Die weiteren Betrachtungen basieren daher auf folgenden Sensorgrößen: Einfederwege $z_{RA,i}$ (i = VL, VR, HL, HR), Querbeschleunigung a_y, Druck am Druckregelventil p_{DRV}, Strom am Druckregelventil i_{DRV}, Stellung des Schaltventils, Solldruck am Druckregelventil $p_{DRV,soll}$, Sollstrom am Druckregelventil $i_{DRV,soll}$.

20.2.1 Modellbildung des aktiven Stabilisators

Die Modellbildung des aktiven Stabilisators basiert im Hinblick auf die Fehlererkennung im fahrenden Fahrzeug nur auf den dort zur Verfügung stehenden Sensoren. Zur Herleitung von geeigneten Gleichungen der Wankdynamik, wird das Fahrwerk gemäß Bild 20-9 stark vereinfacht. Zunächst werden die Radaufhängungen an jeweils einer Fahrzeugseite zusammengefasst und die Hydraulikzylinder aufgrund ihrer Parallelschaltung durch einen einzelnen Hydraulikzylinder mit der Position $z(t)$ modelliert (Bild 20-9a). Im nächsten Schritt (Bild 20-9b) wird die Raddynamik vernachlässigt, da die Federsteifigkeiten der Reifen typischerweise eine Zehnerpotenz über denen der Aufbaufedern liegen [13]. Dann werden die passiven Feder-Dämpfersysteme der Radaufhängungen durch ein Torsionselement modelliert (Bild 20-9c). Im letzten Schritt wird der Stabilisator durch einen starren Hebel (Länge l_{eff}) mit Linearfeder (Steifigkeit c_K) ersetzt (Bild 20-9d). Ergänzt man nun das Hydrauliksystem, erhält man das Modell der Wankdynamik mit aktivem Stabilisator (Bild 20-9e).

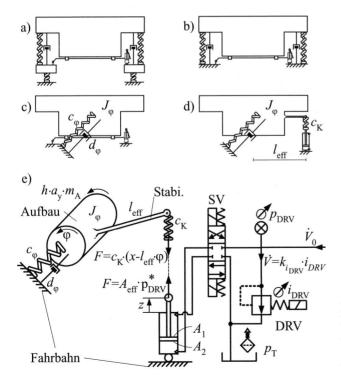

Bild 20-9: Ersatzmodell der Wankbewegung und des aktiven Stabilisators zur Parameterschätzung

Mit der Vernachlässigung von Druckverlusten am Schaltventil und den Hydraulikleitungen wirkt der Druck des Druckregelventils direkt auf den Kolben des Hydraulikzylinders und es folgt das vereinfachte Modell der Wankdynamik:

$$J_x \cdot \ddot{\varphi}(t) = -c_\varphi \cdot \varphi(t) - d_\varphi \cdot \dot{\varphi}(t) + h \cdot m_A \cdot a_y(t) + l_{\text{eff}} \cdot A_{\text{eff}} \cdot p^*_{\text{DRV}}(t)$$

$$\text{mit } p^*_{\text{DRV}}(t) = \begin{cases} \dfrac{A_2}{A_{\text{eff}}} p_{\text{DRV}}(t) - \dfrac{A_1}{A_{\text{eff}}} p_T - p_0 & \text{Ausfahren} \\ -\dfrac{A_1}{A_{\text{eff}}} p_{\text{DRV}}(t) + \dfrac{A_2}{A_{\text{eff}}} p_T + p_0 & \text{Einfahren} \end{cases} \quad A_{\text{eff}} = (A_2 - A_1) \quad (20.13)$$

Das Druckregelventil wird über einen Elektromagneten gesteuert. Über eine Stromregelung des Ventils wird der Ventilstrom i_{DRV} entsprechend des Sollstroms $i_{\text{DRV,soll}}$ eingeregelt. Wird der Elektromagnet als einfache Spule mit ohmschem und induktivem Widerstand modelliert, so kann man das Verhalten des Regelkreises wie folgt beschreiben

$$i_{\text{DRV,soll}}(t) = k_{\text{DRV}} \cdot i_{\text{DRV}}(t) - T_{\text{DRV}} \cdot \dot{i}_{\text{DRV}}(t) + i_{\text{DRV},0} \quad (20.14)$$

Das Verhalten des Druckregelkreises lässt sich über ein System erster Ordnung modellieren

$$p_{\text{DRV}}(t) = k_{\text{DRK}} \cdot p_{\text{DRV,soll}}(t) - T_{\text{DRK}} \cdot \dot{p}_{\text{DRV}}(t) + p_{\text{DRK},0} \quad (20.15)$$

Weiterhin haben Versuche ergeben, dass sich die Ventilcharakteristik als exponentiellen Zusammenhang zwischen Ventilstrom und Systemdruck am Druckregelventil nachbilden lässt

$$p_{\text{DRV}}(t) = k_{\text{hyd}} \cdot 10^{i_{\text{DRV}}(t)} + p_{\text{hyd},0} \quad (20.16)$$

20.2.2 Parameterschätzung

Mit dem Versuchsfahrzeug wurden Testfahrten durchgeführt und so Daten zur Identifikation der vorgestellten Modelle gewonnen. Bei den Fahrmanövern handelt es sich um Fahrten mit häufigen und mittelgroßen Lenkbewegungen bei einer Geschwindigkeit von ca. 100 km/h entsprechend einer kurvigen Landstraße, vgl. Bild 20-10. Bei der Verwendung dieser Messdaten zur Parameterschätzung ist zu beachten, dass eine ausreichende Anregung der Ein- und Ausgangssignale nötig ist und somit die Parameterschätzung während lang gezogener Kurvenfahrten ausgesetzt werden muss. Zur Parameterschätzung selbst kommt wiederum das DSFI-Verfahren zum Einsatz.

20.2 Diagnose und Sensor-Fehlertoleranz für einen aktiven Stabilisator

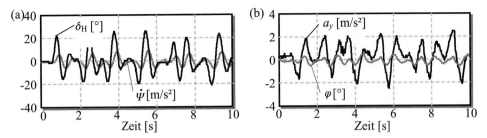

Bild 20-10: Gemessene Fahrdynamikgrößen des Datensatzes zur Parameterschätzung (Bild 20-11) und Modellierung (Bild 20-12) des aktiven Stabilisators; $v \approx 103$ km/h

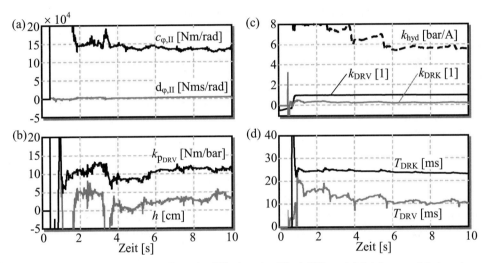

Bild 20-11: Zeitverläufe der Online-Identifikation der Wankdifferentialgleichung mit bekanntem Wankwinkel (a) und b)), Verstärkungsfaktoren des Strom- und Druckregelkreises und des Druckregelventils (c), Zeitkonstanten des Strom- und Druckregelkreises (d)

In Bild 20-11 sind die Zeitverläufe der Online-Identifikation einiger Parameter dargestellt. Hierbei handelt es sich bereits um die physikalischen Parameter, die aus den Koeffizienten der Schätzgleichungen bestimmt wurden. Die Zeitverläufe weisen ein schnelles Einschwingen auf, was auf eine richtige Modellbildung hindeutet.

20.2.3 Modellierung mit semi-physikalischen Modellen

Neben der Parameterschätzung stützt sich die Fehlererkennung auf Paritätsgleichungen, die eine gemessene mit einer geschätzten Sensorgröße vergleichen. Dies erfordert gute Modelle des Systems, die online die verschiedenen Sensorgrößen schätzen. Prinzipiell bieten sich hierzu direkt die im vorangegangenen Abschnitt entwickelten und identifizierten linearen Modelle an. Bei diesen Modellen wurden jedoch einige Nichtlinearitäten vernachlässigt oder linearisiert bzw. aufgrund ihres geringeren Einflusses nicht in den Gleichungen berücksichtigt. Bei diesen Nichtlinearitäten handelt es sich im Wesentlichen um die nichtlineare Kennlinie des Druckregelventils, die turbulenten Druckverluste am Schaltventil und die nichtlineare Elastokinematik der Radaufhängung. Die Einbeziehung dieser Effekte hätte die Komplexität der Schätzgleichungen im Hinblick auf eine zuverlässige Online-Identifikation unzweckmäßig erhöht und wäre aufgrund der geringen Sensoranzahl teilweise nicht möglich gewesen. Daher wird im Folgenden LOLIMOT zur Identifikation lokal linearer Modelle verwendet, das sich bei der Modellierung nichtlinearer und komplexer mechatronischer Systeme bewährt hat [8], [14].

Tabelle 20-4: Struktur der lokal linearen Modelle mit Trainings- und Generalisierungsergebnissen, $K_n = \{k, k-1, ..., k-n\}$, $\hat{K}_n = \{k-1, ..., k-n\}$

Modell		Fehler [%]	
		Train.	Gen.
$\hat{i}_{DRV}(k) = f\left(i_{DRV,soll}(k), \hat{i}_{DRV}(k-1)\right)$	Bild 20-12a	0,1	0,3
$\hat{p}_{DRV}(k) = f\left(p_{DRV,soll}(k), \hat{p}_{DRV}(k-1)\right)$	Bild 20-12b	2,6	3,6
$\hat{p}_{DRV}(k) = f\left(i_{DRV}(K_2), a_y(k), \hat{p}_{DRV}(K_3)\right)$		0,8	2,7
$\hat{p}_{DRV}(k) = f\left(p_{DRV,soll}(k), \hat{p}_{DRV}(k-1)\right)$		2,5	4,8
$\hat{\varphi}(k) = f\left(a_y(k), p_{DRV}(k), \hat{\varphi}(k-1), \hat{\varphi}(k-2)\right)$	Bild 20-12c	4,0	6,5
$\hat{z}_{RA,VL}(k) = f\left(a_y(k), p_{DRV}(k), z_{RA,HL}(K_2), z_{RA,HR}(K_2), \hat{z}_{RA,VL}(K_2)\right)$	Bild 20-12d	5,0	16,5
$\hat{z}_{RA,VR}(k) = f\left(a_y(k), p_{DRV}(k), z_{RA,HL}(K_2), z_{RA,HR}(K_2), \hat{z}_{RA,VR}(K_2)\right)$		41,3	39,6
$\hat{z}_{RA,HL}(k) = f\left(a_y(k), p_{DRV}(k), z_{RA,VL}(K_2), z_{RA,VR}(K_2), \hat{z}_{RA,HL}(K_2)\right)$		14,0	32,5
$\hat{z}_{RA,HR}(k) = f\left(a_y(k), p_{DRV}(k), z_{RA,VL}(K_2), z_{RA,VR}(K_2), \hat{z}_{RA,HR}(K_2)\right)$		27,7	46,7

Als Grundlage der Paritätsgleichungen wurden Residuen mit den verfügbaren Sensorinformationen entworfen. Der Wankwinkel wird aus den vier Einfederwegen über die Aufbaukinematik als Lösung eines überbestimmten Gleichungssystems bestimmt. Dabei wurde bereits beim Entwurf versucht, mit Expertenwissen eine isolierende Struktur der Residuen zu erzeugen. Dazu wurden insbesondere für die vier Einfederwege Modelle gebildet, die jeweils von einem anderen Federweg unabhängig sind. Der resultierende Residuensatz ist in Tabelle 20-4 zusammengestellt. Die einzelnen Gleichungen geben die Struktur der dynamischen lokal linearen Modelle an.

Die in Tabelle 20-4 aufgeführten Modelle werden mit fünf Sekunden Messdaten vom Versuchsfahrzeug mit Hilfe von LOLIMOT identifiziert. Zur Bestimmung der Modellgü-

20.2 Diagnose und Sensor-Fehlertoleranz für einen aktiven Stabilisator

te sind in Tabelle 20-4 die relativen Fehler (Normalized Mean Square Error) für die Identifikation (Training) und die Generalisierung angegeben. Zur weiteren Verdeutlichung der Ergebnisse und der Testfahrten sind in Bild 20-12 einige Zeitverläufe der Messungen und geschätzten Sensorgrößen dargestellt. Die Ergebnisse zeigen, dass alle Modelle, die die Federwege nicht direkt verwenden, eine sehr hohe Güte besitzen. Die letzten vier Modelle beschreiben die Wankbewegung und besitzen die Federwege als direkte Ein- und Ausgänge. Sie weisen etwas schlechtere und zudem untereinander stark unterschiedliche Gütewerte auf. Die grundsätzlich schlechteren Ergebnisse begründen sich daraus, dass die Federwege auch die Radbewegung widerspiegeln, die jedoch auf die Wankbewegung neben der Querbeschleunigung nur einen sekundären Einfluss besitzen. Bei der Berechnung des Wankwinkels über die vier Federwege wird dieser Effekt aufgrund des überbestimmten Gleichungssystems reduziert, so dass das Wankmodell, das direkt auf dem Wankwinkel basiert, deutlich bessere Ergebnisse erzielt. Für die Fehlererkennung bietet es sich daher an, das Wankmodell mit dem Wankwinkel als Ausgang zu verwenden, um einen Fehler der Federwegsensoren zu erkennen. Die Isolation des fehlerhaften Federwegsensors kann dann über die letzten vier Modelle aus Tabelle 20-4 erfolgen. Die Modelle mit guten Generalisierungsergebnissen können weiterhin als Softwaresensoren eingesetzt werden. Wird ein Sensorfehler erkannt, so kann der fehlerhafte Sensor durch ein geschätztes Signal ersetzt werden und somit eine Fehlertoleranz gegenüber den Sensorfehlern erzeugt werden. Mit den Modellen aus Tabelle 20-4 ist dies für alle beteiligten Sensoren bis auf den Querbeschleunigungssensor möglich. Theoretisch könnte auch für dieses Signal ein Modell aufgestellt werden. Da die Querbeschleunigung jedoch besonders in der Horizontaldynamik von Bedeutung ist, bietet sich eine Rekonfiguration dieses Sensors im Rahmen einer Fehlertoleranz für die horizontaldynamische Sensorik an, wie sie beispielsweise von [15] beschrieben wurde.

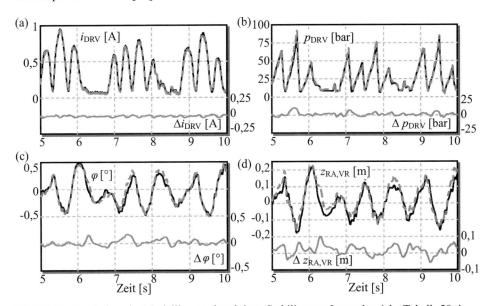

Bild 20-12: Ergebnisse der Modellierung des aktiven Stabilisators. Legende: siehe Tabelle 20-4

20.2.4 Erkennung und Diagnose von Sensorfehlern

Die Symptome der Parameterschätzung und der Paritätsgleichungen werden analog zur Fehlererkennung für das elektrohydraulische Radaufhängung kombiniert und über ein Fuzzy-Diagnosesystem ausgewertet. Grundlage des Fuzzy-Diagnosesystem ist ebenfalls der Fehler-Symptomzusammenhang, der die Auswirkung der einzelnen Fehler auf die Symptome beschreibt und so aus einen bestimmten Symptommuster die Diagnose eines bestimmten Fehlers ermöglicht.

Im Folgenden werden Ergebnisse der Fehlerkennung am aktiven Stabilisator in Form von Messergebnissen am fahrenden Fahrzeug vorgestellt. Bei den zugrunde liegenden Fahrmanövern handelt es sich wie bei der Identifikation um einen kurvigen Fahrverlauf bei einer Geschwindigkeit um die 100 km/h.

Zur Demonstration der modellbasierten Fehlererkennung am aktiven Stabilisator werden beispielhaft ein Offset- und ein Verstärkungsfehler des Drucksensors bei Sensorkonfiguration I gemäß Bild 20-13a betrachtet. Wie aus dem fehlerfreien und fehlerbehafteten Signalverlauf zu erkennen ist, unterscheiden sich diese Signale nur gering und eine Erkennung derartiger Fehler mit signalbasierten Methoden ist nur schwer möglich. Bild 20-13b sind die Erfüllungsgrade der Fehlerregeln für den Offset- und den Verstärkungsfehler aufgeführt. Auch wenn für eine seriennahe Fehlerdiagnose keine Unterscheidung zwischen diesen Fehlern sinnvoll ist, müssen sie trotzdem durch eigene Fehlerregeln abgedeckt werden, da sie unterschiedliche Symptommuster mit sich bringen. Jede dieser Fehlerregeln zeigt bei den Fehlern einen eindeutigen Ausschlag auf. Während der Fehlergrad für einen Verstärkungsfehler auch nur bei dem Verstärkungsfehler einen signifikanten Ausschlag besitzt, weist der Fehlergrad für einen Offsetfehler ebenfalls bei dem Verstärkungsfehler einen Ausschlag auf. Dies liegt in den hohen Werten des Druckes begründet, für die ein Offsetfehler einem Verstärkungsfehler gleicht. Hieraus wird ersichtlich, dass die Kombination der beiden Fehlergrade eine robuste Fehlerdiagnose ermöglichen sollte. Dies bestätigt der aus diesen Einzelfehlergraden kombinierte Gesamtfehlergrad $f_M, p_{DRV\,Gesamt}$ in Bild 20-13b, der aus der Fuzzy-ODER-Verknüpfung (algebraische Summe) der einzelnen Einzelfehlergrade hervorgeht. Unter Anwendung einer Fehlerschwelle von beispielsweise 0,4 kann somit eine Fehlermeldung für einen Fehler des Drucksensors ausgelöst werden. Die erfolgreiche Fehlererkennung und -diagnose benötigt somit im vorliegenden Fall für den Offsetfehler ca. 0,3 s und für den Verstärkungsfehler 0,1 s.

Zur Demonstration der Diagnose für alle Sensoren werden Offset- und Verstärkungsfehler aller Sensoren für jeweils 1 s erzeugt. Für einen Offsetfehler (O.) wurde zum Sensorsignal ein Gleichanteil addiert, der durchschnittlich 10 % des Gesamtmessbereichs des jeweiligen Sensors entspricht. Für einen Verstärkungsfehler (V.) wurde das Signal mit dem Faktor 1,3 multipliziert. Die Ergebnisse sind in Tabelle 20-5 zusammengefasst. Dazu werden die Maximalwerte der Fehlergrade $\mathbf{f_M}$ während der jeweiligen Fehler gegeneinander aufgetragen. Jede Spalte stellt dabei einen Ausgang des Fuzzy-Diagnosesystems in Form der Fehlergrade $f_{M,i}$ des Fehlers i dar. In den Zeilen sind die Fehlergrade bei Auftreten der tatsächlich vorliegenden Fehler angegeben. So enthält die erste Spalte die Werte f_{M,a_y} bei den verschiedenen Sensorfehlern und die erste Zeile die Fehlergrade aller Fehler bei Erkennen des Beschleunigungsfehlers. Eine eindeutige Diagnose erfordert

20.2 Diagnose und Sensor-Fehlertoleranz für einen aktiven Stabilisator

nun, dass in jeder Spalte die Diagonalelemente deutlich höhere Werte als die restlichen Elemente annehmen. Je größer die Differenz zwischen diesen Elementen, umso besser ist die Fehlerisolation. Auch wenn sich die Fehlergrade für Offset- und Verstärkungsfehler oftmals deutlich unterscheiden, heben sich die ermittelten Ausschläge der Diagonalelemente klar von den anderen Werten ab, so dass eine eindeutige Diagnose aller Fehler möglich ist. Dies umfasst auch die Federwege, bei denen der fehlerhafte Sensor ebenfalls eindeutig isoliert werden kann.

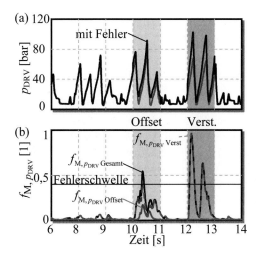

Bild 20-13:
Modellbasierte Fehlererkennung des Drucksensors für Offset- und Verstärkungsfehler mit 10 bar bzw. × 1,3

Tabelle 20-5: Diagnoseergebnis für Sensorfehler des aktiven Stabilisators

Tatsächlicher Fehler		Maximalwerte der Fehlergrade f_M während des jeweiligen Fehler						
		f_{M,a_y}	$f_{M,p_{DRV}}$	$f_{M,i_{DRV}}$	$f_{M,z_{RA,VL}}$	$f_{M,z_{RA,VR}}$	$f_{M,z_{RA,HL}}$	$f_{M,z_{RA,HR}}$
a_y	O.	1	0,36	0,05	0	0	0	0
	V.	0,35	0	0,02	0	0	0	0
p_{DRV}	O.	0,05	0,80	0,17	0	0	0	0
	V.	0,05	1	0,18	0	0	0	0
i_{DRV}	O.	0	0	1	0	0	0	0
	V.	0	0	0,22	0,02	0,05	0,02	0
$z_{RA,VL}$	O.	0,04	0,07	0	1	0	0	0
	V.	0	0,02	0,02	0,56	0,05	0,11	0
$z_{RA,VR}$	O.	0,03	0	0,02	0,01	0,99	0	0
	V.	0	0,02	0	0	1	0	0
$z_{RA,HL}$	O.	0	0	0	0,02	0	0,42	0
	V.	0	0	0	0,05	0,20	1	0,02
$z_{RA,HR}$	O.	0,03	0,01	0,03	0,22	0,48	0,02	1
	V.	0,02	0	0,03	0,03	0,34	0,01	0,02

20.3 Zusammenfassung

Mechatronische Systeme gewinnen in der Fahrzeugtechnik und besonders bei Fahrwerksystemen eine immer größere Bedeutung, da durch ihren konsequenten Einsatz besonders die Funktionalität des entstehenden Gesamtsystems erhöht wird. Die zunehmende Komplexität der Gesamtsysteme führt jedoch zu einer erhöhten Abhängigkeit von der Zuverlässigkeit der mechatronischen Systeme, weshalb dieser Beitrag die Diagnose und Sensor-Fehlertoleranz aktiver Fahrwerke für zwei Beispielprozesse ausführt.

Für eine elektro-hydraulische, teilaktive und volltragende Radaufhängung sowie für einen aktiven Stabilisator wurden eine seriennahe Diagnosefunktionen entwickelt. Die Funktionsentwicklung für beide Anwendungsbeispiele beginnt mit der physikalischen Modellbildung, Identifikation der *physikalischen Parameter und Modellierung mit lokal-linearen Modellen.* Hierbei war es möglich, zahlreiche physikalische Prozessparameter in teilweise sehr guter Übereinstimmung zu Referenzdaten zu identifizieren und Sensorsignale mit kleinen relativen Fehlern von durchschnittlich ca. 7 % zu schätzen. Diese Ergebnisse stellen die Grundlage für die modellbasierte Fehlererkennung dar. Während mit signalbasierten Methoden, die bereits Stand der Technik sind, grobe Fehler wie Rauschen, Ausreißer, Ausfälle etc. zu erkennen sind, bieten diese modellbasierten Methoden einen deutlich tieferen Systemeinblick. Somit wird es möglich auch weniger signifikante Fehler wie Offset- und Verstärkungsfehler von Sensoren sowie Prozessfehler zu erkennen.

So konnten für das *elektro-hydraulische Fahrwerk* am Prüfstand Offset- und Verstärkungsfehler in Höhe ab 6 % der beteiligten fünf Sensoren erkannt werden. Bei Prozessfehlern ist es mit dem vorgestellten Ansatz möglich, diese zu erkennen und die fehlerhafte Komponente zu diagnostizieren. Ebenfalls konnte die Fehlertoleranz im Falle eines Sensorfehlers gezeigt werden. Als Ergebnis dieser Untersuchungen lässt sich ableiten, dass die Fehlererkennung an den elektrischen und auch teilweise der hydraulischen Systeme gute Ergebnisse zulässt. Dahingegen reduziert die Modellbeschreibung des nichtlinearen Dämpfers und der nichtlinearen Radaufhängungskinematik die Diagnosetiefe dieser Systeme. Dies spielt insbesondere für die Betrachtung im Gesamtfahrzeug eine wichtige Rolle, als dass dort erweiterte Modelle der Radaufhängung nötig sind.

Für den *aktiven Stabilisator* war es ebenfalls möglich, für alle beteiligten Sensoren eine eindeutige Fehlerdiagnose zu demonstrieren. Dieses Anwendungsbeispiel basiert auf Messungen am fahrenden Fahrzeug, was die Tauglichkeit und Möglichkeiten von modellbasierten Methoden zur Diagnose und Sensor-Fehlertoleranz aktiver Fahrwerke verdeutlicht.

Literatur

[1] *Pyper, M.; Schiffer, W; Schneider, W.*: ABC - Active Body Control. Landsberg/Lech: Verlag Moderne Industrie, 2003
[2] *Fischer, D.*: Fehlererkennung für mechatronische Fahrwerksysteme, Dissertation, TU Darmstadt. Düsseldorf: VDI-Verlag, 2006 (im Druck)
[3] *Halfmann, C.; Holzmann, H.*: Adaptive Modelle für die Kraftfahrzeugdynamik. Berlin: Springer, 2003
[4] *Reimpell, J.; Hoseus, K.*: Fahrwerktechnik: Fahrzeugmechanik. Würzburg: Vogel Buchverlag, 1992
[5] *Isermann, R.*: Identifikation dynamischer Systeme – Grundlegende Methoden. Berlin: Springer-Verlag, 1992
[6] *Moseler, O.*: Mikrocontrollerbasierte Fehlererkennung für mechatronische Komponenten am Beispiel eines elektromechanischen Stellantriebs. Dissertation, TU Darmstadt. VDI Fortschritt-Berichte, Reihe 8, Nr. 908. Düsseldorf: VDI Verlag, 2001
[7] *Nelles, O.*: Nonlinear system identification. Berlin: Springer, 2000
[8] *Fischer, D.; Schöner, H. P.; Isermann, R.*: Model-Based Fault Detection For An Active Vehicle Suspension. FISITA World Automotive Congress, Barcelona, 2004
[9] *Weispfenning, T.; Isermann, R.*: Fault detection of vehicle suspensions. IFAC Symposium on Fault Detection, Supervision and Safety of Technical Processes SAFEPROCESS, Hull, GB, 1997
[10] *Jurr, R.; Behnsen, S.; Bruns, H.; Held, G.; Hochgrebe, M.; Strassberger, M.; Zieglmeier, F.*: Der neue BMW 7er: Das aktive Wank-Stabilisierungssystem Dynamic Drive. In: Automobiltechnische Zeitschrift, Vol. No. ATZ/MTZ Extra, 2001
[11] *Böcker, M.; Neuking, R.*: Development of TRW's Active Roll Control. 16th European Mechanical Dynamics Users' Conference 2001, Berchtesgaden, 2001
[12] *Verhagen, A.; Futterer, S.; Rupprecht, J.; Trächtler, A.*: Vehicle dynamics management – benefits of integrated control of active brake, active steering and active suspension systems. FISITA, Barcelona, 2004
[13] *Mitschke, M.; Wallentowitz, H.*: Dynamik der Kraftfahrzeuge. Berlin: Springer, 2004
[14] *Wolfram, A.*: Komponentenbasierte Fehlerdiagnose industrieller Anlagen am Beispiel frequenzumrichtergespeiste Asynchronmaschinen und Kreiselpumpen. Dissertation, TU Darmstadt. VDI Fortschritt-Berichte, Reihe 8, Nr. 967. Düsseldorf: VDI Verlag, 2002
[15] *Börner, M.*: Adaptive Querdynamikmodelle für Personenkraftfahrzeuge – Fahrzustandserkennung und Sensorfehlertoleranz. Dissertation, TU Darmstadt. VDI Fortschritt-Berichte, Reihe 12, Nr. 240. Düsseldorf: VDI Verlag, 2003

Sachwortverzeichnis

A
Abhängigkeiten 77
ABS 139, 141 ff., 159, 163 ff., 414 ff.
–, Bremsung 139
–, Geschwindigkeitssignale 416
–, Raddrehzahlsensor 413
–, Regelzyklus 140
Abstandsregeltempomat 287
Abstandsregelung 2
Abstrahierung 74
Achtkörpersystem 222
Active Body Control (ABC) 2, 345
–, System 327, 431
Active Front Steering 2, 237
–, Komponenten 219
–, Lenksystem 213 f.
–, Steller 221
Active Roll Control (ARC) 237, 242, 442
Adams/Adams Car 93
Adaptive Cruise Control 2
AFS 246
Aggregation 77
Aggregationshierarchien 77
Agilität 350 f., 356
aktive Vorderachslenkung (AFS) 240 ff.
Aktuatorfunktionen 238
Allradantrieb 332
Analytical State of Requirements (ASOR) 106
Animation, 3D- 100
Anpassungsphase 192
Ansatz, integrierter 356
Anti-Blockier-System (ABS) 1, 138 f., 324, 345
Antriebe, elektrische 6
Antriebsschlupf, asymmetrischer 186
–, symmetrischer 186
Antriebs-Schlupf-Regelung (ARS) 1, 238, 324, 345
Antriebsschlupfregler 197 ff.
Antriebsschlupfwert, mittlerer 190
–, symmetrischer 190
Antriebsstrang 34, 80
Anzeigen, verfolgende 318
–, vergleichende 318
Applikation 104
Arbeitsmaschinen 6
Arbeitspunkt 194

ARC 246
Architekturentwicklung 104
Assistenzsystem 285 f., 373, 428
–, Übersteuerung 285
Attribute 74
Ausfall 437
Ausfallsicherheit 202
Ausgang, flacher 315
Ausgangs-Beobachter 387
Ausgangsgrößen-Beobachter 388
Ausreißer 437
Ausweichassistent 366, 373
Automatic Lane Driving (ALD) 286
Automatikgetriebe 84
Automotive Simulation Models (ASM) 97

B
Bahn, kollisionsfreie 312
Bahnen 7
Bahnkurve 49
Bahnplanung 309, 312 f.
Bahnregelung 314 ff.
Bahnregler 308, 318
Basisüberwachung 205
Baumstruktur 81
Bedienoberfläche 99
Beladungsausgleich 268
Beschleunigungssensor 156, 158, 165, 174, 265
Betriebseigenschaften 9
Bewegung, koordinierte 361
Bibliothek 71
Bildanalyseverfahren, modelprädiktives 288
Blockdiagramm 126
Brake-by-wire 20
Bremsdruck 139 f., 145 ff., 154 f., 368
–, radindividueller 141
–, Soll- 143, 150
Bremsdruckregelung 138
Bremsdruckregler 143
Bremsdrucksensoren 156 ff., 165
Bremse 34
–, elektrohydraulische (EHB) 20, 138, 144 ff.
–, elektromechanische (EMB) 20 f.
–, mechatronische 137
Bremsmoment 146 f.
–, Soll- 149
Bremsregelungen 137
Bremsschlupf 141, 146 ff., 152, 154, 160 f., 166 f.

–, Ist- 146
–, optimaler 141 f., 146, 150 ff., 159 ff.
–, Soll- 146
Bremsschlupfänderung 172
Bremsschlupfregler 192 ff., 238
Bremsschlupfvorgabe 159 ff.
Bremssystem 80, 84
–, elektrohydraulisches 138 f.
–, mechatronisches 20 f.
Bremsung, μ-Split 184, 248
Bremswegverkürzung 167, 255
Built-In-Test (BITE) 206

C
CAMeL-View TestRig 117, 124
CAN-Bus 220
CarMaker 97
CarSim 97
CDC 253
CDC-Steuergerät 109
class 75
Closed-loop-Manöver 100
Codegenerator 103
connect 76
connector 75
Continuous Damping Control 2
Co-Simulation 71

D
Dämpfer 265, 431
Dämpferregelung 267
–, elektronische 105
Dampfkraftverstellung, kontinuierliche 253
Dämpfungsarbeit 277
Dämpfungsgrad 64
Dämpfungsmaß 65
Datenaustausch 261
Dekomposition 72
Diagnose/Failsafe 110
Differential-GPS (DGPS) 320
Differenzmoment 201
DINGO 2 117
Discrete-Square-Root-Filter-in-Information-Form (DSFI) 434
Drehmoment, Bilanz 147
Drehratensensor 174
Dreieckslenker 80
Drosselklappe, elektrische 399
Drosselklappenstellung 368
Druck, Soll- 195
Druckregelung 147, 150
Drucksensor 145, 174
Druckspeicher 272
Durchgröße 76

DYMOLA 16
Dynamic Drive Control 2
Dynamic Drive System 345, 442

E
Echtzeitbetrieb 108
Echtzeithardware 130
Echtzeitsimulation 374
Eigenlenkverhalten 181, 255, 261, 354
Eigenschaftsattribute 73
Eigensicherheit 205
Eingriffskoordination 245, 247
Eingriffsstrategie 172
Einlauflänge 41
Einspurmodell 60
–, lineares 47 ff., 50 f., 58, 181
Elastizitäten 81
Electronic Control Unit (ECU) 307
Elektrik 1
elektrische Servolenkung (EPS) 22
elektrohydraulische Bremse (EHB) 20
elektrohydraulische Radaufhängung 431 ff.
elektromechanische Bremse (EMB) 20 f.
Elektronik 1
elektronische Dämpferregelung (CDC) 105
elektronische Stoßdämpferverstellung 2
elektronisches Stabilitätsprogramm (ESP) 2, 105, 169 ff., 345
Elternklasse 75
Empfindlichkeitsfehler 208
Empfindlichkeitsprüfung 206
end 75
Energiefluss 73
Entwicklung, funktionsbasierte 361
Entwicklungsmethoden, modellbasierte 360
Entwicklungsmethodik 360 ff.
Entwicklungsmethodik mechatronischer Systeme 362
Entwicklungsprozess, modellbasierter 101
Entwicklungssystem 117
Entwurf, domänenspezifischer 16
–, modellbasierter 117, 121 ff., 136
–, rechnergestützter 15 ff.
Entwurfsmethodik 13 f.
Entwurfsprozess 131 ff.
Entwurfsumgebung 123 ff.
equation 75
ESP 237 f., 246
–, Steuergerät 109
–, System 428

F
Fahrbahnneigung 414
Fahrdynamikfunktionen 238

Sachwortverzeichnis

Fahrdynamikregelung 238, 241, 246, 250
–, integrierte 239, 246
Fahrdynamikregler 177 ff.
Fahrerassistenzsystem 285, 305
–, komfortorientiertes (FAS) 321
Fahrerwunsch 356
Fahrkomfort 431
Fahrmanöver 107
Fahrmanöver 112
Fahrsicherheit 253, 350, 356, 431
Fahrsicherheitssysteme 169
Fahrsituation 169
Fahrversuch 112
Fahrwerk, aktives 118, 136, 431
Fahrwerkregelung 256, 280
Fahrwerksysteme 237
–, aktive 242 f.
Fahrzeug, übersteuerndes 352
–, untersteuerndes 352
Fahrzeugbeschleunigung 156
Fahrzeugbewegung 170
–, räumliche 357
Fahrzeuge 5
Fahrzeugführung 169, 285 f.
–, automatisierte 285
Fahrzeugfunktionen 238
Fahrzeuggeschwindigkeit 155 ff., 164 f.
–, Schätzung 158
Fahrzeugintegration 290
Fahrzeugkinematik 409
Fahrzeugkonfiguration 308
Fahrzeuglängsführung, automatische 286, 305
Fahrzeugmodell 79, 261
–, systemdynamisches 96
–, Validierung 132
Fahrzeugmodellierung, Antriebsstrang 34
–, Bremse 34
–, Gesamtfahrzeug 33 f.
–, Reifen 35 ff.
–, Übersicht 31 f.
–, Zweispurmodell 42 ff.
Fahrzeugquerdynamik 58, 369
Fahrzeugquerführung 287, 291 ff.
–, automatische 305
Fahrzeugquerregelung, Leistungsbeurteilung 301
Fahrzeugregler 185 f., 238
Fahrzeugsicherheit 137
Fahrzeugsollbewegung 347
Fahrzeugstabilisierung 348
Fahrzeugvarianten 112
Fahrzustandserkennung 356
Federbein 431

Federung, aktive 119, 121
Fehler, driftförmige 382
–, intermittierende 382
–, Maßnahmen bei unentdecktem 210
–, Modellierung 383 f.
–, sprungförmige 382
–, unentdeckter 205, 210
Fehlerbaumanalyse 398
Fehlerdiagnose 10, 377 ff., 407 ff., 431
–, Fahrwerk 401 ff.
–, Methoden 394 ff.
–, online 404
–, Radaufhängung 401 f.
Fehlerdiagnosesystem 428
Fehlereintrag 211
Fehlerentdeckung 205
Fehlererkennung 381, 385 ff., 403, 407 ff., 414, 428, 431
–, wissensbasierte 379 f.
Fehlermeldung 211
Fehlermodellierung 382 ff.
Fehlertoleranz 431 ff.
Fehlerverdacht 205
–, Maßnahmen 209
Fehlervermeidung 205
Feinmechanik 5
Ferndiagnose 404
Flachheit 315
flow 75
Flügelzellenaktor 120
Flügelzellenaktorik 118
Flügelzellenpumpe 118, 133 f.
FMEA 204
Fourier-Transformation 160
Fouriertransformierte 160 ff.
Freikörperbild 48
FTA 204
FTire 96
Führungsgröße, gekoppelte 314 f.
Funktionsebene 361
Funktionseigenentwicklung 323 ff.
Funktionsentwicklung 103
Funktionsmuster 14
Funktionssicht 357, 359 f.
Funktionsstrukturierung 238, 250
Funktionsvernetzung 259 ff.
Funktionswahlschalter 290
Fuzzy-Diagnose 438
Fuzzy-Logik 416 ff.
Fuzzy-Logik-System 429
Fuzzy-Methode 197
Fuzzy-System 158

G

Gain-Scheduling 315
Gegenlenken 370
Geheimprinzip 77
Geländegängigkeit 118
Geländetauglichkeit 117
Gesamtfahrzeugmodell 368
Gesamtstabilisatorsteifigkeit 354
Gesamtsystem, integriertes 4
Geschwindigkeit 411
–, charakteristische 67, 181
Geschwindigkeitsregelung 1 f.
Geschwindigkeitsvektor 51
Getriebesteuergerät 84
Gierbewegung 370
Giergeschwindigkeitsschwingung 187
Giermoment 170, 244 f., 351, 358 f., 370
Giermomentgradient 172
Giermomentverteilung 173
Gierrate 62 f., 66, 310, 372, 409 ff., 412, 414, 428
Gierratenkompensation 366
Gierratenregelung 214, 241, 370 ff.
Gierratensensor 413
Gierstabilisierung 361
Gierwinkel 292
Gierwinkelübertragungsfunktion 293
Gleichungssysteme 81
Global Chassis Control (GCC) 255, 327
Granularität 73
Grenzbereich 172
Größen, nicht messbare 9
Grundkonstruktion, mechanische 7
Gütefunktion 86

H

Handling, verbessertes 255
Hardware-in-the-Loop 17
–, Anwendungen 128 f.
–, Simulation (HIL) 103, 108 ff., 123
–, Simulator 367
Hierarchie 72
Hierarchiestufe 72
HIL-Simulation 103, 108 ff., 123
HIL-Simulationsmodell 367
Hinterachslenksystem 330
Hinterachslenkung 352
HMI 365, 367 f.
Höhensensoren 265
Human-Machine-Interface 365
Hybridmodelle 47
Hydraulikmodell 195

I

I/O-Schnittstellen 109
ICD 258
Identität 75
Implementierung 73
Inertialsystem 80
Inferenzmechanismus 395
Inferenzverfahren 396 f.
Information 1
Informationstechnik 4
Innenzahnradpumpe 433
Instantiieren 75
Integrated Chassis Control (ICC) 255
Integration 1, 361
– durch die Funktionen 11
– durch die Komponenten 10
Integrationsformen 10
Integrationsregeln 360

K

Kabinenbeschleunigung 132
Kalman-Filter 178
–, erweiterter (EKF) 309 f.
Kapselung 77
Kardangeschwindigkeit 198
Kardanmoment 201
Kaskadenstruktur 238 f.
Kennkreisfrequenz 64
kinematische Schleife 81
Klassenhierarchien 77
Klassifikationsverfahren 395 ff.
Klothoide 313
Knotengleichungen 76
Koexistenz 355
Komfort 1, 176, 350 f., 356
Komfortgewinn 255
Komplexitätskoordinaten 78
Komponenten, mechanische 5
–, mechatronische 1, 17 ff.
Komponentensicht 360
Kompressor 272
Konfigurationsraum 312
Koordinatensysteme 29 f.
Koordination 245
Koordinationsstrategie 245, 247
Koppelgleichung 310
Kraftfahrzeuge 7
Kraftmaschinen 6
Kraftschluss 161
Kraftschlussbeanspruchung 54
Kraftschlussbeiwert 54 f., 151 ff., 160
–, Schlupf-Kurve 139 f., 142, 153, 159, 164 f.
Kreisfahrt, stationäre 50, 67

Sachwortverzeichnis

Kurswinkel 292
–, Störung 296
Kurswinkelregler 292, 295
–, Kennlinie 298
Kurswinkelübertragungsfunktion 294
Kurvenvorsteuerung 296

L

Labormuster 14
Lagrange-Multiplikatoren 225
Längsführung 308
Längsdynamik 61, 345 ff., 358, 369
Längslenker 80
Lastenheft 102
Lastfälle 107
Lastkollektiv 112
Lastwechsel 185
Lateralposition, Sprungantwort 299
–, Störung 296
Lateralpositionsregelung 287
Lateralpositionsregler 295
–, Kennlinie 298
Least-Squares-Schätzalgorithmus 230
Lehr'sches Dämpfungsmaß 64
Lenkassistenzfunktion 214, 219
Lenkaufwand 213
Lenkbewegung 216
Lenkdynamik 213
Lenkeingriff 371
Lenkfähigkeit 170
Lenkgetriebe 218, 221
Lenkmanöver 170
Lenkrad 221, 226, 235
Lenkradamplitude 422
Lenkradbewegung, fehlerhafte 303
Lenkradwinkel 61, 63, 66, 215, 217 f., 229, 232, 235, 368, 408, 412
–, Standardabweichung 304
Lenkradwinkelsensor 413
Lenkradwinkelsignal 423
Lenksäule 225, 234
Lenksystem, Active-Front-Steering- 213 f.
–, mechatronische 22 f., 213 ff.
Lenkübersetzung 215 f.
–, variable 215 f., 235
Lenkung 59
–, elektrohydraulische 213
Lenkungssteifigkeit 58
Lenkungssteller 289 f.
Lenkventil 221
Lenkvorhalt 217, 235
Lenkwinkel 291
–, Sprungantwort 295, 299
–, Störung 295

Lenkwinkelsteller 291
Lidar 288
Linearisierung, exakte 149
LOLIMOT 436, 446
Luftdichte 51
Luftfederdämpfereinheit 269
Luftfederdämpfungssystem 276 ff.
Luftfederkennlinie 268
Luftfedern 2, 265
Luftfedersysteme 265 ff.
Luftkraft 61
Luftversorgung 265
–, geschlossene 273
Luftversorgungseinheit 282
Luftwiderstandsbeiwerte 51

M

Magic Formula von Pacejka 96
Magnetventil 272, 400
Maschinen 5
Maschinenelemente 4
MATLAB/SIMULINK 16, 97
Maximum, lokales 173
McPherson Federbeine 80
Mechanik–Elektronik, Funktionsaufteilung 8
Mechatronik 4, 256
Mechatronikmodelle, objektorientierte 127
Mechatronisierung 346
Mehrfachnutzung 359 f.
Mehrgrößenregelung 357, 359
Mehrkörpermodell 235
Mehrkörper-Simulation (MKS) 93, 128
Mehrkörpersystem 128
–, Bauelemente 125
–, Dynamik 125, 127
Mensch-Maschine-Schnittstelle (MMS) 290, 308, 317 ff.
Mesa Verde 93
Messbereichsüberschreitung 437
Methoden 74
Mikrocontroller, Karte 130
Mikromechanik 5
Mittendifferential 330
MKS-Schnittstelle 80
MKS-Simulation 93, 128
MKS-System 128
MODELICA 16, 71
Model-in-the-Loop (MiL) 104
Modell, mathematisches 127 ff.
Modellabgleich 261
Modellaggregation 73
Modellbildung 47, 72, 125, 132 f., 228
–, experimentelle 27
–, mathematische 221 ff.

–, objektorientierte 124 ff.
–, theoretische 27
Modellbildungsumgebung 124
Modellfolgeregelung 355
Modellgleichungen 224
Modellierung 435 f., 445 f.
–, objektorientierte 71
–, strukturtreue 72
–, verhaltenstreue 72
Modellierungsmethodik 72
Modellparameter 99
Modellphase 121
Modularisierung 8
Momentenbilanz am Rad 146
Motorschleppmomentregelung 194

N
Nachlauf, konstruktiver 59
Netz, neuronales 84
Nichtlinearitäten 81
Niveauregelung 265
Niveauverstellung 268
Normalfahrer 175
Nullpunktsfehler 208
Nutzfahrzeug 118

O
Objekt 74
Objektdiagramm 73
Objekthierarchien 77
Offsetfehler 437
Online-Expertensystem 394
Online-Informationsverarbeitung 11
Open-loop-Manöver 100
Pacejka, Magic Formula 96

P
Panhardstäbe 131
Parameteroptimierung 104
Parameterschätzmethoden 385, 389 f.
Parameterschätzung 230, 385, 434 f., 437, 444 f.
Parameterschätzverfahren 389
Parametervektoroptimierung 124
Paritätsgleichungen 386, 437, 445
Parkassistenzsystem 307
Parkvorgang 307
Petrinetz 84
Phänomenologie 78
Phasenmodell 121
Pin 75
Plausibilitätsbeziehungen 203
Plunger 432
Positionsbestimmung 308, 310 f.

Post-Processor 95
pre drive check 206
Pre-Processor 94
Produktarchitektur 123
Prototypen, virtuelle 133
Prototypenfahrzeuge 107
Prototypenphase 123, 126
–, Einsatz im Fahrversuch 135
Prozess, einkanaliger 381, 386
–, mehrkanaliger 381, 386
Prozessanalyse 379
Prozessautomatisierung 12
Prozessfehler 439 f.
Prozessmanagement 12
Prozessmodell 383
Prozessstruktur 382
Prozessüberwachung 377
Prüfstandsphase 122
–, Komponententest 134

Q
Querablage, Toleranzbereich 304
Querabweichung 291
Querbeschleunigung 50, 66, 411
Querbeschleunigungssensor 413
Querdynamik 47, 171, 345 ff., 358, 408
Querdynamikregelung 238
Querführung 308
–, automatische 286
Querführungssteuergerät 291
Querkraft 58 f.
Querkraftpotential 353
Querregelkreis 347
Querregelung, automatisierte 302

R
Radaufhängung 18, 253 ff., 401 ff., 432
–, aktive 19
–, elektrohydraulische 431 ff.
–, hydraulische, aktive 19
Radaufstandskraft 83
Radaufstandspunkt 83
Raddifferenzgeschwindigkeit 198
Raddrehgeschwindigkeit 233
Raddrehzahlsensor 156, 158, 165, 310, 415
Radlastdifferenz 353
Radlenkwinkel 214, 217
Radquerkraft 353
Radschlupf 140, 150, 154, 160 ff.
–, Regelung 146 ff., 150, 161
–, Regler 150 f., 154, 161
Radschwingung 152
Radträger 83
Radvertikalkraft 352

Rapid Prototyping 103, 263
Rapid Prototyping System 373
Rapid-control-prototyping (RCP) 17
Rauschen 437
Referenzgiergeschwindigkeit 208
Regelfrequenz 164, 167
Regelgröße, fahrdynamische 171
Regelkreis 292
Regelkreiskomponenten 292
Regelsystem 141
Regelung, kompensatorische 348
Regler, flachheitsbasierter 316
–, globale 349
–, lokale 349
Reglerhierarchie 239
Reglerstruktur 174, 291 ff.
Reifen 243 f.
Reifeneigenschaften 243
Reifenkraft 54, 58
Reifenmodell 35 ff., 96, 244
–, Burckhardt 37 ff.
–, lineares 40
–, Pacejka 40
Reifennachlauf 56 f.
Reifenquerkräfte 62
Reifenseitenkraft 60
Reifensteifigkeit 60
Reifen-Toleranzabgleich 208
Rekonfiguration 4, 428 f., 437, 440
Reproduzierbarkeit 112
Requirements Management Tools 102
Residuen 435
Ritzwinkel 233
Ritzwinkelsensor 219
Ritzwinkelüberwachung 233
Road-Lab-Math-Strategie 103
Rotorlagesensor 219
Rückführung, dynamische 315
Rückstellmoment 57, 60
Rückwärtsverkettung 398

S
Schleudern 169
Schlupf 36
–, Soll- 150, 152 f., 165
Schlupfvorgabe, Soll- 153 f., 159, 162
Schnittgelenke 81
Schräglaufsteifigkeit 55, 58, 64, 352
–, wirksame 181
Schräglaufwinkel 36, 53, 55 f., 62, 348, 411 f.
–, Differenz 353
Schwenkradius 49, 409
Schwerpunktabsenkung 267

Schwimmwinkel 49, 52, 50, 61 f. 66 f., 170, 292, 411
–, Geschwindigkeit 170
–, Übertragungsfunktion 293
Schwingung 166
Seitenkraft 56, 59
Seitenkraftaufbau, dynamischer 58
Seitenkraftbeiwert 169, 171
Seitenluftkraft 51
Seitenschlupf 54
Selbsttests 205
Sensorfehler 418 f., 422, 438 f., 448
Sensorfehlererkennung 413
Sensorfehlertoleranz 431 ff., 440 f.
Sensorik 120
Sensorüberwachung, modellgestützte 205, 207 ff.
Servoantriebe 6
Servolenksysteme, hydraulische 22
–, elektrische (EPS) 22
Servolenkung, elektromechanische (EPS) 329
Sicherheit 1, 12
Sicherheitskonzept 231 ff., 359
Signalanalyse 379
Signalaufbereitung 341
Signalfluss-Verknüpfungen 73
Signalmodelle 388
Signalverarbeitungskette 286
Simpack 93
Simulation 261
–, HIL- 123
Simulationsrechnungen 122
Simulations-Toolkette 97
simultaneous engineering 4
Skyhook-Algorithmus 254
–, Prinzip 105
–, Regelung 133
Software, objektorientierte 16
Software-in-the-Loop (SIL) 16
Software-in-the-Loop-Simulation 102, 104 ff.
Sollbahn 313
Sollwertgenerator 355
Solver 94
Sondersituation 178
Sperre, elektromagnetische 220
Spezifikation, ausführbare 102
Spur 83
Spurfindung 291
Spurhebel 80
Spurparameter 289
Spurstange 80
Spurwechsel 86, 217, 286
Stabilisator 131, 441
–, aktiver 2, 23, 327, 345, 352, 441 ff.
Stabilisatorsteifigkeit 353

Stabilität 170
Stabilitätsprogramm, elektronisches (ESP) 2, 105, 169 ff., 324
Stabilitätsuntersuchung 296 ff.
Starrkörpermodell 131
Steifigkeitsverteilung 353
Steilkurven 176
Steilkurvenkorrektur 184
Steuergerät 265
–, elektronisches 307
Steuergeräteintegration 110
Steuerung, antizipatorische 348
Stoßdämpfer, aktive 253 ff.
–, semi-aktiver 18
Stoßdämpferverstellung, elektronische 2
Strukturierung, hierarchische 361
–, modular-hierarchische 72 ff.
–, vertikale 77
Sturz 83
Subsystem 72, 360
Symptome, analytische 391, 394
–, heuristische 394
Symptomerkennung 391, 393
synergetische Effekte 4
Systeme, elektronische 4
–, Funktionen mechatronischer 7
–, integrierte mechanisch-elektronische 3
–, integrierte mechatronische 5 ff.
–, intelligente mechatronische 4
–, mechanische 4
–, mechanisch-elektronische 3
–, mechatronische 1, 3 ff., 117
Systemanalyse 74
Systemaufbau, funktionaler 286 ff.
Systementwurf 14, 362 f.
Systemintegration 14, 363
Systemtest 104
Systemüberwachung 205
Systemverbund 349, 363
–, fahrdynamischer 355 ff., 361
Systemvernetzung 237 f., 246, 323 ff.

T

Teilbremsung 185
Teilsystem, mechanisches 222
Test, aktiver 205
Testautomatisierung 113
TestRig-Hardware 130
Topologie 72, 78
Totzeit 189
Traktionskräfte 83
Trilokwandler 84
type 75

U

Überlagerungslenkung (AFS) 2, 23, 329, 370
Überlagerungswinkel 215
Übersteuerung 185
Übertragungsfunktion 63
Übertragungsverhalten 178
Überwachung 10, 377 ff.
–, Grenzwert- 379
–, online 404
Überwachungsmethoden 378
Umfangskraft 59
Umfangsschlupf 54
Umfelderfassung 303
Umfeldsensoren 307
Umgebungserfassung 310
Umlaufgleichungen 76
UNIMOG 117

V

Validierung 101
Validierungsfahrzeug 107
Variantencodierung 113
VDM 246 ff., 250
veDYNA 97
Vehicle Dynamics Management (VDM) 238
Verbindungen 73
Verbrennungsmotoren 17
Verbundlenker 80
Vererbung 77
Vererbungshierarchien 77
Verknüpfbarkeit 76
Verknüpfungen 73
Vernetzung 250, 349
Vernetzung (Kopplung) 3
Verstärkungsfehler 437
Verstelldämpfer 327
Vertikaldynamik 345 ff., 358
VHDL-AMS 16
Viertelfahrzeugmodell 432
Virtual Vehicle Chart (VV-Chart) 95
V-Modell 14, 102
Vorderachslenkung 351, 371
Vorderradeinschlagwinkel 53
Vorderradwinkel 233
Vorserienprodukt 14
Vorwärtsverkettung 399

W

Wankdämpfung 261
Wankdynamik 354, 443
Wankkompensation 246
Wank-Regelung 2
Wankstabilisatoren 237
Wankstabilisierung (ARS) 253

Wanksteifigkeit 352
Wankwinkelbeschleunigung 135
Wankwinkelkompensation 242
Wedelfahrt 369, 419, 423
Wiederverwendbarkeit 77
Winkelsensor 174
Wurzelortskurve (WOK) 189
–, Verfahren 315

Z
Zahnstange 80
Zahnstangenhub 220
Zahnstangenhydrolenkung 220
Zahnstangenlenkung 80
Zielschlupf 192
Zustand, eingeschwungener 181
Zustandsbeobachter 387
Zustandsgrößen 114
–, Beobachter 387
–, Modell 386
Zustandsraumdarstellung 63
Zustandsregler 314 f.
Zuverlässigkeit 12, 202
Zwangsbeziehungen 225
Zweispurmodell 178
–, Dynamikgleichungen 42 ff.

Grundlagenwerke der Elektrotechnik

Martin Vömel, Dieter Zastrow
Aufgabensammlung Elektrotechnik 1
Gleichstrom und elektrisches Feld.
Mit strukturiertem Kernwissen,
Lösungsstrategien und -methoden
3., verb. Aufl. 2005. X, 247 S. (Viewegs Fachbücher der Technik) Br. € 18,90
ISBN 3-528-24932-3

Weißgerber, Wilfried
Elektrotechnik für Ingenieure 1
Gleichstromtechnik und Elektromagnetisches Feld. Ein Lehr- und Arbeitsbuch für das Grundstudium
6., verb. Aufl. 2005. XII, 442 S. mit 469 Abb., zahlr. Beisp. u. 121 Übungsaufg. mit Lös. Br. € 32,90
ISBN 3-528-54616-6

Martin Vömel, Dieter Zastrow
Aufgabensammlung Elektrotechnik 2
Magnetisches Feld und Wechselstrom.
Mit strukturiertem Kernwissen,
Lösungsstrategien und -methoden
3., vollst. überarb. Aufl. 2006. VIII, 257 S. mit 764 Abb. (Viewegs Fachbücher der Technik) Br. € 19,80
ISBN 3-8348-0100-3

Weißgerber, Wilfried
Elektrotechnik für Ingenieure 2
Wechselstromtechnik, Ortskurven, Transformator, Mehrphasensysteme.
Ein Lehr- und Arbeitsbuch für das Grundstudium
5., verb. Aufl. 2005. XII, 372 S. mit 420 Abb., zahlr. Beisp. u. 68 Übungsaufg. mit Lös. Br. € 32,90
ISBN 3-528-44617-X

Weißgerber, Wilfried
Elektrotechnik für Ingenieure - Klausurenrechnen
Aufgaben mit ausführlichen Lösungen
2. korr. Aufl. 2003. XX, 200 S. mit zahlr. Abb. (Viewegs Fachbücher der Technik) Br. € 23,90
ISBN 3-528-13953-6

Weißgerber, Wilfried
Elektrotechnik für Ingenieure 3
Ausgleichsvorgänge, Fourieranalyse, Vierpoltheorie. Ein Lehr- und Arbeitsbuch für das Grundstudium
5., verb. Aufl. 2005. XII, 320 S. mit 261 Abb., zahlr. Beisp. u. 40 Übungsaufg. mit Lös. Br. € 32,90
ISBN 3-528-44918-7

Abraham-Lincoln-Straße 46
65189 Wiesbaden
Fax 0611.7878-400
www.vieweg.de

Stand Juli 2006.
Änderungen vorbehalten.
Erhältlich im Buchhandel oder im Verlag.

Titel zur Elektronik

Beetz, Bernhard
Elektroniksimulation mit PSPICE

Analoge und digitale Schaltungen mit ausführlichen Simulationsanleitungen
2., vollst. überarb. u. erw. Aufl. 2005. XII, 376 S. mit 379 Abb. u. 60 Tab. (Viewegs Fachbücher der Technik) Br. € 29,90
ISBN 3-528-13919-6

Böhmer, Erwin
Elemente der angewandten Elektronik

Kompendium für Ausbildung und Beruf
14., korr. Aufl. 2004. X, 470 S. mit 600 Abb. und umfangr. Bauteilekatalog.
Br. € 31,90
ISBN 3-528-01090-8

Böhmer, Erwin
Elemente der Elektronik - Repetitorium und Prüfungstrainer

Ein Arbeitsbuch mit Schaltungs- und Berechnungsbeispielen
6., völlig neu bearb. u. erw. Aufl.
2005. VI, 157 S. 136 Aufg. u. ausführl. Lös. sowie 7 Übersichten u. 3 Tafeln.
Br. € 16,90
ISBN 3-528-54189-X

Baumann, Peter
Sensorschaltungen

Simulation mit PSPICE
2006. akt. u. erw.. XIV, 171 S. mit 191 Abb. u. 14 Tab. (Studium Technik)
Br. € 19,90
ISBN 3-8348-0059-7

Specovius, Joachim
Grundkurs Leistungselektronik

Bauelemente, Schaltungen und Systeme
2003. XIV, 279 S. mit 398 Abb. u. 26 Tab. Br. € 24,90
ISBN 3-528-03963-9

Zastrow, Dieter
Elektronik

Ein Grundlagenlehrbuch für Analogtechnik, Digitaltechnik und Leistungselektronik
6., verb. Aufl. 2002. XVI, 339 S. mit 417 Abb., 93 Lehrbeisp. und 120 Üb. mit ausführl. Lös. Br. € 29,90
ISBN 3-528-54210-1

Abraham-Lincoln-Straße 46
65189 Wiesbaden
Fax 0611.7878-420
www.vieweg.de

Stand Juli 2006.
Änderungen vorbehalten.
Erhältlich im Buchhandel oder im Verlag.